Springer-Lehrbuch

Weitere Bände in dieser Reihe:
http://www.springer.com/series/1183

Günter Gottstein

Materialwissenschaft und Werkstofftechnik

Physikalische Grundlagen

4., neu bearbeitete Auflage 2014

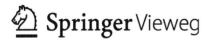

Günter Gottstein
Institut für Metallkunde und Metallphysik
RWTH Aachen
Aachen, Deutschland

ISSN 0937-7433
ISBN 978-3-642-36602-4   ISBN 978-3-642-36603-1   (eBook)
DOI 10.1007/978-3-642-36603-1

Die Deutsche Nationalbibliothek verzeichnet diese Publikation in der Deutschen Nationalbibliografie;
detaillierte bibliografische Daten sind im Internet über http://dnb.d-nb.de abrufbar.

Ursprünglich erschienen im Springer-Verlag als Gottstein: Physikalische Grundlagen der Materialkunde

Springer Vieweg
© Springer-Verlag Berlin Heidelberg 2014

Springer Vieweg ist eine Marke von Springer DE. Springer DE ist Teil der Fachverlagsgruppe
Springer Science+Business Media
www.springer-vieweg.de

Vorwort

Jede wissenschaftliche Disziplin und Epoche hat ihre Standardwerke, die das klassische Fundament des jeweiligen Fachgebiets gründen. Dazu gehören bspw. in der Physik der „Pohl" (Experimentalphysik), die „Feynman Lectures" (Physikalische Grundlagen) und der „Kittel" (Festkörperphysik). Das trifft ebenso auf die Materialwissenschaft und Werkstofftechnik zu, deren wissenschaftliche Wurzel die Metallkunde ist. Das Lehrbuch der Metallkunde von Georg Masing hat der deutschen Nachkriegsgeneration die physikalischen Grundlagen der Werkstoffe vermittelt und die Konzeptionen der Materialwissenschaft bis heute in seinen Fundamenten geprägt. Das Buch war bereits in den 50er Jahren vergriffen, aber auf seiner Basis hat die „Göttinger Schule" die Metallkunde in Deutschland weiter geprägt. Es hat auch nicht an Versuchen gefehlt, den „Masing" neu aufzulegen, doch erst (der jüngst verstorbene) Prof. Haasen (Nachfolger von Georg Masing, Schüler von Richard Becker) hat in seinem Lehrbuch „Physikalische Metallkunde" die Tradition fortgesetzt. Obwohl Haasens Lehrbuch viele Liebhaber gefunden hat, eignet es sich aber nur bedingt als Lehrbuch der Metallkunde speziell für Werkstoffingenieure, denn es setzt die grundlegenden Kenntnisse der Metallkunde bereits voraus und ist anspruchsvoll in der Darstellung. Damit kommt es für einführende Lehrveranstaltungen oder gar zum Selbststudium der Metallkunde praktisch nicht in Frage.

Das vorliegende Buch hat dagegen zum Ziel, die Grundlagen zum Verständnis materialwissenschaftlicher Probleme zu vermitteln und zum Studium weiterführender Literatur zu befähigen. Andererseits will es sich deutlich von den vielen Büchern über „Materials Science" abheben, in denen vorrangig die Phänomene vorgestellt werden oder ein Verständnis auf rein phänomenologischer und daher zwangsläufig oberflächlicher Basis geboten wird. Mit dem vorliegenden Lehrbuch soll der Versuch unternommen werden, die Brücke von den atomistischen Mechanismen zu den Phänomenen und Eigenschaften der Werkstoffe zu schlagen. Das Buch erhebt keinen Anspruch auf Vollständigkeit oder umfassende Darstellung. Als Lehrbuch muß es notgedrungen einen angemessenen Kompromiß zwischen Vollständigkeit und Tiefe der Darstellung eingehen, wobei der gewählte Kompromiß eine Frage der persönlichen Einschätzung ist, der für jede Person anders ausfallen mag. Das trifft speziell für das Kapitel „Physikalische Eigenschaften" zu, das sich gezielt an Ingenieurstudenten richtet, die erfahrungsgemäß geringe Vorkenntnisse der Festkörperphysik mitbringen.

Das Lehrbuch wurde zunächst als Vorlesungsmanuskript zur Einführung in die Materialwissenschaft und Werkstofftechnik für Studenten sowohl der Metallurgie, der Werkstofftechnik als auch der Metallphysik und des Maschinenbaus konzipiert und über die Jahre entwickelt. Dem Trend zur umfassenderen Behandlung der Werkstoffe über die Metalle hinaus wurde im Rahmen der metallkundlichen Konzepte Rechnung getragen.

Vorbemerkungen zur 4. Auflage

Seit dem Erscheinen der 1. Auflage dieses Buches hat sich die Situation der Werkstoffwelt in Deutschland maßgeblich geändert. Die durch eine verwirrende und der Öffentlichkeit unverständliche Begriffsvielfalt wie Werkstoffwissenschaften, Werkstoffkunde, Materialkunde, Materialwissenschaften, Werkstofftechnik etc. gekennzeichneten Programme haben sich zu einer neuen Querschnittsdisziplin unter dem einheitlichen Begriff ‚Materialwissenschaft und Werkstofftechnik' zusammengefunden. Diese Bezeichnung wird heute durchgängig in Universität, Wirtschaft und Verwaltung verwendet. Der in diesem Zusammenhang gegründete Studientag ‚Materialwissenschaft und Werkstofftechnik', der die Studienprogramme an Universitäten und Hochschulen repräsentiert, oder die Bundesvereinigung ‚Materialwissenschaft und Werkstofftechnik', der Dachverband der werkstofforientierten Vereine in Deutschland, geben von dieser Entwicklung beredtes Zeugnis.

Um dieser Entwicklung Rechnung zu tragen, haben wir uns bei der 4. Auflage des Lehrbuchs ‚Physikalische Grundlagen der Materialkunde' entschlossen, neben dem veränderten Erscheinungsbild auch dem modernen Trend zu folgen und den Titel des Buches zu ändern in ‚Materialwissenschaft und Werkstofftechnik: Physikalische Grundlagen'. Ferner kommen wir in dieser 4. Auflage einem vielfach geäußerten Wunsch nach und ergänzen den Text durch einen Aufgabenteil mit Lösungen. Die Aufgabensammlung mit den zugehörigen Lösungen entstammt dem Fundus der Übungsaufgaben zur Vorlesung Materialkunde an der RWTH Aachen und wurde ganz überwiegend von meiner Assistentin, Frau Dipl.-Ing. Kathrin Grätz, zusammengestellt und für dieses Buch aufbereitet. Wir hoffen, dass diese Ergänzung den Leserinnen und Lesern hilft, den Inhalt des Buches noch besser zu verstehen und ihr konzeptionelles Verständnis der Materialkunde zu vertiefen.

Es sei ferner darauf hingewiesen, dass ergänzend zu Lehrbuch und Aufgabenteil ein komplementäres elektronisches Lernprogramm über das Internet frei zugänglich ist. Dazu ruft man unter ‚www.imm.rwth-aachen.de' die Homepage des Instituts für Metallkunde und Metallphysik der RWTH Aachen auf und wählt unter den Angeboten ‚Metis' aus. ‚Metis' ist wie das Lehrbuch strukturiert und der Benutzer kann unter den Buchkapiteln interaktive Simulationsapplets aufrufen, bei denen geeignete Parameter frei eingestellt werden können, um deren Einfluss auf die gewählten materialkundlichen Vorgänge zu studieren.

Weiterhin wurde der Inhalt des Buches dadurch erweitert, dass nun auch die Grundlagen einer in neuerer Zeit in den Blickpunkt gerückten Werkstoffklasse, den niedrigdimensionalen Systemen, wie dünne Filme, Nanoröhren und metallische Gläser, zumindest einführend behandelt werden.

Wie bei den früheren Auflagen hat Irene Zeferer Text und Layout mit großer Sorgfalt und Umsicht erstellt, Barbara Eigelshoven hat die Abbildungen zur Einbindung in den Text in bestmöglicher Qualität aufbereitet. Für ihr besonderes Engagement und ihre unermüdliche Einsatzbereitschaft möchte ich allen Mitarbeiterinnen herzlich danken. Den Lesern wünsche ich angenehme und lehrreiche Lektüre.

Einführung

„Die Entwicklung neuer Materialien wird international als Schlüsseltechnologie mit Querschnittscharakter und Schrittmacherfunktion für viele industrielle Bereiche eingestuft. Die Fähigkeit zur Herstellung, Verarbeitung und Anwendung leistungsfähiger Materialien ist Voraussetzung für neue, international wettbewerbsfähige Produkte und Verfahren und ein Schlüssel zu mehr Ressourceneffizienz und Umweltschutz." schrieb eine Gutachterkommission, die im Jahre 1996 die Materialforschung in Nordrhein-Westfalen zu beurteilen hatte.[1] In Ihrem Positionspapier zur Materialwissenschaft und Werkstofftechnik in Deutschland bemerkt die Deutsche Akademie der Technikwissenschaften, acatech, im Jahr 2008: ‚Die Tatsache, dass die Deutsche Akademie der Technikwissenschaften die Notwendigkeit sieht, sich einem so grundsätzlichen Thema wie den „Werkstoffen" zuzuwenden, ist einerseits ein Zeichen für die Leistungsfähigkeit der materialwissenschaftlichen und werkstofftechnischen Forschung und zeigt die Schlüsselrolle des Fachgebiets der Materialwissenschaft und Werkstofftechnik für alle produktiven Sektoren der Wirtschaft in Deutschland.

Die genannten Fertigkeiten setzen naturgemäß eine Kenntnis der physikalischen Grundlagen als Schlüssel zum Verständnis der Eigenschaften von Materialien voraus. Diese Grundlagen sind Gegenstand der Materialkunde, und ihnen ist dieses Lehrbuch gewidmet. Der Begriff „Materialkunde" ist relativ jung und auch nur unpräzise definiert. Manchmal wird darunter eine Erweiterung der Metallkunde auf nichtmetallische Werkstoffe verstanden. Speziell von den Naturwissenschaftlern wird die Materialwissenschaft häufig ausschließlich in bezug auf neuartige oder gar exotische Funktionswerkstoffe gesehen. Bezieht man diese Materialien aber ein in die große Gruppe der technisch nutzbaren Stoffe, dann wird Materialkunde ein modernes Synonym zur Werkstoffwissenschaft, in Anlehnung an den eindeutig besetzten englischen Begriff „Materials Science".

Die Materialwissenschaft ist damit die Lehre vom Zusammenhang zwischen mikroskopischem Aufbau und makroskopischen Eigenschaften technisch nutzbarer Materialien. Sie führt das große Spektrum technologisch einsatzfähiger Festkörper von Metallen über Keramiken, Gläser und Kunststoffe bis hin zu den Verbundwerkstoffen unter einem Dach zusammen.

---

[1] Stärkung der universitären Metallforschung in NRW, Herausg. Ministerium für Wissenschaft- und Forschung des Landes Nordrhein-Westfalen (1997).

Die technisch wohl bedeutendste Werkstoffgruppe, sowohl was gegenwärtige Produktion und Verwendung als auch Tradition und systematische Entwicklung betrifft, sind die Metalle. Ihre vorzügliche Kombination von Formbarkeit und Festigkeit empfiehlt sie als Konstruktionswerkstoffe und ihre gute elektrische Leitfähigkeit macht sie für die Elektroindustrie unentbehrlich. Metalle haben daher über Jahrtausende hinweg — ganze geologische Zeiträume sind nach ihnen benannt — die Werkstoffgeschichte und -entwicklung bestimmt. Im technologisch ausgerichteten „industriellen Zeitalter" mit Bedarf für preisgünstige Massengüter und Bauteile für extreme Anforderungen haben aber Hochleistungskeramiken, Kunststoffe und schließlich Verbundwerkstoffe als Konstruktionswerkstoffe in steigendem Maße Verwendung gefunden.

Die materialwissenschaftliche Behandlung von Keramiken und Kunststoffen ist verhältnismäßig jung im Vergleich zur Metallkunde. In den grundsätzlichen Zusammenhängen lassen sich aber Metalle, Keramiken und Kunststoffe überwiegend in einem einheitlichen Rahmen beschreiben, der sich im wesentlichen aus den Grundlagen der Metallkunde ableitet. Die Metallkunde ist in dieser Hinsicht die Mutter der Materialwissenschaft und Werkstofftechnik was sich aus der umfangreichen Beschäftigung vieler Forschergenerationen mit dieser Werkstoffgruppe erklärt. Die Metallkunde selbst ist aber trotz der sehr langen Tradition metallischer Werkstoffe keine klassische Wissenschaftsdisziplin. Die Gewinnung und Verarbeitung von Metallen galt lange Zeit als geschätztes Geheimnis und wurde durch mündliche Überlieferung und praktische Aneignung von Generation zu Generation vererbt. Erst im Mittelalter hat ein Gelehrter namens Bauer (ins Lateinische übersetzt als „Agricola" bezeichnet) die Rezepte der Metallverarbeitung aufgeschrieben, in seinem Werk „De Re Metallica".[2] Das Buch liest sich wie eine mystische Anleitung zur Metallverarbeitung, von Stierblut und klaren Mondnächten ist u. a. die Rede, Kobolde und Nickel treiben ihr Unwesen (daher die Bezeichnung Kobalt und Nickel), was alles seine praktische Bewandtnis hat und heute eine wissenschaftliche Erklärung findet. Tatsächlich war die Metallkunde im Mittelalter eine Richtung der Alchemie, die mit einer Mischung aus empirischen Rezepten und Aberglauben ihre Kunst betrieb. Mit der immer stärker werdenden wissenschaftlichen Orientierung in der Neuzeit wurde die Metallkunde eine Richtung der Chemie, wo sie auch heute noch an vielen Universitäten beheimatet ist. Die rasche Entwicklung im Verständnis der Eigenschaften, insbesondere durch die Entdeckung der Röntgenstrahlen und ihre Anwendung für die Kristallstrukturanalyse, zeigte bald, daß im Gegensatz zur damals herrschenden Auffassung die Eigenschaften der Metalle nicht nur durch die chemische Zusammensetzung bestimmt waren. Damit wurde die Metallkunde nun in der physikalischen Chemie angesiedelt. Die Entwicklung der atomistischen Grundlagen für das Verständnis der mechanischen und elektronischen Eigenschaften metallischer Werkstoffe im Rahmen der Versetzungstheorie bzw. der Elektronentheorie der Metalle hat den Schwerpunkt der Metallkunde zu Anfang des vorigen Jahrhunderts immer stärker zur Physik verschoben und schließlich zur Disziplin der Metallphysik geführt, die die

---

[2] Agricola (1961) De Re Metallica. VDI-Verlag, Düsseldorf.

wissenschaftliche Entwicklung der Metallkunde in den letzten 50 Jahren entscheidend geprägt hat. Unser heutiges tieferes Verständnis metallischer Werkstoffe auf der Basis atomistischer Modelle ist im wesentlichen in den vergangenen 50 Jahren metallphysikalischer Forschung entwickelt worden. Ziel dieser Forschung war und ist eine Beschreibung der Werkstoffeigenschaften auf der Basis atomistischer physikalischer Modelle, die sich in Zustandsgleichungen formulieren läßt, somit eine Prognose des Werkstoffverhaltens auf theoretischer Basis zuläßt und damit die aufwendigen Experimentierphasen der Werkstoffentwicklung verkürzt oder im Idealfall überflüssig macht.

In den sechziger und siebziger Jahren des vorigen Jahrhunderts wurde immer deutlicher, daß der dringende Bedarf nach Werkstoffen für eine Vielfalt von teilweise extremen Anwendungen und wettbewerbsfähigen Massengütern auch die Entwicklung nichtmetallischer Werkstoffe einschließen muß, beispielsweise Keramiken für Hochtemperaturbauteile und Kunststoffe zur Gewichtsersparnis in Automobilen und Flugzeugen. Die werkstoffphysikalische Forschung machte aber bald deutlich, daß die grundlegenden Konzepte der physikalischen Metallkunde unter Berücksichtigung gewisser Einschränkungen relativ einfach auf andere Werkstoffe, insbesondere die kristallinen Festkörper, zu übertragen waren. Kristallographie, Konstitutionslehre, Diffusion, Phasenumwandlungen, physikalische Eigenschaften etc. sind die Grundlagen, die zum Verständnis der technologisch anwendbaren Materialien aller Art, also der Werkstoffe insgesamt, notwendig sind.

Natürlich gibt es auch spezifische Unterschiede. Zum Beispiel die zum Verständnis der plastischen Verformung von Metallen so wichtige Versetzungstheorie hat bei den spröden Keramiken wenig Bedeutung, aber sie macht den Grund für die Sprödigkeit klar und öffnet damit Perspektiven für ihre Handhabung. Für die zumeist nichtkristallinen Polymere ist ein geeignetes Versetzungskonzept oft noch zu kompliziert und daher muss die Beschreibung der Verformung von Kunststoffen vorläufig auf phänomenologische Modelle beschränkt bleiben.

Die Möglichkeit zu einer umfassenden Beschreibung der verschiedenen Werkstoffklassen und die zunehmende Kombination verschiedener Werkstoffe zu Werkstoffverbunden und schließlich Verbundwerkstoffen entspricht dem weltweiten Trend, die klassischen selbständigen Gebiete der Metallkunde, Keramik und Kunststoffe zur Materialwissenschaft und Werkstofftechnik zu vereinen. Diese Entwicklung führte zunächst im englischen Sprachraum zur Einführung des einheitlichen Begriffs ‚Materials Science and Engineering‘. Mit längerer Verzögerung hat sich nun auch in Deutschland die einheitliche Bezeichnung ‚Materialwissenschaft und Werkstofftechnik‘ durchgesetzt, die sowohl den naturwissenschaftlichen als auch den ingenieurwissenschaftlichen Aspekt umfaßt.

Inhaltsverzeichnis

1 Gefüge und Mikrostruktur.. 1
   Literatur... 9

2 Der atomistische Aufbau der Festkörper 11
   2.1 Atomare Bindung... 11
   2.2 Kristallstruktur.. 18
      2.2.1 Kristallsysteme und Raumgitter 18
      2.2.2 Kristallstrukturen von Metallen 23
      2.2.3 Kristallstruktur keramischer Werkstoffe................. 29
      2.2.4 Kristallstruktur polymerer Werkstoffe 31
      2.2.5 Gläser 34
      2.2.6 Quasikristalle.. 34
      2.2.7 Spezielle Modifikationen des Kohlenstoffs: Graphen,
           Fullerene und Nanoröhren 34
   2.3 Indizierung kristallographischer Ebenen und Richtungen 37
   2.4 Kristallographische Orientierungen 44
      2.4.1 Definition einer kristallographischen Orientierung 44
      2.4.2 Darstellung von Orientierungen: Stereographische Projektion.... 47
   2.5 Verfahren zur Struktur- und Orientierungsbestimmung 52
      2.5.1 Das Braggsche Gesetz................................. 52
      2.5.2 Röntgenmethoden 54
      2.5.3 Elektronenmikroskopie................................ 59
      2.5.4 Kristallographische Texturen 60
   2.6 Aufgaben.. 68
   Literatur.. 69

3 Kristallbaufehler.. 71
   3.1 Überblick.. 71
   3.2 Punktfehler 72
      3.2.1 Typen von Punktfehlern 72
      3.2.2 Thermodynamik der Punktdefekte 72
      3.2.3 Experimenteller Nachweis von Punktdefekten 76

3.3   Versetzungen   79
        3.3.1   Geometrie der Versetzungen   79
        3.3.2   Nachweis von Versetzungen   85
3.4   Korngrenzen   87
        3.4.1   Grundbegriffe und Definitionen   87
        3.4.2   Struktur der Korngrenzen   91
3.5   Phasengrenzflächen   103
        3.5.1   Klassifizierung der Phasengrenzen   103
        3.5.2   Phänomenologische Beschreibung der Phasengrenzfläche   105
3.6   Aufgaben   110
Literatur   114

4   Legierungen   115
4.1   Konstitutionslehre   115
4.2   Thermodynamik der Legierungen   127
4.3   Mischkristalle   132
4.4   Intermetallische Phasen   141
        4.4.1   Überblick   141
        4.4.2   Geordnete Substitutionsmischkristalle   142
        4.4.3   Wertigkeitsbestimmte Phasen   149
        4.4.4   Phasen hoher Raumerfüllung   153
        4.4.5   Phasen maximaler Elektronendichte (Hume-Rothery-Phasen) . . .   155
4.5   Mehrstoffsysteme   160
4.6   Aufgaben   160
Literatur   162

5   Diffusion   163
5.1   Phänomenologie und Gesetzmäßigkeiten   163
5.2   Die Diffusionskonstante   169
5.3   Atomistik der Festkörperdiffusion   176
5.4   Korrelationseffekte   184
5.5   Chemische Diffusion   186
5.6   Thermodynamischer Faktor   190
5.7   Diffusion über Grenzflächen   194
5.8   Diffusion in Nichtmetallen: Ionenleitfähigkeit   199
5.9   Aufgaben   202
Literatur   205

6   Mechanische Eigenschaften   207
6.1   Grundlagen der Elastizität   207
6.2   Die Fließkurve   212
6.3   Mechanismen der plastischen Verformung   219
        6.3.1   Kristallographische Gleitung durch Versetzungsbewegung   219
        6.3.2   Mechanische Zwillingsbildung   229

6.4		Die kritische Schubspannung	235
	6.4.1	Das Schmidsche Schubspannungsgesetz	235
	6.4.2	Versetzungsmodell der kritischen Schubspannung	238
	6.4.3	Thermisch aktivierte Versetzungsbewegung	247
6.5		Verformung und Verfestigung von kfz-Einkristallen	250
	6.5.1	Geometrie der Verformung	250
	6.5.2	Versetzungsmodelle der Verformungsverfestigung	254
	6.5.3	Versetzungsaufspaltung	261
6.6		Festigkeit und Verformung von Vielkristallen	265
6.7		Mechanismen der Festigkeitssteigerung	272
	6.7.1	Mischkristallhärtung	272
	6.7.2	Dispersionshärtung	276
	6.7.3	Ausscheidungshärtung	282
6.8		Zeitabhängige Verformung	285
	6.8.1	Dehnungsgeschwindigkeitsempfindlichkeit der Fließspannung: Superplastizität	285
	6.8.2	Kriechen	288
	6.8.3	Anelastizität und Viskoelastizität	295
6.9		Mechanische Eigenschaften niedrigdimensionaler Systeme	308
	6.9.1	Dünne Schichten und Filme	308
	6.9.2	Mechanische Eigenschaften von metallischen Gläsern	313
	6.9.3	Mechanische Eigenschaften von Graphen und Nanoröhren	314
6.10		Aufgaben	315
Literatur			319
7		**Erholung, Rekristallisation, Kornvergrößerung**	**321**
7.1		Phänomenologie und Begriffe	321
7.2		Die energetischen Ursachen der Rekristallisation	326
7.3		Verformungsstruktur	330
7.4		Erholung	333
7.5		Keimbildung	340
7.6		Korngrenzenbewegung	344
7.7		Kinetik der primären Rekristallisation	347
7.8		Das Rekristallisationsdiagramm	353
7.9		Rekristallisation in homogenen Legierungen	354
7.10		Rekristallisation in mehrphasigen Legierungen	356
7.11		Kornvergrößerung	357
7.12		Unstetige Kornvergrößerung (Sekundäre Rekristallisation)	364
7.13		Dynamische Rekristallisation	366
7.14		Rekristallisationstexturen	369
7.15		Rekristallisation in nichtmetallischen Werkstoffen	370
7.16		Aufgaben	372
Literatur			374

8   Erstarrung von Schmelzen 377
  8.1   Zustand der Schmelze 377
  8.2   Keimbildung in der Schmelze 380
  8.3   Kristallwachstum 386
      8.3.1   Gestalt des Kristalls 386
      8.3.2   Atomistik des Kristallwachstums 389
      8.3.3   Kristallwachstum in der Schmelze 390
  8.4   Gefüge des Gußstücks 398
  8.5   Fehler des Gußgefüges 399
  8.6   Schnelle Erstarrung von Metallen und Legierungen 401
      8.6.1   Quasikristalle 401
      8.6.2   Massive metallische Gläser 402
  8.7   Erstarrung von Nichtmetallen: Gläser und Hochpolymere 405
  8.8   Aufgaben 408
  Literatur 409

9   Umwandlungen im festen Zustand 411
  9.1   Reine Metalle 411
  9.2   Legierungen 412
      9.2.1   Umwandlungen mit Konzentrationsänderung 412
      9.2.2   Martensitische Umwandlungen 434
      9.2.3   Anwendungen 439
  9.3   Aufgaben 443
  Literatur 445

10   Physikalische Eigenschaften 447
  10.1   Elektronentheoretische Grundlagen der Festkörpereigenschaften 447
  10.2   Mechanische und thermische Eigenschaften 454
  10.3   Wärmeleitfähigkeit 461
  10.4   Elektrische Eigenschaften 464
      10.4.1   Leiter, Halbleiter und Nichtleiter 464
      10.4.2   Graphen und Kohlenstoffnanoröhren (CNT) 467
      10.4.3   Leitfähigkeit von Metallen 468
      10.4.4   Deutung der Leitfähigkeitsphänomene 472
      10.4.5   Supraleitung 478
  10.5   Magnetische Eigenschaften 482
      10.5.1   Dia- und Paramagnetismus 482
      10.5.2   Ferromagnetismus 485
  10.6   Optische Eigenschaften 493
      10.6.1   Licht 493
      10.6.2   Reflexion metallischer Oberflächen 495

	10.6.3	Isolatoren	496
	10.6.4	Anwendungen	500
10.7	Aufgaben		501
Literatur			502

11 Aufgaben und Lösungen 505

Weiterführende Literatur zu den Kapiteln 617

Sachverzeichnis 621

Gefüge und Mikrostruktur

1

Bei einem fertigen Bauteil fällt zunächst nur seine Funktion oder äußere Erscheinungsform ins Auge, zum Beispiel ein Schmuckstück aus Edelmetall, der Motor eines PKW, das Seil einer Hängebrücke, der Draht eines elektrischen Kabels, die dunklen wärmedämmenden Scheiben eines modernen Bürogebäudes oder die dekorative Gebrauchskeramik und Metallarmatur eines modernen Bades. Die Gebrauchsfähigkeit eines Gegenstandes für eine bestimmte Anwendung wird aber durch die Eigenschaften des Werkstoffs bestimmt, aus dem das Bauteil gefertigt wurde. Wir verlassen uns unbewußt auf die Festigkeit des mächtigen Stahlseiles, das eine Brücke hält, auf die Stoßunempfindlichkeit der keramischen Ofenplatte oder die Zuverlässigkeit der kleinen metallischen Schaufeln, die bei Temperaturen von über 1000 °C der Flugturbine ihre mächtige Schubkraft verleihen. Moderne Werkstoffe erhalten ihre speziellen Eigenschaften weniger durch ihre chemische Zusammensetzung als vielmehr durch eine spezielle Anordnung ihrer spezifischen Bauelemente, die sich in der Regel unserer direkten Beobachtung entziehen, und die wir in der Werkstofftechnik unter den Begriffen Gefüge oder Mikrostruktur zusammenfassen.

An Gußstücken oder an verzinkten Blechen kann man mit bloßem Auge erkennen, daß das Werkstück aus vielen Blöcken lückenlos zusammengesetzt ist. Wir nennen diese Blöcke Körner oder Kristallite, wenn das Material kristalliner Natur ist, wie Metalle, Minerale oder keramische Werkstoffe. Üblicherweise entzieht sich die Kornstruktur der Werkstoffe der Beobachtung durch das bloße Auge, weil die Körner zu klein sind. Durch sorgfältige Oberflächenbehandlung mittels Schleifen, Polieren und chemischer Ätzung kann man aber die Kristallite unter dem Lichtmikroskop sichtbar machen (Abb. 1.1). Das so erhaltene mikroskopische Bild wird in Anlehnung an die ihm vorausgehende Probenpräparation als Schliffbild bezeichnet. Die lichtoptische Untersuchung metallischer Werkstoffe ist bis heute eine wichtige Stufe ihrer Charakterisierung, und die damit verbundenen Schritte der Probenbehandlung bis hin zur Mikroskopie werden unter dem Begriff Metallographie zusammengefaßt. Die metallographisch sichtbare Struktur des Werkstoffs wird gemeinhin als Gefüge bezeichnet. Der Begriff Gefüge umfaßt also die Kornstruktur eines Werkstoffs

G. Gottstein, *Materialwissenschaft und Werkstofftechnik*, Springer-Lehrbuch,
DOI: 10.1007/978-3-642-36603-1_1, © Springer-Verlag Berlin Heidelberg 2014

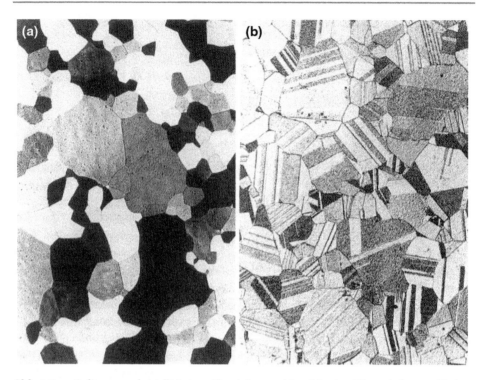

Abb. 1.1   a Gefüge von rekristallisiertem Aluminium und **b** α-Messing. Die typischen gradlinigen Korngrenzen (Zwillingsgrenzen) fehlen beim Aluminium und lassen beide Gefüge ganz unterschiedlich erscheinen

und, wenn das Material aus mehreren chemisch unterschiedlichen Bestandteilen, seinen Phasen, besteht, auch seine Zusammensetzung aus unterschiedlichen Phasen, wenn man sie unter dem Mikroskop erkennen kann.

Das metallographisch erkennbare Gefüge ist aber nur eine grobe (makroskopische) Charakterisierung des Werkstoffzustands. Bei höherer Vergrößerung im Elektronenmikroskop erkennt man, daß ein makroskopisch homogen und perfekt erscheinender Werkstoff eine Mikrostruktur enthält, nämlich Kristallbaufehler, insbesondere Versetzungen (vgl. Kap. 3), die häufig in charakteristischen Mustern angeordnet sind, ferner Stapelfehler und in den meisten kommerziellen Werkstoffen auch fein verteilte zweite Phasen (Abb. 1.2). In speziellen Werkstoffen findet man darüberhinaus weitere Mikrostrukturbestandteile, bspw. Domänengrenzen in Magnetwerkstoffen, oder Antiphasengrenzen in geordneten Mischkristallen. Durch chemische Analyse in mikroskopisch kleinen Bereichen kann man häufig auch lokale Schwankungen der chemischen Zusammensetzung nachweisen. Neuere Werkstoffentwicklungen haben zu Materialien mit Korndimensionen im Submikrometer- (1μm $= 10^{-6}$ m) oder sogar Nanometerbereich (1 nm $= 10^{-9}$ m) geführt, die nur noch unter hoher Vergrößerung im Elektronenmikroskop aufgelöst werden können. Die Abbildung

Abb. 1.2 Mikrostruktur eines technischen Werkstoffs (Al-Legierung 2014), wie sie im Elektronenmikroskop erscheint. Man erkennt Teilchen zweier Phasen und linienhafte Kristallbaufehler (Versetzungen)

und ebenso die chemische Mikrobereichsanalyse im Elektronenmikroskop oder mit der Elektronenstrahlmikrosonde sind daher heute zu Standardmethoden einer erweiterten Metallographie, d. h. der modernen Mikrostrukturcharakterisierung, avanciert.

Die Charakterisierung von Gefüge und Mikrostruktur kann sich nicht in einer qualitativen Beschreibung erschöpfen, sondern verlangt zur Verknüpfung mit den mit ihr verbundenen Eigenschaften eine quantitative Darstellung. Die elementarste Information über ein Gefüge ist die Angabe der Korndimension, d. h. des Korndurchmessers. Dabei stellt sich aber heraus, daß es in aller Regel gar keine einheitliche Korngröße gibt, sondern daß stets eine Verteilung von Korngrößen existiert. Als einfachste Größe definiert man daher den Mittelwert der gemessenen Korndurchmesser, den man auch als mittlere Korngröße bezeichnet. Dieser Wert läßt sich durch einfache stereologische Verfahren (Stereologie = Lehre der Raumkörper), bspw. durch das Abzählen der Schnittpunkte von metallographisch im Schliffbild sichtbaren Korngrenzen mit speziellen geometrischen Kurven, im einfachsten Fall mit geraden Linien oder mit Spiralen, ermitteln. Man kann mathematisch zeigen, daß der aus dem Schliffbild, also dem zweidimensionalen Schnitt einer dreidimensionalen Probe, erhaltene mittlere Korndurchmesser bis auf einen Faktor der Größenordnung eins auch dem dreidimensionalen mittleren Korndurchmesser entspricht. Eine genauere Angabe des Gefüges liefert aber die Korngrößenverteilung. Die Korngrößenverteilungsfunktion gibt die Häufigkeit an, mit der ein gewisser Korndurchmesser statistisch vorkommt. Da ein mathematisch exakt vorgegebener Korndurchmesser vermutlich überhaupt nicht vorkommt, ist es sinnvoll und üblich, die Häufigkeit von Körnern mit einem Durchmesser innerhalb eines sinnvoll gewählten Korngrößenintervalls anzugeben. So faßt man bspw. alle Körner

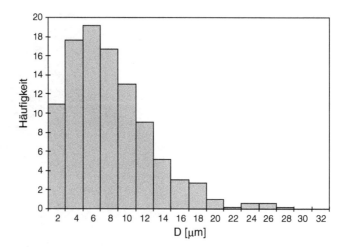

Abb. 1.3 Histogramm der Korngrößenverteilung in rekristallisierten Fe-17 % Cr-Industrie-blechen (70 % gewalzt, 250 min bei 1050 °C geglüht). Die Verteilung ist nicht symmetrisch

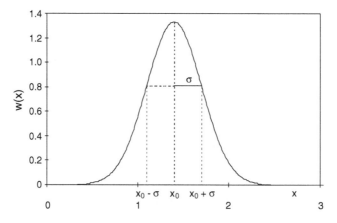

Abb. 1.4 Verlauf der idealen Normalverteilung gemäß Gl. (1.1) mit dem Mittelwert $x_0 = 1.4$ und der Standardabweichung $\sigma = 0.3$

mit Korndurchmessern von 0 bis 10 μm, von 10 bis 20 μm, von 20 bis 30 μm usw. jeweils zusammen. Eine entsprechende Darstellung der Häufigkeit von solchen Intervallgrößen nennt man auch Histogramm (Abb. 1.3).

Die so erhaltene Verteilung ist nicht symmetrisch zum Mittelwert, d. h. der am häufigsten vorkommende Wert (Medianwert), also der Korndurchmesser D_m, bei dem die Häufigkeitsverteilung ihr Maximum hat, ist nicht mit dem Mittelwert D_0 identisch. Insofern unterscheiden sich Korngrößenverteilungen von der in der Statistik gewöhnlich gefundenen Normalverteilung (Gauß-Verteilung), die in Abb. 1.4 dargestellt ist und sich für eine

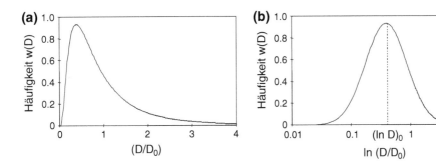

Abb. 1.5 **a** Logarithmische Normalverteilung gemäß Gl. (1.2) in linearer Auftragung (normiert auf die mittlere Korngröße). Das Maximum wird nicht bei D_0 (d. h. $D/D_0 = 1$) angenommen. **b** Auftragung der Verteilung aus (a) über den Logarithmus der Korngröße. Die Verteilung ist symmetrisch und daher $(\ln D)_0 = \ln D_m$

Variable x mathematisch folgendermaßen ausdrücken läßt:

$$w(x)\,dx = \frac{1}{\sqrt{2\pi}\,\sigma} \cdot \exp\left(-\frac{1}{2}\left(\frac{x - x_0}{\sigma}\right)^2\right)dx \qquad (1.1)$$

Dabei ist $w(x)dx$ die Wahrscheinlichkeit die gemessene Größe im Intervall $[x, x + dx]$ zu finden; x_0 bezeichnet den Mittelwert und σ die Standardabweichung, also die Breite der Verteilung. Korngrößenverteilungen lassen sich aber in eine symmetrische Gestalt überführen, wenn man die Häufigkeit statt über der Korngröße D über dem Logarithmus der Korngröße $\ln D$ aufträgt (Abb. 1.5). Eine solche Verteilung nennt man logarithmische Normalverteilung und läßt sich für eine Variable x mathematisch formulieren als

$$w(x)\,dx = \frac{1}{\sqrt{2\pi}\,\sigma} \cdot \frac{1}{x} \exp\left(-\frac{1}{2}\left(\frac{\ln(x/x_m)}{\sigma}\right)^2\right)dx \qquad (1.2)$$

Angewandt auf Korngrößen, also $x = D$, bezeichnet $(\ln D)_0$ jetzt den Mittelwert der logarithmischen Korngrößenverteilung, d. h. $(\ln D)_0 = \ln D_m$. Dieser empirische Befund entzieht sich bisher einer tieferen wissenschaftlichen Begründung, obwohl es nicht an Versuchen gefehlt hat, die logarithmische Normalverteilung aus elementaren Voraussetzungen herzuleiten. Da Korngrößen, nicht nur im Festkörper, sondern bspw. auch die Größe von Sandkörnern in einem Sandhaufen, also logarithmisch normal verteilt sind, muß man bei einer linearen Auftragung $w(D)$ zwischen dem mittleren Durchmesser D_0 und dem am häufigsten auftretenden Durchmesser D_m unterscheiden. Für eine logarithmisch normalverteilte Variable x sind Medianwert x_m und Mittelwert x_0 folgendermaßen miteinander verknüpft:

$$x_m = \exp\left(\ln x_0 - \sigma^2\right) \qquad (1.3)$$

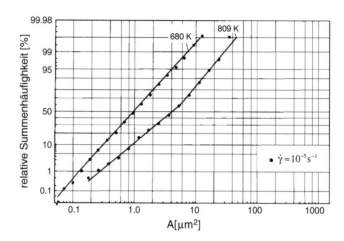

Abb. 1.6 Summenhäufigkeit von gemessenen (Sub)korngrößenverteilungen in Kupfer. Bei 680 K liegt nur eine, bei 809 K liegen dagegen zwei Verteilungen nebeneinander vor

Neben dem Mittelwert einer Verteilung ist natürlich auch die Breite der Verteilung (Streubreite) wichtig. Sie wird in der Regel als Standardabweichung σ angegeben, d.h. als die Abweichung vom Mittelwert, bei der die Häufigkeit auf den Bruchteil $1/e$ (e – Eulersche Zahl) des Maximalwertes abgefallen ist. Bei einer Normalverteilung liegen innerhalb der Standardabweichung 68.3 % aller Meßwerte.

Bei breiten Verteilungen ist häufig nicht einfach zu erkennen, ob sie aus einer einzigen oder der Überlagerung mehrerer Verteilungen besteht. Dann ist es sinnvoll, das Integral dieser Verteilung (Summenhäufigkeit) in einem sog. Wahrscheinlichkeitsdiagramm aufzutragen, das bei einer exakten Normalverteilung vollständig geradlinig verläuft. Abweichungen von der Geradlinigkeit in Form von Knicken oder Krümmungen lassen auf Überlagerung mehrerer Verteilungen schließen, die durch geeignete Methoden entflochten werden können (Abb. 1.6).

Kommerzielle Werkstoffe enthalten in der Regel mehrere Phasen, so daß neben der Angabe der Korngröße auch eine Information zur Phasenverteilung für eine Gefügecharakterisierung erforderlich ist. Dabei spielt neben dem Volumenanteil der Phasen auch ihre räumliche Anordnung und für die jeweilige Phase ebenfalls die Größenverteilung seiner Bestandteile (bspw. Teilchendurchmesser) eine Rolle. Grundsätzlich ist zu unterscheiden, ob eine zweite (oder weitere) Phase einen vergleichbaren Volumenanteil wie die Mutterphase (die vielfach auch als Matrix bezeichnet wird) besitzt, oder nur einen geringen Bruchteil des Gesamtvolumens ausmacht. Wir werden speziell bei den mechanischen Eigenschaften noch lernen, daß damit nicht nur ein quantitativer Unterschied verbunden ist, denn ein geringer Volumenbruchteil einer zweiten Phase beeinflußt primär die Eigenschaften der Mutterphase, während bei einer massiven zweiten Phase die Eigenschaften beider Phasen das Eignungsprofil des Werkstoffs bestimmen.

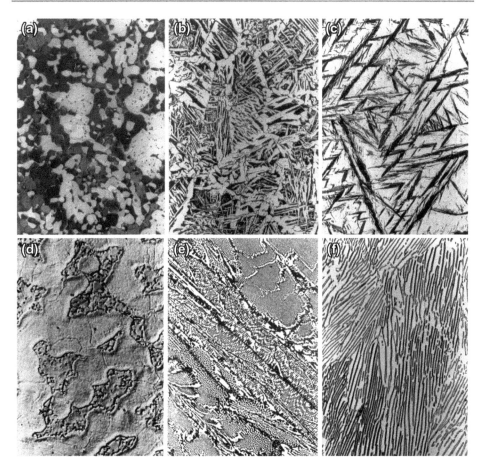

Abb. 1.7 Typische Gefüge in metallischen Werkstoffen [1]. **a** Duplexgefüge aus Austenit (hell) und Ferrit (dunkel). Material: X2 CrNiMo N 2253; **b** Widmannstättengefüge in C35 Stahlguß; **c** martensitisches Gefüge (Plattenmartensit) in Cl50; **d** Dual-Phasen-Gefüge eines Stahls. Man erkennt ferritische Inseln in einer austenitischen Matrix; **e** eutektisches Gefüge in weißem Roheisen (Kohlenstoffgehalt 4.3 %); (f) eutektoides Gefüge (Perlit) in Stahl C80

Je nach der räumlichen Anordnung von massiven Phasen unterscheidet man typische Gefüge. Liegen beide Phasen getrennt voneinander aber ähnlich in der Anordnung vor, so spricht man von einem Duplexgefüge (Abb. 1.7a). Bei bestimmten Umwandlungen im festen Zustand, bei denen die Kristallographie der Phasen eine bestimmende Rolle spielt, verlaufen die Phasengrenzen entlang bevorzugter kristallographischer Ebenen, was sich makroskopisch in linienförmigen Mustern äußert (Abb. 1.7b). Solche Strukturen bezeichnet man auch als Widmannstättengefüge. Martensitische Gefüge (vgl. Kap. 9) erscheinen typischerweise platten- oder linsenförmig (Abb. 1.7c), während die Struktur des Bainits sich wie feine Federn zusammensetzt. Häufig beschränkt sich das Auftreten der zweiten Phasen auf Korngrenzen, insbesondere deren Tripelpunkte, bspw. bei der diskontinuierlichen

Abb. 1.8 Verteilung der
Teilchengröße der metastabilen δ'-Phase in Al-7at.%Li
nach Alterungsglühung bei
190 °C (nach [2])

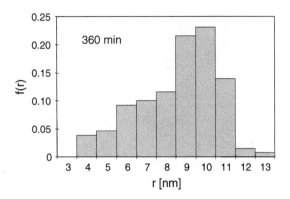

Ausscheidung (vgl. Kap. 7 und 9). Tritt eine solche Struktur im Schliffbild massiv auf, so spricht man von einem Dual-Phasen-Gefüge. Ganz charakteristische Gefüge ergeben sich bei der Erstarrung von Legierungen. Typische Beispiele sind eutektische Gefüge, bei der beide Phasen lamellenhaft nebeneinander angeordnet sind (Abb. 1.7e). Darauf wird im Kapitel über Erstarrung noch näher eingegangen.

Mit einiger Übung kann man in einem Schliffbild die typischen Gefüge leicht erkennen und unterscheiden und daher Rückschlüsse auf den Werkstoffzustand gewinnen. Deshalb wurden früher wie heute in speziellen Schulen (bspw. der Letteschule in Berlin) Metallographen bzw. Metallographinnen ausgebildet, die Schliffbilder hoher Qualität herstellen konnten. Das richtige Schleifen, Polieren und Ätzen ist für jeden Werkstoff anders und erfordert viel Erfahrung und Erfindungsgabe, und metallographische Grundkenntnisse gehören noch immer zu den wichtigsten Werkzeugen des Materialwissenschaftlers und Werkstofftechnikers.

Bei kleinen Volumenanteilen zweiter Phasen sind ihre Bestandteile zumeist im Schliffbild nicht mehr erkennbar, sondern zeigen sich nur unter hoher Vergrößerung im Elektronenmikroskop (Abb. 1.2). In diesem Fall sind die physikalisch-chemischen Eigenschaften der zweiten Phase in der Regel nur insofern von Wichtigkeit, als sie die Eigenschaften der Matrix beeinflussen. Das ist speziell von Bedeutung für die mechanischen Eigenschaften und für Rekristallisationsvorgänge (vgl. Kap. 6 und 7). Bei solchen Gefügebestandteilen kommt es hauptsächlich auf die Größe ihrer Teilchen und deren Abstand an. Die Teilchengrößen sind gewöhnlich aber nicht logarithmisch normalverteilt, sondern folgen im stationären Fall einer Verteilung, die bei großen Teilchengrößen stärker abfällt (Abb. 1.8). Beträgt der Volumenbruchteil der zweiten Phase f und setzt man der Einfachheit halber würfelförmige Teilchen der Kantenlänge d_0 voraus, dann ergibt sich der mittlere Teilchenabstand

$$R = d_0/\sqrt{f} \tag{1.4}$$

Für andere Gestalt der Teilchen sind entsprechende Geometriefaktoren zu berücksichtigen. Bei speziellen Problemstellungen ist auch der Abstand der Teilchen längs bestimmter Ebenen oder Richtungen von Bedeutung. Diese werden in getrennten Betrachtungen bei der entsprechenden Problemstellung im Text behandelt.

Literatur

1. Archiv des Instituts für Eisenhüttenkunde. RWTH Aachen (unveröffentlicht)
2. Schmitz G, Haasen P (1992) Acta Metall Mater 40:2209–2217

Der atomistische Aufbau der Festkörper

2.1 Atomare Bindung

Die Bausteine der festen Materie sind die Atome, die aus dem Atomkern und der Elektronenhülle bestehen. Die Eigenschaften der Festkörper werden dabei ganz überwiegend von der Elektronenhülle bestimmt. Nach dem Bohrschen Atommodell sind die Elektronen auf Schalen angeordnet (Abb. 2.1), deren Konfiguration, d. h. Elektronenbesetzung und räumliche Anordnung, sich nach den Gesetzen der Quantenmechanik bestimmt. Die für Festkörpereigenschaften wichtigste Schale ist die äußere Schale, die noch Elektronen besitzt, denn sie bestimmt die Wechselwirkung mit anderen gleichartigen oder ungleichartigen Atomen. Dabei dominiert das Prinzip, daß ein Atom in Kontakt mit anderen Atomen sich so verhält, daß seine äußere Schale mit acht Elektronen gefüllt wird. Dieses einfache Prinzip ist die Grundlage der chemischen Bindung. Hat ein Atom bereits eine vollständige äußere Achterschale, wie die Edelgase (daher auch Edelgaskonfiguration genannt), dann ist die Tendenz zur Wechselwirkung, d. h. zur chemischen Bindung oder auch zur Erstarrung als Festkörper, sehr gering. Bei Helium muß man bis 0.1K abkühlen, damit die Wechselwirkungskräfte zur Bildung eines Festkörpers ausreichen. Bei allen Atomsorten, die keine Edelgaskonfiguration besitzen, besteht die Tendenz, d. h. ist mit Energiegewinn verbunden, in Kontakt mit anderen Atomen die äußeren Elektronen, die auch als Valenzelektronen bezeichnet werden, aufzunehmen, abzugeben oder zu teilen. Damit ergeben sich die grundlegenden Bindungstypen (Abb. 2.2), nämlich:

(i) Heteropolare oder Ionenpaar-Bindung (a): Die Anzahl der Valenzelektronen (Wertigkeit) der Partner addiert sich zu acht. Der geringerwertige Partner gibt seine Valenzelektronen an das höherwertige Element ab. Beide Elemente haben dann eine Edelgaskonfiguration, aber die Atome sind nicht mehr elektrisch neutral. Beispiel: Na^+Cl^-; das einwertige Natrium gibt sein Elektron an das siebenwertige Chlor ab. Es

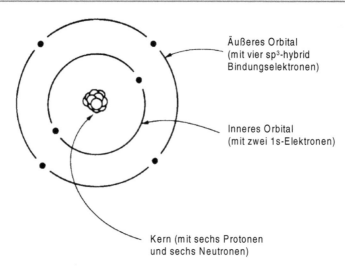

Äußeres Orbital
(mit vier sp³-hybrid
Bindungselektronen)

Inneres Orbital
(mit zwei 1s-Elektronen)

Kern (mit sechs Protonen
und sechs Neutronen)

Abb. 2.1 Schematische Darstellung der Elektronenkonfiguration des ^{12}C-Atoms nach dem Bohrschen Atommodell

können aber auch mehr als zwei Atome an der Bildung eines Moleküls beteiligt sein, z. B. $Ca^{2+}(F^-)_2$, wobei jedes Atom dadurch die Edelgaskonfiguration gewinnt.

(ii) Homöopolare oder kovalente oder Elektronenpaar-Bindung (b): Gelingt der Austausch von Elektronen, um die Edelgaskonfiguration (α) einzustellen, nicht, weil die Summe der Valenzelektronen sich nicht zu acht addiert, so kann die stabile Anordnung auch durch Bildung von Elektronenpaaren erzielt werden. Zum Beispiel bilden zwei siebenwertige Chloratome ein stabiles Chlormolekül Cl_2 durch Erzeugung eines Elektronenpaares (β), das beiden Cl-Atomen gemeinsam gehört, wodurch beide die Edelgaskonfiguration annähern. Bei sechswertigen Atomen müssen sich pro Atom zwei Elektronenpaare bilden. Dieses führt zur Erzeugung von Kettenmolekülen (γ), wie bspw. beim Schwefel. Bei fünfwertiger Valenz sind drei Elektronenpaare pro Atom erforderlich, was sich nur durch eine flächenhafte Anordnung verwirklichen läßt (δ), z. B. beim Arsen. Bei Wertigkeit vier muß schließlich ein Raumgitter eingestellt werden, um die vier Elektronenpaare pro Atom ordnungsmäßig zu verwirklichen (ε). Beispiele sind die vierwertigen Halbleiter Silizium und Germanium.

(iii) Metallische Bindung (c): Beträgt die Anzahl der Valenzelektronen weniger als vier, dann ist auch im Raumgitter keine Elektronenpaar-Bildung mehr möglich. In diesem Fall geben die Atome ihre Valenzelektronen an ein gemeinsames „Elektronengas" ab (Abb. 2.3), so daß die Ionenrümpfe die Edelgaskonfiguration haben und die Elektronen im Elektronengas nicht an ein spezielles Atom gebunden sind. Die damit erreichte Bindung nennt man metallische Bindung. Sie ist die weitaus häufigste unter den Elementen, denn etwa 3/4 aller natürlichen Elemente haben metallischen Charakter. Den Übergang von der kovalenten zur metallischen Bindung kann man sich so vorstel-

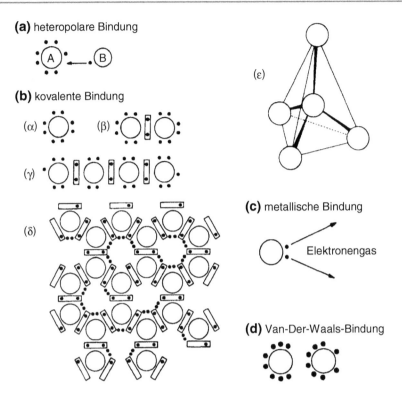

(a) heteropolare Bindung

(b) kovalente Bindung

(ε)

(c) metallische Bindung

Elektronengas

(d) Van-Der-Waals-Bindung

Abb. 2.2   Grundarten der chemischen Bindung. Bei kovalenter Bindung von gleichartigen Atomen kommt es zu speziellen Anordnungen

len, daß bei der kovalenten Bindung die Valenzelektronen am Atom lokalisiert sind – oder quantenmechanisch gesehen, sich dort bevorzugt aufhalten – während bei der metallischen Bindung das Elektron unlokalisiert ist und quasi allen Atomen gemeinsam gehört. Die geringe Lokalisierung der Elektronen bei der metallischen Bindung führt dazu, daß die metallische Bindung im Vergleich zu den anderen Bindungstypen schwach ist. Das ist einer der Gründe für die hohe Versetzungsbeweglichkeit in Metallen und damit ihre gute Formbarkeit, die sie zu den bevorzugten Konstruktionswerkstoffen gemacht hat.

(iv) Van-der-Waals-Bindung (d): Schließlich gibt es noch eine Bindung, die nicht auf dem Austausch von Elektronen beruht, nämlich die sogenannte van-der-Waals-Bindung. Sie wird dadurch verursacht, daß der Ladungsschwerpunkt der Elektronenhülle nicht mit dem Mittelpunkt des Atomkerns zusammenfällt. Dadurch erhalten die Atome ein Dipolmoment, über das eine anziehende Wechselwirkung mit anderen Atomen verbunden ist (Abb. 2.4). Diese Anziehung ist die Ursache der Bindung in Edelgasmolekülen und die Wechselwirkung von weit entfernten Atomen, wo kein Elektronenaustausch stattfinden kann.

Abb. 2.3 Prinzip der metallischen Bindung. Die
Ionenrümpfe werden von
einer Elektronengaswolke
der Valenzelektronen um-
geben

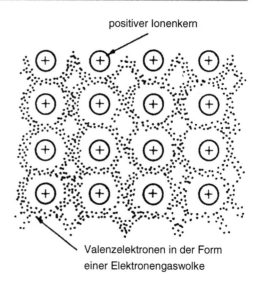

positiver Ionenkern

Valenzelektronen in der Form
einer Elektronengaswolke

Die Molekülbildung und damit auch die Bildung der kristallinen Phase kann man sich
so vorstellen, daß über weite Distanzen hinweg die Atome durch van-der-Waals-Kräfte
angezogen werden. Erst wenn sie sich auf eine Entfernung genähert haben, in der die Elektronenhüllen anfangen, sich zu berühren, kommt es zu den Elektronentransferprozessen,
die zur Bindung führen. Bei weiterer Annäherung kommt es schließlich zur Überlappung
der Elektronenhüllen und damit zu starker Abstoßung infolge des Pauli-Prinzips, was in
Kap. 10 näher erläutert wird. Die Kraft-Abstands-Kurve zwischen zwei Atomen hat daher den in Abb. 2.5a skizzierten Verlauf, aus dem sich die betreffende potentielle Energie
(Abb. 2.5b) durch Integration ergibt. Der Abstand, bei dem die Kraft zwischen den Atomen
verschwindet, d. h. abstoßende und anziehende Kräfte sich kompensieren, ist der Gleichgewichtsabstand (hier a_0). Bei Erweiterung der Betrachtung von zwei Atomen auf sehr viele
Atome erhält man so die periodische Anordnung eines Elementes als kristalliner Festkörper, wobei der Gleichgewichtsabstand die Distanz zwischen den am nächsten benachbarten
(sich berührenden) Atomen angibt.

Für Metalle beschreibt sich die Anordnung im Festkörper am einfachsten. Ihre Bindung
ist praktisch nicht richtungsabhängig, so daß man die Metallatome einfach wie harte Kugeln
behandeln kann, die sich möglichst dicht anordnen wollen, um der Anziehung der Atome
untereinander gerecht zu werden. Das „harte Kugelmodell" des metallischen Festkörpers ist
ein sehr einfaches, aber für sehr viele Fragestellungen hinreichend aussagekräftiges Modell.
Danach ist zu erwarten, daß metallische Festkörper maximal dicht aus Kugeln aufgebaut
sind, was einer Packung von Atomlagen mit hexagonal dichter Anordnung der Atome
entspricht.

Das wird tatsächlich auch in etwa 2/3 aller metallischen Elemente beobachtet. Aber auch
etwas weniger dichte Anordnungen treten auf, wenn noch andere elektronische Einflüsse

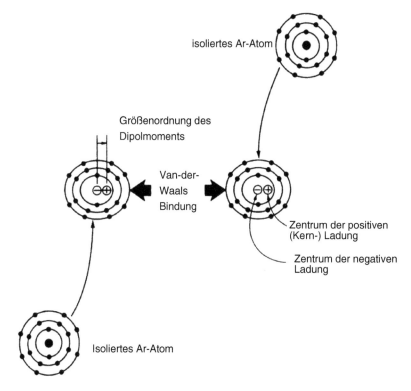

Abb. 2.4 Schematische Darstellung zur Entstehung der van-der-Waals-Bindung durch induzierte Dipolwechselwirkung

eine Rolle spielen, denn Bindungen sind häufig Mischtypen. Wir werden im nächsten Abschnitt behandeln, zu welchen Kristallstrukturen diese Anordnungen führen.

Die kovalente Bindung ist stark richtungsabhängig, weil die miteinander paarbildenden Elektronen gerichtete Bahnen haben und der Ladungsschwerpunkt im Zentrum des Atoms bleiben muß. Beim Kohlenstoff beispielsweise – und entsprechend bei anderen vierwertigen Elementen – sind die paarbildenden Elektronen zur Symmetrie längs der Ecken eines gleichseitigen Tetraeders ausgerichtet, d. h. mit einem Tetraederwinkel von 109.5° zueinander (Abb. 2.6). In diesen Richtungen werden die Bindungen installiert. Ein aus C-Atomen bestehender Kristall muß daher die Anordnung der Atome so vornehmen, daß diese tetraedrische Umgebung für jedes Atom erhalten bleibt. Das wird im Diamantgitter (Abb. 2.6b) erreicht – der Diamant ist reiner kristalliner Kohlenstoff – was später noch besprochen wird. Die Packungsdichte spielt hier wegen der dominierenden Richtungsabhängigkeit der Bindung eine untergeordnete Rolle. Sind die Atome ungleich, wie beispielsweise beim Ethylen C_2H_4, dann wird die Elektronenstruktur durch die Wasserstoffatome verzerrt, und es kommt zur linearen Verkettung mehrerer Atome; es bildet sich Polyethylen $(C_2H_4)n$ (Abb. 2.7).

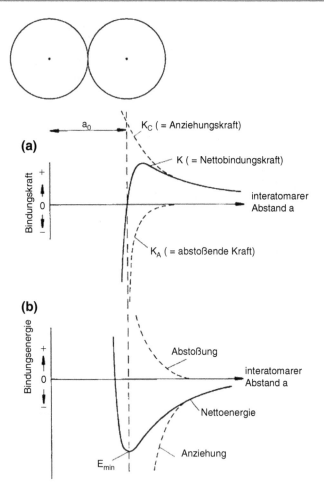

Abb. 2.5 Verlauf von Bindungskraft und Bindungsenergie eines Atom-Paares als Funktion des Atomabstandes

Die Ionenbindung schließlich ist nicht gerichtet, findet aber zwischen ungleichartigen Atomen statt. Die abstoßende Wirkung der Elektronenhüllen bevorzugt die Ausbildung spezieller räumlicher Strukturen, die sich aus der Optimierung von Berührung der ungleichartigen Atome und Nichtüberlappung der gleichartigen Atome ergibt (Abb. 2.8). Die entsprechende Anordnung, d. h. die Zahl der möglichen nächsten Nachbarn (Koordinationszahl) hängt mit dem Atomgrößenverhältnis zusammen. Sind alle Atome gleich groß, so kann eine maximal dichte Packung mit 12 nächsten Nachbarn hergestellt werden (Abb. 2.8b). Ist das Atomradienverhältnis (d. h. kugelförmige Atomgestalt vorausgesetzt) kleiner als eins, so nimmt die Koordinationszahl sprunghaft bei gewissen Werten ab, wenn nämlich bei Unterschreitung des betreffenden Verhältnisses r/R eine Überlappung der

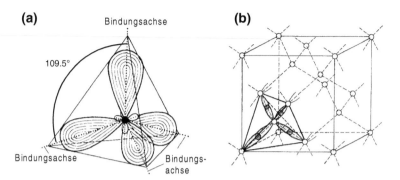

Abb. 2.6 Die tetraedrischen Orbitale der Valenzelektronen des C-Atoms führen zur tetraedrischen Anordnung der Atome (**a**) und zur Entstehung des räumlichen Diamantgitters (**b**)

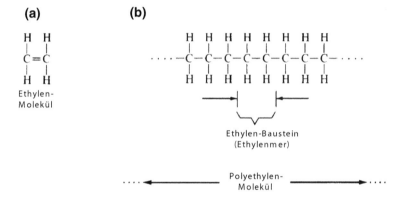

Abb. 2.7 **a** Ethylen-Molekül (C_2H_4) mit Doppelbindung; **b** Polyethylen-Molekül (C_2H_4)$_n$, welches aus der Umwandlung der C=C-Doppelbindung in zwei C–C-Einfachbindungen entsteht (Polymerisation)

Atomhüllen verursacht wird. Bei $r/R < 0.155$ ist schließlich nur noch eine kettenförmige Anordnung möglich.

Die Bindungen in Festkörpern sind gewöhnlich Mischtypen, wobei der eine oder andere Bindungscharakter überwiegen kann. Klassifizieren wir die Festkörper nach Werkstoffklassen, so kann man ihnen Bindungsverhältnisse gemäß Abb. 2.9 oder Tab. 2.1 zuordnen. Bei Metallen hat man ganz überwiegend metallische Bindung mit leichten kovalenten oder heteropolaren Anteilen. Bei Verbindungen von Metallen (intermetallische Phasen, s. Kap. 4) können aber die kovalenten Anteile stark zunehmen, was sich beispielsweise in einer drastischen Verschlechterung der Verformbarkeit niederschlägt. Bei Keramiken oder Polymeren herrschen zumeist Mischtypen vor. Bei Polymeren bspw. wirken kovalente Bindungen entlang der Ketten und van-der-Waals-Bindungen zwischen den Ketten.

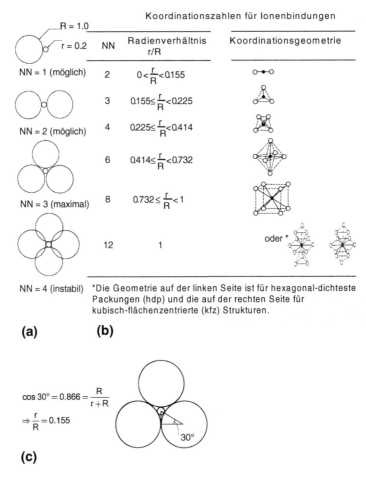

(a)   (b)

$$\cos 30° = 0.866 = \frac{R}{r+R}$$

$$\Rightarrow \frac{r}{R} = 0.155$$

(c)

Abb. 2.8   Zahl der nächsten Nachbarn NN (Koordinationszahl) in Abhängigkeit vom Atomgrö-ßenverhältnis. **a** Die größtmögliche Anzahl nächster Nachbarn bei einem Atomradienverhältnis von $r/R = 0.2$ ist drei. **b** Koordinationszahl in Abhängigkeit vom Atomradienverhältnis und die sich einstellende Koordinationsgeometrie. **c** Der minimale Radienquotient r/R, welcher zu einer Koordinationszahl von drei führt, ist 0.155

2.2   Kristallstruktur

2.2.1   Kristallsysteme und Raumgitter

Metallische und keramische Werkstoffe sind in aller Regel kristallin. Auch bei Polymeren kann es zur teilweisen Kristallisation kommen, worauf in Kap. 8 noch näher eingegangen wird. Gläser sind per Definition nicht kristallin.

Abb. 2.9 Anteil der Bindungstypen bei den tech-
nisch wichtigsten Werk-
stoffgruppen (schematisch)

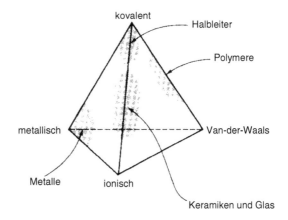

Tab. 2.1 Bindungscharakter der vier wichtigsten technischen Materialklassen

Material	Bindungscharakter	Beispiel
Metalle	metallisch	Eisen (Fe) und Eisenlegierungen
Keramiken und Gläser	ionisch/kovalent	Kieselerde (SiO_2): kristallin und unkristallin
Polymere	kovalent und Van-Der-Waals	Polyethylene ($C_2H_4)_n$
Halbleiter	kovalent und kovalent/ionisch	Silizium (Si) und Kadmiumsulfid (CdS)

   Kristalline Struktur bedeutet im modernen Verständnis eine streng periodische Anordnung der Atome. Aber lange bevor der atomistische Aufbau der Festkörper bekannt war,
wurden die Kristalle der Mineralien geschätzt und wissenschaftlich beschrieben. Das her-
ausragende Merkmal mineraler Kristalle ist ihre äußere Form mit ebenen Facetten, die für
das jeweilige Mineral ganz typisch sind. Es gelang den Kristallographen, alle auftretenden Formen und Symmetrien der Kristalle in 32 Klassen (auch Punktgruppen genannt)
zu unterteilen, die wiederum auf nur sieben Kristallsystemen aufgebaut waren. Diese sieben Kristallsysteme lassen sich durch die Wahl geeigneter Koordinatensysteme definieren,
die die makroskopische Lage der Kristalloberflächen und ihrer Schnittkanten wiedergeben
(Abb. 2.10). Bei gar keiner Symmetrie liegt ein triklines System vor, in dem die Richtungen
zwischen den Koordinatenachsen und die Länge der Kristallachsen alle verschieden sind.
Die höchste Symmetrie wird bei kubischen Kristallen erreicht, bei denen alle Kristallachsen
gleich lang sind und ihre Winkel zueinander alle 90° betragen.
   Die Einführung des atomistischen Aufbaus der Kristalle zwingt zu einer Verbindung
der atomistischen Anordnung mit den beobachteten Symmetrien. Dazu wurde von Bravais das Konzept des Raumgitters eingeführt, ein räumliches mathematisches Punktmuster,
wobei man zur physikalischen Vorstellung jeden Punkt mit dem Mittelpunkt eines Atoms
oder einer Molekülgruppe identifizieren kann. Das Punktmuster muß streng periodisch
sein und kann daher auf eine Elementarzelle reduziert werden, deren Aneinanderreihung

System	Achsenlänge und Winkel *	Geometrie der Einheitszelle
kubisch	$a = b = c,\ \alpha = \beta = \gamma = 90°$	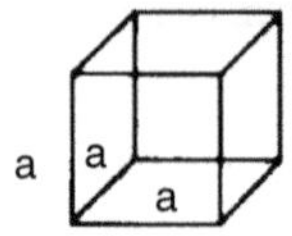
tetragonal	$a = b \neq c,\ \alpha = \beta = \gamma = 90°$	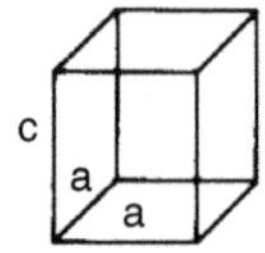
orthorhombisch	$a \neq b \neq c,\ \alpha = \beta = \gamma = 90°$	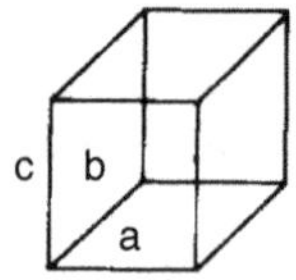
rhomboedrisch (trigonal)	$a = b = c,\ \alpha = \beta = \gamma \neq 90°$	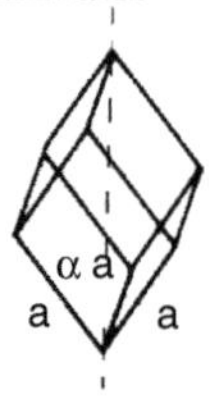
hexagonal	$a = b \neq c,\ \alpha = \beta = 90°,\ \gamma = 120°$	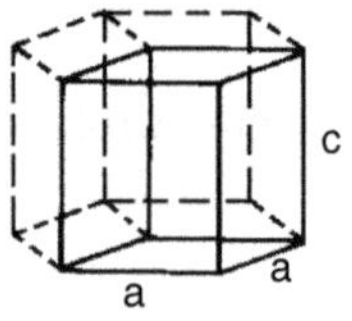
monoklin	$a \neq b \neq c,\ \alpha = \gamma = 90° \neq \beta$	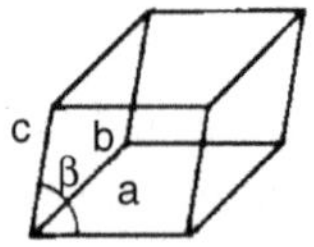
triklin	$a \neq b \neq c,\ \alpha \neq \beta \neq \gamma \neq 90°$	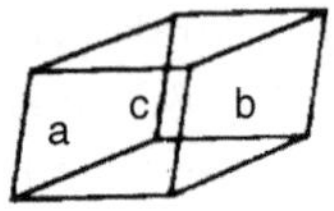

Abb. 2.10 Definition der sieben Kristallsysteme

das Raumgitter ergibt. Bravais konnte zeigen, daß es nur vierzehn verschiedene Gitter geben kann (Abb. 2.11). Neben den primitiven Strukturen, bei denen sich jeweils nur auf den Ecken der Elementarzelle, die auf dem Koordinatensystem der entsprechenden Kristallklas-

Tab. 2.2 Strukturberichtsklassen: Einfache Nomenklatur der häufig vorkommenden Kristallstrukturtypen

A-Typ	Elemente
B-Typ	AB-Verbindung
C-Typ	AB_2-Verbindung
D-Typ	A_mB_n-Verbindung
E....K-Typ	kompliziertere Verbindungen
L-Typ	Legierungen
O-Typ	organische Verbindungen
S-Typ	Silikate

se aufgebaut ist, ein Gitterpunkt befindet, kann sich aus Symmetriegründen nur noch ein Punkt im Zentrum der Zelle (raumzentriert, innenzentriert) oder auf einander gegenüberliegenden Flächenmitten (flächenzentriert) befinden. Nicht für jede Kristallklasse lassen sich ohne Verlust der betreffenden Symmetrie alle Anordnungen verwirklichen. Eine flächenzentrierte Version des tetragonalen Gitters mit Gitterpunkten auf den Flächenmitten der Basisebenen (Abb. 2.12) wäre ja nichts anderes als ein primitives tetragonales Gitter mit der Basislänge $a' = a/\sqrt{2}$ statt a.

Die Gitterpunkte können die Mittelpunkte von Atomen darstellen, aber auch von Atomgruppen bzw. Molekülgruppen. Die Möglichkeiten der unterscheidbaren räumlich periodischen Anordnung von Atomen in Einklang mit den behandelten Symmetrieforderungen ist sehr variantenreich, aber nicht unbegrenzt. Es gibt 230 verschiedene mögliche Anordnungen, zu der jeder Kristall mindestens einmal gehören muß. Diese als Raumgruppen bezeichneten Anordnungen unterscheiden sich von den als Punktgruppen bezeichneten Kristallklassen dadurch, daß sie sich nicht auf die Symmetriebeziehungen an einem Punkt, also bezüglich des Ursprungs des gewählten Kristallsystems beschränken, sondern sich auf jeden Punkt des Raumgitters beziehen.

Die verschiedenen Raumgruppen sind vielfach tabelliert und gemäß ihren Symmetrien mit Symbolen bezeichnet worden, bspw. durch Schoenflies oder Hermann-Mauguin. In der Materialwissenschaft und Werkstofftechnik hat sich die vereinfachte Bezeichnung der Strukturberichte eingebürgert, in der in regelmäßigen Abständen die Strukturen neuer Substanzen veröffentlicht wurden. Der Herausgeber des Strukturberichts fand es bequemer, für die häufig gefundenen Kristallstrukturen eine einfache Bezeichnung einzuführen, geordnet nach Substanzen und chemischer Zusammensetzung mit einem Buchstaben (Tab. 2.2) und einer fortlaufenden Zahl, also bspw. für ein kubisch-flächenzentriertes (kfz) Element, die Bezeichnung A1.

Letztlich sei hierzu bemerkt, daß man unter Kristallstruktur die atomistische Anordnung der Atome versteht, was nicht mit dem Kristallgitter hinreichend beschrieben wird. Häufig werden diese beiden Begriffe synonym verwendet, was im Fall von Legierungen aber zu Mißverständnissen führen kann.

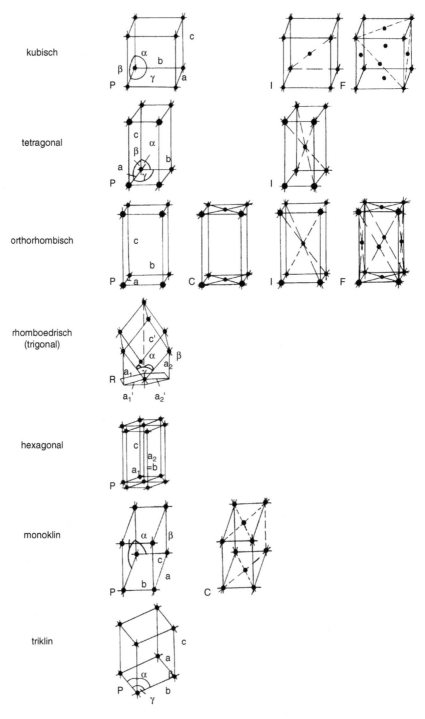

Abb. 2.11   Die Elementarzellen der 14 verschiedenen Bravais-Gitter

Abb. 2.12 Äquivalenz
einer tetragonal-
basiszentrierten Zelle mit
einer primitiv-tetragonalen
Struktur (gestrichelt)

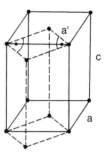

2.2.2 Kristallstrukturen von Metallen

Die metallischen Elemente kristallisieren zum überwiegenden Teil in drei Gittertypen: krz,
kfz und hexagonal, und zwar zu etwa gleichen Teilen. Viele Eigenschaften, insbesondere
die mechanischen, hängen mit der Kristallstruktur zusammen. Deshalb sollen diese drei
wichtigen Gittertypen hier etwas ausführlicher behandelt werden.

Im kubisch-raumzentrierten (krz) Gitter befinden sich die Atome auf den Würfelecken
und in der Würfelmitte (Abb. 2.13). Man kann es daher auch als zwei ineinandergestellte
kubisch primitive Gitter beschreiben. Stellt man sich die Atome als harte Kugeln vor, so
berühren sie sich längs der Raumdiagonalen. Der Atomabstand b ist der Abstand zwischen
den Mittelpunkten der Atome, d. h. längs der dichtest gepackten Richtungen identisch mit
dem zweifachen Atomradius R. Entsprechend Abb. 2.13c ergibt sich für das krz-Gitter

$$R = \frac{a}{4}\sqrt{3} \tag{2.1a}$$

$$b = 2R = \frac{a}{2}\sqrt{3} \tag{2.1b}$$

wobei a der Gitterparameter ist.

Die Kugeln erfüllen den Raum nicht vollständig. Dazwischen verbleiben Gitterlücken.
Pro Elementarzelle hat das krz-Gitter zwei Atome, nämlich das Atom in der Würfelmitte
und zu je 1/8 die acht Atome auf den Würfelecken, da sich 8 Elementarzellen die Eckatome
teilen (Abb. 2.13b). Die Raumerfüllung ist dann das Verhältnis von zwei Kugelvolumen
zum Würfelvolumen, also

$$V_f^{krz} = \frac{2 \cdot \frac{4}{3}\pi R^3}{a^3} = \frac{\frac{8}{3}\pi \left(\frac{a}{4}\sqrt{3}\right)^3}{a^3} = \frac{\pi\sqrt{3}}{8} = 68\,\% \tag{2.2}$$

Es gibt zwei Arten von Gitterlücken, nämlich die Oktaederlücken und die Tetraederlücken,
wobei diese Bezeichnungen die geometrische Anordnung der umgebenden Atome angibt
(Abb. 2.14). Die Mittelpunkte der Oktaederlücken (Abb. 2.14a) sind die Flächenmitten und
Kantenmitten der Elementarzelle. Es gibt also sechs Oktaederlücken pro Elementarzelle, d. h. dreimal soviel wie Atome. Die Tetraederlücke ist von dem Tetraeder aus zwei

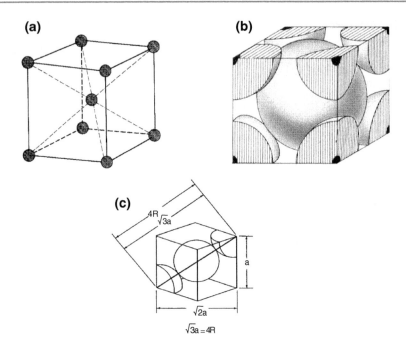

Abb. 2.13 Kubisch-raumzentrierte Struktur. **a** Elementarzelle des krz-Punktgitters; **b** Elementarzelle nach dem Kugelmodell; **c** die Atome berühren sich entlang der Raumdiagonalen

Eckatomen und zwei Würfelmittenatomen umgeben, liegt also auf den Würfelflächen, mit den Mittelpunktskoordinaten [0, 1/2, 1/4] bzw. kristallographisch äquivalente (Abb. 2.14b). Es gibt vier Tetraederlücken auf jeder Würfelfläche, also pro Elementarzelle insgesamt 12 Tetraederlücken, d. h. sechsmal soviel wie Atome und doppelt so viel wie Oktaederlücken. Die Größe der Gitterlücken wird beschrieben durch den Radius der Kugel, der gerade noch in die Lücke hineinpasst. Man erhält für die Größe der

$$\text{Oktaederlücke } \frac{r}{R} = 0.155 \tag{2.3a}$$

$$\text{Tetraederlücke } \frac{r}{R} = 0.291 \tag{2.3b}$$

Gitterlücken sind im Zusammenhang mit Mischkristallen sehr wichtig und ihre Eigenschaften werden deshalb in dem Zusammenhang (Kap. 4) näher behandelt.

Das kubisch-flächenzentrierte (kfz) Gitter hat Atome auf allen Würfelecken und Flächenmitten (Abb. 2.15), also vier Atome pro Elementarzelle, d. h. entsprechend vier ineinandergestellten einfach kubischen Gittern. Die Atome als harte Kugeln berühren sich längs der Flächendiagonalen. Entsprechend sind Radius R und Abstand b der Atome mit dem Gitterparameter a verknüpft

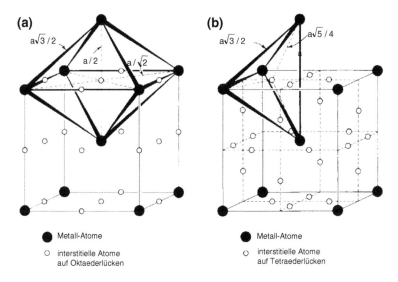

Abb. 2.14   Lücken des krz-Gitters. **a** Oktaederlücken; **b** Tetraederlücken

$$R = \frac{a}{4}\sqrt{2} \qquad (2.4a)$$

$$b = \frac{a}{2}\sqrt{2} \qquad (2.4b)$$

Damit berechnet sich die Raumerfüllung

$$V_f^{kfz} = \frac{4 \cdot \frac{4}{3}\pi \left[\frac{a}{4}\sqrt{2}\right]^3}{a^3} = \pi \frac{\sqrt{2}}{6} = 74\,\% \qquad (2.5)$$

Die Oktaederlücken befinden sich in der Würfelmitte und auf den Kantenmitten (Abb. 2.16a). Es gibt also vier Oktaederlücken pro Elementarzelle, d. h. gleich viele wie Atome. Die Tetraederlücken befinden sich jeweils auf 1/4 der Raumdiagonalen von den Ecken entfernt (Abb. 2.16b). Es gibt also acht Tetraederlücken, doppelt so viele wie Atome oder Oktaederlücken. Ihre Größe berechnet sich für

$$\text{Oktaederlücken}\ \ \frac{r}{R} = 0.41 \qquad (2.6a)$$

$$\text{Tetraederlücken}\ \ \frac{r}{R} = 0.22 \qquad (2.6b)$$

Im Vergleich zum krz-Gitter hat das kfz-Gitter weniger, aber dafür größere Oktaederlücken. Das hat entscheidende Konsequenzen für die Struktur von Legierungen (Kap. 4).

Das hexagonale Gitter besteht aus Schichten hexagonaler Gitterpunkte. Die c-Achse ist in der Länge verschieden von der a-Achse (Abb. 2.17). Die eigentliche Elementarzelle ist in Abb. 2.17a schattiert. Sie enthält zwei Atome. Um die hexagonale Symmetrie hervorzuhe-

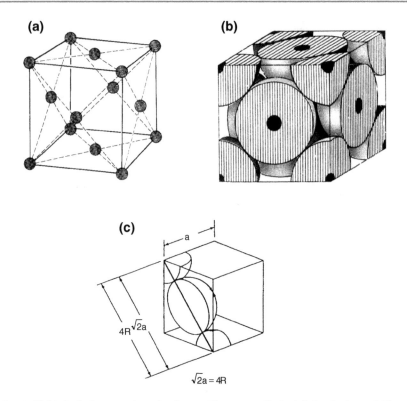

Abb. 2.15 Kubisch-flächenzentrierte Struktur. **a** Elementarzelle des kfz-Punktgitters; **b** Elementarzelle nach dem Kugelmodell; **c** Die Atome berühren sich entlang der Flächendiagonalen

ben, wird aber gewöhnlich eine Anordnung von drei Elementarzellen zur Struktureinheit des hexagonalen Gitters zusammengefaßt.

Ist die Struktur aus gleich großen Kugeln aufgebaut, dann berühren sich die Kugeln in der hexagonalen Basisebene und in benachbarten Schichten. Dann ist das Verhältnis der Länge von c- und a-Achse festgelegt zu

$$\frac{c}{a} = \sqrt{\frac{8}{3}} = 1.63 \qquad (2.7)$$

Diese Struktur nennt man hexagonal dichtest gepackt (hdp). Für Magnesium wird dieses c/a-Verhältnis in etwa beobachtet, für viele andere hexagonale Metalle weicht es aber erheblich von dem idealen Verhältnis, nach oben wie nach unten, ab (Tab. 2.3).

Das hexagonal dichtest gepackte Gitter ist dem kfz-Gitter sehr verwandt (Abb. 2.18). Beim kfz-Gitter hat die von drei Flächendiagonalen aufgespannte Ebene auch eine hexagonale Struktur und das kfz-Gitter entspricht vollständig einer Schichtung solcher hexagonaler Ebenen. Der Unterschied zwischen kfz- und hdp-Gitter beruht darin, daß die Stapelfolge der

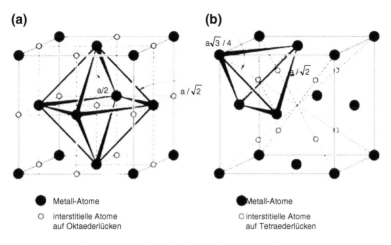

Abb. 2.16 Lücken des kfz-Gitters. **a** Oktaederlücken; **b** Tetraederlücken

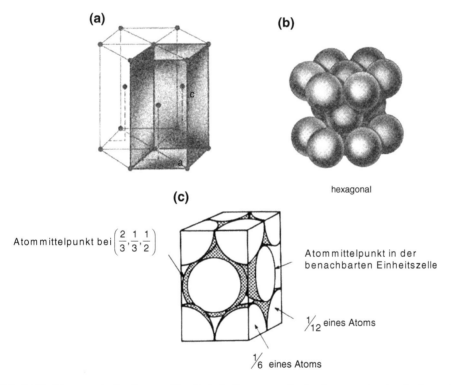

Abb. 2.17 Hexagonale Struktur. **a** (Dreifache) Elementarzelle des hexagonalen Punktgitters; **b** Aufbau nach dem Kugelmodell; **c** Elementarzelle nach dem Kugelmodell

Tab. 2.3   c/a-Verhältnisse einiger Elemente mit hexagonaler Kristallstruktur

	Cd	Zn	Mg	Co	Zr	Ti	Be
c/a	1.88	1.86	1.62	1.62	1.59	1.58	1.57

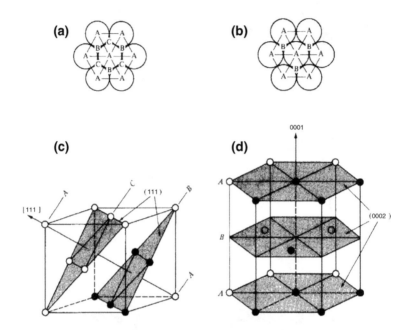

Abb. 2.18 Vergleich der beiden dichtestgepackten Strukturen: kfz und hdp. Die {111}-Ebene des kfz-Gitters entspricht der (0002)-Ebene des hdp-Gitters. Beide Strukturen unterscheiden sich nur durch die Stapelfolge dieser Ebenen. **a** Stapelfolge der (111)-Ebenen. **b** Stapelfolge der (0002)-Ebenen. **c** kubisch-flächenzentriert. **d** hexagonal-dichtest-gepackt

Schichten unterschiedlich ist. Eine hexagonale Schicht hat zwei – als B und C in Abb. 2.18a bezeichnete – verschiedene Lücken, auf denen sich die Atome der nächsten Schicht befinden können. Wählt man in der übernächsten (dritten) Schicht wieder die gleiche Position wie in der ersten Schicht, und in der vierten Schicht die gleiche Position wie in der zweiten Schicht, d. h. die Stapelfolge …ABAB…, dann erhält man das hdp-Gitter. Besetzt die dritte Schicht die Position über den C-Lücken der ersten Schicht, also Stapelfolge …ABCABC…, dann wird ein kfz-Gitter erzeugt. Wegen der gleichen Packung von kfz- und hdp-Gitter sind die Volumenerfüllung und die Größe der Gitterlücken (Abb. 2.19) im kfz und hdp-Gitter gleich.

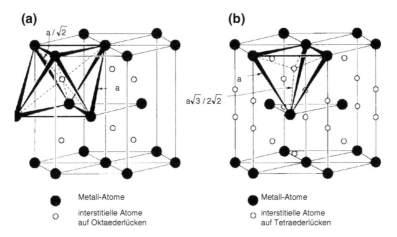

Abb. 2.19 Lücken im hdp-Gitter. **a** Oktaederlücken; **b** Tetraederlücken

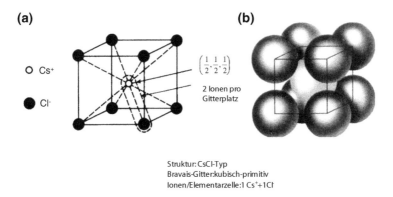

Abb. 2.20 Elementarzelle von Cäsiumchlorid (CsCl); **a** Lage der Atome im Gitter; **b** Modell der harten Kugeln

2.2.3 Kristallstruktur keramischer Werkstoffe

Keramische Werkstoffe sind überwiegend heteropolare Verbindungen von Metallen mit Nichtmetallen, insbesondere mit Sauerstoff (Oxide) und Stickstoff (Nitride). Wie in Abschn. 2.1 behandelt, hängt die Kristallstruktur von einer Reihe von Faktoren ab, speziell von der Zusammensetzung und der Atomgröße, die die Koordination bestimmt. Daher gibt es eine große Anzahl von keramischen Kristallstrukturen. Wir wollen uns hier auf die einfachsten beschränken, insbesondere auf kubische Kristallsymmetrie.

Die CsCl-Struktur (Abb. 2.20) verlangt eine gleiche Anzahl von Cs^+- und Cl^--Ionen zur Erhaltung der Ladungsneutralität. Das wird am einfachsten bewerkstelligt durch zwei Atome pro Elementarzelle. Die Struktur besteht aus einem Cs^+-Ion in der Würfelmitte und

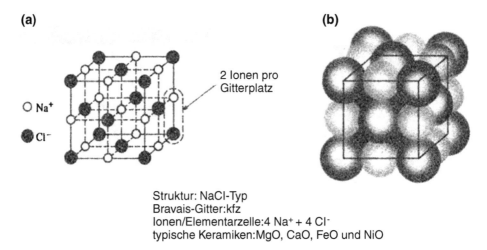

(a) **(b)**

2 Ionen pro Gitterplatz

○ Na$^+$

● Cl$^-$

Struktur: NaCl-Typ
Bravais-Gitter:kfz
Ionen/Elementarzelle:4 Na$^+$ + 4 Cl$^-$
typische Keramiken:MgO, CaO, FeO und NiO

Abb. 2.21 Elementarzelle von Natriumchlorid (NaCl); **a** Lage der Atome im Gitter; **b** Modell der harten Kugeln

den Cl$^-$-Ionen auf den Würfelecken. Trotz seiner Ähnlichkeit mit dem krz-Gitter ist die Gitterstruktur einfach kubisch, denn die Würfelmitte ist nun von einer anderen Atomsorte besetzt. Jedem Gitterplatz auf der Würfelecke muß ein CsCl-Molekül zugeordnet werden, damit die kubische Symmetrie erhalten bleibt. Die CsCl-Struktur tritt aber nur auf, wenn die beiden Atomsorten etwa gleich groß sind. Ist eine Atomsorte viel kleiner als die andere, so erhält man die kfz-NaCl-Struktur (Abb. 2.21). Sowohl die Na$^+$-Ionen als auch die Cl$^-$-Ionen bilden jeweils für sich eine kfz-Struktur. Vom Aufbau mit harten Kugeln gesehen befinden sich die Na$^+$-Ionen auf den Oktaederlücken des kfz-Cl$^-$-Gitters. Jeder Gitterplatz der Struktur wird von einem Na$^+$Cl$^-$-Molekül besetzt. Typische Beispiele sind MgO, CaO, FeO oder NiO.

Die Na$^+$Cl$^-$-Struktur eignet sich nicht für Verbindungen aus Ionen mit unterschiedlicher Valenz, wie bspw. das Ca^{2+}F$_2^-$ (Abb. 2.22). Hier spannen die Ca^{2+}-Ionen ebenfalls ein kfz-Gitter auf, aber die F$^-$-Ionen sitzen nun auf den Tetraederplätzen des kfz-Ca^{2+}-Gitters. Da es doppelt so viele Tetraederplätze wie Gitterplätze im kfz-Gitter gibt, ist die Stöchiometrie der Zusammensetzung gewährleistet. Typische Beispiele für diese Kristallstruktur sind UO$_2$, ThO$_2$ und TeO$_2$.

Die starke Richtungsabhängigkeit der Bindungen mit kovalenten Anteilen kann dazu führen, daß die kristalline Struktur nicht eingestellt werden kann. Dann entstehen keine kristallinen, sondern amorphe Festkörper, bspw. die Gläser. Das wohl wichtigste Beispiel sind die Silikate mit der Baugruppe Si^{4+}O$_2^{2-}$. Hier gelingt bei der Erstarrung die streng periodische Anordnung in der Regel nicht, sondern nur eine kettenförmige Vernetzung der Moleküle (vgl. Kap. 8) (Abb. 2.23).

F⁻ - Ionen sitzen auf den Ecken eines
Würfels mit der Position $(\frac{1}{4}, \frac{1}{4}, \frac{1}{4})$.

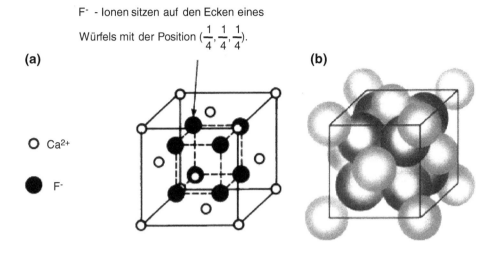

(a)   **(b)**

O Ca^{2+}

● F^-

Struktur: Flußspat, CaF_2-Typ
Bravais-Gitter: kfz
Ionen/Elementarzelle: 4 Ca^{2+} + 8 F^-
typische Keramiken: UO_2, ThO_2 und TeO_2

Abb. 2.22   Elementarzelle von Flußspat (CaF_2). **a** Lage der Atome im Gitter; **b** Modell der harten Kugeln

(a)   **(b)**

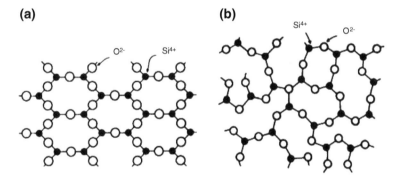

Abb. 2.23   Festkörperstrukturen von SiO_2. **a** kristallin; **b** amorph

2.2.4   Kristallstruktur polymerer Werkstoffe

Die Kettenstrukturen von Polymeren haben aufgrund von van-der-Waals-Wechselwirkung zwischen den Wasserstoffatomen die Tendenz, sogenannte Wasserstoffbrücken zu bilden und damit eine geordnete räumliche Struktur einzustellen (Abb. 2.24). Das wird durch Faltung der Polymerketten erreicht, wodurch sich periodische Molekülanordnungen aus-

(a)

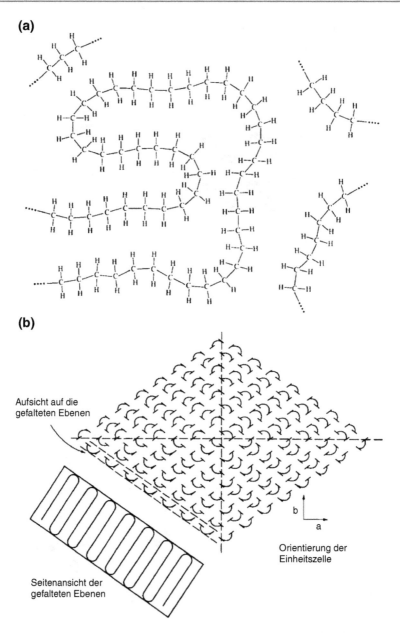

(b)

Aufsicht auf die
gefalteten Ebenen

Orientierung der
Einheitszelle

Seitenansicht der
gefalteten Ebenen

Abb. 2.24 a Schematische Darstellung der Kettenstruktur von festem Polyethylen. **b** Gefaltene Polymerketten in kristallinen Polyethylenebenen

bilden, die man durch ein Raumgitter beschreiben kann. Gewöhnlich beinhaltet die Elementarzelle eines solchen Gitters aber sehr viele Atome (50 und mehr), so daß die Symmetrie

Abb. 2.25 **a** Einheitszelle
von Polyhexamethylänapi-
damid (Nylon 66). **b** Die
Nylonmoleküle sind in einer
triklinen Elementarzelle angeordnet

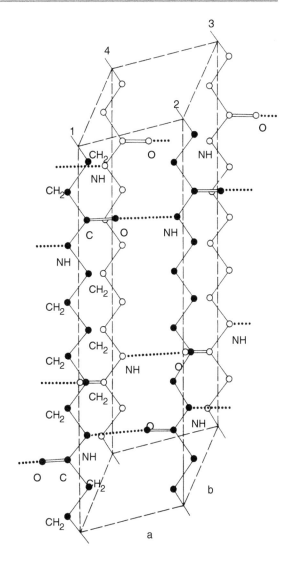

des Raumgitters damit sehr gering ist. Die Kristallstruktur des Polyhexamethylänapidamids
(besser unter Nylon 66 bekannt) (Abb. 2.25) ist bspw. triklin, also von geringster Kristallsymmetrie.

2.2.5   Gläser

Die Bildung von nichtkristallinen Strukturen ist aber nicht auf keramische Werkstoffe oder die klassischen Silikate beschränkt. Auch in metallischen Systemen kann die Kristallisation bei der Erstarrung unterdrückt werden, wenn entweder die Abkühlgeschwindigkeiten sehr groß sind, oder in Mehrstoffsystemen die Elementarzelle so komplex aufgebaut ist, dass sie sich aus einer ungeordneten Atomanordnung nur schwierig einstellen läßt, auch wenn der kristalline Zustand der stabilste Zustand wäre. Solche Systeme nennt man auch metallische Gläser, die sich durch ganz besondere mechanische und physikalische Eigenschaften auszeichnen. Wegen der trägen Kristallisation solcher Werkstoffe kann man sie heute in großen Volumina, beispielsweise in Zylindern mit einer Dicke bis zu 7 Zentimeter herstellen. Man bezeichnet sie deshalb auch als massive metallische Gläser, im Gegensatz zu den durch rasche Abkühlung hergestellten metallischen Gläsern, die nur als dünne Bänder oder dünne Drähte gefertigt werden können, weil sonst die Oberfläche im Verhältnis zum Volumen zum raschen Wärmeentzug nicht ausreicht.

2.2.6   Quasikristalle

Bei der raschen Erstarrung mancher Legierungsysteme, speziell von Al-Mn Legierungen, kommt es nicht zur Ausbildung einer ferngeordneten Kristallstruktur, sondern zu einer regelmäßigen Musterbildung ohne Fernordnung. Solche Strukturen lassen sich im Zweidimensionalen durch das lückenlose Zusammenfügen von zwei Elementarbausteinen realisieren (Penrose-Muster, Abb. 2.26a). Im Dreidimensionalen erfüllen Isokaeder diese Bedingung. Wegen der fehlenden Fernordnung unterliegen diese Muster auch nicht den Symmetriebedingungen eines Kristallgitters, die beispielsweise eine zwei, drei-, vier- und sechszählige Symmetrie, aber keine fünfzählige Symmetrie erlauben. Quasikristalle zeigen dagegen eine fünfzählige Symmetrie (Abb. 2.26b). Quasikristalle kommen nicht nur bei der raschen Erstarrung vor, sondern es gibt auch Systeme, bei denen Quasikristalle unter gewissen Bedingungen sogar die Gleichgewichtsphase darstellen.

2.2.7   Spezielle Modifikationen des Kohlenstoffs: Graphen, Fullerene und Nanoröhren

Die bekanntesten Erscheinungsformen des Kohlenstoffs sind Graphit und Diamant . Diamant besteht aus Kohlenstoffatomen, die im kubischen Diamantgitter angeordnet sind (Abb. 2.6a), Graphit hat eine hexagonale Kristallstruktur, wobei die Bindung zwischen den hexagonalen Schichten recht gering ist, so dass sie sich einfach trennen lassen, wie zum Beispiel beim Schreibvorgang eines Bleistifts. Eine einzelne atomar dicke Lage von Graphit nennt man Graphen (Abb. 2.27). Darüber hinaus kann der Kohlenstoff aber noch in

(a) **(b)**

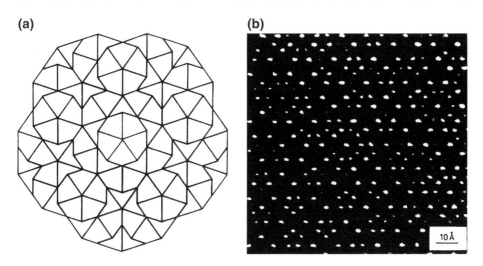

Abb. 2.26 **a** Quasigitter mit fünfzähliger Symmetrie, zusammengesetzt aus zwei unterschiedlichen Rauten (Penrose-Sonne); **b** Anordnung der Atome in einem realen Quasikristall (Aufnahme mit hochauflösender Elektronenmikroskopie) [1]

komplexeren Strukturen auftreten, wie zum Beispiel als Fulleren seines Umfangs senkrecht zur, C60, also eine aus 60 C Atomen durch eine Kombination von Fünf- und Sechsecken aufgebaute Kugeloberfläche (Abb. 2.28a), oder als Kohlenstoffnanoröhre (Abb. 2.28b). Grund für diese Vielfalt an Erscheinungsformen ist die elektronische Struktur des Kohlenstoffatoms. Die Elektronenhülle des Kohlenstoffs besteht aus zwei Schalen, der s-Schale mit zwei Elektronen und der p-Schale mit vier Elektronen. Diese äußeren vier Elektronen bestimmen das Bindungsverhalten je nach ihrer räumlichen Verteilung (Abb. 2.29). Die unterschiedliche Verteilung der Elektronendichte wird auch als Hybridisierung der Elektronenstruktur und damit der Bindung bezeichnet. Neben der Elektronendichteverteilung im Diamant (Abb. 2.6a und 2.29) in der die 4 p-Elektronen (als sp^3 bezeichnet) in diskreten Raumrichtungen ausgerichtet sind und eine starke Bindung in jeder dieser Richtung verursachen, kommt auch eine Kombination aus einer starken Bindung und zwei schwachen Bindungen (sp^1, Kohlenstoffketten, Abb. 2.6b) oder zwei starken Bindungen in einer Ebene mit einer schwachen Bindung senkrecht dazu (sp^2) vor (Abb. 2.29). Die letztgenannte Elektronenkonfiguration ist der Grund für die Bildung von Graphit oder den Sonderformen wie Fullerene, Nanoröhren oder Graphen.

Alle Sonderformen lassen sich aus dem Graphen ableiten. Graphit ist eine Schichtung von Graphen (Abb. 2.27b), bei Nanoröhren wird ein Streifen aus Graphen zu einem Zylinder zusammengerollt und bei den Fullerenen wird eine Ronde zu einer Kugel geformt, wobei zur Erfüllung der Kugelgeometrie einige Sechsecke zu Fünfecken mutieren müssen. Grundsätzlich ist der Kohlenstoff bemüht, keine offene Bindung zu verursachen. Deshalb sind auch Kohlenstoff-Nanoröhren an den Enden durch Fullerenhälften verschlossen (Abb. 2.28b).

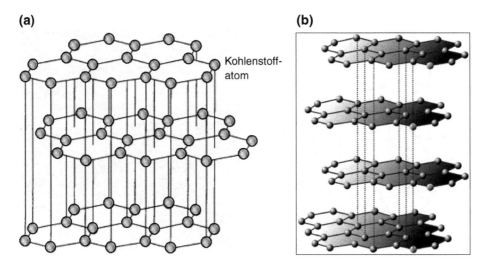

Abb. 2.27 a Atomistischer Aufbau von Graphit, das eine hexagonale Kristallstruktur besitzt. **b** Graphit ist aus einer Schichtung von Graphen aufgebaut

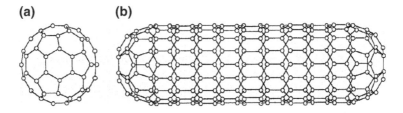

Abb. 2.28   Atomistischer Aufbau eines C60 Fulleren (**a**) und einer Kohlenstoff-Nanoröhre (**b**) [2]

Die Kristallographie des Graphengitters lässt sich durch zwei ebene Basisvektoren beschreiben, die die Gitterpunkte eindeutig festlegen (Abb. 2.30). Abhängig davon, wie der Streifen, aus dem die Nanoröhre durch Zusammenrollen um seine Längsachse entsteht, aus dem Graphen herausgeschnitten wird, stellen sich unterschiedliche Eigenschaften der Nanoröhre ein. Es gibt prinzipiell drei Möglichkeiten, einen Streifen aus Graphen herauszuschneiden (Abb. 2.31). Der Anordnung am Rand entsprechend spricht man von einer ‚armchair' (zu deutsch: Sessel) Konfiguration, von einer ‚Zickzack' Konfiguration (Abb. 2.31a) oder von einer ‚chiralen' Nanoröhre (Abb. 2.31). Es versteht sich von selbst, dass die Eckpunkte der herausgeschnittenen Streifen mit Gitterpunkten des hexagonalen Gitters zusammenfallen müssen, damit beim Zusammenrollen eine fehlerfreie Nanoröhre entstehen kann.

Die kristallographische Charakteristik einer Nanoröhre ist dann vollständig beschrieben durch die Angabe der kristallographischen Koordinaten Längsachse. Entsprechend bezeichnet eine $(n, 0)$ Nanoröhre (wobei n ganzzahlig ist) eine ‚armchair' Nanoröhre, (n, n)

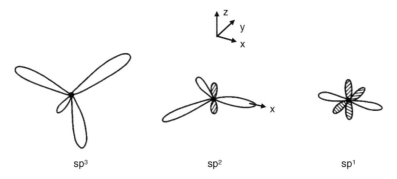

Abb. 2.29 Hybridisierung der Elektronenstruktur des Kohlenstoffs. Starke Bindungen sind durch offene Ellipsen, schwache Bindungen durch gestrichelte Bindungen gekennzeichnet. Daher ergibt sp^3 eine starke räumliche Bindung (Diamant), sp^2 eine starke ebene Bindung (Graphen) und sp^1 eine starke eindimensionale Bindung (Kohlenstoffketten)

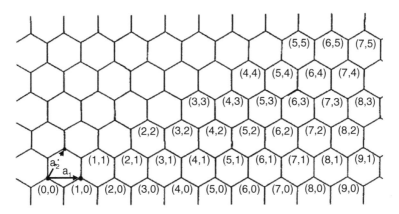

Abb. 2.30 Kristallographie des Graphens. Das ebene Graphengitter wird durch die zwei ebenen Basisvektoren a_1 und a_2 aufgespannt [2]

eine ‚Zickzack'-Konfiguration (oder ‚zigzag' im Englischen) und (n, m), m≠n, eine chirale Anordnung (Abb. 2.31 und 2.32). Die verschiedenen Konfigurationen unterscheiden sich erheblich in ihren elektronischen Eigenschaften (siehe Kap. 10).

2.3 Indizierung kristallographischer Ebenen und Richtungen

Zu einer quantitativen Beschreibung kristallographischer Verhältnisse ist es notwendig, die Ebenen und Richtungen des Kristallgitters mathematisch zu beschreiben und die Position der Atome in der Elementarzelle quantitativ anzugeben. Die Position der Atome in der

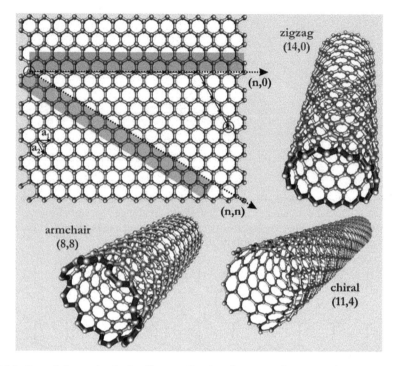

Abb. 2.31 Je nachdem, wie ein Streifen aus Graphen herausgeschnitten und zu einem Zylinder zusammengerollt wird entsteht eine ‚armchair' (n, o), ‚Zickzack' (n, n) oder chirale (m, n) Konfiguration [3]

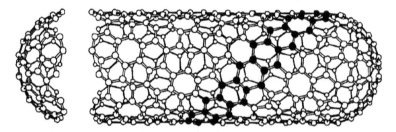

Abb. 2.32 Atomistische Struktur einer chiralen Nanoröhre. Die Anordnung der Kohlenstoffatome im zugehörigen Graphengitter ist durch ausgefüllte Kreise gekennzeichnet [2]

Elementarzelle wird gekennzeichnet durch ihre Koordinaten bezüglich des Gitterursprungs (Abb. 2.33, innere Koordinaten). Den Maßstab bilden die Gitterkonstanten in Richtung der Koordinatenachsen. Atome innerhalb der Elementarzelle haben deshalb Koordinaten mit Wert kleiner als eins, bspw. (1/2, 1/2, 1/2) für die Würfelmitte in kubischen Kristallen. Positionen von Atomen in anderen Elementarzellen erhält man durch Addition der inneren Koordinaten mit dem Translationsvektor zwischen Gitterursprung und dem entsprechen-

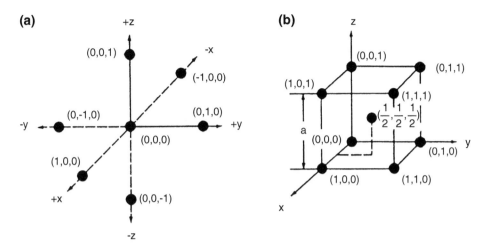

Abb. 2.33   Beschreibung der Atompositionen innerhalb einer Elementarzelle

den Eckpunkt der betreffenden Elementarzelle. Zur quantitativen Angabe von kristallographischen Ebenen und Richtungen dienen die Millerschen-Indizes Abb. 2.34d. Sie werden wie folgt ermittelt. Von einer kristallographischen Ebene, die nicht durch den Koordinatenursprung verläuft, werden die Achsenabschnitte in Vielfachen der Achseneinheiten (Gitterparameter) bestimmt (Abb. 2.34). Hat man bspw. ein Gitter mit den Achsen a, b und c, die alle unterschiedlich lang sein können, dann mögen die Achsenabschnitte einer bestimmten Ebene (ma, nb, qc) sein. Bildet man nun den Kehrwert ($1/m$, $1/n$, $1/q$), so erhält man daraus die Miller-Indizes durch Multiplikation mit einem Faktor r, dem kleinsten gemeinsamen Vielfachen von m, n und q, also

$$r \cdot \left[\frac{1}{m}, \frac{1}{n}, \frac{1}{q} \right] = (hkl) \tag{2.8}$$

wobei h,k,l ganze Zahlen sind.

Hat z. B. im kubischen Gitter eine Ebene die Achsenabschnitte (in Vielfachen des Gitterparameters) (1, 2/3, 1/3), so ergeben sich die Miller-Indizes als

$$2 \cdot \left[\frac{1}{1}, \frac{3}{2}, \frac{3}{1} \right] = (236) \tag{2.9}$$

Mathematisch etwas unsauber wird die Zahl unendlich bei fehlendem Achsenabschnitt mit in die Betrachtung einbezogen. Beispielsweise schneidet die Würfelfläche in Abb. 2.34a weder die y-Achse noch die z-Achse, die Achsenabschnitte sind also (1,∞,∞). Folglich erhält man die Miller-Indizes

$$1 \cdot \left[\frac{1}{1}, \frac{1}{\infty}, \frac{1}{\infty} \right] = (100) \tag{2.10}$$

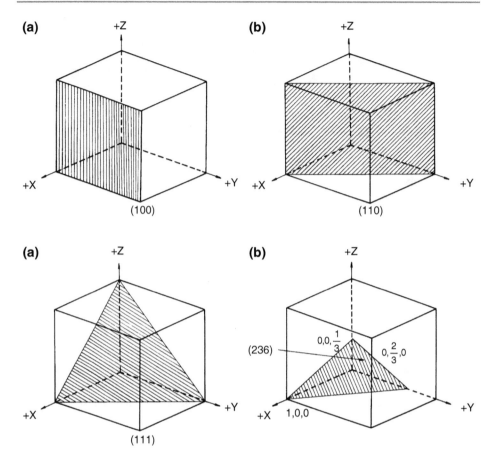

Abb. 2.34   Miller-Indizes und räumliche Lage einiger Netzebenen in kubischen Kristallen. **a** (100)-Ebene; **b** (110)-Ebene; **c** (111)-Ebene; **d** (236)-Ebene

Man erkennt, daß im kubischen Fall die Miller-Indizes einer kristallographischen Ebene mit den Komponenten eines Vektors senkrecht zur Ebene (Ebenennormale) identisch sind. Die Miller-Indizes der Richtungen sind nichts anderes als die Vektorkomponenten der entsprechenden Richtung, erweitert auf die kleinsten ganzen Zahlen, also der Vektor mit den Komponenten [1/2, 1/2, 1] wird zu den Miller-Indizes [112] der betreffenden Richtung (Abb. 2.35b).

Die Symmetrie des kubischen Gitters macht die atomistische Anordnung von Ebenen und Richtungen mit permutierten oder vorzeichenverkehrten Miller-Indizes ununterscheidbar. Nur durch die feste Vorgabe der Lage des Koordinatensystems werden diese Ebenen und Richtungen unterschiedlich. Beispielsweise führt eine Rotation von 90° um eine Würfelachse zur identisch gleichen Anordnung der Gitterpunkte. Hätte man aber das Koordinatensystem zunächst festgelegt, so wäre bspw. die [100]-Richtung durch Drehung

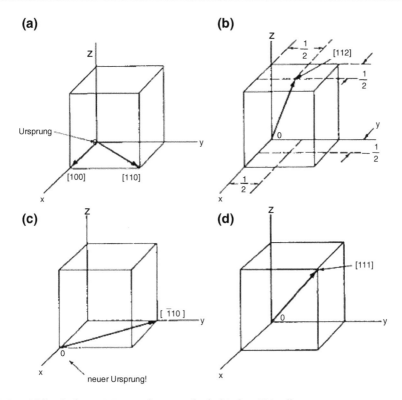

Abb. 2.35 Miller-Indizes einiger Richtungen des kubischen Kristalls

um die z-Richtung [001] in [010] übergegangen. Für physikalische Eigenschaften spielt aber in aller Regel nur die atomistische Anordnung eine Rolle, während die Festlegung des Koordinatensystems ganz willkürlich ist. Deshalb faßt man in diesem Fall alle kristallographisch äquivalenten Richtungen und Ebenen zu einer Familie zusammen und kennzeichnet sie durch geschweifte Klammern { } für Ebenen und spitze Klammern < > für Richtungen. Dagegen werden festgelegte Ebenen und Richtungen durch runde ( ) bzw. eckige [ ] Klammern gekennzeichnet. Zum Beispiel umfaßt die Ebenenfamilie {111} die Ebenen (111), ($\bar{1}$11), (1$\bar{1}$1), ($\bar{1}\bar{1}$1) bzw. die entsprechenden vorzeichenverkehrten Ebenen, also z. B. ($\bar{1}\bar{1}\bar{1}$) statt (111), wodurch aber keine neuen Ebenen bezeichnet werden. Entsprechend beinhaltet die Richtungsfamilie <111> die Richtungen [111] u.s.w. (s.o.) und auch die vorzeichenverkehrten, wenn man den entgegengesetzten Richtungssinn unterscheiden will. Im Fall kubischer Symmetrie bezeichnet eine Ebene {h k l} (mit h $\neq$ k $\neq$ l) 24 verschiedene (mit Vorzeichenumkehrung 48 verschiedene) Ebenen. Bei geringerer Gittersymmetrie gilt diese Vielfalt jedoch nicht mehr, da dann die Kristallachsen nicht beliebig vertauschbar sind.

Die Miller-Indizes lassen sich für jedes Kristallsystem definieren. Beim Hexagonalen nimmt man jedoch dabei den Nachteil in Kauf, daß die hexagonale Symmetrie in der Basi-

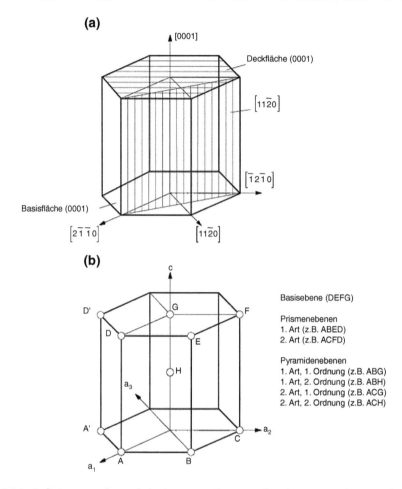

Abb. 2.36 Indizierung und räumliche Lage von Ebenen und Richtungen im hexagonalen Gitter (**a**); Lage der Basisebene sowie der Prismen- und Pyramidenebenen (**b**)

sebene nicht klar erkennbar ist (s. Beispiel unten). Diese Komplikation rührt daher, daß die hexagonale Symmetrie, wie sie durch das hexagonale Prisma in Abb. 2.36b zum Ausdruck kommt, erst durch das Zusammenfügen von 3 Elementarzellen sichtbar wird. Eine Einheitszelle wird durch die Basis (a_1, a_2, c aufgespannt (Abb. 2.36b), woraus nicht hervorgeht, daß a_3 ein äquivalenter Basisvektor ist, so daß $a_1 + a_2 + a_3 = 0$ sein muß. Man beachte auch, daß im Gegensatz zum kubischen System die Vektoren a_i paarweise einen Winkel von 120° einschließen, was für die Berechnung der Miller-Indizes aber ohne Bedeutung ist. Deshalb benutzt man bei hexagonaler Kristallstruktur Miller-Bravais-Indizes, die aus vier Komponenten bestehen (hkil), wobei die Nebenbedingung gilt

$$h + k + i = 0 \qquad (2.11)$$

Die Indizes h, k, i und l sind also wieder die ganzzahligen reziproken Achsenabschnitte der vier Kristallachsen a_1, a_2, a_3 und c.

Die Miller-Bravais-Indizes lassen sich in Miller-Indizes mit den Achsen $\mathbf{a}_1$, $\mathbf{a}_2$ und $\mathbf{c}$ umrechnen und umgekehrt. Bezeichnen wir die Miller-Indizes zur Unterscheidung mit Großbuchstaben und die Miller-Bravais-Indizes mit Kleinbuchstaben, so gilt trivialerweise für Ebenen

$$(HKL) \rightarrow (hkil) = (H, K, -(H+K), L) \tag{2.12}$$

Der Vorteil der Miller-Bravais-Indizes liegt darin, daß kristallographisch gleichwertige Ebenen nun auch mit äquivalenten Indizes bezeichnet werden. Zum Beispiel sind in Abb. 2.36b die Prismenebenen ADEB und A'D'DA kristallographisch äquivalent, werden aber durch verschiedene Miller-Indizes, nämlich (100) bzw. (1$\bar{1}$0) gekennzeichnet. Ihre Miller-Bravais-Indizes lauten hingegen (10$\bar{1}$0) und (1$\bar{1}$00). Manchmal findet man auch die Schreibweise (hk.l) für Miller-Bravais-Indizes. Diese verdeckt jedoch die gewonnene kristallographische Äquivalenz durch Miller-Bravais-Indizes. Etwas schwieriger gestaltet sich die Umrechnung von Miller- in Miller-Bravais-Indizes für Richtungen. In Miller-Indizes schreibt sich eine Richtung

$$\mathbf{r}_{UVW} = U\mathbf{a}_1 + V\mathbf{a}_2 + W\mathbf{c} \tag{2.13}$$

in Miller-Bravais-Indizes dagegen

$$\mathbf{r}_{uvtw} = u\mathbf{a}_1 + v\mathbf{a}_2 + t\mathbf{a}_3 + w\mathbf{c} \tag{2.14}$$

Mit

$$\mathbf{a}_1 + \mathbf{a}_2 + \mathbf{a}_3 = 0 \tag{2.15}$$

$$\mathbf{r}_{uvtw} = u\mathbf{a}_1 + v\mathbf{a}_2 + t(-\mathbf{a}_1 - \mathbf{a}_2) + w\mathbf{c} \tag{2.16}$$

Durch Koeffizientenvergleich von Gl. (2.13) und (2.16) erhält man

$$\begin{aligned} U &= u - t \\ V &= v - t \\ W &= w \end{aligned} \tag{2.17}$$

setzt man nun noch zur Erhaltung der Symmetrie

$$u + v + t = 0 \tag{2.18}$$

so ergibt sich aus Gl. (2.17), (2.18) und durch Umkehrung

$$\begin{aligned} U &= 2u + v \\ V &= 2v + u \end{aligned} \tag{2.19}$$

$$u = \frac{1}{3}\,(2U - V)$$

$$v = \frac{1}{3}\,(2V - U)$$

$$t = -\frac{1}{3}\,(U + V)$$

$$w = W$$

(2.20)

Für ganzzahlige Indizes wird mit drei multipliziert, so daß

$$[UVW] \rightarrow [uvtw] = [2U - V,\, 2V - U,\, -(U + V),\, 3W] \tag{2.21}$$

2.4   Kristallographische Orientierungen

2.4.1   Definition einer kristallographischen Orientierung

Unter der Orientierung eines Kristalls versteht man die räumliche Lage seiner Elementar-zelle bezüglich eines äußeren Referenzsystems. Dieses Referenzsystem ist in der Regel das Probenkoordinatensystem. Im Falle eines gewalzten Blechs würde es beispielsweise von den drei zueinander senkrecht stehenden Vektoren parallel zu Walzrichtung, Blechnormale und Querrichtung aufgespannt (Abb. 2.37). Da sich die Elementarzelle durch das Kristallkoordi-natensystem definiert, das durch die drei Einheitsvektoren des Kristallsystems aufgespannt wird, besteht die Orientierung in der mathematischen Beziehung zwischen dem Kristall- und dem Probenkoordinatensystem. Beide Koordinatensysteme sind orthonormal, d. h. die Basisvektoren stehen zueinander senkrecht und sind von der Länge 1. Deshalb ist die mathematische Beziehung zwischen ihnen eine reine Rotation. Konkret wird daher die Ori-entierung eines Kristalls durch die Rotation beschrieben, die das Probenkoordinatensystem in das Kristallkoordinatensystem überführt. Eine Rotation wird mathematisch durch eine (3×3) Rotationsmatrix definiert. Wird ein Vektor $\mathbf{r}$ in einen Vektor $\mathbf{r}'$ durch eine Rotation $\mathbf{A}$ überführt, so gilt

$$\mathbf{r}' = \mathbf{A}\mathbf{r} \tag{2.22}$$

Die Spalten der Rotationsmatrix $\mathbf{A}$ geben die Richtungscosinus der Koordinatenachsen des gedrehten Koordinatensystems im ungedrehten Koordinationssystems wieder, die Zeilen der Rotationsmatrix bestehen entsprechend aus den Richtungscosinus der ungedrehten Ko-ordinatenachsen im gedrehten System. Deshalb wird die umgekehrte Rotation $\mathbf{A}^{-1}$ durch die transponierte Rotationsmatrix A' beschrieben, also $A^{-1} = A'$.

Während die Rotationsmatrix für eine vorgegebene Drehung eindeutig festgelegt ist, kann diese Drehung auf verschiedene Weise beschrieben werden. Traditionell haben sich in der Kristallographie drei verschiedene Darstellungen entwickelt, (a) die Angabe der

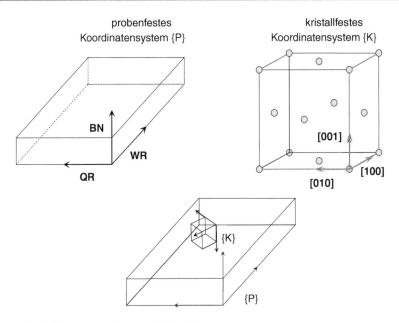

Abb. 2.37   Definition von Proben- und Kristallkoordinatensystem

Kristallrichtungen parallel zu den Probenachsen, (b) die Angabe von Rotationsachse und -winkel oder (c) die Angabe der drei Eulerwinkel.

(a) Läge beispielsweise die Kristallrichtung [uvw] parallel zur Walzrichtung, und ist die Kristallebene (hkl) parallel zur Blechebene, wird eine Orientierung häufig angegeben durch die Bezeichnung (hkl)[uvw]. Die Rotationsmatrix berechnet sich hieraus als

$$\mathbf{A} = \begin{bmatrix} \frac{u}{N_1} & q & \frac{h}{N_2} \\ \frac{v}{N_1} & r & \frac{k}{N_2} \\ \frac{w}{N_1} & s & \frac{l}{N_2} \end{bmatrix} \tag{2.23}$$

wobei $N_1 = \sqrt{u^2 + v^2 + w^2}$, $N_2 = \sqrt{h^2 + k^2 + l^2}$ und $(q, r, s) = (h, k, l) \times (u, v, w)/(N_1 N_2)$ der zu Blechnormale und Walzrichtung senkrechte Einheitsvektor ist. Da alle drei Vektoren senkrecht aufeinander stehen und die Vektoren Einheitsvektoren sind, gibt es nur 3 unabhängige Parameter.

(b) Bei einer Rotation gibt es immer eine Richtung, die im gedrehten und ungedrehten Koordinatensystem die selben Koordinaten hat. Diese Richtung wird als Drehachse bezeichnet (Abb. 2.38). Gibt man ihr die Bezeichnung $\mathbf{a} = (a_1, a_2, a_3)$, und ist der Rotationswinkel φ, so erhält man daraus die Rotationsmatrix

Abb. 2.38 Definition von
Rotationsachse und -Winkel

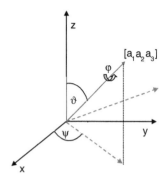

$$\mathbf{A}(\mathbf{a},\varphi)=\begin{bmatrix} (1-a_1^2)\cos\varphi+a_1^2 & a_1a_2(1-\cos\varphi)+a_3\sin\varphi & a_1a_3(1-\cos\varphi)-a_2\sin\varphi \\ a_1a_2(1-\cos\varphi)-a_3\sin\varphi & (1-a_2^2)\cos\varphi+a_2^2 & a_2a_3(1-\cos\varphi)+a_1\sin\varphi \\ a_2a_3(1-\cos\varphi)+a_2\sin\varphi & a_1a_3(1-\cos\varphi)-a_1\sin\varphi & (1-a_3^2)\cos\varphi+a_3^2 \end{bmatrix} \qquad (2.24)$$

Man bemerke, daß es auch hier nur 3 unabhängige Parameter gibt, da $\mathbf{a}$ die Länge 1 hat.

(c) Die drei Eulerwinkel (Abb. 2.39) sind durch eine spezielle Vorschrift definiert, das Probenkoordinatensystem $\{P\}$, aufgespannt durch die Vektoren $\mathbf{x}_1, \mathbf{y}_1, \mathbf{z}_1$, in das Kristallkoordinatensystem $\{K\}$, aufgespannt durch die Vektoren $\mathbf{x}_2, \mathbf{y}_2, \mathbf{z}_2$ zu überführen. Dazu rotiert man zunächst um $\mathbf{z}_1$ mit Winkel φ_1, damit die $\mathbf{x}_1'$ Achse in der $(\mathbf{x}_2, \mathbf{y}_2)$ Ebene liegt. Dann kann man durch Drehung um die $\mathbf{x}_1'$ Achse mit Winkel ϕ die $\mathbf{z}_1$ Achse in die $\mathbf{z}_2$ Achse überführen. Eine Drehung um diese $\mathbf{z}_2'$ Achse mit Winkel φ_2 sorgt schließlich dafür, daß auch die gedrehten $\mathbf{x}_1$ und $\mathbf{y}_1$ Achsen parallel zu $\mathbf{x}_2$ und $\mathbf{y}_2$ liegen. Mit diesen Eulerwinkeln $(\varphi_1, \phi, \varphi_2)$ schreibt sich die Rotationsmatrix

$$\mathbf{R}=\begin{bmatrix} \cos\varphi_1\cos\varphi_2-\sin\varphi_1\sin\varphi_2\cos\phi & \sin\varphi_1\cos\varphi_2+\cos\varphi_1\sin\varphi_2\cos\phi & \sin\varphi_2\sin\phi \\ -\cos\varphi_1\sin\varphi_2-\sin\varphi_1\cos\varphi_2\cos\phi & -\sin\varphi_1\cos\varphi_2+\cos\varphi_1\cos\varphi_2\cos\phi & \cos\varphi_2\sin\phi \\ \sin\varphi_1\sin\phi & -\cos\varphi_1\sin\phi & \cos\phi \end{bmatrix} \qquad (2.25)$$

Trotz der unterschiedlichen Definition der Drehvorschrift ist die Rotationsmatrix in allen drei Schreibweisen die selbe. Daher kann man aus der Rotationsmatrix alle drei Schreibweisen ableiten bzw. ineinander umrechnen. So erhält man für einen — bezüglich des Probenkoordinatensystems — auf der Kante stehenden Würfel, der durch eine 45° Rotation um die $\mathbf{x}_1$ Achse aus der unrotierten Lage erzeugt wurde (Abb. 2.40), die Beschreibungen $(011)[100]$ oder $45°\ [100]$ oder $(0, 45, 0)$ und die Rotationsmatrix

$$A = \begin{bmatrix} 1 & 0 & 0 \\ 0 & \cos 45° & -\sin 45° \\ 0 & \sin 45° & \cos 45° \end{bmatrix}$$

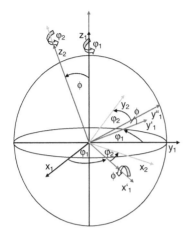

Rotiere um z_1 mit φ_1, so dass x'_1 in x_2-y_2-Ebene liegen. $z'_1 = z_1$.

Rotiere um x'_1 mit ϕ, so dass $z_2 = z'_1$ $x'_1 = x''_1$.

Rotiere um z_2 mit φ_2, so dass $x_2 = x'''$ und $y_2 = y'''_1$.

Abb. 2.39 Definition der Eulerwinkel

Abb. 2.40 Beispiel: Goss-Lage

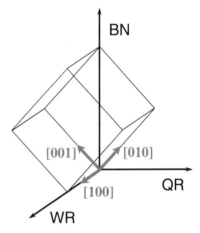

2.4.2 Darstellung von Orientierungen: Stereographische Projektion

Zur Darstellung von Orientierungen, d. h. der räumlichen Lage der kristallographischen Achsen eignet sich am besten die Orientierungskugel, auf der jeder Punkt der Durchstoßpunkt einer Ebenennormalen ist. Allerdings eignet sich die Orientierungskugel wenig zur Reproduktion auf Papier, da nur zweidimensionale Darstellungen möglich sind. Man muß also die Orientierungskugel auf eine Ebene projizieren. Unter mehreren mathematisch möglichen Projektionen hat sich die stereographische Projektion (Abb. 2.41) zur Abbildung von Orientierungen durchgesetzt. Dazu denkt man sich um den Kristall eine Kugel (Referenzkugel) gelegt. Die Normale einer Ebene E durchstößt im Punkt P die Kugeloberfläche. Verbindet man den Punkt P mit dem Projektionszentrum, dem Südpol der Kugel, so durch-

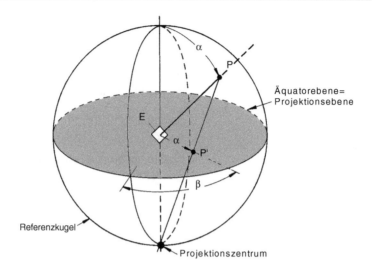

Abb. 2.41 Prinzip der Stereographischen Projektion: E – kristallographische Ebene, P' – Pol von E in der stereographischen Projektion

stößt die Verbindungslinie im Punkt P' die Äquatorebene[1] der Kugel. P' wird als Pol der Ebene E bezeichnet. Der Pol ist durch zwei Winkel, α und β in Abb. 2.41 eindeutig festgelegt. Ebenen, deren Normalen auf der Südhalbkugel liegen, werden durch diese Projektion nicht abgebildet, denn sie lägen außerhalb des Äquators. Allerdings werden diese Ebenen völlig gleichwertig durch die Normalen mit umgekehrtem Richtungssinn wiedergegeben.

Nimmt man beispielsweise eine Orientierung, deren [001]-Achse die Referenzkugel im Nordpol durchstößt, deren Pol sich also im Zentrum der Projektion befindet, so erhält man die (001)-Projektion. Bildet man alle {100}-, {110}- und {111}-Ebenen ab (Abb. 2.42), so erkennt man, daß die Projektion der nördlichen Halbkugel in 24 Dreiecke zerlegt wird, die jeweils von {100}-, {110}- und {111}-Polen begrenzt sind. Diese 24 Dreiecke spiegeln die 24fache kubische Symmetrie wieder. Zu jedem Pol in irgendeinem Dreieck gibt es einen kristallographisch äquivalenten (d. h. permutierte und/oder vorzeichenvertauschte Indizes, jedoch $\ell \geq 0$ wegen Beschränkung auf die nördliche Halbkugel) in einem anderen Dreieck. Bei kubischer Kristallsymmetrie genügt es daher zur Bezeichnung von Ebenen oder Richtungen, sich auf ein einziges Dreieck, das stereographische Standarddreieck, zu beschränken. Gewöhnlich wird das Dreieck (001)-(011)-($\bar{1}$11) gewählt (Abb. 2.43), aber jedes andere ist möglich.

---

[1] Häufig wird statt der Äquatorebene auch die Tangentialebene am Kugelnordpol benutzt. Das Ergebnis ist das gleiche, nur in anderem Maßstab.

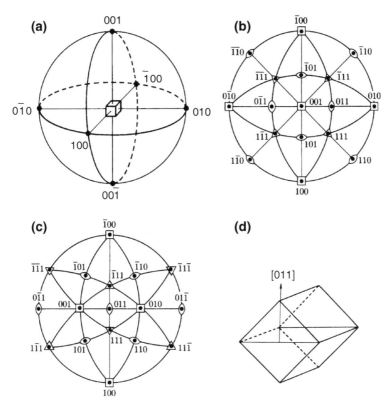

Abb. 2.42 **a** Räumliche Lage der {100}-Ebenen bei (001)-Projektion; **b** Standard-Projektion eines kubischen Kristalls in (001) und **c** (011)-Lage sowie räumliche Lage der (011)-Ebene bei (011)-Projektion **d**

Die (011)-Projektion (Abb. 2.42c) erhält man, wenn der (011)-Pol in der Projektionsmitte liegt (Würfel auf Kante). Man kann die (011)-Projektion aus der (001)-Projektion durch Rotation des (011)-Pols ins Zentrum der stereographischen Projektion erhalten. Zur Durchführung solcher Rotationen bedient man sich der Bequemlichkeit halber des Wulffschen Netzes, das nichts anderes als eine stereographische Abbildung von Kreisen auf der Referenzkugel ist, wobei die einzelnen Kreise einen konstanten Winkelgrad-Abstand (zumeist $2°$) voneinander haben.

Wegen der festen Winkelbeziehung zwischen den Ebenen und Richtungen im kubischen Gitter braucht man gar nicht alle Pole zur Bestimmung einer Orientierung. Vielmehr genügt die Angabe der Lage von mindestens zwei Polen {hkl} bspw. zwei {100}-Pole oder zwei {111}-Pole. Die Lage einer Kristallorientierung kann daher hinreichend durch eine Polfigur beschrieben werden. Eine {hkl}-Polfigur gibt nur die Lage der {hkl}-Pole in der ste-

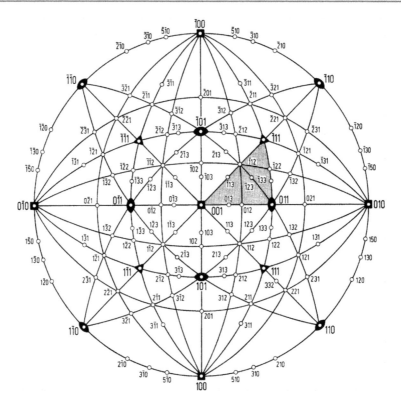

Abb. 2.43 Standard (001)-Projektion einiger niedrig indizierter Ebenen und Zonen des kubischen Gitters. Das Standarddreieck ist dunkel hinterlegt

reographischen Projektion des Probenkoordinatensystems wieder, bspw. die {100}-Polfigur in Abb. 2.44. Aus den Winkeln α_i und β_i der {100}-Pole können diejenigen kristallographischen Richtungen bestimmt werden, die parallel zu den Probenachsen liegen, bspw. zur Blechnormalen und Walzrichtung eines gewalzten Blechs, wodurch nach Gl. (2.23) sofort die Orientierungsbeziehung in Form der Rotationsmatrix angegeben werden kann. Polfiguren haben große technische Bedeutung und können direkt röntgenographisch oder durch Neutronenbeugung bestimmt werden, wie in Abschn. 2.5 näher erläutert wird. Während die Polfigur die Lage der Kristallachsen im Probenkoordinatensystem angibt, beschreibt die inverse Polfigur die Lage der Probenachsen bezüglich des Kristallkoordinatensystems (Abb. 2.45). Genügt die Betrachtung nur einer Probenachse, bspw. die Achse eines Drahtes oder einer Zugprobe, so kann man die Darstellung auf das Standarddreieck reduzieren, in der die Lage der betreffenden Achse eingetragen ist (Abb. 2.45b).

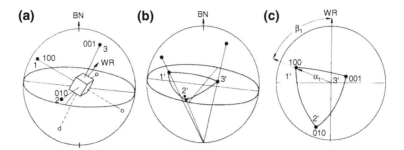

Abb. 2.44 Darstellung der {100}-Achsen einer Orientierung in der stereographischen Projektion. **a** Lage des Kristalls im Zentrum der Lagenkugel; **b** Stereographische Projektion der Würfelachsen; **c** {100}-Polfigur der Orientierung und Definition der zu Pol 1 gehörenden Winkel α_1, β_1

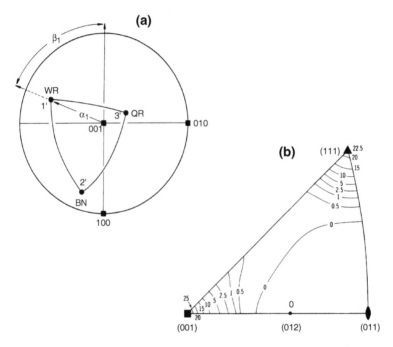

Abb. 2.45 **a** Prinzipskizze der inversen Polfigur einer Walzprobe. **b** Inverse Polfigur eines stranggepreßten Aluminiumdrahtes (Probenrichtung = Drahtachse). Die eingezeichneten Linien sind Höhenlinien gleicher gemessener Intensität (nach [4])

2.5   Verfahren zur Struktur- und Orientierungsbestimmung

2.5.1   Das Braggsche Gesetz

Die Grundlage der Untersuchung von Kristallen mit Röntgen-, Neutronen- oder Elektronenstrahlen bildet das Braggsche Gesetz. Es beschreibt die Reflexion (d. h. elastische Streuung) der Strahlen am Kristallgitter und lautet

$$n\lambda = 2d \sin \Theta \tag{2.26}$$

wobei λ – Wellenlänge; d – Netzebenenabstand; Θ – Einfalls- und Reflektionswinkel; n – Ordnung der Beugung bedeuten.

Wenn also ein Röntgenstrahl mit der Wellenlänge λ unter dem Winkel Θ auf eine Gitterebene mit dem Ebenenabstand d fällt, kommt es zur Reflexion des Strahls. Genauer gesagt, nur dann, wenn diese Bedingung erfüllt ist, kommt es zur Reflexion. Die Reflexion elektromagnetischer Strahlung in Kristallen beruht auf der Wechselwirkung der Strahlung mit der Elektronenhülle, die im Detail sehr komplex ist. Zum Verständnis der Braggschen Gleichung genügt es aber, die Gitterebenen als halbdurchlässige Spiegel für die Röntgenstrahlen zu betrachten (Abb. 2.46). Dann und nur dann, wenn die gebeugte Strahlung von parallelen Ebenen sich in Phase befindet, kommt es zu einer reflektierten Intensität (Abb. 2.46b). Gibt es einen Phasenunterschied zwischen gebeugten Strahlen von parallelen Ebenen (Abb. 2.46a), dann gibt es wegen der vielen Netzebenen, an denen Beugung erfolgt, immer auch eine zweite gebeugte Welle, die sich mit der ersten bei Überlagerung auslöscht (Abb. 2.47).

Zwei Wellen, die an parallelen Ebenen gebeugt werden, können nur dann in Phase sein, wenn der Laufwegunterschied ein ganzzahliges Vielfaches der Wellenlänge beträgt. Das ist aber genau dann der Fall, wenn das Braggsche Gesetz erfüllt ist (Abb. 2.46). In der Regel sieht man nur die Beugung 1. Ordnung, d. h. wenn gebeugte Strahlen von benachbarten Netzebenen sich gerade um eine Wellenlänge unterscheiden.

Der Netzebenenabstand d hängt von der Kristallstruktur und von den Miller-Indizes {hkl} der kristallographischen Ebenenschar ab.

Es gilt für

$$\text{kubische Struktur } d = \frac{a}{\sqrt{h^2 + k^2 + l^2}} \tag{2.27}$$

$$\text{hexagonale Struktur } d = \frac{a}{\sqrt{\frac{4}{3}\left(h^2 + k^2 + h \cdot k\right) + l^2/\left(c/a\right)^2}} \tag{2.28}$$

wobei a, bzw. a und c die Gitterparameter sind. Die Braggsche Gleichung [Gl. (2.26)] liefert nur eine Lösung, d. h. Beugung, wenn

$$\frac{n\lambda}{2d} \leq 1 \tag{2.29}$$

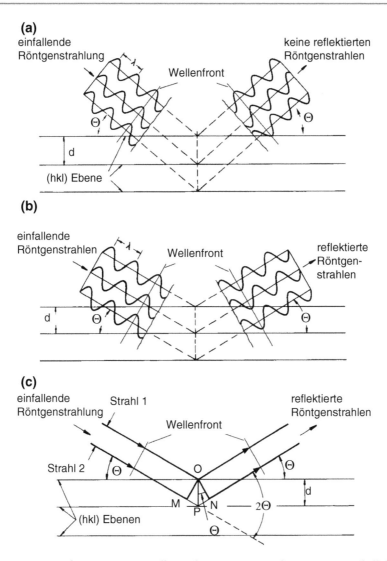

Abb. 2.46 a Röntgenbeugung am Kristallgitter kann man wie Reflexion an einem halbdurchlässigen Spiegel behandeln. Nur wenn die an parallelen Ebenen gebeugten Strahlen in Phase (gleiche Phasenlage in jeder Ebene senkrecht zur Ausbreitungsrichtung) sind (**b**), so löschen sie sich gemäß Abb. 2.47 nicht aus, sondern führen zur Reflexion. Gleiche Phasenlage erhält man nur dann, wenn der Laufwegunterschied benachbarter Ebenen (MPN in (**c**)) ein ganzzahliges Vielfaches der Wellenlänge beträgt. Diese Bedingung führt zur Braggschen Gleichung

wegen $\sin x \leq 1$. Da der Netzebenenabstand d gemäß Gl. (2.27) und (2.28) kleiner als der Gitterparameter ist, erhält man Beugung am Kristallgitter nur, wenn die Wellenlänge von gleicher Größenordnung oder kleiner als der Gitterparameter ist. Das ist nur für harte Rönt-

Abb. 2.47 a Aufgrund der Phasenunterschiede der beiden Wellen um π kommt es durch Überlagerung zur Auslöschung. **b** Sind beide Wellen genau in Phase, kommt es zur Verstärkung der Amplitude

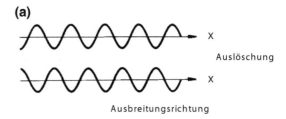

(a)

Auslöschung

Ausbreitungsrichtung

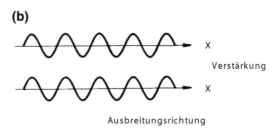

(b)

Verstärkung

Ausbreitungsrichtung

genstrahlen oder Materiestrahlen aus Elektronen oder Neutronen der Fall. Die Wellenlänge von Röntgenstrahlen aus konventionellen Röntgenröhren liegt bei etwa 0.1 nm. Hochenergetische Elektronen z. B. im Elektronenmikroskop mit einer Beschleunigungsspannung von $U = 100\,\text{kV}$ haben eine Wellenlänge $\lambda = 0.0037\,\text{nm}$.

2.5.2 Röntgenmethoden

Röntgenstrahlen werden erzeugt, indem man ein Material mit beschleunigten Elektronen beschießt. Abbildung 2.48 zeigt den Aufbau einer Röntgenröhre. Elektronen, die durch Glühemission aus einer Glühwendel (Kathode) austreten, werden über eine Hochspannung (etwa 20–30 kV) beschleunigt und treffen auf ein Target (Anode), das aus einem reinen Material besteht. Durch das Abbremsen der Elektronen wird Bremsstrahlung erzeugt, eine Röntgenstrahlung mit einem weiten Wellenlängenbereich, die sogenannte kontinuierliche Strahlung (Abb. 2.49). Darüber erheben sich die scharfen Peaks der charakteristischen Strahlung, die durch Anregung von Elektronen der Elektronenhülle von Atomen des Targetmaterials entstehen. Ihre Wellenlänge hängt allein vom Targetmaterial ab. Röntgenstrahlung mit nur einer Wellenlänge wird monochromatische Röntgenstrahlung genannt. Man erzeugt sie, indem man durch ein Filtermaterial (bspw. Ni für Cu-Strahlung) das kontinuierliche Spektrum unterhalb der charakteristischen Strahlung absorbieren läßt. Die kontinuierliche Strahlung bei größeren Wellenlängen ist gegenüber der charakteristischen Strahlung sehr schwach und kann deshalb praktisch vernachlässigt werden. Noch bessere Monochromatie erhält man durch Verwendung von Monochromator-Kristallen.

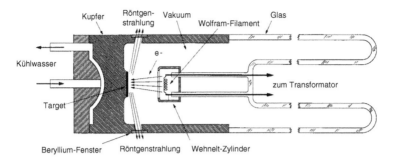

Abb. 2.48 Aufbau einer Röntgenröhre (Querschnitt)

Abb. 2.49 Röntgenspektrum von Mo bei 35 kV (schematisch)

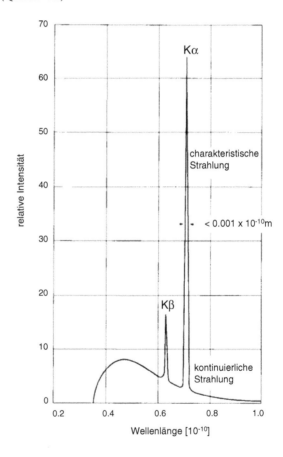

Zur Strukturbestimmung oder auch zur chemischen Analyse verwendet man Röntgenpulverdiffraktometrie (Abb. 2.50a). Dabei wird ein Pulver der Substanz oder auch ein Vielkristall mit regelloser Orientierungsverteilung mit monochromatischer Röntgenstrahlung beleuchtet. Ein Röntgendetektor wird nun so bewegt, daß er den Winkelbereich

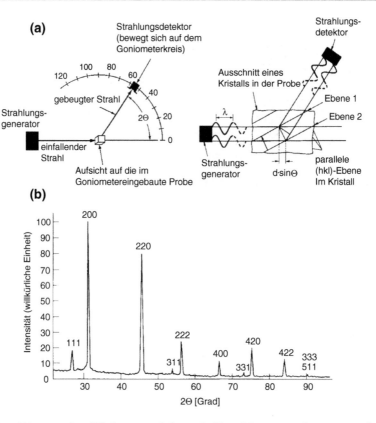

Abb. 2.50   **a** Röntgenpulverdiffraktometer (schematisch) und Beugungs-Geometrie in der Probe;
b Diffraktogramm von NaCl-Pulver; Cu-K_α-Strahlung, Ni-Filter

$0 \le 2\Theta \le 2\Theta_{max} \cong 120°$ abfährt. So erhält man ein Diffraktogramm, in dem peakför-
mige Intensitäten bei bestimmten Werten von 2Θ auftreten (Abb. 2.50b), nämlich immer
dann, wenn es in der Kristallstruktur der Substanz eine Ebene gibt, die mit der gewählten
Wellenlänge die Braggsche Gleichung erfüllt. Aus dem Auftreten der Reflexe bei bekannter
Wellenlänge kann man auf die Kristallstruktur schließen. Dabei muß man einen Strukturfaktor berücksichtigen, der für gewisse Kristallebenen verschwindet. Beispielsweise gibt
es in kfz-Kristallen nur dann Reflexion, wenn alle Miller-Indizes entweder gerade oder
alle ungerade sind. Deshalb gibt es für eine kfz-Struktur keinen {100}-Reflex, wohl aber
einen {200}-Reflex (Abb. 2.51). Die an {200}-Ebenen reflektierte Strahlung hat zu den an
{100}-Ebenen gebeugten Strahlen eine Phasenverschiebung von π, was zur Auslöschung
des {100}-Reflexes führt. Von diesen Auslöschungsregeln abgesehen sind aber die Refle-
xionswinkel 2Θ für jede Substanz eindeutig festgelegt. Durch Vergleich der gemessenen
2Θ-Werte mit tabellierten Werten kann eine Substanz identifiziert werden.

Abb. 2.51 Schematische Erklärung der {100}–{200} Auslöschung im kfz-Gitter

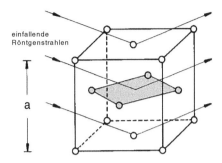

einfallende Röntgenstrahlen

a

Anstatt eines Röntgendetektors kann man sich auch eines Films als Detektormedium bedienen (Debye-Scherrer-Methode), wobei man sinnvollerweise den Film zylinderförmig um die Probe anordnet. Die reflektierten Röntgenintensitäten bilden einen Kegel mit Öffnungswinkel 2Θ (Abb. 2.52). Bei einer regellosen Pulverprobe sind Kristalle mit jeder Orientierung zu finden, speziell solche, die durch eine Drehung um die Richtung des einfallenden Strahles miteinander verknüpft sind. Trifft auf einen Kristall für den Winkel 2Θ die Braggsche Gleichung zu, so trifft sie auch auf alle derartigen anderen zu, was einer Reflexion längs einer Kegeloberfläche entspricht. Auf einem ebenen Film senkrecht zur Strahlrichtung ergeben die Schnitte mit dem Kegel Kreise, die sogenannten Debye-Scherrer-Ringe (Abb. 2.52a). Auf einem zylindrischen Film um die Probe erhält man kleine Kreisausschnitte (Abb. 2.52b). Wegen der äußerst genauen Bestimmung des Winkels 2Θ mit der Debye-Scherrer-Methode wird sie auch zu Präzisionsmessungen der Gitterkonstanten verwendet.

Bei Beleuchtung eines Einkristalls mit monochromatischer Röntgenstrahlung würde man in der Regel gar keine reflektierte Intensität finden, es sei denn, der Einkristall wäre gerade so orientiert, daß die Geometrie die Braggsche Gleichung erfüllt. Verwendet man statt monochromatischer Strahlung aber sog. „weißes" Röntgenlicht, also das ganze kontinuierliche Spektrum, dann gibt es für praktisch jede Netzebene eine Wellenlänge, die der Braggschen Gleichung genügt (Laue-Verfahren). Ein zwischen Einkristall und Röntgenquelle postierter Film erhält auf diese Weise ein Punktmuster von reflektierten Röntgenintensitäten (Abb. 2.53). Aus der Anordnung der Röntgenreflexe auf einer solchen Laue-Aufnahme kann bei Kenntnis der Kristallstruktur die Orientierung des Einkristalls ermittelt werden. Bei dünnen Proben kann die gebeugte Strahlung auch in Transmission bestimmt werden. Alle kristallographischen Ebenen, die durch Drehung um eine gemeinsame Achse (Zonenachse) auseinander hervorgehen, bilden eine Zone. Die Reflexe der Ebenen einer Zone liegen auf einem Kegelmantel; die Schnittlinie des Kegelmantels mit einem Film ist eine Hyperbel (Abb. 2.53). In einer Laue-Aufnahme erhält man daher eine Vielzahl von sich schneidenden Hyperbeln (Abb. 2.53c). Durch richtige Zuordnung der Zonen erhält man die kristallographische Richtung parallel zur Einstrahlrichtung oder einer anderen Probenrichtung, die man zumeist in einer inversen Polfigur darstellt.

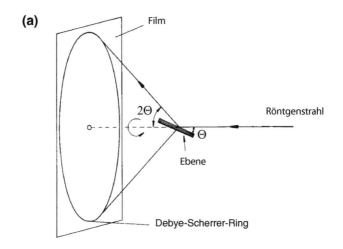

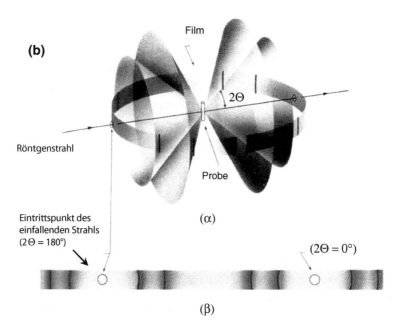

Abb. 2.52 **a** Schematische Darstellung einer Debye-Scherrer-Aufnahme mit ebenem Film. **b** Bei Rotation des Kristalls um die Einfallsrichtung bildet die reflektierte Strahlung eine Kegelfläche mit Öffnungswinkel 4Θ

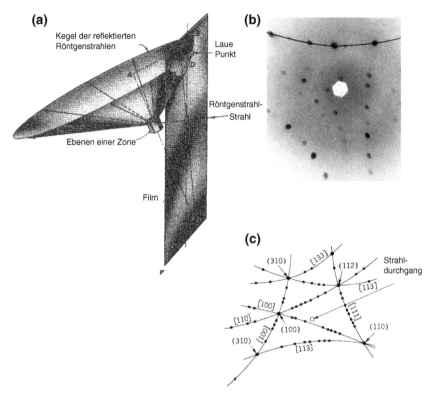

Abb. 2.53 Laue-Rückstrahl-Aufnahme. **a** Schematisch: Reflexe einer Zone liegen auf dem Film auf einer Hyperbel; **b** Beispiel: Aluminium (Wolframstrahlung 30 kV, 19 mA); **c** Beispiel: α-Eisen; die Zonen und wichtigsten Reflexe wurden indiziert

2.5.3 Elektronenmikroskopie

Statt Röntgenstrahlen kann man auch Elektronen zur Struktur- und Orientierungsbestimmung benutzen. Elektronen haben wie alle Elementarteilchen (und im Prinzip jede Materie) eine Wellennatur und verhalten sich entsprechend, z. B. durch Beugung am Kristallgitter. Elektronenbeugung nimmt man im Transmissionselektronenmikroskop (TEM) vor. Die Bilderzeugung im TEM durch Elektronen erfolgt ganz analog dem Lichtmikroskop mit sichtbarem Licht (Abb. 2.54). Beim Durchgang eines monochromatischen Elektronenstrahls durch ein dünnes Kristallvolumen kommt es zur Elektronenbeugung (Abb. 2.55). Bei einem Einkristall bilden sich typische Punktmuster aus, aus denen Gitterparameter und Orientierung bestimmt werden können. Erfaßt der Elektronenstrahl viele Körner in einem Vielkristall, erhält man ringförmige Beugungsmuster, analog den Debye-Scherrer-Ringen bei Röntgenbeugung. Eine amorphe oder glasartige Substanz erzeugt diffuse Ringmuster. Auch die Beugungsmuster im TEM werden durch die Braggsche Bedingung [Gl. (2.26)]

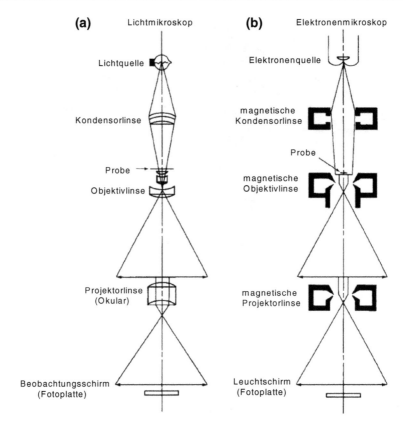

Abb. 2.54 Vergleich von Aufbau und Strahlengang eines Lichtmikroskops (**a**) und eines Transmissions-Elektronenmikroskops (**b**)

bestimmt. Sie bilden die Basis für die Abbildung im TEM, bspw. zur Sichtbarmachung von Kristallbaufehlern, wie den Versetzungen (vgl. Kap. 3).

2.5.4 Kristallographische Texturen

Die Orientierungen in einem Vielkristall müssen nicht immer regellos verteilt sein, wie bei einem Pulver. Das Gegenteil ist vielmehr der Fall. Durch technische Formgebungs- und Wärmebehandlungen haben metallische Werkstoffe zumeist keine regellose Orientierungsverteilung, sondern sie besitzen Vorzugsorientierungen. Die Orientierungsverteilung wird als kristallographische Textur bezeichnet. Eine nicht regellose Textur macht sich bspw. dadurch bemerkbar, daß ein Debye-Scherrer-Ring nicht gleichmäßig belegt ist (Abb. 2.56). Die quantitative Bestimmung der Textur erfolgt mit einem Röntgentexturgoniometer (Abb. 2.57). Dabei wird monochromatische Röntgenstrahlung benutzt und bei

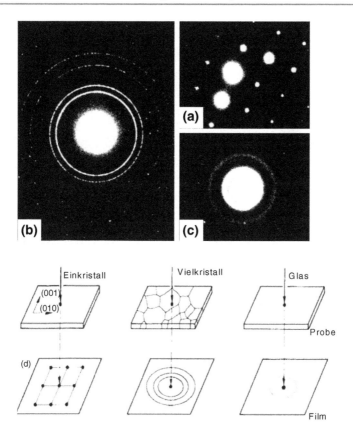

Abb. 2.55 Beugungsmuster von Röntgen- oder Elektronenstrahlen bei **a** einkristallinem; **b** vielkristallinem; **c** amorphem Werkstoff, wie schematisch in **d** gezeigt [5]

fester Anordnung von Röntgenquelle und Zählrohr wird die Probe durch Drehung um zwei zueinander senkrechte Achsen in praktisch jede Lage bezüglich des einfallenden Röntgenstrahls gebracht. Wegen der festen Geometrie von Quelle und Zählrohr tritt Reflektion nur dann auf, wenn eine bestimmte Ebenenschar {h k l}, bspw. {111}, in Reflektionsstellung ist. Durch die Bewegung der Probe wird so die räumliche Lage der entsprechenden Pole {h k l} aufgedeckt. In der stereographischen Projektion ergibt die gemessene Intensitätsverteilung die {h k l}-Polfigur. Sind in einem Einkristall die Würfelachsen parallel zu den Probenachsen, bspw. in einer Walzprobe, so ergeben sich die in Abb. 2.58 dargestellten {200}- bzw. {111}-Polfiguren. Bei einem Vielkristall mißt man ganz entsprechend die Verteilung der {h k l}-Pole in der Probe, bspw. nach starker Walzverformung in Kupfer oder Messing (Abb. 2.59). Diese Verteilung erlaubt es allerdings nicht, die betreffenden Orientierungen, aus der sie besteht, zu identifizieren, denn eine Orientierung ist durch drei {100}-Pole oder vier {111}-Pole gegeben, deren Zuordnung man in der Polfigur eines Vielkristalls — im Gegensatz zu der des Einkristalls — nicht kennt. Dann kann man aber

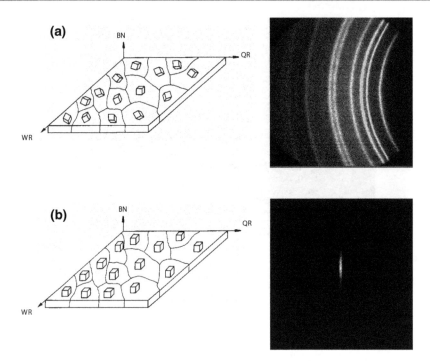

Abb. 2.56 Schematische Darstellung der Orientierungsverteilung und der entsprechenden Debye-Scherrer-Aufnahmen in Blechen **a** bei regelloser Orientierungsverteilung; **b** bei Auftreten einer Vorzugsrichtung (hier: Würfeltextur) in gewalztem und rekristallisiertem Al-Blech. Nur ein kleiner Ausschnitt des Rings verbleibt (Debye-Scherrer-Aufnahmen mit 2D-Röntgendetektor [6])

aus der Messung mehrerer Polfiguren und entsprechenden Rechenverfahren die Orientierungsverteilungsfunktion (OVF) bestimmen. Sie wird in einem Raum dargestellt, in dem jede Orientierung durch einen Punkt repräsentiert wird. Ein solcher Raum wird als Orientierungsraum bezeichnet. Ein möglicher — und sehr gebräuchlicher — Orientierungsraum wird deshalb durch die drei Euler-Winkel aufgespannt (Euler-Raum). Die Orientierungsverteilungsfunktion (OVF) der in Abb. 2.59 gezeigten Polfigur des gewalzten Kupfers ist in Abb. 2.60a im Euler-Raum dargestellt. Zur zweidimensionalen Darstellung dieser räumlichen Verteilung auf Papier werden gewöhnlich Schnitte durch den Euler-Raum im Abstand von 5° parallel zum Winkel φ_2 nebeneinandergelegt (Abb. 2.60b).

Texturen gewinnen in modernen Werkstoffen immer stärker an Bedeutung. Ein wichtiges Beispiel ist die Zipfelbildung beim Tiefziehen von texturierten Blechen (Abb. 2.61), was beim Herstellen von Karosserieblechen für Kraftfahrzeuge oder beim Herstellen von Getränkedosen vorkommen kann. Die Ausbildung von Zipfeln ist eine Folge der Textur. Sie führt zu einer inhomogenen Wandstärke, zu einem zusätzlichen Arbeitsgang, dem Besäumen des ungleichmäßigen Randes und zu einer verlustreichen Unterbrechung der Massenproduktion durch Verklemmen der Zipfel in einer Tiefziehanlage. Die Textur ist in

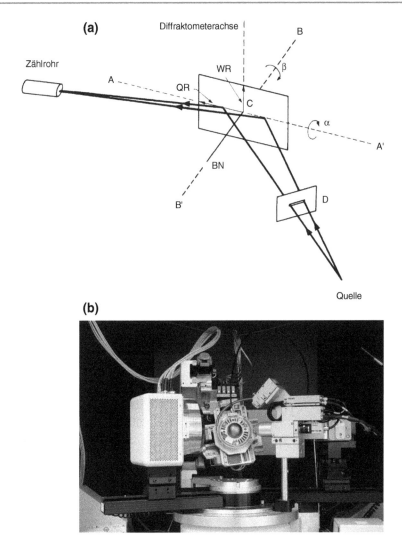

Abb. 2.57 **a** Strahlengang und Probenrotation in einem Röntgentexturgoniometer (hier: Schulz-Reflexionsmethode). **b** Röntgentexturgoniometer am IMM mit Flächendetektor (links), Heiztisch (Mitte) und Röntgenquelle (rechts)

diesem Fall sehr unerwünscht. Für andere Anwendungen kann eine Textur sehr erwünscht sein, bspw. bei Transformatorblechen zur Verringerung der Ummagnetisierungsverluste (vgl. Kap. 10).

Scharfe Texturen sind auch eine notwendige Voraussetzung zur Herstellung von Bändern aus Hochtemperatursupraleitern (HTSL). Die kritische Stromdichte eines Supraleiters, bei der die Supraleitfähigkeit zusammenbricht, ist bei gewöhnlichen vielkristallinen

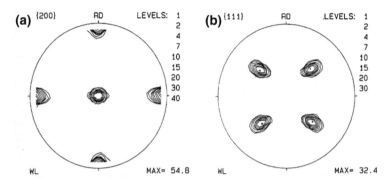

Abb. 2.58 Darstellung der Würfellage in einer Polfigur. **a** Die {200}-Netzebenennormalen häufen sich bevorzugt in WR, BN und QR. **b** Entsprechende Lage der {111}-Pole. Vergleiche mit (001)-Projektion (Abb. 2.42b)

Abb. 2.59 Gemessene Walztexturen als {111}- und {200}-Polfigur. **a** Kupfer mit 99.99 % Reinheit (bei RT gewalzt); **b** Kupfer mit 30 % Zn (α-Messing) (bei RT gewalzt)

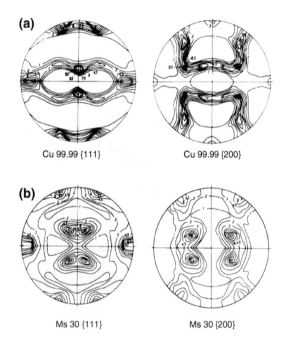

HTSL sehr klein. Die Schwachstellen sind die Großwinkelkorngrenzen, an denen die Supraleitfähigkeit gestört wird. Durch eine scharfe Texturierung, d. h. der Vermeidung von Großwinkelkorngrenzen können kritische Stromdichten erreicht werden, die sich für ingenieurmäßige Anwendungen eignen (Abb. 2.62).

Mit Röntgenpolfiguren werden Mittelwerte der Intensität gemessen, die sich aus der Beugung an vielen Körnern ergibt, in technischen Werkstoffen typischerweise 10^5 Körner. Die entsprechende Textur wird daher Makrotextur genannt. Im Gegensatz dazu wird die

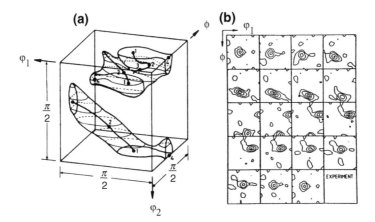

Abb. 2.60 **a** 3-dimensionale Darstellung der Orientierungsverteilung von gewalztem Reinst-Cu (Abb. 2.59a) im Euler-Raum. Im Gegensatz zur 2-dimensionalen Polfigur ist hier die Orientierung durch drei Koordinaten (drei Euler-Winkel) eindeutig festgelegt. **b** Wiedergabe der Orientierungsverteilung durch Schnitte im Abstand von 5° senkrecht zum Winkel φ_2

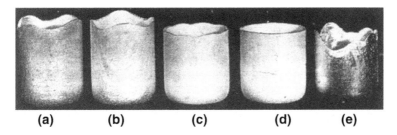

Abb. 2.61 Zipfelbildung beim Tiefziehen von Reinstaluminiumblechen. **a** Zipfel unter $\pm45°$; **b** Zipfel unter 0° und 90°; **c** acht Zipfel; **d** zipfelfreie Proben; **e** Zipfelbildung durch Grobkorn (kein Textureffekt)

Mikrotextur durch die Orientierungsmessung an den einzelnen Körnern eines Vielkristalls bestimmt. Dazu ist es erforderlich, die Orientierung sehr kleiner Volumina zu messen, was mittels Beugung rückgestreuter Elektronen oder EBSD (electron back scatter diffraction) in einem Rasterelektronenmikroskop (REM) heute möglich ist (Abb. 2.63). Moderne REM und ausgeklügelte EBSD-Technik erlauben heutzutage die vollautomatische Bestimmung von bis zu 100000 Orientierungen pro Stunde bei einer Ortsauflösung von besser als 50 nm. Daher ist es heute nicht unüblich, Orientierungslandkarten (Abb. 2.64c, d) von Vielkristallen durch EBSD-Messung größerer Flächen herzustellen. Man nennt dieses Verfahren auch Orientierungsmikroskopie, oder im englischen Sprachgebrauch OIM (Orientation Imaging Microscopy). Außer der lokalen Orientierung erhält man aus solchen Messungen auch Informationen über die Korngrenzencharakterverteilung, da die Desorientierung an einer Korngrenze aus den Kornorientierungen berechnet werden kann. Das ist eine wertvolle

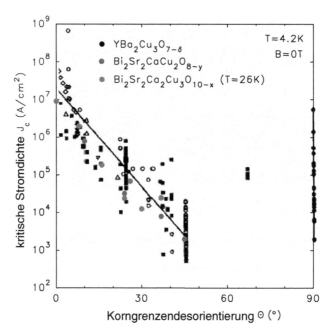

Abb. 2.62 Kritische Stromdichte einiger Hochtemperatursupraleiter in Abhängigkeit von der Korngrenzendesorientierung. Nur für Desorientierungen unter 5° ist die kritische Stromdichte ausreichend hoch für technische Anwendungen. Solch niedrige Desorientierungen benötigen eine sehr scharfe Textur [5]

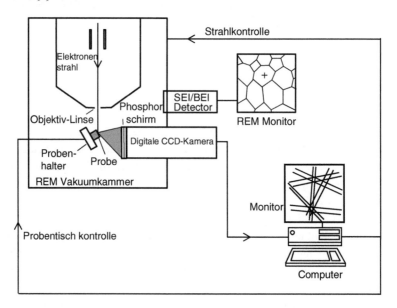

Abb. 2.63 REM-Konfiguration für die Orientierungsmikroskopie nach der EBSD-Methode. Die Probenoberfläche wird punktuell vom Elektronenstrahl abgerastert. Dabei wird pro Meßpunkt die Orientierung automatisch bestimmt

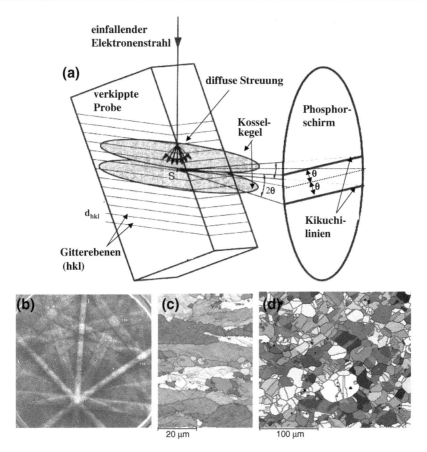

Abb. 2.64 a Prinzip der Bildung von Kikuchi-Bändern bei der Beugung rückgestreuter Elektronen (EBSD). **b** EBSD-Beugungsbild eines Aluminium-Kristalls. **c** Orientierungskarte eines 41 % kaltgewalzten und anschließend 70 s bei 300 °C geglühten Al-4.5 %Mg0.14 %Mn Polykristalls. **d** Rekristallisiertes Gefüge einer Invar-Legierung (Fe-36%Ni)

Information für das sogenannte „grain boundary engineering", bei dem man versucht, die Eigenschaften von Werkstoffen durch Optimierung der Korngrenzencharakterverteilung zu verbessern. Wichtige Beispiele hierzu sind die Vermeidung von Korngrenzenkorrosion oder die Herstellung von HTSL mit hohen kritischen Stromdichten wie aus Abb. 2.62 ersichtlich.

2.6   Aufgaben

2.1. Bestimmen Sie für ein kubisch-raumzentriertes (krz), ein kubisch-flächenzentriertes (kfz), sowie ein hexagonal dichtest gepacktes (hdp) Gitter
   a) die Anzahl von Atomen pro Elementarzelle,
   b) die Anzahl der nächsten Nachbarn,
   c) die Raumerfüllung.

2.2.
   (a) Bestimmen Sie die Anzahl, Position und Größe ($r_{Lü}/r_{Atom}$) der Tetraeder- und Oktaederlücken im kfz-Gitter.
   (b) Wie viele Oktaederlücken pro Atom gibt es?
   (c) Wie viele Tetraederlücken pro Atom gibt es?

2.3. Was ist das Größenverhältnis zwischen einer Oktaederlücke im kfz- und im krz-Gitter?

2.4. Auf welchen Gitterlücken befinden sich die C- bzw. N-Atome im krz Fe-Gitter ($r_C/r_{Fe} = 0{,}61$; $r_N/r_{Fe} = 0{,}55$)? Begründen Sie Ihre Antwort.

2.5. Zeichnen Sie folgende Ebenen und Richtungen in eine Elementarzelle ein. Wie viele kristallographisch gleichwertige Ebenen und Richtungen existieren jeweils?
   (a) krz-Gitter: (100)- und (101)-Ebene, sowie [112]- und [1$\bar{1}\bar{1}$]-Richtung
   (b) hdp-Gitter: (1$\bar{1}$00)- und ($\bar{1}\bar{1}$2$\bar{1}$)-Ebene, sowie die [1$\bar{1}$01]- und [11$\bar{2}$3]-Richtung.

2.6.
   (a) Zeichnen Sie eine [123]-orientierte Stabachse (SA) eines kfz Einkristalls in eine Standardprojektion ein.
   (b) Wo liegt dieser Pol in einer (011)-Projektion?

2.7.
   (a) Skizzieren Sie die {111}-Polfigur eines Würfels, der um 45° gegen den Uhrzeigersinn um die Walzrichtung rotiert ist.
   (b) Geben Sie die Miller-Indizes der Orientierung an.
   (c) Bestimmen Sie für diese Orientierung die Orientierungsmatrix **g**.

2.8. Zeichnen Sie eine Standardprojektion eines hexagonal primitiven Einkristalls. Berücksichtigen Sie alle zweizähligen und sechszähligen Drehachsen. Geben Sie für die eingezeichneten Symmetrieelemente die Miller-Bravais-Indizes an.

2.9.
   (a) Leiten Sie das Braggsche Gesetz her unter der Annahme, dass die Gitterebenen halbdurchlässige Spiegel sind.
   (b) Berechnen Sie den kleinsten Winkel im krz und kfz Gitter, unter dem nach dem Braggschen Gesetz Reflexion von Röntgenstrahlung auftritt. ($a = 4$ Å, $\lambda_{Mo} = 0{,}71$ Å).

(c) Welche Strahlungsarten können außer Röntgenstrahlung noch für kristallographische Untersuchungen verwendet werden?

(d) Kann man das Braggsche Gesetz auch für die Reflexion von sichtbarem Licht verwenden?

Literatur

1. Greis O (1990) Nachr Chem Lab 38:1346–1350
2. Harris PJF (2009) Carbon nanotube science. Cambridge University Press, Cambridge
3. Balasubramanian K, Burghard M (2005) Chem Unserer Zeit 39:16–25
4. McHargue CJ, Jetter LK, Ogle JC (1980) In: Barrett C, Massalski TB (Hrsg) Structure of metals, S 546
5. Hornbogen E (1979) Werkstoffe. Springer, Berlin, S 7
6. Raabe D, Archiv MPI Eisenforschung, Düsseldorf
7. Eschrig H, Fink J, Schultz L (2002) Physik-Journal 1:45

Kristallbaufehler

3

3.1 Überblick

Kristalle sind niemals fehlerfrei. Das folgt ganz fundamental aus den thermodynamischen Gesetzmäßigkeiten, was wir in Abschn. 3.2.2 zeigen werden. Realkristalle weichen allerdings in ihrer Fehlordnung weit vom thermodynamischen Gleichgewicht ab, weil es gewöhnlich an Mechanismen fehlt, das thermodynamische Gleichgewicht einzustellen. Wir unterscheiden verschiedene Arten von Kristallbaufehlern, die wir am einfachsten nach ihren Dimensionen klassifizieren können: die Leerstellen und Zwischengitteratome (nulldimensionale Punktfehler), die Versetzungen (eindimensionale Linienfehler) und die Korn- und Phasengrenzen (zweidimensionale Flächenfehler). Häufig werden auch andere Phasen als dreidimensionale Fehler eingeführt. Allerdings sind diese Phasen Bestandteil des thermischen Gleichgewichts und der eigentliche Fehler, die Phasengrenzfläche, kann unter den zweidimensionalen Fehlern subsummiert werden.

So paradox es klingt, aber es sind diese Kristallbaufehler, die metallische Werkstoffe mit Eigenschaften versehen, die sie zu den wichtigsten Konstruktionswerkstoffen gemacht haben. Denn die plastische Verformung besteht in der Erzeugung und Bewegung von Versetzungen, die diffusionsgesteuerten Phasenumwandlungen benötigen Leerstellen zur Diffusion und die Rekristallisation, also die Entfestigung bei Wärmebehandlung verformter Werkstoffe, vollzieht sich durch die Erzeugung und Bewegung von Korngrenzen. In diesem Kapitel werden die thermodynamischen Grundlagen und die Struktur der Kristallbaufehler behandelt. Ihre Eigenschaften werden Gegenstand der betreffenden Kapitel sein, in denen sie eine grundsätzliche Rolle spielen, also Diffusion, Plastizität, Rekristallisation und Umwandlungen im festen Zustand.

G. Gottstein, *Materialwissenschaft und Werkstofftechnik*, Springer-Lehrbuch,
DOI: 10.1007/978-3-642-36603-1_3, © Springer-Verlag Berlin Heidelberg 2014

3.2 Punktfehler

3.2.1 Typen von Punktfehlern

Wenn man von Verunreinigungen absieht, die ja auch eine Fehlordnung darstellen, gibt es prinzipiell zwei Arten von Punktfehlern, nämlich einen unbesetzten Gitterplatz (Leerstelle) oder die Besetzung eines Zwischengitterplatzes (Zwischengitteratom). Allerdings können die Punktdefekte auch in Kombinationen oder in speziellen Anordnungen auftreten. Der wohl bedeutendste Punktfehler ist die Leerstelle, die für die Diffusion sehr wichtig ist (vgl. Kap. 5). In Metallen kann eine Leerstelle als Einzeldefekt auftreten. Ihre Entstehung kann man sich so vorstellen, daß ein oberflächennahes Atom an die Oberfläche springt und einen leeren Gitterplatz zurückläßt, der sich durch weitere Platzwechselvorgänge schließlich zum Inneren des Kristalls begibt (Abb. 3.3). Wird ein Atom dagegen von einem Gitterplatz auf einen Zwischengitterplatz befördert, so entsteht ein Punktdefektpaar, nämlich Leerstelle und Zwischengitteratom. Dieses Paar wird als Frenkel-Defekt bezeichnet. In Ionenkristallen kann wegen des Zwangs zur Ladungsneutralität keine Einzelleerstelle auftreten, sondern es kommen immer entweder ein Frenkel-Defekt oder ein Leerstellenpaar (Anionen- und Kationenleerstelle) vor, was als Schottky-Defekt bezeichnet wird. Die verschiedenen Arten von Punktfehlern sind in Abb. 3.1 schematisch dargestellt, allerdings ist ihre Struktur in Wirklichkeit erheblich komplizierter.

In der Umgebung eines Punktdefektes verschieben sich die Atome etwas, um sich der Fehlstelle anzupassen. Das Zwischengitteratom tritt praktisch nicht als einzelnes Atom auf einem Zwischengitterplatz auf, sondern zumeist teilen sich zwei Atome einen Gitterplatz, was als „Zwischengitterhantel" bezeichnet wird (Abb. 3.2). Man kann sich auch vorstellen, daß sich ein Zwischengitteratom in eine dichtestgepackte kristallographische Richtung hineinzwängt (Crowdion), allerdings ist das tatsächliche Auftreten dieser Konfiguration nicht unstrittig.

3.2.2 Thermodynamik der Punktdefekte

Im Folgenden wollen wir die Anzahl n von Punktdefekten im thermischen Gleichgewicht exemplarisch am Beispiel der Leerstellen in einem Kristall aus N Atomen bestimmen. Das Verhältnis $n/N \equiv c^a$ wird als (atomare) Konzentration von Punktfehlern bezeichnet. Nach dem 1. Hauptsatz der Thermodynamik ist

$$\delta Q = dU + pdV \tag{3.1}$$

Die Zufuhr einer Wärmemenge δQ wird umgesetzt in eine Änderung der inneren Energie dU und der vom System beim Druck p geleisteten Ausdehnungsarbeit pdV. Der zweite Hauptsatz der Thermodynamik

Abb. 3.1 Überblick über die verschiedenen Typen von Punktfehlern. **a** Leerstelle; **b** Zwischengitteratom; **c** kleineres Fremdatom; **d** größeres Fremdatom, **e** Frenkel-Defekt; **f** Schottky-Defekt (Anionen-Kationen-Leerstellenpaar)

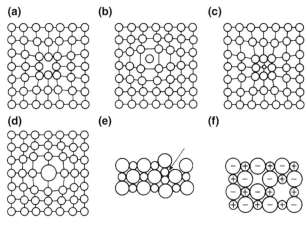

Abb. 3.2 Konfigurationen des Zwischengitteratoms. **a** ⟨100⟩-Hantel, **b** Crowdion

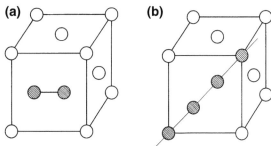

$$dS \geq \frac{\delta Q}{T} \tag{3.2}$$

definiert die Entropie S, wobei das Gleichheitszeichen im thermodynamischen Gleichgewicht gilt. Kombination von Gl. (3.1) und (3.2) liefert

$$dU + pdV - TdS \leq 0 \tag{3.3}$$

Definieren wir die freie Enthalpie G als

$$G = U + pV - TS \tag{3.4}$$

so ist

$$dG = dU - TdS - SdT + pdV + Vdp \tag{3.5}$$

Bei konstantem Druck p und konstanter Temperatur T, d. h. $dT, dp = 0$, gilt wegen Gl. (3.3)

$$dG = dU - TdS + pdV \leq 0 \tag{3.6}$$

Abb. 3.3 Prinzip der Leer-
stellenbildung. Atome begeben sich an die Oberfläche

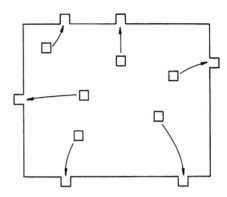

Die freie Enthalpie G nimmt demnach ständig ab und hat im thermischen Gleichgewicht
ein Minimum, d. h. $dG = 0$, also

$$dG = dU + pdV - TdS \equiv dH - TdS = 0 \tag{3.7}$$

Erzeugen wir nun n Leerstellen, indem wir die entsprechende Anzahl von Atomen aus dem
Volumen an die Oberfläche befördern (Abb. 3.3), so verändert sich die freie Enthalpie um

$$\Delta G = nH_B^L - T\left(nS_v^L + S_k\right) \tag{3.8}$$

wobei H_B^L die Enthalpie für die Bildung eine Leerstelle, S_v^L die Änderung der Schwingungsentropie pro Leerstelle und S_k die Konfigurationsentropie ist. Letztere ist nach Boltzmann
durch die Anordnungsvielfalt ω_n von n Leerstellen auf N Gitterplätzen gegeben

$$S_k = k\ln\omega_n \tag{3.9}$$

mit der Boltzmann-Konstanten $k = 8.62 \cdot 10^{-5}\,\mathrm{eV/K}$. Die Anordnungsvielfalt für eine
einzelne Leerstelle ist so groß wie die Anzahl der verschiedenen Gitterplätze, also $\omega_1 = N$.
Für zwei Leerstellen ist entsprechend $\omega_2 = N(N-1)/2$ und für n Leerstellen

$$\omega_n = \frac{N(N-1)(N-2)\ldots(N-n+1)}{1\cdot 2\cdot 3\cdot 4\ldots n} = \frac{N!}{(N-n)!n!} \tag{3.10}$$

Das Produkt im Nenner berücksichtigt die Ununterscheidbarkeit der Leerstellen, d. h. die
Vertauschung von zwei Leerstellen gibt keine neue Anordnung. Die Funktion $f(x) = x!$
ist analytisch schwierig zu handhaben, aber für $x \geq 5$ kann man sie nähern (Stirlingsche
Formel)

$$\ln x! \cong x\ln x - x \tag{3.11}$$

Die Gleichgewichtsanzahl n von Leerstellen ergibt sich nun aus der Bedingung Gl. (3.7) in
Verbindung mit Gl. (3.8).

$$\frac{d\left(\Delta G\right)}{dn} = H_B^L - TS_v^L - T\frac{dS_k}{dn} = 0 \tag{3.12}$$

Aus den Gl. (3.9) bis (3.11) folgt

$$\frac{dS_k}{dn} = -k\left\{[\ln n + 1 - 1] - [\ln (N - n) + 1 - 1]\right\} = -k\ln\frac{n}{N - n} \tag{3.13}$$

Wegen $n \ll N$, gilt

$$\frac{dS_k}{dn} \cong -k\ln\frac{n}{N} = -k\ln c_L^a \tag{3.14}$$

(c_L^a = atomare Leerstellen-Konzentration).

Mit Gl. (3.12) wird

$$H_B^L - TS_v^L + kT\ln c_L^a = 0 \tag{3.15}$$

Bezeichnen wir mit $H_B^L - TS_v^L = G_B^L$ die freie Bildungsenthalpie der Leerstelle,[1] so erhalten wir schließlich die Gleichgewichtskonzentration von Leerstellen

$$c_L^a = \exp\left(-\frac{G_B^L}{kT}\right) \tag{3.16a}$$

oder

$$c_L^a = \exp\left(\frac{S_v^L}{k}\right)\exp\left(-\frac{H_B^L}{kT}\right) \tag{3.16b}$$

Gleichung (3.16a) gilt entsprechend für jede andere Art von Punktdefekten mit den zugehörigen freien Bildungsenthalpien.

Die Größe der Konzentration wird im wesentlichen durch die Bildungsenthalpie H_B^L bestimmt. Tabelle 3.1 gibt für einige Metalle Werte der Leerstellenbildungsenthalpie und die Leerstellenkonzentration am Schmelzpunkt an, die unabhängig vom Material etwa 10^{-4} beträgt.

Leerstellen sind daher in nennenswerter Konzentration immer im Material vorhanden. Ihre Existenz läßt sich nicht vermeiden. Für $T \to 0$ geht zwar auch $c_L^a \to 0$, aber wegen mangelnder Beweglichkeit lassen sich die Leerstellen bei tiefen Temperaturen nicht mehr ausheilen, so daß stets eine endliche, wenn auch sehr kleine Anzahl von Leerstellen im Kristall verbleibt. Die Bildungsenergie für Zwischengitteratome ist erheblich höher (etwa um einen Faktor 3) als für Leerstellen. Zwischengitteratome kommen daher im thermodynamischen Gleichgewicht praktisch nicht vor.

---

[1] Diese Bezeichnung ist in sofern etwas unrichtig, als die freie Enthalpie zur Bildung der Leerstelle genau genommen auch die Konfigurationsentropie enthält.

Tab. 3.1 Leerstellenbildungsenthalpie, Schwingungsentropie (in Vielfachen der Boltzmann-Konstanten k) und Gleichgewichtsleerstellenkonzentration am Schmelzpunkt für verschiedene Metalle

	Au	Al	Cu	W	Cd
H_B^L [eV]	0.94	0.66	1.27	3.6	0.41
S_v^L [k]	0.7	0.7	2.4	2.0	0.4
c_L^a [10^{-4}]	7.2	9.4	2.0	1.0	5.0

3.2.3 Experimenteller Nachweis von Punktdefekten

Punktfehler stören den idealen Kristallaufbau. Sie verursachen deshalb eine Änderung der physikalischen Eigenschaften. Am einfachsten ist ihr Einfluß auf den elektrischen Widerstand zu messen. Schreckt man eine Probe von einer hohen Temperatur T_q ab, dann friert man die Gitterfehler ein und kann ihren Widerstandsbeitrag $\Delta\rho$ als Erhöhung des Restwiderstandes (vgl. Kap. 10) leicht messen. Bezeichnet ρ_p die Widerstandserhöhung pro Punktdefekt, N die Anzahl der Gitterplätze und ist die Widerstandserhöhung $\Delta\rho$ der Punktfehlerkonzentration c^a proportional:

$$\Delta\rho = Nc^a \cdot \rho_p = N\rho_p \cdot \exp\left(-\frac{G_B}{kT}\right) = N\rho_p \cdot \exp\left(\frac{S_B}{k}\right)\exp\left(-\frac{H_B}{kT}\right) \qquad (3.17)$$

so kann man die Bildungsenthalpie H_B bestimmen, wenn man die Widerstandserhöhung nach Abschrecken von verschiedenen Temperaturen T_q mißt (Abb. 3.4). Die Widerstandserhöhung gibt allerdings keine Auskunft über die Art des Punktdefektes, denn sowohl ein Zwischengitteratom als auch eine Leerstelle führen zu einer Widerstandserhöhung.

Simmons und Balluffi haben in einem klassischen Experiment nachgewiesen, daß Leerstellen und nicht Zwischengitteratome im thermischen Gleichgewicht überwiegen. Dazu haben sie an einem Goldbarren gleichzeitig die Längenänderung und die Gitterparameteränderung als Funktion der Temperatur gemessen. Werden Leerstellen gebildet, so werden gemäß Abb. 3.3 Atome aus dem Kristallinneren an die Oberfläche befördert. Am Ort der Leerstelle relaxieren die benachbarten Atome in das freie Volumen, wodurch das Volumen pro Defekt ΔV_D um ΔV_{LSr} verringert wird. Ist Ω das Atomvolumen, so ist die Gesamtvolumenänderung pro Defekt

$$\Delta V_D = \Delta V_{LSr} + \Omega \qquad (3.18)$$

Der Gitterparameter wird aber nur durch ΔV_{LSr} beeinflußt, denn er mißt nur das Volumen der Elementarzelle und wird durch die an die Oberfläche gesetzten Atome nicht verändert.

Für die Änderung ΔV des äußeren Volumens V_0 durch n Leerstellen gilt, Würfelform mit Kantenlänge L_0 vorausgesetzt,

Abb. 3.4 Widerstandsänderung durch eingeschreckte Leerstellen in Au. Aus der Steigung der Arrhenius-Auftragung erhält man die Bildungsenthalpie der Leerstelle H_B^L (nach [1, S. 198])

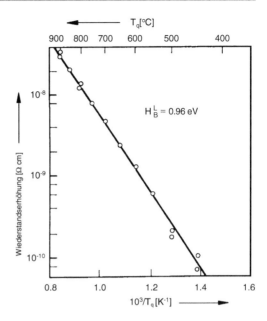

$$\frac{\Delta V}{V_0} = \frac{n\left(\Delta V_{LSr} + \Omega\right)}{V_0} = \frac{V - V_0}{V_0} = \frac{(L_0 + \Delta L)^3 - L_0^3}{L_0^3}$$

$$= \frac{L_0^3 + 3L_0^2 \Delta L + 3L_0\left(\Delta L\right)^2 + (\Delta L)^3 - L_0^3}{L_0^3} \cong 3\frac{\Delta L}{L_0} \tag{3.19a}$$

wenn man sich auf lineare Näherung beschränkt.

Besteht V_0 aus m Elementarzellen, also $V_0 = m \cdot V_{EZ}$, so ist n/m die Anzahl Leerstellen pro Elementarzelle. Die mittlere Volumenänderung einer Elementarzelle durch n Leerstellen im Gesamtvolumen ist dann $\Delta V_{EZ} = n/m \cdot \Delta V_{LSr}$, und man erhält

$$\frac{n \cdot \Delta V_{LSr}}{V_0} = \frac{m \cdot \Delta V_{EZ}}{V_0} = \frac{\Delta V_{EZ}}{V_{EZ}} = \frac{(a_0 + \Delta a)^3 - a_0^3}{a_0^3} \cong \frac{3\Delta a}{a_0} \tag{3.19b}$$

und

$$\frac{\Delta V}{V_0} - \frac{n \cdot \Delta V_{LSr}}{V_0} = \frac{n\left(\Delta V_{LSr} + \Omega\right)}{V_0} - \frac{n\Delta V_{LSr}}{V_0} = \frac{n\Omega}{V_0} = 3\left(\frac{\Delta L}{L_0} - \frac{\Delta a}{a_0}\right) \tag{3.20a}$$

Die Anzahl der Gitterplätze ist $N = V_0/\Omega$ und somit die Leerstellenkonzentration

$$c_L^a = \frac{n}{N} = 3\left(\frac{\Delta L}{L} - \frac{\Delta a}{a}\right) \tag{3.20b}$$

Abb. 3.5 Änderung von
Länge und Gitterparameter
in Gold mit der Tempera-
tur. Die Differenz ist der
Leerstellenkonzentration
proportional (nach [1, S.
195])

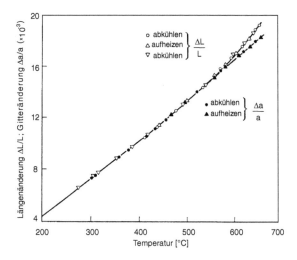

Bei Leerstellen muß also $\frac{\Delta L}{L} > \frac{\Delta a}{a}$ gelten. Würden statt Leerstellen Zwischengitteratome gebildet, so wäre die makroskopische Volumenänderung, da ein Atom von der Oberfläche entfernt wird,

$$\Delta V = n\,(\Delta V_{LSr} - \Omega) < 0 \tag{3.21}$$

und damit $\frac{\Delta L}{L} < \frac{\Delta a}{a}$.

Simmons and Balluffi haben ΔL und Δa als Funktion der Temperatur an einem Gold-barren gemessen. Die experimentellen Ergebnisse (Abb. 3.5) belegen deutlich, daß im thermischen Gleichgewicht Leerstellen gebildet werden. Aus Gl. (3.20b) und (3.16b) kann die Bildungsenthalpie der Leerstelle bestimmt werden. Sie stimmt mit Ergebnissen aus Messungen des elektrischen Widerstandes gut überein.

Neuerdings wird zur sehr genauen Bestimmung der Leerstellenkonzentration das Verfahren der Positronenvernichtung benutzt. Ein Positron ist das Antiteilchen des Elektrons (gleiche Masse, entgegengesetzte Ladung). Trifft es auf ein Elektron, so zerstrahlen beide in Gammaquanten (harte Röntgenstrahlen). Die Wechselwirkung einer Leerstelle mit einem Positron (Abb. 3.6) führt zu einer Verlängerung der Lebensdauer des Positrons. Das läßt sich in der emittierten Gammastrahlung sehr genau nachweisen, so daß die Leerstellenkonzentration exakt bestimmt werden kann.

Nicht nur durch die Temperaturbewegung werden Punktdefekte erzeugt. Auch durch Bestrahlung von Materie mit hochenergetischen Elementarteilchen, bspw. Elektronen, Protonen, Neutronen oder Schwerionen werden Fehlordnungen im Kristall verursacht. Bei Beschuß mit Elektronen oberhalb einer gewissen Schwellenspannung (bspw. etwa 400 kV bei Kupfer) wird pro Elektron etwa ein Frenkelpaar erzeugt. Bei energiereichen schwereren Elementarteilchen entstehen sog. Stoßkaskaden mit komplizierten Punktdefektanordnungen. Diese Defekte treten bspw. in Kernreaktoren auf und schädigen das Material des Reaktorbehälters. Die Erzeugung, Eigenschaften und Beeinflussung von Punktdefekten sind in

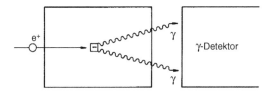

Abb. 3.6 Prinzip der Untersuchung von Leerstellen mit Positronen. Eine Leerstelle wirkt wie ein fehlender Ionenrumpf und entspricht daher einer freien negativen Ladung, die mit einem Positron reagiert

diesem Fall verständlicherweise von besonderem Interesse, und wurden in den 60er-Jahren des vorigen Jahrhunderts intensiv untersucht.

Neben diesen strukturellen Punktdefekten kommt es in Isolatoren noch zu einer speziellen Fehlererscheinung, den sog. Farbzentren, da sie die farbliche Erscheinung eines Isolators beeinflussen. Diese Farbzentren werden in Kap. 10 in Zusammenhang mit den optischen Eigenschaften von Festkörpern behandelt.

3.3 Versetzungen

3.3.1 Geometrie der Versetzungen

Ist der perfekte Kristallaufbau entlang von Linien gestört, so spricht man von Versetzungen. Am einfachsten kann man sich eine Versetzung vorstellen, die dort entsteht, wo eine Ebene im Kristall endet (Abb. 3.7). Die Begrenzungslinie dieser Teilebene im Kristall wird als Stufenversetzung bezeichnet. Man kann sich die Stufenversetzung auch so entstanden denken, daß man den Kristall teilweise längs einer Ebene aufschneidet, die beiden Teilkristalle senkrecht zur Begrenzungslinie des Schnitts verschiebt und die beiden Kristallhälften danach wieder zusammenfügt. Eine andere Art von Versetzung erhält man, wenn man die beiden Trennflächen nicht senkrecht sondern parallel zur Begrenzungslinie des Schnitts um einen Atomabstand verschiebt. Auf diese Art erhalten wir eine Schraubenversetzung (Abb. 3.8). Geht man auf einer Ebene senkrecht zur Versetzungslinie um eine Schraubenversetzung herum, so kommt man nicht zum Ausgangspunkt zurück, sondern bewegt sich auf einer Schraubenlinie. Man kann die Verschiebung der getrennten Kristallite auch geneigt, also weder senkrecht noch parallel zur Schnittbegrenzung vornehmen (Abb. 3.9). Eine solche gemischte Versetzung kann man sich aber aus den beiden Grundtypen Stufenversetzung und Schraubenversetzung zusammengesetzt denken.

Eine Versetzung wird charakterisiert durch ihr Linienelement **s** und ihren Burgers-Vektor **b**. Das Linienelement ist der Einheitsvektor tangential zur Versetzungslinie. Ist die Versetzungslinie gekrümmt, ändert sich **s** mit dem Ort entlang der Versetzungslinie. Der

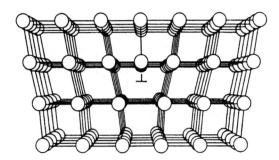

Abb. 3.7 Atomistische Anordnung einer Stufenversetzung

Abb. 3.8 Atomistische
Anordnung um eine Schrau-
benversetzung

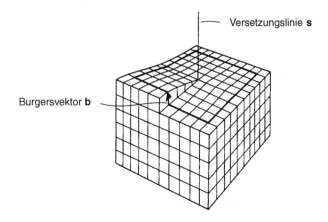

Burgers-Vektor ist nach Betrag und Richtung der Vektor, um den die Kristallteile sich gegeneinander verschieben, wenn eine Versetzung sich bewegt. Er wird exakt definiert durch
den Burgers-Umlauf (Abb. 3.10). Dazu zeichnet man die Anordnung der Gitterplätze in
einer Ebene senkrecht zur Versetzungslinie sowohl im gestörten wie im perfekten Kristall. Dann legt man die Richtung der Versetzungslinie fest und wählt einen geschlossenen
Umlauf im Uhrzeigersinn (Rechtsschraube) um die positive Richtung der Versetzungslinie
(Abb. 3.10a).

Vollzieht man den gleichen Umlauf im perfekten Kristall (Abb. 3.10b), so sind Anfangs-
und Endpunkt des Umlaufs nicht identisch. Der Vektor zwischen Endpunkt und Startpunkt
ist der Burgersvektor. In der Literatur findet man die Vorschrift auch als FS/RH-Regel
(Finish-Start/Right Hand). Der Burgers-Vektor ändert sich längs einer Versetzungslinie
nicht. Bei der Stufenversetzung steht der Burgers-Vektor senkrecht zur Versetzungslinie, bei
der Schraubenversetzung sind Burgers-Vektor und Linienelement parallel zueinander. Sind
entweder Burgers-Vektor oder Linienelement von parallel verlaufenden Versetzungslinien
im Vorzeichen verschieden, spricht man von antiparallelen Versetzungen. Antiparallele
Stufenversetzungen kann man sich als Teilebenen von oben und von unten eingeschoben

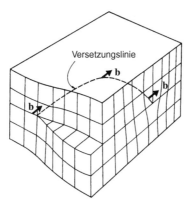

Abb. 3.9 Eine Versetzungslinie mit ortsabhängigem Versetzungscharakter von Schraubenversetzung zu Stufenversetzung

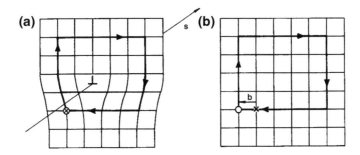

Abb. 3.10 Definition des Burgers-Vektors **b** mit einem Burgers-Umlauf. **a** **s** gibt die Richtung der Versetzungslinie an. **b** Kreis und Kreuz markieren den Anfang bzw. das Ende des Umlaufs

vorstellen. Antiparallele Schraubenversetzungen unterscheiden sich in ihrem Schraubensinn. Treffen sich zwei antiparallele Versetzungen, so löschen sie sich aus (vgl. Kap. 7).

Da sich das Linienelement längs der Versetzungslinie ändern kann, der Burgers-Vektor aber konstant bleibt, ist auch der Charakter der Versetzung längs ihrer Linie veränderlich (Abb. 3.9). Die Stufenanteile ($\mathbf{b}_e$) und Schraubenanteile ($\mathbf{b}_s$) einer Versetzung bestimmen sich aus der Lage von Burgers-Vektor und Linienelement zueinander (Abb. 3.11). Schließen beide den Winkel φ ein, so ist

$$\mathbf{b}_S = \mathbf{s} \cdot (\mathbf{b} \cdot \mathbf{s}) = (|\mathbf{b}| \cdot \cos\varphi) \cdot \mathbf{s} \qquad (3.22a)$$

$$\mathbf{b}_e = \mathbf{s} \times (\mathbf{b} \times \mathbf{s}) = (|\mathbf{b}| \cdot \sin\varphi) \cdot \mathbf{n} \qquad (3.22b)$$

wobei **n** der Einheitsvektor senkrecht zur Versetzungslinie ist. Aus der Definition der Versetzungslinien als Begrenzungslinien von Schnittflächen oder Teilebenen folgt, daß eine

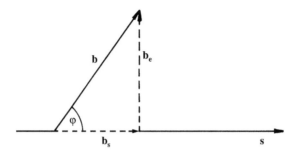

Abb. 3.11 Der Burgers-Vektor **b** läßt sich in seine Schrauben- (**b**$_s$) und Stufenanteile (**b**$_e$) zerlegen

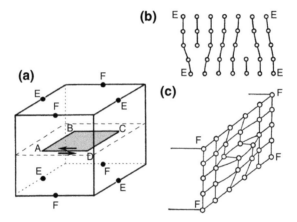

Abb. 3.12 **a** Darstellung eines geschlossenen Versetzungsrings in Form eines Rechtecks. Es wird ein Schnitt in der Fläche ABCD vorgenommen, und die Atome auf beiden Seiten des Schnitts werden parallel zur Schnittebene verschoben. Anschließend werden die Schnittflächen wieder zusammengesetzt. **b** Darstellung der Atomanordnung entlang der Ebene EEEE. **c** Darstellung der Atomanordnung entlang der Ebene FFFF

Versetzungslinie niemals im Kristall enden kann. Allerdings kann eine Versetzung als geschlossener Ring im Kristall vorliegen, ohne die Oberfläche zu berühren. Bei der plastischen Verformung werden Versetzungen vorwiegend als Ringe erzeugt (vgl. Kap. 6). Die Entstehung eines Versetzungsrings kann man sich so vorstellen, daß ein Teil einer Ebene ganz im Innern des Kristalls von der benachbarten Ebene getrennt wird, bspw. die Fläche begrenzt durch ABCD in Abb. 3.12a, der obere Teil der Trennfläche um einen Vektor **b** gegenüber dem unteren Schnittufer verschoben wird und die Trennfläche dann wieder verschweißt wird. Die Begrenzungslinie der Trennfläche (also ABCD in Abb. 3.12a) stellt einen Versetzungsring dar. Die gesamte Versetzung hat denselben Burgers-Vektor, nämlich den Vektor der Trennflächenverschiebung **b**. Der Charakter der Versetzungslinie wird bestimmt durch die Lage der Versetzungslinie zum Burgers-Vektor.

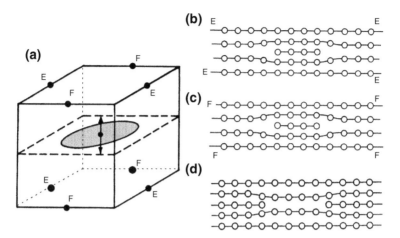

Abb. 3.13 **a** Darstellung eines prismatischen Versetzungsrings. Es wird ein Schnitt in der schraffierten Fläche vorgenommen und die Oberfläche beider Schnittflächen voneinander getrennt. Der Zwischenraum wird mit Atomen aufgefüllt. **b** Darstellung der Atomanordnung entlang der Ebene EEEE. **c** Darstellung der Atomanordnung entlang der Ebene FFFF. **d** Schnitt durch einen Bereich eines prismatischen Versetzungsrings umgekehrten Vorzeichens, bei dem die Atome aus der Schnittfläche entfernt wurden

Beispielsweise besteht der Ring in Abb. 3.12 aus den Stufenversetzungen AB und CD (Abb. 3.12a) sowie den Schraubenversetzungen BC und DA (Abb. 3.12c). Die beiden Stufen- und Schraubensegmente sind antiparallele Versetzungen. Folgt man nämlich im gleichen Richtungssinn, bspw. im Uhrzeigersinn der Versetzungslinie, so sind die Linienelemente im Abschnitt AB und CD sowie BC und DA entgegengesetzt, während der Burgers-Vektor einheitlich ist.

Weil ein geschlossener Versetzungsring in mindestens zwei Punkten seine Richtung ändern muß, aber für den gesamten Ring der Burgers-Vektor konstant ist, kann ein Versetzungsring niemals ausschließlich aus Schraubenversetzungen bestehen. Dagegen kann ein Versetzungsring vollständig aus Stufenversetzungen zusammengesetzt sein, wenn der Burgers-Vektor senkrecht zur Ebene des Ringes steht. Ein solcher Versetzungsring entspricht einer eingefügten oder herausgenommenen Teilebene (Abb. 3.13). Derartige Versetzungen werden als Franksche Versetzungen oder prismatische Versetzungsringe bezeichnet.

Versetzungen können sich bewegen. Ihre Bewegung verursacht die plastische Verformung in kristallinen Festkörpern (s. Kap. 6). Die Ebene, längs der sich die Versetzungslinie verschiebt, wird Gleitebene genannt, und ihre Normale $\mathbf{m}$ ist bestimmt durch

$$\mathbf{m} = \mathbf{s} \times \mathbf{b} \qquad (3.23)$$

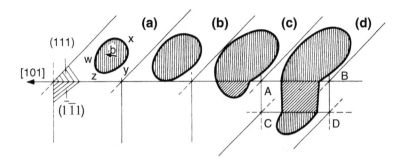

Abb. 3.14 Schematische Darstellung des Quergleitens einer Versetzung. Eine Schraubenversetzung bei „z" kann sowohl auf (111) als auch auf ($1\bar{1}1$) gleiten. In (d) ist schematisch der Mechanismus des Doppelquergleitens dargestellt

Abb. 3.15 Klettern einer Stufenversetzung durch Anlagerung von Leerstellen

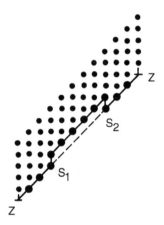

Danach haben Schraubenversetzungen ($s||b$) keine definierte Gleitebene und können die Gleitebene wechseln (Quergleitung) (Abb. 3.14). Prismatische Versetzungen haben längs der Versetzungslinie unterschiedliche Gleitebenen und sind daher unbeweglich. Stufenversetzungen und gemischte Versetzungen haben eine definierte Gleitebene gemäß Gl. (3.23). Sie können diese Gleitebene nur verlassen (klettern) durch Anlagern von Punktdefekten, bspw. Leerstellen (Abb. 3.15). Die angelagerten Leerstellen werden damit dem Volumen entzogen. Versetzungen sind daher Senken für Leerstellen. Durch Umkehr des Vorgangs können an der Versetzung auch Leerstellen erzeugt werden (Leerstellenquellen). Weil mit der Erzeugung und Vernichtung von Punktfehlern eine Volumenänderung des Kristalls verbunden ist, spricht man beim Klettern auch von nichtkonservativer Versetzungsbewegung. Wir werden auf die Bewegung der Versetzungen und ihre elastischen Eigenschaften ausführlich in Kap. 6 eingehen.

Die Anzahl der Versetzungen wird durch die Versetzungsdichte ρ gegeben. Darunter versteht man die Gesamtlänge der Versetzungslinien pro Volumeneinheit. Die Versetzungs-

Abb. 3.16 Haben Versetzungen den mittleren Abstand d voneinander, so beträgt die Versetzungsdichte $\rho = 1/d^2$

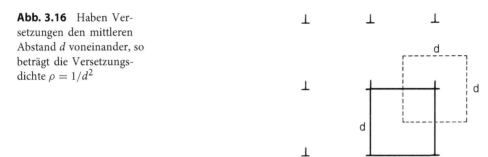

dichte hat deshalb die Dimension $[m/m^3] = [\mathrm{m}^{-2}]$. Sind alle Versetzungslinien geradlinig und parallel, dann wird die Versetzungsdichte auch durch die Anzahl der Durchstoßpunkte von Versetzungen durch die Kristalloberfläche gegeben. In diesem Fall ist die Versetzungsdichte ρ mit dem Versetzungsabstand d durch $\rho = 1/d^2$ verknüpft (Abb. 3.16). Diese Voraussetzung wird gewöhnlich gemacht, wenn die Versetzungsdichte mit Ätzgrübchenmethoden bestimmt wird (vgl. Abschn. 3.3.2). Die Versetzungsdichte ist allerdings sehr schwierig genau zu bestimmen, insbesondere nach Verformung. Insofern sind die Unsicherheiten bei der Messung von Versetzungsdichten mit Ätzgrübchenmethoden von untergeordneter Bedeutung. Eigentlich sollte ein geglühter Kristall gar keine Versetzungen enthalten, denn die Energie pro Atom der Versetzungslinie ist mindestens so groß wie die Bildungsenergie für Zwischengitteratome (bspw. etwa 5 eV für Cu, vgl. Kap. 5). Gemäß Gl. 3.16 sollte die Konzentration c_v^a von Versetzungsatomen daher vernachlässigbar klein sein. Beträgt der Abstand der Atome voneinander b und bezeichnet ρ die Versetzungsdichte, so ist

$$c_v^a = \frac{\rho/b}{1/b^3} = \rho b^2 \qquad (3.24)$$

Wegen der hohen Bildungsenthalpie sollte c_v^a und damit auch ρ im thermischen Gleichgewicht verschwindend klein sein. Trotzdem werden aber in sorgfältig gezüchteten und geglühten Kristallen Versetzungsdichten in der Größenordnung von $10^{10}\,\mathrm{m}^{-2}$ gemessen. Der Grund für die Existenz dieser Versetzungen ist ihre Bedeutung für den Mechanismus des Kristallwachstums und die Schwierigkeit, die Versetzungen zu beseitigen; denn sind sie einmal erzeugt, so befinden sie sich in einem mechanischen Gleichgewicht. Ein Realkristall befindet sich deshalb praktisch nie im thermischen Gleichgewicht.

3.3.2 Nachweis von Versetzungen

Durch hochauflösende Abbildungstechniken können wir heute die atomistische Struktur von Kristallen und Oberflächen und deshalb auch Versetzungen abbilden (Abb. 3.17).

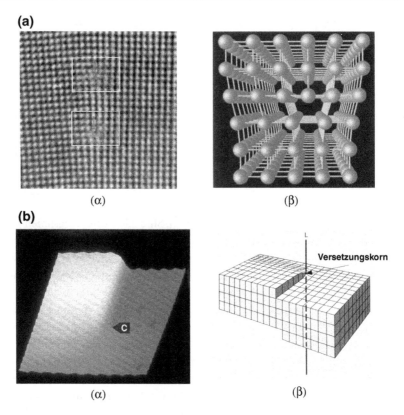

Abb. 3.17   a: (α) Hochauflösungs-TEM-Aufnahme eines $SrTiO_3$-Kristalls mit 2 Stufenversetzungen (markiert) [2]; (β) schematische atomistische Anordnung einer Stufenversetzung. **b**: (α) Hochauflösungsaufnahme einer Schraubenversetzung am Ort c mit einem Rastertunnelmikroskop [3]; (β) schematische atomistische Anordnung einer Schraubenversetzung (die Anordnung in (β) ist gegenüber dem Bild (α) gedreht)

Stufenversetzungen können durch hochauflösende Transmissionselektronenmikroskopie (Abb. 3.17a) abgebildet werden; Schraubenversetzungen lassen sich durch Rasterelektronenmikroskopie von Kristalloberflächen bildlich darstellen. Solche Messungen erfordern eine aufwendige Probenpräparation und werden deshalb nur durchgeführt, wenn sie unerlässlich sind. Aber bereits mit konventioneller Transmissionselektronenmikroskopie können Versetzungen auch ohne großen Aufwand sichtbar gemacht werden (Abb. 3.18a), denn sie erscheinen als dunkle Linien in der Hellfeldaufnahme. Der Grund für diese dunklen Linien ist die Verzerrung der Gitterebenen in der Umgebung des Versetzungskerns, wodurch lokal die Braggsche Reflektionsbedingung erfüllt wird (Abb. 3.18b). Der gebeugte Strahl fehlt als Intensität im Durchstrahlbild, so daß der betreffende Ort im Durchstrahlbild dunkel erscheint.

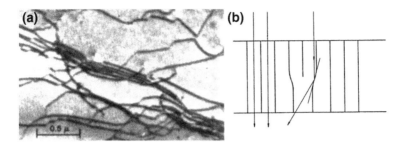

Abb. 3.18 Abbildung von Versetzungen mit Amplitudenkontrast im TEM. **a** Die schwarzen Linien im Hellfeld sind Versetzungslinien in einer um 1 % verformten Aluminiumprobe. **b** Prinzip der Kontrastbildung an Versetzungskernen. An der Krümmung der Netzebenen nahe der Versetzung werden Elektronen gebeugt. Dadurch wird der sonst durchgehende Primärstrahl geschwächt

Auch mittels Lichtmikroskopie lassen sich Versetzungen sichtbar machen. Durch den bevorzugten Ätzangriff geeigneter Chemikalien entstehen an den Durchstoßpunkten der Versetzungslinien auf der Oberfläche sog. Ätzgrübchen, die man im Lichtmikroskop erkennen kann (Abb. 3.19). Diese Ätzgrübchen nehmen eine Gestalt an, die typisch ist für die Kristallographie der angeätzten Oberfläche. So bilden sie ein gleichseitiges Dreieck auf {111}-Ebenen, Quadrate auf {100}-Ebenen und eine keilförmige Vertiefung auf {110}-Ebenen von kubischen Kristallen (Abb. 3.19). Bei Abweichungen von den idealen Orientierungen wird die Geometrie der Ätzgrübchen charakteristisch verzerrt, so daß man aus der Form der Ätzgrübchen auf die Orientierung schließen kann. Ätzgrübchen bieten bei nicht zu hohen Versetzungsdichten, bspw. bei geglühten oder schwach verformten Kristallen eine einfache Methode zur Bestimmung der Versetzungsdichte.

3.4 Korngrenzen

3.4.1 Grundbegriffe und Definitionen

Die Korngrenze ist der am längsten bekannte, aber auch am wenigsten verstandene Gitterfehler. Eine Korngrenze trennt Bereiche gleicher Kristallstruktur aber unterschiedlicher Orientierung. Sie ist bei entsprechender Ätzung bereits mit dem bloßen Auge auf der Oberfläche eines grobkörnigen Werkstoffes auszumachen. Bei feinkörnigem Gefüge kann man sie im Lichtmikroskop leicht erkennen (Abb. 3.20a). Der Mangel an physikalischem Verständnis von Korngrenzen ist ihrer komplexen Struktur zuzuschreiben, die bereits eine aufwendige mathematische Beschreibung zur makroskopischen Festlegung erfordert. Schon im zweidimensionalen Fall benötigt man vier Parameter zur mathematischen Definition der Korngrenze (Abb. 3.20b), nämlich einen Winkel φ zur Beschreibung der Lage der

Abb. 3.19 Ätzgrübchen
auf einer {111}-Oberfläche
von biegeverformtem Kup-
fer **a**, auf einer {100}- **b**,
sowie auf einer {110}-
Oberfläche **c** in rekristallisiertem Al-0.5 % Mn

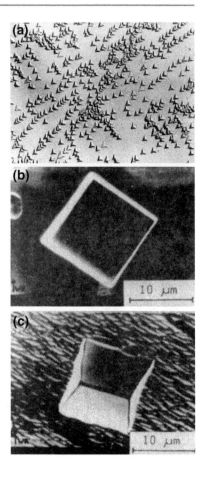

angrenzenden Kristallite relativ zueinander (Orientierungsbeziehung), einen Winkel Ψ zur
Angabe der räumlichen Lage der Korngrenze (Korngrenzenlage) und die beiden Komponenten t_1, t_2 des Vektors **t** der Verschiebung der angrenzenden Kristallite relativ zueinander
(Translationsvektor). Im dreidimensionalen Fall (Realfall) benötigt man sogar acht Parameter zur Festlegung der Korngrenze, nämlich wie weiter unten erklärt, drei für die Orientierungsbeziehung, bspw. die drei Euler-Winkel φ_1, Φ, φ_2, zwei weitere für die räumliche Lage
der Korngrenze anhand der Normalen zur Korngrenzenebene **n** $= (n_1, n_2, n_3)$ bezüglich
eines der angrenzenden Kristallgitter mit $|\mathbf{n}| = 1$ und schließlich die drei Komponenten
des Translationsvektors **t** $= [t_1, t_2, t_3]$. Die Eigenschaften, insbesondere die Energie einer
Korngrenze, sind also prinzipiell eine Funktion von acht Variablen. Dabei können wir fünf
beeinflussen, nämlich Orientierungsbeziehung und Korngrenzenlage. Der Translationsvektor wird vom Kristall so gewählt, daß die Korngrenzenenergie minimal ist, allerdings muß
t nicht immer eindeutig sein, wie neuere Computersimulationen zeigen. Zur Bestimmung
der Abhängigkeit der Korngrenzeneigenschaften, bspw. der Korngrenzenenergie, von einer

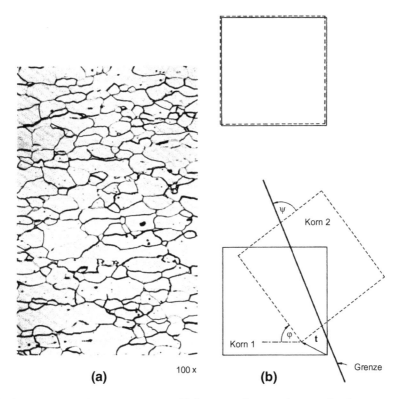

(a) 100 x **(b)**

Abb. 3.20 **a** Angeätzte Korngrenzen in Stahl. **b** Zur mathematischen Beschreibung einer Korngrenze benötigt man bereits im Zweidimensionalen vier Parameter

der makroskopischen Variablen, muß man also alle Parameter bis auf einen festhalten und diese Variable systematisch ändern.

Die Korngrenzenenergie in Abhängigkeit von der Korngrenzenlage bei fester Orientierungsbeziehung wird im „Wulff-Plot" dargestellt. Dazu wird längs der Richtung der Korngrenzennormalen, vom Ursprung ausgehend, die Größe der Korngrenzenenergie abgetragen (Abb. 3.21). Punkte des Wulff-Plots mit dem kleinsten Abstand zum Ursprung stellen daher niederenergetische Korngrenzen dar. Wenn es Korngrenzenlagen mit sehr niedrigen Energien gibt, bspw. die kohärente Zwillingsgrenze, dann ist zu erwarten, daß zur Minimierung der Gesamtenergie die Korngrenze bestrebt ist, zumindest stückweise entlang dieser Richtungen zu verlaufen (Facettierung).

Die Orientierungsbeziehung zwischen zwei Kristallgittern ist die Transformation, die man anwenden muß, um eines der Kristallgitter (beschrieben durch sein Koordinatensystem) in das andere zu überführen, wobei ein gemeinsamer Ursprung vorausgesetzt wird (vgl. Abschn. 2.4.1). Diese Transformation ist eine reine Rotation, weil ja die relative Lage der Kristallachsen zueinander in beiden Kristallen die gleiche ist. Eine Orientierungs-

Abb. 3.21 Zweidimensionaler „Wulff-Plot". Der innere Kreis ist der Orientierungskreis der Korngrenzennormalen. Die äußere Kurve gibt die betreffende Größe der Korngrenzenenergie γ an. Das innere 8-Eck stellt die energetisch günstigste Kornform bei gegebenem Korngrenzenenergieverlauf dar (Facettierung)

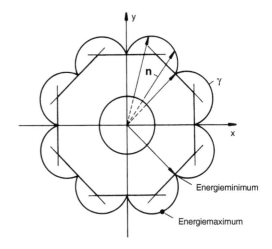

beziehung kann in beliebig vielen Darstellungen angegeben werden. Häufig werden die drei Euler-Winkel verwendet. Am einfachsten vorstellbar ist die Darstellung in Form von Drehachse und Drehwinkel. Physikalisch sehr wichtig ist die Drehwinkelabhängigkeit einer Eigenschaft bei gegebener Drehachse. Dabei wäre es wünschenswert, die Korngrenzenebene festzulegen, um allein die Abhängigkeit vom Drehwinkel zu bestimmen. Bei der Ebene senkrecht zur Drehachse, die als Drehkorngrenze bezeichnet wird (Abb. 3.22a), ist diese Wahl eindeutig. Dagegen gibt es unendlich viele Ebenen, die parallel zur Drehachse liegen (Abb. 3.22b), nämlich alle Ebenen, die durch Drehung einer solchen Ebene um die Drehachse entstehen. Wir bezeichnen solche Korngrenzen, die parallel zur Drehachse liegen, als Kippkorngrenzen. Liegen die kristallographischen Richtungen in beiden angrenzenden Gittern spiegelbildlich zueinander mit der Korngrenze als Spiegelebene, sind also die beiden Kristallite vorstellungsmäßig aus dem perfekten Kristall durch Drehung um den halben Drehwinkel ($\Theta/2$), aber unterschiedlichem Drehsinn bezüglich der Korngrenzenebene erzeugt worden (Abb. 3.22c), so spricht man von einer symmetrischen Kippkorngrenze. Alle anderen Kippkorngrenzen werden als asymmetrische Kippkorngrenzen bezeichnet. In einer symmetrischen Kippkorngrenze hat die Korngrenzennormale kristallographisch äquivalente Miller-Indizes bezüglich beider angrenzender Kristalle, bspw. $(310)_1$ und $(\bar{3}10)_2$ für eine 36,9° [001] symmetrische Kippkorngrenze (entsprechend Abb. 3.22c mit $\Theta = 36,9°$). Definitionsgemäß muß bei Kippkorngrenzen die Korngrenzennormale senkrecht zur Drehachse liegen. Für Kippkorngrenzen ist es prinzipiell unmöglich, bei Änderung des Drehwinkels diejenigen kristallographischen Ebenen, die parallel zur Korngrenze liegen, in beiden Kristallen beizubehalten. Daher ist es dann sinnvoller, sich zunächst auf symmetrische Kippkorngrenzen zu beschränken und dann asymmetrische Kippkorngrenzen durch ihre Abweichung von der symmetrischen Lage zu charakterisieren.

Auch in Abhängigkeit vom Drehwinkel bei fester Drehachse zeigt die Korngrenzenenergie häufig spitze Minima („Cusps") (Abb. 3.23). Offenbar gibt es Orientierungsbezie-

Abb. 3.22 Anordnung
von Korngrenze und Ro-
tationsachse zueinander
bei verschiedenen Korn-
grenzentypen. **a** Drehkorngrenze; **b** asymmetrische
Kippkorngrenze; **c** symmetrische Kippkorngrenze

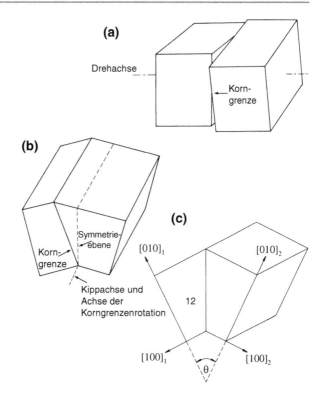

hungen, die zu besonders niederenergetischen Grenzen führen. Ein Beispiel ist die 70.5°
⟨110⟩-Orientierungsbeziehung, die eine besonders niederenergetische symmetrische Kippkorngrenze besitzt, nämlich die kohärente Zwillingsgrenze. Aber auch wenn in beiden
Kristallen eine {311}-Ebene parallel zur Korngrenze liegt, kommt es zu einer starken Verringerung der Korngrenzenenergie (Abb. 3.23).

3.4.2   Struktur der Korngrenzen

Bei nur kleinen Orientierungsunterschieden (Kleinwinkelkorngrenze) ist eine Korngrenze
vollständig aus Versetzungen aufgebaut. Das kann man bereits am Seifenblasenmodell des
Kristalls erkennen (Abb. 3.24), aber auch mit hochauflösender TEM nachweisen. Symmetrische Kleinwinkelkippkorngrenzen sind aus einer einzigen Schar von Stufenversetzungen
(Burgers-Vektor **b**) aufgebaut (Abb. 3.25a), wobei der Abstand D der Versetzungen mit
zunehmendem Drehwinkel Θ abnimmt (Abb. 3.25b).

$$\frac{b}{D} = 2\sin\frac{\Theta}{2} \approx \Theta \tag{3.25}$$

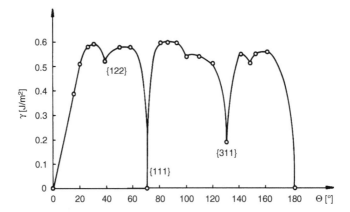

Abb. 3.23 Energie von symmetrischen ⟨110⟩-Kippkorngrenzen in Al in Abhängigkeit vom Kippwinkel Θ. Die angegebenen Indizes sind die Miller-Indizes der betreffenden Korngrenzenebenen (s.
Text) (nach [4])

Abb. 3.24 Großwinkel-
und Kleinwinkelkorngren-
zen im Seifenblasenmodell

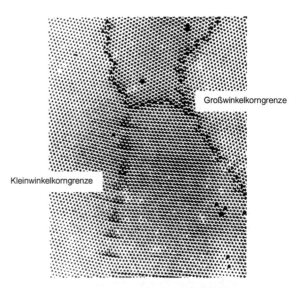

Für asymmetrische Kleinwinkelkippkorngrenzen sind mindestens zwei Scharen von Stufenversetzungen mit zueinander senkrechten Burgers-Vektoren erforderlich (Abb. 3.26a).
Dabei nimmt die Zahl der Versetzungen der zweiten Schar mit zunehmender Abweichung von der symmetrischen Korngrenzenlage zu. Schließlich besteht die Korngrenze
allein aus Versetzungen der zweiten Schar; sie nimmt somit eine weitere symmetrische
Lage ein (Abb. 3.26b) und steht damit senkrecht zu derjenigen symmetrischen Korngren-

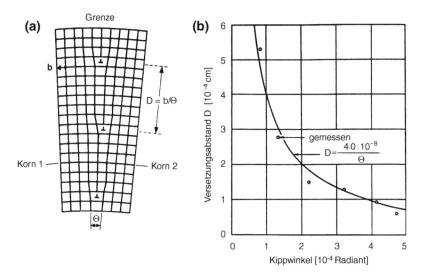

Abb. 3.25 **a** Versetzungsstruktur einer symmetrischen ⟨100⟩ Kleinwinkelkorngrenze mit Kippwinkel Θ in einem einfach kubischen Kristall. **b** Gemessene und berechnete Werte des Versetzungsabstandes in einer symmetrischen Kleinwinkelkippkorngrenze in Germanium

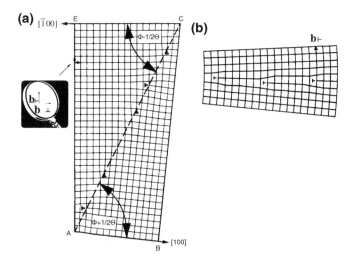

Abb. 3.26 **a** Versetzungsstruktur einer asymmetrischen Kleinwinkelkippkorngrenze mit Kippwinkel Θ und Neigungswinkel Φ. **b** Symmetrische Kleinwinkelkippkorngrenze, aufgebaut allein aus Versetzungen der 2. Schar

ze, die allein aus Versetzungen der ersten Schar aufgebaut ist (Abb. 3.25a). Kleinwinkel-Drehkorngrenzen benötigen grundsätzlich mindestens zwei Scharen von Schraubenversetzungen (Abb. 3.27a).

Abb. 3.27 a Zum Verständnis der Versetzungsstruktur einer Kleinwinkeldrehkorngrenze. Eine einzelne Schar von parallelen Schraubenversetzungen erzeugt eine Scherung. Lediglich zwei zueinander senkrechte Scharen verursachen eine Rotation. **b** TEM-Abbildung einer Kleinwinkel-Drehkorngrenze in α-Fe. Die hexagonale Versetzungsstruktur ist aus Schraubenversetzungen mit drei unterschiedlichen Burgersvektoren aufgebaut [5, S. 125]

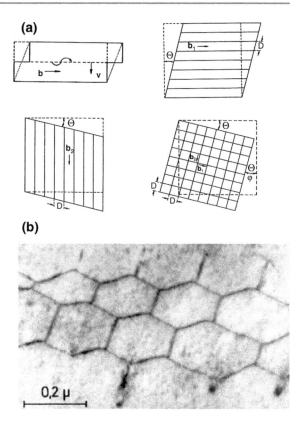

Das Versetzungskonzept der Kleinwinkelkorngrenzen wird auch durch Messungen der Korngrenzenenergie bestätigt. Für kleine Rotationswinkel steigt die spezifische Korngrenzenenergie an, wie nach dem Versetzungsmodell berechnet (Abb. 3.28). Bei Drehwinkeln von mehr als etwa 15° bleibt allerdings die gemessene Korngrenzenenergie im wesentlichen konstant, während nach dem Versetzungsmodell ein Abfall erwartet wird. Das Versetzungsmodell versagt also bei größeren Drehwinkeln ($\Theta > 15°$), weil sich dann die Versetzungskerne überlappen und die Versetzungen ihre Identität verlieren. Korngrenzen mit Drehwinkeln über 15° werden als Großwinkelkorngrenzen bezeichnet. Die Struktur der Großwinkelkorngrenze erscheint bei oberflächlicher Betrachtung wie eine regellose, gestörte Zone (Abb. 3.24). Letztlich kann das Versetzungsmodell auch deshalb keine für alle Korngrenzen gültige Beschreibung der Korngrenzenstruktur liefern, weil die Versetzungen streng periodisch mit Abstand D angeordnet sein müssen. Der Abstand kann sich aber nur diskret, nämlich in ganzzahligen Vielfachen des Atomabstandes b ändern. Damit ändert sich auch der Winkel $\Theta \cong b/D$ diskret. Bei kleinen Winkeln ist $b \ll D$, so daß Θ sich quasi-kontinuierlich ändert. Bei größeren Winkeln allerdings wird der Orientierungsunterschied zwischen aufeinanderfolgenden periodischen Versetzungsanordnungen beträcht-

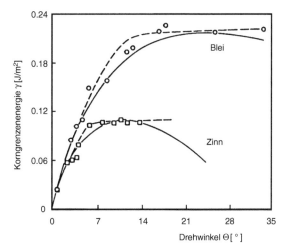

Abb. 3.28 Gemessene (Punkte und gestrichelte Linien) und nach dem Versetzungsmodell berechnete (durchgezogene Kurven) Energie von Kippkorngrenzen in Blei und Zinn (nach [6])

lich. Kommt z. B. eine Versetzung auf alle vier Atomabstände $D = 4b$, so ist $\Theta = 14.3°$, beim Versetzungsabstand $D = 3b$ ist $\Theta = 19.2°$.

In einem perfekten Kristall haben die Atome eine bestimmte Position, die durch das Minimum der Energie festgelegt wird. Jede Auslenkung von dieser Position ist zwangsläufig mit einer Energieerhöhung verbunden. Man kann deshalb davon ausgehen, daß die Korngrenze versuchen wird, die Atompositionen möglichst wenig von ihrer Idealposition zu verschieben. Das ist insbesondere dann möglich, wenn die Orientierungsbeziehung es erlaubt, daß sich einige Atomebenen beider Kristalle stetig und unverzerrt in die Korngrenze fortsetzen können, d. h., daß es in der Korngrenze Atompositionen gibt, die beiden ungestörten Kristallgittern gleichzeitig gehören. Solche Punkte nennt man Koinzidenzpunkte. Da die Orientierungsbeziehung der angrenzenden Kristallite durch eine Rotation beschrieben wird, kann man untersuchen, bei welchen Rotationsbeziehungen Koinzidenzpunkte vorkommen. Ein einfaches Beispiel (Abb. 3.29) ist eine Rotation von 36.87° um eine ⟨100⟩-Achse im kubischen Gitter (bzw. −53.13° wegen der 90° ⟨100⟩-Kristallsymmetrie). Betrachten wir die Atompositionen beider angrenzenden Gitter in einer {100}-Korngrenzenebene, also senkrecht zur Drehachse (rechtes Teilbild Abb. 3.29), so erkennt man das Auftreten vieler Koinzidenzpunkte. Weil beide Kristallgitter periodisch sind, müssen auch die Koinzidenzpunkte periodisch sein, d. h. sie spannen ebenfalls ein Gitter auf. Wir nennen dieses Gitter das Koinzidenzgitter oder englisch „coincidence site lattice" (CSL). Seine Elementarzelle ist natürlich größer als die Elementarzelle des Kristallgitters. Als ein Maß für die Dichte der Koinzidenzpunkte bzw. die Größe der Koinzidenzgitterzelle, definieren wir die Größe

$$\Sigma = \frac{\text{Volumen Elementarzelle des Koinzidenzgitters}}{\text{Volumen Elementarzelle des Kristallgitters}} \qquad (3.26)$$

Abb.3.29 Koinzidenzgitter
(CSL) und Struktur einer
36.9°⟨100⟩ (Σ=5) Korn-
grenze in einer kubischen
Kristallstruktur. Rechte
Bildhälfte: Korngren-
zenebene ∥ Papierebene
(Drehkorngrenze); linke
Bildhälfte: Korngrenzen-
ebene ⊥ zur Papierebene
(Kippkorngrenze)

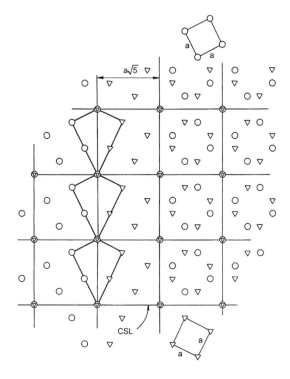

Für die Rotation 36.87° ⟨100⟩ ist $\Sigma = a(a\sqrt{5})^2/a^3 = 5$, d. h. jeder fünfte Gitterpunkt ist ein Koinzidenzpunkt (Abb. 3.29).

Abbildung 3.29 veranschaulicht aber nur einen besonders einfachen Spezialfall. In Wirklichkeit ist das Koinzidenzgitter ein dreidimensionales Gebilde, dessen Erzeugung man sich wie folgt vorstellen kann. Wir nehmen ein Kristallgitter und besetzen jeden Gitterpunkt mit zwei Atomen, zur Veranschaulichung mit einer runden und einer dreieckigen Atomsorte wie in Abb. 3.29. Nun führen wir die Rotation mit der dreieckigen Atomsorte durch, während die runde Atomsorte unverändert bleibt. Natürlich wählen wir als Ursprung der Rotation einen Gitterpunkt. Nach durchgeführter Rotation gibt es nun wiederum Punkte, wo dreieckige und runde Atome zusammenfallen. Das sind die Koinzidenzpunkte, und sie spannen naturgemäß ein dreidimensionales Gitter auf. Zur Anwendung auf Korngrenzenprobleme müssen wir nun noch die räumliche Lage der Korngrenze festlegen. Dazu greifen wir die gewünschte Ebene in der gemeinsamen zweisymbolischen Anordnung aus runden und dreieckigen Atome heraus und vergessen nun auf der einen Seite der Ebene die runden, auf der anderen Seite der Ebene die dreieckigen Atome. Damit haben wir einen Bikristall mit einer Korngrenze konstruiert.

Wenn Atome guter Passung — und Koinzidenzpunkte sind Atome idealer Passung — mit einer geringen Energie verbunden sind, so ist davon auszugehen, daß die Korngrenze bestrebt ist, durch möglichst viele Koinzidenzpunkte zu verlaufen. Korngrenzen zwischen

Tab. 3.2 Rotationswinkel Θ für Gitterkoinzidenzen mit $\Sigma < 100$ im kubischen Gitter mit $\langle 100 \rangle$-Drehachse

Θ	Σ
8.80	85
10.39	61
12.68	41
14.25	65
16.26	25
18.92	37
22.62	13
25.06	85
25.99	89
28.07	17
30.51	65
31.89	53
36.87	5
41.11	73
42.08	97
43.60	29

Kristalliten, die eine Rotationsbeziehung zueinander haben, welche eine hohe Zahl von Koinzidenzpunkten erzeugt, nennt man Koinzidenzkorngrenzen oder spezielle Korngrenzen. Je kleiner Σ (was immer ganzzahlig und im kubischen Gitter ungerade sein muß) desto besser geordnet ist die Korngrenze. Kleinwinkelkorngrenzen kann man mit $\Sigma = 1$ bezeichnen, da nahezu alle Gitterpunkte — bis auf die Atome der Versetzungskerne — Koinzidenzpunkte sind. Korngrenzen zwischen Kristalliten mit Zwillingsbeziehung zueinander sind durch $\Sigma = 3$ gekennzeichnet, speziell auch die kohärente Zwillingsgrenze. Das mag zunächst widersprüchlich erscheinen, da ja alle Punkte in der Korngrenze zu beiden Gittern gleichzeitig gehören, aber man muß bedenken, daß das Koinzidenzgitter ja ein Raumgitter ist, das auch senkrecht zur Korngrenze eine Ausdehnung hat, so daß nicht in allen Ebenen parallel zur Zwillingsgrenze Koinzidenzpunkte vorliegen. Speziell im kubisch-flächenzentrierten Fall ist wegen der Stapelfolge ABC (vgl. Kap. 2) eine Raumgitterkoinzidenz nur in jeder dritten Parallelebene zur kohärenten Zwillingsgrenze möglich, und daher $\Sigma = 3$.

Ein grundsätzliches Problem besteht nun darin, daß Koinzidenzgitter nur bei ganz wenigen, bestimmten Rotationsbeziehungen auftreten, wodurch Σ sich nicht kontinuierlich mit dem Drehwinkel ändert (Tab. 3.2). Diese Problematik entspricht vollständig der sprunghaften Änderung des Drehwinkels bei periodischen Versetzungsanordnungen, wie zuvor beschrieben. Eine solche streng periodische Versetzungsanordnung ist nämlich nichts anderes als die relaxierte Struktur einer Koinzidenzkorngrenze (Abb. 3.30). Bei noch so kleinen Abweichungen von der exakten Rotationsbeziehung geht die Koinzidenz verloren. Wir werden aber erwarten, daß der Kristall versuchen wird, die ideale Passung möglichst zu erhalten und Abweichungen von dieser Passung in entsprechenden Störungen zu konzentrieren.

Abb.3.30 Zusammenhang des Koinzidenzgitters mit der primären Versetzungsstruktur in einer Korngrenze. Wenn zwei identische, ineinander liegende Gitter (**a**) symmetrisch gegeneinander um eine Achse senkrecht zur Papierebene verdreht werden (**b**), bildet sich ein Koinzidenzgitter. Die Koinzidenzpunkte sind erkennbar durch die Überlappung von Kreis und Quadrat. Die zugehörige Anordnung der entstehenden Doppelversetzungen relaxiert entlang der Grenze (**c**), und es bildet sich die Struktur einer symmetrischen Kleinwinkelkippkorngrenze (**d**)

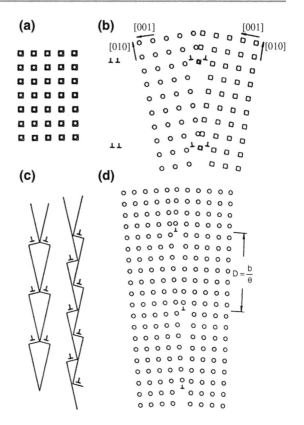

Von der Kleinwinkelkorngrenze wissen wir, daß kleine Orientierungsunterschiede zwischen perfekten Kristallen durch Versetzungsanordnungen kompensiert werden können. Entsprechend können wir vermuten, daß auch die Großwinkelkorngrenze Versetzungen einbauen wird, um das Koinzidenzgitter aufrecht zu erhalten. Die Versetzungen müssen also einen Burgers-Vektor haben, der das Koinzidenzgitter nicht zerstört, so wie in Kleinwinkelkorngrenzen die Gitterversetzungen das Kristallgitter in der Korngrenze erhalten. Trivialerweise wird das Koinzidenzgitter nicht verändert, wenn Versetzungen eingeführt werden, deren Burgers-Vektor ein Gittervektor des Koinzidenzgitters ist. Ebenso ist es möglich, daß der Burgers-Vektor ein Vektor des Kristallgitters ist. Allerdings nimmt die elastische Energie der Versetzungen quadratisch mit dem Burgers-Vektor zu (vgl. Abschn. 6.4). Daher würde die Energie der Korngrenze drastisch ansteigen, wenn Versetzungen mit den sehr großen Burgers-Vektoren des Koinzidenzgitters eingebaut würden. Nun ist es allerdings gar nicht notwendig, daß die Koinzidenzpunkte an ihrem Ort erhalten bleiben, sondern nur, daß sich ihre Dichte, also Σ nicht verändert. Es genügen aber sehr kleine Vektoren, um die Größe des Koinzidenzgitters zu erhalten, wenn der Ort der Koinzidenzgitterpunkte nicht festgelegt ist. Diejenigen Verschiebungsvektoren, die diese Bedingung

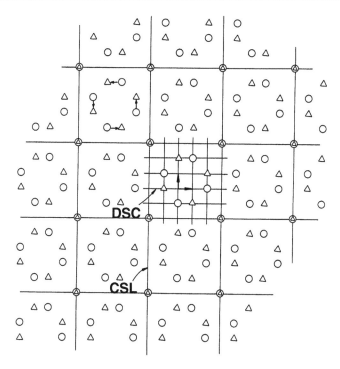

Abb. 3.31 Koinzidenzgitter (CSL) und DSC-Gitter bei einer 36.9°⟨100⟩ Rotation im kubischen Gitter

erfüllen, spannen das sog. DSC-Gitter[2] auf. Das DSC-Gitter ist das gröbste Raster, das durch alle Gitterpunkte der beiden angrenzenden Kristalle verläuft (Abb. 3.31). Natürlich sind auch die Translationsvektoren des Koinzidenzgitters und des Kristallgitters gleichzeitig Vektoren des DSC-Gitters, aber die Basisvektoren des DSC-Gitters sind viel kleiner. Da die Versetzungsenergie quadratisch mit dem Burgers-Vektor zunimmt (vgl. Abschn. 6.4), kommen nur Basisvektoren des DSC-Gitters als Burgers-Vektoren für sog. „Korngrenzenversetzungen" in Betracht. Versetzungen mit DSC-Gittervektoren als Burgers-Vektoren werden als „Sekundäre Korngrenzenversetzung" (SKGV) bezeichnet, in Abgrenzung zu primären Versetzungen, die einen Kristallgittervektor als Burgers-Vektor besitzen und deren periodische Anordnung das CSL-Gitter erzeugt.

Sekundäre Korngrenzenversetzungen können sich nur in der Korngrenze aufhalten, da ihre Burgersvektoren keine Translationsvektoren des Kristallgitters sind und ihr Einbau in das Kristallgitter zu einer Zerstörung des Kristallgitters führen würde. Bezüglich ihrer Geometrie (und damit ihrer elastischen Eigenschaften) können aber SKGV wie primäre

---

[2] DSC ist die Abkürzung von Displacement Shift Complete. Diese englische Bezeichnung rührt daher, daß sich das Koinzidenzgitter vollständig (complete) verschiebt (shift), wenn man eines der beiden angrenzenden Kristallgitter um einen Translationsvektor des DSC-Gitters bewegt (displacement).

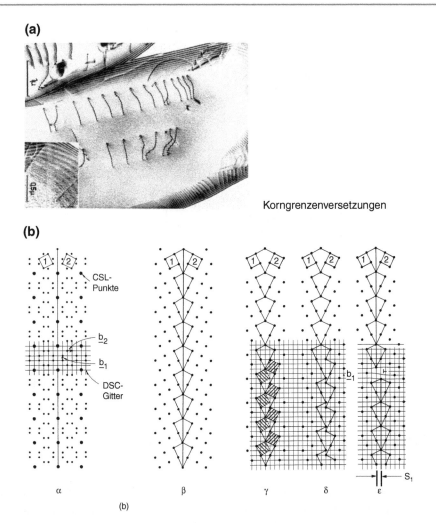

Abb. 3.32 **a** Korngrenzenversetzungen in einer Kippkorngrenze in rostfreiem Stahl (nach [5, S. 187]). **b** Schema der Erzeugung einer Korngrenzen-Stufenversetzung. (α) Position der Atome (kleine Punkte), Koinzidenzpunkte (große Punkte) und DSC-Gitter. (β) Lage der Korngrenze und Atompositionen an der Korngrenze. (γ) Materialumschichtung zur abschnittsweisen Verlegung der Korngrenze. (δ) Partiell verlegte Korngrenze. (ε) Erzeugung der Korngrenzen-Stufenversetzung durch Verschiebung der Atome längs der Korngrenze

Versetzungen behandelt werden. So wie primäre Versetzungen eine Orientierungsänderung des perfekten Kristalls in einer Kleinwinkelkorngrenze kompensieren, so erzeugen entsprechende Anordnungen von SKGV Orientierungsänderungen zu einer Koinzidenzbeziehung unter Erhaltung des Koinzidenzgitters. Da SKGV wie alle Versetzungen ein elastisches Verzerrungsfeld besitzen, können sie im TEM abgebildet werden (Abb. 3.32a).

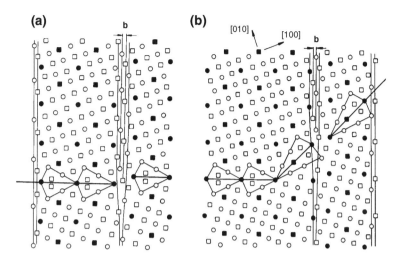

Abb. 3.33 Atomistische Anordnung einer Korngrenzen-Stufenversetzung in einer $\Sigma = 5$ Korngrenze im kfz-Gitter. **a** Burgersvektor parallel zur Korngrenze. **b** Burgersvektor geneigt zur Korngrenze

Je größer die Orientierungsdifferenz zur exakten Koinzidenzbeziehung ist, desto kleiner der Abstand der SKGV gemäß Gl. (3.25). Ebenso wie man sich eine primäre Stufenversetzung durch Aufschneiden eines perfekten Kristalls und Einfügen einer Teilebene erzeugt denken kann (vgl. Abschn. 3.3.1), läßt sich eine SKGV-Stufenversetzungen durch Aufschneiden und Verschieben längs der Korngrenze herstellen (Abb. 3.32b).

Eine Besonderheit der SKGV ist, daß die Korngrenze am Ort des Versetzungskerns eine Stufe besitzt. Diese Stufe ist eine Folge davon, daß mit der Einführung der Versetzung eine Verschiebung des Koinzidenzgitters, d. h. der Position der Koinzidenzpunkte verbunden ist. Bewegt sich nun eine SKGV längs der Korngrenze, so ist damit eine Bewegung der Korngrenze parallel zur Korngrenzennormalen, d. h. eine Korngrenzenwanderung um den Betrag der Stufenhöhe verbunden. Andererseits führt die Bewegung von Versetzungen immer zu einer Abgleitung der beiden Kristallite. Die Bewegung einer Korngrenzenversetzung verursacht daher immer eine Kombination von Korngrenzenwanderung und Korngrenzengleitung. In Sonderfällen kann eine SKGV vollständig durch Gleitung beweglich sein, wenn ihr Burgers-Vektor in der Korngrenzenebene liegt (Abb. 3.33b). Ist das nicht der Fall, muß die Versetzung klettern (Abb. 3.33a), wozu bekanntlich Diffusionsvorgänge, d. h. Leerstellen erforderlich sind (vgl. Kap. 5).

Die vorgestellten Betrachtungen beruhen lediglich auf geometrischen Argumenten. Es ist aber keinesfalls selbstverständlich, daß die so entstandenen Anordnungen der Atome auch tatsächlich ein Kraftgleichgewicht, d. h. ein Minimum der Energie, darstellen. Das kann man nur durch Computersimulation ermitteln (Abb. 3.34), bei denen die Positionen der Atome im Gleichgewicht der interatomaren Kräfte (Relaxation) berechnet werden. In der

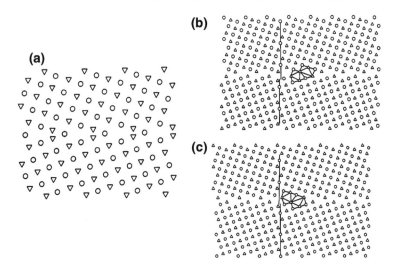

Abb. 3.34 Durch Computersimulation berechnete Struktur einer symmetrischen $36.9°\langle100\rangle$ ($\Sigma = 5$) Kippkorngrenze in Aluminium. **a** Konfiguration nach starrer Rotation der Kristallite. **b** und **c** Relaxierte Strukturen der Korngrenze. Der Versatz der senkrechten Linie in der Korngrenze zeigt die Verschiebung der Kristallite an. Es kann also für eine Orientierungsbeziehung mehr als eine Struktur geben ([7])

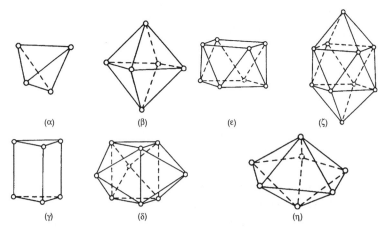

Abb. 3.35 Die sieben verschiedenen Bernal-Strukturen, aus denen eine (aus harten Kugeln aufgebaute) Korngrenze bestehen kann: (α) Tetraeder; (β) Oktaeder; (γ) trigonales Prisma; (δ) abgeschnittenes trigonales Prisma; (ε) archimedisches quadratisches Antiprisma; (ξ) abgeschnittenes archimedisches quadratisches Antiprisma; (η) fünfeckige Doppelpyramide

relaxierten Korngrenze geht fast immer die Koinzidenz verloren, aber die Periodizität bleibt erhalten, und damit bleibt das Konzept richtig. Genauere Untersuchungen ergeben, daß die Anordnung der Atome in der Korngrenze durch Polyeder beschrieben werden kann, wobei für alle denkbar möglichen Strukturen nur sieben verschiedene Polyeder notwendig sind, die man auch als Struktureinheit bezeichnet (Abb. 3.35). Computersimulationen haben gezeigt, daß besonders niederenergetische Korngrenzen aus nur einer einzigen Art Polyeder bestehen. Ändert man die Orientierungsbeziehung geringfügig, so werden andere Struktureinheiten (Polyeder) eingebaut, die nichts anderes als die Korngrenzenversetzungen sind. Mit steigender Desorientierung nimmt die Dichte der anderen Struktureinheiten zu, bis sie schließlich die Mehrzahl ausmachen, und die Korngrenze letztlich bei einer bestimmten anderen Orientierungsbeziehung nur noch aus dieser anderen Sorte von Polyedern besteht. So kann man die Struktur der Korngrenze in Abhängigkeit von der Orientierungsbeziehung geschlossen beschreiben (Abb. 3.36). Diese berechneten Strukturen werden auch durch hochauflösende Elektronenmikroskopie gut bestätigt (Abb. 3.37).

3.5 Phasengrenzflächen

3.5.1 Klassifizierung der Phasengrenzen

Die Struktur von Phasengrenzflächen ist gegenüber Korngrenzen dadurch kompliziert, daß die angrenzenden Kristallite nicht nur anders orientiert sein können, sondern auch noch eine andere Gitterstruktur haben. Im einfachsten Fall sind nur die Gitterkonstanten der beiden Phasen etwas verschieden. Dann entsteht bei Fehlen eines Orientierungsunterschieds eine kohärente Phasengrenze, bei der sich alle Gitterebenen durch die Phasengrenzfläche stetig fortsetzen (Abb. 3.38). Eine kohärente Grenzfläche erhält man ebenfalls, wenn bei gleicher Kristallstruktur beide Phasen in Zwillingsbeziehung zueinander stehen, weil auch in diesem Fall alle Gitterplätze beiden angrenzenden Kristalliten gemeinsam gehören. Mit wachsendem Unterschied der Gitterkonstanten erhöht sich die elastische Energie der Phasengrenze infolge der Fehlpassung. Schließlich wird es energetisch günstiger, die Fehlpassung durch Einbau von Stufenversetzungen zu kompensieren und damit die sog. Kohärenzspannungen herabzusetzen (Abb. 3.39a, b). Da sich nicht alle Gitterebenen stetig durch die Grenzfläche fortsetzen, wird diese Grenze als teilkohärent bezeichnet.

Haben beide Phasen verschiedene Gitterstrukturen, so geht die Kohärenz in der Grenze vollständig verloren, und man erhält eine inkohärente Phasengrenze (Abb. 3.40). Auch in diesem Fall kann man aber davon ausgehen, daß die Natur Anordnungen bevorzugt wird, die energetisch günstig sind. Spielt die elastische Energie eine wesentliche Rolle, so werden Anordnungen mit guter Passung in der Grenzfläche bevorzugt.

Reale Grenzflächen, insbesondere solche, die synthetisch geschaffen wurden, z. B. in Verbundwerkstoffen, befinden sich zumeist nicht im Gleichgewicht und können sehr kom-

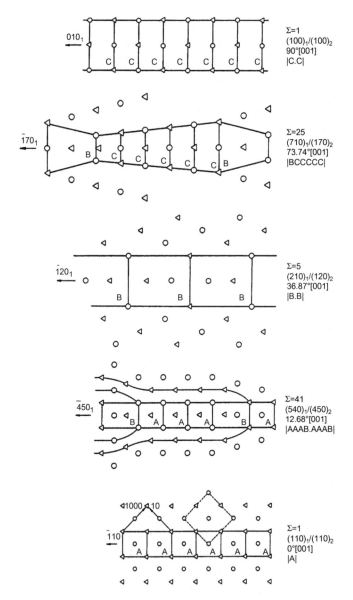

Abb. 3.36 Berechnete Veränderung der Korngrenzenstruktur mit dem Kippwinkel einer symmetrischen ⟨100⟩-Kippgrenze in Aluminium für verschiedene Kippwinkel. Für jeden Kippwinkel gibt es eine bestimmte Anordnung von Struktureinheiten (A,B,C), deren Unterbrechung einer Korngrenzenversetzung entspricht, wie für $\Sigma = 41$ eingezeichnet

plizierte Strukturen ausbilden. Insbesondere kann es dann zu gestörten Grenzflächen und zu Inhomogenitäten im angrenzenden Gitter kommen (Abb. 3.41).

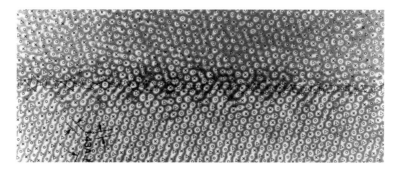

Abb.3.37 Die durch Computersimulation berechnete Struktur (Symbole) und im TEM abgebildete Struktur einer $21.8°\langle111\rangle$ ($\Sigma = 21$) Korngrenze in Gold zeigen eine gute Übereinstimmung [8]

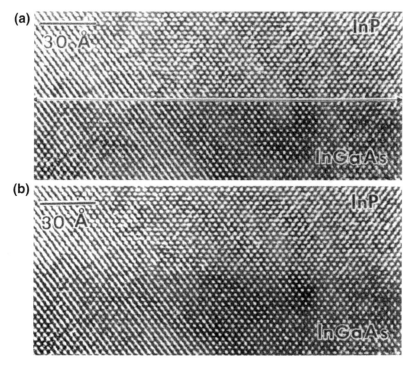

Abb. 3.38 Atomistische Struktur einer kohärenten Phasengrenze zwischen InP und InGaAs. In Teilbild **a** ist die Lage der Phasengrenze eingezeichnet, in **b** ist sie praktisch nicht zu erkennen [9]

3.5.2 Phänomenologische Beschreibung der Phasengrenzfläche

Wegen der komplizierten und im Detail noch ungeklärten Struktur der Phasengrenzflächen ist es häufig nicht möglich, die Eigenschaften der Grenzfläche auf der Basis ihrer atomistischen Anordnung zu erklären. Dann bieten sich phänomenologische Modelle an, bei denen

(a)

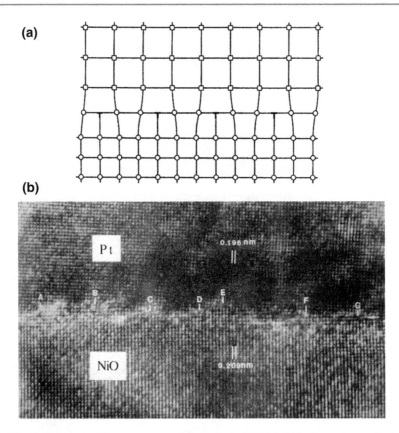

(b)

Abb. 3.39 Teilkohärente Phasengrenze. **a** Schematisch; **b** TEM-Aufnahme einer teilkohärenten Phasengrenze zwischen Pt und NiO. An den mit Buchstaben bezeichneten Stellen endet eine Gitterebene, d. h. existiert eine Stufenversetzung [10]

Abb. 3.40 Struktur einer inkohärenten Phasengrenze (schematisch)

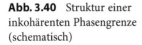

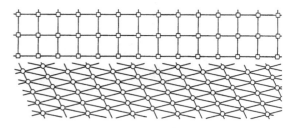

das Verhalten einer Grenzfläche mit einer makroskopischen Eigenschaft verknüpft wird. Eine solche Eigenschaft ist bspw. die Grenzflächenspannung γ, die etwa mit der spezifischen Grenzflächenenergie identisch ist. Sie hat die Dimension $[J/m^2] = [N/m]$, also Kraft pro Längeneinheit. Anschaulich kann man sich diese Spannung klarmachen, wenn man sich die Grenzfläche wie einen aufgeblasenen Luftballon vorstellt. Würde man den Luftballon

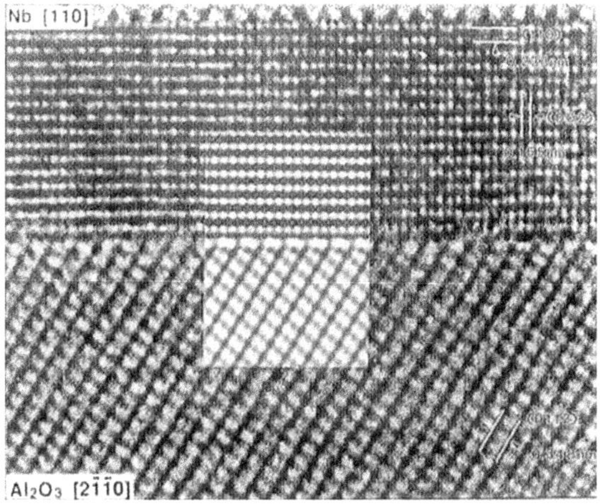

Abb. 3.41 Struktur einer inkohärenten Phasengrenzfläche zwischen Nb und Al_2O_3, abgebildet mit hochauflösender Transmissionselektronenmikroskopie [11]

Abb. 3.42 Gleichgewichtsform und Benetzungswinkel α eines Flüssigkeitströpfchens auf einer festen Oberfläche

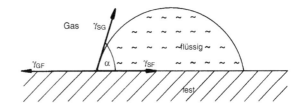

an einer Stelle aufschneiden, so würde der Riß sich rasch öffnen und der Ballon platzen. Die Kraft, die wir pro Längeneinheit aufwenden müßten, um die Schnittstelle zusammenzuhalten, ist nichts anderes als die Oberflächenspannung, bzw. Grenzflächenspannung.

Die Grenzflächenspannung bestimmt die Gleichgewichtsgestalt von Grenzflächen in Phasengemengen. Betrachten wir bspw. die Gleichgewichtsform eines Tröpfchens auf einer festen Oberfläche (Abb. 3.42), so greifen längs der Berührungslinien der Phasen die Oberflächenspannungen als Kräfte an, um die Anordnung der geringsten Energie einzustellen. Für das Kraftgleichgewicht entlang der festen Oberfläche gilt

$$\gamma_{GF} = \gamma_{SF} + \gamma_{SG} \cdot \cos\alpha \tag{3.27}$$

woraus sich der Benetzungswinkel α bestimmt. Für $\alpha = 0°$ breitet sich das Tröpfchen als Film auf der Oberfläche aus, und man erhält vollständige Benetzung. Bei $\alpha = 180°$ hat das Tröpfchen Kugelform. Das ist der Fall vollständiger Unbenetzbarkeit. Der Realfall liegt in der Regel dazwischen, aber je nach Anwendung sind größere oder kleinere Benetzungswinkel wünschenswert. Dabei läßt sich die Größe von α durch die chemische Zusammensetzung beeinflussen. Bei unmischbaren Systemen ist α in der Regel groß. Neigen die Phasen dagegen zu chemischen Reaktionen, so ist α zumeist sehr klein. Kleine Werte von α sind erwünscht bei Verbundwerkstoffen, denn das bedeutet gute Haftung zwischen Faser und Matrix. Andererseits ist die damit oft verbundene Tendenz zur Bildung

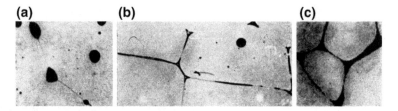

Abb. 3.43 Korngrenzenbenetzung durch feste und flüssige Phasen. **a** Feste Blei-Einschlüsse in Messing. **b** Ein flüssiger Wismutfilm benetzt vollständig die Korngrenzen in Kupfer. **c** FeS-Schmelze auf Korngrenzen in Stahl [12]

Abb. 3.44 Abhängigkeit der Oberflächenspannung (Grenzflächenenergie) von der Zusammensetzung im System Cu-Pb-Bi (nach [12])

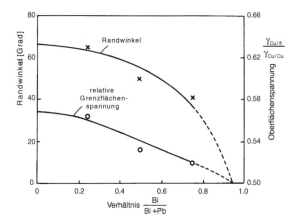

chemischer Verbindungen wegen deren Sprödigkeit für die mechanischen Eigenschaften bei metallischen und keramischen Verbundwerkstoffen nachteilig. Bei völliger Unbenetzbarkeit ergibt sich nur eine sehr schlechte Haftung und damit bei Langfaserverstärkung meist nur unbefriedigende Lastübertragung auf die Faser.

Sehr kleine Benetzungswinkel können in manchen Fällen ebenfalls sehr unerwünscht sein, bspw. bei niedrigschmelzenden Einschlüssen. Beispiele sind Bi in Messing oder FeS in Stahl. Das Wismut befindet sich auf den Korngrenzen des Messings. Erhöht man die Temperatur über den Schmelzpunkt des Wismuts hinaus, dann schiebt sich wegen der geringen Grenzflächenspannung des Wismuts die Schmelze zwischen die Körner und verursacht die bekannte Warmbrüchigkeit. Ein anderes technisch sehr wichtiges Beispiel sind FeS-Einschlüsse in Stahl (Abb. 3.43). Die Warmbrüchigkeit des α-Messings läßt sich aber durch Bleizusatz beheben, da die Grenzflächenspannung zwischen Schmelze und Korn mit steigendem Bleigehalt zunimmt und deshalb der Benetzungswinkel größer wird (Abb. 3.44).

Der Fall des flüssigen Tröpfchens auf einer festen Oberfläche, Gl. (3.27), ist der Sonderfall eines Dreiphasengleichgewichts (Abb. 3.45). Im allgemeinen Fall kann man zeigen, daß (Herringsche Gleichung)

Abb. 3.45 Gleichgewicht der Oberflächenspannungen γ_{ij} und der entsprechenden Berührwinkel α_k in einem Dreiphasengleichgewicht

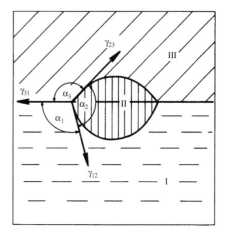

Abb. 3.46 Kraftgleichgewicht an einer Kornkante. Die Gleichgewichtswinkel α_i hängen sowohl von der Korngrenzenenergie γ_{ij} als auch von der Korngrenzenlage Θ_k ab

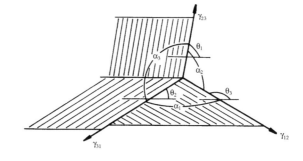

Abb. 3.47 Gefüge eines geglühten Aluminium-Vielkristalls. Die meisten Berührwinkel sind nahe $120°$

$$\frac{\gamma_{23}}{(1 + \varepsilon_2 \cdot \varepsilon_3)\sin\alpha_1 + (\varepsilon_3 - \varepsilon_1)\cos\alpha_1}$$

$$= \frac{\gamma_{13}}{(1 + \varepsilon_1 \cdot \varepsilon_3)\sin\alpha_2 + (\varepsilon_1 - \varepsilon_2)\cos\alpha_2}$$

$$= \frac{\gamma_{12}}{(1 + \varepsilon_1 \cdot \varepsilon_2)\sin\alpha_3 + (\varepsilon_2 - \varepsilon_3)\cos\alpha_3}$$

$$(3.28a)$$

wobei $\varepsilon_i = \frac{\partial ln\gamma_{hkl}}{\partial\theta_i}$ die Abhängigkeit der Grenzflächenenergie von der räumlichen Lage der Grenzfläche (Abb. 3.46) angibt. Das ist bspw. wichtig, wenn in kristallinen Phasen bei gewisser räumlicher Lage der Grenzfläche die Grenzflächenenergie besonders gering ist, bspw. bei kohärenten Zwillingsgrenzen im Fall von Korngrenzen. Ist die Energie der Phasengrenze von der räumlichen Lage praktisch unabhängig, so gilt vereinfacht (Youngsche Gleichung)

$$\frac{\gamma_{ij}}{\sin\alpha_k} = \text{const.} \ (i, j, k = 1, 2, 3; \ i \neq j \neq k) \tag{3.28b}$$

Im Fall von Großwinkelkorngrenzen ist die Energie zumeist unabhängig von der Orientierungsbeziehung. Dann ist $\gamma_{ij} = $ const und daher $\alpha_k = 120°$. In Gleichgewichtsgefügen von homogenen Phasen findet man daher überwiegend den Gleichgewichtswinkel 120° (Abb. 3.47). In zweiphasigen Gefügen tritt an Korngrenzen die linsenförmige Gestalt der zweiten Phase entsprechend Gl. (3.28b) und Abb. 3.45 in Erscheinung. Ein Beispiel für das Gleichgewicht von Einschlüssen unmischbarer Phasen gibt Blei in Messing (Abb. 3.43). Im Korninnern liegt das Blei kugelförmig vor, weil damit die Oberfläche und somit die Gesamtgrenzflächenenergie minimal wird. An den Tripelpunkten ist die Form des Bleieinschlusses durch das Kraftgleichgewicht gemäß Gl. (3.28b) gegeben.

3.6   Aufgaben

3.1. Leiten Sie einen Ausdruck für die thermische Gleichgewichtskonzentration von Zwischengitteratomen auf Oktaederlücken in einem kfz-Metall her. Benutzen Sie als Ausdruck für die Konfigurationsentropie: $S_k = k \cdot \ln w$, $w = \frac{N_{Zw}!}{(N_{Zw}-n_{Zw})! \cdot n_{Zw}!}$. ($c = n/N$, Stirlingsche Formel : $\ln(x!) = x \cdot \ln x - x$).

3.2. a) Schätzen Sie die Bildungsenthalpie einer Leerstelle in Wolfram ab. Die Gleichgewichtsleerstellenkonzentration am Schmelzpunkt (3410 °C) beträgt 10^{-4}, die Schwingungsentropie kann man mit $2 \cdot k$ annehmen. Drücken Sie das Ergebnis in J und in eV aus.

   b) Berechnen Sie für ein krz Metall mit $H_B^{ZG} = 4{,}45$ eV für Zwischengitteratome und $H_B^L = 1{,}2$ eV für Leerstellen, aber gleichen Schwingungsentropien, das Verhältnis der Gleichgewichtskonzentration von Zwischengitteratomen zu Leerstellen bei T $= 1000$ K. Welcher Gitterfehler tritt in der Realität auf?

   c) Die Leerstellenkonzentration in Cu sei $1{,}2 \cdot 10^{23}$ m^{-3} bei 500 °C. Berechnen Sie die freie Bildungsenthalpie einer Leerstelle sowie die Leerstellenkonzentration [in m^{-3}] bei 900 °C. Nehmen Sie für die Schwingungsentropie $2 \cdot $ k an. ($M_{Cu} = 63{,}5$ g/mol, $a_{Cu} = 3{,}61$ Å, $\rho_{Cu} = 8{,}7$ g/cm^3, $N_A = 6 \cdot 10^{23}$ mol^{-1})

3.3 Für reines Kupfer wurden die folgenden Leerstellenkonzentrationen bei verschiedenen Temperaturen gemessen:

T [°C]	600	720	950	1000
c_L ^{a}	$5 \cdot 10^{-9}$	$3 \cdot 10^{-8}$	10^{-3}	$3{,}7 \cdot 10^{-3}$

Wie können aus diesen Daten die Schwingungsentropie und die Bildungsenthalpie ermittelt werden?

3.4. a) Ermitteln Sie anhand eines Burgersumlaufs den Gesamtburgersvektor für zwei benachbarte antiparallele Versetzungen.

b) Wie sind der Burgersvektor, das Linienelement, die verursachte Scherung und die Bewegungsrichtung bei einer Schrauben- bzw. Stufenversetzung zueinander orientiert?

c) Kann eine Versetzungslinie im Kristall enden (Erläuterung)?

3.5. Wie groß ist der mittlere Versetzungsabstand bei einer Versetzungsdichte von $\rho = 10^{16} \, \mathrm{m}^{-2}$?

3.6. Berechnen Sie für eine symmetrische Kleinwinkelkippkorngrenze in Cu die Orientierungsdifferenz θ der angrenzenden Körner als Funktion des Versetzungsabstandes D. Wie groß kann der Winkel maximal werden, warum ist dieses Konzept bei hohen Verkippungen nicht mehr sinnvoll?

3.7. Berechnen Sie für eine asymmetrische Kleinwinkelkippkorngrenze in Cu die Abstände D_1 und D_2 der beiden Scharen von strukturellen Stufenversetzungen für eine Korngrenze mit Kippwinkel $\theta = 10°$ und Neigung zur symmetrischen Kleinwinkelkippkorngrenze $\Phi = 45°$?

θ : Kippwinkel

ϕ : Neigung zur symmetrischen Kleinwinkelkippkorngrenze

n_{AB}, n_{CD} n_{BD}, n_{AC} : Anzahl atomarer Ebenen

Hilfestellung/ Additionstheoreme:

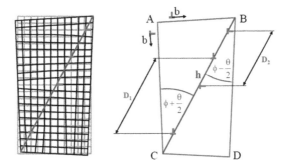

$$\sin(\alpha \pm \beta) = \sin\alpha \cdot \cos\beta \pm \cos\alpha \cdot \sin\beta$$

$$\cos(\alpha \pm \beta) = \cos\alpha \cdot \cos\beta \mp \sin\alpha \cdot \sin\beta$$

3.8. a) Berechnen Sie die Anzahl der Versetzungen pro Längeneinheit in einer symmetrischen Kippkorngrenze von $\theta = 0{,}5°$ ($b = 2 \cdot 10^{-10}$ m).

b) Berechnen Sie die Energie der Kleinwinkelkippkorngrenze pro Fläche in Abhängigkeit vom Kippwinkel. Verwenden Sie dabei, dass sich die Energie einer Versetzung in einer Kleinwinkelkorngrenze zusammensetzt aus der elastischen Energie einer Versetzung $\frac{Gb^2}{4\pi(1-\nu)} \ln\left(\frac{R}{r_0}\right)$, der Wechselwirkungsenergie jeder Versetzung mit allen anderen der Korngrenze $\frac{Gb^2}{4\pi(1-\nu)} \ln\left(\frac{D}{R}\right)$ und der Energie des Versetzungskerns $\frac{Gb^2}{4\pi(1-\nu)}$, wobei 2R der Kristalldurchmesser, D der Versetzungsabstand und $r_0 \approx 2b$ die Größe des Versetzungskerns ist.

c) Wie groß ist die Steigung von $E_{KG}(\theta)$ für $\theta \to 0$?

d) Für welchen Kippwinkel wird die spezifische Korngrenzenenergie maximal?

3.9. Wie groß ist das Verhältnis der Energie einer Kleinwinkelkippkorngrenze und einer Kleinwinkeldrehkorngrenze mit gleichem Rotationswinkel?

3.10.

a) Was ist unter einem Koinzidenzgitter zu verstehen, welche Eigenschaften weisen Koinzidenzgitterplätze auf?

b) Wie können Koinzidenzlagen in Korngrenzen mit Hilfe eines anderen Gitterfehlers beschrieben werden (Skizze)?

c) Erklären Sie auf der Basis des Koinzidenzgitters (CSL) das DSC-Gitter.

3.11. Bestimmen Sie für die 36,9°<100>-Kippkorngrenze einer einfach kubischen Gitterstruktur das CSL- und das DSC-Gitter sowie die reziproke Dichte der Koinzidenzpunkte Σ (CSL – Coincidence Site Lattice, DSC – Displacement Shift Complete).

3.12. Konstruieren Sie in der nachfolgend dargestellten Abbildung die Struktur der unrelaxiert symmetrischen 28,07°<100> ($\Sigma = 17$) Kippkorngrenze.

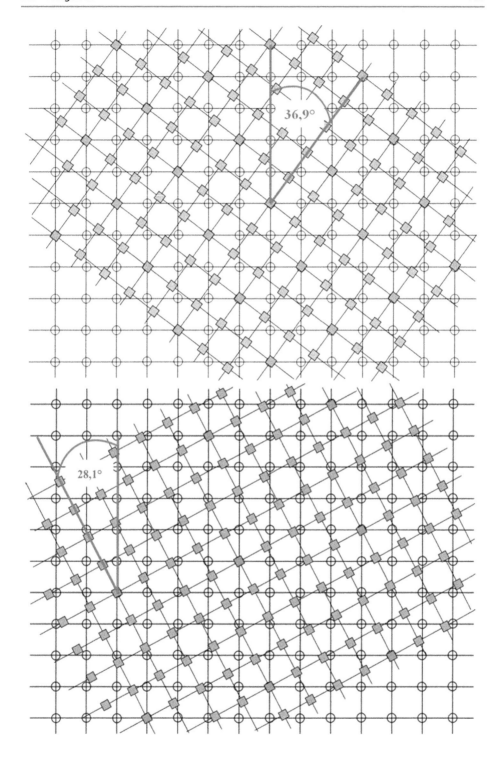

Literatur

1. Haasen P (1984) Physikalische Metallkunde. Springer, Berlin
2. Schröder T (2002) Max Planck Forschung 4:33
3. Cox G (1992) Forschungszentrum Jülich. Annual Report, S 11
4. Hosson G et al In: Hu H (Hrsg) The nature and behaviour of grain boundaries. TMS-AIME, S 13
5. Bollmann W (1970) Crystal defects and crystalline interfaces. Springer, Berlin
6. Chalmers B (Hrsg) (1952) Progress in materials science 3. Pergamon Press, London, S 293–319
7. Vitek V et al (1979) In: Grain boundary structure and kinetics. TMS-AIME, S 115–148
8. Krakow W (1990) J Mater Res 5:2660
9. Ourmazd A (1990) MRS Bull 15:58–64
10. Shieu FS, Sass SL (1990) Acta Metall Mater 38:1653
11. Evans AG, Rühle M (1990) MRS Bull 15:46–50
12. Archiv des Institut für Metallkunde und Metallphysik, RWTH Aachen

Legierungen

4

4.1 Konstitutionslehre

Materie kann bekanntlich in drei verschiedenen Aggregatzuständen vorliegen, nämlich gasförmig, flüssig oder fest. Wir sind gewohnt, die Existenz dieser Aggregatzustände bestimmten, für das jeweilige Material spezifischen Temperaturbereichen zuzuordnen, wobei die Schmelztemperatur T_m den Fest-Flüssig-Bereich und die Siedetemperatur T_b den Flüssig-Gasförmigen Bereich trennt. Bei T_m und T_b sind zwei Aggregatzustände miteinander im Gleichgewicht. Schmelz- und Siedetemperatur sind druckabhängig, wenn auch bei den meisten Metallen nur geringfügig. Die Existenz eines Aggregatzustandes (Phase) wird also durch einen Bereich im p-T-Diagramm (Abb. 4.1.) beschrieben.

Längs der Linien in diesem Diagramm sind zwei Phasen im Gleichgewicht. Am Knotenpunkt (Tripelpunkt) befinden sich alle drei Phasen miteinander im Gleichgewicht. Vom Tripelpunkt bis zum kritischen Punkt (kr.P.) ist der Übergang vom flüssigen zum gasförmigen Bereich unstetig. Jenseits des kritischen Punktes verläuft der Phasenübergang flüssig-gasförmig kontinuierlich. Für einen festen Druck erhält man eine feste Schmelztemperatur und eine feste Siedetemperatur, nämlich die Schnittpunkte der betreffenden Isobaren (Linie konstanten Drucks) mit den Begrenzungslinien des Phasendiagramms (Abb. 4.1). Die Existenzbereiche der Phasen im Gleichgewicht lassen sich qualitativ mit der Gibbsschen Phasenregel beschreiben

$$f = n - P + 2 \tag{4.1a}$$

wobei n die Zahl der Komponenten, P die Zahl der Phasen und f die Zahl der Freiheitsgrade darstellt. Unter Komponenten versteht man dabei die verschiedenen betrachteten Bausteine des Systems, also Atomsorten im Fall von Elementen und ihrer Gemische, oder stabile chemische Verbindungen in komplexeren Systemen. Für ein reines Element ist $n = 1$. Unter Phasen versteht man physikalisch einheitliche Substanzen, wobei die chemische Zusammensetzung nicht notwendigerweise einheitlich sein muß, bspw. bei einer Lösung. Bei

G. Gottstein, *Materialwissenschaft und Werkstofftechnik*, Springer-Lehrbuch,
DOI: 10.1007/978-3-642-36603-1_4, © Springer-Verlag Berlin Heidelberg 2014

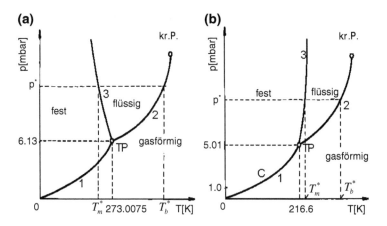

Abb. 4.1 Zustandsdiagramme von Wasser (**a**) und (**b**) Kohlendioxyd. Bei einem festen Druck p*
erhält man den Schmelzpunkt T_m^* und den Siedepunkt T_b^*. Die Abnahme von T_m mit steigendem
Druck ist eine Besonderheit des Wassers. TP — Tripelpunkt, kr.P. — kritischer Punkt

einem Element sind die verschiedenen Aggregatzustände die möglichen Phasen. Kommt
es zur Bildung oder Auflösung von chemischen Verbindungen in Mehrstoffsystemen, so
treten weitere Phasen hinzu. Die Freiheitsgrade geben die Anzahl der Systemgrößen an,
die unter den gegebenen Bedingungen noch frei wählbar sind. Im Einstoffsystem ($n = 1$)
bedeutet die Gibbssche Phasenregel, daß man bei Existenz nur einer Phase ($P = 1$) zwei
Parameter verändern kann, nämlich Druck und Temperatur. Am Tripelpunkt dagegen ist
$P = 3$ und $f = 0$, d. h. nur bei einem festen Wert von Druck und Temperatur sind alle drei
Phasen miteinander im Gleichgewicht.

Da Schmelz- und Siedepunkt von Metallen nur wenig vom Druck abhängen, und der
Druck in der Regel der Atmosphärendruck ist und nicht verändert wird, wird die Gibbssche
Phasenregel zumeist in der Form

$$f = n - P + 1 \quad (\text{p} = \text{const.}) \qquad (4.1b)$$

verwendet, was, wie erwähnt, dem isobaren Schnitt in Abb. 4.1 entspricht. Entsprechend
dieser Regel ist am Schmelzpunkt $f = 0$, d. h. nur am Schmelzpunkt stehen flüssige und
feste Phasen im Gleichgewicht.

Bei binären Legierungen (Zweistoffsysteme) ist $n = 2$. Als möglicher Freiheitsgrad tritt
nun neben der Temperatur und dem als konstant betrachteten Druck auch die Zusammensetzung, d. h. die Konzentration, auf. Die Konzentration wird je nach Anwendung in
verschiedenen Definitionen verwendet. Für technische Zwecke ist gewöhnlich die Gewichtskonzentration c_B [Gew.%] gebräuchlich, also der Bruchteil des Elementes B am Gesamt-
gewicht. Für physikalische Betrachtungen ist zumeist die Atomkonzentration, d. h. der
Bruchteil der B-Atome unter allen (A + B) Atomen (c_B [Atom%] oder c_B^a) üblich. Beträgt

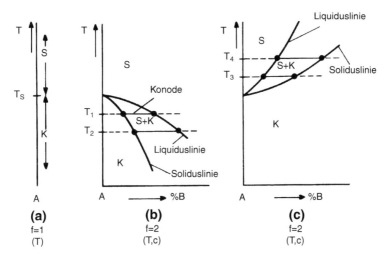

Abb. 4.2 Bei festem Druck gibt es in Einstoffsystemen (**a**) einen festen Schmelzpunkt, in Zweistoffsystemen dagegen einen Schmelzbereich, der durch Liquidus- und Soliduslinie begrenzt wird. Beide können mit der Konzentration abnehmen (**b**) oder ansteigen (**c**). Die Konode verbindet die miteinander im Gleichgewicht stehenden Konzentrationen

das Atomgewicht von A und B, Y_A bzw. Y_B, so erhält man die Atomkonzentration c_A^a der Atomsorte A aus der Gewichtskonzentration c_A^g als

$$c_A^a = \frac{c_A^g / Y_A}{c_A^g / Y_A + c_B^g / Y_B} = \frac{c_A^g}{c_A^g + c_B^g \left(\frac{Y_A}{Y_B} \right)}$$

und entsprechend c_B^a.

Die Existenz der Gleichgewichtsphasen im Zweistoffsystem wird in $T - c$-Diagrammen (Zustandsdiagrammen) dargestellt. Für $P = 1$ sind nun zwei Freiheitsgrade, nämlich Temperatur und Konzentration nicht fest vorgegeben. Der entscheidende Unterschied zu Einstoffsystemen ergibt sich aber bei $P = 2$, also beim Gleichgewicht von flüssiger und fester Phase, nämlich $f = 1$. Bei konstanter Konzentration ist nun die Temperatur nicht festgelegt, d. h. es gibt einen endlichen Schmelzbereich (Abb. 4.2) und keine feste Schmelztemperatur. Entsprechend müssen in diesem Bereich bei fester Temperatur die flüssige und feste Phase nicht die gleiche Konzentration haben. Diejenige Linie, die die Zusammensetzung der flüssigen Phase bei veränderlicher Temperatur im T-c-Diagramm verbindet, wird als Liquiduslinie bezeichnet. Die entsprechende Linie für die feste Phase heißt Soliduslinie.

Kühlt man eine Legierung mit Konzentration c aus der Schmelze ab, so beginnt die Erstarrung bei Erreichen der Liquidustemperatur und ist abgeschlossen bei Erreichen der Solidustemperatur. Zwischen Liquidus- und Solidustemperatur liegt ein Gemenge aus flüssiger und fester Phase vor. Die Verbindungslinie der Konzentrationen von fester und flüssiger

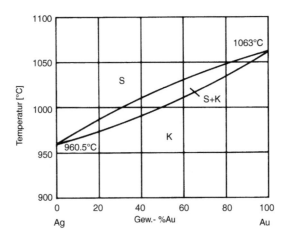

Abb. 4.3 Zustandsdiagramm des Systems Ag-Au, das lückenlose Mischkristallbildung zeigt [1]

Tab. 4.1 Einige Beispiele von binären Systemen mit lückenloser Mischbarkeit

Binäre Systeme mit lückenloser Mischkristallbildung			
Au-Ag	Co-Re	α-Fe-V	Ni-Pd
Ag-Pd	Co-Rh	γ-Fe-Co	Ni-Pt
As-Sb	Co-Ru	α-Fe-Ni	Pd-Rh
Au-Cu	Cr-α-Fe	α-Fe-Pd	Pd-Pt
Au-Ni	Cr-Mo	γ-Fe-Pt	Pt-Rh
Au-Pd	Cr-Ti	Hf-Zr	Se-Te
Au-Pt	Cr-W	Ir-Pt	Si-Ge
Bi-Sb	Cs-K	K-Rb	Ta-β-Ti
Ca-Sr	Cs-Rb	Mn-Ni	Ta-W
Co-Ir	Cu-Mn	Mo-Ta	Ti-Mo
Co-Ni	Cu-Ni	Mo-W	Ti-Nb
Co-Os	Cu-Pd	Nb-Ta	Ti-V
Co-Pd	Cu-Pt	Nb-Mo	Ti-Zr
Co-Pt	Cu-Rh	Nb-W	

Phase bei konstanter Temperatur wird als Konode bezeichnet (Abb. 4.2). Die Konzentration der flüssigen Phase kann größer oder kleiner sein als die der festen Phase. Entsprechend fällt die Liquiduslinie (und die Soliduslinie) mit steigender Konzentration ab oder steigt an.

Der Verlauf des Zustandsdiagramms hängt von den Phasen ab, die sich innerhalb der Aggregatzustände bilden können. Wir werden die verschiedenen Fälle im Einzelnen behandeln. Zunächst wollen wir den Fall betrachten, daß stets völlige Löslichkeit im flüssigen wie im festen Zustand herrscht, d. h. es gibt in Schmelze und Kristall jeweils nur eine Phase. Im festen Zustand spricht man dann von einer festen Lösung oder vom Mischkristall. Bei vollständiger Löslichkeit verläuft das Zweiphasengebiet der teilerstarrten Schmelze kontinuierlich zwischen beiden reinen Komponenten. Ein Beispiel ist das System Ag-Au (Abb. 4.3). Es

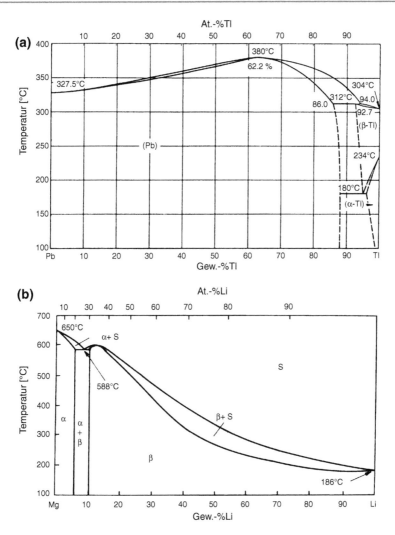

Abb. 4.4 Zustandsdiagramm mit Maximum am Beispiel von Pb-Tl (**a**) und Mg-Li (**b**). In beiden Fällen erhält man eine Mischungslücke im festen Zustand, was typisch für Zustandsdiagramme mit Maximum ist [1]

existieren in allen wichtigen Gittertypen viele weitere binäre Systeme mit völliger Löslichkeit (Tab. 4.1). Neben dem „zigarrenförmigen" Verlauf des Zustandsdiagramms kommen auch die Fälle vor, bei denen die Liquidustemperatur (und Solidustemperatur) von beiden reinen Komponenten ausgehend ansteigt oder abfällt. Dann erhält man ein Zustandsdiagramm mit Maximum, bzw. Minimum (Abb. 4.4 und 4.5). Ein Maximum tritt meist in komplexen Systemen mit intermetallischen Phasen auf. Am Extremum müssen Solidus- und Liquiduslinie sich berühren, man erhält also einen festen Schmelzpunkt.

Abb. 4.5 Zustandsdiagramm
mit Minimum am Beispiel
von Cu-Au. Im festen
Zustand erhält man lückenlose Mischkristallbildung
[1]

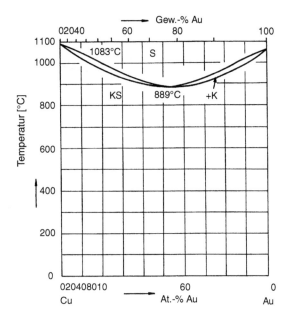

Abb. 4.6 Eutektisches
Zustandsdiagramm am
Beispiel Ag-Cu [1]

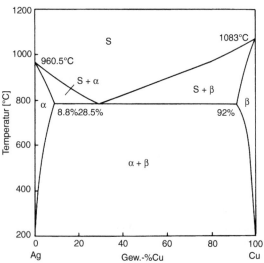

Die Erhöhung bzw. Erniedrigung des Schmelzpunktes entspricht qualitativ einer Stärkung oder Schwächung der Bindungskräfte, so daß im festen Zustand Tendenz zur Bildung intermetallischer Phasen bzw. zur Entmischung oder Ausscheidung besteht. Bei Wahl
von Legierungspartnern, die diese Tendenz verstärken, kommt es dann in der Regel zur
Mischungslücke. Mischungslücke bedeutet, daß es einen Konzentrationsbereich gibt, in
dem sich die Komponenten nicht vollständig mischen, sondern als zwei oder mehrere

Abb. 4.7 Monotektisches Zustandsdiagramm bei Pb-Fe [1]

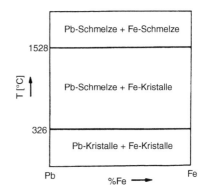

Abb. 4.8 Zustandsdiagramm mit Mischungslücke im Festen. Zwischen 840 und 950 °C erhält man lückenlose Mischkristallbildung, bei tieferer Temperatur zwei Phasen (α_1 und α_2) im festen Zustand [1]

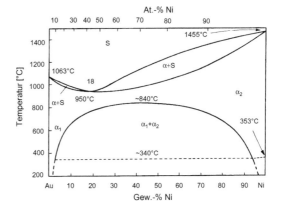

Phasen (Phasengemenge) vorliegen. Ein Beispiel bilden die binären Legierungen des Kupfers mit Gold (Abb. 4.5) oder Silber (Abb. 4.6). In diesem Fall spielt der Atomgrößenunterschied von Gold und Silber, obgleich sehr gering, eine entscheidende Rolle (vgl. Abschn. 4.3), so daß bei Cu-Au lückenlose Mischkristallbildung, im System Cu-Ag jedoch eine Mischungslücke auftritt.

In binären Systemen mit begrenzter Löslichkeit kann eine Mischungslücke sowohl im Festen als auch im Flüssigen vorliegen. Ein solches System wird als monotektisch bezeichnet. Ein Beispiel für völlige Unlöslichkeit in Schmelze und Festkörper ist das System Fe-Pb (Abb. 4.7). Sowohl im Festen wie im Flüssigen liegen reines Blei und reines Eisen getrennt nebeneinander vor. Zwischen den Schmelzpunkten der Komponenten stehen flüssiges Blei und festes Eisen im Gleichgewicht.

Die überwiegende Zahl metallischer Systeme ist aber im flüssigen Zustand vollständig mischbar. Dagegen tritt im festen Zustand häufig der Fall begrenzter Löslichkeit auf. Durch thermische Aktivierung wird die Tendenz zur Lösung mit steigender Temperatur begünstigt. Liegt die Mischungslücke nur bei tiefen Temperaturen vor, so erstarrt die Schmelze stets zum Mischkristall und erst bei weiterer Abkühlung zerfällt die Lösung in ein

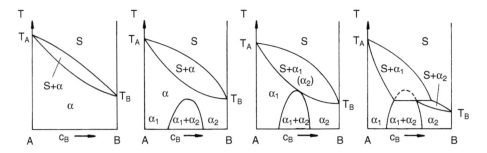

Abb. 4.9 Schematische Entwicklung zum Verständnis des peritektischen Zustandsdiagramms bei zunehmender Mischungslücke im Festen

Phasengemenge, wie beim System Au-Ni (Abb. 4.8). Liegt die Maximaltemperatur der Mischungslücke aber oberhalb der Soliduslinie, dann kommt es zu einer neuen Form des Zustandsdiagramms. Am Schnittpunkt der „Zigarre" mit der Mischungslücke stehen nämlich drei Phasen (Schmelze und beide feste Phasen) miteinander im Gleichgewicht, und es wird gemäß Gl. (4.1b) $f = 0$. Es gibt also eine bestimmte Temperatur, bei der die Schmelze vollständig erstarrt. Der Konzentrationsbereich, für den dieses Erstarrungsverhalten zutrifft, wird durch die Schnittpunkte von Mischungslücke und Soliduslinie gegeben. Hat das Phasendiagramm der Erstarrung einen zigarrenförmigen Verlauf (monoton fallend), erhält man so ein „peritektisches" Zustandsdiagramm, wie Abb. 4.9 systematisch erläutert. Ein peritektisches System ist dadurch gekennzeichnet, daß eine feste Phase α_2 mit der Konzentration c_p bei der peritektischen Temperatur T_p unter Zersetzung schmilzt. Das kann durch die peritektische Reaktion[1]

$$S + \alpha_1 \rightarrow \alpha_2$$

beschrieben werden. Die peritektische Temperatur liegt zwischen den Schmelzpunkten der reinen Komponenten. Peritektische Systeme entstehen gewöhnlich dann, wenn die Schmelzpunkte der Komponenten sehr verschieden sind. Ein Beispiel ist das System Pt-Re (Abb. 4.10).

Hat die Soliduslinie ein Minimum, erhält man bei begrenzter Mischbarkeit ein „eutektisches" Zustandsdiagramm. Am Schnittpunkt von Mischungslücke und Soliduslinie ergibt sich ebenfalls ein Dreiphasengleichgewicht und daher eine feste Temperatur, die eutektische Temperatur T_E, bei der die Schmelze mit der eutektischen Konzentration c_E vollständig in zwei feste Phasen α_1 und α_2 erstarrt (Abb. 4.11). Die eutektische Reaktion lautet daher

$$S \rightarrow \alpha_1 + \alpha_2$$

Ein Beispiel ist das System Cu-Ag (Abb. 4.6).

---

[1] In der Literatur werden die unterschiedlichen Phasen gewöhnlich auch als α und β bezeichnet.

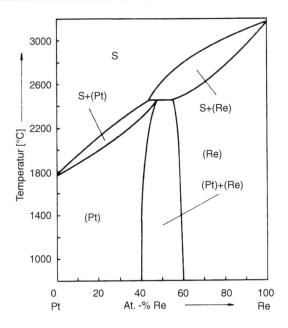

Abb. 4.10 Beispiel eines peritektischen Zustandsdiagramms, Pt-Re [1]

Hat die Soliduslinie ein Maximum, so besteht Tendenz zur Bildung einer intermetallischen Phase bei der Erstarrung der Schmelze (Abb. 4.12). Die intermetallische Phase kann entweder einen endlichen Löslichkeitsbereich haben, also Grenzen variabler Zusammensetzung wie beim Sb_2Te_3 (Abb. 4.13a), oder nur in der streng stöchiometrischen Zusammensetzung auftreten bspw. des $CaMg_2$ (Abb. 4.13b). Intermetallische Phasen können aber auch peritektoid, also nicht direkt aus der Schmelze entstehen. Auch hier kann die intermetallische Phase wieder mit endlichem Konzentrationsbereich oder streng stöchiometrisch vorliegen. Beispiele bilden das δ-Messing (Abb. 4.14) und $NiBi_3$ (Abb. 4.15).

Alle anderen möglichen Formen von Zustandsdiagrammen lassen sich aus diesen Grundtypen herleiten, die kompliziert zusammengesetzt sein können. Das System Cu-Zn (Abb. 4.14) ist ein prägnantes Beispiel dafür.

Das Zustandsdiagramm (Phasendiagramm) wird verständlicher, wenn man den Erstarrungsvorgang einer binären Legierung und die dabei auftretenden Phasen und Konzentrationsverhältnisse betrachtet. Unser System aus A und B möge die Konzentration c_0 an B-Atomen besitzen. Bei zigarrenförmigen Zustandsdiagrammen (Abb. 4.16) liegt bei sehr hohen Temperaturen nur die Schmelze vor. Bei Abkühlung auf die Liquidustemperatur T_1 beginnt ein Mischkristall α mit der Konzentration c_1 auszukristallisieren. Bei weiterer Abkühlung vergrößert sich der Mengenanteil an α in der Schmelze. Aber auch die Zusammensetzungen von Mischkristall und Schmelze ändern sich und zwar derart, daß die Konzentration von B-Atomen in Mischkristall und Schmelze mit abnehmender Temperatur kleiner wird, entsprechend der Temperaturabhängigkeit von Solidus- und Liquiduslinie. Bei

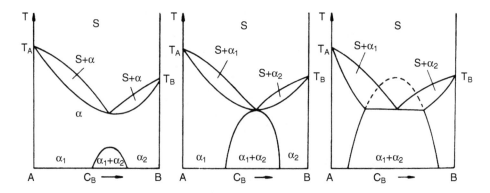

Abb. 4.11 Schematische Entwicklung zum Verständnis des eutektischen Zustandsdiagramms bei zunehmender Mischungslücke im Festen

Abb. 4.12 Schematik zum Verständnis des Auftretens intermetallischer Phasen bei zunehmender Mischungslücke im Festen

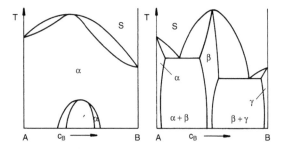

einer mittleren Temperatur T_1' hat der Mischkristall die Konzentration c_1' und die Schmelze die Zusammensetzung c_2'. Wird schließlich die Solidustemperatur erreicht, so steht die Restschmelze mit der Konzentration c''_2 mit einem Mischkristall der Zusammensetzung c_0 im Gleichgewicht. Der nun völlig feste Zustand ändert bei weiterer Abkühlung seine Zusammensetzung nicht mehr. Im Zweiphasengebiet ändert sich sowohl der Mengenanteil als auch die Konzentration der Phasen.

Der Mengenanteil der jeweiligen Phasen bei gegebener Temperatur und Konzentration wird durch die sog. Hebelbeziehung (in Anlehnung an das Momentengleichgewicht in der Mechanik) gegeben. Bei einer Temperatur T_1' (Abb. 4.16) sei die Konzentration des Mischkristalls durch c_1' und die Zusammensetzung der Schmelze durch c_2' gegeben. Beträgt die mittlere Zusammensetzung c_0, so sind der Mengenanteil m_S der Schmelze und der Anteil des α-Mischkristalls m_α gegeben durch

$$m_\alpha = \frac{c_0 - c_2'}{c_1' - c_2'}$$

$$m_s = \frac{c_1' - c_0}{c_1' - c_2'}$$

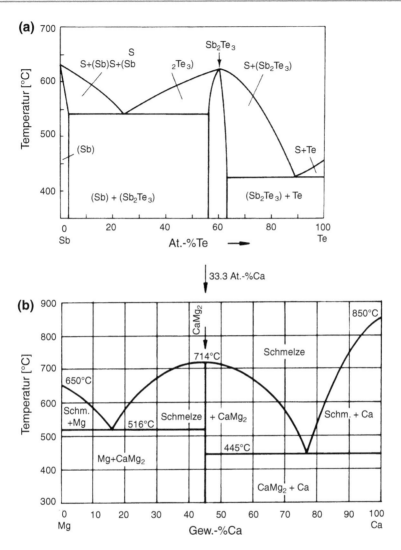

Abb. 4.13 Beispiele von Zustandsdiagrammen mit intermetallischen Phasen, die einen ausgedehnten Konzentrationsbereich haben können, wie beim Sb-Te (**a**) oder nur streng stöchiometrisch auftreten (Strichphase) wie beim Mg-Ca (**b**) [1]

$$\frac{m_\alpha}{m_s} = \frac{c_0 - c_2'}{c_1' - c_0}$$

Diese Gesetzmäßigkeiten treffen auf alle Zweiphasengebiete zu, gelten also auch für das Mengenverhältnis von zwei festen Phasen, wobei c_1' und c_2' dann die Zusammensetzung der im Gleichgewicht stehenden Phasen bezeichnen.

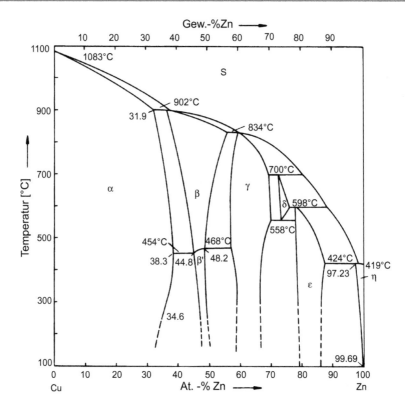

Abb. 4.14 Zustandsdiagramm des Systems Cu-Zn (Messing), bei dem mehrere intermetallische Phasen auftreten [1]

In einem eutektischen System, beispielsweise bei einer Konzentration $c_a < c_0 < c_E$ (Abb. 4.17), verläuft die Erstarrung zunächst genau so wie im Fall der völligen Mischbarkeit. Zuerst scheidet sich der Mischkristall α mit der Konzentration c_1 aus der Schmelze mit Konzentration c_0 aus. Mit sinkender Temperatur ändern sich Mengenanteile und Konzentration der Phasen gemäß des Verlaufs von Solidus- und Liquiduslinie. Wenn die eutektische Temperatur erreicht wird, haben Mischkristall α und Schmelze nun die Konzentration c_α bzw. c_E und stehen im Gleichgewicht mit dem Mischkristall β mit der Konzentration c_β. Im weiteren Verlauf erstarrt die Restschmelze mit c_E gleichzeitig in α und β mit c_α bzw. c_β, bis der feste Zustand vollständig vorliegt. Wegen der gleichzeitigen Erstarrung zweier Phasen mit unterschiedlicher Zusammensetzung kommt es zu einer lamellenhaften Erstarrungsmorphologie, wobei der Lamellenabstand von der Abkühlgeschwindigkeit abhängt (s. Kap. 8). Das erstarrte Gefüge besteht demnach aus primär ausgeschiedenen α-Mischkristallen, zwischen denen sich eine lamellare Struktur ausgebildet hat. Nimmt man die Erstarrung bei der eutektischen Konzentration c_E vor, so bildet sich ein vollständig lamellenhaftes Gefüge ohne Primärkristalle (Abb. 4.18). Im festen Zustand hängt die Zusammensetzung der Phasen im

Abb. 4.15 Beispiel eines Zustandsdiagramms mit verdeckt schmelzenden intermetallischen (Strich-)Phasen [1]

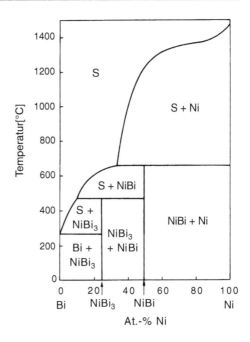

Zweiphasengebiet von der Temperatur ab, so daß sich bei weiterer Abkühlung die Zusammensetzung und evtl. der Mengenanteil beider Phasen ändern, soweit die physikalischen Mechanismen (Diffusion, vergl. Kap. 5) dies erlauben.

4.2 Thermodynamik der Legierungen

Die Zustandsdiagramme lassen sich prinzipiell thermodynamisch herleiten und deuten. Bei fester Temperatur und konstantem Druck wird das thermodynamische Gleichgewicht durch ein Minimum der freien Enthalpie G bestimmt, wobei

$$G = H - TS \quad G = G_{min} \quad (T, p = \text{const.}) \tag{4.2}$$

H — Enthalpie, S — Entropie , T — Temperatur, p — Druck.

In Kap. 9 werden wir im Rahmen des quasi-chemischen Modells einer regulären Lösung die freie Enthalpie einer Legierung im Detail besprechen. Im folgenden werden die wichtigsten Ergebnisse ohne Beweis vorweggenommen, um qualitativ den Verlauf der Zustandsdiagramme zu erklären.

Zentrale Bedeutung kommt hierbei der Entropie zu, da bei wachsender Temperatur T gemäß Gl. (4.2) der Term $(-TS)$ immer bestimmender wird, denn je größer TS desto kleiner

Abb. 4.16 Zum Verständnis des Erstarrungsvorgangs bei binären Legierungen. Die Gefüge in den drei Zuständen flüssig, teilweise erstarrt und fest sind skizziert (s. Text)

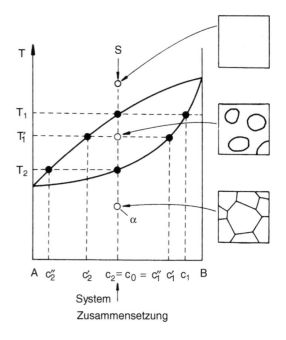

G ($S > 0$; s. unten), welches ja minimal sein soll. Die zunehmende Bedeutung der Entropie mit steigender Temperatur ist der tiefere Grund für den Schmelzvorgang, den man sich in thermodynamischer Betrachtungsweise für reine Metalle prinzipiell am Temperaturgang der freien Enthalpie klar machen kann (Abb. 4.19). Der Verlauf der freien Enthalpie mit der Temperatur ist für Schmelze G_S und Kristall G_K unterschiedlich, so daß die beiden Kurven sich schneiden. Die Phase mit der jeweils kleinsten freien Enthalpie wird auftreten, also die kristalline Phase bei tiefen Temperaturen, der flüssige Zustand bei hohen Temperaturen. Am Schmelzpunkt ist $G_S = G_K$; beide Phasen koexistieren im Gleichgewicht. Bei reinen Elementen wird die Entropie allein durch die Temperaturbewegung der Atome verursacht. Das ist anders bei den Legierungen. Die Entropie besteht hier generell aus zwei Beiträgen, der Schwingungsentropie S_v der Atome und der weit wichtigeren Konfigurationsentropie S_k, die sich aus der Anordnungsvielfalt der verschiedenen Atomsorten ergibt. Sie wird bei Legierungen gewöhnlich als Mischungsentropie bezeichnet. Bei $N_A + N_B = N$ Atomen, also den atomaren Konzentrationen $c_A^a = N_A/N$, $c_B^a = N_B/N \equiv c$ erhält man für die Mischungsentropie (s. Kap. 9)

$$S_m = -Nk \left\{ c \ln c + (1 - c) \ln (1 - c) \right\} \tag{4.3}$$

$S_m > 0$ weil $c < 1$, und entsprechend $-TS = -T(S_v + S_m) \approx -TS_m < 0$. Die Kurve $S_m(c)$ (Abb. 4.20) ist symmetrisch zu $S_m(c = 0.5)$, und mündet in die reinen Komponenten mit

Abb. 4.17 Schematische Gefügeentwicklung bei der Erstarrung einer untereutektischen Legierung ($c_1 < c_E$)

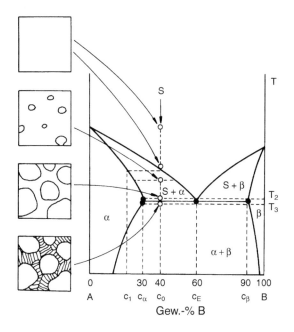

Abb. 4.18 Beispiel eines eutektisch erstarrten Gefüges ($c = c_E$) im System Al-Zn (95.16 Gew.%Zn, 4.84 Gew.%Al) [2]

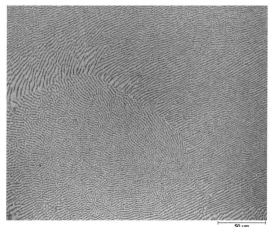

unendlicher Steigung[2]

$$\lim_{c \to 0;1} \frac{\partial S}{\partial c} = \pm \infty \tag{4.4}$$

---

[2] Gleichung (4.4) ist im übrigen der Grund für die Unmöglichkeit der Herstellung absolut reiner Elemente aus Legierungen. Wegen $\left.\frac{\partial H}{\partial c}\right|_{c=0} < \infty$ wird nämlich $\lim_{c \to 0} \frac{\partial G}{\partial c} = -\infty$, d. h. mit zunehmender Reinheit steigt die freie Enthalpie immer steiler an, bei $c \to 0$ sogar unendlich steil, so daß der letzte Reinigungsschritt nicht vollziehbar ist.

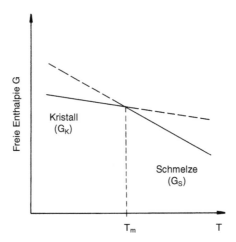

Abb. 4.19 Schematischer Verlauf der freien Enthalpie als Funktion der Temperatur für die feste und die flüssige Phase. Am Schmelzpunkt T_m ist $G_K = G_S$

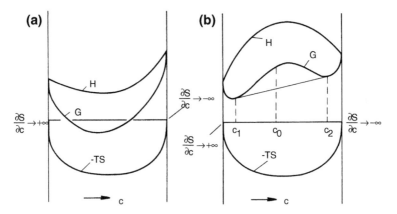

Abb. 4.20 Verlauf der freien Enthalpie G und ihrer Summanden H und $(-TS)$ als Funktion der Konzentration (T = const.) bei **a** völliger Mischbarkeit **b** Mischungslücke für $c_1 \leq c \leq c_2$

Der Verlauf von $G(c)$ hängt von $H(c)$ ab. Unter vereinfachenden Annahmen (quasiche-misches Modell der regulären Lösung, vergl. Kap. 9) kann $H(c)$ als Parabel beschrieben werden. Je nach Stärke der Parabel und Höhe der Temperatur überwiegt in $G(c)$ der Einfluß von H oder S. Bei sehr hohen Temperaturen (also in der Schmelze) dominiert stets S, und $G(c)$ wird durch eine durchhängende Kurve beschrieben. Bei niedrigen Temperaturen, also in der festen Phase, hat $G(c)$ einen ähnlichen Verlauf wie bei hohen Temperaturen, wenn völlige Mischbarkeit vorliegt; bei begrenzter Löslichkeit entspricht der Verlauf von $G(c)$ einer Kurve mit zwei Minima (Abb. 4.20).

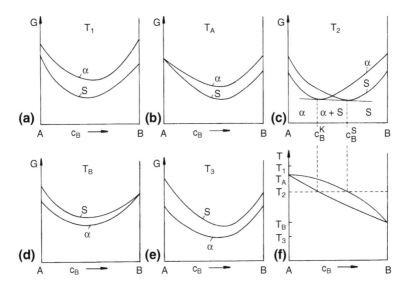

Abb. 4.21 Verlauf der freien Enthalpie von Kristall und Schmelze einer binären Legierung mit völliger Mischbarkeit bei verschiedenen Temperaturen. **a** in der Schmelze $T_1 > T_A$; **b** am Schmelzpunkt von A, T_A; **c** für $T_B < T < T_A$, zwischen c_B^K und c_B^S ist das System zweiphasig; **d** am Schmelzpunkt von B, T_B; **e** im festen Zustand $T_3 < T_B$. Die Konzentrationsbereiche der auftretenden Phasen entsprechen einem isothermen Schnitt durch das Zustandsdiagramms **f** (s. Text)

Die Art und Gestalt der Zustandsdiagramme kann man nun aus dem qualitativen Verlauf der $G(c)$-Kurven für die auftretenden Phasen bei verschiedenen Temperaturen herleiten. Da H nicht wesentlich von der Temperatur abhängt, wird durch den Term $(-TS)$ die Kurve $G(c)$ bei variierender Temperatur nur parallel verschoben. Da es allein auf die relative Lage der $G(c)$-Kurve ankommt, genügt es zur qualitativen Diskussion, nur die $G(c)$-Kurve einer Phase zu variieren und die zweite unverändert zu lassen. Wir wollen im folgenden $G(c)$ der Schmelze als Referenz konstant halten und $G(c)$ des Kristalls relativ zu $G(c)$ der Schmelze ändern, d. h. mit fallender Temperatur zu kleineren Werten verschieben.

Betrachten wir zunächst den Fall der vollständigen Löslichkeit (Abb. 4.21). Bei sehr hohen Temperaturen ist $G_S < G_K$ für alle Konzentrationen, und das System liegt im gesamten Konzentrationsbereich in der flüssigen Phase vor. Mit abnehmender Temperatur tritt einmal der Fall ein, daß $G_K = G_S$ für $c = 0$ oder $c = 1$, d. h. man befindet sich am Schmelzpunkt einer der Komponenten. Bei weiterer Absenkung der Temperatur erhält man getrennte Konzentrationsbereiche, in denen jeweils die Schmelze oder der Kristall die geringere freie Enthalpie haben. Zwischen diesen Bereichen wird die kleinste freie Enthalpie durch ein Gemenge aus Schmelze und Kristall erreicht (Tangentenregel, vgl. Kap. 9). Die freie Enthalpie des Gemenges ist durch die gemeinsame Tangente an die Kurven von Schmelze und Kristall bestimmt. Der Existenzbereich der auftretenden Phasen gemäß dem $G(c)$-Verlauf entspricht einem isothermen Schnitt durch das Zweiphasengebiet eines

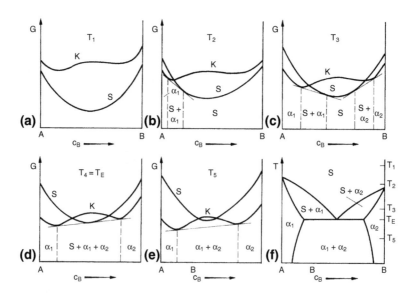

Abb. 4.22 Zusammenhang von freier Enthalpie und Zustandsdiagramm in einem eutektischen System (vgl. Abb. 4.6 und Text)

zigarrenförmigen Zustandsdiagramms. Bei weiterer Temperaturabsenkung verlagern sich die Berührungspunkte der Tangente, d. h. der Konzentrationsbereich des Zweiphasengebietes verschiebt sich, bis schließlich bei Erreichen der Schmelztemperatur der niedriger schmelzenden Komponente $G_K < G_S$ für $0 \leq c < 1$ und $G_S = G_K$ für $c = 1$ vorliegt. Unterhalb dieser Temperatur gilt $G_K < G_S$ im gesamten Konzentrationsbereich, und deshalb tritt nur die feste Phase auf. Durch konsequente Anwendung dieser Betrachtung für verschiedene Temperaturen kann schließlich das Zustandsdiagramm konstruiert werden.

Liegt eine Mischungslücke im festen Zustand vor, so hat die $G(c)$-Kurve des Festkörpers zwei Minima. Unter Anwendung der gleichen Prinzipien wie beim Fall vollständiger Mischbarkeit erhält man ein eutektisches oder ein peritektisches Zustandsdiagramm (Abb. 4.22 und 4.23). Beim Auftreten intermetallischer Phasen tritt noch ein drittes Minimum im Festen hinzu. Je nach Lage der Minima zueinander erhält man intermetallische Phasen direkt aus der Schmelze oder peritektisch (Abb. 4.24 und 4.25).

4.3   Mischkristalle

Beim Legieren von Metallen kommt es im festen Zustand zunächst grundsätzlich zur Ausbildung von „festen Lösungen" aufgrund der in Abschn. 4.2 erläuterten Mischungsentropie S_k. Dabei kann der Löslichkeitsbereich von praktischer Unlöslichkeit bis zu vollständiger

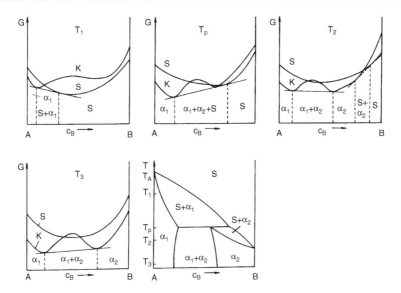

Abb. 4.23 Zusammenhang von freier Enthalpie und Zustandsdiagramm in einem peritektischen System (vgl. Abb. 4.4 und Text)

Mischbarkeit der Legierungselemente im gesamten Konzentrationsbereich reichen. Der Begriff „Lösung" bedeutet dabei, daß die hinzulegierte Komponente in das Matrixgitter eingebaut wird, also eine Mischung der Legierungselemente im atomaren Bereich vorliegt.

Da die feste Phase in metallischen Werkstoffen kristallin ist, bezeichnet man die feste Lösung als Mischkristall. Setzt sich der Löslichkeitsbereich einer Phase bis zur reinen Komponente, d. h. dem Rand des Zustandsdiagrammes fort, spricht man von primären Mischkristallen, bzw. von Randlöslichkeit. Intermetallische Phasen mit endlichem Konzentrationsbereich bezeichnet man zur Unterscheidung von den primären Mischkristallen auch als intermediäre Mischkristalle.

Entsprechend ihrer atomaren Anordnung unterscheidet man systematisch zwei Arten von Mischkristallen, nämlich die interstitiellen und die substitutionellen Mischkristalle (Abb. 4.26). Bei interstitiellen Mischkristallen (auch Einlagerungsmischkristalle genannt) befinden sich die Legierungsatome auf den Gitterlücken (Zwischengitterplätzen) des Matrixgitters; bei Substitutionsmischkristallen besetzen die Legierungsatome reguläre Gitterplätze der Matrix.

Wegen der geringen Größe der Gitterlücken treten interstitielle Mischkristalle nur bei Legierungsatomen mit kleinen Atomradien auf, bei technischen Legierungen im wesentlichen die Elemente H, B, C und N. Trotzdem sind die Gitterlücken in der Regel kleiner als die Größe der Legierungsatome, so daß es um die eingelagerten Atome zu elastischen Verzerrungen kommt, deren Energie rasch mit zunehmender Atomgröße ansteigt. Dadurch wird natürlich die Löslichkeitsgrenze stark herabgesetzt, denn die elastische

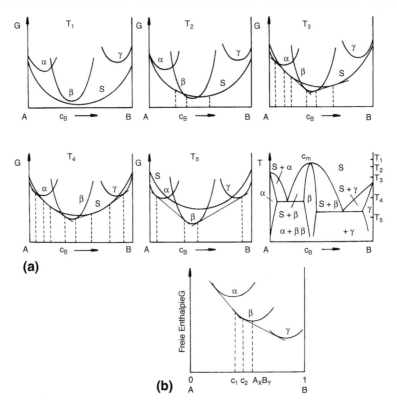

(a)

(b)

Abb. 4.24 **a** Zusammenhang von freier Enthalpie und Zustandsdiagramm bei einem System mit intermetallischer Phase, die aus der Schmelze entsteht (vgl. Abb. 4.21 und Text). **b** Freie Enthalpie dreier Phasen α, β, γ. Die Phase β ist zwischen c_1 und c_2 stabil, nicht aber bei ihrer stabilsten Zusammensetzung A_xB_y

Verzerrungsenergie erhöht die freie Enthalpie des Mischkristalls und destabilisiert den Mischkristall zugunsten anderer Phasen. Beim Auftreten von weiteren Phasen wird die Randlöslichkeit grundsätzlich durch die relative Lage der freien Enthalpie-Kurven $G(c)$ bestimmt, weil die Löslichkeitsgrenze durch den Berührpunkt der Tangente an die $G(c)$-Kurve festgelegt wird (Abb. 4.27). Dieser Einfluß zeigt sich deutlich am System Fe-C. Die Kohlenstoffatome befinden sich auf den Oktaederlücken des kfz Gitters des γ-Fe und des krz Gitters des α-Fe (Abb. 4.28). Die Oktaederlücke im kfz Gitter ist mit $r_{okt.}^{\gamma}/R_{Fe} = 0.41$ aber viel größer als im raumzentrierten Gitter mit $r_{okt.}^{\alpha}/R_{Fe} = 0.16$. Das Atomradienverhältnis von Kohlenstoff zu Eisenatomen beträgt $r_c/R_{Fe} = 0.61$. Das C-Atom beansprucht also ein größeres Volumen als die verfügbare Lücke, besonders drastisch im α-Fe. Das Zustandsdiagramm (Abb. 4.29) zeigt den dramatischen Effekt dieses Unterschiedes auf die Löslichkeit. Die Löslichkeitsgrenze ist im kfz γ-Fe ($c_{max}^{\gamma} = 2.08$ Gew.%) um zwei Zehnerpotenzen größer als im krz α-Fe ($c_{max}^{\alpha} = 0.02$ Gew.%).

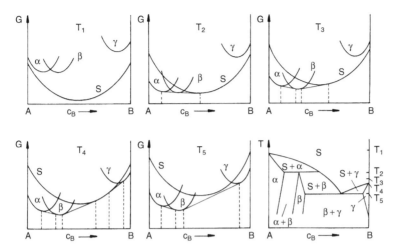

Abb. 4.25 Zusammenhang von freier Enthalpie und Zustandsdiagramm bei einem System mit verdeckt schmelzender intermetallischer Phase

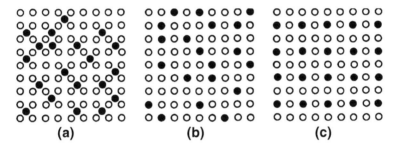

Abb. 4.26 Unterschiedliche Form von Mischkristallen: **a** interstitielle Mischkristalle; **b** Substitutionsmischkristalle mit regelloser Verteilung; **c** geordnete Substitutionsmischkristalle

Die Temperaturabhängigkeit der Randlöslichkeit läßt sich durch eine Arrheniusbeziehung beschreiben (Q — Lösungswärme)

$$c_{max} = c_0 \, e^{-\frac{Q}{kT}} \tag{4.5}$$

wie Abb. 4.30 anhand von C in Fe für interstitielle und Kupfer in Zink für substitutionelle Mischkristalle zeigt. Diese Abhängigkeit läßt sich zwanglos durch die Mischungsentropie deuten, wie in Kap. 9 näher erläutert wird.

Die überwiegende Zahl binärer Systeme bildet Substitutionsmischkristalle. Viele davon zeigen Löslichkeit im gesamten Konzentrationsbereich, aber eine Großzahl von Systemen zeigt eine Mischungslücke im Festen, hat also nur eine Randlöslichkeit. Trivialerweise ist das immer der Fall, wenn beide Legierungspartner in verschiedenen Gittern kristallisieren. Die Begrenzung der Löslichkeit kann aber unabhängig von der Kristallstruktur viele

Abb. 4.27 Existenz- und
Löslichkeitsbereiche von
Phasen hängen von der
relativen Lage ihrer freien
Enthalpien ab. Tritt bspw.
die Phase β' auf, so ist die
Löslichkeitsgrenze der α-
Phase viel geringer als beim
Auftreten von β, und α
kommt nicht einmal in ihrer
stabilsten Zusammenset-
zung vor

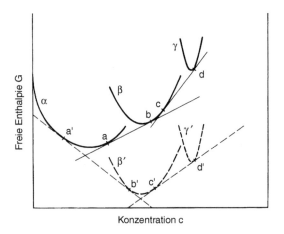

Konzentration c

verschiedene Gründe haben. Aus den Studien einer großen Anzahl von binären Legierungen hat Hume-Rothery einen Satz von Regeln abgeleitet, die die Voraussetzungen zu
ausgeprägter Löslichkeit formulieren:

(a) Der Atomradienunterschied sollte nicht mehr als 15 % betragen.
(b) Der Elektronegativitätsunterschied (chemische Affinität) sollte klein sein.
(c) Die Valenzelektronenzahl sollte nicht sehr unterschiedlich sein.

Entsprechend ist die Verletzung zumindest einer Regel mit einer stark eingeschränkten
Löslichkeit und häufig auch mit dem Auftreten intermetallischer Phasen (Abschn. 4.4) verbunden.

Das Argument der Atomgröße ist leicht zu verstehen anhand der damit verbundenen
elastischen Energie zum Einpassen des Fremdatoms in das Matrixgitter, ganz analog den
zuvor behandelten Einlagerungsmischkristallen. Die Grenzlinie von vollständiger Löslichkeit zu ausgedehnter Mischungslücke ist häufig sehr scharf, wie am Beispiel von Cu-Au und
Cu-Ag schon in Abschn. 4.1 gezeigt wurde. Alle drei Metalle kristallisieren im kfz Gitter. Ag
und Au sind vollständig ineinander löslich. Cu und Au zeigen ein Minimum im Zustandsdiagramm. Obwohl Kupfer und Silber sich chemisch sehr ähnlich sind, beträgt aber die
gegenseitige Löslichkeit bei Raumtemperatur weit weniger als 1 %. Der Unterschied liegt in
der geringfügig verschiedenen Größe der Gitterparameter von Gold und Silber:

$$a_{Au} = 4.0786\text{Å}; \quad a_{Ag} = 4.0863\text{Å}; \quad a_{Cu} = 3.6148\text{Å}$$

Der Gitterparameterunterschied von (a) Silber zu Gold beträgt 0.19 %, von (b) Gold zu
Kupfer 12.8 % und von (c) Silber zu Kupfer 13 %. Dieser kleine Gitterparameterunter-
schied zwischen Fall (b) und (c) führt zum völligen Umschlag der Löslichkeitsverhältnisse.
Die Situation wird bereits dadurch angedeutet, daß bei Cu-Au das Zustandsdiagramm ein
Minimum zeigt, also gerade noch vollständige Löslichkeit erreicht wird. Bei geringfügiger

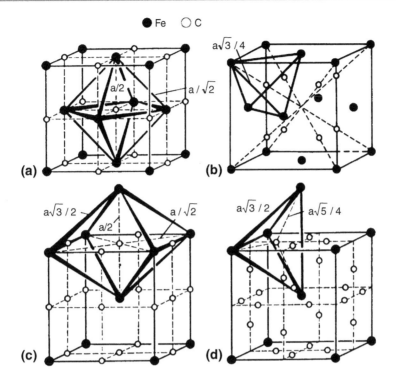

Abb. 4.28 Gitterlücken im kfz und krz Gitter. **a** Oktaederlücke kfz; **b** Tetraederlücke kfz; **c** Oktaederlücke krz; **d** Tetraederlücke krz. Die offenen Kreise geben die verschiedenen aber äquivalenten Positionen der Gitterlücken an

weiterer Verschlechterung der atomaren Passung schlägt die Tendenz um zum Phasengemenge.

Die Atomgröße ist aber keine hinreichende Bedingung für ausgeprägte Löslichkeit, wie die beiden anderen Regeln von Hume-Rothery belegen. Der Einfluß der Elektronegativität erklärt sich daher, daß bei zunehmendem Elektronegativitätsunterschied eine steigende Tendenz zur Bildung von stöchiometrischen intermetallischen Phasen besteht, weil der heteropolare Charakter der Bindung zunimmt. Das Auftreten solcher Phasen begrenzt natürlich die Löslichkeit, und bei entsprechender Stabilität intermediärer Phasen kann die Randlöslichkeit sehr klein werden (vgl. Abschn. 4.4).

Der Einfluß der Valenzelektronenzahl hat ganz andere Ursachen. Die Erfahrung lehrt, daß häufig die Löslichkeit von Elementen mit größerer Valenzelektronenzahl, bspw. bei Lösung eines zweiwertigen Elementes in einer Matrix mit Wertigkeit eins, viel geringer ist als umgekehrt. Der Grund hierfür liegt in der elektronentheoretischen Bänderstruktur der Festkörper, genau genommen im Pauli-Prinzip der Quantentheorie (vgl. Kap. 10). Da die Elektronen Elementarteilchen mit Spin 1/2 (also Fermionen) sind, unterliegen sie dem Pauli-Prinzip, wonach jeder Elektronenzustand von nur jeweils einem Elektron

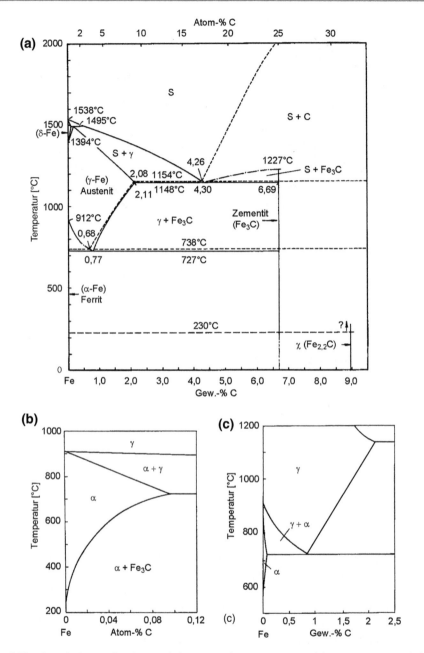

Abb. 4.29 Ausschnitt aus dem Zustandsdiagramm des Fe-C-Systems (**a**). Die primäre Löslichkeit des Kohlenstoffs nimmt sowohl in α-Fe als auch in γ-Fe mit zunehmender Temperatur zu (**b**). Die Löslichkeit von C in γ-Fe ist aber beträchtlich größer als in α-Fe, da die oktaedrischen Gitterlücken des krz Gitters viel kleiner sind als die des kfz Gitters (**c**) (nach [1])

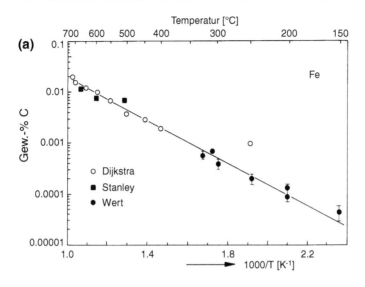

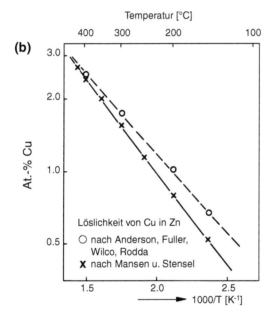

Abb. 4.30 Arrheniusauftragung der primären Löslichkeit von **a** C in Fe (interstitielle Mischkristalle) (nach [3]) und **b** Cu in Zn (substitutionelle Mischkristalle). In beiden Fällen hängt die Löslichkeit über einen Boltzmannfaktor [exp($-Q/kT$)] von der Temperatur ab und nimmt deshalb mit steigender Temperatur stark zu (nach [4])

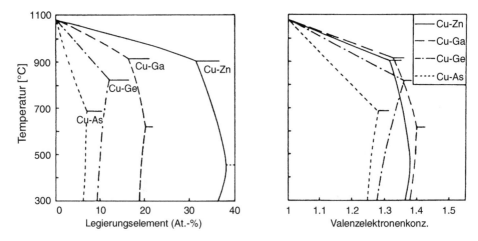

Abb. 4.31 Primäre Löslichkeitsgrenze von einigen Cu-Legierungen mit verschiedenen höherwertigen Elementen. Die sehr unterschiedliche primäre Löslichkeit wird für alle Elemente recht ähnlich ($\approx 21/15 = 1.4$), wenn man über der VEK statt über der atomaren Konzentration aufträgt

angenommen werden kann. Hinzugefügte Elektronen müssen also neue, d. h. höherenergetische Zustände annehmen. In Kristallen nimmt bei Erreichen gewisser kritischer Valenzelektronendichten (Valenzelektronen pro Atom) die Energie zur Aufnahme weiterer Elektronen stark zu. Diese kritische Elektronendichte hängt aber von der Kristallstruktur ab. Sie ist bspw. beim krz Gitter größer als im kfz Gitter. Wird daher in einem kfz Mischkristall durch Zulegieren mit einem höherwertigen Element (z. B. Zn in Cu) die kritische Valenzelektronenkonzentration (VEK) für das kfz Gitter erreicht, wird bei weiterer Konzentrationserhöhung die krz Struktur energetisch günstiger und damit stabiler als die kfz Struktur. Das Ändern der Kristallstruktur bedeutet das Auftreten einer neuen Phase, wobei die primäre Löslichkeit durch die Stabilität der intermediären Phase entsprechend der Tangentenkonstruktion im Freie-Enthalpie-Diagramm bestimmt wird. Auf diese durch die VEK bedingten Phasen wird in Abschn. 4.4 näher eingegangen. Die Bedeutung der VEK erkennt man, wenn man den primären Löslichkeitsbereich eines Basismetalls bei steigender Wertigkeit der Legierungselemente betrachtet, z. B. Cu mit Zn, Ga, Ge und As (Abb. 4.31). Cu ist einwertig, Zn zweiwertig und As hat schließlich die Wertigkeit fünf. Mit zunehmender Wertigkeit wird die Löslichkeit kleiner. Trägt man dagegen das Zustandsdiagramm über der VEK statt über der atomaren Konzentration auf, so ergibt sich eine recht gute Übereinstimmung der maximalen Löslichkeit. Die verbleibenden Unterschiede resultieren wiederum aus der Stabilität der sich anschließenden Phasen, die die Randlöslichkeit beeinflussen.

Abb. 4.32 Auch beim Auftreten von intermetallischen
Phasen hängen Existenz und
Löslichkeit von der relativen
Lage der freien Enthalpie-
kurven zueinander ab. Hier
tritt α nicht in seiner stabilsten Zusammensetzung auf
und die Phase δ wird nicht
gebildet

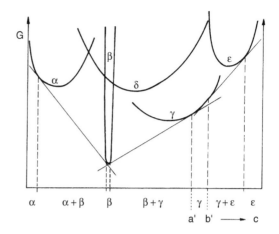

4.4   Intermetallische Phasen

4.4.1   Überblick

In vielen binären metallischen Systemen treten bei mittleren Konzentrationen neue Phasen
auf, deren Existenzbereich sich nicht zu den reinen Komponenten fortsetzt. Sie zeichnen sich
häufig durch zwei Besonderheiten aus, nämlich einmal durch ihre völlig wertigkeitsfremde
Zusammensetzung und zum andern durch ihren endlichen Homogenitätsbereich. Die häufig verwendete Bezeichnung intermetallische Verbindung ist daher irreführend, denn sie
assoziiert, wie bei chemischen Verbindungen, eine streng stöchiometrische und wertigkeitsgerechte Zusammensetzung. Die Begriffe intermetallische Phasen oder sogar intermediäre
Mischkristalle kennzeichnen den Sachverhalt weitaus angemessener und sollen im folgenden ausschließlich verwendet werden. Der Grund für die „unchemische" Natur der intermetallischen Phasen ist gleichzeitig die ursächliche Schwierigkeit ihrer wissenschaftlichen
Behandlung. Sie können nämlich aus vielen verschiedenen Gründen entstehen, und häufig sind es mehrere Ursachen und Umstände, die ihr Auftreten veranlassen. Im folgenden
soll versucht werden, strukturelle Argumente anzugeben, die die häufig auftretenden intermetallischen Phasen in ihrer Existenz und Zusammensetzung begründen. Grundsätzlich
gilt auch hier wieder, daß die Existenz und der Löslichkeitsbereich von intermetallischen
Phasen durch die relative Lage ihrer freien Enthalpiekurven (Abb. 4.32) bestimmt wird.
Infolge der Tangentenkonstruktion kommen daher bei einer festen Temperatur manche
Phasen gar nicht (δ) oder zumindest nicht in ihrer stärksten (bspw. stöchiometrischen)
Zusammensetzung (α, γ, ε) vor.

4.4.2 Geordnete Substitutionsmischkristalle

Besteht zwischen ungleichen Legierungspartnern eine stärkere Bindung als zwischen gleichartigen Atomen, dann ist jedes Atom bestrebt, sich mit möglichst vielen ungleichen Atomen
zu umgeben. Dies entspricht dem in Kap. 9 behandelten Fall der regulären Lösung bei großer
negativer Vertauschungsenergie:

$$H_0 = H_{AB} - (H_{AA} + H_{BB})/2 \ll 0.$$

Bei bestimmten ganzzahligen Zusammensetzungen kommt es dabei zu streng periodischen
Anordnungen der Atome, bei denen sich jedes Atom mit einer maximalen Zahl der Legierungsatome umgeben kann und umgekehrt. Das ist bspw. bei einer atomaren Konzentration
von $c^a = 0.5$, d. h. einer Zusammensetzung vom Typ AB, in einem krz Gitter der Fall, das
ja bekanntlich aus zwei ineinandergestellten einfach kubischen Teilgittern besteht. Wird
jedes Teilgitter von nur einer Atomsorte besetzt, so ist jedes A-Atom ausschließlich von
B-Atomen umgeben und umgekehrt (Abb. 4.33a). Eine derart streng geordnete Atomverteilung wird als Überstruktur oder auch als Fernordnung bezeichnet, da sie sich über viele
Elementarzellen hinweg, d. h. in makroskopische Dimensionen erstreckt. Entsprechend eignet sich das kfz Gitter für eine Zusammensetzung 25:75, d. h. Typ AB$_3$ (Abb. 4.33b), denn
ein kfz Gitter besteht aus vier ineinandergestellten einfach kubischen Teilgittern, so daß
drei Teilgitter mit Atomsorte B und ein Teilgitter mit Atomsorte A besetzt werden kann.

Dagegen eignet sich das kfz Gitter nicht für eine Überstruktur vom Typ AB. Zwar
könnten je zwei Teilgitter mit A- und B-Atomen besetzt werden, jedoch erhält man, gleich
wie die Teilgitter verteilt werden, immer eine Schichtstruktur (Abb. 4.33c), wodurch die
kubische Symmetrie verloren geht und durch eine tetragonale Kristallstruktur ($a = b \neq c$)
ersetzt wird. Dieser Fall ist beim Au-Cu tatsächlich realisiert, woraus erkennbar ist, daß
durch Ordnungserscheinungen auch Phasen mit anderer Kristallstruktur[3] entstehen.

Die Temperaturbewegung der Atome und damit die Entropie wirken einer geordneten
Atomverteilung entgegen. Deshalb wird bei höheren Temperaturen die Ordnung herabgesetzt. Ist die Vertauschungsenergie sehr klein (s. Kap. 9), also das Ordnungsbestreben nicht
so stark ausgeprägt, so kommt es bereits bei Temperaturen weit unterhalb des Schmelzpunktes zum vollständigen Verlust der Fernordnung. Beispiele liefern die verschiedenen
Ordnungsphasen im System Cu-Au. So liegt das Cu$_3$Au nur bei Temperaturen unterhalb
390 °C geordnet, bei höheren Temperaturen jedoch als Mischkristall vor (Abb. 4.34). Die
Temperatur, bei der der geordnete Zustand in den regellosen Zustand übergeht, bezeichnet
man als kritische Temperatur. Dagegen bleiben andere geordnete Phasen, bspw. des wichtigen Systems Ni-Al, nämlich Ni$_3$Al und insbesondere das hochschmelzende NiAl bis zum

---

[3] In diesem Zusammenhang ist zu beachten, daß die Cu$_3$Au (L1$_2$) und die CsCl (B2) Strukturen
keine kfz bzw. krz Strukturen mehr sind, im Gegensatz zu den ungeordneten Mischkristallen gleicher
Zusammensetzung. Insofern ist also Fernordnung immer mit einer Änderung der Gitterstruktur
verbunden, obgleich die Gitterplätze sich vom ungeordneten Zustand nicht unterscheiden, aber nun
nicht mehr äquivalent sind.

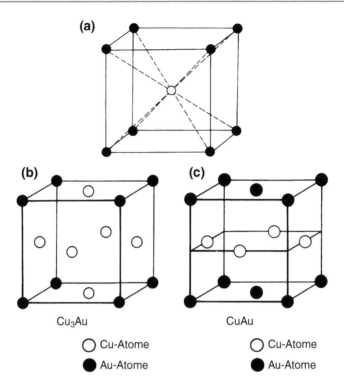

Abb. 4.33 Geordnete Atomverteilungen vom Typ AB lassen sich im CsCl-Gitter **a** (B2-Struktur), solche vom Typ AB_3 im Cu_3Au-Gitter **b** ($L1_2$-Struktur) verwirklichen, die mit einem krz bzw. kfz Mischkristall bei regelloser Atomverteilung verträglich sind. Ein kubisch flächenzentrierter Mischkristall vom Typ AB **c** kann nicht ordnen ohne seine kubische Struktur zu verlieren. Bei einer Unterteilung des kfz Gitters in je zwei Untergitter für A und B kommt es zur Schichtenbildung und damit wegen der unterschiedlichen Atomradien A und B zu einer tetragonalen Kristallstruktur

Schmelzpunkt geordnet, die kritische Temperatur liegt also oberhalb des Schmelzpunktes (Abb. 4.35).

Quantitativ läßt sich der Grad der Fernordnung nach einem Vorschlag von Bragg-Williams durch einen Fernordnungsparameter

$$s = \frac{p - x}{1 - x} \tag{4.6a}$$

beschreiben, wobei p der Bruchteil von A-Atomen auf dem A-Teilgitter und x der Bruchteil von A-Atomen in der Legierung ist.

Besonders einfach gestaltet sich die Betrachtung für eine Legierung vom Typ AB, wenn der Mischkristall eine krz Struktur hat. Dann kann man jeder Atomsorte ein Teilgitter zuordnen und der Fernordnungsparameter läßt sich durch

Abb. 4.34 Zustandsdiagramm des Systems Cu-Au, das bei tieferen Temperaturen verschiedene geordnete Phasen im festen Zustand bildet, die aber bereits weit unterhalb des Schmelzpunktes wieder in eine regellose Verteilung übergehen [1]

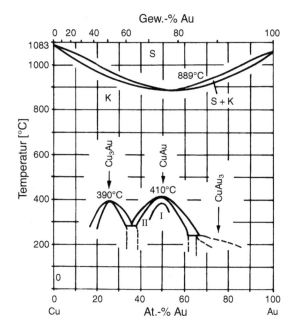

$$s = 2p - 1 \tag{4.6b}$$

beschreiben, wobei p wieder der Bruchteil von A-Atomen auf dem A-Teilgitter ist. Damit ist der Wertebereich von s

$$-1 \leq s \leq 1,$$

denn bei vollständiger Ordnung ist $p = 1$ und daher $s = 1$. Der Zustand völliger Regellosigkeit wird beschrieben durch $s = 0$, also $p = 0.5$ im Fall einer Zusammensetzung AB, d. h. statistische Atomverteilung. Der Fall $s = -1$ entspricht der falschen Besetzung der Teilgitter und entsprechend ebenfalls einem völlig geordneten Zustand. Er hat somit keinerlei besondere physikalische Bedeutung, führt aber in gewissen Fällen zu Problemen, wie später näher erläutert wird. Die Größe von s hängt erwartungsgemäß von der Temperatur und der Vertauschungsenergie H_0 ab. Man kann $s(T)$ berechnen, bspw. im quasi-chemischen Modell, indem man $G(s)$ ermittelt und das Ordnungsgleichgewicht durch $dG/ds = 0$ bestimmt. Damit ergibt sich der in Abb. 4.36 skizzierte Verlauf.

Der Fernordnungsgrad läßt sich durch verschiedene physikalische Methoden bestimmen, bspw. durch das Auftreten der sog. Überstrukturlinien im Debye-Scherrer Diagramm.

Infolge der unterschiedlichen Streueigenschaften der beiden beteiligten Atomsorten verlieren die Auslöschungsregeln der Röntgenbeugung ihre strenge Gültigkeit (vgl. Kap. 2), und es kommt zum Auftreten von Röntgenreflexen, die im ungeordneten Mischkristall verboten sind (Abb. 4.37). Man kann sich das auch so klar machen, daß durch das Auftreten der Überstruktur eine neue, größere Elementarzelle entsteht (Abb. 4.38), die entsprechend

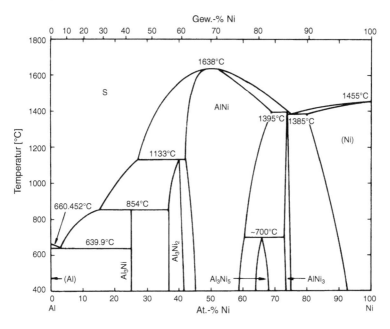

Abb. 4.35 Zustandsdiagramm des Systems Ni-Al. Die Phasen Ni$_3$Al (L1$_2$) und NiAl (B2) sind bis zum Schmelzpunkt geordnet [1]

dem Braggschen Gesetz einen Beugungsreflex bei kleineren Winkeln verursacht. Überstrukturen sich auch in einem drastischen Abfall des elektrischen Widerstandes bemerkbar (Abb. 4.39), da der Widerstand primär von Störungen der Periodizität bestimmt wird, bspw. durch Fremdatome in einem Mischkristall. Eine Überstruktur ist dagegen streng periodisch und hat trotz gleicher Zahl von beiden Atomsorten einen erheblich geringeren elektrischen Widerstand zur Folge.

Die Definition des Fernordnungsparameters führt zu unsinnigen Ergebnissen, wenn in verschiedenen Kristallbereichen unterschiedliche Teilgitter mit der gleichen Atomsorte besetzt sind (Abb. 4.40). Das kann bspw. vorkommen, wenn beim Übergang vom ungeordneten zum geordneten Zustand die Keimbildung in verschiedenen Gebieten beginnt, wobei die Wahl der Teilgitter zufällig und daher unterschiedlich ausfällt. Wachsen diese unterschiedlich geordneten Gebiete zusammen, so ändert sich an den Grenzflächen die Teilgitterbesetzung sprungartig. Diese Grenzflächen werden als Antiphasengrenzen bezeichnet, und die perfekt aber teilgittermäßig unterschiedlich geordneten Kristallbereiche heißen Domänen. Sie lassen sich im TEM sichtbar machen (Abb. 4.41). Im statistischen Mittel treten die verschiedenen Teilgitterbesetzungen gleich häufig auf, so daß der mittlere Fernordnungsgrad $s = 0$ wäre, was aber physikalisch völlig unsinnig ist, denn alle Teilgebiete des Kristalls sind vollständig geordnet.

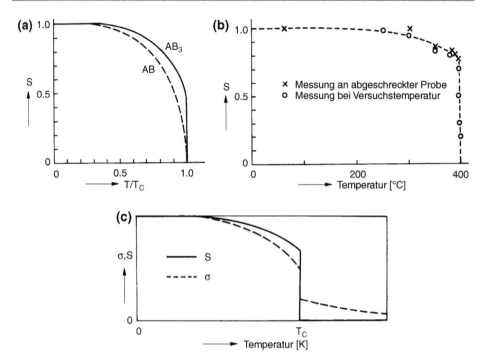

Abb. 4.36 Verlauf der Ordnungsparameter als Funktion der Temperatur **a** Fernordnungsparameter s für geordnete Legierungen vom Typ AB und AB$_3$. Oberhalb einer Temperatur T_c (kritische Temperatur) ist das System entordnet. Für AB$_3$ ändert sich s bei T_c diskontinuierlich (Phasenübergang 1. Ordnung). **b** Gemessener Verlauf von $s(T)$ für Cu$_3$Au. Die Meßwerte stimmen mit dem berechneten Verlauf (gestrichelt) gut überein. **c** Vergleich des Temperaturverlaufs von Fernordnungsparameter s und Nahordnungsparameter σ. Auch oberhalb T_c ist $\sigma > 0$ (nach [4])

Eine diese konzeptionelle Schwierigkeit vermeidende physikalisch sinnvollere Definition der Ordnung bildet der Nahordnungsparameter

$$\sigma = \frac{q - q_u}{q_m - q_u} \qquad (4.7)$$

wobei q der Bruchteil B-Atome als Nachbar von A, q_u der Bruchteil B-Atome als Nachbar von A im völlig ungeordneten Zustand, q_m der Bruchteil B-Atome als Nachbar von A im völlig geordneten Zustand darstellen. Für die jeweilige Legierung ist q_m konstant, z. B. für AB-Legierungen ist $q_m = 1$.

Der Nahordnungsparameter σ gibt die Nachbarschaftsverhältnisse eines beliebig herausgegriffenen A-Atoms an, und hat den Vorteil, daß er von der langreichweitigen Korrelation unabhängig ist, für jede Konzentration, auch nicht-stöchiometrisch, definiert ist und auch auf weiter entfernte Nachbarn (Schalen) angewendet werden kann. Treten Überstrukturen auf, d. h. $s = 1$, so wird auch $\sigma = 1$, allerdings ist bei σ der Wertebereich auf $0 \leq \sigma \leq 1$

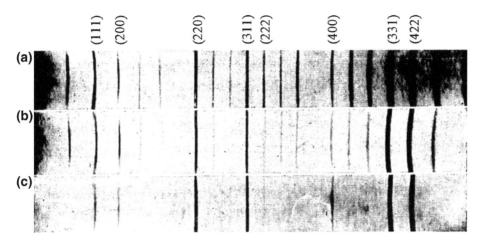

Abb. 4.37 Das Auftreten von ferngeordneten Phasen (hier: Cu_3Au) kann man durch Überstrukturlinien im Debye-Scherrer-Diagramm nachweisen. **a** $T \ll T_c$; **b** $T < T_c$; **c** $T > T_c$

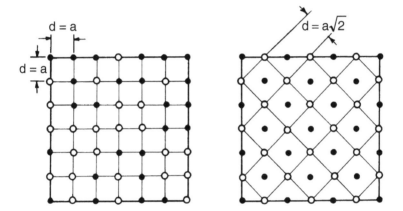

Abb. 4.38 Die Überstrukturlinien kann man sich am einfachen Fall des quadratischen Gitters klar machen. Bei regelloser Atomverteilung ist der größte Netzebenenabstand $d = a$. Bei geordneter Verteilung (AB in diesem Fall) ändert sich die Elementarzelle, und der größte Netzebenenabstand wird $d = a\sqrt{2}$. Dadurch tritt nach dem Braggschen Gesetz ein zusätzlicher Reflex bei kleineren Winkeln auf

beschränkt. Auch für σ kann die Temperaturabhängigkeit $\sigma(T)$ berechnet werden. Sie zeigt für $T \ll T_c$ einen ähnlichen Verlauf wie $s(T)$ (Abb. 4.36), geht aber nicht zu Null bei $T = T_c$, sondern bleibt sogar oberhalb T_c endlich, d. h. $\sigma(T) > 0$ für $T \geq T_c$.

Nahordnung bei fehlender Überstruktur ist erheblich komplizierter nachzuweisen, bspw. durch Röntgen- oder Neutronenstreuung. Im Gegensatz zu ferngeordneten Legierungen nimmt der Widerstand mit steigendem Nahordnungsgrad bei vielen Systemen zu statt ab, obgleich es auch Gegenbeispiele gibt. Die Einstellung der Nahordnung kann man ver-

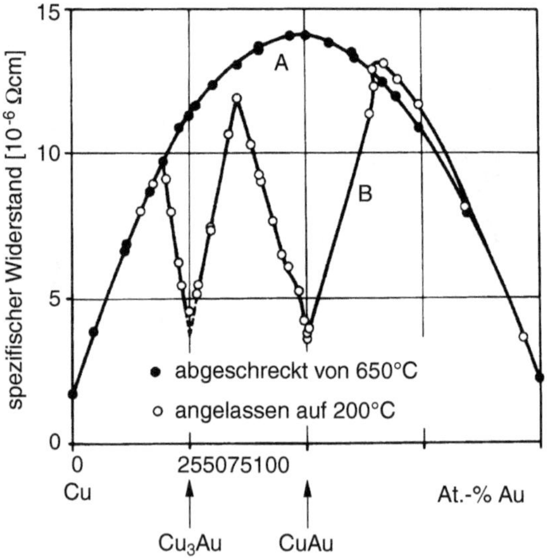

Abb. 4.39 Das Auftreten von Überstrukturen führt zur starken Verringerung des elektrischen Widerstandes, bspw. für Cu$_3$Au und CuAu (nach [5])

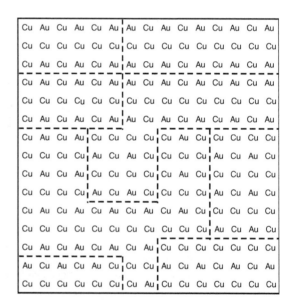

Abb. 4.40 Ein ferngeordneter Kristall kann in Bereiche (Domänen) unterteilt sein, die alle vollständige Fernordnung zeigen, bei denen die Besetzung der Teilgitter aber unterschiedlich ist. Die Bereichsgrenzen werden als Antiphasengrenzen bezeichnet

folgen, wenn man durch Abschrecken von hohen Temperaturen oder durch Bestrahlung mit hochenergetischen Teilchen die Diffusion bei niedrigen Anlaßtemperaturen ermöglicht und dadurch die Nahordnung einstellt. Wie man an der Widerstandsänderung am System Gold-Silber in Abb. 4.42 erkennen kann, nimmt mit steigender Temperatur der Nahordnungsgrad (ersichtlich am Maximalwert des Widerstandes) ab.

Abb. 4.41 Die Antiphasengrenzen können im TEM
sichtbar gemacht werden,
hier am Beispiel von Cu_3Au

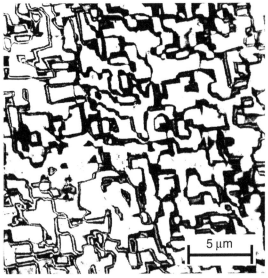

Dünnschliff-Probe

4.4.3 Wertigkeitsbestimmte Phasen

Bei Metallen geht man davon aus, daß ihre Bindung räumlich isotrop ist, hohe Volumenerfüllung angestrebt wird und keine besonderen Strukturprinzipien vorherrschen. Das ist
bei Legierungen allerdings keineswegs der Fall. Nur in den seltensten Fällen lassen sich
Elemente ideal mischen, d. h. $H_0 = 0$, auch wenn das binäre System völlige Mischbarkeit
zeigt. Stets sind Tendenzen zur Ordnung oder Entmischung, die in Kap. 9 näher behandelt
werden, vorhanden. Das beruht auf dem Bindungscharakter zwischen den Atomen und ist
daher von den Legierungspartnern abhängig, denn reale Bindungen sind fast immer Mischtypen, wobei der eine oder andere Bindungstyp je nach Wahl der Komponenten dominiert.
Genau dies ist der Grund für die Hume-Rothery-Regeln der Löslichkeit, und der Verstoß
gegen jede Einzelne der Regeln stärkt die Tendenz zur Bildung von intermetallischen Phasen. Ein heteropolarer Charakter der Bindung wird natürlich verstärkt, wenn die Polarität
der Atome, d. h. ihre Gruppenzugehörigkeit im Periodensystem sehr unterschiedlich ist.
Dabei gibt es für den anionischen Partner eine recht scharf definierte Grenze, die sog.
Zintl-Grenze, nämlich zwischen der dritten und vierten Hauptgruppe (IIIA-IVA) des Peri-
odensystems. Jenseits dieser Grenze überwiegt der heteropolare Bindungscharakter, und es
treten streng stöchiometrische, salzartige Verbindungen auf, die Zintl-Phasen, die je nach
Stöchiometrie und Atomradienverhältnis (vgl. Kap. 2) in ganz spezifischen Gitterstrukturen vorkommen. Die Schärfe der Zintl-Grenze ist erkennbar, wenn man die auftretenden
Phasen eines Basismetalls mit Elementen der unterschiedlichen Gruppen vergleicht, wie
in Abb. 4.43 am Beispiel der Mg-Legierungen. Legierungen mit Partnern der Gruppen

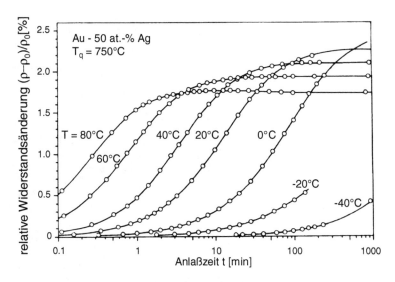

Abb. 4.42 Im System Au-Ag nimmt der elektrische Widerstand bei Auftreten von Nahordnung zu. Läßt man von hohen Temperaturen abgeschreckte Proben bei niedriger Temperatur an, so stellt sich Nahordnung ein, wobei der Nahordnungsgrad mit abnehmender Anlaßtemperatur zunimmt (nach [6])

IVA-VIIA führen zu ganz spezifischen, wertigkeitsgerechten Verbindungen. Dagegen findet man bei Magnesium-Legierungen mit Elementen aus allen anderen Gruppen eine Vielzahl verschiedener und gewöhnlich völlig wertigkeitsfremd zusammengesetzter Phasen. Die Stärke der Polarität, d. h. des heteropolaren Bindungscharakters nimmt mit abnehmender Elektronegativität des Anions bzw. mit abnehmender Elektropositivität des Kations ab. Das wird ersichtlich aus der Stabilität der auftretenden Zintl-Phasen, wobei die Höhe des Schmelzpunktes ein Maß für die Stabilität ist (Abb. 4.44). Die Elektronegativität nimmt in der Regel innerhalb einer Periode mit steigender Gruppenzahl zu und innerhalb einer Gruppe mit steigender Periode ab. Entsprechend wirkt sich eine Änderung der Elektropositivität des Kations aus (Abb. 4.44b), welche mit fallender Gruppenzahl und steigender Periode zunimmt. Die Stabilität der Phase wird also durch den Elektronegativitätsunterschied bestimmt.

Bei entsprechender Elektronenkonfiguration kann auch der kovalente Bindungsanteil überwiegen. Bei reinen Elementen wird der kovalente Bindungstyp im Diamantgitter realisiert, da dort die gerichtete Bindung mit den geeigneten Nachbarschaftsverhältnissen im Einklang steht. Bei Verbindungen vom Typ AB treten entsprechend verwandte Gittertypen auf, das Zinkblende und das Wurtzitgitter (Abb. 4.45). Das Zinkblende-Gitter ist ein Diamantgitter mit Überstruktur. Darin spannen die Anionen ein kfz Gitter auf, in dem die Kationen jede zweite Tetraederlücke besetzen. Jedes Kation ist dabei von vier Anionen umgeben und umgekehrt. Man kann sich die Anordnung auch vorstellen als zwei ineinandergestellte kfz Gitter, die jeweils eine Ionensorte enthalten. Das

(a)

Zintl-Grenze

IIA	IIIB	IVB	VB	VIB	VIIB	VIIIB (Co)	VIIIB (Ni)	IB	IIB	IIIA	IVA	VA	VIA	VIIA
										Mg_4Al_3	Mg_2Si	Mg_3P_2	MgS	$MgCl_2$
										MgAl				
						Mg_2Co				Mg_2Al_3				
Mg_2Ca				MgCr	Mg_3Mn		Mg_2Ni	Mg_2Cu	$MgZn_5$	Mg_2Ga_5	Mg_2Ge	Mg_3As_2	MgSe	$MgBr_2$
				Mg_3Cr_2			$MgNi_2$	$MgCu_2$	MgZn	Mg_2Ga				
				Mg_2Cr					Mg_2Zn_3	MgGa				
				Mg_3Cr					$MgZn_2$	$MgGa_{2+x}$				
									Mg_2Zn_{11}					
Mg_2Sr		Mg_2Zr						Mg_3Ag	Mg_3Cd	Mg_3In_2	Mg_2Sn	Mg_3Sb_2	MgTe	MgI_2
Mg_4Sr								MgAg	MgCd	Mg_5In				
Mg_2Sr									$MgCd_3$	MgIn				
$Mg_{17}Sr_2$										$MgIn_3$				
Mg_4Ba	Mg_9La						Mg_2Pt	Mg_4Au	Mg_5Hg	Mg_2Tl_2	Mg_2Pb	Mg_3Bi_2		
Mg_2Ba	Mg_2La							Mg_3Au_2	Mg_5Hg_2	Mg_5Tl				
Mg_2Ba	Mg_3La							Mg_4Au	MgHg	MgTl				
	MgLa							MgAu	MgHg					

Strukturen typisch für metallische Verbindungen | Strukturen typisch für salzartige Verbindungen

(b)

IA	IIA	IIIB	IVB	VB	VIB	VIIB		VIIIB		IB	IIB	IIIA	IVA	VA	VIA	VIIA	VIIIA
1 H																	2 He
3 Li	4 Be											5 B	6 C	7 N	8 O	9 F	10 Ne
11 Na	12 Mg											13 Al	14 Si	15 P	16 S	17 Cl	18 Ar
19 K	20 Ca	21 Sc	22 Ti	23 V	24 Cr	25 Mn	26 Fe	27 Co	28 Ni	29 Cu	30 Zn	31 Ga	32 Ge	33 As	34 Se	35 Br	36 Kr
37 Rb	38 Sr	39 Y	40 Zr	41 Nb	42 Mo	43 Tc	44 Ru	45 Rh	46 Pd	47 Ag	48 Cd	49 In	50 Sn	51 Sb	52 Te	53 I	54 Xe
55 Cs	56 Ba	57 La	72 Hf	73 Ta	74 W	75 Re	76 Os	77 Ir	78 Pt	79 Au	80 Hg	81 Tl	82 Pb	83 Bi	84 Po	85 At	86 Rn
87 Fr	88 Ra	89 Ac	104 Rf	105 Ha													

Zintl-Grenze

Abb. 4.43 a Intermetallische Phasen des Magnesiums. Bei Verbindungen mit Elementen der Gruppe IVA, VA, VIA und VIIA treten wertigkeitsgerechte salzartige Verbindungen auf, bei kleinerer Gruppenzahl im erweiterten periodischen System **b** treten dagegen wertigkeitsfremde intermetallische Phasen auf. Die Zintl-Grenze zwischen Gruppe IIIA und IVA trennt diese unterschiedlichen Typen intermetallischer Phasen

Wurtzitgitter ist dem Zinkblende-Gitter sehr verwandt. Es besteht ebenfalls aus einem Diamantgitter mit Überstruktur. Hier bilden aber die Anionen ein hexagonales Gitter. Beispiele von stöchiometrischen Verbindungen mit ihren entsprechenden Gittertypen sind in Tab. 4.2 zusammengestellt.

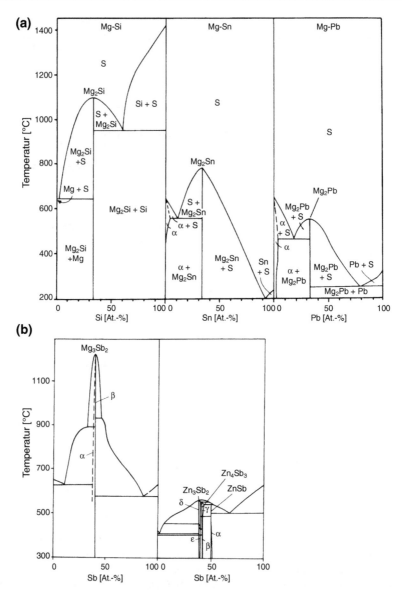

Abb. 4.44 Die Stabilität intermetallischer Phasen wird in erster Näherung durch ihren Schmelz-punkt charakterisiert. Man erkennt, daß die Stabilität der Phasen mit zunehmender Elektronega-tivität der Anionen (zunehmende Gruppenzahl, abnehmende Periodenzahl) **a** und zunehmender Elektropositivität der Kationen (abnehmende Gruppenzahl, zunehmende Periodenzahl) **b** zunimmt [1]

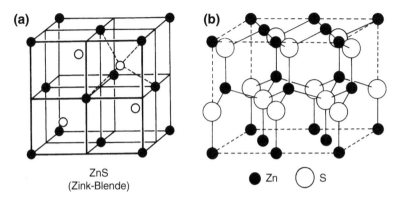

Abb. 4.45 **a** Elementarzelle der Zinkblende-Struktur; **b** Elementarzelle des Wurtzitgitters

Tab. 4.2 Einige intermetallische Phasen mit wertigkeitsgerechten Zusammensetzungen

Steinsalz Struktur	Cäsium-chlorid-Struktur	Flußspat-Struktur		Zinkblende Struktur		Wurtzit-Struktur
MgSe	CuZn	Be_2C	Li_3AlN_2	SiC	HgS	AlN
CaSe	AgZn	Mg_2Si	Li_5SiN_3	AlP	MnS	GaN
SrSe	AgCd	Mg_2Ge	$PtSn_2$	GaP	BeSe	InN
BaSe	AuZn	Mg_2Sn	Pt_2P	InP	ZnSe	β-ZnS
MnSe	AuCd	Mg_2Pb	$PtIn_2$	AlAs	CdSe	β-CdS
PbSe	MnHg	Li_2S	Ir_2P	GaAs	HgSe	MnS
CaTe	MnAl	Na_2S	$AuAl_2$	InAs	MnSe	CdSe
SrTe	FeAl	Cu_2S	Al_2Ca	AlSb	BeTe	MnSe
BaTe	CoAl	Cu_2Se		GaSb	ZnTe	MgTe
SnTe	NiZn	LiMgN		InSb	CdTe	α-AgI
PbTe	NiAl	LiMgSb		GeSb	HgTe	
	NiGa	CuCdSb		BeS	CuBr	
	NiIn			α-ZnS	CuI	
				α-CdS	β-AgI	

4.4.4 Phasen hoher Raumerfüllung

Haben die Bindungen mehr metallischen Charakter, so spielt die Raumerfüllung eine bedeutende Rolle. Gitterstrukturen mit hoher Volumendichte lassen sich allerdings nicht bei jedem Mengen- und Atomradienverhältnis der Legierungspartner einstellen. Unter speziellen Bedingungen kommt es allerdings zu sehr hohen Packungsdichten der Legierungsatome. Eine solche Phase ist die sog. Laves-Phase. Sie ist ein Beispiel für Phasen der Zusammensetzung AB_2, wenn die Atomradienverhältnisse der beiden Komponenten etwa 1.225 betragen, wobei B die Komponente mit dem kleineren Atomradius ist. Man erhält dann bei speziellen Kristallstrukturen eine sehr hohe Raumerfüllung. Ein Beispiel gibt Abb. 4.46 für das System

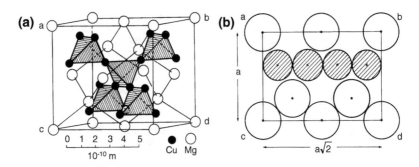

Abb. 4.46 **a** Elementarzelle des $MgCu_2$-Gitters (Laves-Phase); **b** atomistische Anordnung in der (110)-Ebene des $MgCu_2$-Gitters bei dichtester Packung

$MgCu_2$. Die Magnesiumatome sind in einem Diamantgitter angeordnet, während die Kupferatome als Tetraeder die großen Lücken des Diamantgitters besetzen. Die Elementarzelle ist sehr groß und enthält 24 Atome. Zeichnet man die Anordnung der (110)-Ebene heraus, so erkennt man, daß alle Kupferatome sich berühren, wenn ihr Abstand $(a/4) \cdot \sqrt{2}$ beträgt, und die Mg-Atome sich berühren, wenn ihr Abstand $(a/4) \cdot \sqrt{3}$ beträgt. Die höchste Raumerfüllung erhält man, wenn sich sowohl die Cu-Atome als auch die Mg-Atome berühren. Das ist der Fall für ein Radienverhältnis $R_{Mg}/R_{Cu} = \sqrt{(3/2)} = 1.225$. Die Raumerfüllung beträgt in diesem Fall 71 %. Laves-Phasen kommen in vielen metallischen Systemen vor, wobei, neben dem in Abb. 4.46 vorgestellten $MgCu_2$-Gitter, auch noch die hexagonalen $MgZn_2$- und $MgNi_2$-Gitter auftreten können, die ebenfalls beim Radienverhältnis 1.225 die höchste Raumerfüllung haben. Anhand von Tab. 4.3 erkennt man, daß die beobachteten Radienverhältnisse nicht mehr als 10 % vom Idealwert abweichen.

Phasen hoher Raumerfüllung entstehen auch, wenn ein Legierungspartner sehr klein ist, so daß er auf den Gitterlücken der anderen Komponente Platz findet. Das ist bei einem Radienverhältnis von $r/R \leq 0.59$ der Fall. Beispielsweise entstehen Zusammensetzungen vom Typ AB durch Besetzen aller oktaedrischen Zwischengitterplätze im kfz Gitter (NaCl-Gitter). Diese interstitiellen Phasen zeichnen sich durch eine scharfe obere Löslichkeitsgrenze aus, weil bei Besetzung aller Gitterlücken keine weiteren Legierungsatome mehr untergebracht werden können. Solche Phasen werden als Hägg-Phasen bezeichnet und zeichnen sich häufig durch hohe Stabilität aus. Zum Beispiel hat die Hägg-Phase TaC (Abb. 4.47a) den höchsten Schmelzpunkt unter allen Festkörpern, nämlich 3983 °C. Das Matrixgitter entspricht dabei oft nicht dem Gitter der reinen Komponente. So ist z. B. Tantal kubisch raumzentriert, tritt im TaC aber im kfz Gitter auf, und die C-Atome besetzen alle Oktaederlücken des kfz Gitters (Abb. 4.47b). Hägg-Phasen treten auch durch Besetzung von Teilgittern der Zwischengitterplätze auf. Sind bspw. nur die Plätze in den Würfelmitten der kfz Elementarzelle besetzt (nur die Oktaederlücke in der Mitte der kfz Elementarzelle), entsteht eine Phase AB_4. Auch die Phase Ta_2C (Abb. 4.47) ist eine Hägg-Phase, allerdings mit hexagonaler Struktur.

Tab. 4.3 Einige Beispiele von Laves-Phasen und den Atomradienverhältnissen ihrer Komponenten

Laves-Phasen					
MgCu$_2$-type	Radien-verhältnis	MgNi$_2$-type	Radien-verhältnis	MgZn$_2$-type	Radien-verhältnis
CaAl$_2$	1.38	MgNi$_2$	1.29	KNa$_2$	1.23
MgCu$_2$	1.25	Mg(CuAl)	1.18	MgZn$_2$	1.17
Mg(NiZn)	1.23	Mg(ZnCu)	1.21	Mg(CuAl)	1.18
Mg(Co$_{0.7}$Zn$_{1.3}$)	1.21	Mg(Ag$_{0.4}$Zn$_{1.6}$)	1.16	Mg(Cu$_{1.5}$Si$_{0.5}$)	1.24
Mg(Ni$_{1.8}$Si$_{0.2}$)	1.30	Mg(Cu$_{1.4}$Si$_{0.6}$)	1.23	Mg(Ag$_{0.9}$Al$_{1.1}$)	1.12
Mg(Ag$_{0.8}$Zn$_{1.2}$)	1.14	β-TiCo$_2$	1.15	CaMg$_2$	1.23
CeAl$_2$	1.27	Zr$_{0.8}$Fe$_{2.2}$	1.26	Ca(AgAl)	1.37
LaAl$_2$	1.30	Nb$_{0.8}$Co$_{2.2}$	1.17	CrBe$_2$	1.13
TiBe$_2$	1.28	Ta$_{0.8}$Co$_{2.2}$	1.16	MnBe$_2$	1.16
(FeBe)Be$_4$	1.06			FeBe$_2$	1.12
(PdBe)Be$_4$	1.11			VBe$_2$	1.20
CuBe$_{2.35}$	1.13			ReBe$_2$	1.21
AgBe$_2$	1.27			MoBe$_2$	1.24
(AuBe)Be$_4$	1.14			WBe$_2$	1.25
Cd(CuZn)	1.15			WFe$_2$	1.11
α-TiCo$_2$	1.15			TiFe$_2$	1.14
ZrFe$_2$	1.26			TiMn$_2$	1.11
ZrCo$_2$	1.27			ZrMn$_2$	1.21
ZrW$_2$	1.13			ZrCr$_2$	1.25
NbCo$_2$	1.17			ZrV$_2$	1.18
TaCo$_2$	1.16			ZrRe$_2$	1.17
BiAu$_2$	1.26			ZrOs$_2$	1.20
PbAu$_2$	1.22			ZrRu$_2$	1.21
NaAu$_2$	1.33			ZrIr$_2$	1.19
KBi$_2$	1.30			TaMn$_2$	1.11
CeNi$_2$	1.47			TaFe$_2$	1.15
CeCo$_2$	1.44			NbMn$_2$	1.12
CeMg$_2$	1.14			NbFe$_2$	1.16
GdMn$_2$	1.37			CaLi$_2$	1.25
GdFe$_2$	1.41			SrMg$_2$	1.35
LaMg$_2$	1.16			BaMg$_2$	1.40
CuZnCd				CaCd$_2$	1.29
Mg(Cu,Si)$_2$	1.23			CaAg$_{1.9}$Mg$_{0.1}$	1.37
				CaAg$_{1.5}$Mg$_{0.5}$	
				CaMg$_{1.3}$Ag$_{0.7}$	

4.4.5 Phasen maximaler Elektronendichte (Hume-Rothery-Phasen)

Hume-Rothery fand bei seinen Untersuchungen über Strukturen intermetallischer Phasen eine Vielzahl von Beispielen zwischen Partnern ungleicher Valenz, bei denen mit zunehmender Konzentration Phasen mit der gleichen Abfolge von Gitterstrukturen,

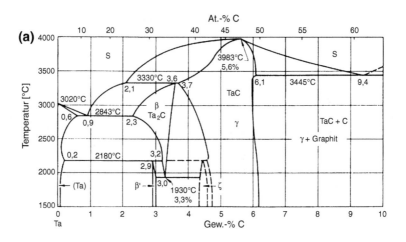

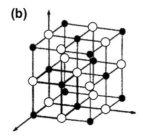

Abb. 4.47 **a** Zustandsdiagramm des Systems Ta-C mit den Hägg-Phasen TaC (kfz) und Ta$_2$C (hexagonal). **b** Gitter des TaC; die C-Atome (offene Kreise) sitzen auf allen oktaedrischen Zwischengitterplätzen im kfz Gitter (NaCl-Struktur) [1]

obgleich unterschiedlicher Zusammensetzung, auftraten, die er, ausgehend von der Komponente mit der kleineren Wertigkeit mit der Sequenz α, β, γ, δ, ε belegte, wie am Beispiel des Messings in Abb. 4.14 gezeigt (α=kfz). Dabei hat die β-Phase eine CsCl-Struktur, die γ-Phase die γ-Messing-Struktur und ε eine hexagonal dichte Packung. Eine Erklärung für diese Phasenabfolge läßt sich nicht aus einfachen Strukturargumenten ableiten. Vielmehr hängt die Stabilität dieser Phasen von der Wertigkeit über die Valenzelektronenkonzentration (VEK) ab. Die VEK in binären Systemen ist definiert durch

$$\text{VEK} = c_A \cdot N_{VA} + (1 - c_A) \cdot N_{VB} \tag{4.8}$$

worin c_A die atomare Konzentration der A-Atome, und N_{VA} und N_{VB} die Anzahl der Valenzelektronen von A und B bedeuten. Z. B. ist Cu einwertig ($N_{VA} = 1$) und Zn zweiwertig ($N_{VB} = 2$). Eine Zusammensetzung CuZn entspricht also einer VEK = 3/2. Werden durch Zulegieren mit höherwertigen Legierungspartnern gewisse Werte der VEK erreicht, wird eine Kristallstruktur instabil. Bei weiterer Konzentrationserhöhung gibt es einen weiteren

Tab. 4.4 Beispiele von Hume-Rothery-Phasen, die sich bei verschiedener Zusammensetzung durch die gleiche Valenzelektronenkonzentration auszeichnen

Valenzelektronen pro Atom						
$= 3/2$ $= 21/14$				$= 21/13$		$= 7/4$ $= 21/12$
CsCl Struktur (β)		β-Mangan Struktur (ζ)	Hexagonal dichteste Kugelpackung (μ)	γ-Messing Struktur (γ)		Hexagonal dichteste Kugelpackung (ε)
CuBe	AuMg	Cu_5Si	Cu_3Ga	Cu_5Zn_8	Au_5Cd_8	$CuZn_3$
CuZn	AuZn	AgHg	Cu_5Ge	Cu_5Cd_8	Au_9In_4	$CuCd_3$
Cu_3Al	AuCd	Ag_3Al	AgZn	Cu_5Hg_8	Mn_5Zn_{21}	Cu_3Sn
Cu_3Ga	FeAl	Au_3Al	AgCd	Cu_9Al_4	Fe_5Zn_{21}	Cu_3Ge
Cu_3In	CoAl	$CoZn_3$	Ag_3Al	Cu_9Ga_4	Co_5Zn_{21}	Cu_3Si
Cu_5Si	NiAl		Ag_3Ga	Cu_9In_4	Ni_5Be_{21}	$AgZn_3$
Cu_5Sn	NiIn		Ag_3In	$Cu_{31}Si_8$	Ni_5Zn_{21}	$AgCd_3$
AgMg	PdIn		Ag_5Sn	$Cu_{31}Sn_8$	Ni_5Cd_{21}	Ag_3Sn
AgZn			Ag_7Sb	Ag_5Zn_8	Rh_5Zn_{21}	Ag_5Al_3
AgCd			Au_3In	Ag_5Cd_8	Pd_5Zn_{21}	$AuZn_3$
Ag_3Al			Au_5Sn	Ag_5Hg_8	Pt_5Be_{21}	$AuCd_3$
Ag_3In				Ag_9In_4	Pt_5Zn_{21}	Au_3Sn
				Au_5Zn_8	$Na_{31}Pb_8$	Au_5Al_3

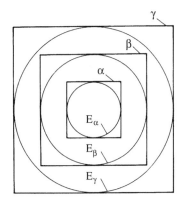

Abb. 4.48 Maximale Fermikugel ($E_\alpha, E_\beta, E_\gamma$) und Größe der ersten Brillouinzone sind für verschiedene Kristallgitter (α, β, γ) verschieden (schematisch)

kritischen Wert der VEK, bei dem eine dritte Kristallstruktur stabiler ist, usw. Tabelle 4.4 gibt einen Überblick über die Hume-Rothery-Phasen in verschiedenen binären Systemen und ihre entsprechende VEK.

Grob vereinfacht kann man sich die Bedeutung der VEK für die Phasenstabilität folgendermaßen erklären. Wie in Abschn. 4.3 bereits angeschnitten, nehmen bei steigender VEK beim Zulegieren die dem Gittergas zugeführten Valenzelektronen immer höhere Energien

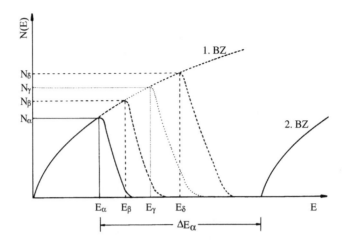

Abb. 4.49 Erreicht die Fermikugel mit E_α die Grenze der Brillouinzone für die Kristallstruktur α, so nimmt die Dichte N der noch in dieser Brillouinzone unterzubringenden Elektronen stark ab. Zum Einbau in die nächste Brillouinzone muß die zusätzliche Energie ΔE_α aufgebracht werden. Dagegen ist für Kristallstruktur β eine höhere Dichte möglich, ohne die nächste Brillouinzone zu besetzen. Bei Überschreiten bestimmter Valenzelektronenkonzentrationen werden daher Gitter mit größeren Brillouinzonen energetisch günstiger

ein. Für freie Elektronen in einem Festkörper läßt sich die Energie schreiben

$$E \sim \left(n_x^2 + n_y^2 + n_z^2 \right) \tag{4.9}$$

wobei n_x, n_y und n_z die Hauptquantenzahlen für den betreffenden Zustand sind (vgl. Kap. 10). Im **n**-Raum, aufgespannt mit den Achsen n_x, n_y, n_z, liegen alle Zustände gleicher Energie auf der Oberfläche einer Kugel mit dem Radius $|\mathbf{r}| = \left(n_x^2 + n_y^2 + n_z^2 \right)^{1/2}$ und alle besetzten Zustände mit einer kleineren Energie liegen innerhalb dieser Kugel. Die höchste Energie ist die sog. Fermienergie und die entsprechende Kugel heißt Fermikugel. In Kristallgittern sind aber nur bestimmte Energiebereiche erlaubt, deren jeweilige **n**-Vektoren Bereiche im **n**-Raum aufspannen, die als Brillouinzonen bezeichnet werden. An den Grenzen der Brillouinzonen ändert sich die Elektronenenergie diskontinuierlich. Man kann sich eine Brillouinzone im einfachsten Fall wie einen Würfel vorstellen. Liegt die Fermikugel innerhalb des Würfels, können weitere Elektronen problemlos aufgenommen werden, wodurch die Fermikugel wächst. Berührt sie schließlich die Grenze der Brillouinzone, so nimmt die Anzahl der noch besetzbaren Zustände in der Brillouinzone rasch ab, und bei weiterer Zufuhr von Elektronen müssen diese schließlich Zustände viel höherer Energie in der nächsten Brillouinzone einnehmen. In Abb. 4.48 sind die Verhältnisse schematisch im Zweidimensionalen (Kreis und Quadrat statt Kugel und Würfel) dargestellt. Abbildung 4.49 zeigt die Dichte der Zustände in Abhängigkeit von der Energie. Nach Erreichen der Grenze

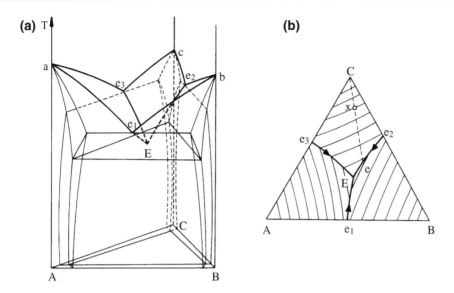

Abb. 4.50 **a** Schematische Darstellung eines Dreistoffsystems; **b** Projektion der Liquidusfläche auf das Konzentrationsdreieck

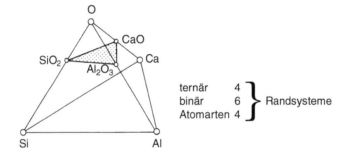

Abb. 4.51 Schematische Darstellung eines quasiternären Systems wichtiger Keramiken

einer Brillouinzone nimmt die Dichte der verfügbaren Zustände in dieser Zone stark ab. Die Größe der Brillouinzone hängt aber von der Kristallstruktur ab. Sie ist bspw. größer bei jeder sukzessiv auftretenden Hume-Rothery-Phase. Können aber mehr Elektronen in einer niedrigeren Brillouinzone untergebracht werden, so ist die Gesamtenergie des Kristalls niedriger und entsprechend die Phase stabiler. Die Dichte der freien Elektronen in einem Kristall wird durch die VEK beschrieben. Daher erklärt sich das Auftreten der betreffenden Kristallstrukturen bei ganz spezifischen Werten der VEK wie in Tab. 4.4 aufgelistet. In Wirklichkeit stellt sich das elektronentheoretische Problem natürlich erheblich komplizierter dar und läßt sich häufig rechnerisch nicht geschlossen lösen.

4.5   Mehrstoffsysteme

Die grundsätzlichen Überlegungen für Zweistoffsysteme können auch auf Mehrstoffsysteme übertragen werden. Bei Dreistoffsystemen erhält man eine sinnvolle Darstellung dadurch, daß man die binären Legierungen als Randsysteme wählt. Der Zusammensetzungsbereich wird damit zweidimensional und sinnvollerweise in Form eines gleichseitigen Dreiecks gewählt, über dem sich die Temperatur in der dritten Dimension erhebt. In dem so aufgespannten Raum werden die Existenzbereiche der Phasen eingezeichnet (Abb. 4.50a). Zur zweidimensionalen Darstellung werden Grenzflächen zwischen den Phasenbereichen bspw. die Liquidusfläche (Abb. 4.50b) auf das Konzentrationsdreieck projiziert.

Besonders für keramische Werkstoffe sind Vierstoffsysteme von Bedeutung. Hier ist bereits der Konzentrationsbereich dreidimensional, d. h. ein gleichseitiger Tetraeder, und eine Darstellung der Phasenbereiche mit der Temperatur nicht mehr möglich. Kommt es zur Bildung von chemischen Verbindungen, wird der Raum unterteilt. Dann ist es sinnvoll quasiternäre oder quasibinäre Systeme zu betrachten, in denen die Komponenten aus Verbindungen bestehen (Abb. 4.51). Quasibinäre Systeme unterliegen den gleichen Prinzipien wie echte binäre Systeme, wie Abb. 4.52 für einige wichtige keramische Systeme zeigt.

4.6   Aufgaben

4.1 Beschreiben Sie die Abkühlung einer peritektischen Legierung mit der Konzentration c_0 und skizzieren Sie das Gefüge während der Erstarrung.

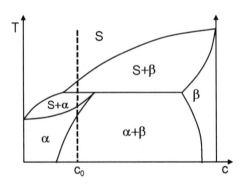

4.2 Berechnen Sie für eine Silber-Kupfer-Legierung (Abb. 4.6.) mit einer Ausgangskonzentration von c_0 = 50 Gew.-% Cu die Mengenanteile der Phasen α und β direkt nach dem Abschluss der eutektischen Reaktion.

4.3 Was erwarten Sie gemäß der Hume-Rothery-Regeln für die Zustandsdiagramme Au-Cu, Au-Ag und Cu-Ag (a_{Au} = 4,0786 Å, a_{Ag} = 4,0863 Å, a_{Cu} = 3,6148 Å)?

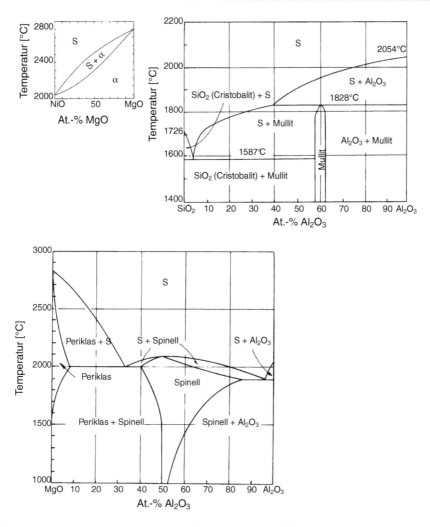

Abb. 4.52 Quasibinäre Systeme einiger wichtiger Keramiken [7]

4.4 Berechnen Sie die Valenzelektronenkonzentration (VEK = $c_a N_a + (1 - c_a)N_b$) für die Legierung mit der jeweils maximalen Löslichkeit von Zn, Ga, Ge und As in Cu (Abb. 4.31.).

4.5 In der Schweißnaht einer Diffusionsprobe mit den partiellen chemischen Diffusions konstanten D1 und D2 seien Marken angebracht. Leiten Sie eine allgemeine Gleichung für die Geschwindigkeit her, mit der sich die Marken bewegen. (Anleitung: Man setze c1+c2 = const. und benutze das 1. Ficksche Gesetz mit den partiellen Diffusionskoef-fizienten.)

4.6 Zeichnen Sie die Elementarzellen der geordneten Legierungen β-CuZn, NiAl, Cu_3Au, Ni_3Al, FeAl und CuAu. Welche Gitterstrukturen liegen vor?

4.7 Gegeben ist der nachfolgend dargestellte Kristall einer CuZn-Legierung.

    a) Erläutern Sie den Begriff des Fernordnungsparameters. Bestimmen Sie die Grenzen, in denen der Parameter für eine AB-Legierung definiert ist, und berechnen Sie den Parameter für die gegebene Elementarzelle.

    b) Erläutern Sie den Nahordnungsparameter und berechnen Sie ihn für das mittig dargestellte Zn-Atom.

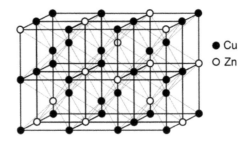

    ● Cu
    ○ Zn

4.8 Berechnen und zeichnen Sie für die geordnete krz AB-Legierung (β-Messing) den Fernordnungsparameter s als Funktion der Temperatur.

4.9

    a) Wodurch werden Zintl-Phasen charakterisiert? (1 Beispiel)

    b) Wodurch werden Laves-Phasen charakterisiert? (1 Beispiel)

    c) Wodurch werden Hägg-Phasen charakterisiert? (1 Beispiel)

    d) Wodurch werden Hume-Rothery-Phasen charakterisiert? (1 Beispiel)

4.10 Berechnen Sie die Valenzelektronenkonzentrationen (VEK) für die im Messingsystem (Cu-Zn, Abb. 4.14.) auftretenden stabilen Phasen β, γ und ε.

Literatur

1. Massalski TB (1992) Binary alloy phase diagrams. ASM Int
2. Archiv des Institut für Metallkunde und Metallphysik, RWTH Aachen
3. Dahl W, Lücke K (1954) Archiv Eisenhüttenwesen 25:241–250
4. Schulze GER (1967) Metallphysik. Akademie-Verlag, Berlin, S J9, J13, J15
5. Chalmers B (Hrsg) (1952) Progress in metal physics. Pergamon Press, Oxford, S 42–75
6. Lücke K, Haas H, Schulze HA (1967) J Phys Chem Solids 37:979
7. Shackelford JF (1985) Introduction to materials science for engineers. London, New York

Diffusion 5

5.1 Phänomenologie und Gesetzmäßigkeiten

Jedem ist die Erfahrung geläufig, daß ein Tropfen Tinte in Wasser oder Rauchschwaden in der Luft sich schnell gleichmäßig verteilen. Die Ursache hierfür ist die Bewegung der Gas- oder Flüssigkeitsmoleküle. Obwohl weniger offensichtlich sind durch die thermische Anregung auch Atome in einem Festkörper in der Lage, ihren Gitterplatz zu verlassen, um sich über andere geeignete Plätze durch den Kristall zu bewegen. All diese Vorgänge werden unter dem Begriff Festkörperdiffusion zusammengefaßt.

Zunächst ist klarzustellen, daß die Diffusion ein Vorgang ist, der nicht auf eine Krafteinwirkung zurückzuführen ist, sondern sich aus der regellosen Bewegung der diffundierenden Teilchen ergibt, also ein statistisches Problem darstellt. Zur allgemeinen Betrachtung wollen wir zunächst die Natur der diffundierenden Teilchen außer Acht lassen und ihre Menge durch die Konzentration c [cm^{-3}] beschreiben, die durch ihre Anzahl pro Volumeneinheit definiert ist.

Nach den Beobachtungen von Fick führt ein Konzentrationsunterschied zu einem Teilchenstrom derart, daß sich der Konzentrationsunterschied ausgleicht. Die Diffusionsstromdichte j_D[cm^{-2}s^{-1}], also die Anzahl der Teilchen, die pro Zeiteinheit durch die Flächeneinheit fließen (Abb. 5.1a), ist dabei dem Konzentrationsgradienten (Abb. 5.1b) proportional (1. Ficksches Gesetz)

$$j_D = -D\frac{dc}{dx} \tag{5.1a}$$

oder mehrdimensional mit dem Vektor $\nabla c = \left(\frac{\partial c}{\partial x}, \frac{\partial c}{\partial y}, \frac{\partial c}{\partial z} \right)$

$$j_D = -D \operatorname{grad} c \equiv -D\nabla c \tag{5.1b}$$

G. Gottstein, *Materialwissenschaft und Werkstofftechnik*, Springer-Lehrbuch, DOI: 10.1007/978-3-642-36603-1_5, © Springer-Verlag Berlin Heidelberg 2014

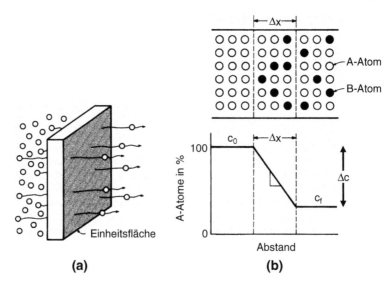

Abb. 5.1 Zur Definition des Diffusionsstroms. **a** Die Stromdichte ist die pro Zeiteinheit durch die Einheitsfläche tretende Anzahl von Teilchen. **b** Die Diffusionsstromdichte ist dem Konzentrationsgradienten $\Delta c/\Delta x = (c_0 - c_f)/\Delta x$ proportional (1. Ficksches Gesetz)

Der Proportionalitätsfaktor D wird als Diffusionskonstante oder Diffusionskoeffizient bezeichnet und hat die Dimension [cm²/s]. Die Größe der Diffusionskonstanten bestimmt also bei gegebenem Konzentrationsgradienten die Diffusionsstromdichte. Das negative Vorzeichen berücksichtigt, daß der Strom von hoher zu niedriger Konzentration, also dem Konzentrationsgradienten entgegen fließt.

Für die meisten Anwendungen ist weniger der Teilchenfluß als vielmehr die Konzentrationsänderung in Abhängigkeit von Ort und Zeit von Bedeutung. Diese erhält man aus dem ersten Fickschen Gesetz unter Einbeziehung der Kontinuitätsgleichung, die im Ein- bzw. im Mehrdimensionalen

$$\frac{\partial c}{\partial t} + \frac{\partial j}{\partial x} = 0 \quad \text{bzw.} \quad \frac{\partial c}{\partial t} + \operatorname{div} \boldsymbol{j} = 0 \qquad (5.2)$$

lautet, wobei der Skalar $\operatorname{div} \boldsymbol{j} \equiv \nabla \cdot \boldsymbol{j} \equiv \frac{\partial j_x}{\partial x} + \frac{\partial j_y}{\partial y} + \frac{\partial j_z}{\partial z}$, wenn $\boldsymbol{j}$ der Vektor (j_x, j_y, j_z) ist.

Gleichung (5.2) besagt, daß die Differenz der Ströme, die in ein Volumenelement hinein- und hinausfließen, der Konzentrationsänderung im Volumenelement entsprechen muß (Abb. 5.2), d. h. die Gesamtzahl der Teilchen ändert sich nicht. Damit erhält man das 2. Ficksche Gesetz im Ein- bzw. Mehrdimensionalen

$$\frac{\partial c}{\partial t} = \frac{\partial}{\partial x}\left(D\frac{\partial c}{\partial x}\right) \quad \text{bzw.} \quad \frac{\partial c}{\partial t} = \nabla \cdot (D \cdot \nabla c) \qquad (5.3)$$

Abb. 5.2 Die Konzentrationsänderung Δc pro Zeiteinheit Δt in einem Volumenelement ΔV ist gleich der Differenz des hineinfließenden Stromes j_1 und herausfließenden Stromes j_2 (Kontinuitätsgleichung oder Massenerhaltungssatz)

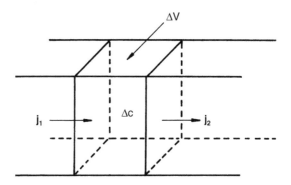

Hängt die Diffusionskonstante nicht vom Ort ab $[D \neq D(x)]$, so kann man auch schreiben im Eindimensionalen

$$\frac{\partial c}{\partial t} = D \frac{\partial^2 c}{\partial x^2} \tag{5.4a}$$

bzw. mehrdimensional $[D \neq D(x, y, z)]$

$$\frac{\partial c}{\partial t} = D \nabla \cdot (\nabla c) = D \Delta c \equiv D \left(\frac{\partial^2 c}{\partial x^2} + \frac{\partial^2 c}{\partial y^2} + \frac{\partial^2 c}{\partial z^2} \right) \tag{5.4b}$$

mit dem Delta Operator

$$\Delta \equiv \left(\frac{\partial^2}{\partial x^2} + \frac{\partial^2}{\partial y^2} + \frac{\partial^2}{\partial z^2} \right) \tag{5.4c}$$

Ein Beispiel soll den Sachverhalt verdeutlichen. Betrachten wir zwei Stäbe mit unterschiedlicher Konzentration c_1 und c_2, die bei $x = 0$ zusammengefügt und sehr lang sind, so daß man sie mathematisch als unendlich lang betrachten kann (Abb. 5.3). Der Konzentrationsverlauf bei $t = 0$ ändert sich also diskontinuierlich bei $x = 0$. Das Konzentrationsprofil als Funktion von Ort und Zeit $c(x, t)$ erhält man durch Lösung von Gl. (5.4a) unter Berücksichtigung der Randbedingungen $t = 0$: $c = c_1$ für $x < 0$, $c = c_2$ für $x > 0$ als

$$c(x,\ t) - c_1 = \frac{c_2 - c_1}{\sqrt{\pi}} \int_{-\infty}^{\frac{x}{2\sqrt{Dt}}} e^{-\xi^2}\, d\xi = \frac{c_2 - c_1}{2} \cdot \left(1 + \mathrm{erf}\left(\frac{x}{2\sqrt{Dt}} \right) \right) \tag{5.5}$$

wobei

$$\mathrm{erf}(z) = \frac{2}{\sqrt{\pi}} \int_0^z e^{-\xi^2}\, d\xi \tag{5.6}$$

als Fehlerfunktion bezeichnet wird (Abb. 5.4).

Abbildung 5.3b zeigt den Konzentrationsverlauf $c(x)$ für verschiedene Zeiten. Die Kurven werden mit zunehmender Zeit immer flacher, und bei unendlich großen Zeiten wird die Konzentration einheitlich $1/2\,(c_1 + c_2)$. Illustriert mit der zugehörigen atomistischen Anordnung zeigt Abb. 5.5 den gleichen Sachverhalt am Beispiel CuNi, mit $c_1 = 1$ und $c_2 = 0$.

Abb. 5.3 Konzentrationsverlauf
in zwei halbunendlichen
Stäben für verschiedene
Diffusionszeiten

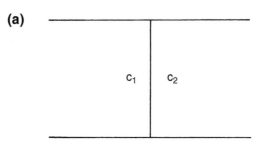

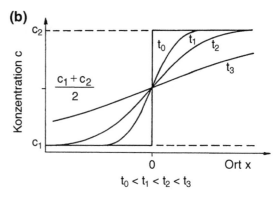

Abb. 5.4 Verlauf der
Fehlerfunktion erf(z) mit
$z = x/(2 \cdot \sqrt{Dt})$

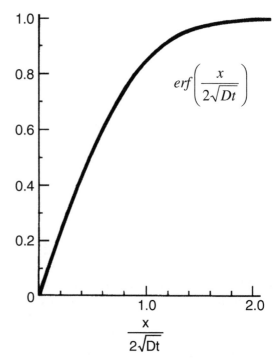

Abb.5.5 Konzentrationsänderung durch Diffusion in zwei halbunendlichen Stäben aus Cu und Ni. Durch Platzwechsel kommt es zur Vermischung der ursprünglich getrennten Atomsorten (linkes Teilbild). Konzentrationsgradienten werden abgebaut und bei sehr langen Zeiten erhält man eine Gleichverteilung (rechtes Teilbild)

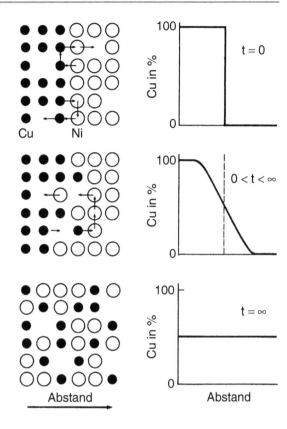

Die Ermittlung des Konzentrationsverlaufs reduziert sich daher auf die Lösung der partiellen Differentialgleichung [Gl. (5.4)] unter den gegebenen Randbedingungen.[1] Oft sind die Problemstellungen so kompliziert, daß es keine geschlossene Lösung wie im gewählten Beispiel gibt, sondern numerische Näherungsverfahren oder Computersimulationen angewendet werden müssen.

Wir hatten zuvor erwähnt, daß der Diffusionsstrom lediglich auf die regellose Temperaturbewegung der Atome zurückgeht und nicht etwa die Folge einer Krafteinwirkung ist. Findet Diffusion in einem Potentialgradienten statt, bspw. durch Wirkung einer ortsabhängigen elastischen Spannung, durch elektrostatische Wechselwirkung oder durch lokale Änderungen des chemischen Potentials, dann überlagert sich dem Diffusionsstrom ein Konvektionsstrom durch die Einwirkung der Kraft **K**, die mit dem Potential Φ verbunden ist durch

---

[1] Die Diffusionsgleichung [Gl. (5.4)] ist im übrigen mathematisch äquivalent mit der Wärmeleitungsgleichung, so daß die Lösungen für beide Problemstellungen austauschbar sind. Lösungen für eine Vielzahl von Problemen findet man im Werk von H.S. Carslav und J.C. Jaeger „Conduction of Heat in Solids" (1959) oder J. Crank „Mathematics of Diffusion" (1956).

$$\mathbf{K} = -\nabla \Phi \tag{5.7}$$

Der entsprechende Konvektionsstrom ist ein Strom infolge einer homogenen Bewegung der Atome. Beträgt die Driftgeschwindigkeit $\boldsymbol{v}$, dann treten pro Zeiteinheit $v \cdot c$ Atome durch eine Einheitsfläche, also

$$\boldsymbol{j}_K = \mathbf{v}c \tag{5.8}$$

Die Driftgeschwindigkeit ist proportional zur einwirkenden Kraft,

$$\mathbf{v} = B\mathbf{K} \tag{5.9}$$

wobei die Beweglichkeit B durch die sog. Nernst-Einstein-Beziehung

$$B = \frac{D}{kT} \tag{5.10}$$

mit der Diffusionskonstanten verknüpft ist (vgl. Abschn. 5.6). Damit erhält man

$$\boldsymbol{j}_K = \frac{D}{kT} \cdot (-\nabla \Phi) \cdot c \tag{5.11}$$

und den Gesamtstrom

$$\boldsymbol{j} = \boldsymbol{j}_D + \boldsymbol{j}_K = -D \left(\nabla c + \frac{c\nabla \Phi}{kT} \right) \tag{5.12}$$

Gleichung (5.12) erweitert also das 1. Ficksche Gesetz. Entsprechend erhält man mit der Kontinuitätsgleichung Gl. (5.2), vorausgesetzt $D \neq D(x, y, z)$ für die Diffusion in einem Potentialgradienten

$$\frac{\partial c}{\partial t} = D\nabla \cdot \left(\nabla c + \frac{c\nabla \Phi}{kT} \right) \tag{5.13a}$$

oder eindimensional

$$\frac{\partial c}{\partial t} = D\frac{\partial^2 c}{\partial x^2} + \frac{D}{kT}\frac{\partial}{\partial x}\left(c\frac{\partial \Phi}{\partial x} \right) \tag{5.13b}$$

Die partielle Differentialgleichung des 2. Fickschen Gesetzes wird also nicht unerheblich verkompliziert, und eine geschlossene Lösung ist nur in Sonderfällen möglich.

Die in Gl. (5.5) gegebene Lösung zeigt bereits eine Besonderheit, die allen Lösungen von Gl. (5.4a, b) gemein ist. Die Lösung $c(x, t)$ hängt nämlich nicht getrennt von x und t, sondern immer nur vom Ausdruck $(x/\sqrt{t})$ ab. Der mathematische Grund liegt darin, daß man die partielle Differentialgleichung der Variablen x und t, Gl. (5.4a), auch als gewöhnliche Differentialgleichung der Variablen $\eta = x/\sqrt{t}$ schreiben kann. Diese Tatsache erlaubt es nun, den Vorgang der Diffusion vereinfacht so zu beschreiben, daß sich eine Diffusionsfront, die durch eine konstante Konzentration $c(x, t) = K_R$ bestimmt ist („R" steht für Reichweite), mit der Zeit verschiebt. Die genaue Lage der Diffusionsfront ist durch den willkürlich festgelegten Wert der Konstanten K_R bestimmt, aber bei einmal getroffener Wahl von K_R läßt sich die Kinetik der Diffusion gut beschreiben. Die Definition einer solchen

Diffusionsfront ist auch physikalisch sinnvoll, denn es gibt zwar für jedes x eine mathematische Lösung $c(x, t)$, die Konzentration kann jedoch so klein sein, daß sie unterhalb der Nachweisgrenze liegt oder sogar physikalisch unsinnig wird, wenn sie weniger als ein Atom im Kristall ausmacht. Eine Größenordnung von $K_R = 1\,\%$ ist für technische Prozesse sinnvoll, d. h. innerhalb des durch die Diffusionsfront begrenzten Gebietes liegen 99 % aller diffundierenden Teilchen. Die Lage der Diffusionsfront zu einem Zeitpunkt t bezeichnet die Reichweite X der Diffusion. Mit $K_R = 1\,\%$ erhält man $c(x, t) = 0.01$ für

$$\frac{X}{2\sqrt{Dt}} \cong \sqrt{1.5}$$

oder

$$X^2 = 6 \cdot Dt \tag{5.14}$$

Diese Definition der Reichweite und die Wahl der Konstanten „6" in Gl. (5.14) empfiehlt sich auch aus der Analogie zu atomistischen Betrachtungen (vgl. Abschn. 5.3). Die physikalische Problematik der Diffusion reduziert sich damit auf die Analyse der Diffusionskonstanten D.

Die Fickschen Gesetze beziehen sich auf den Ausgleich von Konzentrationsunterschieden. Der physikalische Grund für diese Phänomene ist die Temperaturbewegung der Atome. Diese Temperaturbewegung ist natürlich nicht auf Atome in einem Konzentrationsgradienten beschränkt, sondern findet auch in einem reinen Metall oder einer homogenen Legierung statt. Könnten wir die Atome kennzeichnen, so wären wir in der Lage, die Platzwechsel als Funktion der Zeit zu verfolgen, und die Position eines herausgegriffenen Atoms würde sich mit der Zeit ändern. Dabei ist der Nettostrom durch eine gewählte Fläche gleich Null, weil der Strom in beiden Richtungen gleich groß ist. Wir bezeichnen den Vorgang als Selbstdiffusion, der in seiner Größe charakterisiert wird durch den Selbstdiffusionskoeffizienten D^*. Durch direkte Messungen ist D^* nicht zu bestimmen, da die Atome voneinander ununterscheidbar sind. Dem Selbstdiffusionskoeffizienten sehr verwandt ist der experimentell gut bestimmbare Tracerdiffusionskoeffizient D^T. Dabei verfolgt man die Bewegung eines radioaktiven Isotops (Tracer) des reinen Metalls, welches chemisch identisch und physikalisch nahezu äquivalent ist. Durch Messung der Radioaktivität in Abhängigkeit von Ort und Zeit kann man D^T bestimmen. Zwischen D^T und D^* besteht nur ein geringer Unterschied, der sich aus dem geringfügig verschiedenen Atomgewicht ergibt, was sich aber korrigieren läßt. Werte der Selbstdiffusion werden daher zumeist durch Tracer-Experimente bestimmt.

5.2 Die Diffusionskonstante

Genau genommen ist die Diffusionskonstante keine Zahl, sondern ein Tensor 2. Stufe, d. h. richtungsabhängig. In den hochsymmetrischen kubischen Gittern, in denen die meisten metallischen Werkstoffe kristallisieren, spielt das keine Rolle, denn die Diffusionskonstante ist isotrop. Dagegen beobachtet man in Kristallstrukturen mit niedriger Symmetrie

Tab. 5.1 Tensordarstellung der Diffusionskonstanten für Kristalle mit kubischer, hexagonaler und orthorhombischer Symmetrie

$$D_{kub.} = \begin{bmatrix} D_1 & 0 & 0 \\ 0 & D_1 & 0 \\ 0 & 0 & D_1 \end{bmatrix} ; D_{hex.} = \begin{bmatrix} D_{11} & 0 & 0 \\ 0 & D_{11} & 0 \\ 0 & 0 & D_{33} \end{bmatrix} ; D_{ortho.} = \begin{bmatrix} D_{11} & 0 & 0 \\ 0 & D_{22} & 0 \\ 0 & 0 & D_{33} \end{bmatrix}.$$

Tab. 5.2 Diffusionskonstanten einiger nichtkubischer Metalle parallel ($\parallel$) und senkrecht ($\perp$) zur Basisebene

Metall	Struktur	$D_{0\parallel}$ $[cm^2/s]$	$D_{0\perp}$ $[cm^2/s]$	$Q_\parallel$ $[kJ/mol]$	$Q_\perp$ $[kJ/mol]$	$D_\perp/D_\parallel$ $T = 0.8T_m$
Be	hdp	0.52	0.68	157	171	0.31
Cd	hdp	0.18	0.12	82.0	78.1	1.8
α-Hf	hdp	0.28	0.86	349	370	0.87
Mg	hdp	1.5	1.0	136	135	0.78
Tl	hdp	0.4	0.4	95.5	95.8	0.92
Sb	rhomb	0.1	56	149	201	0.098
Sn	Diamant	10.7	7.7	105	107	0.4
Zn	hdp	0.18	0.13	96.4	91.6	2.05

durchaus eine Richtungsabhängigkeit der Diffusionskonstanten. Dann schreibt sich das 1. Ficksche Gesetz als

$$j_D = -\mathbf{D}\nabla c \quad \text{mit } \mathbf{D} = \begin{bmatrix} D_{11} & D_{12} & D_{13} \\ D_{21} & D_{22} & D_{23} \\ D_{31} & D_{32} & D_{33} \end{bmatrix} \tag{5.15}$$

oder ausgeschrieben

$$j_x = -D_{11}\frac{\partial c}{\partial x} - D_{12}\frac{\partial c}{\partial y} - D_{13}\frac{\partial c}{\partial z}$$

$$j_y = -D_{21}\frac{\partial c}{\partial x} - D_{22}\frac{\partial c}{\partial y} - D_{23}\frac{\partial c}{\partial z}$$

$$j_z = -D_{31}\frac{\partial c}{\partial x} - D_{32}\frac{\partial c}{\partial y} - D_{33}\frac{\partial c}{\partial z}$$

$D_{ij} \neq 0$ für $i \neq j$ bedeutet einen Strom in Richtung i bei einem Gradienten in Richtung j. Das kann in Strukturen geringer Symmetrie durchaus vorkommen. In Tab. 5.1 sind die Tensorelemente für einige wichtige Kristallsysteme zusammengestellt, wobei das Koordinatensystem parallel zu den Kristallachsen gewählt wurde. Bei Änderung des Koordinatensystems würden natürlich auch die gemischten Elemente auftreten. Tabelle 5.2 gibt einige Beispiele für anisotrope Diffusionskoeffizienten in nichtkubischen Metallen.

Abb.5.6 Diffusionskonstante als Funktion der Temperatur (Arrheniusdarstellung) für Kohlenstoff in α-Fe (nach [1])

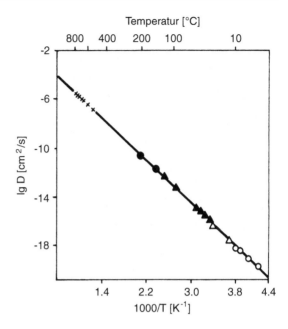

Die Diffusionskonstante hängt sehr empfindlich von der Temperatur ab, nämlich über einen Boltzmann-Faktor

$$D = D_0 \cdot e^{-\frac{Q}{kT}} \tag{5.16}$$

Diese Beziehung ist für eine Reihe von Systemen über viele Größenordnungen von D experimentell belegt worden, sowohl für interstitielle Legierungen, wie C in α-Fe (Abb. 5.6), als auch für substitutionelle Mischkristalle, wie Gold in Silber (Abb. 5.7). Diese Temperaturabhängigkeit ist auch verständlich, denn die Diffusion erfolgt durch die Temperaturbewegung der Atome und einfache thermisch aktivierte Prozesse haben immer eine Temperaturabhängigkeit über einen Boltzmann-Faktor $\exp(-Q/kT)$. Die Aktivierungsenergie Q hängt dabei von der betreffenden Bewegung ab und wird daher für die verschiedenen Kombinationen von diffundierender Substanz und Kristallstruktur unterschiedlich sein (Abb. 5.8). Sie ergibt sich aus der Steigung der Arrhenius-Auftragung $\ln D$ über $1/T$. Aus Abb. 5.9 im Vergleich zu Abb. 5.8 ist erkennbar, daß kleine interstitielle Atome wesentlich schneller diffundieren als substitutionelle Legierungsatome. Besonders erschwert ist gewöhnlich die Bewegung von Ionen in keramischen Werkstoffen (z. B. Mg^{++} in MgO oder Ca^{++} in CaO, Abb. 5.8). Aus den Abbildungen ist ersichtlich, daß bei gleicher Temperatur aber unterschiedlichen Substanzen die Absolutwerte von D um viele Zehnerpotenzen verschieden sein können.

Die Aktivierungsenergie Q ist mit der Schmelztemperatur T_m des Elementes korreliert, d.h. Q steigt mit zunehmendem T_m an (Abb. 5.10). In mischbaren Legierungen folgt Q dem Verlauf der Solidlinie, so daß die Aktivierungsenergie bei Zustandsdiagrammen mit

Abb. 5.7 Temperaturabhängigkeit
der Diffusionskonstanten
von Gold in Silber (nach [2,
S. 39])

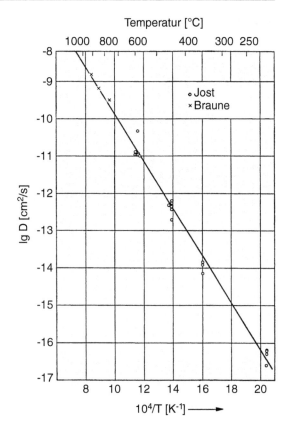

Minimum für die Zusammensetzung am Minimum zahlenmäßig den kleinsten Wert
annimmt. Der Diffusionskoeffizient wird daher bei fester Temperatur bei derjenigen Konzentration am größten, bei der Q am kleinsten ist (Abb. 5.11).

Die Diffusionskenngrößen einiger Metalle und Legierungen sind in Tab. 5.3 zusammengestellt. Die Aktivierungsenergie für Selbstdiffusion Q_D ist für Metalle unterschiedlicher Kristallstruktur über die Schmelztemperatur T_m auch mit der molaren Schmelzwärme L_m korreliert, derart, daß $Q_D/L_m \approx 15$. Diese empirische Regel erlaubt es, Schätzungen der Diffusion vorzunehmen, wenn keine Messungen verfügbar sind, obwohl Vorsicht geboten ist, denn es gibt auch Ausnahmen, wie bspw. beim Germanium (Tab. 5.3). Der Vorfaktor D_0 ist bei der Selbstdiffusion von der Größenordnung 1 $[\text{cm}^2/\text{s}]$. Bei der Fremdatomdiffusion erkennt man aus Tab. 5.3, daß die Diffusion interstitiell gelöster Fremdatome um Größenordnungen schneller abläuft als die Selbstdiffusion, während substitutionell gelöste Atome vergleichbar schnell wie die Atome des Wirtsgitters diffundieren. Häufig ist die Diffusionskonstante konzentrationsabhängig und damit insbesondere in konzentrierten Legierungen, d. h. in einem Konzentrationsgradienten, auch ortsabhängig. Dann wird das Konzentrationsprofil unsymmetrisch (Abb. 5.12) und durch Gl. (5.3) statt durch Gl. (5.4) beschrieben.

Abb. 5.8 Temperaturabhängigkeit
der Selbstdiffusion und
Fremdatomdiffusion
in Eisen und einigen
Ionenkristallen (nach [3,
Abb. 5–7])

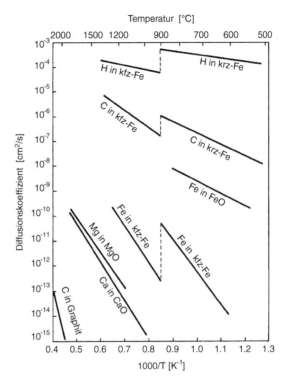

Abb. 5.9 Temperaturabhängigkeit
der Diffusion in verschiedenen Metallen (nach [4])

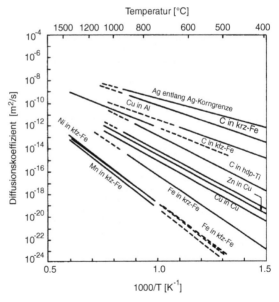

Abb. 5.10 Die Aktivierungsenergie für Diffusion
steigt mit zunehmender
Schmelztemperatur (nahezu
linear) an (nach [3])

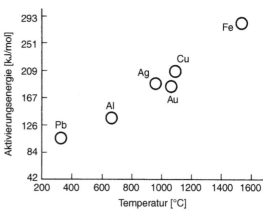

Abb. 5.11 Abhängigkeit
des Diffusionskoeffizienten
von der Zusammensetzung
im System Cu-Au (nach [2,
S. 107])

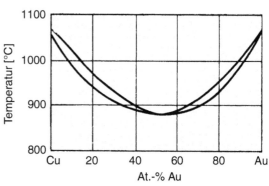

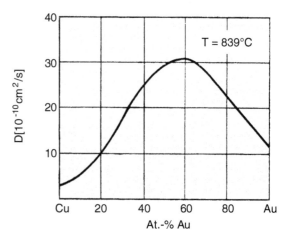

Tab. 5.3 Diffusionskonstanten einiger Metalle und Legierungen. **a** Selbstdiffusion. Das Verhältnis von Aktivierungsenthalpie ΔH_D zur Schmelztemperatur T_m oder Schmelzwärme L_m ist etwa konstant. **b** Fremdatomdiffusion. Das Verhältnis von Fremdatomdiffusion D zur Selbstdiffusion D^* ist bei interstitiellen Mischkristallen viel größer als bei Substitutionsmischkristallen

(a) Selbstdiffusion reiner Metalle $D^* = D_0 \exp(-\Delta H_D/kT)$

Metall	Struktur	D_0 $[cm^2/s]$	ΔH_D $[eV]$	$\Delta H_D/T_m$ $[10^{-3}eV/K]$	$\Delta H_D/L_m$
Au	kfz	0.09	1.8	1.5	13.2
Ag	kfz	0.4	1.9	1.6	16.2
Cu	kfz	0.2	2.0	1.5	15.2
Ni	kfz	1.9	2.9	1.7	15.6
γ-Fe	kfz	0.4	2.8	1.6	17.4
W	krz	1.9	5.6	1.6	16.9
α-Fe	krz	2.0	2.5	1.4	15.5
Nb	krz	1.3	4.1	1.5	14.8
Na	krz	0.24	0.5	1.3	16.7
Mg	hex	1.3	1.4	1.5	18.5
Ge	dia	10.8	3.0	2.4	9.1

(b) Fremdatomdiffusion in Metallen $D = D_0 \exp(-\Delta H/kT)$

Lösungsart	Metall	Fremdatom	D_0 $[cm^2/s]$	ΔH $[eV]$	D/D^* $(1000K)$
		Au	0.26	2.0	0.25
	Ag	Cu	1.2	2.0	0.94
		Au	0.26	2.0	0.25
Subtitutionsmischkristalle		Zn	0.54	1.8	4.3
		Au	0.69	2.2	0.49
	Cu	Ag	0.63	2.0	3.15
		Zn	0.34	2.0	1.7
	α-Fe	Co^{60}	0.2	2.4	0.35[#]
	α-Fe	C	0.004	0.83	$1.44 \cdot 10^6$
Interstitielle		N	0.003	0.8	$1.55 \cdot 10^6$
Mischkristalle	γ-Fe	C	0.67	1.6	$3.87 \cdot 10^6$
	Nb	O	0.021	1.2	$6.59 \cdot 10^{12}$
		C	0.004	1.4	$1.2 \cdot 10^{11}$

[#] bei 950 K

Sowohl D_0 als auch Q können von der Konzentration abhängen, wie Abb. 5.13 am Beispiel von C in γ-Fe zeigt. Die Bestimmung von $D(c)$ gestaltet sich außerordentlich schwierig, ist aber für die Diffusion in konzentrierten Legierungen, also bei starker Konzentrationsabhängigkeit des Diffusionskoeffizienten, sehr wichtig und wird in Abschn. 5.5 ausführlicher behandelt.

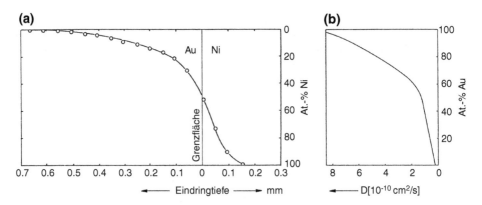

Abb. 5.12 **a** Konzentrationsverlauf durch Interdiffusion von Au und Ni. **b** Der Diffusionskoeffizient hängt von der Zusammensetzung ab (nach [2, S. 99])

5.3   Atomistik der Festkörperdiffusion

Der Mechanismus der Diffusion ist die Sprungbewegung der Atome infolge thermischer Anregung. Für interstitielle Mischkristalle kann man sich leicht vorstellen, daß ein Fremdatom bei entsprechender thermischer Aktivierung auf die benachbarten Zwischengitterplätze wechseln kann. Bei substitutionellen Mischkristallen gestaltet sich das Problem dadurch schwieriger, daß der Nachbarplatz eines Fremdatoms in der Regel besetzt sein wird. Einige Möglichkeiten zum atomaren Platzwechsel in diesem Fall sind in Abb. 5.14 wiedergegeben, nämlich Platztausch, Ringtausch, Diffusion über Leerstellen oder Zwischengitterplätze. Allen Mechanismen ist gemeinsam, daß sie thermisch aktiviert werden müssen, also ihre Häufigkeit proportional zu $e^{-Q/kT}$ ist, wobei $Q = H_B + H_W$ die Summe aus Bildungs- und Wanderungsenthalpie der Formation ist. Der Leerstellenmechanismus hat die absolut kleinste Summe und ist deshalb am wahrscheinlichsten. In der Tat gibt es zahlreiche Hinweise für die Richtigkeit dieser Hypothese, worauf später noch näher eingegangen wird.

Die Sprunghäufigkeit Γ (= Sprungfrequenz) eines Atoms ist gegeben durch

$$\Gamma \left[s^{-1} \right] = \nu \exp \left(-G_W / kT \right) \tag{5.17a}$$

Diese Beziehung kann man vereinfacht so interpretieren, daß das Atom mit der Frequenz ν versucht, die energetisch ungünstige Zwischenstufe zwischen zwei Gleichgewichtslagen zu überwinden (Abb. 5.15). Gewöhnlich wird für ν die Debye-Frequenz $\nu_D \approx 10^{13} s^{-1}$, also die höchste Frequenz mit der ein Atom schwingen kann, angenommen. Die Erfolgswahrscheinlichkeit ist durch den Boltzmann-Faktor $\exp(-G_W/kT)$ gegeben. Dieser ist um so kleiner, je höher die freie Aktivierungsenthalpie G_W ist, z. B. ist G_W für die Wanderung über den Zwischengittermechanismus kleiner und damit die Erfolgswahrscheinlichkeit eines Sprungs größer als durch Leerstellenwanderung. Zwischen der Sprungfrequenz Γ und dem Diffusi-

Abb. 5.13 Konzentrationsabhängigkeit der Diffusionskonstanten von C in γ-Fe. Sowohl D_0 als auch Q hängen von der Konzentration ab (nach [2, S. 106])

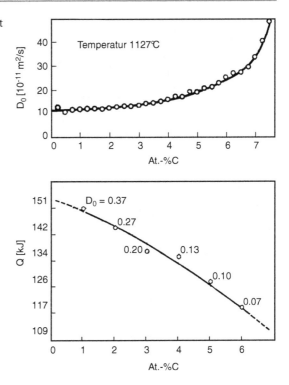

onskoeffizienten D gibt es eine fundamentale Beziehung, die unabhängig von Mechanismus und Kristallstruktur Gültigkeit hat

$$D = \frac{\lambda^2}{6}\Gamma = \frac{\lambda^2}{6\tau} \tag{5.17b}$$

Dabei ist λ die Sprungweite eines diffundierenden Atoms und $\tau = 1/\Gamma$ die Zeit zwischen zwei aufeinanderfolgenden Sprüngen.

Gleichung (5.17) läßt sich aus einer atomistischen Betrachtung des Diffusionsvorganges ableiten, z. B. anhand des technologisch wichtigen Falles von C in α-Fe. Der Kohlenstoff befindet sich bekanntlich auf den Oktaederlücken des krz-Gitters (Zwischengitterplätze: Kanten- und Flächenmitten) (s. Kap. 2) (Abb. 5.16). Bei kleinen Kohlenstoffkonzentrationen beeinflussen sich die Sprünge der einzelnen Atome nicht gegenseitig. Betrachtet man den Nettostrom zwischen zwei benachbarten Ebenen M und N, so gilt

$$j = j_{MN} - j_{NM} \tag{5.18a}$$

wobei j_{MN} den Strom von Ebene M nach N und j_{NM} den Strom in umgekehrter Richtung bezeichnet. Befinden sich c_M^F, bzw. c_N^F Atome pro Flächeneinheit auf den Ebenen M bzw. N, und ist Γ die Sprungfrequenz auf einen beliebigen Nachbarplatz, dann wird

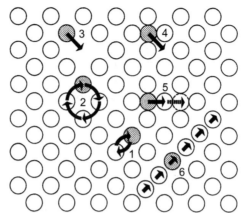

	Wanderung	Bildung	Summe
(1)	$8\,eV$	-	$8\,eV$
(2)		kleiner, jedoch unwahrscheinlicher	
(3)	$1\,eV$	$1\,eV$	$2\,eV$
(4)(5)	$0.6\,eV$	$3.4\,eV$	$4\,eV$
(6)	$0.2\,eV$	$3.4\,eV$	$3.6\,eV$

Abb. 5.14 Mögliche Mechanismen der Selbstdiffusion und ihre Aktivierungsenergien. *1* Platz-tausch von Nachbaratomen; *2* Ringtausch; *3* Leerstellenmechanismus; *4* direkter Zwischengitterme-chanismus; *5* indirekter Zwischengittermechanismus; *6* Crowdion

$$j = c_M^F \Gamma \cdot \frac{1}{4} \cdot \frac{2}{3} - c_N^F \Gamma \cdot \frac{1}{4} \cdot \frac{2}{3} \qquad (5.18b)$$

Der Faktor 1/4 bedeutet, daß von vier verschiedenen Sprungmöglichkeiten nur 1/4 aller Sprünge zu einem Fluß in Richtung $+x$ bzw. $-x$ beiträgt. Nur 2/3 aller C-Atome können in x-Richtung springen. Auf der Ebene M gibt es nämlich drei unterschiedliche Zwischen-gitterpositionen, die Kantenmitten y und z und die Flächenmitte. Das C-Atom auf der Flächenmitte der Ebene M kann nicht in Richtung $\pm x$ springen, weil am Ziel keine Okta-ederlücke, sondern ein Fe-Atom sitzt. Dagegen können die Atome auf den Kantenmitten, also 2/3 aller C-Atome auf der Ebene M, sich in $\pm x$-Richtung auf benachbarte Zwischengit-terplätze begeben. Die Flächenkonzentration c^F ist die Zahl der Atome in einem Volumen der Dicke $a/2$, also mit der Volumenkonzentration c durch

$$c^F = c \cdot \frac{a}{2} \qquad (5.19)$$

verknüpft, wobei $a/2$ der Abstand zwischen benachbarten Ebenen ist. Schließlich erhält man durch Reihenentwicklung

$$c_N = c_M + \frac{a}{2}\frac{dc}{dx} + \frac{a^2}{8}\frac{d^2c}{dx^2} + \cdots + \left(\frac{a}{2}\right)^n \cdot \frac{1}{n!}\left(\frac{d^nc}{dx^n}\right) + \cdots \qquad (5.20)$$

Abb. 5.15 Zum Verständnis des thermisch aktivierten Vorganges der Diffusion. Das diffundierende Atom muß durch einen energetisch ungünstigen Zustand, um auf den Nachbarplatz zu gelangen. Der Enthalpieunterschied ist die Aktivierungsenergie. Er ist für den Leerstellenmechanismus größer als für den Zwischengittermechanismus

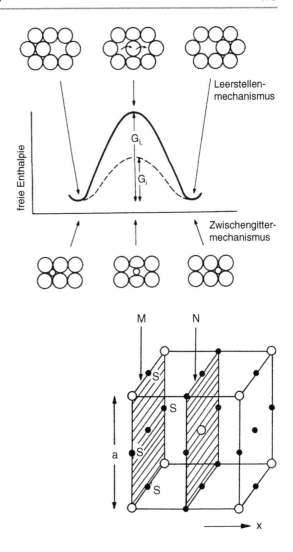

Abb. 5.16 Zur Ableitung des Diffusionskoeffizienten von C in α-Fe. Die ausgefüllten Kreise geben die Zwischengitterplätze an, auf denen sich C-Atome befinden können. Die offenen Kreise kennzeichnen die Fe-Atome. M und N sind zwei benachbarte Ebenen entlang der Diffusionsrichtung x

wobei wegen des geringen Konzentrationsunterschieds auf benachbarten Ebenen eine Entwicklung bis zum linearen Term genügt.

$$j = \frac{1}{6}\Gamma\left[c_M - \left(c_M + \frac{a}{2}\frac{dc}{dx}\right)\right]\cdot\frac{a}{2} = -\Gamma\frac{a^2}{24}\frac{dc}{dx} \tag{5.21}$$

Durch Vergleich mit dem 1. Fickschen Gesetz [Gl. (5.1a)] ergibt sich

$$D = \frac{\Gamma a^2}{24} \tag{5.22}$$

Wegen $\Gamma = 1/\tau$ und der Sprungweite $\lambda = a/2$ erhält man für Diffusion über Zwischengitterplätze die fundamentale Beziehung [Gl. (5.17)], oder ausgeschrieben

$$D = \frac{\lambda^2}{6\tau} = \frac{\lambda^2}{6}\nu_D \exp\left(-\frac{G_W^Z}{kT}\right) = \frac{\lambda^2}{6}\nu_D \exp\left(\frac{S_W^Z}{k}\right)\exp\left(-\frac{H_W^Z}{kT}\right) \quad (5.23)$$

G_W^Z — freie Wanderungsenthalpie der C-Atome über Zwischengitterplätze, S_W^Z — Wande-
rungsentropie, H_W^Z — entsprechende Wanderungsenthalpie.

Verläuft die Diffusion über den Leerstellenmechanismus, wie bspw. bei der Selbstdiffusion in reinem α-Fe, so ergibt sich eine leicht modifizierte Betrachtung. Definitionsgemäß
ist $1/\tau = \Gamma$ die Häufigkeit eines erfolgreichen Sprunges auf einen beliebigen Nachbarplatz.
Der Sprung kann aber nur erfolgreich sein, wenn der Nachbarplatz auch frei ist, d. h. wenn
sich dort eine Leerstelle befindet. Die Wahrscheinlichkeit, daß ein beliebig herausgegriffener
Gitterplatz unbesetzt ist, wird durch die atomare Leerstellenkonzentration c_L^a beschrieben,
denn c_L^a ist der Bruchteil von unbesetzten Gitterplätzen in einem Kristall. Hat ein Atom z
Nachbarn, so ist die Wahrscheinlichkeit, daß ein beliebiger Nachbarplatz frei ist, durch $z \cdot c_L^a$
gegeben. Damit wird der Diffusionskoeffizient für Diffusion über Leerstellen, also bspw. für
Selbstdiffusion

$$D^* = \frac{\lambda^2}{6\tau} = \frac{\lambda^2}{6}zc_L^a\,\nu_D\,e^{\frac{-G_W}{kT}} = \frac{\lambda^2}{6}zc_L^a\,\nu_D\,e^{\frac{S_W^L}{k}}\cdot e^{-\frac{H_W^L}{kT}} \quad (5.24)$$

Dabei ist $G_W = G_W^L$ die freie Wanderungsenthalpie der Leerstellen, denn beim Platztausch
von Atom und Leerstelle ist der Wanderungsschritt für beide identisch. Da im thermischen
Gleichgewicht

$$c_L^a = \exp\left(-\frac{G_B^L}{kT}\right)$$

mit G_B^L — freie Bildungsenthalpie der Leerstelle erhält man

$$D^* = \frac{\lambda^2}{6}z\nu_D \exp\left(-\frac{G_B^L + G_W^L}{kT}\right)$$

$$= \frac{\lambda^2}{6}z\nu_D \exp\left(\frac{S_B^L + S_W^L}{k}\right)\exp\left(-\frac{H_B^L + H_W^L}{kT}\right) \quad (5.25)$$

oder im Vergleich mit Gl. (5.16) $D = D_0\exp(-Q/kT)$ die Aktivierungsenergie für die
Diffusion über Leerstellen

$$Q = H_B^L + H_W^L \quad (5.26)$$

und den Vorfaktor

$$D_0 = \frac{\lambda^2}{6}z\nu_D \exp\left(\frac{S_B^L + S_W^L}{k}\right) \quad (5.27)$$

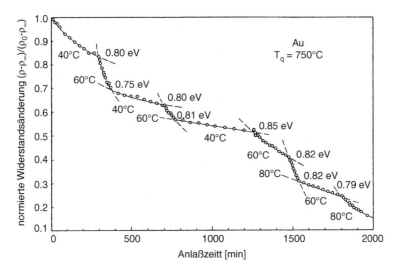

Abb. 5.17 Normierte Widerstandsänderung von Golddrähten nach Abschrecken von $750\,^{\circ}\mathrm{C}$ und Anlassen bei den angegebenen Temperaturen. Aus der Abnahme des Widerstandes kann man die Wanderungsenergie der Leerstellen berechnen (s. Text)

Diese Beziehung erlaubt es auch, die Hypothese des Leerstellenmechanismus der Selbstdiffusion zu überprüfen, denn H_B^L und H_W^L können getrennt gemessen werden, und der Summenwert muß mit der Aktivierungsenergie für Selbstdiffusion übereinstimmen. Methoden zur Bestimmung von H_B^L, unter anderem durch Messung des elektrischen Widerstandes ρ abgeschreckter Proben, wurden in Kap. 3 beschrieben. Die Wanderungsenthalpie H_W^L kann man durch die Änderung des elektrischen Widerstandes ρ beim Anlassen von abgeschreckten Proben (Abb. 5.17) ermitteln. Dabei heilen die eingeschreckten überschüssigen Leerstellen aus, bis sich die der Anlaßtemperatur entsprechende Gleichgewichtskonzentration eingestellt hat. Da das Gleichgewicht sich mit steigender Temperatur schneller einstellt und die Widerstandsänderung der Konzentrationsänderung proportional ist, kann H_W^L folgendermaßen bestimmt werden:

$$\frac{d\rho}{dt} \sim \frac{dc}{dt} = \frac{c_L}{\tau^-} \tag{5.28}$$

Dabei ist τ^- die mittlere Zeit, die eine Leerstelle braucht, um auszuheilen. Gemäß Gl. (5.17) und (5.24) ist $1/\tau^- \sim D \sim e^{-G_W^L/kT}$ und mit einer Konstanten K

$$\frac{dc_L}{dt} = Kc_L \exp\left(-\frac{G_W^L}{kT}\right) \tag{5.29}$$

Ändert man daher sprunghaft die Anlaßtemperatur, so gilt für das Verhältnis der Steigungen der Ausheilkurven zum Zeitpunkt des Temperaturwechsels (c_L ist hier für beide Kurven gleich)

Tab. 5.4 Bildungsenthalpie H_B^L und Wanderungsenthalpie H_W^L der Leerstelle in einigen Metallen. Die Summe stimmt gut mit gemessenen Werten der Aktivierungsenergie Q für Selbstdiffusion überein

Metall	H_W^L [eV]	H_B^L [eV]	$H_W^L + H_B^L$ [eV]	Q [eV]
Au	0.83	0.95	1.78	1.76
Al	0.62	0.67	1.29	1.28
Pt	1.43	1.51	2.94	2.9
Cu	0.71	1.28	1.99	2.07
Ag	0.66	1.13	1.79	1.76
W	1.7	$\sim$3.6	$\sim$5.3	< 5.7
Mo	1.3	$\sim$3.2	$\sim$4.5	$\sim$4.5

$$\frac{\frac{d\rho}{dt}\Big|_{T_1}}{\frac{d\rho}{dt}\Big|_{T_2}} = \frac{\frac{dc}{dt}\Big|_{T_1}}{\frac{dc}{dt}\Big|_{T_2}} = \exp\left(\frac{H_W^L}{k}\left(\frac{1}{T_2} - \frac{1}{T_1}\right)\right) \tag{5.30}$$

Alle anderen Konstanten, einschließlich des Entropieterms, werden durch Bildung des Verhältnisses eliminiert. Die so bestimmten Werte von H_W^L sind in Abb. 5.17 am Beispiel von Gold für unterschiedliche Temperaturwechsel angegeben. Mit diesen Meßwerten besteht die Möglichkeit, die Aktivierungsenergien der Diffusion gemäß Gl. (5.26) auf ihren Mechanismus zu überprüfen. Man kann aufgrund der guten Übereinstimmung der gemessenen Summe nach Gl. (5.26) mit den direkt gemessenen Werten der Aktivierungsenergie der Diffusion (Tab. 5.4) davon ausgehen, daß der Mechanismus der Selbstdiffusion oder der Fremddatomdiffusion in Substitutionsmischkristallen über Leerstellen verläuft.

Der Platzwechsel zwischen Atom und Leerstelle kann formal auch als Diffusion der Leerstelle betrachtet werden, obwohl die Leerstelle keine diffusionsfähige Substanz darstellt. Für manche Fälle ist aber hauptsächlich das „Schicksal" der Leerstelle und nicht der Atome interessant, bspw. beim Ausheilen eingeschreckter oder strahlungsinduzierter Leerstellen. Entsprechend kann man formal auch einen Leerstellendiffusionskoeffizienten definieren, der durch

$$D_L = \frac{\lambda^2}{6}\,\nu_D\,\exp\left(\frac{S_W^L}{k}\right)\exp\left(-\frac{H_W^L}{kT}\right) \tag{5.31}$$

Die Aktivierungsenergie für den Diffusionsmechanismus der Leerstellen unterscheidet sich also von dem der Diffusion über Leerstellen dadurch, daß zum Ablauf des letzteren Prozesses zunächst Leerstellen gebildet werden müssen und damit zusätzlich die Bildungsenthalpie der Leerstellen aufgebracht werden muß. Die Aktivierungsenergie für Leerstellendiffusion Q_L entspricht daher allein der Wanderungsenthalpie H_W^L, die Aktivierungsenergie für Diffusion über Leerstellen dagegen $Q^* = H_B^L + H_W^L$. Damit ergibt sich $D_L \gg D^*$.

Gleichung (5.17) stellt bei statistischer Sprungbewegung („random walk") die Beziehung zur Reichweite der Diffusion [Gl. (5.14)] her, die wir aus der Lösung der Diffusionsgleichung hergeleitet hatten. Ist nämlich die Sprungweite λ und der Sprung auf alle Nachbarplätze gleich wahrscheinlich, so ist nach n Sprüngen der mittlere Abstand $\overline{R_n}$ vom Ausgangspunkt

$$\overline{R_n^2} = n\lambda^2 \tag{5.32}$$

Diese Beziehung ergibt sich aus folgender Betrachtung. Der Vektor $\mathbf{R}_n$ setzt sich aus den Vektoren aller Einzelsprünge zusammen

$$\mathbf{R}_n = \mathbf{r}_1 + \mathbf{r}_2 + \cdots + \mathbf{r}_n = \sum_{i=1}^{n} \mathbf{r}_i \tag{5.33}$$

und

$$
\begin{aligned}
\mathbf{R_n^2} = \mathbf{R_n} \cdot \mathbf{R_n} &= \mathbf{r}_1 \cdot \mathbf{r}_1 + \mathbf{r}_1 \cdot \mathbf{r}_2 + \mathbf{r}_1 \cdot \mathbf{r}_3 + \cdots + \mathbf{r}_1 \cdot \mathbf{r}_n \\
&\quad + \mathbf{r}_2 \cdot \mathbf{r}_1 + \mathbf{r}_2 \cdot \mathbf{r}_2 + \cdots \quad \cdots + \mathbf{r}_2 \cdot \mathbf{r}_n \\
&\quad \vdots \\
&\quad + \mathbf{r}_n \cdot \mathbf{r}_1 + \cdots \quad \cdots + \mathbf{r}_n \cdot \mathbf{r}_n \\
&= \sum_{i=1}^{n} \mathbf{r}_i \mathbf{r}_i + 2 \sum_{i=1}^{n-1} \mathbf{r}_i \mathbf{r}_{i+1} + 2 \sum_{i=1}^{n-2} \mathbf{r}_i \mathbf{r}_{i+2} + \cdots \\
&= \sum_{i=1}^{n} \mathbf{r}_i^2 + 2 \sum_{j=1}^{n-1} \sum_{i=1}^{n-j} \mathbf{r}_i \mathbf{r}_{i+j} \\
&= \sum_{i=1}^{n} \mathbf{r}_i^2 + 2 \sum_{j=1}^{n-1} \sum_{i=1}^{n-j} |\mathbf{r}_i| \, |\mathbf{r}_{i+j}| \cos \Theta_{i,i+j}
\end{aligned}
\tag{5.34}
$$

wobei $\Theta_{i,i+j}$ den Winkel zwischen den Richtungen der Sprünge i und $i+j$ angibt. Da in einem Kristall die Sprunglänge konstant ist, d. h. $|\mathbf{r}_i| = \lambda$, folgt als Mittelwert:

$$\overline{R_n^2} = n\lambda^2 \left(1 + \frac{2}{n} \overline{\sum_{j=1}^{n-1} \sum_{i=1}^{n-j} \cos \Theta_{i,i+j}} \right) \tag{5.35}$$

Nun erfolgen die Sprünge statistisch, d. h. jede Sprungrichtung ist unabhängig von dem vorausgegangenen Sprung. Dann gibt es im Mittel genau so viele Sprünge in eine vorgegebene Richtung wie in die entgegengesetzte Richtung, d. h. positive und negative ($\cos \Theta_{i,i+j}$) treten gleich häufig auf. Das bedeutet aber, daß im Mittel nach vielen Sprüngen die Doppelsumme

Abb. 5.18 Zur Bestimmung des Korrelationsfaktors in einem zweidimensionalen dichtest gepackten Gitter. **a** Selbstdiffusion; **b** Fremdatomdiffusion mit verschiedenen Sprungfrequenzen Γ. Offenes Quadrat, offener Kreis und Kreis mit Kreuz bezeichnen die Position von Leerstelle, Traceratom bzw. substitutionell gelöstem Fremdatom nach dem letzten Sprung.

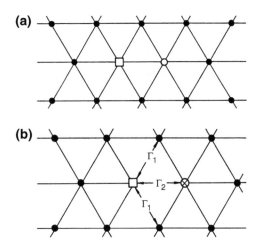

Null ist, und entsprechend folgt hieraus Gl. (5.32). Die mittlere Reichweite $\sqrt{R_n^2}$ steigt also proportional zu $\sqrt{n}$ und nicht etwa proportional zu n an.

Das entsprechende makroskopische Zeitintervall t ist entsprechend

$$t = n\tau$$

Mit der fundamentalen Beziehung [Gl. (5.17)] erhält man nun

$$D = \frac{\lambda^2}{6\tau} = \frac{\overline{R_n^2}/n}{6t/n} = \frac{\overline{R_n^2}}{6t} \tag{5.36a}$$

oder

$$X^2 \equiv \overline{R_n^2} = 6\,Dt \tag{5.36b}$$

in Übereinstimmung mit Gl. (5.14), die aus einem ganz anderen Ansatz hergeleitet wurde.

5.4 Korrelationseffekte

Für die Zwischengitterdiffusion oder die Diffusion der Leerstellen trifft die Annahme der unabhängigen Sprungbewegung uneingeschränkt zu, d. h. jeder Nachbarplatz wird mit gleicher Wahrscheinlichkeit angesprungen. Beim Leerstellenmechanismus dagegen sind nicht alle Sprünge gleich wahrscheinlich. So ist offensichtlich der Rücksprung in die Leerstelle weit wahrscheinlicher als eine weitere Vorwärtsbewegung (Abb. 5.18). Diese Ungleichgewichtigkeit der Sprünge wird durch einen Korrelationsfaktor f beschrieben, der definiert ist als

$$f = \lim_{n \to \infty} \frac{\overline{R_n^2(Tr)}}{\overline{R_n^2(L)}} \qquad (5.37)$$

wobei $\overline{R_n^2(Tr)}$ und $\overline{R_n^2(L)}$ das mittlere Quadrat der Reichweite nach n Sprüngen bei Tracer- (Tr) oder Selbstdiffusion, bzw. bei Leerstellendiffusion (L) angeben. $\overline{R_n^2(Tr)}$ und $\overline{R_n^2(L)}$ sind durch Gl. (5.35) definiert, wobei wegen der unkorrelierten Sprungbewegung für Leerstellen gemäß Kap. 5.3 Gl. (5.32) gilt. Zur Berechnung von f muß man den Klammerausdruck in Gl. (5.35) bestimmen, d. h. alle Möglichkeiten aufsummieren, mit der die Leerstelle das diffundierende Atom umgehen kann, bis der nächste Platzwechsel stattfindet. Nach etwas längerer Rechnung erhält man

$$f = \lim_{n \to \infty} \left(1 + \frac{2}{n} \overline{\sum_{j=1}^{n-1} \sum_{i=1}^{n-j} \cos \Theta_{i,i+j}} \right) = \frac{1 + \overline{\cos \Theta_1}}{1 - \overline{\cos \Theta_1}} \qquad (5.38)$$

wobei Θ_1 die Richtung zwischen dem letzten und dem nächsten Sprung angibt. In 1. Näherung erhält man

$$f = \frac{1 + \overline{\cos \Theta_1}}{1 - \overline{\cos \Theta_1}} = 1 + 2\overline{\cos \Theta_1} + 2\left(\overline{\cos \Theta_1}\right)^2 + \cdots \cong 1 - \frac{2}{z} \qquad (5.39)$$

wobei z die Koordinationszahl bezeichnet. Das ist folgendermaßen zu verstehen. Wenn man nur den Rücksprung in Betracht zieht, also ein Sprung mit Wahrscheinlichkeit $1/z$ und $\Theta_1 = 180°$, ergibt sich $\overline{\cos \Theta_1} = -1/z$ und daher die Näherung in Gl. (5.39). Für reine Metalle, also bei Selbstdiffusion oder Tracer-Diffusion kann man die Näherung Gl. (5.39) ohne großen Fehler benutzen, wie Tab. 5.5 ausweist. Bei Einbeziehung des Korrelationsfaktors wird Gl. (5.17) modifiziert zu

$$D = f \frac{\lambda^2}{6\tau} \qquad (5.40)$$

Bei einer Koordinationszahl von 8 oder 12 im krz- bzw. kfz- und hdp-Gitter ist gemäß Gl. (5.39) „f" von eins nur wenig verschieden (Tab. 5.5). Daher sind Korrelationseffekte bei Selbstdiffusion nur von untergeordneter Bedeutung. Bei Fremdatomdiffusion dagegen kann der Korrelationsfaktor einen ganz entscheidenden Einfluß auf die Größe der Diffusionskonstante haben. Das ist immer dann der Fall, wenn zwischen Fremdatom und Leerstelle eine Bindungsenergie besteht, so daß die Leerstelle weitaus häufiger mit dem Fremdatom den Platz tauscht als mit einem Matrixatom.

Ist bspw. die Platzwechselhäufigkeit der Leerstelle mit dem Fremdatom Γ_2 und mit einem Matrixatom Γ_1, so ist entsprechend der Geometrie von Abb. 5.18 unter der Bedingung, daß die Leerstelle ein nächster Nachbar des Fremdatoms bleibt und nur ein Sprung betrachtet wird

$$\overline{\cos \Theta_1} = -\frac{\Gamma_2}{\Gamma_2 + 2\Gamma_1} \qquad (5.41)$$

oder

Tab. 5.5 Korrelationsfaktor und Näherungswerte für einige Kristallstrukturen

Struktur	z	f	1-2/z
2-dim:			
Quadrat	4	0.46705	0.5000
hexagonal	6	0.56006	0.667
3-dim:			
Diamant	4	0.5000	0.5000
einfach kubisch	6	0.65549	0.667
krz	8	0.72149	0.750
kfz	12	0.78145	0.833

$$f = \frac{1 + \overline{\cos \Theta_1}}{1 - \overline{\cos \Theta_1}} = \frac{\Gamma_1}{\Gamma_1 + \Gamma_2} \tag{5.42}$$

und

$$D = \frac{\lambda^2}{6} \frac{\Gamma_1 \Gamma_2}{\Gamma_1 + \Gamma_2} \tag{5.43}$$

Bei stark gebundener Leerstelle ($\Gamma_2 \gg \Gamma_1$) ist

$$D \cong \frac{\lambda^2}{6} \Gamma_1 < \frac{\lambda^2}{6} \Gamma_2 \tag{5.44}$$

also nicht durch die hohe Platzwechselhäufigkeit von Fremdatom und Leerstelle, sondern durch die viel geringere Sprungfrequenz von Matrixatomen bestimmt.

Für den dreidimensionalen Fall verkompliziert sich lediglich die Geometrie, aber im wesentlichen bleibt Gl. (5.43) erhalten. Das Verhältnis D^*/D in Tab. 5.3 gibt ein Maß für die Größe des Korrelationsfaktors. In Einzelfällen kann er den Diffusionskoeffizienten bis zu einem Faktor 100 herabsetzen.

5.5   Chemische Diffusion

Die Komponenten einer Legierung diffundieren in aller Regel unterschiedlich schnell, wie am Beispiel Au-Ni in Abb. 5.12 anhand des unsymmetrischen Konzentrationsprofils erkennbar ist. Das bedeutet, daß der Diffusionskoeffizient im Konzentrationsgradienten gemäß dem 1. Fickschen Gesetz

$$\tilde{D} = -\frac{j}{\left(\frac{\partial c}{\partial x}\right)} \tag{5.45}$$

nicht konstant ist, sondern von der Konzentration abhängt: $\tilde{D} = \tilde{D}(c)$. $\tilde{D}$ wird als chemischer Diffusionskoeffizient bezeichnet. Man kann $\tilde{D}(c)$ aus dem Konzentrationsverlauf bestimmen, wenn die Randbedingungen des Diffusionsproblems sich in der Form $x/\sqrt{t}$ ausdrücken lassen. Die Diffusionsgleichung [Gl. (5.3)]

$$\frac{\partial c}{\partial t} = \frac{\partial}{\partial x}\left(\tilde{D}\frac{\partial c}{\partial x}\right)$$

läßt sich nämlich in eine gewöhnliche Differentialgleichung überführen, wenn man die Variable $\eta = x/\sqrt{t}$ einführt

$$\frac{d}{d\eta}\left(\tilde{D}\frac{dc}{d\eta}\right) + \frac{\eta}{2}\frac{dc}{d\eta} = 0 \tag{5.46}$$

Für das in Abschn. 5.1 benutzte Beispiel des Diffusionspaares aus zwei halbunendlichen Stäben mit der anfänglichen Konzentration $c = 0$ ($x > 0$) und $c = c_0$ ($x < 0$) : $t = 0$, lassen sich diese Randbedingungen umschreiben als $c = c_0$ für $\eta = -\infty$ und $c = 0$ für $\eta = +\infty$. Gleichung (5.46) kann nun integriert werden zu

$$-\frac{1}{2}\int_{c=0}^{c=c'}\eta\,dc = \left[\tilde{D}\frac{dc}{d\eta}\right]_{c=0}^{c=c'} \tag{5.47}$$

wobei c' eine beliebige Konzentration mit $0 < c' < c_0$ angibt. Kennt man den Konzentrationsverlauf $c(x)$ zu einem bestimmten Zeitpunkt $t = t_1$, so kann man Gl. (5.47) zur Bestimmung von $\tilde{D}(c)$ benutzen, denn dann gilt $\eta = x/\sqrt{t_1}$ und

$$-\frac{1}{2}\int_0^{c'}x\,dc = \tilde{D}t_1\left[\frac{dc}{dx}\right]_{c=0}^{c=c'} = \tilde{D}t_1\left.\frac{dc}{dx}\right|_{c=c'} \tag{5.48}$$

da $dc/dx = 0$ für $c = 0$ (also für $x \to \infty$). Da außerdem $dc/dx = 0$ für $c = c_0$ (also $x \to -\infty$) liefert Gl. (5.48)

$$\int_0^{c_0}x\,dc = 0 \tag{5.49}$$

Gleichung (5.48) und (5.49) definieren die Ebene $x = 0$, die sog. Matano-Ebene. Rechts und links von dieser Ebene liegen also gleich viele Teilchen, d. h. die schraffierten Bereiche in Abb. 5.19 sind gleich groß. Damit erhält man

$$\tilde{D}\left(c'\right) = -\frac{1}{2t_1}\left.\frac{dx}{dc}\right|_{c'}\int_0^{c'}x\,dc \tag{5.50}$$

Mit Gl. (5.50) kann man für eine beliebige Konzentration den Diffusionskoeffizienten $\tilde{D}(c')$ aus $c(x)$ bei t_1 bestimmen, indem man zunächst die Matano-Ebene festlegt, die Steigung von $c(x)$ bei $c = c'$ bestimmt und graphisch oder numerisch das Integral $\int_0^{c'}x\,dc$, also die

Abb. 5.19 Zur Bestimmung des chemischen Diffusionskoeffizienten nach der Matano-Boltzmann-Methode (s. Text)

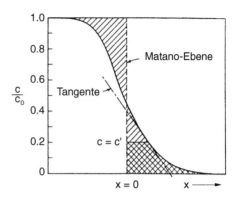

doppelt schraffierte Fläche in Abb. 5.19 bestimmt. Auf diese Art ist der Verlauf von $\tilde{D}(c)$ in Abb. 5.12b ermittelt worden.

Der so bestimmte Diffusionskoeffizient ist der chemische Diffusionskoeffizient, der sich auf den Gesamtstrom aus beiden Komponenten bezieht. Er gibt aber keine Auskunft über die Größe der Ströme der einzelnen Komponenten. Diese erhält man aber durch den Kirkendall-Effekt. Im klassischen Experiment von Kirkendall und Smigelskas wurden zwischen einem Kern aus 70/30 Messing und einem Mantel aus Kupfer Molybdän-Drähte gelegt (Abb. 5.20). Die Mo-Drähte nehmen bei den verwendeten Glühtemperaturen nicht am Diffusionsprozeß teil. Kirkendall stellte nun fest, daß sich die Molybdän-Drähte aufeinander zubewegten. Das bedeutet aber, daß beträchtlich mehr Zink aus dem Messing herausdiffundiert war als Cu in das Messing hinein. Dadurch wird der Messing-Kern kleiner, und entsprechend verringert sich der Abstand der Molybdän-Marker. Dieser Effekt war im übrigen auch ein Beweis für den Leerstellenmechanismus der Diffusion in konzentrierten Legierungen, da nur eine Differenz der Leerstellenströme zu einer Volumenänderung und damit zur Verschiebung der Marker führt.

Die Experimente von Smigelskas und Kirkendall veranlaßten Darken zu einer phänomenologischen (thermodynamischen) Analyse des Diffusionsproblems, die eine Bestimmung der Diffusionskoeffizienten der Komponenten erlaubt. Dabei ist das Hauptproblem, das Koordinatensystem festzulegen, in dem die Ströme definiert werden. Würden wir den Fluß durch einen zeitlich unveränderlichen, vorgegebenen Querschnitt betrachten, so würden wir hauptsächlich die Bewegung der Atome relativ zu dieser Referenzebene sehen. Der größte Teil dieses Flusses stammt aber daher, daß der Körper sich relativ zu einem äußeren Koordinatensystem verschiebt. Jedoch nicht dieser Fluß, sondern der Diffusionsstrom der einzelnen Atome ist von Interesse. Ein anschauliches Beispiel ist die Diffusion von Tinte in fließendem Wasser, bspw. einem Bach. Der größte Teil des Stromes, den man vom Ufer messen würde, ist ja der Tintenstrom infolge der Wasserbewegung und nicht der zusätzliche Diffusionsstrom, mit dem sich die Tinte im Wasser verteilt. Zur Beschreibung des Diffusionsstromes der Tinte müssen wir den Strom der Tintenmoleküle relativ zu den sich bewegenden Wassermolekülen bestimmen. Das kann dadurch geschehen, daß wir die

Abb. 5.20 Konzentrationsverlauf und Markerverschiebung beim Kirkendall-Effekt im Diffusionspaar Cu-α-Messing. **a** Vor dem Versuch; **b** nach Diffusionsglühung; **c** Verschiebung der Trennfläche

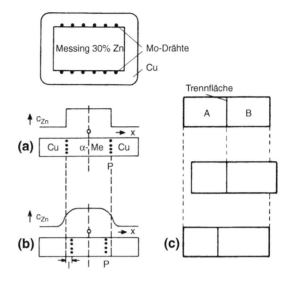

Stromgeschwindigkeit des Wassers durch mitschwimmende Marker charakterisieren. Der gleiche Sachverhalt trifft auf die Diffusionsstromdichte beim Kirkendall-Effekt zu.

Im gewählten Beispiel wäre der vom Ufer gemessene Tintenstrom, j_{tot}, die Summe aus Diffusionsstrom $j_D = -\tilde{D} \cdot \frac{\partial c}{\partial x}$ und Driftstrom (Konvektionsstrom) $j_K = vc$, oder

$$j_{tot} = j_D + j_K = -\tilde{D}\frac{\partial c}{\partial x} + vc \tag{5.51}$$

wobei v die Driftgeschwindigkeit des Wassers, bspw. eines schwimmenden Hölzchens ist. Gleichung (5.51) trifft entsprechend auf die Diffusion jeder Komponente einer binären Legierung in einem Konzentrationsgradienten zu. Sei die Anzahl der Atome in der binären Legierung pro Volumeneinheit c_1 und c_2. Für jede Komponente gilt die Kontinuitätsgleichung [Erhaltung der Masse Gl. (5.2)]:

$$\frac{\partial c_1}{\partial t} + \frac{\partial j_1}{\partial x} = \frac{\partial c_2}{\partial t} + \frac{\partial j_2}{\partial x} = 0 \tag{5.52}$$

Für die Gesamtteilchenzahl pro Volumeneinheit $c = c_1 + c_2$ gilt

$$\frac{\partial c}{\partial t} = \frac{\partial c_1}{\partial t} + \frac{\partial c_2}{\partial t} = \frac{\partial}{\partial x}\left(\tilde{D}_1 \frac{\partial c_1}{\partial x} + \tilde{D}_2 \frac{\partial c_2}{\partial x} - v\left(c_1 + c_2\right)\right) \tag{5.53}$$

Da c = const., denn die Teilchenzahl pro Volumeneinheit ändert sich nicht, ist $\partial c/\partial t = 0$. Integration von Gl. (5.53) ergibt

$$\tilde{D}_1 \frac{\partial c_1}{\partial x} + \tilde{D}_2 \frac{\partial c_2}{\partial x} - vc = 0 \tag{5.54a}$$

oder

$$v = \frac{1}{c}\left(\tilde{D}_1 \frac{\partial c_1}{\partial x} + \tilde{D}_2 \frac{\partial c_2}{\partial x}\right) \tag{5.54b}$$

Eine Beziehung zwischen $\tilde{D}$ und $\tilde{D}_1$ und $\tilde{D}_2$ erhält man durch Kombination von Gl. (5.54b) mit (5.52) und (5.53)

$$\frac{\partial c_1}{\partial t} = \frac{\partial}{\partial x}\left(\tilde{D}_1 \frac{\partial c_1}{\partial x} - \frac{c_1}{c}\tilde{D}_1 \frac{\partial c_1}{\partial x} - \frac{c_1}{c}\tilde{D}_2 \frac{\partial c_2}{\partial x}\right) \tag{5.55}$$

und wegen c = const.,

$$\frac{\partial c_1}{\partial x} = -\frac{\partial c_2}{\partial x}$$

$$\frac{\partial c_1}{\partial t} = \frac{\partial}{\partial x}\left(\frac{c_1\tilde{D}_2 + c_2\tilde{D}_1}{c} \cdot \frac{\partial c_1}{\partial x}\right) \tag{5.56}$$

Vergleich mit dem 2. Fickschen Gesetz liefert

$$\tilde{D} = \frac{c_1\tilde{D}_2 + c_2\tilde{D}_1}{c} = c_1^a\tilde{D}_2 + c_2^a\tilde{D}_1 \tag{5.57}$$

wobei c^a die entsprechenden Atomkonzentrationen bezeichnet.

Entsprechend wird Gl. (5.54b) mit (5.55)

$$v = \left(\tilde{D}_1 - \tilde{D}_2\right)\frac{dc_1^a}{dx} \tag{5.58}$$

Gleichung (5.57) und (5.58) sind die beiden Darkenschen Gleichungen, die den Zusammenhang von makroskopischem und atomaren chemischen Diffusionskoeffizienten herstellen. Wenn $\tilde{D}$ und v experimentell bestimmt sind, können $\tilde{D}_1$ und $\tilde{D}_2$ berechnet werden.

5.6   Thermodynamischer Faktor

Die Fickschen Gesetze beschreiben die Teilchenströme, die einen Konzentrationsausgleich herbeiführen. Die Konzentrationsverteilung in einem Festkörper wird aber durch das thermodynamische Gleichgewicht festgelegt, das durch ein Minimum der freien Enthalpie G beschrieben wird. In einem Mehrstoffsystem mit n Komponenten ist

$$G = U + pV - TS + \sum_{i=1}^{n} \mu_i N_i$$

wobei μ_i das chemische Potential und N_i die Teilchenzahl der Komponente i darstellen. Solange nicht p, T und μ_i überall konstant sind, wird stets ein Teilchenstrom fließen, um das Gleichgewicht herzustellen. Ist, wie beim 1. Fickschen Gesetz, der Teilchenstrom proportional zu den Gradienten mit den Koeffizienten M_{ij}, so erhält man für die Teilchenstromdichte der Komponente 1

$$j_1 = -M_{11}\frac{d\mu_1}{dx} - M_{12}\frac{d\mu_2}{dx} - \cdots - M_{1n}\frac{d\mu_n}{dx} - M_{1p}\frac{dp}{dx} - M_{1T}\frac{dT}{dx} \tag{5.59}$$

und entsprechende Gleichungen für die anderen Komponenten, insgesamt also n Gleichungen. Beschränkt man sich auf ein Zweistoffsystem, so wird bei konstantem Druck und konstanter Temperatur

$$j_1 = -M_{11}\frac{d\mu_1}{dx} - M_{12}\frac{d\mu_2}{dx}$$
$$j_2 = -M_{21}\frac{d\mu_1}{dx} - M_{22}\frac{d\mu_2}{dx} \tag{5.60}$$

Die Darken-Gleichungen folgen hieraus unter der Bedingung, daß $M_{12} = M_{21} = 0$, nämlich

$$j_1 = -M_{11}\frac{d\mu_1}{dx} = -\tilde{D}_1\frac{dc_1}{dx}$$
$$j_2 = -M_{22}\frac{d\mu_2}{dx} = -\tilde{D}_2\frac{dc_2}{dx} \tag{5.61}$$

Der Strom aufgrund des chemischen Potentialgradienten läßt sich gemäß Abschn. 5.1 beschreiben. Mit der Beweglichkeit $B = v/K$ und $K = -d\mu/dx$ erhalten wir bspw. für

$$j_1 = c_1v = B_1K_1c_1 = -B_1c_1\frac{d\mu_1}{dx} = -M_{11}\frac{d\mu_1}{dx} = -\tilde{D}_1\frac{dc_1}{dx} \tag{5.62}$$

d. h. $M_{11} = B_1c_1$ und

$$\tilde{D}_1 = B_1\frac{d\mu_1}{d\ln c_1} = B_1\frac{d\mu_1}{d\ln c_1^a} \tag{5.63}$$

Die Konzentrationsabhängigkeit des chemischen Potentials ist

$$\mu_1 = \mu_0(p,T) + \mathrm{RT}\ln\left(\gamma_1 \cdot c_1^a\right) \tag{5.64}$$

wobei μ_0 der nur druck- und temperaturabhängige Teil des Potentials und γ_1 der sog. Aktivitätskoeffizient der Komponente 1 sind.

Hängt γ_1 von c_1 ab, so ist

$$\frac{d\mu_1}{d\ln c_1^a} = \mathrm{RT}\left(1 + \frac{d\ln\gamma_1}{d\ln c_1^a}\right) \tag{5.65}$$

und

$$\tilde{D}_1 = B_1 RT \left(1 + \frac{d \ln \gamma_1}{d \ln c_1^a} \right) \tag{5.66}$$

Die gleiche Beziehung gilt für die 2. Komponente.

Der Ausdruck $[(1 + (d\ln\gamma_1)/(d\ln c_1^a))]$ wird als thermodynamischer Faktor bezeichnet. In verdünnten Lösungen ist γ_1 = const. (Raoultsches und Henrysches Gesetz) und daher

$$D_1 = B_1 RT \tag{5.67}$$

aber in konzentrierten, nichtidealen Legierungen ist $\gamma_1 = \gamma_1(c)$.

Die Diffusion in einem Konzentrationsgradienten ist schwierig zu bestimmen, aber die Abhängigkeit $\tilde{D}(c)$ ist für viele werkstoffphysikalische Prozesse wichtig. Relativ einfach zu bestimmen ist der Tracerdiffusionskoeffizient in homogenen binären Legierungen. Dort ist zwar $dc/dx = 0$, aber $dc_1^*/dx \neq 0$, wobei c_1^* die Konzentration der radioaktiven Isotope bezeichnet. Der Tracerdiffusionskoeffizient einer Legierungskomponente ist daher mit Gl. (5.66)

$$\tilde{D}_1^* = B_1^* RT \left(1 + \frac{d \ln \gamma_1^*}{d \ln c_1^{a*}} \right)_{c_1^a + c_1^{a*}} \tag{5.68}$$

Da das radioaktive Isotop chemisch mit dem stabilen Atom identisch ist, hängt γ_1 nur von $c_1 + c_1^*$ ab. Ist aber $c_1 + c_1^*$ = const., so ist der thermodynamische Faktor in Gl. (5.68) gleich eins, oder

$$\tilde{D}_1^* = B_1^* RT = D_1^* \tag{5.69}$$

Wegen der chemischen Ununterscheidbarkeit ist außerdem $B_1^* = B_1$, so daß allgemein für Selbstdiffusion gilt

$$D_1^* = B_1 RT \tag{5.70}$$

Damit erhält man

$$\tilde{D}_1 = D_1^* \left(1 + \frac{d \ln \gamma_1}{d \ln c_1^a} \right) \tag{5.71}$$

also den Diffusionskoeffizienten in einem Konzentrationsgefälle, d. h. den chemischen Diffusionskoeffizienten $\tilde{D}_1$ einer Komponente. Er ist nicht der gleiche wie der Selbstdiffusionskoeffizient D_1^* dieser Komponente in einer homogenen Legierung der gleichen Zusammensetzung. Der thermodynamische Faktor stellt also die Beziehung zwischen dem chemischen und dem Selbstdiffusionskoeffizienten her. Gleichung (5.57) kann schließlich aufgrund Gl. (5.71) und der Gibbs-Duhem-Gleichung (für Zweistoffsysteme $c_1 d\mu_1 + c_2 d\mu_2 = 0$) geschrieben werden

$$\tilde{D} = \left(D_1^* c_2^a + D_2^* c_1^a \right) \left(1 + \frac{d \ln \gamma_1}{d \ln c_1^a} \right) \tag{5.72}$$

$\tilde{D}, D_1^*$ und D_2^* können experimentell bestimmt und γ_1 aus thermodynamischen Messungen entnommen werden. Messungen von $\tilde{D}$ [nach Gl. (5.50)] und Berechnung nach Gl. (5.72)

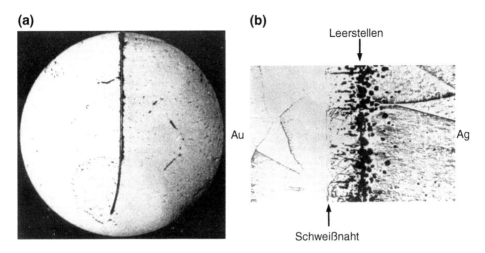

Abb. 5.21 Mikrostrukturen infolge des Kirkendall-Effektes im System Ag-Au. **a** Eine senkrecht zur Bildebene spitz zugeschnittene Mo-Folie biegt sich an ihrer Spitze infolge des ungleichen Massentransports bei der Diffusion [2, S. 130]. **b** Infolge des unterschiedlichen Diffusionsstromes kommt es zur Ansammlung von Leerstellen auf der einen Seite und starken elastischen Verspannungen (und Rekristallisation) auf der anderen Seite einer Schweißnaht [2, S. 140]

stimmen zumeist recht gut überein. Schließlich ist zu betonen, daß für Selbstdiffusion immer gilt

$$D^* = B \cdot \mathrm{RT}$$

Diese Beziehung wird auch als Einstein-Relation oder auch Nernst-Einstein-Relation bezeichnet. Die besondere Bedeutung des thermodynamischen Faktors liegt darin, daß er nicht nur die Geschwindigkeit der Diffusion beeinflußt, sondern auch negativ werden kann. Damit ändert sich auch das Vorzeichen der Diffusionskonstanten und folglich die Richtung des Diffusionsstroms. Bei negativem thermodynamischem Faktor fließt der Diffusionsstrom dem Konzentrationsgradienten entgegen, der Konzentrationsunterschied wird verstärkt. Dieser Vorgang spielt eine wichtige Rolle bei Phasenumwandlungen im festen Zustand, insbesondere bei der spinodalen Entmischung (s. Abschn. 9.2.1.3).

Wie zuvor bemerkt, liefert die Beobachtung des Kirkendall-Effektes auch den überzeugenden Beweis für den Leerstellenmechanismus der Diffusion in substitutionellen Legierungen. Damit entsteht mit dem Strom jeder Komponente ein gleich großer, aber entgegengesetzt fließender Leerstellenstrom. Ist der Diffusionsstrom der Legierungspartner unterschiedlich, so kommt es damit zu einem Nettoleerstellenstrom, der zur Leerstellenanreicherung im schneller diffundierenden Material führt. Das kann Porenbildung und erhebliche Volumenänderung zur Folge haben (Abb. 5.21), wodurch sich die Eigenschaften des Werkstoffs drastisch verschlechtern können. Das ist bspw. von Wichtigkeit beim Schweißen von Legierungen, wo diese Effekte vermieden werden müssen.

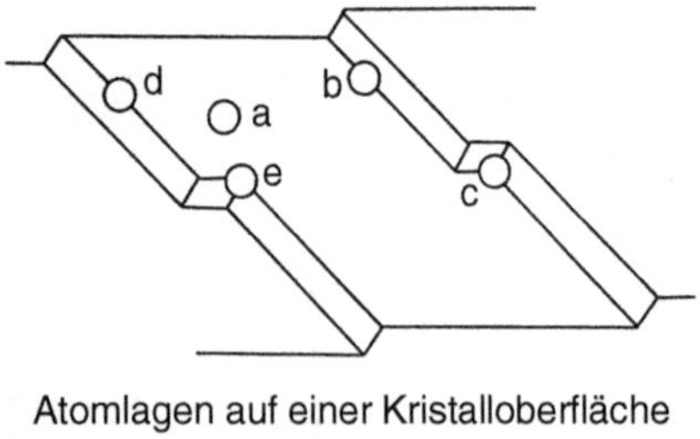

Abb. 5.22 Verschiedene
Adatom-Lagen auf einer
Kristalloberfläche. Die
Atombewegung ist nur
wenig eingeschränkt.

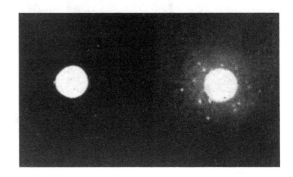

Atomlagen auf einer Kristalloberfläche

Abb. 5.23 Verteilung von
(radioaktivem) Polonium
auf einer Ag-Oberfläche. **a**
Zur Zeit $t = 0$; **b** nach einer 4
tägigen Wärmebehandlung
(480 °C) [2, S. 186]

5.7   Diffusion über Grenzflächen

Platzwechselvorgänge können auf der Oberfläche viel schneller vonstatten gehen als im
Volumen, denn die Bewegung von Atomen auf einer Oberfläche ist nur wenig eingeschränkt (Abb. 5.22). Eine lokal aufgebrachte Substanz breitet sich rasch aus, wie man
bspw. an radioaktiven Substanzen leicht verfolgen kann (Abb. 5.23). Oberflächendiffusion
ist technisch sehr wichtig bei Beschichtungen, bspw. bei „aufgedampften" Schichten in der
Mikroelektronik.

Viel schneller als durch das Volumen ist auch die Diffusion über innere Oberflächen, also
Korngrenzen, die u.a. für die Hochtemperaturverformung, bspw. bei der Superplastizität
(s. Abschn. 6.8.1), eine wichtige Rolle spielt. Bei tieferen Temperaturen, wenn die Volumendiffusion praktisch eingefroren ist, kann die Korngrenzendiffusion den Hauptteil des
Massetransportes übernehmen. Das wird besonders deutlich, wenn man die Selbstdiffusion
von Ein- und Vielkristallen vergleicht (Abb. 5.24). Bei tiefen Temperaturen hat der Vielkristall einen viel höheren Diffusionskoeffizienten als der Einkristall, weil der Materialtransport
zum größten Teil über Korngrenzen verläuft. Bei hohen Temperaturen, wenn Diffusion
im Volumen stattfinden kann, sind die gemessenen Diffusionskoeffizienten in Ein- und
Vielkristallen gleich, weil Volumendiffusion überwiegt, denn die Korngrenzen machen nur
einen geringen Teil des Gesamtquerschnitts aus, und der betreffende Materialtransport ist
in der Korngrenze daher viel kleiner als im Volumen.

Abb. 5.24 Selbstdiffusionskonstante von einkristallinem und vielkristallinem Ag als Funktion der Temperatur (nach [2, S. 192])

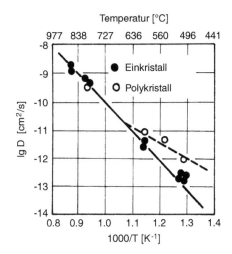

In jedem Volumenelement der Korngrenze setzt sich der Diffusionsfluß aus der Korngrenzendiffusion und der Volumendiffusion zusammen. Liegt die Korngrenze in y-Richtung (Abb. 5.25), so ergibt die Massebilanz (Kontinuitätsgleichung) in linearer Näherung mit

$$j_{y+dy} = j_y + dy \cdot \frac{dj_y}{dy} \tag{5.73}$$

$$\frac{\partial c}{\partial t} = \frac{1}{\delta \cdot dy \cdot z} \left\{ \delta \cdot z \cdot \left[j_y - \left(j_y + dy \frac{dj_y}{dy} \right) \right] - 2 \cdot z \cdot dy\, j_x \right\} \tag{5.74}$$

wobei δ die Breite der Korngrenze und z die Länge der betrachteten Volumenelemente sind. Wegen

$$j_y = -D_{KG} \frac{dc}{dy}, \quad j_x = -D_V \frac{dc}{dx} \tag{5.75}$$

mit dem Korngrenzendiffusionskoeffizienten D_{KG} und dem Volumendiffusionskoeffizienten D_V erhält man das 2. Ficksche Gesetz für Korngrenzendiffusion

$$\frac{\partial c}{\partial t} = -\frac{\partial j_y}{dy} - 2 \cdot \frac{1}{\delta} j_x = D_{KG} \frac{\partial^2 c}{\partial y^2} + \frac{2 D_V}{\delta} \frac{\partial c}{\partial x} \tag{5.76}$$

wobei wir angenommen haben, daß die Diffusionskoeffizienten nicht vom Ort abhängen. Unter stark vereinfachenden Annahmen erhält man die Lösung (nach Whipple)

$$c(x, y, t) = c_0 \exp\left[-y \frac{\sqrt{2}}{\sqrt[4]{\pi D_V t} \cdot \sqrt{\delta D_{KG}/D_V}} \right] \left\{ 1 - \text{erf}\left(\frac{x}{2\sqrt{D_V t}} \right) \right\} \tag{5.77}$$

Das Konzentrationsprofil kann ermittelt werden durch chemische Analyse bspw. mittels röntgenspektroskopischer Methoden an dünnen Schichten, die parallel zur Oberfläche

Abb. 5.25 Diffusion entlang einer Korngrenze in der Ebene $y - z$ mit Dicke δ. Die Konzentrationsänderung in einem Volumenelement der Korngrenze wird durch Ströme entlang der Korngrenze (j_y) und ins Volumen (j_x) bestimmt

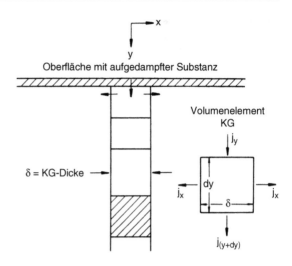

Abb. 5.26 Konturlinien gleicher Konzentration ($c_1 > c_2 > c_3$) bei Diffusion einer Substanz von der Oberfläche in das Volumen und entlang der Korngrenze. Die Konturlinien reichen an der Korngrenze viel weiter ins Innere des Festkörpers

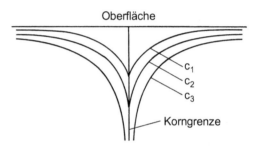

Abb. 5.27 Eindringtiefe von Ni-Tracer-Atomen entlang der Korngrenze in Abhängigkeit vom Kippwinkel bei $\langle 100 \rangle$-Kippkorngrenzen in Nickel bei 1050 °C (nach [5, S. 219])

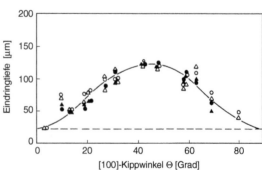

abgetragen werden. Dabei ergeben sich Konturlinien konstanter Konzentration, wie schematisch in Abb. 5.26 veranschaulicht ist.

Man erkennt aus Gl. (5.77), daß sich aus der Konzentrationsverteilung immer nur das Produkt $D_{KG} \cdot \delta$ ermitteln läßt, nicht aber D_{KG} getrennt. Aus der Temperaturabhängigkeit von $\delta \cdot D_{KG}$ ergibt sich die Aktivierungsenergie der Korngrenzendiffusion. Sie ist stets viel kleiner als die der Volumendiffusion.

Abb. 5.28 Koeffizient der Korngrenzendiffusion bei [110]-Kippkorngrenzen in Aluminium bei verschiedenen Kippwinkeln. Bei speziellen Korngrenzen (niedriges Σ) nimmt die Diffusionskonstante stark ab (nach [5, S. 219])

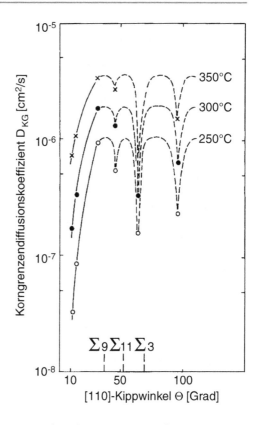

D_{KG} ist allerdings keine Materialkonstante, sondern hängt vom Typ der Korngrenze, d.h. ihrer Struktur, ab (vgl. Kap. 3). In Kleinwinkelkorngrenzen (Desorientierung $\leq 15°$) ist D_{KG} von gleicher Größenordnung wie D_V. Bei fester Drehachse nimmt D_{KG} mit ansteigendem Drehwinkel zunächst zu (Abb. 5.27), die Eindringtiefe eines von der Oberfläche eindiffundierenden Tracers wird also größer. Bei manchen speziellen Korngrenzen, die eine streng geordnete Struktur mit kleinen Werten von Σ haben (vgl. Kap. 3), werden sehr kleine Werte von D_{KG} beobachtet (Abb. 5.28). Die Anisotropie der Korngrenzendiffusion bei Kleinwinkelkorngrenzen läßt sich aus ihrer Versetzungsstruktur plausibel machen. Beispielsweise bestehen symmetrische Kleinwinkelkippkorngrenzen aus einer äquidistanten Anordnung von parallelen Stufenversetzungen. Längs der Versetzungslinien ist wegen der dort vorhandenen Aufweitung des Gitters die Diffusion ebenfalls beschleunigt („Pipe-Diffusion"). Daher sollte die Diffusion in Richtung der Versetzungslinie, also in Richtung der Drehachse, schneller verlaufen als senkrecht zu den Versetzungslinien, wo der Strom überwiegend durch das Volumen erfolgen muß. Tatsächlich wird eine solche Anisotropie auch beobachtet (Abb. 5.29). Allerdings verringert sich der Abstand der Versetzungskerne mit zunehmendem Drehwinkel und bei etwa $15°$ sollten die Versetzungskerne sich überlappen (vgl. Abschn. 3.4.2 und 6.4.) und die Korngrenze daher keine Volumenbestandteile mehr enthalten. Tatsächlich nimmt die Anisotropie mit steigendem Drehwinkel

Abb. 5.29 Anisotropie der Korngrenzendiffusion bei ⟨100⟩-Kippkorngrenzen in Silber bei 450 °C. Auch für Großwinkelkorngrenzen erhält man eine Anisotropie. $D_{||}$ bzw. $D_\perp$ sind die Diffusionskoeffizienten für Diffusion in der Korngrenze parallel bzw. senkrecht zur Drehachse (nach [5, S. 216])

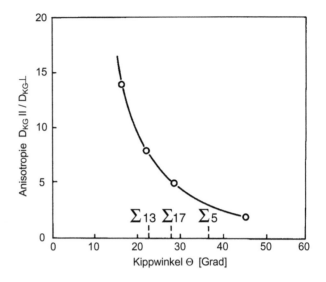

Abb. 5.30 Vergleich von Oberflächen-, Korngrenzen- und Gitterdiffusion von Thorium in Wolfram unter Voraussetzung eines gleichen D_0

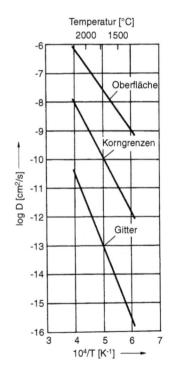

Abb. 5.31 Schottky-
Defekt in NaCl. Wegen der
Ladungsneutralität müssen
gleich viele Anionenleerstellen L_{Cl^-} und Kationenleerstellen L_{Na+} vorhanden sein

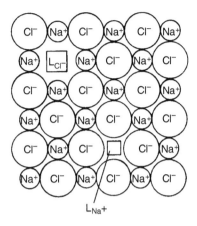

ab, jedoch wird auch bei Drehwinkeln über 15° noch eine beträchtliche Anisotropie beobachtet.

Vergleicht man Diffusion durch das Volumen, entlang Korngrenzen und über Oberflächen, so ergibt sich die geringste Aktivierungsenergie für Oberflächendiffusion, die höchste
für Volumendiffusion. Unter Annahme gleicher Werte von D_0 erhält man in der Arrheniusdarstellung drei Geraden mit unterschiedlicher Steigung, wie in Abb. 5.30 anhand der
Diffusion von Thorium in Wolfram dargestellt.

5.8 Diffusion in Nichtmetallen: Ionenleitfähigkeit

In Ionenkristallen kann es wegen des Zwangs zur Ladungsneutralität keine Einzelleerstellen
geben, sondern nur Leerstellenpaare (Schottky-Defekte), bestehend aus Anionenleerstellen
und Kationenleerstellen (Abb. 5.31) oder Frenkel-Defekte (vgl. Kap. 3). Die intrinsischen
Ionen können sich über die betreffende Art der Leerstelle bewegen, aber, wie bei der
Selbstdiffusion in Metallen, mit verschwindendem Nettostrom. Legt man allerdings ein
elektrisches Feld an den Kristall, so kommt es zu einem Driftstrom der Ladungsträger. Der
Ionenstrom der Komponente i, bspw. Na^+ in NaCl, ist gegeben durch Gl. (5.12) zu

$$j_i = -D_i \frac{dc_i}{dx} - q_i c_i \frac{D_i}{kT} \frac{d\Phi}{dx} \tag{5.78}$$

wobei Φ das elektrische Potential, q_i die Ladung und D_i die Diffusionskonstante der Ionensorte i sind. Besteht kein Konzentrationsgradient, also $dc/dx = 0$, so fließt der elektrische
Strom

$$I = q_i j_i = \frac{D_i q_i^2 c_i}{kT} \left(-\frac{d\Phi}{dx} \right) \tag{5.79}$$

oder mit der Definition der elektrischen Leitfähigkeit σ

$$\sigma = \frac{I}{-\left(\frac{d\Phi}{dx}\right)} \tag{5.80}$$

$$\frac{\sigma}{D_i} = \frac{c_i q_i^2}{kT} \tag{5.81}$$

Aus Messungen der Ionenleitfähigkeit und des Tracerdiffusionskoeffizienten kann Gl. (5.81) überprüft werden. Bei hohen Temperaturen ergibt sich in der Regel sehr gute Übereinstimmung (Abb. 5.32). Bei niedrigeren Temperaturen dagegen werden Abweichungen beobachtet, insbesondere tritt ein Knick in der Arrheniusdarstellung auf. Das ist auf Verunreinigungen zurückzuführen, die eine andere Valenz aufweisen (z. B. 2-wertige Verunreinigungen in NaCl), was im folgenden betrachtet wird.

Durch Zulegieren von höherwertigen Verunreinigungen kommt es zur Bildung von strukturellen Leerstellen. Wird bspw. zweiwertiges Ca^{++} zu Na^+Cl^- hinzulegiert, dann müssen wegen der Ladungsneutralität zu jedem zugefügten Ca^{++}-Ion zwei Na^+-Ionen entfernt werden, d. h. zu jedem Ca^{++}-Ion muß eine Kationenleerstelle gebildet werden, so daß

$$c_{++} + c_{LA} = c_{LK} \tag{5.82}$$

wobei c_{++} die Konzentration der zweiwertigen Ionen und c_{LA} bzw. c_{LK} die Konzentration der Anion- bzw. Kationleerstellen ist. Im thermischen Gleichgewicht gilt aber für die Leerstellenpaare

$$c_{LA}\, c_{LK} = \exp\left(-\frac{\Delta G_B^S}{kT}\right) \tag{5.83}$$

wobei ΔG_B^S die Bildungsenergie des Leerstellenpaares (Schottky-Defekt) ist.

Gleichung (5.83) gilt unabhängig davon, wie die Leerstellen erzeugt werden, ob durch thermische Aktivierung in reinen Verbindungen, (Konzentrationen c_{LA}^0 bzw. c_{LK}^0) oder als strukturelle Fehlstellen in dotierten Kristallen (Konzentrationen c_{LA} bzw. c_{LK}). Unter Benutzung von Gl. (5.82) schreibt sich Gl. (5.83) für Ionenkristalle mit zweiwertigen Verunreinigungen

$$c_{LK}\, (c_{LK} - c_{++}) = \exp\left(-\frac{\Delta G_B^S}{kT}\right) = \left(c_{LK}^0\right)^2 = \left(c_{LA}^0\right)^2 \tag{5.84}$$

Die Lösung der quadratischen Gleichung für $c_{LK} > 0$ ist

$$c_{LK} = \frac{c_{++}}{2}\left\{1 + \sqrt{1 + \frac{4\left(c_{LK}^0\right)^2}{c_{++}^2}}\right\} \tag{5.85}$$

Abb. 5.32 Diffusionskonstante von Na$^+$ in NaCl. Die ausgefüllten Kreise wurden aus Leitfähigkeitsmessungen berechnet, die offenen Kreise entstammen Messungen der Tracerdiffusion (nach [6, S. 157])

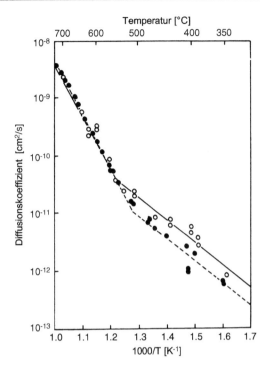

Für sehr reine Substanzen oder sehr hohe Temperaturen ist $c_{LK}^0 \gg c_{++}$ und deshalb $c_{LK} \approx c_{LK}^0$. Bei stark dotierten Kristallen oder sehr tiefen Temperaturen wird $c_{LK}^0 \ll c_{++}$ und daher $c_{LK} \approx c_{++}$. Da c_{LK}^0 exponentiell mit fallender Temperatur abnimmt, gibt es bei technisch reinen Substanzen immer eine Temperatur unterhalb der $c_{LK}^0 \ll c_{++}$. Der Tracerdiffusionskoeffizient der Kationen schreibt sich aber als

$$D_T = f \cdot \frac{\lambda^2}{6} z \, c_{LK} \, \nu_D \exp\left(-\frac{G_W^K}{kT}\right) \tag{5.86}$$

Ist $c_{LK} = c_{LK}^0 = e^{-\frac{\Delta G_B^S}{2kT}}$ (intrinsischer Bereich), wird die Aktivierungsenthalpie gegeben durch

$$H_i = \frac{H_B^S}{2} + H_W^K \tag{5.87a}$$

Für $c_{LK} \cong c_{++}$ (extrinsischer Bereich) ist c_{LK} temperaturunabhängig und

$$H_e = H_W^K \tag{5.87b}$$

Entsprechend gibt es immer zwei Bereiche der $\sigma(T)$-Kurve, wobei die Übergangstemperatur um so höher liegt, je höher die Konzentration der Verunreinigungen ist (Abb. 5.33).

Abb.5.33 Ionenleitfähigkeit von reinem und mit CdCl$_2$ dotiertem NaCl (nach [6, S. 161])

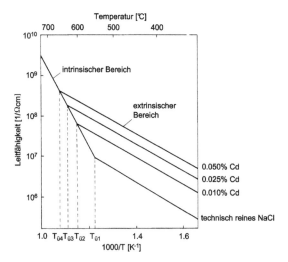

Der Unterschied im Temperaturverlauf von σ und D_T im extrinsischen Bereich ist schließlich darauf zurückzuführen, daß die strukturellen Leerstellen an die Verunreinigungen gebunden sind und deshalb nicht zu σ beitragen, wohl aber zu D_T, da sie die Diffusionsschritte der Traceratome erlauben.

Die Diffusions- und Ionenleitfähigkeitsphänomene in Ionenkristallen sind sehr vielfältig. So kommt auch Diffusion über verschiedene Zwischengittermechanismen vor, z. B. Ag in Ag-Br. Alle diese Fälle können aber, von speziellen Wechselwirkungen und Einschränkungen abgesehen, auf der Basis der hier vorgestellten Konzeption behandelt werden.

5.9 Aufgaben

5.1 Zeigen Sie, dass $\quad c(x, t) = \frac{c_0}{2}\left(1 + \frac{2}{\sqrt{\pi}} \cdot \int\limits_{0}^{\frac{x}{2\sqrt{Dt}}} \exp(-\xi^2)d\xi\right)$

     eine Lösung des 2. Fickschen Gesetzes darstellt für den Fall, dass zwei halbunendlich ausgedehnte Stäbe an der Stelle x = 0 zusammengeschweißt sind und dass folgende Randbedingungen gelten: c(t = 0, x > 0) = c$_0$, c(t = 0, x < 0) =0.

5.2 Ein Stahl mit einem Kohlenstoffanteil von 0,05 % soll durch Aufkohlung gehärtet werden. Dazu wird er einer Gasatmosphäre ausgesetzt, die 1,5 % C enthält. Der Stahl hat optimale Eigenschaften, wenn in einer Tiefe von 0,5 cm ein Kohlenstoffgehalt von 0,3 % vorliegt. Berechnen Sie, wie lange der Stahl bei 900 °C geglüht werden muss, damit das gewünschte Konzentrationsprofil erreicht wird. Die Aktivierungsenergie für die Diffusion von C in α-Fe beträgt 0,8 eV und der Vorfaktor ist 0,004 cm^2/s. (alle Angaben in Gew.%)

5.3 Welcher Unterschied besteht zwischen Diffusion und Konvektion? Nennen Sie je ein Beispiel.

5.4 Bei einem Aufkohlungsversuch von Eisen bei 900 K ist die Diffusionsfront in 1 h um 0,05 cm weitergewandert. Bei einer Temperaturerhöhung um 20 K wird in der gleichen Zeit eine Strecke von 0,06 cm zurückgelegt.

a) Wie groß sind die Diffusionskoeffizienten D bei 900 K und 920 K?

b) Wie groß ist die Aktivierungsenergie Q dieses Diffusionsprozesses?

c) Wie groß ist der Vorfaktor D_0?

d) Berechnen Sie die Zeitkonstante (Zeit zwischen zwei aufeinander folgenden Sprüngen) bei 900 K, sowie die Änderung dieser Konstanten bei einer Temperaturerhöhung auf 920 K.($a_{\alpha\text{-}Fe}$ = 2,872 Å, Annahme: a unabhängig von der Temperatur)

5.5. Für ein reines Metall wurden folgende Werte des Diffusionskoeffizienten bei verschiedenen Temperaturen gemessen. Ermitteln Sie D_0 und die Aktivierungsenergie des Prozesses (k_B = 1,38 · 10^{-23} J/K).

T [°C]	250	300	400	600	800
D [cm²/s]	$0,2 \cdot 10^{-16}$	$0,3 \cdot 10^{-15}$	$0,1 \cdot 10^{-13}$	$0,1 \cdot 10^{-11}$	$0,5 \cdot 10^{-10}$

5.6 Erläutern Sie den Unterschied zwischen Leerstellendiffusion und Selbstdiffusion in reinen Metallen. Woraus setzt sich jeweils die Aktivierungsenthalpie zusammen?

5.7 Zeigen Sie, dass für die Diffusion von Leerstellen im kfz-Gitter für den Diffusionskoeffizienten D gilt: $D = \frac{\lambda^2}{6 \cdot \tau}$

5.8 Berechnen Sie unter der Verwendung der Formel $D = \frac{\lambda^2}{6 \cdot \tau}$ die Größen D_0 und Q für den Diffusionskoeffizienten D in der Form: $D = D_0 \cdot \exp\left(-\frac{Q}{kT}\right)$

(a) für Leerstellendiffusion.

(b) für Selbstdiffusion unter Vernachlässigung von Korrelationseffekten.

5.9 In einem Experiment zur Bestimmung der Wanderungsenthalpie von Leerstellen wurden die folgenden normierten Widerstandsänderungen dρ/dt abgeschreckter Goldproben während des Anlassens gemessen

T_1 = 60 °C → dρ/dt = $-4,0 \cdot 10^{-4}$ s^{-1}

T_2 = 80 °C → dρ/dt = $-20,6 \cdot 10^{-4}$ s^{-1}

(a) Beschreiben Sie das durchgeführte Experiment.

(b) Stellen Sie die Gleichungen auf, die zur Auswertung des Versuches erforderlich sind, und berechnen Sie die Wanderungsenthalpie. Nutzen Sie dabei die Annahme: dρ/dt ~ dc/dτ = c_L/τ (ρ = spez. Widerstand, c_L = Konzentration der Leerstellen, τ = mittlere Zeit, die zum Ausheilen einer Leerstelle benötigt wird)

(c) Welchen Nutzen hat der Versuch zur Beurteilung der Selbstdiffusionsmechanismen?

(d) Nennen Sie mögliche Fehlerquellen bzw. Ungenauigkeiten.

5.10 Überführen Sie das eindimensionale 2. Ficksche Gesetz (partielle DGL 2. Ordnung) in eine gewöhnliche DGL durch Einführung der Variablen $\eta = \frac{x}{\sqrt{t}}$. Unter welchen Umständen kann man die gewöhnliche Differentialgleichung zur Berechnung des Diffusionsproblems verwenden?

5.11 Wie ist die Matano-Ebene definiert? (Skizze, Gleichung)

5.12 Nach 50h Glühung sind Diffusionsdaten bezüglich der Matano-Ebene ermittelt worden (Tabelle). Bestimmen Sie den chemischen Diffusionskoeffizienten $\tilde{D}(c_A)$ für $c_A = 0,375$.

c_A [%]	l [cm]	c_A [%]	l [cm]
100,00	0,508	43,75	–0,052
93,75	0,314	37,50	–0,062
87,50	0,193	31,25	–0,072
81,25	0,103	25,00	–0,087
75,00	0,051	18,75	–0,107
68,75	0,018	12,50	–0,135
62,50	–0,007	6,25	–0,182
56,25	–0,027	0,00	–0,292
50,00	–0,039		

5.13 Welche Information liefert der aus einer Matano-Boltzmann-Analyse ermittelte chemische Diffusionskoeffizient, welche Information fehlt?

5.14 Erläutern und diskutieren Sie den Kirkendall-Effekt. Welche Information liefert uns das Experiment von Kirkendall und Smigelskas bezüglich der partiellen chemischen Diffusionskoeffizienten? Nennen Sie die zur Auswertung erforderlichen Gleichungen!

5.15 In der Schweißnaht einer Diffusionsprobe mit den partiellen chemischen Diffusionskonstanten $\tilde{D}_1$ und $\tilde{D}_2$ seien Marken angebracht. Leiten Sie eine allgemeine Gleichung für die Geschwindigkeit her, mit der sich die Marken bewegen.
(Anleitung: Man setze $c_1 + c_2 = $ const. und benutze das 1. Ficksche Gesetz mit den partiellen Diffusionskoeffizienten).

5.16 Experimentell beobachtet man, dass sich bei einem Diffusionspaar A-B die Grenzfläche mit der Geschwindigkeit $3 \cdot 10^{-10}$ cm/s in Richtung A bewegt. Die Konzentration von A in der Grenzfläche beträgt 35 %, der Konzentrationsgradient 200 %/cm. $\tilde{D}$ wurde zu $1,03 \cdot 10^{-10}$ cm^2/s bestimmt. Berechnen Sie die partiellen Diffusionskoeffizienten.

5.17 Gegeben sei ein Zweikomponentensystem A-B. Bei T = 900 K wurden für die Selbstdiffusion D_0 und die Aktivierungsenergie Q_D ($D_0 = 8 \cdot 10^{-6}$ cm^{2}s^{-1}, $Q_D = 1$ eV), sowie mit steigendem Legierungsgehalt die Aktivität a_B (siehe Tabelle) bestimmt.

c_B	0,05	0,1	0,15	0,2
a_B	0,26	0,48	0,61	0,7

(a) Berechnen Sie aus den gegebenen Daten den thermodynamischen Faktor Φ und den chemischen Diffusionskoeffizienten $\tilde{D}(c_B)$ bei $c_B = 0{,}1$.

(b) Was passiert, wenn $\Phi = 0$?

Literatur

1. Franklin WM (1975) In: Norwick AS, Burton JJ (Hrsg), Diffusion in solids. Academic Press, New York, S 2
2. Seith W (1955) Diffusion in Metallen. Springer, Berlin
3. Askeland DR (1989) The science and engineering of materials. PWS-KENT, Boston
4. Van Vlack LH (1985) Elements of materials science and engineering. Addison-Wesley, Reading, Abb. 4–7
5. Peterson NL (1979) Grain boundary structure and kinetics. ASM Int., Ohio
6. Shewmon P (1989) Diffusion in solids. TMS

Mechanische Eigenschaften

6

6.1 Grundlagen der Elastizität

Anders als Gase oder Flüssigkeiten setzen Festkörper einer äußeren Krafteinwirkung einen Formänderungswiderstand entgegen; der Festkörper bleibt zusammenhängend, er zerfällt nicht. Der angelegten Kraft wird im Innern des Festkörpers eine Reaktion, eine innere Spannung, entgegengesetzt (Abb. 6.1). Ziehen wir bspw. an einem Festkörper, so würde er in zwei Teile zerfallen, wenn wir ihn in der Mitte auftrennen. Die Kräfte, die wir aufbringen müssen, um die zwei Teile zusammenzuhalten, entsprechen den inneren Kräften, die in dem belasteten Festkörper herrschen. Modellmäßig kann man sich den Festkörper aus Kugeln aufgebaut denken, die durch Federn verbunden sind (Abb. 6.2). Greifen äußere Kräfte am Festkörper an, so dehnen sich die Federn, bis ihre Rückspannung, die proportional mit der Auslenkung ansteigt, die äußeren Kräfte kompensiert. Der Zustand der gespannten Federn beschreibt die inneren Kräfte.

Die Reaktion eines Festkörpers auf eine äußere Kraft ist jedoch unterschiedlich, wenn wir die Kräfte senkrecht (Zug, Druck) oder parallel (Scherung) zur Oberfläche anbringen. Aus Erfahrung wissen wir, daß die Formänderung bei kleinen Kräften der angreifenden Kraft proportional ist (Abb. 6.3).

$$\text{Zugbelastung}: \quad \frac{F_\perp}{q} = E\frac{\Delta\ell}{\ell_0} \quad \text{or} \quad \sigma = E\varepsilon \tag{6.1a}$$

$$\text{Scherbelastung}: \quad \frac{F_\parallel}{q} = G\frac{\Delta x}{d} \quad \text{or} \quad \tau = G\gamma \tag{6.1b}$$

Dabei sind $F_\perp$ und $F_\parallel$ die senkrecht bzw. parallel zur Oberfläche wirkenden Kräfte, ℓ_0 und d die Länge bzw. Dicke des Kristalls, q die Fläche auf der die Kraft angreift und $\Delta\ell$ bzw. Δx die Längenänderung bzw. Schiebung des Kristalls (Abb. 6.3). Die Gl. (6.1a, b) formulieren das Hookesche Gesetz: Die Normalspannung σ ist der Dehnung ε proportional; die

G. Gottstein, *Materialwissenschaft und Werkstofftechnik*, Springer-Lehrbuch,
DOI: 10.1007/978-3-642-36603-1_6, © Springer-Verlag Berlin Heidelberg 2014

Abb. 6.1 Zur Definition
des Spannungszustandes.
Die auf der Oberfläche
angreifenden Kräfte **F** führen zu inneren Spannungen

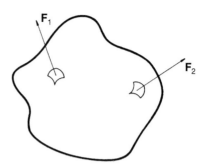

Proportionalitätskonstante ist der Elastizitätsmodul E; die Schubspannung τ ist der Scherung γ proportional; die Proportionalitätskonstante G ist der Schubmodul. Gewöhnlich ist
$G < E$, das Material leistet also einen größeren Widerstand gegen Verformung bei Zugoder Druckspannungen als bei Scherbelastung. Das können wir uns auch an dem einfachen
Federmodell des Festkörpers klarmachen. Greift die Kraft parallel zur Feder an, so ist die
Auslenkung der Feder kleiner als wenn die Kraft senkrecht auf die Feder wirkt.

Betrachten wir deshalb ein kleines würfelförmiges Volumenelement in einem Festkörper,
so können wir den Spannungszustand darin durch die Kräfte pro Flächeneinheit senkrecht
und parallel zu den Würfelflächen beschreiben. Dabei können wir einen Kraftvektor in einer
Fläche stets aus zwei Komponenten zusammensetzen. Auf jede der drei Würfelflächen wirken daher drei Spannungen, nämlich eine Normalspannung und zwei Schubspannungen
(Abb. 6.4). Der Spannungszustand des Volumenelementes wird also durch 9 Spannungskomponenten beschrieben. Diese neun Komponenten bilden den Spannungstensor σ

$$\sigma = \begin{bmatrix} \sigma_{xx} & \sigma_{xy} & \sigma_{xz} \\ \sigma_{yx} & \sigma_{yy} & \sigma_{yz} \\ \sigma_{zx} & \sigma_{zy} & \sigma_{zz} \end{bmatrix} \tag{6.2}$$

Die Größe der einzelnen Komponenten hängt natürlich von der gewählten Lage des
Volumenelementes ab. Hätten wir in Abb. 6.4 ein anders orientiertes Volumenelement
betrachtet, so wären die Spannungskomponenten anders ausgefallen. Dadurch ändert sich
aber der Spannungszustand nicht, denn der Spannungszustand ist ja ein physikalischer
Tatbestand, der nicht von der Wahl der Koordinaten abhängt. Eine unterschiedliche Wahl
des Volumenelementes, d. h. eine unterschiedliche Wahl des Koordinatensystems ändert
also lediglich die Zerlegung des Spannungszustandes in unterschiedliche Raumrichtungen.
Dieser Sachverhalt läßt sich mathematisch einfach ausdrücken. Ist die Beziehung zwischen
rotiertem Koordinatensystem $\{K_2\}$ und ursprünglichem Koordinatensystem $\{K_1\}$ durch die
Rotationsmatrix **A** gegeben, so berechnet sich der Spannungstensor σ_t im rotierten System
aus dem ursprünglichen Spannungstensor σ zu

$$\sigma_t = \mathbf{A}^t\, \sigma \mathbf{A} \tag{6.3}$$

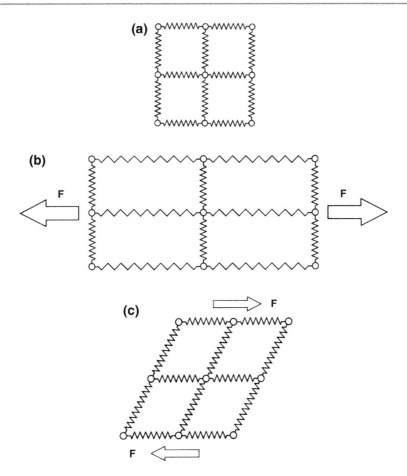

Abb. 6.2 Das Federmodell des elastischen Festkörpers. **a** Gleichgewichtszustand; **b** Dehnung unter Angriff einer Zugspannung; **c** Scherung unter Angriff einer Schubspannung

($\mathbf{A}^t$ — transponierte Matrix: $A^t_{ij} = A_{ji}$).

Insbesondere läßt sich immer ein Koordinatensystem finden, in dem es nur Normalspannungen gibt, also

$$\sigma = \begin{bmatrix} \sigma_1 & 0 & 0 \\ 0 & \sigma_2 & 0 \\ 0 & 0 & \sigma_3 \end{bmatrix} \tag{6.4}$$

Die Spannungen σ_1, σ_2 und σ_3 werden als Hauptspannungen bezeichnet. Die maximalen Schubspannungen liegen unter $45°$ zu den Hauptspannungen. Ist $\sigma_1 > \sigma_2 > \sigma_3$, so ist die maximale Schubspannung

$$\tau_{max} = \frac{1}{2}\left(\sigma_1 - \sigma_3\right) \tag{6.5}$$

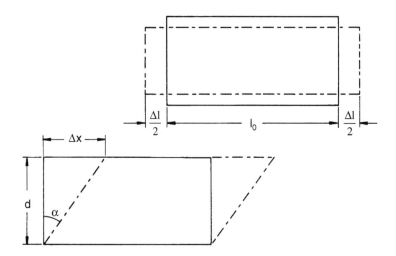

Abb. 6.3 Definition von Dehnung $\varepsilon = \Delta\ell/\ell_0$ und Scherung $\gamma = \Delta x/d = \tan\alpha$

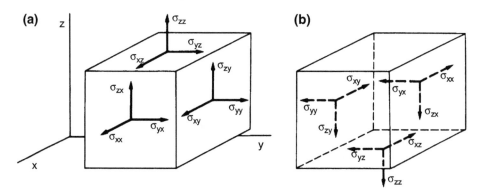

Abb. 6.4 Komponenten des räumlichen Spannungstensors

Der Spannungstensor ist immer symmetrisch, d. h. $\sigma_{ij} = \sigma_{ji}$, damit die am Volumenelement herrschenden Momente im Gleichgewicht sind. Ferner ist es noch sinnvoll, den Spannungstensor in einen hydrostatischen σ_H und einen deviatorischen Anteil σ_D zu zerlegen, denn nur der Spannungsdeviator bestimmt die plastische Verformung von Kristallen.

Der hydrostatische Spannungsanteil ist die mittlere Normalspannung

$$p = \frac{1}{3}\,(\sigma_1 + \sigma_2 + \sigma_3) \tag{6.6}$$

Man kann zeigen, daß für jede Wahl des Koordinatensystems $\sigma_{xx} + \sigma_{yy} + \sigma_{zz} = \sigma_1 + \sigma_2 + \sigma_3 = $ const., also

$$\boldsymbol{\sigma} = \boldsymbol{\sigma}_H + \boldsymbol{\sigma}_D = \begin{bmatrix} p & 0 & 0 \\ 0 & p & 0 \\ 0 & 0 & p \end{bmatrix} + \begin{bmatrix} \sigma_{xx} - p & \sigma_{xy} & \sigma_{xz} \\ \sigma_{yx} & \sigma_{yy} - p & \sigma_{yz} \\ \sigma_{zx} & \sigma_{zy} & \sigma_{zz} - p \end{bmatrix} \tag{6.7}$$

Das Hookesche Gesetz, Gl. (6.1a), beschreibt die Reaktionen des Festkörpers auf eine angebrachte Kraft als Formänderung, nämlich Dehnung und Scherung. Wie den Spannungszustand, so können wir auch den elastischen Formänderungszustand durch einen Dehnungstensor $\boldsymbol{\varepsilon}$ ausdrücken

$$\boldsymbol{\varepsilon} = \begin{bmatrix} \varepsilon_{xx} & \varepsilon_{xy} & \varepsilon_{xz} \\ \varepsilon_{yx} & \varepsilon_{yy} & \varepsilon_{yz} \\ \varepsilon_{zx} & \varepsilon_{zy} & \varepsilon_{zz} \end{bmatrix} \tag{6.8}$$

Dabei sind ε_{xx}, ε_{yy} und ε_{zz} die Dehnungen und ε_{xy}, ε_{xz} und ε_{yx} die Scherungen.[1] Zu beachten ist im Vergleich zu Gl. (6.1b), daß $\varepsilon_{xy} = 1/2\gamma_{xy}$. Natürlich muß wieder gelten $\varepsilon_{ij} = \varepsilon_{ji}$ ($i, j = x, y, z$), der Dehnungstensor ist also auch symmetrisch und läßt sich auf Hauptachsen transformieren, d. h. es gibt ein Koordinatensystem, in dem der Verformungszustand allein durch Dehnungen beschrieben werden kann.

$$\boldsymbol{\varepsilon} = \begin{bmatrix} \varepsilon_1 & 0 & 0 \\ 0 & \varepsilon_2 & 0 \\ 0 & 0 & \varepsilon_3 \end{bmatrix} \tag{6.9}$$

Wiederum ist die Summe $\varepsilon_1 + \varepsilon_2 + \varepsilon_3$ von der Wahl des Koordinatensystems unabhängig und es gilt

$$\varepsilon_1 + \varepsilon_2 + \varepsilon_3 = \varepsilon_{xx} + \varepsilon_{yy} + \varepsilon_{zz} = \frac{\Delta V}{V} \tag{6.10}$$

wobei $\Delta V / V$ die relative Volumenänderung infolge der elastischen Verformung angibt.

Mit Spannungs- und Dehnungstensor läßt sich nun das Hookesche Gesetz formulieren:

---

[1] Die Formänderung eines Volumenelementes wird exakt durch den sogenannten Verschiebungsgradiententensor $\mathbf{e}$ beschrieben, der sich zerlegen läßt in den Dehnungstensor $\boldsymbol{\varepsilon}$ und den Rotationstensor $\mathbf{w}$, also $\mathbf{e} = \boldsymbol{\varepsilon} + \mathbf{w}$. In dem in Abb. 6.3 betrachteten Fall ist

$$\mathbf{e} = \begin{pmatrix} 0 & \gamma_1 & 0 \\ 0 & 0 & 0 \\ 0 & 0 & 0 \end{pmatrix}, \quad \boldsymbol{\varepsilon} = \begin{pmatrix} 0 & 1/2\gamma_1 & 0 \\ 1/2\gamma_1 & 0 & 0 \\ 0 & 0 & 0 \end{pmatrix}, \quad \mathbf{w} = \begin{pmatrix} 0 & 1/2\gamma_1 & 0 \\ -1/2\gamma_1 & 0 & 0 \\ 0 & 0 & 0 \end{pmatrix}$$

Der Dehnungstensor $\boldsymbol{\varepsilon}$ ist der symmetrische Anteil (d. h. $\varepsilon_{ij} = \varepsilon_{ji}$) von $\mathbf{e}$ und beschreibt die reine Verformung des betrachteten Volumenelementes. Die Rotationsmatrix $\mathbf{w}$ entspricht dem antisymmetrischen Anteil (d. h. $w_{ij} = -w_{ji}$) von $\mathbf{e}$ und beschreibt die sogenannte Starrkörperrotation des Volumenelementes. Für eine reine Starrkörperrotation müssen aber keine Gleitsysteme aktiviert werden; sie läßt sich alleine durch eine Rotation des zugrundeliegenden Koordinatensystems beschreiben. Daher wird für die Betrachtung des reinen Verformungszustandes immer der Dehnungstensor $\boldsymbol{\varepsilon}$ herangezogen.

$$\sigma = \mathbf{C}\varepsilon \qquad\qquad (6.11\text{a})$$

$$\sigma_{ij} = \sum_{k,l=1}^{3} C_{ijkl}\,\varepsilon_{kl} \qquad\qquad (6.11\text{b})$$

Dabei ist **C** der Tensor der elastischen Konstanten, ein Tensor 4. Stufe mit $3^4 = 81$ Elementen C_{ijkl}. Allerdings gibt es infolge von Symmetriebedingungen selbst im Fall geringster (trikliner) Kristallsymmetrie nur 21 verschiedene Elemente. Deshalb kann man den Tensor 4. Stufe **C** auf eine symmetrische Matrix $\mathbf{C}_{ij}$ mit den Elementen $C_{11}....C_{66}$ vereinfachen. Nur diese vereinfachte Darstellung ist in der Literatur gebräuchlich. In elastisch isotropen Werkstoffen reduziert sich die Anzahl der unabhängigen elastischen Konstanten bis auf zwei, bspw. Elastizitätsmodul E und Querkontraktionszahl ν.

Die Querkontraktion beschreibt die Erfahrung, daß ein Festkörper seinen Querschnitt verringert, wenn man ihn elastisch verlängert (oberes Teilbild von Abb. 6.3). Bringt man also eine Zugspannung in x-Richtung an, so gibt es auch eine Dehnung in y- und z-Richtung, wobei

$$\varepsilon_{yy} = \varepsilon_{zz} = -\nu\,\varepsilon_{xx} \qquad\qquad (6.12)$$

Der Schubmodul G berechnet sich dann als

$$G = \frac{E}{2(1+\nu)} \qquad\qquad (6.13)$$

Die Reduktion auf zwei unabhängige elastische Konstanten ergibt sich allerdings nur bei elastischer Isotropie des Festkörpers, wenn also die elastischen Eigenschaften nicht von der räumlichen Richtung abhängig sind. Bei Vielkristallen mit regelloser Orientierungsverteilung ist das gewöhnlich der Fall. In Einkristallen oder texturbehafteten Vielkristallen ist die Verformung allerdings auch von der Orientierung abhängig. Dann gilt Gl. (6.13) nicht mehr, und es gibt drei unabhängige elastische Konstanten. Bei hexagonaler Kristallsymmetrie erhöht sich die Anzahl der unabhängigen elastischen Konstanten auf fünf.

6.2   Die Fließkurve

Streng genommen gilt das Hookesche Gesetz nur für sehr kleine Verformungen ($\varepsilon <$ 10^{-4}). Bei größeren Verformungen beobachtet man zunächst geringe Abweichungen von der Proportionalität von Spannung und Dehnung, die mit zunehmender Dehnung größer werden. Makroskopisch fällt diese Nichtlinearität kaum ins Gewicht, und für technische Zwecke kann sie in der Regel vernachlässigt werden. Das charakteristische Merkmal des elastischen Bereiches ist aber, daß der Festkörper bei Entlastung augenblicklich wieder seine ursprüngliche, unverformte Gestalt annimmt.

Abb. 6.5 Prinzip des dynamischen Zugversuchs

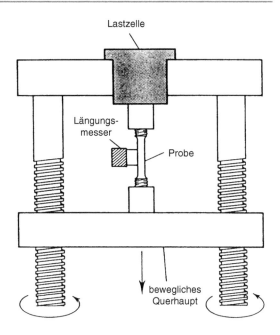

Insbesondere metallische Werkstoffe können aber weit über den elastischen Bereich hinaus verformt werden, ehe sie zerreißen. Sie verformen sich plastisch. Damit ist verbunden,
daß nach Entlastung eine Formänderung zurückbleibt. Je nach Verformbarkeit (Duktilität)
unterscheiden wir drei Arten von Werkstoffen (Bruchdehnung A)

(a) spröde Werkstoffe: $A \leq 0.1\,\%$ (z. B. keramische Werkstoffe, Hartstoffe)
(b) duktile Werkstoffe: $A \approx 10\,\%$ (Metalle und technische Legierungen)
(c) superplastische Werkstoffe: $A \approx 1000\,\%$ (spezielle feinkörnige Legierungen)

Das Spannungs-Dehnungs-Verhalten von Werkstoffen wird standardmäßig bei einach-
siger Verformung, d. h. im Zugversuch festgestellt. Dazu wird eine Probe in einer mechani-
schen Prüfmaschine mit konstanter Geschwindigkeit verlängert (Abb. 6.5) und sowohl die
Verlängerung $\Delta\ell$, als auch die dazu notwendige Kraft K, fortlaufend registriert. Aus der
Kraft K, bezogen auf den Ausgangsquerschnitt q_0, erhält man die Nennspannung $\sigma = K/q_0$.
Die Verlängerung $\Delta\ell$, bezogen auf die Ausgangslänge ℓ_0, ergibt die Dehnung $\varepsilon = \Delta\ell/\ell_0$.

Trägt man σ gegen ε auf, so erhält man das technische Spannungs-Dehnungs-Diagramm.
Abbildung 6.6 gibt einige Beispiele von Spannungs-Dehnungs-Diagrammen technischer
Werkstoffe. Bei allen Unterschieden im Detail ist der Charakter der Diagramme einheitlich (Abb. 6.7a). Nach Überschreiten einer Streckgrenze R_p, dem Ende des elastischen
Bereichs, steigt die Spannung mit der Dehnung zunächst an (Verfestigung), erreicht bei
einer Dehnung A_g (Gleichmaßdehnung) ein Maximum R_m (Zugfestigkeit) und fällt danach
bis zum Erreichen der Bruchdehnung A ab. Die Streckgrenze (oder Fließgrenze) ist nur

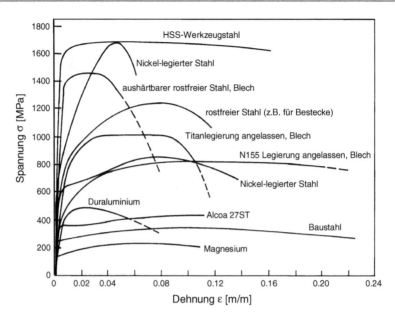

Abb. 6.6 Spannungs-Dehnungs-Diagramme einiger technischer Werkstoffe (nach [1])

unscharf definiert, denn der elastisch-plastische Übergang ist gewöhnlich kontinuierlich. Zwei Verfahren haben sich zur Definition bewährt. Einmal kann man $R_{p0.2}$ als die Spannung definieren, bei der eine Dehnung von 0.2 % nach Entlastung verbleibt. Dazu zieht man eine Parallele zur elastischen Geraden mit dem Achsenabschnitt $\varepsilon = 0.2$ % und sucht den Schnittpunkt mit der Fließkurve. Andererseits kann man R_p auch durch Extrapolation des elastischen Bereichs und Rückextrapolation des plastischen Bereichs bestimmen, indem man den Schnittpunkt der Extrapolationsgeraden sucht (Abb. 6.8). Davon abweichend zeigen insbesondere unlegierte Stähle im Übergang vom elastischen zum plastischen Bereich ein unstetiges Verformungsverhalten (Abb. 6.7b). Nach Erreichen einer oberen Streckgrenze R_{eH} fällt die Spannung auf eine untere Streckgrenze R_{eL} ab und bleibt für ein Dehnungsintervall ε_L (Lüdersdehnung) etwa konstant, bevor die Verfestigung einsetzt.

Bei Überschreiten der Gleichmaßdehnung wird die Verformung instabil. Eine Zugprobe verringert lokal den Querschnitt (Einschnürung) und bricht dort schließlich. Dieses Verhalten läßt sich verstehen, wenn man die wahre Spannungs-Dehnungs-Kurve diskutiert. Die technische Spannung und Dehnung wurden in Anlehnung an die Begriffe der elastischen Verformung definiert. Dort sind die Dehnungen so klein, daß sich Länge und Querschnitt nur geringfügig ändern und somit Spannung und Dehnung ohne großen Fehler mit den Ausgangsdimensionen definiert werden können. Bei der plastischen Verformung sind die Dimensionsänderungen groß, so daß man zur Definition von Spannung und Dehnung die tatsächlichen Querschnitte und Längen berücksichtigen muß. Dazu definiert man die wahre Spannung σ_w und die wahre Dehnung ε_w.

$$d\varepsilon_w = \frac{d\ell}{\ell} \tag{6.14}$$

$$\varepsilon_w = \int_{\ell_0}^{\ell} \frac{d\ell}{\ell} = \ln\frac{\ell}{\ell_0} = \ln\frac{\ell_0 + \Delta\ell}{\ell_0} = \ln(1 + \varepsilon) \tag{6.15}$$

$$\sigma_w = \frac{F}{q} = \frac{F}{q_0} \cdot \frac{q_0}{q} \tag{6.16}$$

Bei der plastischen Verformung bleibt das Volumen konstant. Daher gilt

$$\ell_0\, q_0 = \ell \cdot q \tag{6.17}$$

oder

$$\frac{q_0}{q} = \frac{\ell}{\ell_0} = 1 + \varepsilon \tag{6.18}$$

und

$$\sigma_w = \sigma \cdot (1 + \varepsilon) \tag{6.19}$$

Entsprechend kann man die wahre Spannungs-Dehnungs-Kurve aus dem technischen Spannungs-Dehnungs-Diagramm berechnen. Sie wird auch als Fließkurve bezeichnet. Die Krafterhöhung dF, die aufzuwenden ist, um eine Zugprobe um ein Intervall $d\varepsilon_w$ weiter zu verformen, ergibt sich wegen

$$F = \sigma_w \cdot q \tag{6.20}$$

$$\frac{dF}{d\varepsilon_w} = q \cdot \frac{d\sigma_w}{d\varepsilon_w} + \sigma_w \frac{dq}{d\varepsilon_w} \tag{6.21}$$

Sie ist also bestimmt durch die physikalische Verfestigung (Steigung der Fließkurve) $d\sigma_w/d\varepsilon_w > 0$ und die geometrische Entfestigung (Querschnitts-Verringerung) $dq/d\varepsilon_w < 0$. Ist der Verfestigungskoeffizient $d\sigma_w/d\varepsilon_w$ groß, so verläuft die Verformung stabil. Führt nämlich die Verformung zu einer lokalen Querschnittsverringerung, so verfestigt sich der betreffende Querschnitt und hemmt dadurch die Verformung in diesem Probenabschnitt bis ein einheitlicher Querschnitt wiederhergestellt ist. Allerdings wird der Verfestigungskoeffizient mit zunehmender Dehnung immer kleiner, so daß es eine kritische Dehnung, die Gleichmaßdehnung, gibt, bei der Verfestigung und Entfestigung sich kompensieren. Bei noch größeren Dehnungen überwiegt die geometrische Entfestigung. Kommt es unter diesen Bedingungen lokal zu einer Querschnittsverringerung, so kann die physikalische Verfestigung die geometrische Entfestigung nicht mehr kompensieren, und es folgt die Einschnürung der Probe. Dabei nimmt zwar die Last ab, aber die wahre Spannung im Querschnitt der Einschnürung nimmt weiter zu, bis das Material zerreißt.

Die Verformung wird also instabil am Maximum des technischen Spannungs-Dehnungs-Diagramms. Verläuft das Maximum sehr flach, so ist die Gleichmaßdehnung schlecht abzulesen. Man kann sie aber einfach bestimmen, wenn man die wahre Spannung über der technischen Dehnung aufträgt. Im Maximum der $\sigma - \varepsilon$-Kurve ist

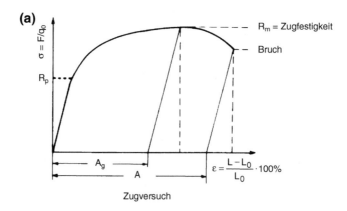

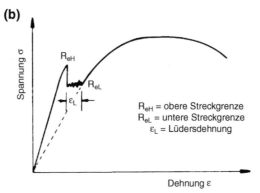

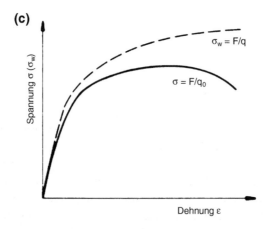

Abb. 6.7 Schematische Spannungs-Dehnungs-Diagramme. **a** Technisches Diagramm mit den wichtigsten Kenngrößen der Werkstoffprüfung. **b** Diagramm mit ausgeprägter Streckgrenze und Lüdersdehnung. **c** Nominelle und wahre Spannung

Abb. 6.8 Definition der Streckgrenze: R_p und $R_{p0.2}$

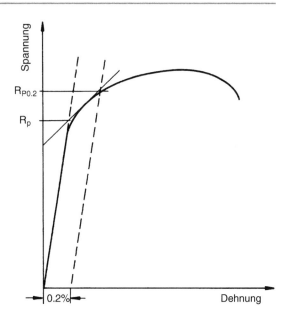

$$dF = 0 = q\,d\,\sigma_w + \sigma_w\,dq \qquad (6.22)$$

Wegen Volumenkonstanz gilt ferner Gl. (6.17): $\ell_0\,q_0 = \ell \cdot q = \text{const.}$

$$\ell \cdot dq + q \cdot d\ell = 0 \qquad (6.23)$$

$$\frac{d\ell}{\ell} = -\frac{dq}{q} \qquad (6.24)$$

$$\frac{d\ell}{\ell} = \frac{d\ell}{\ell_0} \cdot \frac{\ell_0}{\ell} = \frac{d\varepsilon}{(1+\varepsilon)} \qquad (6.25)$$

$$\frac{d\,\sigma_w}{d\varepsilon} = \frac{\sigma_w}{1+\varepsilon} \qquad (6.26)$$

Die Tangente des $\sigma_w - \varepsilon$-Diagramms, die durch den Achsenabschnitt $\varepsilon = -1$ geht, definiert die wahre Spannung σ_w und Dehnung $\varepsilon_G = A_g$ am Maximum der Last, d. h. den Punkt der Instabilität (Abb. 6.9). Gleichung (6.26) wird auch als Considère-Kriterium der Instabilität bezeichnet.

Dabei muß betont werden, daß nach Erreichen des Lastmaximums die Verformung instabil werden kann, aber nicht unbedingt instabil werden muß. Insbesondere bei Verformung bei höheren Temperaturen können nach Überschreiten des Considère-Kriteriums noch sehr große Verformungen erreicht werden (Superplastizität, vgl. Abschn. 6.8.1).

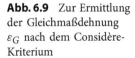

Abb. 6.9 Zur Ermittlung der Gleichmaßdehnung ε_G nach dem Considère-Kriterium

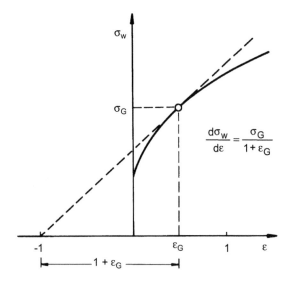

$$\frac{d\sigma_w}{d\varepsilon} = \frac{\sigma_G}{1 + \varepsilon_G}$$

Der Zugversuch ist insofern nachteilig, als die Verformung infolge der geometrischen Entfestigung instabil wird. Diese Problematik kann man durch den Stauchversuch vermeiden (Abb. 6.10a), denn in diesem Fall nimmt der Querschnitt zu, und man erhält eine geometrische Verfestigung. In der Tat kann man im Stauchversuch große Umformgrade erreichen. Die Problematik liegt hier in der Reibung zwischen den Druckplatten und der Probe, die die Querschnittsvergrößerung an der Kontaktfläche behindert. Dadurch kommt es bei größeren Verformungen zu einer faßartigen Probenform („barrelling"), bei der der Querschnitt in der Probenmitte größer als an den Enden ist. Ein uneinheitlicher Querschnitt und ein Verlust der einachsigen Verformungsgeometrie ist die Folge.

Geometrische Entfestigung wird ebenfalls im Torsionsversuch (Abb. 6.10b) vermieden, weil der Querschnitt sich durch Verformung nicht ändert. Auch hier lassen sich große Umformgrade erreichen. Allerdings ist hier die Verformung über dem Querschnitt nicht konstant, sondern $\gamma = 0$ in der Zylindermitte und $\gamma = \gamma_{max}$ an der Oberfläche. Diesen Nachteil kann man umgehen durch die Verwendung dünnwandiger Hohlzylinder. Dabei besteht allerdings leicht die Gefahr der Instabilität durch Knicken der Probe.

Eine sehr einfache und weitverbreitete Methode zur mechanischen Werkstoffprüfung ist der Härteversuch (Abb. 6.10c). Dabei wird ein Stempel mit einer vorgegebenen Last in das zu untersuchende Material gepreßt und die Größe des verbleibenden Eindrucks nach der Entlastung gemessen. Es gibt sehr unterschiedliche Methoden, die sich durch verschiedene Stempelformen unterscheiden, bspw. halbkugelförmig (Brinell-Härte), kegelförmig (Rockwell-Härte), pyramidenförmig (Vickers-Härte) und andere. Der Nachteil der Härtemessung ist der physikalisch undefinierte Zustand des Materials, da es mehrachsig plastisch verformt wird. Unter bestimmten Umständen kann man die Härte mit der Streckgrenze korrelieren. Selbst wenn das nicht der Fall ist, geben aber Härtemessungen schnelle und

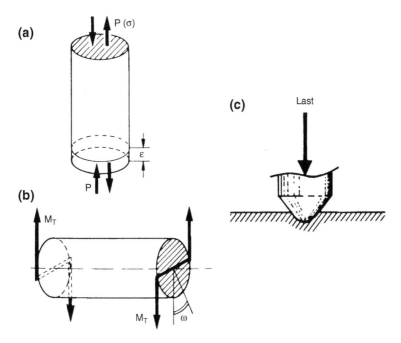

Abb. 6.10 Verschiedene Methoden der Werkstoffprüfung. **a** Zug- und Druckversuch; **b** Torsionsversuch; **c** Härtemessung

einfache qualitative Ergebnisse, die ohne große Ansprüche an die Probenform gewonnen
werden können. Insbesondere zur Verfolgung von Festigkeitsänderungen (bzw. Härteän-
derungen) oder zum Festigkeitsvergleich sind Härtemessungen gut geeignet.

6.3 Mechanismen der plastischen Verformung

6.3.1 Kristallographische Gleitung durch Versetzungsbewegung

Wenn sich ein Werkstoff plastisch verformt, so ändert sich seine Gestalt. Entsprechend
müssen die Atome seiner Kristallite ihre Position ändern. Erfolgt die Verformung homogen bis zur atomaren Ebene, analog der elastischen Verformung, so muß ein Kristall seine
Struktur ändern (Abb. 6.11a). Durch Röntgenbeugung kann man aber nachweisen, daß sich
durch plastische Verformung die Kristallstruktur nicht ändert, denn sonst müßte sich die
Lage der Beugungsringe im Debye-Scherrer-Diagramm ändern (Abb. 6.12). Eine Beibehaltung der Kristallstruktur bei äußerer Formänderung ist nur dann möglich, wenn sich ganze
Kristallbereiche längs einer kristallographischen Ebene um ein ganzzahliges Vielfaches des

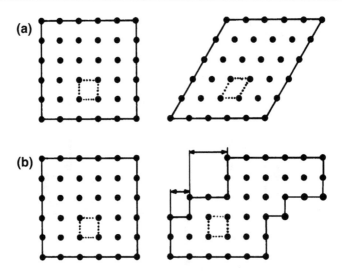

Abb. 6.11 Plastische Verformung von Kristallen (Elementarzelle gestrichelt); **a** unter Änderung der Kristallstruktur; **b** unter Beibehaltung der Kristallstruktur

Atomabstandes in dieser Ebene verschieben (Abb. 6.11b). Bei einer solchen Gleitung entstehen aber Stufen auf der Oberfläche, sog. Gleitstufen, die man auch tatsächlich beobachtet, bspw. auf Oberflächen von zugverformten Einkristallen (Abb. 6.13). Bei mikroskopischer Betrachtung verformter Vielkristalle erkennt man, daß in den unterschiedlich orientierten Kristalliten auch die Gleitlinien verschieden orientiert sind, aber innerhalb eines Korns parallel verlaufen oder aus mehreren Scharen von parallelen Gleitlinien bestehen (Abb. 6.14). Eine kristallographische Analyse zeigt, daß die Gleitlinien längs bestimmter, zumeist niedrig indizierter kristallographischer Ebenen verlaufen, z. B. parallel zu {111}-Ebenen bei kfz-Kristallen.

Die Schubspannung τ_{max}, die notwendig ist, um zwei Kristallteile auf einer kristallographischen Ebene gegeneinander um einen Atomabstand b abgleiten zu lassen, läßt sich berechnen (Abb. 6.15). Zur Verschiebung x zweier Atomebenen muß zunächst die Spannung τ zunehmen, erreicht ein Maximum τ_{max}, wenn die zwei Atomreihen etwa um ein Viertel des Atomabstandes verschoben sind und nimmt bei $x = b$ nach Überschreiten einer instabilen Lage beim Energiemaximum den Wert Null an, weil dann wieder eine stabile Gleichgewichtslage des Kristallgitters erreicht wird. Einen solchen Verlauf kann man durch

$$\tau = \tau_{max} \sin\left(\frac{2\pi x}{b}\right) \tag{6.27a}$$

nähern. Für kleine x kann man den Sinus linear entwickeln

$$\tau = \tau_{max} \sin\left(\frac{2\pi x}{b}\right) \cong \tau_{max}\frac{2\pi x}{b} \tag{6.27b}$$

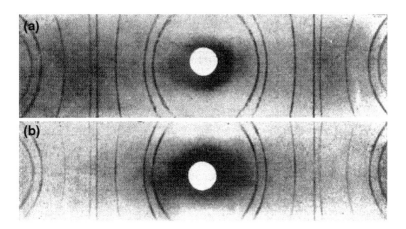

Abb. 6.12 Debye-Scherrer-Diagramme von **a** unverformtem und **b** verformtem Kupfer [2, S. 346]

Bei kleinen Auslenkungen x muß das Hookesche Gesetz gelten, d. h. wenn d der Netzebe-nenabstand ist,

$$\tau = G\gamma = G \cdot \frac{x}{d} \tag{6.28}$$

Aus. Gl. (6.27b) und (6.28) folgt

$$\tau_{max} \cdot \frac{2\pi x}{b} = G\frac{x}{d} \tag{6.29}$$

und daraus

$$\tau_{max} = \frac{G}{2\pi} \cdot \frac{b}{d} \tag{6.30}$$

Bei Verwendung realistischer interatomarer Potentiale erhält man für τ_{max} etwas klei-nere Werte. $\tau_{max} = \tau_{th}$ ist die theoretische Schubfestigkeit und sollte nach diesem Modell der Fließgrenze (kritische Schubspannung) im Scherversuch entsprechen. Die kritischen Schubspannungen von Metallen und Legierungen sind aber um Größenordnungen klei-ner als die theoretische Schubfestigkeit. Zum Beispiel beträgt in Kupfer $\tau_{th} \approx 1.4\,\text{GPa}$, die Streckgrenze in Kupfereinkristallen wird aber schon bei $\tau_0 = 0.5\,\text{MPa}$ erreicht, also bei einer um etwa vier Zehnerpotenzen kleineren Spannung als τ_{max} (Tab. 6.1).

Die Lösung dieses Problems liegt darin, daß die Bewegung der Atome nicht gleichzeitig, sondern zeitlich nacheinander erfolgt. Diese Bewegung ist auch an anderer Stelle der Natur verwirklicht, bspw. bei der Bewegung einer Raupe (Abb. 6.16). Im Kristall entspricht dieser Mechanismus der Bewegung einer Versetzung (Abb. 6.16 und 6.17). Durchwandert eine Versetzung mit Burgers-Vektor **b** einen Kristall der Dicke ℓ_2, so wird der Kristall um $\gamma = b/\ell_2$ abgeschert. Die Betrachtung läßt sich verallgemeinern (Abb. 6.17). Bewegen sich n Versetzungen jeweils um den Weg dL, so ist die damit verbundene Abgleitung (Scherung)

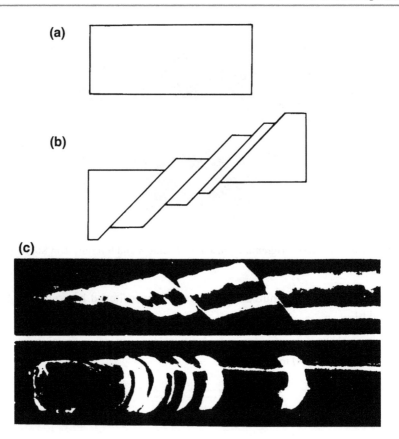

Abb. 6.13 Plastische Formänderung einer Zugprobe durch kristallographische Gleitung **a** vor der Verformung; **b** nach der Verformung; **c** zugverformter Zinn-Einkristall [2, S. 108]

Tab. 6.1 Theoretische Schubfestigkeit τ_{th} (berechnet nach einer verfeinerten Methode), kritische Schubspannung (experimentell) $\tau_{exp} = \tau_0$ und Bruchspannung σ_B einiger Metalle

Material	τ_{th} $[10^9\,N/m^2]$	τ_{exp} $[10^6\,N/m^2]$	τ_{exp}/τ_{th}	σ_B $[10^6\,N/m^2]$
Ag	1.0	0.37	0.00037	20
Al	0.9	0.78	0.00087	30
Cu	1.4	0.49	0.00035	51
Ni	2.6	3.2	0.0070	121
α-Fe	2.6	27.5	0.011	150

$$d\gamma = n \cdot \frac{dL}{\ell_1} \cdot \frac{b}{\ell_2} = \rho b\, dL \quad \text{oder} \quad \dot{\gamma} = \rho \cdot b \cdot v \qquad (6.31a)$$

(ρ — Versetzungsdichte, v – Versetzungsgeschwindigkeit, vgl. Kap. 3).

Abb. 6.14 Gleitlinien auf der Oberfläche eines gewalzten Fe_3Al Vielkristalls [2, S. 106]

Bleiben die Versetzungen nach einem Laufweg L vor einem Hindernis liegen, so daß $d\rho$ neue Versetzungen in einer kleinen Zeitspanne erzeugt werden müssen, so kann man auch schreiben (Orowan-Gleichung)

$$d\gamma = b \cdot L \cdot d\rho \tag{6.31b}$$

Die Gl. (6.31a) und (6.31b) beschreiben die Verformung auf unterschiedlichen Zeitskalen. Während (6.31a) die augenblickliche Verschiebung der Versetzung, d. h. ihre momentane Geschwindigkeit angibt, kennzeichnet Gl. (6.31b) die Verformung auf einer gröberen Zeitskala, in der Versetzungen erzeugt, bewegt und immobilisiert werden. Das ist bspw. für die Betrachtung der Verfestigung wichtig (vgl. Abschn. 6.5.2).

Zur Bewegung dieser Versetzungen muß eine Kraft auf sie wirken, die mit der außen angelegten Spannung τ in Zusammenhang steht (Abb. 6.17). Diesen Zusammenhang erhält man aus der Betrachtung der verrichteten Arbeit A bei der Abgleitung, bei der sich die obere Kristallhälfte unter Angriff der Kraft ($\tau\,\ell_1\ell_3$) um den Weg b verschiebt

$$A = \tau\ell_1\ell_3 \cdot b \tag{6.32a}$$

Andererseits erhält man die gleiche Verformung durch Bewegung einer Versetzung um die Strecke ℓ_1. Dabei wirkt die Kraft pro Längeneinheit K auf die Versetzung der Länge ℓ_3. Damit wird

$$A = K \cdot \ell_3 \cdot \ell_1 \tag{6.32b}$$

Vergleich von Gl. (6.32a) und (6.32b) liefert

$$K = \tau b \tag{6.33}$$

In verallgemeinerter Form ergibt sich bei beliebigem Spannungszustand σ auf eine Versetzung mit Burgers-Vektor $\mathbf{b}$ und Linienelement $\mathbf{s}$ die Kraft pro Längeneinheit

$$\mathbf{K} = (\sigma \cdot \mathbf{b}) \times \mathbf{s} \tag{6.34}$$

Gleichung (6.34) ist als Peach-Koehler-Gleichung bekannt.

Abb. 6.15 Energie- und
Spannungsverlauf bei starrer
Abgleitung

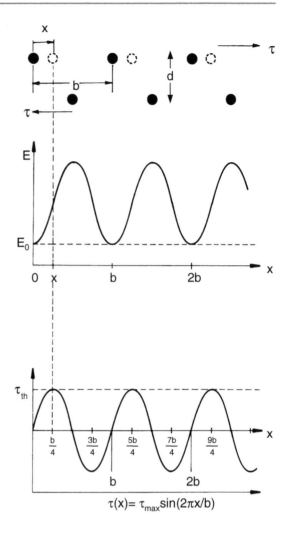

Die Gl. (6.31) und (6.34) stellen den fundamentalen Bezug zwischen makroskopischer Spannung und Dehnung und dem mikroskopischen Mechanismus der Verformung her. Das Spannungs-Dehnungs-Diagramm entspricht stark vereinfacht einem Kraft-Weg-Diagramm der Versetzungen.

Zur Bewegung einer Versetzung auf ihrer Gleitebene muß sie eine Konfiguration erhöhter Energie überwinden (Abb. 6.18). Dazu ist eine Kraft nötig, die gemäß Gl. (6.33) einer auf der Gleitebene herrschenden Schubspannung entspricht. Diese Peierls-Spannung τ_p läßt sich näherungsweise berechnen zu

$$\tau_p = \frac{2G}{1-\nu} \exp\left(-\frac{2\pi}{(1-\nu)}\frac{d}{b}\right) \tag{6.35}$$

Abb. 6.16 Analogie von Raupenbewegung und Versetzungsbewegung

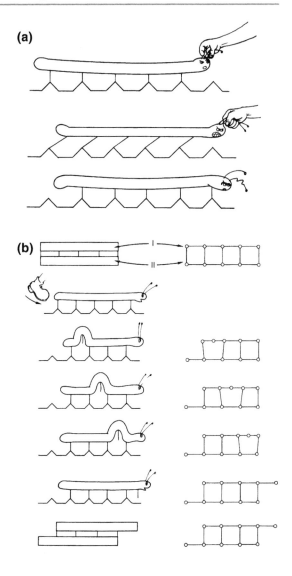

Diese Spannung ist proportional zum Schubmodul G, aber exponentiell vom Gleitebenenabstand d und Burgers-Vektor **b** (Gleitrichtung) abhängig. Mit zunehmendem d und abnehmendem **b** wird τ_p kleiner. Der Abstand benachbarter Ebenen mit den Miller-Indizes {h k l} bei kubischer Kristallsymmetrie (Gitterparameter a) ist gegeben durch

$$d = \frac{a}{\sqrt{h^2 + k^2 + \ell^2}} \tag{6.36}$$

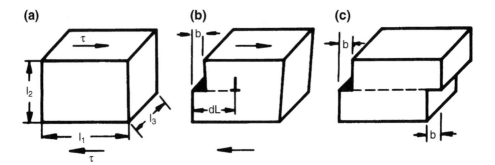

Abb. 6.17   Formänderung eines Kristalls bei Bewegung einer Versetzung

Abb. 6.18   Zur Definition von Peierls-Energie E_p und Peierls-Spannung τ_p

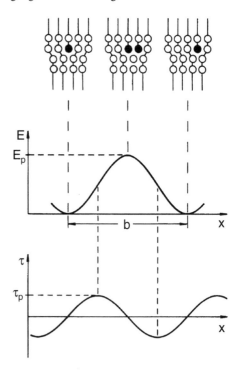

Deshalb ist d für niedrig indizierte Ebenen am größten. Für kfz-Kristalle ist d für $\{111\}$-Ebenen am größten. Andererseits ist der Abstand der Atome **b** in derjenigen Richtung am kleinsten, in der sich die Atome berühren. Im kfz-Gitter ist das der Fall in den dichtest gepackten $\langle 110\rangle$-Richtungen. Die Peierls-Spannung in kfz-Kristallen sollte demnach am kleinsten sein für Versetzungen mit Burgers-Vektoren $a/2\langle 110\rangle$, die auf $\{111\}$-Ebenen gleiten. Tatsächlich wird in kfz-Metallen auch Gleitung auf $\{111\}$-Ebenen in $\langle 110\rangle$-Richtung, d. h. auf $\{111\}\langle 110\rangle$-Gleitsystemen beobachtet. Wegen der exponentiellen Abhängigkeit $\tau_p(d/b)$ ist die Peierls-Spannung in anderen Gleitsystemen viel größer. Deshalb wird in kfz-Kristallen ausschließlich Gleitung auf $\{111\}\langle 110\rangle$-Gleitsystemen beobachtet (Abb. 6.19).

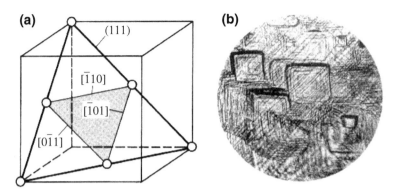

Abb. 6.19 a Gleitsysteme im kfz-Gitter. Jede {111}-Ebene enthält drei ⟨110⟩-Richtungen. b Gleitlinien auf einer {100}-Oberfläche in Cu. Sie verlaufen längs der Schnittlinie einer {111}-Ebene mit der Oberfläche [2, S. 106]

Man kann sich die Bevorzugung von {111}-Gleitebenen nach dem Kugelmodell des Festkörpers auch klarmachen, indem man sich vorstellt, daß diese Ebenen die dichtest gepackten und deshalb glattesten Ebenen sind, auf denen Abgleitung mit dem geringsten Reibungswiderstand verbunden ist. Da es in kubischen Kristallen vier {111}-Ebenen mit je drei ⟨110⟩-Richtungen gibt, haben kfz-Kristalle 12 verschiedene Gleitsysteme.

In hexagonalen Kristallen sind dichtest gepackte Ebenen und Richtungen die (0001)-Ebenen und die ⟨11$\bar{2}$0⟩-Richtungen (Abb. 6.20a). In diesem Fall gibt es nur eine Gleitebene, die Basisebene mit drei Gleitrichtungen, also drei Gleitsysteme. Das gilt allerdings nur für dichtest gepackte hexagonale Kristalle oder hexagonale Kristalle mit einem Achsenverhältnis $c/a \geq 1.63$. Für Kristalle mit $c/a < 1.63$ ist die Basisebene nicht mehr eine maximal dicht gepackte Ebene, sondern vergleichbar mit den Prismen- oder Pyramidenebenen. Dann gibt es auch Gleitung auf diesen Ebenen und entsprechend viele Gleitsysteme (Abb. 6.20b). Ein wichtiges Beispiel ist das Metall Ti und seine Legierungen. Titan hat $c/a = 1.58$ und verformt sich deshalb durch Prismen- und Pyramidengleitung, was daher auch als Titan-Mechanismus bezeichnet wird.

In krz-Kristallstrukturen gibt es zwar eine maximal dicht gepackte Richtung, nämlich die ⟨111⟩-Richtung, längs der sich die Atome berühren, aber keine maximal dicht gepackte Ebene wie die {111}-Ebene im kfz-Gitter oder die Basisebene im hexagonalen Gitter. Am dichtesten ist die {110}-Ebene, obwohl nur wenig verschieden von den {112}-und {123}-Ebenen (Abb. 6.21). Deshalb werden häufig im krz-Kristall neben der {110}-Ebene auch {112}⟨111⟩ und {123}⟨111⟩ als Gleitsysteme beobachtet. In manchen Fällen ist auch nicht auszuschließen, daß es gar keine definierte Gleitebene, sondern nur eine feste Gleitrichtung gibt. Dann kann man sich die Verformung wie das axiale Verrutschen eines Stapels von Bleistiften vorstellen, und dieser Fall wird deshalb auch als „pencil glide" bezeichnet.

Die Peierls-Spannung gibt schließlich auch eine Erklärung dafür, warum Kristallstrukturen mit geringer Kristallsymmetrie, wie viele Keramiken oder intermetallischen Phasen,

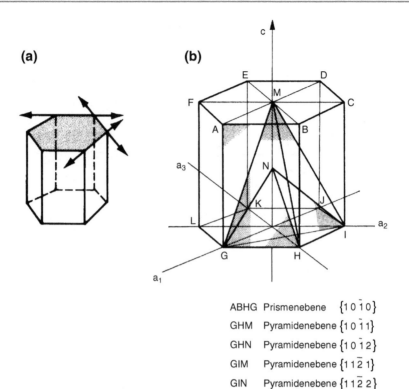

ABHG	Prismenebene	$\{1\,0\,\overline{1}\,0\}$
GHM	Pyramidenebene	$\{1\,0\,\overline{1}\,1\}$
GHN	Pyramidenebene	$\{1\,0\,\overline{1}\,2\}$
GIM	Pyramidenebene	$\{1\,1\,\overline{2}\,1\}$
GIN	Pyramidenebene	$\{1\,1\,\overline{2}\,2\}$

Abb. 6.20 Gleitsysteme in hexagonalen Kristallen. **a** Basisgleitung; **b** Prismen- und Pyramidengleitebenen

Abb. 6.21 Gleitsysteme im krz-Gitter. Mehrere Gleitebenen enthalten die <111>-Gleitrichtung

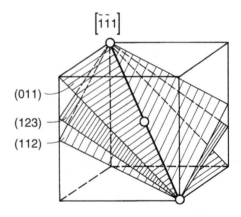

spröde sind. Dort sind Ebenen und Richtungen nur wenig dicht gepackt, und die Peierls-Spannung übersteigt daher die Bruchspannung, so daß gar keine Versetzungsbewegung vor Eintreten des Bruchvorganges auftreten kann.

Eine Übersicht über die Gleitsysteme in verschiedenen Kristallstrukturen gibt Tab. 6.2.

Tab. 6.2 Gleitsysteme der wichtigsten Gittertypen

Kristall-Struktur	Gleitebene	Gleitrichtung	Anzahl der nicht parallelen Ebenen	Gleitrichtungen pro Ebene	Anzahl der Gleitsysteme
kfz	$\{111\}$	$\langle 1\bar{1}0\rangle$	4	3	$12 = (4 \times 3)$
krz	$\{110\}$	$\langle \bar{1}11\rangle$	6	2	$12 = (6 \times 2)$
	$\{112\}$	$\langle 11\bar{1}\rangle$	12	1	$12 = (12 \times 1)$
	$\{123\}$	$\langle 11\bar{1}\rangle$	24	1	$24 = (24 \times 1)$
hex	$\{0001\}$	$\langle 11\bar{2}0\rangle$	1	3	$3 = (1 \times 3)$
	$\{10\bar{1}0\}$	$\langle 11\bar{2}0\rangle$	3	1	$3 = (3 \times 1)$
	$\{10\bar{1}1\}$	$\langle 11\bar{2}0\rangle$	6	1	$6 = (6 \times 1)$
	$\{11\bar{2}2\}$	$\langle \bar{2}113\rangle$	6	2	$12 = (6 \times 2)$

Abb. 6.22 Verformungszwilling in Zirkon

6.3.2 Mechanische Zwillingsbildung

Kristallographische Gleitung ist der weitaus wichtigste und dominierende Verformungs-prozeß in duktilen Werkstoffen. Aber es gibt noch andere Möglichkeiten der plastischen Verformung, bei denen die Kristallstruktur nicht verändert wird, nämlich die Gestaltsände-rung durch Diffusionsvorgänge und die mechanische Zwillingsbildung. Diffusionsvorgänge spielen beim Hochtemperaturkriechen eine wesentliche Rolle und werden in Abschn. 6.8.2 näher behandelt. Die mechanische Zwillingsbildung ist dagegen ein Verformungsmecha-nismus, der besonders bei tiefen Temperaturen wichtig wird. Verformungszwillinge sind zumeist sehr dünn und laufen an den Enden spitz zu (Abb. 6.22).

Zwillingsbildung ist eine Scherverformung, bei der ein Kristallbereich in eine zur Aus-gangslage (Matrix) spiegelsymmetrische Lage überführt wird (Abb. 6.23). Die Spiegelebene gehört dem Zwilling und der Matrix gemeinsam und wird als (kohärente) Zwillingsebene bezeichnet. Alle anderen Grenzflächen zwischen Zwilling und Matrix heißen inkohärente Zwillingsgrenzen. Wegen seiner Spiegelsymmetrie zur Matrix hat das Zwillingsgitter die

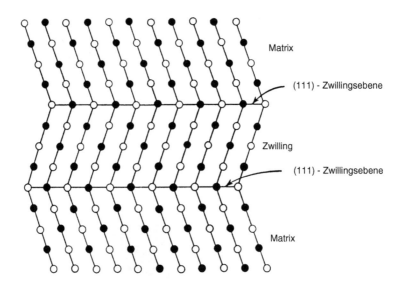

Abb. 6.23 Atomistische Anordnung in Matrix und Zwilling eines kfz-Gitters

Tab. 6.3 a Zwillingssysteme der wichtigsten Gittertypen; **b** c/a-Verhältnis einiger hexagonaler Metalle

(a) Zwillingselemente von Metallkristallen

Gittertyp	Zwillingsebene	Richtung der Verschiebung	Verschiebungsebene		Beispiel
kfz	{111}	⟨112⟩	{110}		Ag, Cu
krz	{112}	⟨111⟩	{110}		α-Fe
hex	{10$\bar{1}$2}	⟨10$\bar{1}$1⟩	{1$\bar{2}$10}		Cd, Zn

(b)	Cd	Zn	Mg	Co	Zr	Ti	Be
c/a	1.88	1.86	1.62	1.62	1.59	1.58	1.57

gleiche Kristallstruktur. Kristallographisch stehen Zwilling und Matrix durch eine 180°-Rotation um die Normale der Zwillingsebene in Beziehung.

Die Geometrie der mechanischen Zwillingsbildung wird beschrieben durch die Zwillingsebene {h k l} und die Richtung der Scherung (Verschiebung) ⟨u v w⟩, d. h. das Zwillingssystem {h k l}⟨u v w⟩. Die Zwillingssysteme der wichtigsten Kristallstrukturen sind in Tab. 6.3 aufgelistet. Die Richtung der Verschiebung ist die Richtung der Schnittlinie von Zwillingsebene und der dazu senkrecht stehenden Verschiebungsebene. In dieser Verschiebungsebene läßt sich die Bewegung der Atome und die damit verbundene Scherung verfolgen. Abbildung 6.24 zeigt die kristallographische Lage der Zwillingssysteme in kubischen Gittern und die Atombewegung bei der Zwillingsbildung.

Der Betrag der Scherung ist bei der Zwillingsbildung im Gegensatz zum Fall der kristallographischen Gleitung fest vorgegeben und nicht variabel. Bei kubischen Gittern beträgt

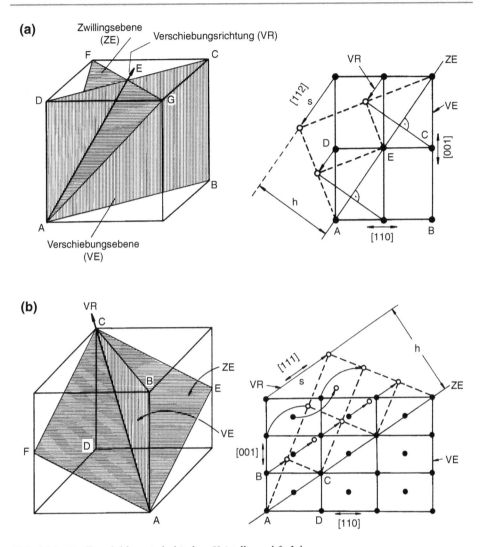

Abb. 6.24   Zwillingsbildung in kubischen Kristallen. **a** kfz; **b** krz

die Scherung bspw. $\gamma_z = \sqrt{2}/2$. Die Gesamtformänderung einer Probe wird allerdings nicht nur von γ_z bestimmt, sondern auch vom Volumen des Zwillings. Würde die ganze Probe verzwillingen, so wäre die Scherung $\gamma = \gamma_z$. Verzwillingt aber nur ein kleiner Volumenbruchteil, so verringert sich die Gesamtverformung entsprechend. Ebenfalls im Gegensatz zur kristallographischen Gleitung ist die Zwillingsscherung auf einem Zwillingssystem einsinnig, d. h. die Scherbewegung zur Zwillingsbildung kann nur in die eine und nicht in die umgekehrte Richtung stattfinden. Damit sind gewisse Einschränkungen für die Betätigung von Zwillingssystemen verbunden.

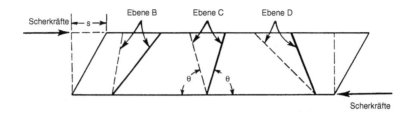

Abb. 6.25 Durch Zwillingsbildung werden einige Richtungen verlängert (Ebene B), andere werden verkürzt (Ebene D)

Infolge der Zwillingsbildung ändert die Probe ihre Form derart, daß sie sich in einigen Richtungen verlängert, in anderen aber verkürzt (Abb. 6.25). Ein Zwillingssystem kann daher nur dann betätigt werden, wenn die Zwillingsscherung die aufgezwungene Formänderung begünstigt, also bei Zugverformung die Probe in Zugrichtung verlängert. In kubischen Kristallen gibt es 12 Zwillingssysteme. Davon gibt es bei jeder Art von Beanspruchung mindestens ein Zwillingssystem, das die erforderliche Formänderung unterstützt. Bei weniger symmetrischen Kristallstrukturen ist das nicht der Fall, wenn die drei Hauptachsen des Gitters nicht äquivalent sind. Ein Beispiel bildet das hexagonale Gitter (Abb. 6.26). Je nach c/a-Verhältnis wird durch die Zwillingsbildung der Kristall senkrecht zur Basisebene entweder verlängert ($c/a < 1.73$) oder verkürzt ($c/a > 1.73$). Staucht man also ein hexagonales Material senkrecht zur Basisebene, so kann es sich durch Zwillingsbildung nur verformen, wenn $c/a > 1.73$ ist. Diese Einschränkung hat gravierende Konsequenzen für die Umformbarkeit hexagonaler Werkstoffe. Im Vorgriff auf die Vielkristallverformung (Abschn. 6.6) muß berücksichtigt werden, daß zur Verformung von Vielkristallen 5 unabhängige Gleitsysteme benötigt werden und daß die Kristalle durch Abgleitung ihre Orientierung ändern. Hexagonale Kristalle mit $c/a > 1.63$ verformen sich aber durch Basisgleitung mit nur 3 Gleitsystemen. Daher muß zur Formänderung auch Zwillingsbildung stattfinden. Beim wichtigsten Umformvorgang, dem Walzen, wird das Material zwischen den Walzen dünner und dabei länger. Durch die Gleitung drehen sich die Körner derart, daß die Basisebene etwa parallel zur Walzebene liegt. Die Probe kann dann beim Walzen durch Zwillingsbildung nur dünner werden, falls $c/a > 1.73$. Ist dagegen $c/a < 1.63$, können hinreichend viele Gleitsysteme durch Prismen- und Pyramidengleitung gefunden werden (Abb. 6.27). Für hexagonale Metalle mit $1.63 < c/a < 1.73$ gibt es keine Möglichkeit zur notwendigen Formänderung beim Walzen. Sie lassen sich deshalb praktisch nicht umformen, verhalten sich also spröde. Ein Beispiel ist das Magnesium, welches mit $c/a = 1.624$ fast ideal dicht gepackt ist und sich nur durch Basisgleitung verformt. Einkristalle aus Magnesium sind gut verformbar, Vielkristalle dagegen verhalten sich beim Umformen spröde (vgl. Abschn. 6.6).

Der Vorgang der Zwillingsbildung verläuft spontan, als Umklappvorgang, ähnlich der martensitischen Umwandlung (vgl. Kap. 9), also praktisch mit Schallgeschwindigkeit. Dadurch wird im Material eine Schallwelle ausgelöst, die auch äußerlich als Knacken oder Knistern hörbar ist, was beim Zinn als „Zinnschrei" bekannt ist. Auf der Verfestigungskurve

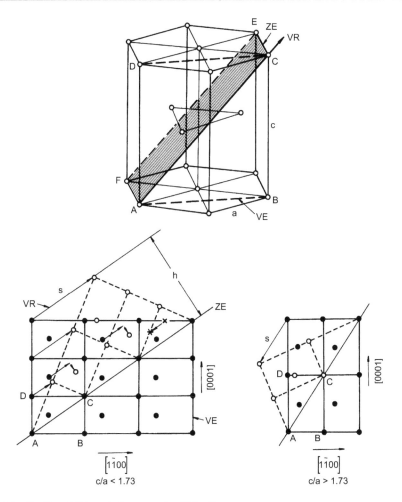

Abb. 6.26 Zwillingsbildung in hexagonalen Kristallen

macht sich die Zwillingsbildung durch einen ruckhaften Abfall der Fließspannung bemerkbar (Abb. 6.28). Danach steigt die Fließspannung wieder an, bis der nächste Zwilling erzeugt
wird, usw.. Der Spannungsabfall erklärt sich dadurch, daß mit der Zwillingsbildung eine
Verformung verbunden ist, die größer ist als die von der Zerreißmaschine in der gleichen
Zeit verursachte Probenverlängerung $\Delta\varepsilon = \dot{\varepsilon}\,\Delta t$, so daß die Probe kurzfristig teilweise entlastet wird und dann die Fließspannung entlang der elastischen Geraden wieder ansteigt.

Je weiter die Atome eines Zwillings von der Zwillingsebene entfernt sind, desto größer ist
der Weg, den sie bei der Zwillingsbildung zurücklegen müssen, womit hohe Energien verbunden sind. Zwillinge sind daher zumeist sehr schmal, um die Energieerhöhung möglichst
klein zu halten. Aus gleichem Grunde ist die kritische Schubspannung für Zwillingsbildung
auch erheblich größer als für Gleitung durch Versetzungsbewegung. Da aber die Fließspan-

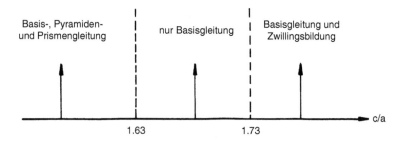

Abb. 6.27 Abhängigkeit der Verformungsmechanismen in hexagonalen Kristallen vom c/a-Verhältnis

Abb.6.28 Verfestigungskurve eines Zn-Einkristalls. Bei größeren Dehnungen setzt Zwillingsbildung ein (nach [3])

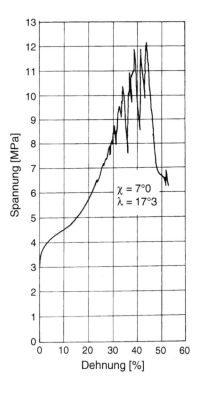

nung mit der Verformung ansteigt, kann bei höheren Verformungsgraden die kritische Spannung zur Zwillingsbildung überschritten werden. Zum Beispiel verformt sich Kupfer bei Raumtemperatur nur durch Gleitung. Bei tiefen Temperaturen (80 K), wo höhere Festigkeiten erzielt werden, tritt Zwillingsbildung dagegen auf. Natürlich hängt das Auftreten der Zwillingsbildung auch von den damit verbundenen Energien ab. So muß z. B. die Energie der Zwillingsgrenze aufgebracht werden, die aber von Material zu Material verschieden ist. Ist die Energie der Zwillingsgrenze sehr klein (bspw. in Silber), so ist das Auftreten von Zwillingen sehr wahrscheinlich. Außerdem zeigen solche Materialien auch eine größere Verformungsverfestigung als Werkstoffe mit hoher Zwillingsenergie (bspw. Aluminium).

Abb. 6.29 Rekristallisationszwillinge in einer Cu-Zn-Legierung

Der Mechanismus der Zwillingsbildung kann auch durch Versetzungsbewegung beschrieben werden. Allerdings haben die betreffenden Versetzungen (Shockley-Versetzungen) keinen Burgers-Vektor, der das Kristallgitter erhält, sondern eben in seine spiegelbildliche Lage überführt. Diese Versetzungen werden in Abschn. 6.5.3 näher besprochen.

Die Verformungszwillinge sind zu unterscheiden von den Rekristallisationszwillingen, die bei Rekristallisation oder Kornvergrößerung auftreten und sich durch charakteristisch gerade Korngrenzen auszeichnen (Abb. 6.29). Zwar haben Verformungs- und Rekristallisationszwillinge die gleiche atomistische Anordnung, doch mit der Bildung von Rekristallisationszwillingen ist keine Scherung verbunden. Allerdings zeigen Materialien mit starker Tendenz zur mechanischen Zwillingsbildung gewöhnlich auch eine hohe Dichte von Rekristallisationszwillingen (z. B. Messing).

Mit der Zwillingsbildung ist eine charakteristische Orientierungsänderung verbunden, nämlich eine 180°-Rotation um die Normale der Zwillingsebene, die sich von der Orientierungsänderung durch Gleitung unterscheidet. Deshalb ist die Verformungstextur (bspw. Walztextur) in Materialien, die sich mit Zwillingsbildung verformen (Messing-Textur), charakteristisch verschieden von Werkstoffen, die sich ausschließlich durch Gleitung verformen (Kupfer-Textur, vgl. Kap. 2).

6.4 Die kritische Schubspannung

6.4.1 Das Schmidsche Schubspannungsgesetz

Die Streckgrenze R_p bezeichnet den Beginn der plastischen Verformung. Sie ist verschieden für unterschiedliche Werkstoffe, aber selbst für dasselbe Material kann sie sich von Probe zu Probe ändern, wenn Einkristalle verschiedener Orientierung betrachtet werden. Außerdem wird die Größe der Streckgrenze natürlich noch durch die Verformungstemperatur beeinflußt. Die Orientierungsabhängigkeit der Streckgrenze läßt sich aus der Peach-Koehler-Gleichung erklären. Der Beginn des plastischen Fließens bedeutet ja nichts anderes als der Beginn der (massiven) Versetzungsbewegung. Eine Versetzung bewegt sich infolge einer Kraft, die in der Gleitebene in Richtung des Burgers-Vektors (Gleitrichtung) auf sie wirkt. Deswegen ist nicht die angebrachte Zugspannung, sondern die resultierende Schubspannung im Gleitsystem für die Versetzungsbewegung maßgeblich. Diese resultierende Schubspannung τ berechnet sich aus der Zugspannung σ als

$$\tau = \sigma \cos \kappa \cdot \cos \lambda = m\,\sigma \tag{6.37}$$

wobei κ den Winkel zwischen Zugrichtung und Gleitebenennormalen und λ den Winkel zwischen Zugrichtung und Gleitrichtung angeben (Abb. 6.30a). Man kann Gl. (6.37) so verstehen, daß die Spannung $\sigma' = \sigma \cos \kappa$ in der Gleitebene herrscht (da $\sigma' = \sigma \cdot A/A'$, mit der Querschnittsfläche $A' = A/\cos \kappa$) und $\sigma' \cos \lambda$ schließlich die Komponente von σ' in Gleitrichtung ist. Der Faktor $m = \cos \kappa \cos \lambda$ wird als Schmid-Faktor bezeichnet mit $0 \le |m| \le 0.5$. Die wirksame Kraft auf eine Versetzung hängt also von der Lage ihres Gleitsystems relativ zur Zugrichtung ab. Gibt es mehr als ein Gleitsystem, so haben die verschiedenen Gleitsysteme in der Regel unterschiedliche Schmid-Faktoren. Bei gegebener Zugspannung erfährt das Gleitsystem mit dem größten Schmid-Faktor die höchste Schubspannung. Versetzungsbewegung wird erfolgen, wenn die Kraft auf die Versetzung, und damit die resultierende Schubspannung einen kritischen Wert τ_0 überschreitet, dessen Berechnung wir in Abschn. 6.4.2 vornehmen werden. Diese kritische Schubspannung sollte für alle Gleitsysteme gleich sein. Das ist die Feststellung des Schmidschen Schubspannungsgesetzes. Aus Experimenten wird diese Hypothese tatsächlich bestätigt. Trägt man die gemessene Streckgrenze über $1/(\cos \kappa \cos \lambda)$ auf, so erhält man gemäß Gl. (6.37) und der Schmidschen Schubspannungshypothese eine Proportionalität, d. h. $\tau_0 = $ const. (Abb. 6.30b).

Das Schmidsche Schubspannungsgesetz erlaubt es, die aktivierten Gleitsysteme eines Einkristalls zu bestimmen. Dasjenige Gleitsystem mit dem höchsten Schmid-Faktor wird als erstes die kritische Schubspannung erreichen und damit die plastische Verformung tragen. Betrachtet man in kubischen Kristallen alle möglichen Einkristallorientierungen (Abb. 6.31), so findet man, daß bei einer Orientierung der Zugachse parallel zu irgendeiner Orientierung innerhalb des Standarddreiecks der stereographischen Projektion nur ein einziges Gleitsystem angeregt wird (Einfachgleitung). Auf den Symmetralen $(001) - (\bar{1}11)$, $(001) - (011)$, $(011) - (\bar{1}11)$ haben je zwei Gleitsysteme den gleichen Schmid-Faktor (Doppelgleitung). Bei den Eckorientierungen erhält man so viele aktivierte Gleitsysteme wie Dreiecke an den Ecken zusammenstoßen, also vier Gleitsysteme für $\langle 110 \rangle$, sechs Gleitsysteme für $\langle 111 \rangle$ und acht Gleitsysteme für $\langle 100 \rangle$ (Mehrfachgleitung).

Die Frage nach der Größe der Streckgrenze reduziert sich damit auf die Frage nach der kritischen Schubspannung τ_0 um ein Gleitsystem zu aktivieren, d. h. nach der Kraft, um Versetzungen in diesem Gleitsystem zu bewegen. Die minimale Spannung, die erforderlich ist, um eine Versetzung zu bewegen, ist die Peierls-Spannung τ_p. In der Regel findet man aber

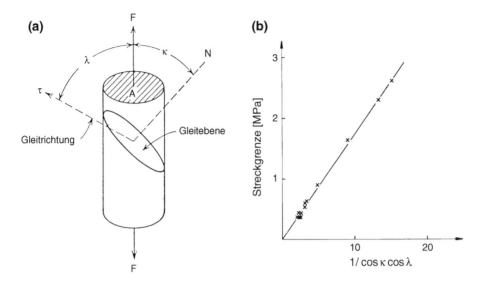

Abb. 6.30 **a** Zur Bestimmung des Schmid-Faktors; **b** Abhängigkeit der Streckgrenze vom reziproken Schmid-Faktor (nach [4, S. 124])

Abb. 6.31 Stereographische Projektion mit Höhenlinien gleichen Schmid-Faktors für Zugverformung bei $\{111\}\langle110\rangle$ Gleitung. Es bezeichnen G — Gleitrichtung; H — Hauptgleitebene; D — konjugierte Gleitebene; Q — Quergleitebene; U — unerwartete Gleitebene

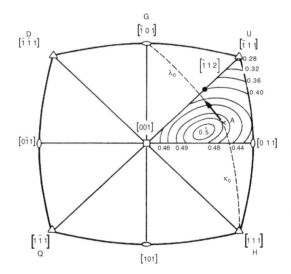

in duktilen Werkstoffen eine kritische Schubspannung, die entweder größer ($\tau_0 > \tau_p$) oder kleiner als die Peierls-Spannung ($\tau_0 < \tau_p$), ist. Der Fall $\tau_0 < \tau_p$ erklärt sich daher, daß die Peierls-Spannung mit Hilfe der Temperaturbewegung der Atome, d. h. durch thermische Aktivierung, leichter überwunden werden kann (Abschn. 6.4.3). In solchen Werkstoffen bestimmt also die Peierls-Spannung tatsächlich die kritische Schubspannung. Ein wichtiges Beispiel sind die raumzentrierten Metalle und Legierungen. Es wurde bereits erwähnt, daß

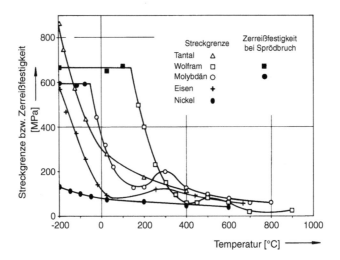

Abb. 6.32 Streckgrenze duktiler (bzw. Zerreißgrenze spröder) krz-Metalle in Abhängigkeit von der Verformungstemperatur. Zum Vergleich das kfz-Nickel (nach [4, S. 302])

ein Material spröde ist, wenn die Streckgrenze R_p höher als die Bruchspannung σ_B ist. Da die Peierls-Spannung thermisch aktiviert überwunden werden kann, also die kritische Schubspannung mit zunehmender Temperatur abnimmt, gibt es eine bestimmte Temperatur, nämlich die spröde-duktile Übergangstemperatur $T_ü$, oberhalb derer $R_p < \sigma_B$, und daher plastische Verformung möglich ist. Mit zunehmender Peierls-Spannung steigt die Übergangstemperatur natürlich an. Bei α-Fe beträgt sie etwa $-100\,°C$, bei Bi, das im weniger dichten rhomboedrischen Gitter kristallisiert, dagegen $+20\,°C$. Aus dem gleichen Grund werden viele keramische Werkstoffe bei hohen Temperaturen in beträchtliche Umfang plastisch verformbar.

Abbildung 6.32 zeigt auch die Temperaturabhängigkeit der Streckgrenze von Ni, welches eine kfz-Kristallstruktur hat. Sowohl der Absolutwert von τ_0 als auch seine Temperaturabhängigkeit sind viel kleiner als die der krz-Metalle. Tatsächlich aber ist für Nickel wie für alle flächenzentrierten und hexagonalen Metalle $\tau_0 > \tau_p$. Offensichtlich gibt es noch andere Mechanismen, die die Versetzungsbewegung behindern. In reinen Metallen kann das nur die Wechselwirkung der Versetzungen untereinander sein, und zwar aufgrund ihres elastischen Spannungsfeldes.

6.4.2 Versetzungsmodell der kritischen Schubspannung

6.4.2.1 Elastische Eigenschaften der Versetzungen

Die Versetzung ist ein Fehler im Kristallaufbau und ihre Struktur daher ein Problem der atomistischen Anordnung. Mit dem Einbau der Versetzung ist aber auch eine Formänderung des Kristalls verbunden, die eine elastische Verspannung des Gitters verursacht. Sie

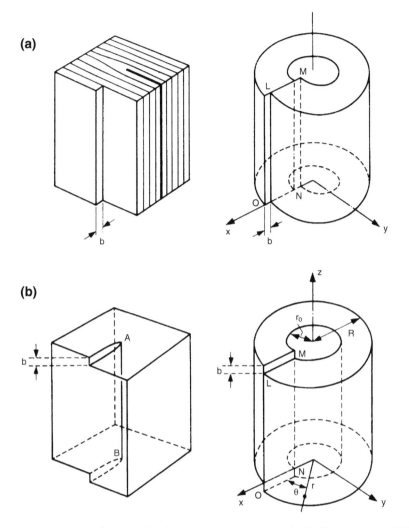

Abb. 6.33 Versetzung und entsprechender Eigenspannungszustand. **a** Stufenversetzung; **b** Schraubenversetzung

läßt sich, wenn man vom Versetzungskern absieht, als elastische Verformung eines Hohlzylinders beschreiben (Abb. 6.33). In Kap. 3 haben wir die Erzeugung einer Versetzung so beschrieben, daß man einen Kristall der Länge nach halb auftrennt und die beiden Kristallteile längs der Teilebene in radialer (Stufenversetzung) oder axialer Richtung (Schraubenversetzung) verschiebt. Das Spannungsfeld im Abstand r vom Versetzungskern ist der Spannungszustand in einer dünnen Zylinderschale vom Radius r. Für die Schraubenversetzung ergibt sich in zylindrischen Koordinaten nur eine einzige Spannungskomponente, nämlich die Schubspannung in einer radialen Ebene ($\theta = $ const.) in axialer Richtung z, $\tau_{\theta z}$

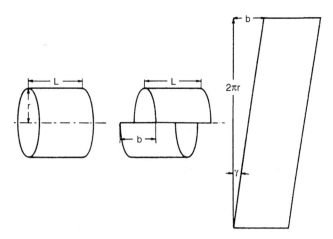

Abb. 6.34 Zur Berechnung von Scherung und Schubspannungsfeld einer Schraubenversetzung durch Abwicklung einer dünnen Zylinderschale

(Abb. 6.33 und 6.34). Bei Abwicklung der Zylinderschale erkennt man die Scherung

$$\gamma_{\theta z} = \frac{b}{2\pi r} \tag{6.38a}$$

und gemäß dem Hookeschen Gesetz die Schubspannung

$$\tau_{\theta z} = G\gamma_{\theta z} = \frac{Gb}{2\pi r} \tag{6.38b}$$

Der Spannungstensor lautet also in zylindrischen Koordinaten

$$\sigma_{r\theta z}^{(s)} = \begin{bmatrix} 0 & 0 & 0 \\ 0 & 0 & \tau_{\theta z} \\ 0 & \tau_{\theta z} & 0 \end{bmatrix} \tag{6.39a}$$

und in karthesischen Koordinaten

$$\sigma_{xyz}^{(s)} = \begin{bmatrix} 0 & 0 & \tau_{xz} \\ 0 & 0 & \tau_{yz} \\ \tau_{xz} & \tau_{yz} & 0 \end{bmatrix} \tag{6.39b}$$

wobei

$$\tau_{xz} = G\gamma_{xz} = -\frac{Gb}{2\pi} \frac{y}{x^2 + y^2} \tag{6.40a}$$

$$\tau_{yz} = G\gamma_{yz} = \frac{Gb}{2\pi} \frac{x}{x^2 + y^2} \tag{6.40b}$$

Bei Stufenversetzungen gestaltet sich der Spannungszustand etwas komplizierter (Abb. 6.35a). Man erhält im Gegensatz zur Schraubenversetzung neben der Schubspannungskomponente auch Normalspannungen.

$$\sigma_{xyz}^{(e)} = \begin{bmatrix} \sigma_{xx} & \sigma_{xy} & 0 \\ \sigma_{xy} & \sigma_{yy} & 0 \\ 0 & 0 & \sigma_{zz} \end{bmatrix} \tag{6.41}$$

wobei

$$\sigma_{xx} = -\frac{Gb}{2\pi(1-\nu)} \frac{y\left(3x^2+y^2\right)}{\left(x^2+y^2\right)^2} = -\frac{Gb}{2\pi(1-\nu)} \frac{\sin\theta\left(2+\cos(2\theta)\right)}{r} \tag{6.42a}$$

$$\sigma_{yy} = \frac{Gb}{2\pi(1-\nu)} \frac{y\left(x^2-y^2\right)}{\left(x^2+y^2\right)^2} = \frac{Gb}{2\pi(1-\nu)} \frac{\sin\theta\cdot\cos(2\theta)}{r} \tag{6.42b}$$

$$\sigma_{zz} = \nu\left(\sigma_{xx}+\sigma_{yy}\right) \tag{6.42c}$$

$$\sigma_{xy} \equiv \tau_{xy} = \frac{Gb}{2\pi(1-\nu)} \frac{x\left(x^2-y^2\right)}{\left(x^2+y^2\right)^2} = \frac{Gb}{2\pi(1-\nu)} \frac{\cos\theta\cos(2\theta)}{r} \tag{6.43}$$

Das Auftreten von Normalspannungen kann man sich anhand der atomistischen Struktur der Stufenversetzung (Abb. 3.7) klarmachen. Oberhalb der Gleitebene ist das Gitter komprimiert, es herrschen Druckspannungen, unterhalb des Versetzungskerns ist das Gitter aufgeweitet, es herrschen Zugspannungen.

Bei dieser kontinuumsmechanischen Betrachtung haben wir den Versetzungskern außer Acht gelassen, in dessen Bereich das Hookesche Gesetz wegen der großen Verzerrung nicht mehr zutrifft. Zur Abschätzung der radialen Größe r_0 des Versetzungskerns kann man die Tatsache benutzen, daß die elastischen Spannungen nicht größer als die theoretische Schubspannung werden können [Gl. (6.30)]. Im Fall der Schraubenversetzung

$$\tau\left(r_0\right) = \frac{Gb}{2\pi r_0} \approx \tau_{th} \approx \frac{G}{2\pi} \tag{6.44}$$

mit

$$r_0 \approx b \tag{6.45}$$

Der Gültigkeitsbereich der kontinuumsmechanischen Beschreibung der Versetzung erstreckt sich also praktisch bis auf einen Atomabstand vom Versetzungskern. Ähnliche Werte ergeben sich für Stufenversetzungen.

Mit dem elastischen Spannungsfeld ist eine elastische Energie verbunden. Betrachtet man eine Zylinderschale im Abstand R_0 von einer Stufenversetzung (Abb. 6.35b), so ist bei Erzeugung der Stufenversetzung eine Verschiebung um b längs der Gleitebene notwendig. Die elastische Energie der Versetzung ist die Arbeit, die zu ihrer Erzeugung aufgewendet

Abb. 6.35 **a** Spannungsfeld einer Stufenversetzung;
b zur Berechnung der Energie einer Stufenversetzung

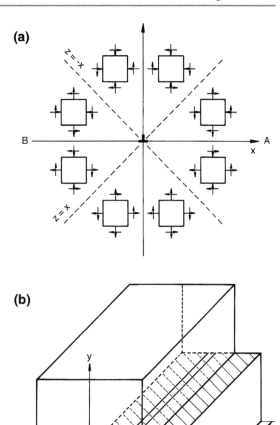

werden muß. Bei Verschiebung um den Betrag ξ entsteht auf der Gleitebene ($\theta = 0$) im Abstand x vom Versetzungskern ein elastisches Eigenspannungsfeld gemäß Gl. (6.43)

$$\tau_{xy}(x) = \frac{G\xi}{2\pi(1 - \nu)}\frac{1}{x} \tag{6.46}$$

Auf das Flächenelement der Größe $L\,dx$ im Abstand x wirkt somit die Kraft

$$P_x = \tau_{xy} \cdot L \cdot dx = \frac{G\xi}{2\pi(1 - \nu)}\frac{1}{x}L\,dx \tag{6.47}$$

Zur Verschiebung der Kristallteile entlang ihrer gesamten Gleitebene um $\xi = b$, benötigt man deshalb die Arbeit

$$E_{el} = \int_{r_0}^{R_0} \left(\int_0^b P_x(\xi) d\xi \right) dx = L \cdot \frac{Gb^2}{4\pi(1-\nu)} \int_{r_0}^{R_0} \frac{dx}{x} = L \cdot \frac{Gb^2}{4\pi(1-\nu)} \ln \frac{R_0}{r_0} \qquad (6.48)$$

wobei r_0 die Größe des Versetzungskerns und R_0 die Kristallgröße angeben.

Bei dieser Betrachtung wurde die Energie des Versetzungskerns ausgeklammert. Geht man wiederum davon aus, daß im Kern die theoretische Schubspannung herrscht, so ist in elastischer Näherung die Energie des Versetzungskerns

$$\frac{E_{Kern}}{L} \cong \frac{\tau_{th}^2}{2G} \cdot \pi r_0^2 = \left(\frac{G}{2\pi} \right)^2 \frac{\pi r_0^2}{2G} \cong \frac{Gb^2}{8\pi} \approx \frac{Gb^2}{4\pi(1-\nu)} \qquad (6.49)$$

wobei wir davon Gebrauch gemacht haben, daß die elastische Energiedichte (Energie/Volumen) bei einer Schubspannung τ gegeben ist durch $\tau^2/2G$.

Damit ergibt sich die Gesamtenergie pro Längeneinheit der Stufenversetzung

$$E^{(e)} = \frac{E_{el}}{L} + \frac{E_{Kern}}{L} = \frac{Gb^2}{4\pi(1-\nu)} \left(\ln \frac{R_0}{r_0} + 1 \right) \qquad (6.50)$$

Für die Schraubenversetzung erhält man entsprechend

$$E^{(s)} = \frac{Gb^2}{4\pi} \left(\ln \frac{R_0}{r_0} + 1 \right) \qquad (6.51)$$

Die Versetzungsenergie hängt von der Kristallgröße (R_0) ab, allerdings logarithmisch. Da das Verhältnis R_0/r_0 sehr groß ist, ändert sich $E^{(s)}$ oder $E^{(e)}$ mit R_0 nur vernachlässigbar wenig. Geht man bspw. in Kupfer von einer Korngröße von $30\,\mu$m aus, so beträgt wegen $r_0 \cong b \cong 3\,$Å, $R_0/r_0 = 10^5$ und $\ln R_0/r_0 \cong 11$. Bei Verdoppelung von R_0 wird $\ln R_0/r_0 \cong 13$, also nur unwesentlich größer. Wir können daher in guter Näherung für die Versetzungen pro Längeneinheit $E^{(e)} \approx E^{(s)} \equiv E^{(V)}$ schreiben

$$E^{(V)} \cong \frac{1}{2} Gb^2 \qquad (6.52)$$

6.4.2.2 Wechselwirkung von Versetzungen

Über ihr elastisches Spannungsfeld treten Versetzungen miteinander in Wechselwirkung. Die Wechselwirkungskraft wird durch die Peach-Koehler-Gleichung [Gl. (6.34)] beschrieben. Betrachten wir z. B. die Wechselwirkung zwischen zwei parallelen Stufenversetzungen (Abb. 6.36), so ist die Kraft $\mathbf{K}_{12}$, die Versetzung 1 mit ihrem Spannungsfeld σ_1 auf Versetzung 2 mit dem Burgers-Vektor $\mathbf{b}_2$ und dem Linienelement $\mathbf{s}_2$ ausübt:

Abb. 6.36 Kraft zwischen zwei parallelen Stufenversetzungen. Die Pfeile geben die Richtung der Kraft an, die von der ruhenden Versetzung ausgeht

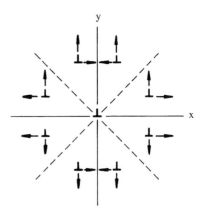

$$\mathbf{K}_{12} = (\sigma_1 \, \mathbf{b}_2) \times \mathbf{s}_2 \qquad\qquad (6.53)$$

Liegt die Versetzung 1 im Ursprung und parallel zur z-Richtung, so daß wegen der Parallelität $\mathbf{s} = [001]$ und $\mathbf{b}_1 = \mathbf{b}_2 = b[100]$, erhält man

$$\mathbf{K}_{12} = \begin{bmatrix} K_x \\ K_y \\ K_z \end{bmatrix} = \left(\begin{bmatrix} \sigma_{xx} & \sigma_{xy} & 0 \\ \sigma_{xy} & \sigma_{yy} & 0 \\ 0 & 0 & \sigma_{zz} \end{bmatrix} \cdot \begin{bmatrix} b \\ 0 \\ 0 \end{bmatrix} \right) \times \begin{bmatrix} 0 \\ 0 \\ 1 \end{bmatrix} = \begin{bmatrix} \sigma_{xx} \, b \\ \sigma_{xy} \, b \\ 0 \end{bmatrix} \times \begin{bmatrix} 0 \\ 0 \\ 1 \end{bmatrix} = \begin{bmatrix} \sigma_{xy} \, b \\ -\sigma_{xx} \, b \\ 0 \end{bmatrix}$$
$$(6.54)$$

In der Gleitebene in Gleitrichtung wirkt $K_x = \sigma_{xy} \, b$. Senkrecht zur Gleitebene wirkt $K_y = -\sigma_{xx} \, b$. Die Kraft K_y führt nicht zur Gleitung, ist aber für Mechanismen wichtig, die zum Verlassen der Gleitebene führen (Kletterprozesse; vgl. Abschn. 6.8.2). In Richtung der Versetzungslinien wirkt keine Kraft. Mit Gl. (6.54) und (6.43) schreibt sich K_x

$$K_x = \frac{Gb^2}{2\pi(1-\nu)} \frac{\cos\theta \, \cos(2\theta)}{r} \qquad\qquad (6.55)$$

Die Richtung der Kraft hängt von der Position der Versetzungen relativ zueinander ab. Ist nur Versetzung 2 frei beweglich, wird sie sich in Richtung der Kraft bewegen. Unter $\theta = \pm 45°$ und $\theta = \pm 90°$ wird $K_x = 0$. Die Position bei $\theta = \pm 45°$ ist allerdings metastabil, denn eine leichte Auslenkung aus der Ruhelage führt zur Abwanderung der Versetzung. Dagegen ist die Position bei $\theta = \pm 90°$ stabil. Können sich daher parallele Stufenversetzungen auf parallelen Gleitebenen frei bewegen, so lagern sie sich übereinander an. Eine periodische Anordnung von vielen Versetzungen übereinander entspricht der Struktur einer symmetrischen Kleinwinkel-Kippkorngrenze (vgl. Kap. 3), die insbesondere bei Erholungsprozessen durch Umlagerung von Stufenversetzungen gebildet wird (vgl. Kap. 7).

K_x ist aber auch die Kraft, die eine Versetzung während ihrer Bewegung bei der plastischen Verformung von Versetzungen auf parallelen Gleitsystemen erfährt. Zur weiträumigen Bewegung der Versetzung muß diese Kraft K_x überwunden werden, genauer formuliert

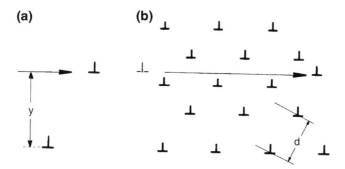

Abb. 6.37 Zwei Versetzungen passieren einander (**a**) im Abstand y, der dem mittleren Abstand d der parallelen (Primär-) Versetzungen proportional ist (**b**)

K_x^{max}, da K_x von der Position der beweglichen Versetzung abhängt. Da $\sigma_{xy} = K_x/b \sim Gb/r$, muß eine Schubspannung der Größenordnung

$$\tau_{pass} = \alpha_1 \frac{Gb}{d} = \alpha_1 Gb\sqrt{\rho_p} \tag{6.56}$$

aufgewendet werden, wobei α_1 ein Geometriefaktor und $d = 1/\sqrt{\rho_p}$ der mittlere Abstand der parallelen primären Versetzungen ist (Abb. 6.37). Da τ_{pass} die Schubspannung ist, um eine Versetzung an parallelen Versetzungen vorbeizuführen, wird τ_{pass} als Passierspannung bezeichnet.

Die Passierspannung ist aber nicht das einzige Hindernis, das eine bewegliche Versetzung überwinden muß. Durch die primäre Gleitebene stoßen Versetzungen von nichtparallelen (sekundären) Gleitsystemen hindurch, welche von den beweglichen primären Versetzungen geschnitten werden müssen. Beim Schneidprozeß werden in den schneidenden und geschnittenen Versetzungen Stufen erzeugt von Richtung und Länge des Burgers-Vektor der jeweils anderen Versetzung (Abb. 6.38). Dabei sind zwei Arten von Stufen zu unterscheiden, nämlich solche, die in der Gleitebene liegen, sog. Kinken, die durch Gleitung der Versetzung wieder beseitigt werden können und solche, die nicht in der Gleitebene liegen, sog. Sprünge, die bei Weiterbewegung der Versetzung zur Bildung von Versetzungsdipolen führen (Abb. 6.38a,γ). Nur im Sonderfall, wenn ein Burgers-Vektor in Richtung der anderen Versetzungslinie liegt, entsteht keine Stufe in einer der beteiligten Versetzungen. Da so immer zumindest eine Stufe entsteht, ist mit dem Schneidprozeß eine Energieerhöhung der betreffenden Versetzung verbunden, nämlich um die Energie der Versetzungsstufe $1/2 Gb^2 \cdot b$. Diese Energie muß durch die vom äußeren Spannungsfeld verrichtete Arbeit aufgebracht werden und zwar auf dem Wege der Länge b, bei dem die Stufe erzeugt wird. Ist die mittlere freie Versetzungslänge ℓ_w, so beträgt die am Ort des Schneidens wirkende Kraft $K = \tau_S b \ell_w$ und folglich die Energiebilanz

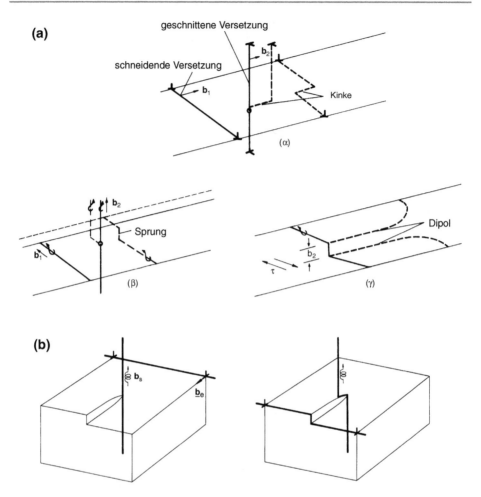

Abb. 6.38   a Stufenbildung durch Schneidprozesse, (α) zwei Kinken; (β) ein Sprung; (γ) Dipolbildung an einem Sprung. **b** Zur Verdeutlichung der Sprungbildung beim Schneiden von Stufe und Schraube

$$\tau_S \, b\ell_w \cdot b = \frac{1}{2} G b^2 \cdot b \qquad (6.57a)$$

Somit folgt für die Schneidspannung τ_S:

$$\tau_S = \frac{1}{2} \frac{Gb}{\ell_w} \qquad (6.57b)$$

Die mittlere freie Versetzungslänge ist aber der mittlere Abstand der durch die Gleitebene hindurchstoßenden Versetzungen. Sie gehören nicht zum primären Gleitsystem und werden deshalb Sekundärversetzungen, oder Waldversetzungen (in der Vorstellung, daß sie der Primärversetzung wie Bäume eines Versetzungswaldes erscheinen) bezeichnet. Ist die Dichte der Waldversetzungen ρ_w, so gilt $\rho_w = 1/\ell_w^2$ oder

$$\tau_S = \frac{1}{2} G b \sqrt{\rho_w} \tag{6.58}$$

Es ergibt sich eine ähnliche Beziehung wie für die Passierspannung, nur sind die betreffenden Versetzungsdichten verschieden. Vor Beginn des plastischen Fließens sollte aber die Versetzungsdichte auf allen Gleitsystemen etwa gleich groß sein, d. h. sowohl ρ_w als auch ρ_p sind stets ein bestimmter Bruchteil der Gesamtversetzungsdichte $\rho = \rho_w + \rho_p$ (d. h. $\rho_w \sim \rho$ und $\rho_p \sim \rho$), und es gilt für die kritische Schubspannung

$$\tau_0 = \alpha_1 \, G b \sqrt{\rho_p} + \frac{1}{2} G b \sqrt{\rho_w} = \alpha \, G b \sqrt{\rho} \tag{6.59}$$

wobei α eine geometrische Konstante der Größenordnung 0.5 ist.

6.4.3 Thermisch aktivierte Versetzungsbewegung

Die gemessenen kritischen Schubspannungen sind in der Regel kleiner als die nach Gl. (6.35) bzw. Gl. (6.59) berechneten Werte. Der Grund dafür liegt in der Vernachlässigung der thermischen Aktivierung bei der theoretischen Betrachtung, obwohl die Messungen bei Umgebungstemperatur, d. h. $T \gg 0 \, \mathrm{K}$, vorgenommen werden. Die Dynamik der Verformung wird durch Gl. (6.31a) (Orowangleichung) beschrieben: $\dot{\gamma} = \rho_m b \upsilon$, wobei ρ_m die bewegliche Versetzungsdichte und υ die Versetzungsgeschwindigkeit bedeuten. Allerdings ist υ dabei nur ein Mittelwert, denn die Versetzungsbewegung wird ja von Hindernissen beeinflußt. Bringen wir die in Gl. (6.35) und (6.59) berechneten Spannungen an, so könnten die Versetzungen die Hindernisse direkt überwinden. Das ist aber nicht notwendig. Vielmehr verläuft die Versetzungsbewegung unstetig, indem die Versetzung zwischen den Hindernissen frei läuft (Zeit t_m) und vor den Hindernissen wartet (Zeit t_w), bis durch die Temperaturbewegung eine Überwindung des Hindernisses bei der wirksamen Schubspannung möglich ist. Ist der Abstand zwischen den Hindernissen ℓ, so ist die mittlere Versetzungsgeschwindigkeit

$$\upsilon = \frac{\ell}{t_m + t_w} \approx \frac{\ell}{t_w} \tag{6.60}$$

weil $t_m \ll t_w$. Wie in Kap. 5 behandelt ist

$$\frac{1}{t_w} = \nu_D \, e^{\left(-\frac{\Delta G(\tau)}{kT}\right)} \tag{6.61}$$

und mit Gl. (6.31a)

$$\dot{\gamma} = \dot{\gamma}_0 \, e^{-\left(\frac{\Delta G(\tau)}{kT}\right)} \tag{6.62}$$

wobei ν_D die Schwingungsfrequenz der Versetzung und $\Delta G(\tau)$ die Aktivierungsenergie zur Überwindung des Hindernisses bei der angelegten Schubspannung τ angeben.

Abb. 6.39 Schematische Darstellung der Bildung einer Doppelkinke

Ist das Hindernis der Versetzungsbewegung die Überwindung der Peierls-Spannung, so vereinfacht die Natur den Vorgang dadurch, daß die Versetzung zunächst ein Teilstück ihrer Gesamtlänge über den „Peierlsberg" wirft (Abb. 6.39). Dadurch entstehen zwei Kinken, die infolge der anliegenden Schubspannung auseinandergetrieben werden, bis die gesamte Versetzungslinie um einen Burgers-Vektor gewandert ist. Die Aktivierungsenergie ist dabei ein Mittelwert aus Linienenergie $E_L \cong 1/2 G b^2$ und Peierlsenergie (E_P) und berechnet sich zu

$$\Delta G(0) = \frac{4b}{\pi} \sqrt{E_p \, E_L} \qquad (6.63)$$

Peierlsspannung τ_P und Peierlsenergie E_P sind verbunden durch

$$\tau_p = \frac{2\pi}{b^2} E_p \qquad (6.64)$$

Ohne äußere Spannung muß also die Aktivierungsenergie

$$\Delta G(0) = \frac{4b}{\pi} \cdot \frac{b}{\sqrt{2\pi}} \cdot \sqrt{\tau_p} \cdot \sqrt{E_L} \qquad (6.65a)$$

aufgebracht werden. Bei Anlegen einer Spannung $\tau < \tau_P$ reduziert sich aber die notwendige thermische Aktivierung auf den noch fehlenden Betrag $\tau_P - \tau$, so daß nur noch

$$\Delta G(\tau) = \frac{4b}{\pi} \cdot \frac{b}{\sqrt{2\pi}} \cdot \sqrt{\tau_p - \tau} \cdot \sqrt{E_L} \qquad (6.65b)$$

aufgebracht werden muß. Mit Gl. (6.62) und (6.65b) erhält man schließlich für die kritische Schubspannung bei einer Temperatur T und der Abgleitgeschwindigkeit $\dot\gamma$

$$\tau = \tau_p - A T^2 \left(\ln \frac{\dot\gamma}{\dot\gamma_0} \right)^2 \qquad (6.66)$$

mit A als Konstante.

Die kritische Schubspannung entspricht also bei $T = 0\,\mathrm{K}$ der Peierlsspannung $\tau_P = \tau$ und nimmt bei zunehmender Temperatur mit T^2 ab. Die kritische Schubspannung in krz-Metallen und Kristallstrukturen geringer Symmetrie, bei denen die Überwindung der Peierlsspannung die kritische Schubspannung bestimmt, ist also stark von der Temperatur abhängig (Abb. 6.32).

Abb. 6.40 Spannungsprofil
auf der Gleitebene einer
Versetzung

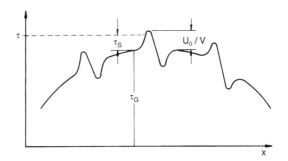

In kfz und hexagonalen Metallen ist die berechnete Peierlsspannung viel kleiner als die gemessene kritische Schubspannung. Hier wird τ_0 durch das Passieren und Schneiden der anderen eingewachsenen Versetzungen bestimmt. Dazu ist zu bemerken, daß auch sorgfältig gezüchtete Einkristalle oder lange geglühte Vielkristalle immer noch eine Versetzungsdichte von etwa $10^{10}/\mathrm{m}^2$ aufweisen, was eine Folge des Kristallwachstumsprozesses bei Erstarrung oder Rekristallisation ist. Die Passierspannung ist aufgrund der Abhängigkeit $\tau_{xy} \sim 1/r$ des Schubspannungsfeldes der Versetzungen ein langreichweitiges Spannungsfeld. Die damit verbundene Aktivierungsenergie ist so groß, daß unterhalb des Schmelzpunktes keine nennbare thermische Aktivierung stattfindet. Die Passierspannung hängt deshalb von der Temperatur nur geringfügig ab, nämlich nur über die Temperaturabhängigkeit des Schubmoduls G [s. Gl. (6.56)] und wird auch als athermische Fließspannung oder τ_G bezeichnet. Zusätzlich zu τ_G muß aber auch die Schneidspannung τ_S überwunden werden, die eine kurzreichweitige Spannung ist, da sie nur während des Schneidprozesses, also längs eines Atomabstandes wirken muß. Im ungünstigsten Fall überlagern sich τ_G und τ_S, so daß gilt:

$$\tau_0 = \tau_G + \tau_S \tag{6.67}$$

Bei einer angelegten Spannung τ hilft also nur der Teil $\tau - \tau_G$ beim Schneidprozeß. Die Aktivierungsenergie ist nach Gl. (6.57a) $\Delta G^0 = 1/2 Gb^3$, die sich um die von außen geleistete Arbeit $(\tau_S b^2 \ell_w)$ verringert. Bezeichnen wir mit $b^2 \ell_w = V$ das sog. Aktivierungsvolumen, so wird mit Gl. (6.62)

$$\dot\gamma = \dot\gamma_0 \exp\left[-\frac{\Delta G^0 - (\tau_0 - \tau_G)\, V}{kT} \right]$$

oder

$$\tau_0 = \tau_G + \frac{1}{V}\left[\Delta G^0 + kT \left(\ln \frac{\dot\gamma}{\dot\gamma_0} \right) \right] \tag{6.68}$$

Aus Gl. (6.68) wird verständlich, daß τ_0 nur wenig von der Temperatur abhängt (Abb. 6.40), da nur der Anteil τ_S thermisch aktivierbar ist. Bei genügend hoher Temperatur genügt $\tau_0 \approx \tau_G$, um die Versetzung zu bewegen. Dann verläuft der Schneidprozeß vollständig thermisch aktiviert ($\Delta G(\tau) = \Delta G^0$). In diesem Fall ist $\tau_0 = \tau_G$ von der Temperatur unabhängig

Abb. 6.41 Kritische
Schubspannung in Abhän-
gigkeit von der Temperatur
von hexagonalem Mg und
Bi (nach [5, S. 239])

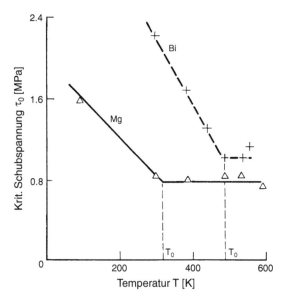

(Abb. 6.41). Bei sehr hohen Temperaturen, d. h. oberhalb des halben Schmelzpunktes, setzen andere, diffusionsgesteuerte Prozesse ein, die eine plastische Verformung auch bei $\tau < \tau_G$ ermöglichen (vgl. Abschn. 6.8).

6.5   Verformung und Verfestigung von kfz-Einkristallen

6.5.1   Geometrie der Verformung

Die kristallographische Gleitung ist eine Scherverformung. Bei einem reinen Scherversuch parallel zum Gleitsystem eines Einkristalls ändert sich die Orientierung nicht (Abb. 6.11b). Beim einachsigen Zugversuch oder Druckversuch dagegen muß zusätzlich zur Scherung noch eine Rotation erfolgen, damit die Probe in Zugrichtung ausgerichtet bzw. parallel zu den Druckplatten bleibt. Mit der Verformung ist deshalb eine Orientierungsänderung des Kristalls bezüglich der Zug- oder Druckrichtung verbunden. Bei der Zugverformung rotiert der Kristall derart, daß die Gleitrichtung sich der Zugrichtung nähert. Entsprechend rotiert im Druckversuch die Gleitebenennormale in Richtung Druckachse. Zur Darstellung in der stereographischen Projektion ist es einfacher, die Rotation der Zugachse (bzw. Druckachse) relativ zum Kristallgitter zu beschreiben. Danach bewegt sich die Zugachse auf einem Großkreis von ihrer Ausgangsorientierung in die Gleitrichtung (Abb. 6.42a, b). Die Druckachse folgt dem Großkreis zwischen Ausgangsorientierung und Gleitebenennormale (Abb. 6.42c). Im folgenden beschränken wir die Betrachtung auf Zugverformung. Druckverformung folgt ganz analog. Bei mehr als einem Gleitsystem (Doppelgleitung, Mehrfachgleitung) erfolgt die Rotation bei Zug in die resultierende Gleitrichtung, das ist die Resultierende

(Vektorsumme) aus beiden Gleitrichtungen. Bei den Eckorientierungen $\langle 100 \rangle$, $\langle 110 \rangle$, $\langle 111 \rangle$ stimmt die resultierende Gleitrichtung mit der Ausgangsorientierung überein. Einkristalle dieser Orientierungen sollten ihre Orientierung bei der Zugverformung nicht ändern. Für $\langle 111 \rangle$ und $\langle 100 \rangle$ orientierte Kristalle wird das auch tatsächlich beobachtet. Dagegen verhalten sich $\langle 110 \rangle$ orientierte Kristalle instabil.

Innerhalb eines stereographischen Dreiecks hat ein einziges Gleitsystem den größten Schmid-Faktor, so daß Einfachgleitung (nur ein Gleitsystem) vorherrscht. Bei Einfachgleitung liegt die Gleitrichtung in einem anderen stereographischen Dreieck als die Ausgangslage der Zugachse (Abb. 6.42a). Deshalb bewegt sich die Zugachse in Richtung der [001] − [$\bar{1}$11] Symmetralen. Erreicht durch Orientierungsänderung bei der Verformung die Zugachse den Rand des Standarddreiecks, so tritt ein zweites (sekundäres oder konjugiertes) Gleitsystem auf, wodurch sich die resultierende Gleitrichtung von [$\bar{1}$01] auf [$\bar{1}$12] ändert ([$\bar{1}$01] + [011] = [$\bar{1}$12]). Entsprechend wandert die Orientierung der Stabachse auf die [$\bar{1}$12]-Richtung zu, die sie theoretisch bei unendlich großer Verformung erreichen würde. Liegt die Ausgangsorientierung der Stabachse auf dem Großkreis [$\bar{1}$01] − [011], so stößt die Orientierung der Stabachse bei Erreichen der Symmetralen direkt auf die [$\bar{1}$12]-Richtung und ändert folglich danach ihre Richtung nicht mehr.

In der Regel findet man leichte Abweichungen von diesem idealen Verhalten derart, daß bei Erreichen der Symmetralen das primäre Gleitsystem zunächst weiter allein aktiv bleibt, so daß die Stabachse über die Symmetrale „hinausschießt" (Abb. 6.42b).

Je weiter sie sich allerdings auf die primäre Gleitrichtung zubewegt (hier: [$\bar{1}$01]), desto kleiner wird der Schmid-Faktor des primären Gleitsystems, so daß schließlich das konjugierte Gleitsystem aktiviert wird und die Orientierung der Stabachse zur Symmetralen zurückkehrt. Dieses „Überschießen" kann nur als latente Verfestigung verstanden werden, d. h. auch die sekundären Gleitsysteme werden bei Betätigung des primären Gleitsystems verfestigt.

Die Orientierungsänderung des Einkristalls während der Verformung macht es nötig, nicht nur die Änderung von Länge und Querschnitt, sondern auch die Änderung des Schmid-Faktors mit der Verformung zu berücksichtigen, um aus den $\sigma − \varepsilon$-Werten die Schubspannungs-Abgleitungs-Kurven $\tau(\gamma)$ zu berechnen. Dazu ist es nötig, $\lambda(\varepsilon)$ und $\kappa(\varepsilon)$ in Gl. (6.37) zu bestimmen. Aus der Gleitgeometrie (Abb. 6.43) folgt

$$\frac{\ell}{\ell_0} = 1 + \varepsilon = \frac{\sin \lambda_0}{\sin \lambda} = \frac{\cos \kappa_0}{\cos \kappa} \tag{6.69}$$

wobei λ_0 und κ_0 die betreffenden Winkel der Ausgangsorientierung und λ und κ die entsprechenden Winkel der Orientierung nach der Dehnung ε sind. Damit erhält man für die Schubspannung

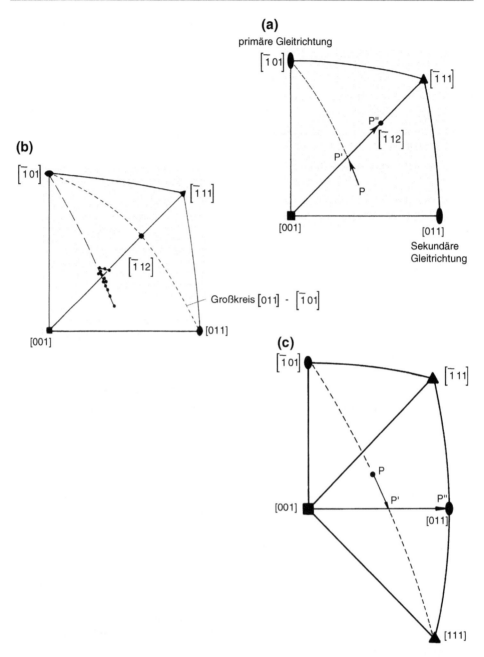

Abb. 6.42 Orientierungsänderung bei Zugverformung durch Einfachgleitung. **a** theoretisch; **b** experimentell (mit „Überschießen"); **c** Orientierungsänderung im Druckversuch

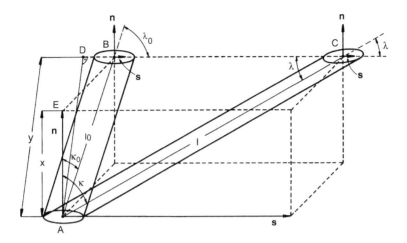

Abb. 6.43 Zur Geometrie der Orientierungsänderung durch Einfachgleitung. AEB: $x/\ell_0 = \cos\kappa_0$; AEC: $x/\ell = \cos\kappa$; ADB: $y/\ell_0 = \sin\lambda_0$; ADC: $y/\ell = \sin\lambda$

$$\tau = \sigma_w \cos\kappa \cos\lambda = \sigma_w \cdot \frac{\cos\kappa_0}{1+\varepsilon} \cdot \sqrt{1 - \frac{\sin^2\lambda_0}{(1+\varepsilon)^2}}$$

$$= \sigma_w \cdot \frac{\cos\kappa_0}{(1+\varepsilon)^2} \sqrt{(1+\varepsilon)^2 - \sin^2\lambda_0} \tag{6.70}$$

Die Abgleitung berechnet sich über die Verformungsarbeit $\tau \, d\gamma = \sigma_w \cdot d\varepsilon_w$ aus

$$d\gamma = \frac{d\varepsilon_w}{\cos\kappa \cdot \cos\lambda} = \frac{\frac{d\varepsilon}{(1+\varepsilon)}}{\cos\kappa \cdot \cos\lambda} = \frac{(1+\varepsilon)d\varepsilon}{\cos\kappa_0 \sqrt{(1+\varepsilon)^2 - \sin^2\lambda_0}} \tag{6.71a}$$

und durch Integration

$$\gamma = \int\limits_0^\gamma d\gamma = \int\limits_0^\varepsilon \frac{\frac{d\varepsilon}{(1+\varepsilon)}}{\cos\kappa \cdot \cos\lambda}$$

$$= \frac{1}{\cos\kappa_0} \left[\sqrt{(1+\varepsilon)^2 - \sin^2\lambda_0} - \cos\lambda_0 \right] \tag{6.71b}$$

Die Gleichungen verkomplizieren sich, wenn ε so groß wird, daß die Symmetrale erreicht wird und Doppelgleitung einsetzt.

Der Erfolg des Schmidschen Schubspannungsgesetzes (s. Abschn. 6.4.1) zur Erklärung der Orientierungsabhängigkeit der Streckgrenze hat zu der Vermutung Anlaß gegeben, daß vielleicht auch die Orientierungsabhängigkeit der Einkristall-Verfestigungskurven verschwindet, wenn man $\tau(\gamma)$ statt $\sigma(\varepsilon)$ aufträgt. Dieses „erweiterte Schmidsche Schub-

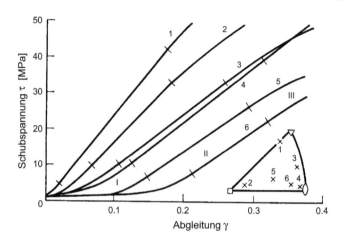

Abb. 6.44 Verfestigungskurven von zugverformten Kupfer-Einkristallen verschiedener Orientierung (nach [5, S. 232])

spannungsgesetz" hat sich allerdings nicht bestätigt. Die Schubspannungs-Abgleitungs-Kurven von Einkristallen unterschiedlicher Orientierung sind durchaus sehr verschieden (Abb. 6.44), obwohl im Charakter ähnlich.

6.5.2   Versetzungsmodelle der Verformungsverfestigung

Für Einkristalle, die sich durch Einfachgleitung verformen, erhält man eine idealisierte Verfestigungskurve, wie sie in Abb. 6.45 wiedergegeben ist. Abgesehen vom elastischen Bereich kann man drei Bereiche unterscheiden.

- Bereich I: (Easy-Glide-Bereich) Geringer Verfestigungskoeffizient.
- Bereich II: Große lineare Festigkeitszunahme, $\theta_{II} = d\tau/d\gamma \approx G/300$.
- Bereich III: Abnahme des Verfestigungskoeffizienten $d\tau/d\gamma$ (dynamische Erholung).

Die Verfestigungskurve ist folgendermaßen zu interpretieren. Bereich I ist dadurch gekennzeichnet, daß Versetzungen nach Erreichen von τ_0 lange Wege zurücklegen können und teilweise den Kristall verlassen. Nur wenige Versetzungen werden im Kristall gespeichert. Infolge langreichweitiger Spannungen durch steckengebliebene Versetzungen kommt es aber lokal auch zur Versetzungsbewegung in sekundären Gleitsystemen, zwar ohne großen Beitrag zur Dehnung, aber mit großem Einfluß auf die Festigkeit. Dadurch wird das Ende des Bereichs I herbeigeführt. Zur Vermeidung von Mißverständnissen sei darauf hingewiesen, daß das Ende des Bereichs I erreicht wird, lange bevor die Orientierung der Zugachse auf die Symmetrale {100}-{111} trifft, bei der das konjugierte Gleitsystem aktiviert wird und damit Doppelgleitung — d. h. auf zwei Gleitsystemen gleichzeitig — einsetzt. Der Beginn

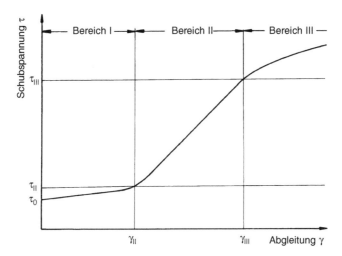

Abb. 6.45 Schematische Verfestigungskurve von kfz-Einkristallen orientiert für Einfachgleitung

Abb. 6.46 Lomer-Reaktion. Die Versetzung auf der (001)-Ebene ist unbeweglich

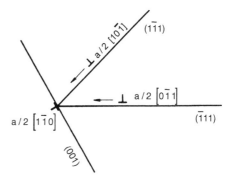

des Bereichs II und die Betätigung des konjugierten Gleitsystems stehen nicht im Zusammenhang.

Der Bereich II ist dadurch gekennzeichnet, daß die Versetzungen auf sekundären Systemen mit den primären Versetzungen reagieren und unbewegliche Versetzungen erzeugen können (sog. Lomer- oder Lomer-Cottrell-Locks, Abb. 6.46), die von nachfolgenden Versetzungen nicht überwunden werden können. Nachfolgende Versetzungen bleiben deshalb im Kristall stecken, werden also immobilisiert, tragen aber zu einer weiteren Erhöhung der inneren Spannungen und deshalb zu weiterer Aktivität von sekundären Systemen bei. Für jede immobilisierte Versetzung muß aber eine neue, bewegliche Versetzung erzeugt werden, um die aufgezwungene Verformungsgeschwindigkeit bspw. beim Zugversuch aufrechtzuerhalten. Auf diese Weise steigt die Versetzungsdichte im Bereich II stark an, wodurch ebenfalls die Passierspannung τ_{pass} Gl. (6.56) und die Schneidspannung τ_S Gl. (6.57b) d. h. die zum Aufrechterhalten des Fließens notwendige Spannung, die Fließ-

Abb. 6.47 Zusammenhang von Fließspannung und Versetzungsdichte (nach [6])

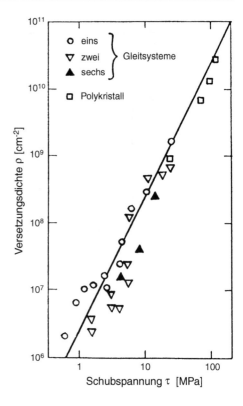

spannung: $\tau = \tau_{pass} + \tau_S = \alpha G b \sqrt{\rho}$ (Taylor-Gleichung) stark zunimmt. Der Einkristall verfestigt sich (Abb. 6.47). Der Verfestigungskoeffizient θ_{II} im Bereich II ist nahezu unabhängig von der Kristallorientierung oder sogar Kristallstruktur etwa

$$\theta_{II} = \left.\frac{d\tau}{d\gamma}\right|_{II} \approx \frac{G}{300} \tag{6.72}$$

Man kann Gl. (6.72) stark vereinfacht folgendermaßen verstehen. Betrachtet man über einen kleinen Zeitraum die Versetzungsbewegung, so werden Versetzungen der Dichte $d\rho$ erzeugt, die nach Durchlaufen eines Weges L immobilisiert werden. L ist aber dem Abstand der Hindernisse proportional, also $L = \beta/\sqrt{\rho}$. Mit Gl. (6.31b) und (6.59) erhält man

$$d\tau = \alpha G b \frac{d\rho}{2\sqrt{\rho}} \tag{6.73}$$

$$d\gamma = \frac{\beta b}{\sqrt{\rho}} d\rho \tag{6.74}$$

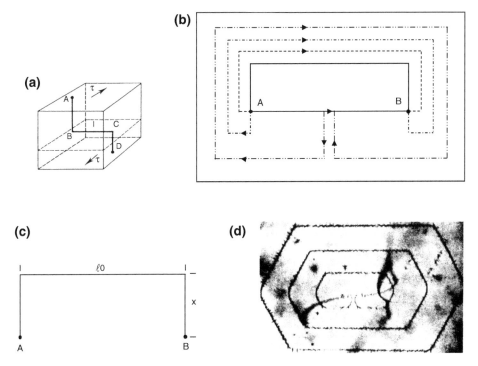

Abb. 6.48 Mechanismus der Frank-Read-Quelle: **a** Freies Versetzungsstück BC (Stufenversetzung) in einer Gleitebene; **b** Entwicklung eines Versetzungsrings bei Beschränkung auf Schrauben- und Stufenversetzungsanteile; **c** Zur Berechnung der Frank-Read-Spannung (siehe Gl. 6.76); **d** Beobachtete Frank-Read-Quelle in Silizium [7, S. 127]

$$\frac{d\tau}{d\gamma} = \frac{\alpha \, Gb\sqrt{\rho}}{\beta \, b 2\sqrt{\rho}} = \frac{\alpha}{2\beta} G \qquad (6.75)$$

Aus Messungen ist bekannt, daß der Laufweg der Versetzungen etwa um einen Faktor 10^2 größer ist als der mittlere Versetzungsabstand, d. h. $\beta \approx 100$. Mit $\alpha \approx 0.6$ ergibt sich $\theta_{II} \approx G/300$, der gemessene Wert.

Die Versetzungsdichte steigt im Bereich II stark an, wie die Fließspannungszunahme belegt (Abb. 6.47). Woher kommen diese Versetzungen? Bisher haben wir nur schematisch den Fall der Erzeugung von Versetzungen an Oberflächen betrachtet. Wegen der im Verhältnis zur Probendicke kleinen Laufwege muß die Nachlieferung von Versetzungen aber auch aus dem Inneren des Kristalls erfolgen können. Dazu dienen Versetzungsquellen, wovon die bekannteste die Frank-Read-Quelle ist (Abb. 6.48). Die Ruhekonfiguration der Quelle besteht aus einem beweglichen Versetzungsstück der Länge ℓ_0 in einer Gleitebene, was bspw. durch Quergleitung erzeugt sein könnte (s. unten). Unter Anlegen einer geeigneten Schubspannung entwickelt sich aus dem Versetzungsstück ein Versetzungsring. Das kann man am einfachsten verstehen, wenn man sich statt auf gekrümmte

Versetzungen auf deren Stufen- und Schraubenanteile beschränkt. Die Richtung der Versetzungslinie verläuft immer von A nach B, der Burgers-Vektor ändert sich nicht. Die Bewegung der Versetzungslinie unter der anliegenden Spannung erfolgt immer senkrecht zur Versetzungslinie, wobei neue Schrauben- und Stufenanteile erzeugt werden. Abbildung 6.48b zeigt aufeinanderfolgende Konfigurationen dieser Entwicklung. Schließlich treffen sich hinter dem Versetzungsstück zwei antiparallele Schraubenversetzungen (gleicher Burgers-Vektor, entgegengesetztes Linienelement), die sich gegenseitig auslöschen. Es verbleibt das ursprüngliche Versetzungsstück und ein geschlossener Versetzungsring, der sich unter der angreifenden Spannung weiter ausdehnt, während das Versetzungsstück die gleiche Entwicklung noch einmal durchläuft, usw. Man kann die notwendige Spannung zur Betätigung der Versetzungsquelle berechnen, wenn man die von der Spannung verrichtete Arbeit betrachtet, die mindestens der Energie der erzeugten Versetzungen entsprechen muss, also gemäß Abb. 6.48c

$$\tau_0 b l_0 x = \frac{1}{2} G b^2 \cdot 2x \qquad (6.76)$$

Daraus folgt

$$\tau_0 = \frac{Gb}{\ell_0} \qquad (6.77)$$

So produziert eine Frank-Read-Quelle viele Versetzungsringe und liefert freie Versetzungen nach. Allerdings üben die Versetzungsringe eine Rückspannung auf die Quelle aus, die der wirkenden Schubspannung entgegengesetzt ist. Ist die Rückspannung groß genug, so versiegt die Quelle unter der angelegten Spannung. Ebenso kann eine Quelle versiegen, wenn der Quellversetzung durch Reaktion mit anderen Versetzungen, bswp. bei Durchschneiden einer Waldversetzung, die freie Länge ℓ_0 verkleinert wird, wodurch die angelegte Spannung nicht mehr ausreicht, das kurze Versetzungsstück bis zur kritischen Halbkreiskonfiguration zu krümmen. Die Anordnung der Versetzungslinie ist nur kreisförmig, wenn die Linienenergie der Versetzung nicht von der räumlichen Lage der Versetzung abhängt. Verläuft die Versetzungslinie bevorzugt entlang bestimmter kristallographischer Richtungen, so gibt es Abweichungen von der Kreisform, wie Abb. 6.48 am Beispiel von Silizium zeigt. Die Versetzungslinie verläuft hier stückweise gerade, nämlich entlang von $\langle 110 \rangle$-Richtungen auf der $\{111\}$-Gleitebene. Dadurch wird die Wirkungsweise der Quelle aber prinzipiell nicht beeinflußt.

Nach Erreichen einer Schubspannung τ_{III} nimmt die Festigkeit zwar weiter zu, aber der Verfestigungskoeffizient wird kleiner. Dieser Bereich III ist der längste Bereich der Verfestigungskurve. Der Grund für die Verringerung des Verfestigungskoeffizienten ist hauptsächlich die Quergleitung von Schraubenversetzungen. Unter Quergleitung versteht man den Vorgang, daß eine Schraubenversetzung ihre Gleitebene wechselt (Abb. 6.49), weil sie nicht auf eine bestimmte Gleitebene festgelegt ist (vgl. Kap. 3). Gewöhnlich wird eine Schraubenversetzung sich auf derjenigen Gleitebene bewegen, auf der sie die größere Schubspannung erfährt. Wird sie jedoch von einem Hindernis in der primären Gleitebene blockiert, so kann sie auf eine andere Gleitebene, die Quergleitebene, ausweichen. Da der

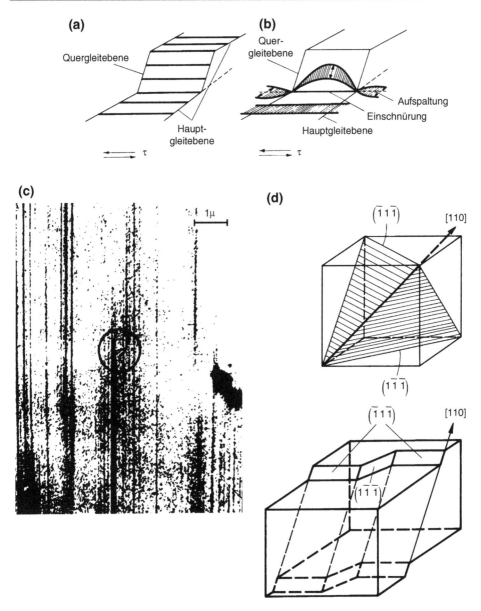

Abb. 6.49 Quergleitung einer **a** unaufgespaltenen und **b** aufgespaltenen Schraubenversetzung; **c** Quergleitspur auf der Oberfläche eines Kupfereinkristalls; **d** Geometrie der Quergleitung im kfz-Gitter

Schmid-Faktor für die Quergleitebene kleiner als für die Primärgleitebene ist, muß zur Aufrechterhaltung der Versetzungsbewegung eine genügend hohe äußere Schubspannung

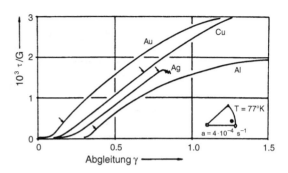

Abb. 6.50 Verfestigungskurven gleichorientierter Einkristalle verschiedener kfz Metalle. Pfeile: Beginn von Bereich III [8]

angebracht werden, was im Bereich III aber stets der Fall ist. In kfz-Metallen ist die Gleitung aber auf $\{111\}\langle 110\rangle$-Gleitsysteme beschränkt. Da sich zwei $\{111\}$-Ebenen längs einer $\langle 110\rangle$-Richtung schneiden, gibt es im kfz-Gitter genau eine weitere Ebene, auf die eine Schraubenversetzung quergleiten kann (s. auch Abb. 6.31).

Durch Quergleitung können Schraubenversetzungen Hindernisse umgehen und somit zu einer Vergrößerung des Laufweges beitragen, aber eventuell auch auf parallelen Gleitebenen antiparallele Versetzungen antreffen, wodurch sie ausgelöscht werden und die Versetzungsdichte abnimmt. In einem kleinen Zeitintervall erhält man so eine zusätzliche Abgleitung durch Quergleitung $d\gamma_Q$ und gleichzeitig eine Verringerung der Versetzungsdichte $d\rho_Q$, die mit einer Abnahme der Fließspannung um $d\tau_Q$ verbunden ist. Unabhängig davon setzen sich die in Bereich II wirksamen Prozesse fort, die zu einer Fließspannungserhöhung $d\tau_h$ und Abgleitung $d\gamma_h$ beitragen. Danach erhalten wir für Bereich III

$$\left.\frac{d\tau}{d\gamma}\right|_{III} = \frac{d\tau_h - d\tau_Q}{d\gamma_h + d\gamma_Q} < \frac{d\tau_h}{d\gamma_h} = \left.\frac{d\tau}{d\gamma}\right|_{II} = \theta_{II} \tag{6.78}$$

Die Verringerung der Verfestigung ist ein Erholungsprozeß. Da er während der Verformung stattfindet, wird er auch als dynamische Erholung bezeichnet.

Während das Auftreten von Quergleitung im Bereich III sicher nachgewiesen ist, so verbleibt die Schwierigkeit, zu verstehen, warum bei den meisten Metallen und Legierungen τ_{III} viel größer ist, als zum Erreichen der kritischen Schubspannung im Quergleitsystem erforderlich ist, zum anderen, warum τ_{III} so stark vom Material abhängt (Abb. 6.50). Selbst kfz-Metalle mit sehr ähnlichen Werten von Gitterparameter, Schubmodul und Schmelztemperatur wie Silber und Aluminium haben sehr verschiedene Werte von τ_{III}. Außerdem hängt τ_{III} — und damit die Länge des Bereichs II — stark von der Temperatur ab, derart, daß τ_{III} mit zunehmender Temperatur drastisch kleiner wird (Abb. 6.51). Der Grund für dieses Verhalten ist die Aufspaltung der Versetzungen.

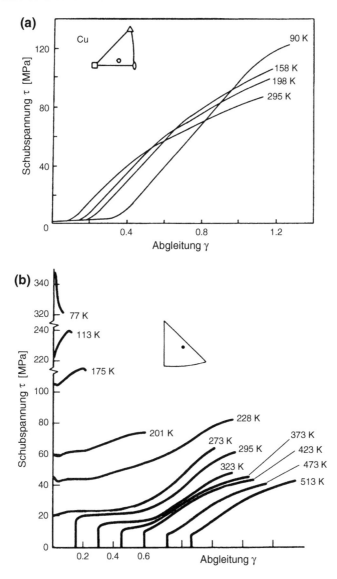

Abb. 6.51 Verfestigungskurven zugverformter Einkristalle bei verschiedenen Temperaturen **a** kfz-Cu [9]; **b** krz-Niob [10]

6.5.3 Versetzungsaufspaltung

Die Energie einer Versetzung steigt nach Gl. (6.52) quadratisch mit dem Burgers-Vektor an. Theoretisch kann eine Versetzung ihre Energie verringern, wenn sie in Teilversetzungen zerfällt. Spaltet z. B. eine Versetzung mit dem Burgers-Vektor **b** in zwei Halbversetzungen

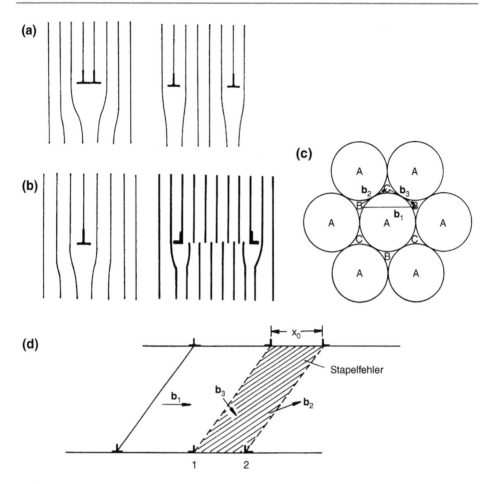

Abb. 6.52 Aufspaltung von Versetzungen. **a** Doppelversetzung in zwei Einzelversetzungen; **b** Einzelversetzung in zwei Halbversetzungen; **c** Stapelfolge im kfz-Gitter; **d** Aufspaltung einer Stufenversetzung im kfz-Gitter in Shockley-Versetzungen

mit Burgers-Vektor $\mathbf{b}/2$ auf, so wäre die Energie E_2 des Teilversetzungspaares

$$E_2 = 2 \cdot \frac{1}{2} G \left(\frac{b}{2} \right)^2 = \frac{1}{2} \cdot \left(\frac{1}{2} G b^2 \right) = \frac{1}{2} E_1 \qquad (6.79)$$

also halb so groß wie die Energie E_1 der Einzelversetzung. Das setzt allerdings voraus, daß beide Teilversetzungen weit voneinander entfernt sind, so daß R_0 groß ist und Gl. (6.52) angewendet werden kann. Tatsächlich stoßen sich zwei parallele Versetzungen ab, so daß sie versuchen, ihren Abstand möglichst groß zu machen. Allerdings ist der Vektor $\mathbf{b}/2$ kein Translationsvektor des Kristallgitters. Zwischen den beiden Halbversetzungen würde auf der Gleitebene das Gitter gestört. Die damit verbundene Energie ist weitaus größer als der Gewinn der Versetzungsenergie durch Aufspaltung. Die Versetzung bleibt deshalb unaufgespalten.

Es gibt jedoch in kubischen und hexagonalen Gittern Zerlegungen des Burgers-Vektors in kleinere Vektoren, die mit Flächenfehlern kleiner Energie verbunden sind. Das wichtigste Beispiel sind die Shockleyschen Partialversetzungen des kfz-Gitters. Auf der Gleitebene (111) kann eine vollständige Versetzung mit Burgers-Vektor $\mathbf{b}_1 = a/2[1\bar{1}0]$ in zwei Teilversetzungen (Shockley-Versetzungen) (Abb. 6.52) gemäß

$$\frac{a}{2}\left[1\bar{1}0\right] = \frac{a}{6}\left[2\bar{1}\bar{1}\right] + \frac{a}{6}\left[1\bar{2}1\right] \tag{6.80}$$

zerfallen. Die Bewegung einer Teilversetzung mit $\mathbf{b}_1 = a/6[2\bar{1}\bar{1}]$ führt nicht zu einer Zerstörung des Gitters, sondern zu einem Stapelfehler. Die nachfolgende Versetzung $\mathbf{b}_3 = a/6[1\bar{2}1]$ hebt diesen Stapelfehler wieder auf. Die beiden Teilversetzungen wechselwirken miteinander. Ist die vollständige Versetzung eine reine Stufen- oder Schraubenversetzung, so sind die Teilversetzungen gemischte Versetzungen, die man aber in einen Stufen- und Schraubenanteil gemäß Gl. (3.22a, b) zerlegen kann. Die Stufenanteile und die Schraubenanteile üben jeweils aufeinander die Kräfte K_e bzw. K_s aus, die in der Summe abstoßend sind. Zwischen den Stufen- und Schraubenanteilen herrscht keine Wechselwirkung. Die Teilversetzungen würden sich daher soweit wie möglich voneinander entfernen — wäre nicht mit ihrer Trennung eine Vergrößerung des Stapelfehlers verbunden. Ist die Stapelfehlerenergie pro Flächeneinheit $\gamma_{SF}[J/m^2]$, so ist bei einem Abstand x und einer Länge L der Halbversetzungen die Energie des Flächenfehlers (Stapelfehlers)

$$E_{SF} = \gamma_{SF} \cdot L \cdot x \tag{6.81}$$

Es wirkt also eine Kraft zur Verkleinerung des Stapelfehlers

$$K_{SF} = -\frac{dE_{SF}}{dx} = -\gamma_{SF} \cdot L \tag{6.82}$$

Bezeichnen b_e und b_s die Burgers-Vektoren der Stufen- bzw. Schraubenanteile der Versetzungen, so lautet das Kraftgleichgewicht bei Aufspaltungsweite x_0

$$K_e(x_0) + K_s(x_0) + K_{SF} = 0 \tag{6.83a}$$

$$\left(\frac{Gb_{1s}}{2\pi} \cdot \frac{1}{x_0} \cdot b_{2s} + \frac{Gb_{1e}}{2\pi(1-\nu)} \frac{1}{x_0} \cdot b_{2e} - \gamma_{SF}\right) \cdot L = 0 \tag{6.83b}$$

oder mit Gl. (3.22) eingesetzt ergibt sich die Aufspaltungsweite, d. h. der Abstand x_0 der parallelen Teilversetzungen

$$\frac{G}{2\pi} \cdot \frac{1}{\gamma_{SF}}\left\{(\mathbf{b}_1 \cdot \mathbf{s})(\mathbf{b}_2 \cdot \mathbf{s}) + (\mathbf{b}_1 \times \mathbf{s})(\mathbf{b}_2 \times \mathbf{s})\frac{1}{(1-\nu)}\right\} = x_0 \tag{6.84}$$

Tab. 6.4 Stapelfehlerenergie und Aufspaltungsweite von Schraubenversetzungen in verschiedenen kfz-Metallen

Material	Ag	Cu	Ni	Al
γ_{SF} [mJ/m^2]	20	40	150	180
γ_{SF}/Gb [10^{-3}]	3.0	4.3	9.9	27.4
x_0/b	15	11	5	1

Für den in Gl. (6.80) betrachteten Versetzungszerfall erhalten wir im Fall einer Stufenversetzung, d. h. $s = 1/\sqrt{6}\,[11\bar{2}]$ und $b = |\mathbf{b}| = a/\sqrt{2}$

$$x_0 = \frac{Gb}{\gamma_{SF}}\frac{b}{24\pi}\frac{2+\nu}{1-\nu} \qquad (6.85)$$

Die Aufspaltungsweite hängt also im wesentlichen von der Stapelfehlerenergie γ_{SF} ab, die für sonst sehr ähnliche Metalle sehr verschieden sein kann, bspw. 180 mJ/m² für Al und 20 mJ/m² für Ag (Tab. 6.4). Die Shockley-Versetzungen einer aufgespaltenen Schraubenversetzung sind keine Schraubenversetzungen mehr, weil ihr Burgers-Vektor nicht mehr parallel zur Versetzungslinie liegt. Sie besitzen deshalb nun eine definierte Gleitebene. Die Quergleitung einer aufgespaltenen Schraubenversetzung ist deshalb nur möglich, wenn die Teilversetzungen sich über eine gewisse Länge wieder zur vollständigen Versetzung vereinigen, d. h. „einschnüren" (Abb. 6.49b). Die Versetzungen in Ag sind viel weiter aufgespalten als in Al. Deshalb werden in Ag viel höhere Spannungen τ_{III} als in Al benötigt, um die aufgespaltenen Versetzungen einzuschnüren, bevor sie quergleiten können (Abb. 6.50). Aluminium hat allein aus diesem Grund eine viel geringere Festigkeit als Silber, denn τ_{III} ist ein erstes Maß für die Festigkeit, die durch Verformung erreicht werden kann. Die Stapelfehlerenergie γ_{SF} kann entsprechend aus dem Beginn des Bereiches III, nämlich τ_{III}, bestimmt werden.

Auch die Einschnürung von Versetzungen und daher die Quergleitung aufgespaltener Versetzungen verläuft thermisch aktiviert, da die thermischen Schwingungen der Teilversetzungen die Aufspaltung ständig vergrößern und verkleinern. Die Quergleithäufigkeit bei einer angelegten Schubspannung τ ist gegeben durch

$$\Gamma_Q = \nu_D \left(\frac{\tau}{\tau_M}\right)^{\frac{A}{kT}} \qquad (6.86)$$

Dabei ist τ_M diejenige Schubspannung, bei der Einschnürung und deshalb Quergleitung ohne thermische Aktivierung erreicht wird. A ist die sog. Quergleitkonstante. Sowohl A als auch τ_M hängen von der Stapelfehlerenergie ab. Verlangt man für $\tau = \tau_{III}$ eine bestimmte Quergleithäufigkeit $\Gamma_{Q_{III}}$, so kann man aus Gl. (6.86) τ_{III} berechnen

$$\tau_{\mathrm{III}} = \tau_M \left(\frac{\Gamma_{Q_{\mathrm{III}}}}{\nu_D} \right)^{\frac{kT}{A}} \tag{6.87}$$

τ_{III} hängt also stark von der Temperatur ab, was sich in einer entsprechenden Verkürzung von Bereich II mit steigender Temperatur bemerkbar macht (Abb. 6.51).

Mit den bei der Aufspaltung im kfz-Gitter entstehenden Shockleyschen Partialversetzungen läßt sich auch der Mechanismus der mechanischen Zwillingsbildung beschreiben. Die Bewegung einer Shockley-Versetzung führt — wie beschrieben - zu einem Stapelfehler auf der Gleitebene. Damit wird die ideale Stapelfolge $ABCA_{\uparrow}^{B}CABC$ verändert zu $ABCA_{\uparrow}^{C}ABCA$, wenn sich die Versetzung auf der zweiten B gestapelten Ebene bewegt. Gleitet auf der benachbarten Gleitebene (nun A) ebenfalls eine Shockley-Versetzung mit dem gleichen Burgers-Vektor, so entsteht durch die damit verbundene Verschiebung die Stapelfolge $ABCA'CB'CAB$, d. h. in den Ebenen CB ein zwei Atomlagen dicker Zwilling. Der Zwilling wächst in der Dicke, indem man auf angrenzenden Gleitebenen ebenfalls Shockley-Versetzungen wandern läßt.

Ein Stapelfehler kann daher als Grenzfall eines Zwillings angesehen werden, der nur aus einer einzigen Atomlage besteht. Da damit ein Stapelfehler von zwei Zwillingsgrenzen begrenzt wird, sollte die Stapelfehlerenergie etwa dem zweifachen der Energie der kohärenten Zwillingsgrenze entsprechen. Das trifft für viele Metalle auch in etwa zu.

6.6 Festigkeit und Verformung von Vielkristallen

Kristallite in Vielkristallen sind bei der Verformung Einschränkungen unterworfen, weil der Vielkristall sich als Ganzes verformen muß, ohne in einzelne Körner zu zerfallen. Dadurch muß jedes Korn an der Verformung teilnehmen, und jedes Korn muß seine Verformung mit den Nachbarkörnern abstimmen, um den Zusammenhalt der Kristalle entlang ihrer Korngrenzen sicherzustellen. Diese scheinbar triviale Randbedingung hat ganz entscheidende Folgen für Verformung und Festigkeit der Vielkristalle.

Die Körner eines Vielkristalls haben unterschiedliche Orientierungen. Legen wir deshalb eine äußere Zugspannung an, so werden diejenigen Körner, die günstig orientierte Gleitsysteme, also einen hohen Schmid-Faktor haben, sich bereits verformen, während in anderen, weniger günstig orientierten Körnern die kritische Schubspannung noch nicht erreicht ist. Die Verformung eines einzelnen Korns führt also zu einer Formänderung, die von der sich nicht plastisch verformenden Umgebung nicht geteilt wird. Die Formänderung muß deshalb unterdrückt werden, und zwar elastisch, was rasch zu hohen inneren Spannungen führt, wodurch schließlich auch die kritische Schubspannung in den Nachbarkörnern erreicht wird. Erst wenn alle Körner des Vielkristalls sich plastisch verformen, ist die Streckgrenze erreicht.

Abb.6.53 Versetzungsaufstau
an einer Korngrenze **a**
schematisch; **b** beobachtet
in rostfreiem Stahl (TEM)
[11]

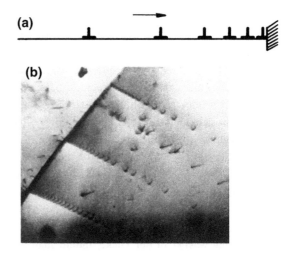

Im Versetzungsbild stellt sich das Problem folgendermaßen dar. Wird ein Gleitsystem eines Korns angeregt, so werden Versetzungen auf diesem Gleitsystem produziert und bewegt. Die Korngrenzen sind jedoch unüberwindliche Hindernisse für die Versetzungsbewegung, denn der Burgers-Vektor muß ja ein Translationsvektor des Kristalls sein, was für das Nachbarkorn nicht zutrifft. Im Nachbarkorn sind nämlich die Gleitrichtungen, also bspw. in kfz-Metallen die ⟨110⟩-Richtungen, anders orientiert und gewöhnlich nicht parallel zueinander. Die Fortsetzung der Abgleitung mit Gleitrichtung **b** ins Nachbarkorn hinein würde deshalb zu einer Zerstörung des Kristallgitters im Nachbarkorn führen, was natürlich unterbleibt. Daher müssen sich Versetzungen an Korngrenzen aufstauen, was auch beobachtet wird (Abb. 6.53). Die aufgestauten Versetzungen üben aber eine Rückspannung auf nachfolgende Versetzungen aus, die der angreifenden Schubspannung entgegengerichtet ist. Die nachfolgenden Versetzungen nehmen diejenige Position ein, bei der angelegte Schubspannung und Rückspannung gleich groß sind. Da die Rückspannung mit zunehmender Anzahl von aufgestauten Versetzungen stark ansteigt, wird der Abstand nachfolgender Versetzungen von der Aufstauspitze immer größer (Abb. 6.53). Die Aufstaulänge in einem Korn ist aber begrenzt, nämlich durch den halben Korndurchmesser $D/2$ (Abb. 6.54), da ja auf der entgegengesetzten Seite des Korns ebenfalls ein Aufstau entsteht. Für eine angelegte Schubspannung τ können nur eine maximale Anzahl an Versetzungen in der Länge $D/2$ untergebracht werden, nämlich im Fall von Stufenversetzungen

$$n = \frac{\pi(1-\nu)}{Gb}\frac{D}{2}\tau \tag{6.88}$$

Auf die Aufstauspitze wirkt aber neben der angelegten Spannung τ auch die abstoßende Kraft der nachfolgenden $(n-1)$ Versetzungen, und zwar jeweils $K = \tau b$. Deshalb herrscht an der Aufstauspitze die Spannung

Abb. 6.54 Zur Streck-
grenze in einem Vielkristall.
Ein Versetzungsaufstau in
Korn 1 aktiviert eine Ver-
setzungsquelle S_2 in Korn 2
(D - Korndurchmesser)

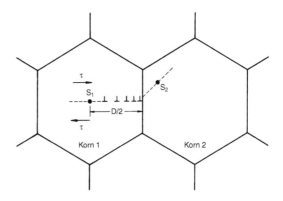

$$\tau_{max} = n\,\tau \tag{6.89}$$

Diese innere Spannung τ_{max} wirkt natürlich in das noch unverformte Nachbarkorn 2 hinein
und erhöht damit die wirksame Spannung in dessen Gleitsystemen, so daß dort in einem
Abstand x von der Korngrenze die Schubspannung

$$\tau_2(x) = m_2 \cdot \sigma + \beta(x) \cdot \tau_{max} \tag{6.90}$$

herrscht ($\beta(x) \hat{=}$ ortsabhängiger Abklingfaktor).

Plastische Verformung in Korn 2 wird dann ausgelöst, wenn in einem festen Abstand
x_0, wo sich die Quelle S_2 befindet, die kritische Schubspannung $\tau_2(x_0) = \tau_c$ erreicht wird.
Mit Gl. (6.88) und (6.89) erhält man

$$\tau_c = m_2\,\sigma + \beta(x_0) \cdot \frac{\pi(1-\nu)}{2 \cdot G \cdot b} \cdot D \cdot \tau^2 \tag{6.91a}$$

und für die im Ausgangskorn erforderliche Schubspannung τ, unter der Voraussetzung,
daß $m_2 \cdot \sigma$ gegenüber dem zweiten Term vernachlässigbar klein ist:

$$\tau^2 \cdot D = \text{const.} = k_y' \tag{6.91b}$$

Berücksichtigt man noch, daß für sehr großes D ja zumindest die kritische Schubspannung
des Einkristalls τ_0 zur Verformung notwendig ist, so ergibt sich

$$\tau = \tau_0 + \frac{k_y'}{\sqrt{D}} \tag{6.92a}$$

oder bezogen auf die Normalspannung wegen $\tau = m\,\sigma$

$$\sigma = \sigma_0 + \frac{k_y}{\sqrt{D}} \tag{6.92b}$$

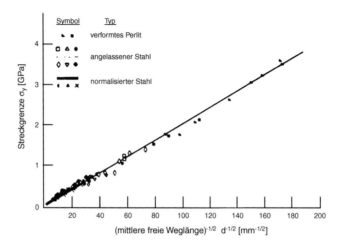

Abb. 6.55 Abhängigkeit der Streckgrenze von der Korngröße in einigen Stählen (nach [12])

Tab. 6.5 Konstanten der Hall-Petch-Beziehung für verschiedene Metalle und Legierungen

Material	Gitter	σ_0 [MPa]	k [MPa · $\sqrt{m}$]
Cu	kfz	25	0.11
Ti	hex	80	0.4
kohlenstoffarmer Stahl	krz	70	0.74
Ni$_3$Al	L1$_2$	300	1.7

wobei $k_y = k'_y/m$. Gl. (6.92b) wird als Hall-Petch-Gleichung bezeichnet. Sie ist für viele Werkstoffe experimentell bestätigt worden (Abb. 6.55). Die Hall-Petch-Beziehung ist die Grundlage der Festigkeitssteigerung durch Kornfeinung, die in der Werkstoffentwicklung von großer Wichtigkeit ist, wenn andere festigkeitssteigernde Maßnahmen nicht angewendet werden können. Die Konstante k_y wird als Hall-Petch-Konstante bezeichnet und ist für verschiedene Materialien unterschiedlich (Tab. 6.5).

Die Verformung der Körner erfolgt nicht unabhängig voneinander. Würden sich zwei benachbarte Körner frei durch Einfachgleitung verformen, so wäre wegen der unterschiedlichen räumlichen Lage der Gleitsysteme die Formänderung jedes der beiden Körner anders und würde zur Trennung der Kristallite führen (Abb. 6.56a), was aber den Beobachtungen widerspricht. Es müssen also noch andere Gleitsysteme angeregt werden, um die Formänderung der benachbarten Körner aufeinander abzustimmen (Formänderungskompatibilität). Da ein Korn im Volumen von vielen Nachbarn umgeben sein kann, muß es im Prinzip zu einer beliebigen Formänderung fähig sein. Zu einer beliebigen Formänderung ist aber die Betätigung von fünf unabhängigen Gleitsystemen notwendig. Das kann man folgendermaßen einsehen: Angenommen die Formänderung besteht aus einer einfachen Scherung γ_1 entlang der Gleitebene $\mathbf{n}_1 \| y$ und Gleitrichtung $\mathbf{b}_1 \| x$ eines Gleitsystems (Abb. 6.56b). Dann hat der Dehnungstensor nur eine unabhängige Komponente, nämlich $\varepsilon_{xy} = 1/2\gamma_1 (= \varepsilon_{yx})$. Alle anderen Komponenten des Dehnungstensors sind Null. Verformt man den Kristall nun zusätzlich parallel zu einem anderen Gleitsystem um den Betrag γ_2, der Einfachheit halber $\mathbf{n}_2 || z$, $\mathbf{b}_2 || x$, so erhält man eine weitere Komponente des Dehnungstensors: $\varepsilon_{xz} = 1/2\gamma_2$. Man kann ε_{xz} nicht durch die Scherung des ersten Gleitsystems ausdrücken, außerdem ist diese bereits durch γ_1 festgelegt (Abb. 6.56b). Aber ε_{xy} und ε_{xz} sind unabhängig voneinander. Daher benötigt man zwei Gleitsysteme. Ein beliebiger Dehnungstensor hat aber 5 unabhängige Komponenten. Eigentlich hat ein Dehnungstensor gemäß Gl. (6.8) sechs verschiedene Komponenten. Wegen der Volumenkonstanz bei plastischer Verformung ($\varepsilon_{xx} + \varepsilon_{yy} + \varepsilon_{zz} = 0$), kann aber eine Komponente eliminiert werden, bspw. $\varepsilon_{xx} = -(\varepsilon_{yy} + \varepsilon_{zz})$. Deshalb braucht man im zweidimensionalen Fall zwei Gleitsysteme (Abb. 6.56c) und im räumlichen Fall sogar fünf Gleitsysteme, um einen beliebigen Formänderungszustand zu beschreiben, und zwar fünf unabhängige Gleitsysteme. Ein Gleitsystem ist unabhängig von anderen, wenn seine Verformung nicht durch eine Kombination der Scherungen auf den anderen Gleitsystemen ersetzt werden kann.

Zum Beispiel gibt es im hexagonalen Gitter drei Gleitsysteme, nämlich die Basisebene mit drei Gleitrichtungen, aber es gibt nur zwei unabhängige Gleitsysteme, da die Verformung durch Betätigung eines der drei Gleitsysteme auch durch die Kombination der Verformung von den beiden anderen Systemen erreicht werden kann. Hexagonale Metalle, die sich durch Basisgleitung verformen, sind deshalb als Vielkristalle wenig duktil, während die Einkristalle sich oft zu hohen Dehnungen verformen lassen, bspw. das Zink (Abb. 6.57). Bei hexagonalen Kristallen spielt deshalb die Zwillingsbildung für die Umformung eine große Rolle (s. Abschn. 6.3.2). In kubischen Kristallen gibt es dagegen fünf unabhängige Gleitsysteme, so daß Vielkristalle kubischer Werkstoffe duktil sind, wenn die Verformbarkeit nicht durch andere Einflüsse eingeschränkt wird. Da es aber 12 verschiedene Gleitsysteme in kubischen Kristallen gibt, existieren 384 verschiedene Kombinationen von fünf unabhängigen Gleitsystemen, die eine beliebige Formänderung erlauben. Die Auswahl der betreffenden Gleitsysteme ist für die Duktilität unerheblich, spielt aber für Verfestigung und Texturbildung eine bedeutende Rolle. Taylor hat unter der vereinfachenden Annahme, daß diejenigen Gleitsysteme ausgewählt werden, deren Gesamtscherung

$$dГ = \sum_{s=1}^{5} d\gamma_s \qquad (6.93)$$

am kleinsten ist, das Verfestigungsverhalten von Vielkristallen berechnet. Dazu muß zunächst der mittlere Schmid-Faktor m_T bestimmt werden. Analog der Beziehung in Einkristallen [Gl. (6.71a)]

$$d\varepsilon = m\,d\gamma$$

gilt für Vielkristalle

$$d\varepsilon = m_T\,dГ = m_T \sum_{s=1}^{5} d\gamma_s \qquad (6.94)$$

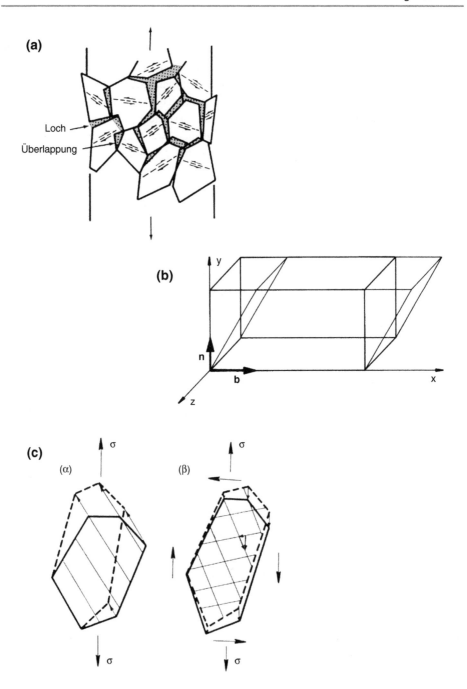

Abb. 6.56　**a** Formänderung der Körner eines Vielkristalls bei Einfachgleitung; **b** zum Zusammenhang von Scherung γ_{xy} und kristallographischer Gleitung auf Gleitsystem $\{n\}<b>$; **c** Annähernde Wiederherstellung der Ausgangsgestalt durch ein zweites Gleitsystem

Abb. 6.57 Verfestigungskurven eines Zink-Einkristalls und -Vielkristalls (nach [13])

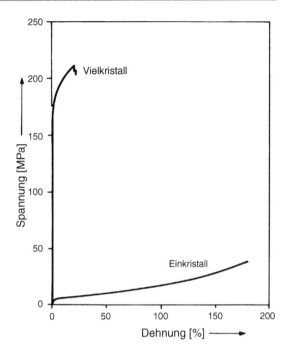

Für eine regellose Orientierungsverteilung berechnete Taylor nach dieser Methode den sog. Taylorfaktor

$$M_T = \frac{1}{m_T} = 3.06 \tag{6.95}$$

Damit ergibt sich der mittlere Schmid-Faktor für Vielkristalle

$$m_T = \frac{1}{3.06} = 0.327 \tag{6.96}$$

Gleichung (6.96) erlaubt es, Spannungs/Dehnungs-Diagramme von Vielkristallen in Schub-spannungs/Abgleitungs-Kurven umzurechnen. Zur Berechnung der Verfestigungskurve nahm Taylor an, daß sich die Körner wie ⟨111⟩-orientierte Einkristalle verfestigen. Das ist eine sinnvolle Annahme, weil sich ⟨111⟩-Kristalle ebenfalls durch Mehrfachgleitung (sechs Gleitsysteme) verformen. Die so berechnete Verfestigungskurve für Vielkristalle kommt der gemessenen Kurve sehr nahe (Abb. 6.58). Würde man dagegen den mittleren Schmid-Faktor m_S durch Mittelung der Schmid-Faktoren der Kristallite unter Annahme freier Verformung, d. h. als wären sie Einkristalle, berechnen, so erhielte man den sog. „Sachs-Faktor"

$$M_S = \frac{1}{m_S} = 2.24 \tag{6.97}$$

und als Verfestigungskurve die mittlere Einkristallkurve. Diese Kurve stimmt aber mit den gemessenen Ergebnissen sehr viel weniger gut überein, wie Abb. 6.58 deutlich macht.

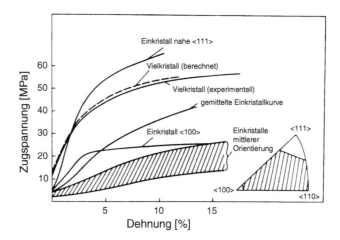

Abb. 6.58 Einkristall-Verfestigungskurven von Al im Vergleich zur gemessenen und berechneten Vielkristall-Verfestigungskurve

Da mit der Abgleitung auch eine Orientierungsänderung des Kristalls verbunden ist, bestimmt die Wahl der aktivierten Gleitsysteme in einem Vielkristall auch die Entwicklung der Verformungstextur, die für viele Anwendungen wichtig ist (vgl. Kap. 2). Das Problem besteht hier darin, daß es mehr als eine Kombination von 5 Gleitsystemen gibt, die die gleiche minimale Scherung $d\Gamma$ haben. Jede Kombination führt aber zu einer anderen Kornrotation. Diese Probleme sind Gegenstand aktueller Forschung.

6.7   Mechanismen der Festigkeitssteigerung

6.7.1   Mischkristallhärtung

Wir haben bereits zwei Wege der Festigkeitssteigerung kennengelernt, nämlich durch Kornfeinung (Abschn. 6.6) und durch plastische Verformung (Abschn. 6.5). Es gibt allerdings noch wesentlich wirksamere Mittel zur Erhöhung der Festigkeit, nämlich durch Legieren. Liegt die Legierung als feste Lösung vor, so bezeichnet man die erreichte Erhöhung von τ_0 (Abb. 6.59), bzw. R_P, gegenüber dem Reinmetall als Mischkristallhärtung. Die Mischkristallhärtung ist eine Folge der Wechselwirkung der Legierungsatome mit den Versetzungen, die zur Behinderung der Versetzungsbewegung führt. Fremdatome können auf dreierlei Weise mit den Versetzungen wechselwirken

(a) Parelastische Wechselwirkung (Gitterparameter-Effekt).
(b) Dielastische Wechselwirkung (Schubmodul-Effekt).
(c) Chemische Wechselwirkung (Suzuki-Effekt).

1. Parelastische Wechselwirkung: Fremdatome haben eine andere Atomgröße als die Matrixatome. Ihr Einbau in das Kristallgitter verursacht daher Druckspannungen oder Zug-

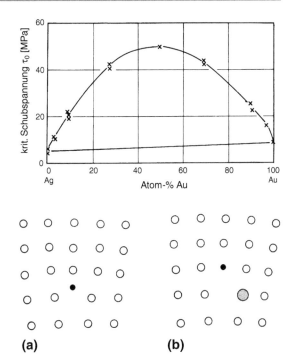

Abb. 6.59 Kritische Schubspannung in Ag-Au-Einkristallen in Abhängigkeit von der Zusammensetzung (nach [14])

Abb. 6.60 Bevorzugte Positionen von Fremdatomen am Kern einer Stufenversetzung. **a** Interstitielles Fremdatom; **b** kleineres (ausgefüllter Kreis) und größeres (schraffiert) substitutionelles Fremdatom

spannungen, je nachdem ob das Fremdatom größer oder kleiner ist als die Matrixatome. Da es an einer Stufenversetzung geweitete und komprimierte Bereiche gibt, wird die mit der elastischen Verzerrung verbundene Energie der Fremdatome verringert, wenn diese sich an der Versetzung statt im perfekten Gitter aufhalten (Abb. 6.60). Bei Bewegung der Versetzung werden aber Versetzung und Fremdatom getrennt. Dazu muß die Erhöhung der elastischen Energie des Fremdatoms wieder aufgewendet werden, was sich in einer rücktreibenden Kraft auf die Versetzung auswirkt. Zur Überwindung dieser rücktreibenden Kraft muß eine zusätzliche Spannung aufgebracht werden, wodurch sich die kritische Schubspannung des Mischkristalls gegenüber derjenigen der reinen Matrix erhöht. Diese Änderung läßt sich berechnen.

Die Stufenversetzung hat ein hydrostatisches Spannungsfeld [s. Gl. (6.42)]

$$p = \frac{1}{3}\left(\sigma_{xx} + \sigma_{yy} + \sigma_{zz}\right) = -\frac{Gb}{3\pi r}\frac{1+\nu}{1-\nu}\sin\theta \tag{6.98}$$

Ist ΔV die Volumenänderung durch das Fremdatom, so ergibt sich die Wechselwirkungsenergie

$$\Delta E^p = -p\Delta V\left(3\frac{1-\nu}{1+\nu}\right) \tag{6.99}$$

(Der Term in Klammern berücksichtigt die Energie im Volumen ΔV). Ist y der Abstand des Fremdatoms von der Gleitebene, so ist die parelastische Wechselwirkungskraft

$$F^p = -\frac{d\Delta E^p}{dx} = \frac{Gb\Delta V}{\pi y^2}\frac{2\left(\frac{x}{y}\right)}{\left(1+\left(\frac{x}{y}\right)^2\right)^2} \tag{6.100}$$

F^p ist am größten, wenn $x = y/\sqrt{3}$, wobei $y = b/\sqrt{6}$ (halber Gleitebenenabstand im kfz-Gitter). Die Größe von ΔV läßt sich aus der Änderung des Gitterparameters beim Zulegieren bestimmen. Bei einer (atomaren) Konzentrationsänderung um dc^a ist die Gitterparameteränderung

$$dc \cdot \Delta V = dc^a \cdot \frac{\Delta V}{\Omega} = \frac{1}{a^3}\left\{a^3\left(1+\frac{da}{a}\right)^3 - a^3\right\} \cong 3\frac{da}{a} \tag{6.101}$$

$$\Delta V = 3\Omega\delta \tag{6.102a}$$

$$\delta = \frac{d\ln a}{dc^a} \tag{6.102b}$$

Dabei ist $\Omega \approx b^3$ das Atomvolumen. Damit erhält man die maximale parelastische Wechselwirkungskraft

$$F^p_{max} = Gb^2|\delta| \tag{6.103}$$

Es sei noch bemerkt, daß diese Wechselwirkung natürlich ein hydrostatisches Spannungsfeld der Versetzung voraussetzt. Schraubenversetzungen haben kein hydrostatisches Spannungsfeld und daher auch keine parelastische Wechselwirkung mit Fremdatomen. Besitzt das Fremdatom aber kein isotropes, sondern bspw. ein tetragonales Verzerrungsfeld, wie etwa C in α-Fe, dann tragen auch Schraubenversetzungen zur parelastischen Wechselwirkung bei.

2. Dielastische Wechselwirkung: Die dielastische Wechselwirkung beruht darauf, daß die Energiedichte einer Versetzung dem Schubmodul G proportional ist. Hat das Fremdatom einen anderen Schubmodul, so trägt das Volumen, das vom Fremdatom eingenommen wird, anders zur Gesamtenergie der Versetzung bei und erzeugt deshalb einen Energieunterschied zum reinen Metall. Diese Wechselwirkungsenergie pro Fremdatom berechnet sich für eine Schraubenversetzung zu

$$\Delta E^d = d\varepsilon_V \cdot dc = \frac{d\varepsilon_V}{dG} \cdot \frac{dG}{dc^a} \cdot dc^a = \frac{Gb^2}{8\pi^2 r^2} \cdot \Omega \cdot \eta \tag{6.104}$$

$$\eta = \frac{d\ln G}{dc^a} \tag{6.105}$$

Daraus errechnet sich wiederum eine maximale dielastische Wechselwirkungskraft

$$F_{max}^d \approx \frac{1}{20} Gb^2 |\eta| \tag{6.106}$$

Im Vergleich zur parelastischen Kraft fällt E^d schneller mit r ab als E^p, dagegen ist $|\eta|$ häufig erheblich größer als $|\delta|$.

3. Chemische Wechselwirkung: Dieser nach Suzuki benannte Effekt beruht darauf, daß die Stapelfehlerenergie von der Zusammensetzung abhängt, und zwar mit zunehmender Fremdatomkonzentration gewöhnlich abnimmt. Mit abnehmender Stapelfehlerenergie erhöht sich aber die Aufspaltungsweite der Versetzungen, wodurch sich die Gesamtenergie verringert. Fremdatome wandern daher bevorzugt zu den Versetzungen, um durch Konzentrationserhöhung die Stapelfehlerenergie zu verringern. Bei Bewegung der Versetzung verändern sich die Konzentrationsverhältnisse, so daß eine rücktreibende Kraft auf die Versetzung wirkt. Sie soll hier nicht quantitativ behandelt werden.

Die Erhöhung der kritischen Schubspannung für plastisches Fließen durch Mischkristallhärtung ergibt sich folgendermaßen: Die rücktreibende Kraft

$$F_{max} = F_{max}^p + F_{max}^d \tag{6.107}$$

muß durch eine Erhöhung $\Delta\tau_c$ der kritischen Schubspannung kompensiert werden, um plastisches Fließen des Mischkristalls zu ermöglichen. Ist die mittlere freie Versetzungslänge ℓ_F, so folgt

$$\Delta\tau_c \cdot b\ell_F = F_{max} \tag{6.108}$$

Das Problem besteht nun in der Bestimmung von ℓ_F, die nicht einfach der mittlere Abstand der Fremdatome auf der Gleitebene ist. Bewegt sich eine Versetzung durch eine statistische Verteilung von Fremdatomen auf ihrer Gleitebene, so wird sie an den Fremdatomen aufgehalten, während sie sich zwischen den Hindernissen krümmt. Durch diese Krümmung, die gemäß Gl. (6.76) von der Schubspannung abhängt, ist aber wiederum die Wahrscheinlichkeit größer, ein weiteres Fremdatom zu treffen. Die mittlere freie Versetzungslänge ℓ_F bei einer Spannung $\Delta\tau_c$ ist nach Friedel (die Friedel-Länge)

$$\ell_F = \sqrt[3]{\frac{6E_v}{\Delta\tau_c \, c_F \cdot b}} \tag{6.109}$$

Dabei ist E_v die in Gl. (6.52) bestimmte Versetzungsenergie und c_F die Zahl der Fremdatome pro Flächeneinheit in der Gleitebene. Eingesetzt in Gl. (6.108) erhalten wir

$$\Delta\tau_c \cdot b = F_{max}^{3/2} \sqrt{\frac{c_F}{6E_v}} \tag{6.110}$$

oder wegen

$$c^a = c_F \cdot b^2 \tag{6.111}$$

und Gl. (6.52)

$$E_v \cong \frac{1}{2}Gb^2$$

$$\frac{\Delta \tau_c}{G} = \frac{1}{\sqrt{3}} \left(\frac{F_{\max}}{Gb^2} \right)^{3/2} \sqrt{c^a} \qquad\qquad (6.112a)$$

und mit Gl. (6.103), (6.106) und (6.107) und einer Konstanten β

$$\frac{\Delta \tau_c}{G} = \frac{1}{\sqrt{3}} \left(|\delta| + \beta|\eta| \right)^{3/2} \sqrt{c^a} \qquad\qquad (6.112b)$$

Das Ergebnis zeigt zum einen, daß die kritische Schubspannung mit der Wurzel aus der Konzentration zunimmt. Das wird auch an vielen Systemen tatsächlich gefunden (Abb. 6.61).

Die Zunahme der Festigkeit ist aber auch von der Art der Legierungsatome abhängig. So ist zur Mischkristallhärtung von Kupfer eine Dotierung mit Sn oder In weitaus effektiver als die gleiche Menge an Zn oder Ni (Abb. 6.62).

Bei diesen Betrachtungen haben wir bisher angenommen, daß nur die Versetzungen, nicht aber die Fremdatome beweglich sind. Können die Fremdatome diffundieren, so werden sie sich an den Versetzungen (Abb. 6.63) anreichern. Dann müssen zur plastischen Verformung die Versetzungen von den „Fremdatomwolken" losgerissen werden, bevor sie sich bei einer geringeren Spannung über die Gleitebene bewegen. Das ist der Grund für die Streckgrenzenphänomene, bspw. in den kohlenstoffhaltigen Stählen. Die Beweglichkeit der Kohlenstoffatome bei Raumtemperatur ist groß genug, sich an den ruhenden Versetzungen anzulagern. Bei kurzzeitiger Unterbrechung der Verformung erhält man entsprechend keine ausgeprägte Streckgrenze (Abb. 6.64).

Wird bei höheren Temperaturen die Beweglichkeit der Fremdatome groß genug, so können sie den Versetzungen folgen und sich an ihnen anreichern, während die Versetzung bspw. vor einem Hindernis wartet. Dann kommt es zu einer sägezahn- förmigen Verfestigungskurve, was als dynamische Reckalterung oder Portevin-Le Chatelier Effekt bezeichnet wird (Abb. 6.65).

6.7.2   Dispersionshärtung

Enthält ein Material nichtmetallische Einschlüsse, bspw. Oxide oder Boride, die häufig zur Kornfeinung beim Vergießen, oder aber auch bewußt zur Verbesserung der mechanischen Eigenschaften der Schmelze zugegeben werden, so können bemerkenswerte Festigkeitssteigerungen erzielt werden. Der Grund für die Dispersionshärtung ist die Hinderniswirkung der Partikel für die Versetzungsbewegung. Die Versetzungen können durch die Partikel nicht hindurchschneiden, vielmehr müssen sie sich zwischen den Teilchen auswölben (Abb. 6.66). Ähnlich dem Prinzip der Frank-Read-Quelle gibt es eine kritische Konfiguration, wenn die Spannung den Wert

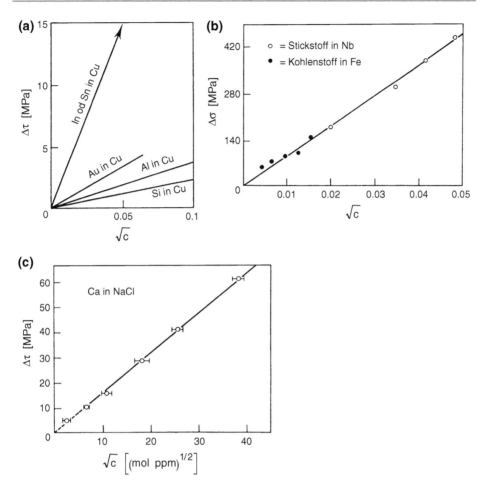

Abb. 6.61 Zunahme der kritischen Schubspannung mit der Wurzel der Konzentration (nach [15–20]), **a** substitutionelle Mischkristalle; **b** interstitielle Mischkristalle; **c** dotierte Ionenkristalle

$$\tau = \frac{Gb}{\ell - 2r} \qquad (6.113)$$

erreicht (Abb. 6.66), wobei $2r$ der Teilchendurchmesser und ℓ der mittlere Abstand der Teilchen von Mittelpunkt zu Mittelpunkt ist, so daß $\ell - 2r$ die freie Versetzungslänge angibt. Bei Weiterbewegung der Versetzung wird der Krümmungsradius wieder vergrößert, wozu keine weitere Spannungserhöhung notwendig ist. Schließlich werden sich antiparallele Versetzungsteile hinter den Teilchen berühren, und eine freie Versetzung kann sich von dem Teilchen ablösen. Allerdings bleibt ein Versetzungsring um das Teilchen zurück. Dieser Mechanismus zur Umgehung von Teilchen wird als Orowan-Mechanismus bezeichnet. Die Orowan-Ringe kann man elektronenmikroskopisch nachweisen (Abb. 6.67). Die kritische

Abb. 6.62 Der Härtungseffekt in Kupfermischkris-
tallen hängt vom Legie-
rungselement ab ($\varepsilon_b \hat{=} |\delta|$,
$\varepsilon_G' \hat{=} |\eta|$) (nach [16])

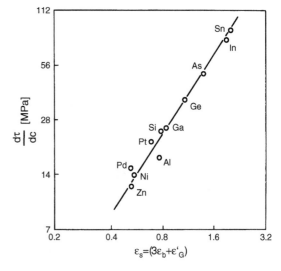

Abb. 6.63 Bewegliche
Fremdatome, z. B. C in
α-Fe, segregieren zu den
Versetzungskernen

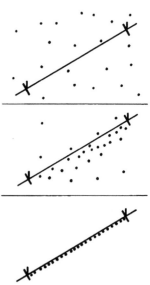

Schubspannung von solchen Legierungen wird durch Gl. (6.113) beschrieben. Sie nimmt
mit abnehmendem Teilchenabstand ℓ zu. Allerdings ist der mittlere Teilchenabstand nicht
leicht zu bestimmen; er hängt aber mit dem Volumenbruchteil f und der Teilchengröße
zusammen, nämlich

$$\ell = \frac{r}{\sqrt{f}} \tag{6.114}$$

Abb. 6.64 Streckgrenze in kohlenstoffhaltigem Stahl *1*. Bei kurzzeitigem Entlasten und Wiederbelasten *2* erhält man keine ausgeprägte Streckgrenze. Nach längerer Zeit im entlasteten Zustand tritt die Streckgrenze wieder auf *3* (nach [21])

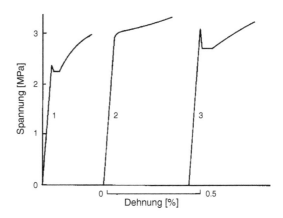

Abb. 6.65 Schematische Verfestigungskurve eines Materials mit Portevin-Le Chatelier-Effekt

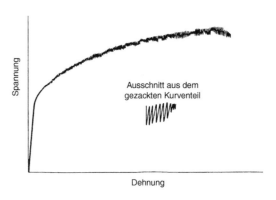

Abb. 6.66 Verschiedene Stadien des Orowan-Mechanismus zur Umgehung von Partikeln. Ein Versetzungsring bleibt um die Partikel zurück

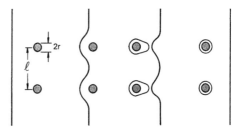

Gleichung (6.114) kann man so einsehen, daß ja alle Teilchen, die einen Abstand von weniger als r von der Gleitebene haben, sowohl oberhalb als auch unterhalb durch die Gleitebene hindurch stoßen und deshalb von den Versetzungen in der Gleitebene umgangen werden müssen. Ist N die Teilchenzahl pro Volumeneinheit, so ist N_E die Zahl der Teilchen pro Flächeneinheit in der Gleitebene, d. h. im Volumen der Schichtdicke $4r$. Bei kugelförmigen Teilchen ist

$$f = N \cdot \frac{4}{3}\pi r^3 \tag{6.115}$$

Abb. 6.67 Orowan-Ringe
um Al$_2$O$_3$-Teilchen in Cu-
30 %Zn [22]

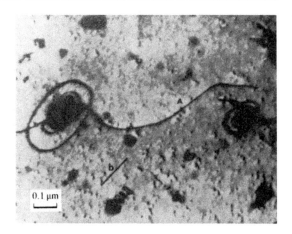

Abb.6.68 Verfestigungskurven
von Reinstkupfer und Kup-
ferlegierungen. In Cu-Co
sind die Teilchen schneid-
bar, in Cu-BeO nicht (nach
[23])

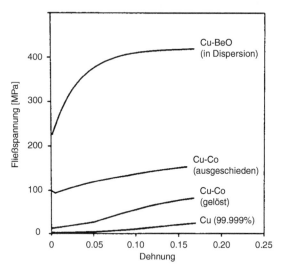

$$\ell = \frac{1}{\sqrt{N_E}} = \frac{1}{\sqrt{4rN}} = \frac{1}{\sqrt{\frac{4rf}{\frac{4}{3}\pi r^3}}} \qquad (6.116)$$

woraus Gl. (6.114) folgt mit $\pi \approx 3$.

Da die Partikel in der Regel sehr klein sind im Verhältnis zu ihrem Abstand (d. h. $r \ll \ell$) ist die Orowan-Spannung

$$\tau_{OR} \cong \frac{Gb\sqrt{f}}{r} \qquad (6.117)$$

Die Fließspannung in dispersionsgehärteten Legierungen hängt also entscheidend vom Dispersionsgrad f/r ab. Besonders wirksam ist eine Dispersion von sehr kleinen Partikeln.

Abb. 6.69 Schneidet eine Versetzung ein Teilchen, so schert das Teilchen ab, **a** schematisch; **b** beobachtet in Ni-19 %Cr-6 %Al (540 h und um 2 % verformt, gealtert bei 750 °C) [5, S. 295]

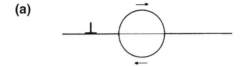

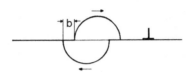

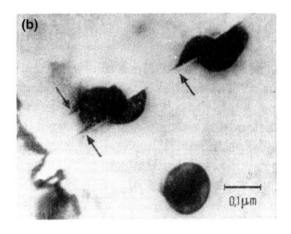

Die Versetzungsringe werden durch die angreifende Schubspannung fest an das Teilchen gepreßt. Andererseits üben sie aber mit ihrem Spannungsfeld eine Rückspannung auf nachfolgende Versetzungen aus. Eine nachfolgende zweite Versetzung braucht also eine höhere Spannung als die erste, um die Teilchen zu umgehen. Deshalb muß bei der Verformung von dispersionsgehärteten Legierungen die Fließspannung stark zunehmen. Das wird auch tatsächlich beobachtet (Abb. 6.68). Schließlich wird die Spannung auf die Versetzungsringe so groß, daß Entlastungsvorgänge ablaufen, indem die Schraubenversetzungen quergleiten und so die Orowan-Ringe schließlich zu prismatischen Versetzungsringen umordnen, oder die Spannungen werden durch Erzeugung von Versetzungen auf anderen Gleitsystemen abgebaut. Neben der Härtung tragen Teilchen daher auch noch zu einer starken Verformungsverfestigung bei, die viel größer als die Verfestigung in reinen Metallen oder Mischkristallen ist (Abb. 6.68).

6.7.3 Ausscheidungshärtung

Auch Ausscheidungen, die sich bei der Abkühlung eines homogenen Mischkristalls in ein Zweiphasengebiet bilden, tragen zur Festigkeitssteigerung bei. Ausscheidungen sind von der Matrix durch Phasengrenzen getrennt. In Kap. 3 haben wir drei Arten von Phasengrenzen unterschieden, nämlich kohärente, teilkohärente oder inkohärente Phasengrenzen. Inkohärente Phasengrenzen wirken auf Versetzungen wie Korngrenzen, sie sind unüberwindliche Hindernisse. Aber Versetzungen können die Ausscheidungen mit dem Orowan-Mechanismus umgehen. Inkohärente Ausscheidungen haben daher die gleichen Auswirkungen auf die Festigkeit wie Partikel. Allerdings sind in der Regel die bei hohen Temperaturen gebildeten inkohärenten Ausscheidungen sehr groß und daher nach Gl. (6.117) nur wenig geeignet zur Erzielung hoher Festigkeiten.

Durch Abschrecken aus dem Einphasengebiet und anschließende Auslagerung bei tiefen Temperaturen entstehen metastabile Phasen mit kohärenten oder teilkohärenten Phasengrenzen (vgl. Kap. 9). Dann setzen sich die kristallographischen Ebenen und Richtungen der Matrix in der Ausscheidung mit leichter Verzerrung fort. In diesem Fall können Versetzungen sich durch die Ausscheidung hindurchbewegen. Allerdings sind dazu Kräfte zu überwinden, die die Ausscheidung auf die Versetzung ausübt. Da sind zunächst wie bei der Mischkristallhärtung die parelastische und die dielastische Wechselwirkung. Allerdings nimmt die parelastische Wechselwirkung mit steigender Größe r der Ausscheidung zu

$$F_{\max}^p \cong Gb|\delta|r \tag{6.118}$$

$$F_{\max}^d \cong Gb^2|\eta| \tag{6.119}$$

Bewegt sich eine Versetzung durch eine kohärente Ausscheidung, so wird das Teilchen abgeschert, weil die Versetzung die Atome oberhalb der Gleitebene um einen Burgers-Vektor verschiebt (Abb. 6.69). Dadurch entstehen zusätzliche Phasengrenzflächen, deren Energie beim Schneiden des Teilchens durch die angelegte Spannung aufgebracht werden muß. Die entsprechende Kraft auf die Versetzung ist, abgesehen von einem Geometriefaktor, mit der spezifischen Grenzflächenenergie γ_p durch

$$F^S = \gamma_p \cdot r \tag{6.120}$$

gekoppelt.

Ist das Teilchen geordnet, wie bspw. die bekannte γ'-Phase Ni_3Al in den Superlegierungen, so wird beim Schneiden des Teilchens längs der Gleitebene die Ordnung zerstört, und die Energie der Antiphasengrenze γ_{APB} muß aufgebracht werden (Abb. 6.70)

$$K^{APB} = \gamma_{APB} \cdot r \tag{6.121}$$

Gewöhnlich hat das Teilchen eine andere Stapelfehlerenergie γ_{SF}^T als die Matrix γ_{SF}^M. Deshalb ist die Aufspaltungsweite der Versetzung im Teilchen verschieden von der Auf-

Abb. 6.70 Entstehung einer Antiphasengrenze beim Schneiden eines geordneten Teilchens

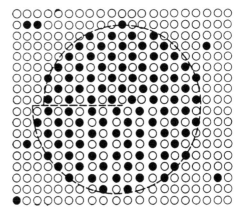

spaltungsweite in der Matrix (Abb. 6.71). Ist $\gamma_{SF}^T < \gamma_{SF}^M$, so ist die Versetzung im Teilchen weiter aufgespalten. Beim Verlassen des Teilchens muß die Versetzung die zusätzliche Aufspaltungsweite wieder rückgängig machen, wozu die Kraft

$$K^{SF} = 2 \cdot \left(\gamma_{SF}^T - \gamma_{SF}^M \right) r \tag{6.122}$$

aufzuwenden ist. Im Fall $\gamma_{SF}^T > \gamma_{SF}^M$ muß diese Kraft aufgewendet werden, um die Versetzung in das Teilchen hineinzubewegen, also ebenfalls ein Hindernis von gleicher Größe für die Versetzungsbewegung.

Die Größe dieser aufgeführten Kräfte ist natürlich von den Legierungspartnern abhängig. Bei den Superlegierungen sind Gitterparameter und Schubmodul von Ni und Ni$_3$Al sehr ähnlich, aber die Energie der Antiphasengrenze auf {111}-Ebenen ist sehr hoch. Bei nichtgeordneten Teilchen dagegen spielt K^{APB} gar keine Rolle. Alle aufgeführten Kräfte, vom dielastischen Beitrag abgesehen, nehmen proportional mit der Ausscheidungsgröße r zu, wobei die Proportionalitätskonstante stets eine Grenzflächenenergie ist, wenn man

$$Gb|\delta| = \gamma_b \tag{6.123}$$

der Einfachheit halber für die parelastische Kraft, einführt. Die Summe der Kräfte $K_{\max}$ läßt sich dann schreiben

$$K_{\max} = \tilde{\gamma} \cdot r$$

wobei $\tilde{\gamma}$ eine effektive Grenzflächenenergie bedeutet. Die zur Überwindung dieser Kraft notwendige Fließspannung $\Delta\tau_c$ erhält man wieder aus

$$\Delta\tau_c \cdot b\ell_F \left(\Delta\tau_c \right) = K_{\max} \tag{6.124}$$

wobei ℓ_F die in Gl. (6.109) definierte „Friedel-Länge" ist. Unter Verwendung von Gl. (6.124) und der Flächendichte der Teilchen $c_F = 1/\ell^2 = f/r^2$ gemäß Gl. (6.114) ergibt sich

Abb. 6.71 Änderung der
Aufspaltungsweite in einem
Teilchen mit anderer Stapel-
fehlerenergie

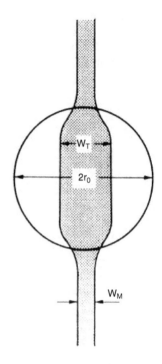

$$\Delta\tau_c \cdot b \cong \tilde{\gamma}^{3/2}\sqrt{f} \cdot \frac{\sqrt{r}}{\sqrt{6E_v}} \tag{6.125}$$

Die Spannung $\Delta\tau_c$ zum Durchschneiden der Teilchen nimmt also mit $\sqrt{r}$ zu (Abb. 6.72a).
Sie kann jedoch nicht größer als die Orowan-Spannung werden, denn dann kann die Versetzung das Hindernis leichter umgehen als schneiden, und die Natur wählt immer den
leichteren Weg. Es gibt deshalb eine Teilchengröße r_0, bei der maximale Festigkeit erzielt
wird, wenn

$$\Delta\tau_c = \tau_{0R} \tag{6.126}$$

Durch Vergleich von Gl. (6.125) mit (6.117) und unter Verwendung von Gl. (6.52) erhält
man

$$r_0 = \frac{Gb^2}{\tilde{\gamma}}\sqrt[3]{3} \tag{6.127}$$

Die Einstellung der Teilchengröße r_0 ist das Ziel der Aushärtung (vgl. Kap. 9). Es ist bemer-
kenswert, daß r_0 nicht vom Volumenbruchteil der ausgeschiedenen Phase abhängt. Das
wird von experimentellen Ergebnissen auch bestätigt (Abb. 6.72b).

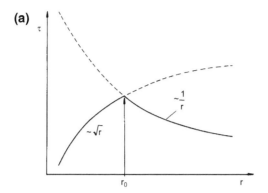

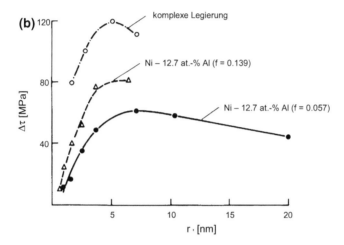

Abb. 6.72 Festigkeitszunahme mit der Teilchengröße, **a** schematisch; **b** beobachtet in Ni-Al-Legierungen (nach [7])

6.8 Zeitabhängige Verformung

6.8.1 Dehnungsgeschwindigkeitsempfindlichkeit der Fließspannung: Superplastizität

Bei den bisherigen Betrachtungen haben wir — von der thermisch aktivierten Verset-zungsbewegung abgesehen — stillschweigend angenommen, daß die Verformung allein durch Spannung und Dehnung beschrieben werden kann. Bei niedrigen homologen Verfor-mungstemperaturen (homologe Temperatur $T^* = T/T_m$, T_m - Schmelztemperatur) ist das auch im wesentlichen zutreffend. Unterbrechen wir bspw. einen Zerreißversuch, indem wir die Maschine anhalten, so bleibt die Spannung in etwa unverändert. [In Wirklichkeit fällt sie geringfügig ab, was als Spannungsrelaxation bezeichnet wird (s. Abschn. 6.8.3)]. Entlastet man die Probe kurzzeitig, so setzt beim Wiederbelasten das plastische Fließen in etwa bei der Spannung wieder ein, von der entlastet wurde. Jeder Punkt auf der Verfestigungskurve entspricht daher der Fließspannung des augenblicklichen Verformungszustandes. Offensichtlich spielen zeitabhängige Prozesse bei niedrigen Temperaturen keine bedeutende Rolle. Diese Tatsache drückt sich auch in der Abhängigkeit der Fließspannung σ von der Dehnungsgeschwindigkeit $\dot{\varepsilon}$ aus, die durch die Dehngeschwindigkeitsempfindlichkeit m ausgedrückt wird

$$m = \frac{d \ln \sigma}{d \ln \dot{\varepsilon}} \qquad (6.128)$$

Bei niedrigen Temperaturen ist in kfz-Metallen $m \approx 1/100$, d. h. σ ist praktisch unabhängig von der Dehngeschwindigkeit. Die in Gl. (6.128) gegebene Definition von m wurde deshalb gewählt, weil die Abhängigkeit $\sigma(\dot{\varepsilon})$ sich gewöhnlich durch ein Potenzgesetz näherungsweise beschreiben läßt

$$\sigma = K\dot{\varepsilon}^m \qquad (6.129)$$

wobei $K = K(\varepsilon)$. Bei Übergang zu höheren Verformungstemperaturen $T^* \geq 0.5$ ändern sich die Verhältnisse, m nimmt zu, typischerweise bis etwa 0.2.

In sehr feinkörnigen Werkstoffen erreicht m Werte von 0.3 und darüber (Abb. 6.73), allerdings nur in gewissen Dehngeschwindigkeitsgrenzen, typischerweise für $\dot{\varepsilon} \approx 10^{-3}/$s. Das hat bedeutende Konsequenzen für die Duktilität im Zugversuch, denn unter diesen Gegebenheiten werden Bruchdehnungen von 1000 % und mehr erzielt. Dieses Phänomen wird als Superplastizität bezeichnet. Der Weltrekord steht zur Zeit bei etwa 8000 % (Abb. 6.74b). Der Grund für die hohe Bruchdehnung ist die Abhängigkeit $\sigma(\dot{\varepsilon})$. Die Verformung bei tiefen Temperaturen wird beim Considère-Kriterium instabil, weil die physikalische Verfestigung dann nicht mehr ausreicht, die geometrische Entfestigung zu kompensieren (vgl. Abschn. 6.2). Bildet sich eine lokale Einschnürung, so lokalisiert sich die Verformung im Bereich der Einschnürung, d. h. dort steigt die Dehngeschwindigkeit stark an. Ist m groß, dann ist mit diesem Vorgang nach Gl. (6.129) auch eine Erhöhung der Festigkeit verbunden, so daß die Verformung im Bereich der Einschnürung unterdrückt wird, bis sich der Probenquerschnitt wieder vereinheitlicht hat. So wird die Einschnürung vermieden, und man gelangt zu sehr hohen Dehnungen im Zugversuch. Superplastisches Verhalten bezieht sich grundsätzlich nur auf das Erzielen sehr großer Bruchdehnungen im Zugversuch. Während Gl. (6.129) eine phänomenologische Erklärung für die Superplastizität gibt, so ist der physikalische Grund die Feinkörnigkeit des Gefüges bei gleichzeitig hoher Verformungstemperatur. Dadurch wird Verformung in überwiegendem Maße durch Prozesse in der Korngrenze, also Korngrenzengleitung und Korngrenzendiffusion getragen und nur unbedeutend durch Versetzungsbewegung. Deshalb kommt es kaum zur Speicherung von Versetzungen in den Kristalliten, und damit unterbleibt praktisch eine Verfestigung während der superplastischen Verformung (Abb. 6.74a). Die Feinkörnigkeit des Gefüges ist also eine Grundvoraussetzung für Superplastizität. Die Korngröße sollte unter $10\,\mu$m

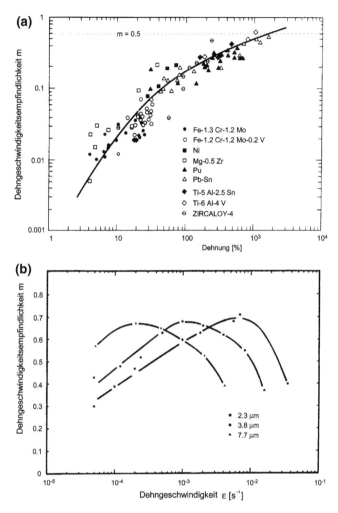

Abb. 6.73 **a** Erreichte Dehnung im Zugversuch in Abhängigkeit von der Dehngeschwindigkeitsempfindlichkeit m [24]. **b** Abhängigkeit $m(\dot{\varepsilon})$ von der Korngröße [25]

liegen. Da in reinen Metallen bei höheren Temperaturen Kornwachstum auftritt, und zwar um so stärker, je kleiner die Korngröße, kommt Superplastizität in reinen Metallen praktisch nicht vor. Typischerweise sind superplastische Werkstoffe zweiphasig, häufig von eutektischer Zusammensetzung. Aber auch in einphasigen Werkstoffen mit geringer Korngrenzenbeweglichkeit, bspw. geordneten Legierungen wie Ni_3Al, und sogar in feinkörnigen Keramiken wird Superplastizität beobachtet, bspw. in ZrO_2 dotiert mit $3\,\%\,Y_2O_3$, obwohl mit erheblich geringeren Bruchdehnungen als in metallischen Werkstoffen.

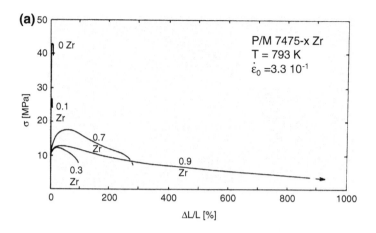

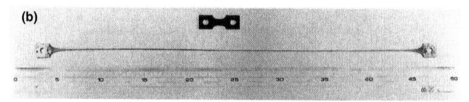

Abb. 6.74 **a** Fließkurve einer superplastischen Legierung (nach [26]); **b** Unverformte und verformte Probe einer superplastischen Aluminium-Bronze (Dehnung etwa 8000 %!) [27]

6.8.2 Kriechen

Im Gegensatz zur Tieftemperaturverformung verformt sich ein Material bei hohen Temperaturen kontinuierlich bei Anliegen einer konstanten Last, bzw. einer konstanten Spannung. Dieser Vorgang wird als Kriechen bezeichnet. Bei konstanter Belastung unter einachsigem Zug spricht man auch vom statischen Zugversuch, im Gegensatz zur Verformung in einer Prüfmaschine mit konstanter Dehngeschwindigkeit, dem dynamischen Zugversuch. Die typische Kriechkurve $\varepsilon(t)$ (für $\sigma = $ const.) besteht aus drei Bereichen (Abb. 6.75). Zunächst wird bei Belastung sehr schnell eine Dehnung ε_0 angenommen. Danach schließt sich der Bereich des primären Kriechens, oder Übergangskriechbereich an, in dem die Kriechgeschwindigkeit ständig abnimmt. Im darauffolgenden stationären Kriechbereich bleibt die Kriechgeschwindigkeit konstant, d. h. die Dehnung nimmt linear mit der Zeit zu. Schließlich steigt im tertiären Kriechbereich die Kriechgeschwindigkeit wieder an, bis der Kriechbruch eintritt.

Der wohl technisch wichtigste Bereich ist der stationäre Kriechbereich, weil die stationäre Kriechgeschwindigkeit $\dot{\varepsilon}_S$ näherungsweise ein Maß für Lebensdauer und Bruchdehnung eines kriechverformten Materials ist. Die stationäre Kriechgeschwindigkeit hängt stark von den Verformungsbedingungen, d. h. der angelegten Spannung, der Verformungstempe-

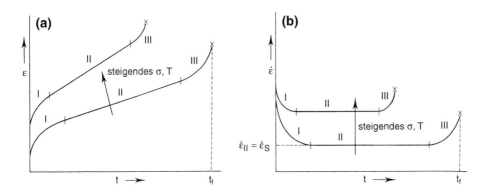

Abb. 6.75   a Kriechkurve $\varepsilon(t)$, schematisch. **b** Kriechrate als Funktion der Zeit, schematisch

ratur aber auch von den Materialeigenschaften, insbesondere dem Diffusionskoeffizienten und der Stapelfehlerenergie ab. Phänomenologisch läßt sich die stationäre Kriechgeschwindigkeit in Abhängigkeit von Spannung und Temperatur darstellen als

$$\dot{\varepsilon}_s = A \left(\frac{\sigma}{G}\right)^n e^{\left(-\frac{Q}{kT}\right)} \tag{6.130}$$

Der Mechanismus des Kriechens wird wegen $Q = Q_{SD}$ mit der Diffusion über Leerstellen in Verbindung gebracht. Allerdings verursachen die Leerstellen nicht einen Massetransport zur Formänderung, sondern verhelfen vielmehr den Stufenversetzungen zur Überwindung von Hindernissen durch Verlassen ihrer Gleitebene (Versetzungskriechen). Lagern sich nämlich Leerstellen am Versetzungskern an, so entfernen sie damit die Atome am Versetzungskern, wodurch die Versetzung auf die benachbarte Gleitebene „klettert" (Abb. 6.78). Dabei ist zu beachten, daß es vieler Leerstellen bedarf, um eine Versetzung klettern zu lassen, denn eine einzelne Leerstelle läßt die Versetzungslinie nur über eine Länge b klettern, aber zur Bewegung der Versetzung auf der benachbarten Gleitebene benötigt das gekletterte Versetzungssegment eine überkritische freie Länge.

Da bei hohen Temperaturen eine genügend große Leerstellenkonzentration im Gitter vorhanden ist, verläuft der diffusionsgesteuerte Kletterprozeß praktisch kontinuierlich. Man kann sich die Versetzungsbewegung wie die Bewegung eines Stabes in einem viskosen Medium, bspw. wie in Honig, vorstellen. Die Versetzungsgeschwindigkeit v_D läßt sich dann als Driftgeschwindigkeit schreiben, also gemäß Gl. (5.9)

$$v_D = BK = \frac{D}{kT}\tau b \tag{6.131}$$

Die Dehngeschwindigkeit ergibt sich nach Gl. (6.31a)

$$\dot{\gamma} = \rho b v$$

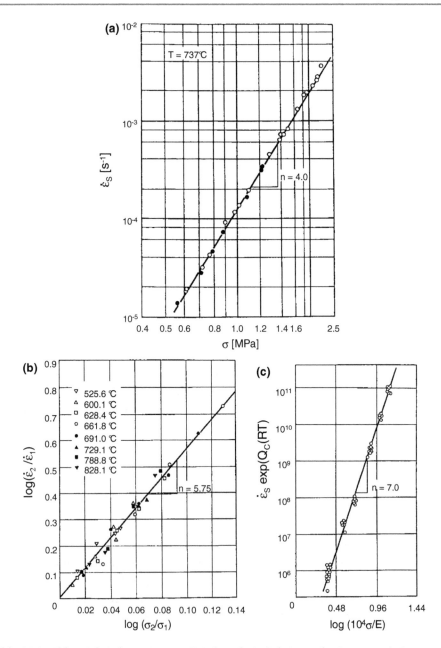

Abb. 6.76 Abhängigkeit der stationären Kriechgeschwindigkeit von der Spannung (*n* Spannungs-exponent) [28, 29]. **a** NaCl-Einkristall bei 737 °C; **b** Fe-Si Mischkristall-Legierung, aus Lastwechseln bei verschiedenen Temperaturen; **c** polykristallines Rein-Ni bei verschiedenen Temperaturen

Abb. 6.77 Zusammenhang der Aktivierungsenergie für Selbstdiffusion und für stationäres Kriechen [24, S. 854]

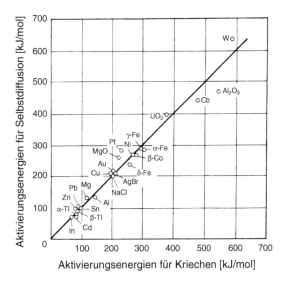

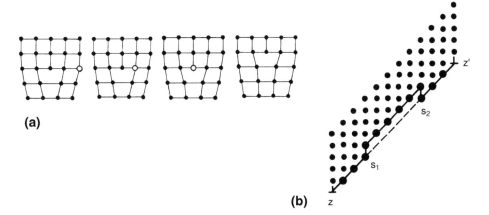

(a)

(b)

Abb. 6.78 a Mechanismus des Kletterns einer Stufenversetzung durch Anlagerung von Leerstellen. **b** Zum Klettern der Versetzungslinie müssen viele Leerstellen angelagert werden

und da ρ mit τ über Gl. (6.59) durch ein Wurzelgesetz verknüpft ist, erhält man

$$\dot{\gamma} = \frac{\tau^2}{\alpha^2 G^2 b^2}\frac{Db^2}{kT}\tau = A_0 G \left(\frac{\tau}{G}\right)^3 \frac{D_0}{kT} e^{\left(-\frac{Q_{SD}}{kT}\right)} \tag{6.132}$$

oder

$$\dot{\varepsilon} = A \left(\frac{\sigma}{G}\right)^3 e^{\left(-\frac{Q_{SD}}{kT}\right)} \tag{6.133}$$

Gleichung (6.133) ist der phänomenologischen Beziehung (6.130) sehr ähnlich, allerdings ist der Spannungsexponent $n = 3$ und nicht, wie beobachtet, $n \approx 5$. Ein höherer

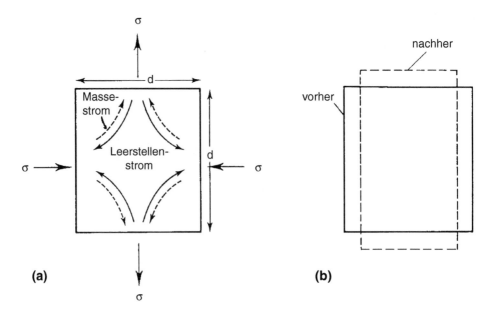

Abb.6.79 Mechanismus des Nabarro-Herring-Kriechens. **a** Massetransport bzw. Leerstellenstrom; **b** entsprechende Formänderung

Exponent erfordert entsprechende Annahmen über Details der Versetzungsbewegung, in die unter anderem auch die Aufspaltungsweite eingeht. Bisher gibt es allerdings noch keine allgemeingültige Theorie, die in der Lage wäre, höhere Werte von n zwanglos zu erklären.

Bei sehr hohen Temperaturen und sehr niedrigen Spannungen beobachtet man auch Kriechvorgänge, die nicht auf Versetzungsbewegung zurückzuführen sind, sondern allein durch Diffusionsströme verursacht werden. Dabei wird Material von den unter Druckspannungen stehenden Gebieten eines Korns zu Stellen unter Zugspannung befördert, wodurch sich eine Probe in Zugrichtung verlängert, bzw. in Druckrichtung verkürzt (Abb. 6.79). Der Grund für diesen Materialfluß ist die Abhängigkeit des chemischen Potentials der Atome vom elastischen Spannungszustand. Da die Verformung ausschließlich von der Diffusion getragen wird, ist die Dehngeschwindigkeit vom Diffusionsstrom der Atome bestimmt, der proportional zur treibenden Kraft, also zur angelegten Spannung ist.

Die Kriechrate bei Diffusionskriechen ist daher proportional zur Spannung (Abb. 6.80) und natürlich zum Diffusionskoeffizienten. Eine genaue Berechnung wurde zuerst von Nabarro und Herring durchgeführt, so daß diese Art des Diffusionskriechens auch als Nabarro-Herring-Kriechen bezeichnet wird

$$\dot{\varepsilon}_{NH} = A_{NH} \left(\frac{D}{kT} \right) \sigma \frac{\Omega}{d^2} \tag{6.134}$$

Dabei bedeuten $\Omega \approx b^3$ das Atomvolumen und d die Korngröße. A_{NH} ist eine Konstante.

Abb. 6.80 Spannungsexponent des Kriechens von UO$_2$-Polykristallen mit einer Korngröße von 10 μm. Bei kleinen Spannungen und hohen Temperaturen dominiert Diffusionskriechen mit $n = 1$ (nach [31])

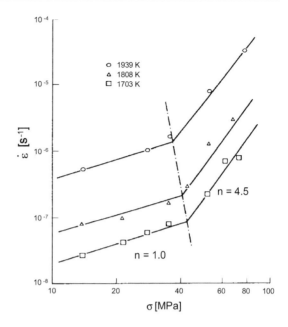

Der Materialtransport muß nicht unbedingt durch das Volumen erfolgen. Insbesondere bei nicht ganz so hohen Temperaturen und in feinkörnigerem Material kann der Materialfluß durch die Korngrenzen den Volumenstrom übertreffen und das Diffusionskriechen bestimmen (Abb. 6.81). Dieser Fall des Diffusionskriechens wird als Coble-Kriechen bezeichnet, und es gilt

$$\dot{\varepsilon}_C = A_C \left(\frac{D_{KG}\delta}{kT} \right) \sigma \frac{\Omega}{d^3} \qquad (6.135)$$

wobei δ die Korngrenzendicke und D_{KG} den Diffusionskoeffizienten der Korngrenzendiffusion bezeichnen.

Beide Diffusionskriechmechanismen treten stets gleichzeitig auf und tragen additiv zur makroskopischen Kriechrate bei. Deshalb werden beide zumeist zusammengefaßt zum Vorgang des Diffusionskriechens

$$\dot{\varepsilon}_D = \dot{\varepsilon}_{NH} + \dot{\varepsilon}_C = A_D \frac{\sigma \Omega}{d^2} \frac{D}{kT} \left(1 + \frac{D_{KG}\delta}{d \cdot D} \right) \qquad (6.136)$$

Diffusionskriechprozesse treten in Erscheinung, wenn Versetzungskriechen unterbleibt. Das ist typischerweise bei keramischen Werkstoffen und weniger bei Metallen der Fall. Die Abhängigkeit der Kriechrate von der Korngröße zeigt aber auch, daß nicht alle festigkeitssteigernden Maßnahmen bei tiefen Temperaturen gleichzeitig kriechhemmend sein müssen. Die Festigkeitssteigerung durch Kornfeinung bei niedrigen Verformungstemperaturen wirkt sich entsprechend nachteilig auf die Kriechfestigkeit aus.

Abb. 6.81 Materialfluß
beim Coble-Kriechen

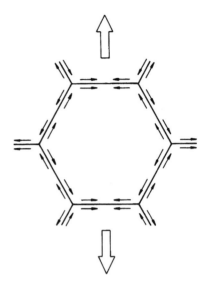

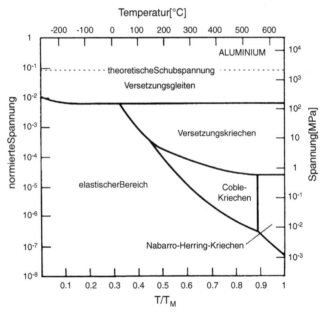

Abb. 6.82 „Deformation-Mechanism-Map" von Aluminium (nach [7, S. 287])

Die Vielzahl der Verformungsmechanismen und ihre unterschiedliche Abhängigkeit
von den äußeren Bedingungen (Temperatur, Spannung) und Materialgrößen (Schubmodul, Diffusionskonstante, Korngröße) ist verwirrend. Für den Materialwissenschaftler und
Werkstofftechniker ist es aber wichtig zu wissen, wie ein Material sich unter Betriebsbedin-

gungen verhält, um es geeignet einzusetzen oder entsprechend zu dimensionieren. Dazu helfen die sog. „Deformation-Mechanism-Maps" (Verformungs-mechanismen-Karten), die Ashby und Mitarbeiter aufgestellt haben. In diesen Karten sind in Abhängigkeit von σ und T die Bereiche eingezeichnet, in denen die jeweiligen Mechanismen dominieren (Abb. 6.82).

6.8.3 Anelastizität und Viskoelastizität

Auch bei tiefen Temperaturen, also weit unterhalb der halben Schmelztemperatur, kann man zeitabhängige Verformung im elastischen Bereich, also bei Spannungen unterhalb der Streckgrenze, beobachten. Der zeitabhängige Dehnungsanteil ist dann aber zumeist sehr klein, und es bedarf daher besonderer Meßmethoden, ihn zu bestimmen. Bildet sich die zusätzliche, zeitabhängige Dehnung bei Entlastung mit der Zeit wieder zurück, so daß die Gestalt der Probe vor der Belastung wiederhergestellt wird, so spricht man vom anelastischen Verhalten, oder Anelastizität. Wird ein anelastischer Körper mit einer Spannung σ_0 für eine lange Zeit belastet (Abb. 6.83), wobei σ_0 natürlich kleiner als die Streckgrenze sein muß, dann stellt sich zunächst spontan eine rein elastische Dehnung ε_1 ein, der eine zeitabhängige (anelastische) Dehnung $\varepsilon_2(t)$ folgt, die maximal auf ε_{20} ansteigt. Der anelastische Anteil hängt exponentiell von der Zeit ab, so daß

$$\varepsilon(t) = \varepsilon_1 + \varepsilon_{20} \left\{ 1 - e^{\left(-\frac{t}{\tau}\right)} \right\} \tag{6.137}$$

Dabei wird τ als Relaxationszeit bezeichnet. Sie ist ein Maß für die Zeit, die verstreicht, bis der stationäre anelastische Zustand (d. h. die Dehnung ändert sich mit der Zeit nicht mehr) angenommen wird. Graphisch läßt sich τ ermitteln, indem man den Schnittpunkt der Tangente an $\varepsilon(t)$ für $t = 0$ mit der stationären Dehnung sucht, wie in Abb. 6.83 dargestellt, denn für kleine Zeiten ist

$$\varepsilon(t) - \varepsilon_1 = \varepsilon_{20} \left\{ 1 - e^{\left(-\frac{t}{\tau}\right)} \right\} \cong \varepsilon_{20} \cdot \frac{t}{\tau} \tag{6.138}$$

Bei Entlastung verläuft die Dehnung in umgekehrter Richtung. Ein spontaner Abfall um die elastische Dehnung $-\varepsilon_1$ geht der zeitabhängigen Dehnung $-\varepsilon_{20} \exp(-t/\tau)$ voraus, so daß nach großen Zeiten wieder der Ausgangszustand $\varepsilon = 0$ hergestellt wird. Im Gegensatz zur plastischen Verformung gibt es bei der Anelastizität keine bleibende Verformung.

Ein physikalisches Beispiel der anelastischen Dehnung ist der nach Snoek benannte Effekt im kohlenstoffhaltigen α-Fe. Die Kohlenstoff-Atome sitzen auf den Oktaederplätzen des krz-Gitters des α-Fe. Im belastungsfreien Zustand befinden sich statistisch gleich viele C-Atome auf x-, y- und z-Kanten des krz-Gitters (Abb. 6.84). Da die Kohlenstoffatome einen größeren Radius aufweisen, als ihnen in den Oktaederlücken zur Verfügung steht, kommt es durch die Einlagerung des Kohlenstoffs zu lokalen elastischen Verzerrungen. Wird nun eine elastische Zugspannung in z-Richtung angebracht, dann wird das Gitter in z-Richtung

Abb. 6.83 Schema der
elastischen Nachwirkung.
Bei Anlegen einer konstanten Spannung σ_0 bildet
sich spontan die elastische
Spannung ε_1 aus und im
Laufe der Zeit zusätzlich die
anelastische Nachwirkung
ε_2, die mit der Zeitkonstan-
ten τ gegen einen Grenzwert
ε_{20} strebt

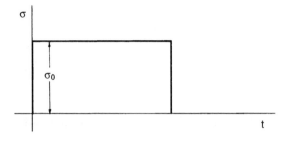

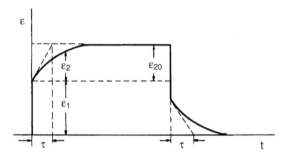

etwas aufgeweitet und senkrecht dazu (x- und y-Richtung) durch die Querkontraktion etwas gestaucht. Dadurch werden die z-Plätze für Kohlenstoffatome energetisch günstiger, denn die elastische Verzerrung in Folge der C-Einlagerung ist nun in z-Richtung kleiner als in x- oder y-Richtung. Sitzen aber mehr C-Atome auf z-Plätzen, so ist die Gitterkonstante in z-Richtung größer als in x- oder y-Richtung. Die Umorientierung von x- und y-Plätzen auf z-Plätze erfolgt durch Diffusionssprünge. Im Laufe der Zeit stellt sich ein neues Gleichgewicht der Verteilung der C-Atome auf x-, y- und z-Plätzen ein, derart daß im Mittel mehr z-Plätze besetzt werden. Dieser Vorgang ist mit einer zeitlichen Änderung der Probendimension in Spannungsrichtung, also mit einer zeitabhängigen Dehnung, verbunden. Nach Entlastung stellt sich entsprechend mit der Zeit wieder eine Gleichverteilung auf x-, y- und z-Plätzen ein, so daß die anelastische Zusatzdehnung schließlich wieder verschwindet.

Es ist allerdings viel zu kompliziert, diese anelastische Längenänderung durch genaue Dehnungsmessung zu bestimmen, da die Dehnungen sehr klein sind. Statt dessen bedient man sich Methoden, die auf der Dämpfung elastischer Schwingungen beruhen. Legt man statt einer konstanten Spannung eine elastische Rechteck-Wechselspannung an die Probe (Abb. 6.85), so hängt es von der Zeit pro Zyklus ab, wie stark die anelastische Dehnung sich ausbilden kann. Bei sehr niedrigen Frequenzen kann sich in jedem Zyklus die anelastische Dehnung vollständig einstellen. Mit steigender Frequenz wird die anelastische Dehnung pro Zyklus immer kleiner, bis bei sehr hohen Frequenzen praktisch keine meßbare anelastische Dehnung mehr auftritt. Da der Elastizitätsmodul definiert ist als

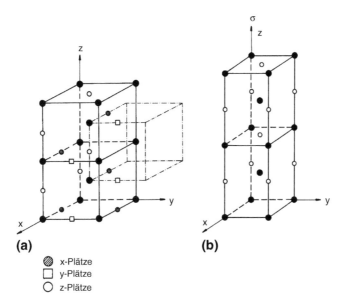

x-Plätze
y-Plätze
z-Plätze

Abb. 6.84 Schematische Darstellung der Verteilung der C-Atome im krz-Gitter im unbelasteten (**a**) und im unter Zug belastetem Zustand (**b**) zur Verdeutlichung des Snoek-Effektes

$$E = \frac{\sigma}{\varepsilon}$$

aber im dynamischen (Schwingungs-) Experiment $\varepsilon = \varepsilon(t)$ ist, hängt der „dynamische" E-Modul von der Frequenz ab (Abb. 6.86). Bei sehr niedrigen Frequenzen erhält man den statischen oder „relaxierten" E-Modul (Abb. 6.86b)

$$E_r = \frac{\sigma_0}{\varepsilon_1 + \varepsilon_{20}} \qquad (6.139a)$$

und bei sehr hohen Frequenzen erhält man den unrelaxierten Modul (Abb. 6.86a)

$$E_u = \frac{\sigma_0}{\varepsilon_1} \qquad (6.139b)$$

Bei Wechselbelastung eilt die Spannung der Dehnung immer etwas voraus. Bei mittleren Frequenzen erhält man daher keine elastische Gerade im $\sigma - \varepsilon$-Diagramm, sondern eine elliptische Hysteresekurve (Abb. 6.86c), wobei die Fläche der Ellipse der absorbierten elastischen Energie pro Zyklus entspricht. Elastische Schwingungen verlaufen aber nicht wie eine Rechteckspannung, sondern trigonometrisch. Bei einer Schwingungsfrequenz ν, entsprechend einer Kreisfrequenz $\omega = 2\pi\nu$, verlaufen Dehnung und Spannung gemäß

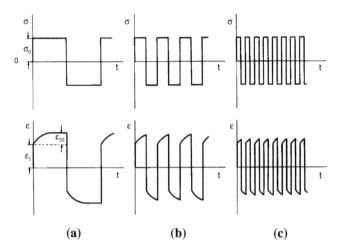

Abb. 6.85 Dehnungsverlauf bei eine Rechteck-Wechselspannung von drei verschiedenen Frequenzen. **a** niedrige Frequenz: die Nachwirkung kann sich voll ausbilden; **b** mittlere Frequenz: Dauer der Spannung entspricht gerade der Einstellzeit τ; **c** sehr hohe Frequenz: die Nachdehnung kann sich praktisch nicht ausbilden

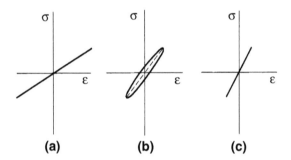

Abb. 6.86 Spannungs-Dehnungs-Diagramm bei elastischer Nachwirkung für drei verschiedene Frequenzen. **a** Niedrige Frequenz: aus der flach verlaufenden Hookschen Geraden erhält man den relaxierten E-Modul. **b** Mittlere Frequenz: neben der elastischen Dehnung erhält man einen anelastischen Anteil, der für Hin- und Rückweg verschieden ist. Dies führt zu einem hystereseartigen Spannungs-Dehnungs-Verlauf. **c** Hohe Frequenz: Die Steigung der steil verlaufenden Hookschen Geraden liefert den unrelaxierten E-Modul

$$\varepsilon = \varepsilon_0 \sin \omega t \tag{6.140a}$$

$$\sigma = \sigma_0 \sin (\omega t + \delta) \tag{6.140b}$$

wobei δ die Phasenverschiebung zwischen Spannung und Dehnung, also das Voreilen der Spannung beschreibt.

Die Rechnung gestaltet sich leichter, wenn man schreibt

$$\varepsilon = \varepsilon_0\, e^{i\omega t} \tag{6.141a}$$

$$\sigma = \sigma_0\, e^{i(\omega t + \delta)} \tag{6.141b}$$

da $e^{i\omega t} = \cos\omega t + i\sin\omega t$. Gemäß Gl. (6.140a) und (6.140b) werden die meßbaren Größen Spannung und Dehnung in Gl. (6.141a) und (6.141b) durch den Imaginärteil beschrieben. Entsprechend kann man einen komplexen Modul E^* definieren,

$$E^* = \frac{\sigma}{\varepsilon} = e^{i\delta}\frac{\sigma_0}{\varepsilon_0} = \frac{\sigma_0}{\varepsilon_0}\,(\cos\delta + i\sin\delta) \equiv E_1 + iE_2 \tag{6.142}$$

oder

$$\sigma_0\cos\delta = E_1\varepsilon_0 \tag{6.143a}$$

$$\sigma_0\sin\delta = E_2\varepsilon_0 \tag{6.143b}$$

Es werden E_1 auch als Speicher-Modul und E_2 als Verlust-Modul bezeichnet, was bei weiterer Rechnung klar wird.

Die elastische Energiedichte Γ bei einer Spannung σ ist

$$\Gamma = \frac{1}{2}\sigma\varepsilon \tag{6.144}$$

oder mit Gl. (6.141a) und (6.141b)

$$\Gamma = \frac{1}{2}\varepsilon_0\sigma_0\,(\sin\omega t\cos\delta + \cos\omega t\sin\delta)\sin\omega t \tag{6.145}$$

Γ wird maximal, wenn $\omega t = \pi/2$. Dann ist

$$\Gamma_{\max} = \frac{1}{2}\varepsilon_0\sigma_0\cos\delta = \frac{1}{2}E_1\varepsilon_0^2 \tag{6.146}$$

E_1 wird daher auch als Speicher-Modul bezeichnet, denn er bezeichnet den bei Dehnung ε_0 gespeicherten elastischen Energieinhalt der Probe.

Der Energieverlust pro Zyklus ergibt sich aus

$$\Delta\Gamma = \oint \sigma\, d\varepsilon = \int_0^{\frac{2\pi}{\omega}} \sigma\cdot\dot{\varepsilon}\, dt \tag{6.147}$$

Wegen

$$\dot{\varepsilon} = \frac{d\varepsilon}{dt} = \frac{d}{dt}\,(\varepsilon_0\sin\omega t) = \varepsilon_0\omega\cos\omega t \tag{6.148}$$

wird

Abb. 6.87 Abklingende
Schwingung in einem Werk-
stoff mit starker Dämpfung,
z. B. Gummi, Gußeisen

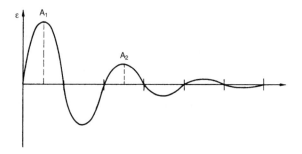

$$\Delta\Gamma = \int\limits_0^{\frac{2\pi}{\omega}} (\sin\omega t \cos\delta + \cos\omega t \sin\delta)\,\omega\varepsilon_0\cos\omega t\,dt$$

$$= 2\pi\sigma_0\varepsilon_0\sin\delta$$

$$\Delta\Gamma = \pi E_2\varepsilon_0^2 \tag{6.149}$$

E_2 bezeichnet also den Energieverlust pro Zyklus und wird daher als Verlust-Modul bezeichnet.

Das Verhältnis der Moduli

$$\frac{E_2}{E_1} = \tan\delta \tag{6.150}$$

hat eine physikalische Bedeutung.

Der Energieverlust pro Schwingung ist

$$\frac{\Delta\Gamma}{2\Gamma} = \frac{\pi E_2\varepsilon_0^2}{E_1\varepsilon_0^2} = \pi\tan\delta \tag{6.151}$$

Da $E_1 \gg E_2$ (typische Werte sind $E_1 = 1\,\text{GPa}$, $E_2 = 10\,\text{MPa}$) ist $\tan\delta \approx \delta$ oder

$$\frac{\Delta\Gamma}{2\Gamma} \approx \pi\delta \tag{6.152}$$

δ wird auch als logarithmisches Dekrement bezeichnet. Die Bezeichnung rührt daher, daß man δ gewöhnlich aus dem Abklingen einer elastischen Schwingung ermitteln kann (Abb. 6.87). Sind nämlich die Amplituden zweier aufeinanderfolgender Schwingungen A_n und A_{n+1}, so ergibt sich

$$\frac{\Delta\Gamma}{2\Gamma} = \ln\frac{A_n}{A_{n+1}} \approx \pi\delta \tag{6.153}$$

Diese Beziehung läßt sich bspw. aus der Schwingungsgleichung eines gedämpften Pendels herleiten.

Die Größe $\tan\delta$ wird auch häufig als Q^{-1} oder als innere Reibung bezeichnet. Sie hängt von Frequenz und Temperatur ab. Beim Snoek-Effekt, bspw., stellt sich die anelastische

Dehnung umso schneller ein, je höher die Temperatur ist, und entsprechend ändert sich die anelastische Dehnung pro Schwingungszyklus. Dadurch ändert sich entsprechend der Energieverlust, d. h. die innere Reibung.

Die Temperatur und Frequenzabhängigkeit der inneren Reibung kann man mit einer einfachen Modellvorstellung berechnen. Das elastische und anelastische Verhalten eines Festkörpers entspricht der Kopplung eines elastischen Körpers, im einfachsten Fall einer Feder, mit einem Dämpfungsglied, bspw. einem hydraulischen „Stoßdämpfer".

Diese Elemente können unterschiedlich zusammengesetzt werden, bspw. in Serie (Abb. 6.88a). Diese Anordnung wird als Maxwell-Modell bezeichnet. Die Feder habe einen effektiven Elastizitätsmodul E_M, so daß

$$\sigma_1 = E_M \varepsilon_1 \tag{6.154}$$

Der Dämpfer verhält sich viskos, d. h. eine Spannung verursacht eine konstante Dehngeschwindigkeit

$$\sigma_2 = \eta_M \cdot \dot{\varepsilon}_2 \tag{6.155}$$

wobei η_M die Viskosität des Maxwellschen Dämpfers ist. Bei Anlegen einer konstanten Spannung an das Maxwell-Element erhält man

$$\sigma = \sigma_1 = \sigma_2 \tag{6.156a}$$

$$\varepsilon = \varepsilon_1 + \varepsilon_2 \tag{6.156b}$$

Setzt man Gl. (6.154) und (6.155) in (6.156a) und (6.156b) ein, so ergibt sich

$$\dot{\varepsilon} = \frac{\dot{\sigma}}{E_M} + \frac{\sigma}{\eta_M} \tag{6.157}$$

Für konstante Spannung ist $\dot{\sigma} = 0$ und damit

$$\dot{\varepsilon} = \frac{\sigma}{\eta_M} \tag{6.158}$$

Das Maxwell-Element zeigt also kein anelastisches, sondern rein viskoses Verhalten, d. h. linear ansteigende Dehnung. Wählt man statt der seriellen Anordnung eine parallele Anordnung (Voigt-Kelvin-Modell, Abb. 6.88b), so ist

$$\sigma = \sigma_1 + \sigma_2 \tag{6.159}$$

$$\varepsilon = \varepsilon_1 = \varepsilon_2 \tag{6.160}$$

mit

$$\sigma_1 = E_V \cdot \varepsilon_1 \qquad \sigma_2 = \eta_V \cdot \dot{\varepsilon}_2 \tag{6.161}$$

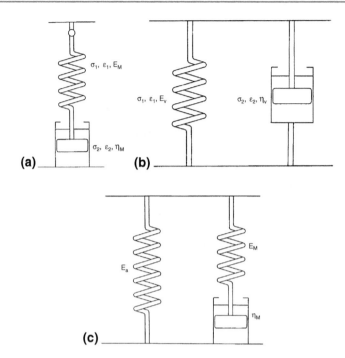

Abb. 6.88 **a** Maxwell-Modell des Festkörpers. **b** Voigt-Kelvin-Modell des Festkörpers. **c** Linear-elastischer Standard-Körper

In diesem Fall erhält man zwar anelastisches Verhalten für $\sigma = $ const., also im Kriechfall, aber rein elastisches Verhalten für $\dot{\varepsilon} = 0$, also keine Spannungsrelaxation, wiederum im Widerspruch zum Verhalten des anelastischen Festkörpers.

Ein Modell mit realerem Verhalten ergibt eine Kombination von beiden Basismodellen (Abb. 6.88c). Diese Anordnung wird auch als linear-elastischer Standardkörper bezeichnet. Mit den Beziehungen

$$\varepsilon = \varepsilon_1 = \varepsilon_2$$
$$\varepsilon_2 = \varepsilon_{21} + \varepsilon_{22} \tag{6.162}$$
$$\sigma = \sigma_1 + \sigma_2$$

und

$$\sigma_1 = E_a\varepsilon$$
$$\varepsilon_{21} = \frac{\sigma_2}{E_M} \tag{6.163}$$
$$\sigma_2 = \dot{\varepsilon}_{22} \cdot \eta_M$$

erhält man die Zustandsgleichung

$$\sigma + \tau \dot{\sigma} = E_a \varepsilon + (E_M + E_a) \, \tau \dot{\varepsilon} \tag{6.164}$$

wobei

$$\tau = \frac{\eta_M}{E_M} \tag{6.165}$$

Bei dynamischer Beanspruchung werden σ und ε wieder beschrieben durch $\varepsilon = \varepsilon_0 \, e^{i\omega t}$; $\sigma = \sigma_0 \, e^{i(\omega t + \delta)}$ [Gl. (6.141a) und (6.141b)]

$$\sigma = E^* \varepsilon \tag{6.166}$$

$$\sigma_0 \, e^{i(\omega t + \delta)} = (E_1 + iE_2) \, \varepsilon_0 \, e^{i\omega t}$$

Damit löst sich Gl (6.164) zu

$$E^* = E_1 + iE_2 = \frac{E_a + (E_a + E_M) \, \omega^2 \tau^2}{1 + \omega^2 \tau^2} + i \frac{E_M \omega \tau}{1 + \omega^2 \tau^2} \tag{6.167}$$

gemäß Gl. (6.150) ergibt sich

$$\tan \delta = \frac{E_M \omega \tau}{E_a + (E_M + E_a) \, \omega^2 \tau^2} \tag{6.168}$$

Man erkennt, daß $\delta \to 0$ für $\omega = 0$ und $\omega \to \infty$. Für

$$(\omega \tau)^2 = \frac{E_a}{(E_a + E_M)} \tag{6.169}$$

wird δ maximal.

Die Dämpfung durchläuft daher als Funktion von $\omega \tau$ ein Maximum. Die elastischen Moduln E_a und E_M der Federn des Standardkörpers entsprechen den in Gl. (6.139a) und (6.139b) definierten Moduln

$$E_a = E_r \tag{6.170a}$$

$$E_M = E_u - E_r \tag{6.170b}$$

Im Augenblick der Belastung werden beide Federn gleichermaßen gedehnt, während der Dämpfer noch unbeteiligt ist. Folglich gilt

$$\sigma = \sigma_1 + \sigma_2 = E_a \cdot \varepsilon + E_M \cdot \varepsilon = E_u \cdot \varepsilon$$

Nach langer Zeit kompensiert der Dämpfer die Feder E_M und

$$\sigma = \sigma_1 = E_a \cdot \varepsilon = E_r \cdot \varepsilon$$

Damit ergeben sich folgende Beziehungen

Abb. 6.89 Verlauf des
E-Moduls und des loga-
rithmischen Dekrementes
δ in Abhängigkeit von der
Meßfrequenz (schematisch)

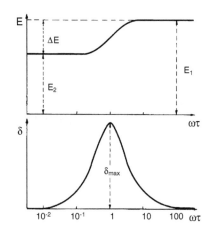

$$\tan\delta_{max}\left(\omega^2\tau^2 = \frac{E_r}{E_u}\right) = \frac{E_u - E_r}{2\sqrt{E_u \cdot E_r}} \qquad (6.171a)$$

$$E_{2,max}\left(\omega^2\tau^2 = 1\right) = \frac{E_u - E_r}{2} \qquad (6.171b)$$

Im übrigen ist die anelastische Dehnung gewöhnlich sehr klein und daher $E_r/E_u \approx 1$. Das Maximum der Dämpfung tritt daher etwa bei

$$\omega\tau = 1 \qquad (6.172)$$

auf. Unter diesen Bedingungen sind die Dämpfungsverluste und deshalb gemäß Gl. (6.171b) auch der Verlust-Modul maximal.

Der sich mit der Spannung in Phase befindliche Elastizitätsmodul (Speichermodul) E_1 ist nach Gl. (6.167), (6.170a) und (6.170b)

$$E_1 = \frac{E_r + E_u\omega^2\tau^2}{1 + \omega^2\tau^2} \qquad (6.173)$$

und geht mit steigendem Wert $\omega\tau$ bei $\omega\tau \approx 1$ von E_r auf E_u über. Der Verlauf der Funktionen $\delta(\omega\tau)$ und $E_1(\omega\tau)$ ist in Abb. 6.89 schematisch aufgetragen.

Das Maximum der Dämpfung hat man physikalisch so zu verstehen, daß bei $\omega = 1/\tau$ sich Anregungsfrequenz und Relaxationszeit des Vorgangs, bspw. die Sprungzeit beim Snoek-Effekt, in Phase befinden und es deshalb zur Resonanz kommt, wodurch das System maximal Energie von außen aufnimmt, wie das bspw. auch bei erzwungenen Schwingungen der Fall ist.

Die Resonanzbedingung $\omega\tau = 1$ beinhaltet, daß die Resonanzfrequenz sich ändert, wenn τ variiert. Beim Snoek-Effekt ist τ offenbar die Sprungzeit bei der Diffusion, mit der die Atome energetisch günstigere Plätze annehmen. Dieser Diffusionsvorgang hängt aber exponentiell von der Temperatur ab (vgl. Kap. 5)

Abb. 6.90 Verlauf des logarithmischen Dekrementes mit der Temperatur für α-Fe bei verschiedenen Stickstoffkonzentrationen. Die Dämpfung nimmt mit steigender Konzentration zu, aber die Temperatur des Maximums ist von der Konzentration nahezu unabhängig [32]

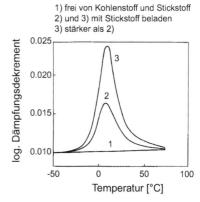

wobei G_W die freie Wanderungsenthalpie der C-Atome ist. Entsprechend wird mit zunehmender Temperatur die Resonanzfrequenz $\omega = 1/\tau$ größer, und die Dämpfung hängt somit von der Temperatur ab (Abb. 6.90). Bei Raumtemperatur liegt die Resonanzfrequenz des Snoek-Effektes etwa in der Größenordnung von 1 Hz, so daß sich Pendelschwingungen am besten zur Messung des Effektes eignen. Nach Gl. (6.174) läßt sich mit diesem Effekt auch sehr genau der Diffusionskoeffizient D bestimmen, denn gemäß Gl. (5.17) ist

$$D = \frac{\lambda^2}{6\tau_S} \tag{6.175}$$

wobei τ_S die Zeit zwischen zwei Sprüngen der diffundierenden Atome ist und die Sprungweite λ aus der Kristallstruktur bekannt ist. Genau genommen ist

$$\tau_S = \frac{3}{2}\tau \tag{6.176}$$

denn beim Snoek-Effekt werden nur die Sprünge von x- und y-Plätzen auf z-Plätze, nicht aber die Sprünge der C-Atome von z-Plätzen zu anderen z-Plätzen berücksichtigt, die aber auch zur Diffusion beitragen. Der besondere Vorteil der anelastischen Meßmethode beruht darauf, daß sie es erlaubt, die Diffusionskonstante bei niedrigen Temperaturen zu messen, denn die Beobachtung des Effektes beruht auf einer Diffusionslänge von nur einer Sprungweite, die auch bei tiefen Temperaturen in endlichen Zeiten erreicht wird. Alle Tieftemperaturwerte der Diffusionskonstanten von C in α-Fe werden deshalb gewöhnlich durch anelastische Messungen gewonnen (vgl. Abb. 5.6).

Anelastizität oder Dämpfungseigenschaften in einem Festkörper sind nicht auf den Snoek-Effekt beschränkt. Vielmehr gibt es eine Vielzahl von Ursachen für anelastisches Verhalten in Metallen, bspw. Korngrenzengleiten (Abb. 6.91) oder Versetzungsdämpfung,

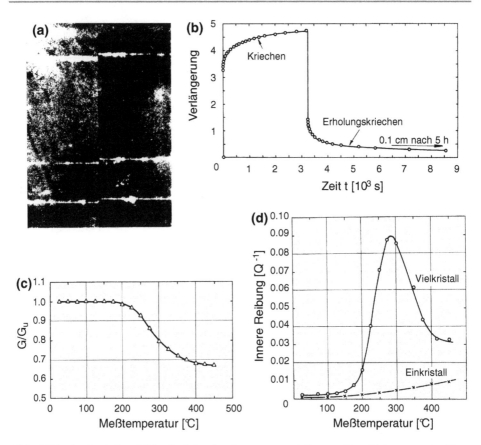

Abb. 6.91 Anelastischer Effekt als Folge des Korngrenzengleitens. **a** Verschiebung zweier Zinn-
kristalle längs ihrer Korngrenze bei Schubbeanspruchung (Korngrenzengleiten) [33]; **b** Elastische
Nachwirkung (Kriechen) nach Be- und Entlastung eines Aluminium-Vielkristalls (nach [34, S. 533]);
c Verhältnis des Schubmoduls G zum unrelaxierten Modul G_u als Funktion der Temperatur (nach
[34, S. 41]); **d** Das logarithmische Dekrement als Funktion der Temperatur für Viel- und Einkristalle
(nach [34, S. 533])

die aber in sehr unterschiedlichen Frequenzbereichen Resonanzverhalten zeigen. Besonders
wichtig sind Phänomene der inneren Reibung in Polymer-Werkstoffen. Ihr Verhalten wird
nicht als anelastisch, sondern als viskoelastisch bezeichnet, da sie unter konstanter Last keine
anelastische Zusatzdehnung zeigen, sondern zusätzlich zur elastischen Dehnung eine konstante Dehngeschwindigkeit annehmen, die proportional zur angelegten Spannung ist. Die
Zustandsgleichung eines viskoelastischen Körpers lautet bei Anlegen einer Schubspannung
σ_{xy}

$$\sigma_{xy} = G\gamma_{xy} + \eta\dot{\gamma}_{xy} \qquad (6.177)$$

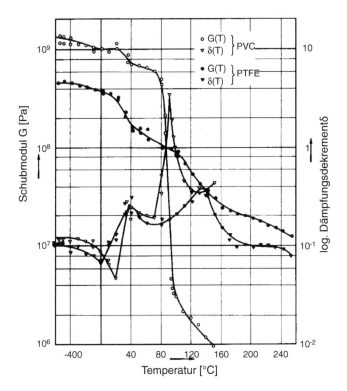

Abb. 6.92 Temperaturabhängigkeit des Schubmoduls *G* und des logarithmischen Dekrementes *δ* der Polymere von PVC und PTFE (Teflon) (nach [34, S. 533])

Das Verhalten einer viskoelastischen Substanz entspricht dem einer Mischung aus elastischem Festkörper und viskoser Flüssigkeit. Das Diffusionskriechen und das Korngrenzengleiten in Metallen sind demnach eigentlich viskoelastische Phänomene.

Dynamisches viskoelastisches Verhalten läßt sich mit dem gleichen Formalismus wie anelastisches Verhalten beschreiben. Allerdings gibt es in Polymeren eine Vielzahl von viskoelastischen Prozessen, was ein sehr komplexes Spektrum der Dämpfung verursacht (Abb. 6.92) wie z. B. Rotation von Molekülen, Entfaltung von Molekülketten u. a. mehr. Es bedarf dann der Anwendung mehrerer komplementärer Methoden, um die Mechanismen der beobachteten Phänomene physikalisch richtig zu beschreiben.

6.9   Mechanische Eigenschaften niedrigdimensionaler Systeme

6.9.1   Dünne Schichten und Filme

6.9.1.1 Filmeigenspannungen

Dünne Schichten und Filme sind heutzutage gängiger Bestandteil moderner Werkstoffsysteme, beispielsweise für Oberflächenschutzschichten oder für elektronische Bauelemente der Informationstechnik, insbesondere Mikroprozessoren. Die Schichten werden in der Regel durch Abscheidung aus der Gasphase auf einem Substrat aufgebracht, häufig bei erhöhter Temperatur. Solche dünnen Filme stehen aus verschiedenen Gründen praktisch immer unter einer mechanischen Eigenspannung , beispielsweise durch unterschiedliche Gitterparameter von Film und Substratmaterial, wenn der Film epitaktisch aufwächst (das heißt mit der gleichen Orientierung wie das Substrat), durch unterschiedliche thermische Ausdehnungskoeffizienten, durch Einwirkung der Oberflächenspannung des aufgebrachten Films, Kornwachstum in einem vielkristallinen Film, usw. Da der Film stets dünn gegenüber dem Substrat ist, herrscht ein ebener Spannungszustand im Film. Bezeichnet die $x - y$-Ebene die Filmebene, so lautet der Spannungstensor

$$\sigma = \begin{bmatrix} \sigma_f & 0 & 0 \\ 0 & \sigma_f & 0 \\ 0 & 0 & 0 \end{bmatrix} \tag{6.178}$$

Beträgt die Dehnung aufgrund der Fehlpassung $\varepsilon_m = \frac{a_s - a_f}{a_s}$ wobei a_s und a_f die Gitterparameter von Substrat und Film bezeichnen, so sind die Dehnungskomponenten der Filmeigenspannung

$$\varepsilon_{xx} = \frac{\sigma_{xx}}{E} - v\frac{\sigma_{yy}}{E}, \quad \varepsilon_{yy} = \frac{\sigma_{yy}}{E} - v\frac{\sigma_{xx}}{E}, \quad \varepsilon_{zz} = -v\frac{\sigma_{xx}}{E} - v\frac{\sigma_{yy}}{E} \tag{6.179}$$

Da wegen des ebenen Spannungszustands $\sigma_{xx} = \sigma_{yy} = \sigma_f$, folgt

$$\varepsilon_{xx} = \varepsilon_{yy} = \frac{\sigma_{xx}}{E}(1 - v) \tag{6.180a}$$

$$\sigma_{xx} = \frac{E}{1-v}\varepsilon_{xx} = M_f\varepsilon_{xx} \tag{6.180b}$$

$M_f = \frac{E}{1-v} = \frac{\sigma_{xx}}{\varepsilon_{xx}}$ wird als effektiver elastischer Modul des Films bezeichnet. Ferner ist

$$\varepsilon_f = \varepsilon_{xx} = \varepsilon_{yy} = \varepsilon_m(1 - v); \quad \varepsilon_{zz} = -2v\varepsilon_m \tag{6.181}$$

Die Spannungen in einem Film lassen sich messen, entweder röntgenographisch oder durch die Krümmung des Substrats. Bei der röntgenographischen Ermittlung der Eigenspannungen misst man die Gitterkonstante a_f senkrecht zur Filmebene und vergleicht sie mit der Gitterkonstanten im spannungsfreien Zustand a_0 also

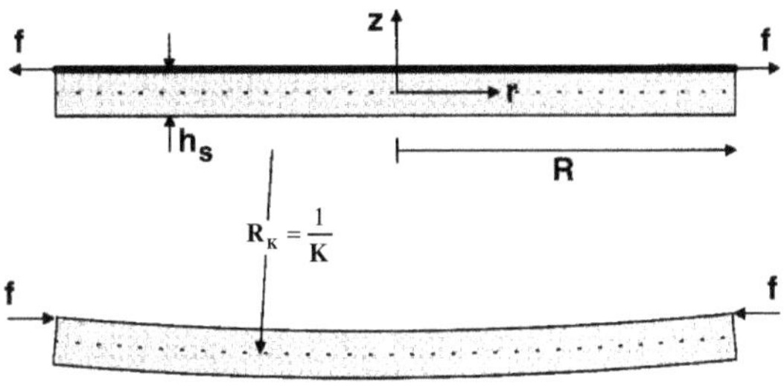

Abb. 6.93 Biegeverformung
mit Krümmungsradius R_k
eines Substrats aufgrund
einer Filmeigenspannung f

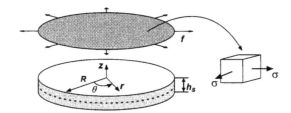

Abb. 6.94 Definition der
Geometrie von Film und
Substrat zur Herleitung der
Stoney-Gleichung (siehe
Text)

$$\varepsilon_{zz} = \frac{a_0 - a_f}{a_0} = -2\nu\varepsilon_m \tag{6.182}$$

Durch Messung von ε_{zz} lassen sich ε_m und somit $\sigma_f = E\varepsilon_m$ bestimmen. Das Verfahren ist allerdings dadurch erschwert, dass die durchstrahlte Filmdicke sehr klein und somit auch die reflektierte Intensität sehr schwach ist, was einen hohen Messaufwand bedeutet.

Deshalb bedient man sich in der Technik gewöhnlich der Methode der Substratkrümmung, um nach der so genannten ‚Stoney' - Formel die Filmspannung zu berechnen. Im Folgenden wollen wir diese Formel herleiten. Betrachtet man einen Film auf einem Substrat, so verursacht die Fehlpassung in der Grenzfläche Film-Substrat im Substrat eine Biegeverformung (Abb. 6.93). Wir gehen von folgenden vereinfachenden Annahmen aus.

Das Substrat wird als dünne Scheibe betrachtet (Abb. 6.94), so dass die Normalspannung und die Scherkomponenten senkrecht zur Oberfläche verschwinden In Zylinderkoordinaten heisst das $\sigma_{zz} = 0$, $\varepsilon_{rz} = \varepsilon_{\theta z} = 0$. Ferner ist die Verformung axialsymmetrisch, also unabhängig von θ : $\varepsilon_{r\theta} = 0$. Der Ursprung des Koodinationssystems liegt in der Mittelebene des Substrats, und in dieser Ebene ist die Dehnung isotrop und vom Betrag

$$\varepsilon_{rr}(r, 0) = \varepsilon_{\theta\theta}(r, 0) = \varepsilon_0 \tag{6.183}$$

Die elastische Energiedichte in einem Volumenelement des Substrats lautet demnach mit dem Schubmodul des Substrats μ_s

$$U(r, z) = \frac{\mu_s}{1 - \nu_s} \left(\varepsilon_{rr}^2 + \varepsilon_{\theta 0}^2 + 2\nu_s\varepsilon_{rr}\varepsilon_{\theta\theta} \right) \tag{6.184}$$

Da eine Biegung eine ebene Dehnung $\varepsilon = \frac{z}{R_k} = z\kappa$ verursacht, ist im Abstand z von der Mittelebene $\varepsilon_{\theta\theta} = \varepsilon_{rr} = \varepsilon_0 - z\kappa$, wobei κ die Krümmung, bzw. R_k der Krümmungsradius ist.

Wegen des ebenen Spannungszustandes ist im Substrat

$$\varepsilon_{rr} = \frac{\sigma_{rr}}{E_S} - \nu \frac{\sigma_{rr}}{E_S} = \frac{\sigma_{rr}}{M_S} \tag{6.185}$$

mit dem biaxialen Modul $M_S = \frac{E_S}{1-\nu}$.

Die gesamte elastische Energie ergibt sich dann durch Integration über das Substratvolumen und Addition der durch die Filmspannung eingebrachten Arbeit (Abb. 6.94)

$$V(\varepsilon_0, \kappa) = \int_0^{2\pi} \int_0^R \int_{-h_s/2}^{h_s/2} U(r,z) r \, dr \, dz \, d\theta + 2\pi f u_r \left(R, \frac{h_s}{2} \right) R \tag{6.186}$$

wobei $u_r = \left(\varepsilon_0 - \frac{1}{2}\kappa h_s \cdot \right) r$ die Verschiebung aufgrund der Kraft f an der Oberfläche des Substrats ist (Abb. 6.93). Integration ergibt

$$V(\varepsilon_0, \kappa) = \pi R^2 h_s \left(\varepsilon_0^2 + \frac{1}{12}\kappa^2 h^2 \right) + 2\pi R^2 f \left(\varepsilon_0 - \frac{1}{2} h_s \kappa \right) \tag{6.187}$$

Das Minimum der Energie entspricht dem Kraftgleichgewicht in der Mittelebene. Mit $\frac{\partial V}{\partial \varepsilon_0} = 0$ und $\frac{\partial V}{\partial \kappa} = 0$ folgt

$$\varepsilon_0 = \frac{f}{M_s h_s} \tag{6.188}$$

$$\kappa = \frac{6f}{M_s h_s^2} \tag{6.189}$$

Gleichung (6.189) ist die gesuchte Stoney-Beziehung, die die Krümmung mit der mittleren Filmspannung $\sigma_m = \frac{f}{h_f}$ verknüpft, wobei h_f die Filmdicke bezeichnet.

Abbildung 6.95 zeigt schematisch eine Messanordnung zur bequemen Bestimmung der Filmkrümmung.

6.9.1.2 Grenzflächenversetzungen

Bei sehr geringer Filmdicke ist die elastische Verzerrungsenergie des Volumens so klein, dass der Film zunächst epitaktisch aufwächst, oft sogar mit dem Gittertyp des Substrats, selbst wenn das Filmmaterial eine andere Gleichgewichtkristallstruktur hat. So wächst beispielsweise kubisch-flächenzentriertes (kfz) Kupfer auf kubisch-raumzentriertem (krz) α-Eisen zunächst mit krz Struktur auf, weil die Energie der kfz/krz Grenzfläche größer wäre als die Energiedifferenz der beiden Gittertypen im gesamten Volumen. Erst bei größeren Filmdicken überwiegen die Volumeneffekte. Im Bemühen um eine Minimierung der Gesamtenergie wird der Film im Falle einer größeren Gitterparameterdifferenz versuchen, die Fehlpassung ε_m durch Grenzflächenversetzungen herabzusetzen. Im Folgenden betrachten

Abb.6.95 Versuchsanordnung zur Bestimmung der Substratkrümmung aufgrund von Filmeigenspannungen. Infolge der Krümmung $\kappa = 1/R_k$ ändert sich die Richtung des reflektierten Laserstrahls

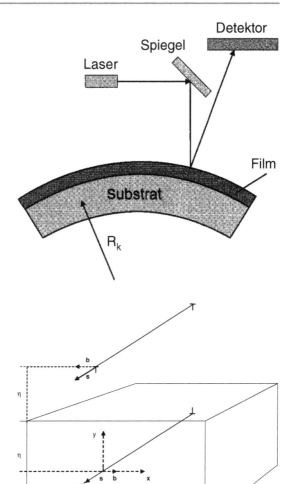

Abb. 6.96 Die auf eine Versetzung in der Nähe der Oberfläche wirkende Bildkraft kann man so verstehen, als ob in gleichem Abstand von der Oberfläche eine antiparallele Versetzung angebracht wäre

wir die dazu notwendige Energieänderung und berechnen die Filmdicke, die erforderlich ist, um diesen Vorgang unter Energiegewinn durchzuführen.

1. Die Bildkraft

Da die Oberfläche spannungsfrei ist, muss das Spannungsfeld einer Versetzung sich in Oberflächennähe so ändern, dass die Spannungskomponenten an der Oberfläche verschwinden. Das kann man formal dadurch erreichen, dass man im gleichen Abstand oberhalb der Oberfläche eine antiparallele Bildversetzung anbringt (Abb. 6.96).

Betrachten wir eine Schraubenversetzung in Abstand η von der Oberfläche mit Linienelement **s** in z-Richtung. Der Versetzungskern fällt mit der z-Achse des Koordinatensystems zusammen.

Im Volumen hat eine solche Schraubenversetzung die Spannungskomponenten wie in Gl. (6.40) angegeben. Durch Überlagerung mit der Bildversetzung ergibt sich damit das Spannungsfeld der Schraubenversetzung nahe der Oberfläche

$$\tau_{xz}(x,y) = -\frac{\mu b}{2\pi}\left[\frac{y}{x^2+y^2} + \frac{2\eta - y}{x^2 + \left(2\eta - y\right)^2}\right] \tag{6.190a}$$

$$\tau_{yz}(x,y) = \frac{\mu b}{2\pi}\left[\frac{x}{x^2+y^2} - \frac{x}{x^2 + \left(2\eta - y\right)^2}\right] \tag{6.190b}$$

Da sich 2 antiparallele Schraubenversetzungen anziehen, erfährt eine Versetzung im Abstand η von der Oberfläche also eine Bildkraft pro Längeneinheit

$$K_B = \tau b = \frac{\mu b}{4\pi\eta} \tag{6.191}$$

mit der sie an der Oberfläche gezogen wird.

2. Relaxation

Der Einfachheit halber betrachten wir einen Film unter einer Schereigenspannung mit Scherung γ_m, so dass zur Kompensation Schraubenversetzungen genügen. Die kritische Filmdicke ist dadurch definiert, dass die Arbeit zur Einführung der Versetzung von der Oberfläche die Versetzungsenergie kompensiert. Die (gewonnene) Arbeit pro Längeneinheit beim Einführen der Versetzung von der Oberfläche bis zur Grenzfläche im Abstand h gegen die Filmeigenspannung $\tau_m = \mu\gamma_m$ ist

$$A = -\tau_m b \cdot h \tag{6.192}$$

Sie muss mindestens der Energie der Versetzung pro Längeneinheit entsprechen, also unter Vernachlässigung der Energie des Versetzungskerns

$$E_v = \frac{\mu b^2}{4\pi}\ln\frac{h}{b} \tag{6.193}$$

wobei $r_0 = b$ den Radius des Versetzungskerns angibt.

Entsprechend ist die kritische Filmdicke h_c gegeben durch die Beziehung

$$\frac{b}{4\pi h_c}\ln\frac{2h_c}{b} = \gamma_m \tag{6.194}$$

Der Faktor 2 unter dem Logarithmus ergibt sich durch Berücksichtigung der Bildkraft. Bei einer weiteren Vergrößerung der Filmdicke werden weitere Versetzungen eingeführt, um die Fehlpassung γ_m zu kompensieren.

Haben die Versetzungen den Abstand d voneinander, so verringert sich die Fehlpassung je Versetzung um $\frac{b}{d}$, und entsprechend der Gewinn an Arbeit durch Einbringung der Versetzungen, also

$$\frac{b}{4\pi h}\ln\frac{2h}{b} = \gamma_m - \frac{b}{d} \tag{6.195}$$

woraus sich der Versetzungsabstand für $h > h_c$ ableitet. Für $h/b \to \infty$ wird $d = \frac{b}{\gamma_m}$, d. h. die Fehlpassung wird vollkommen kompensiert.

6.9.2 Mechanische Eigenschaften von metallischen Gläsern

6.9.2.1 Elastisches Verhalten

Wie jeder Festkörper so reagieren auch metallische Gläser bei kleinen Belastungen mit einer reversiblen elastischen Verformung, die sich mit dem Hookeschen Gesetz beschreiben lässt. Im Gegensatz zu kristallinen Werkstoffen ist aber die elastische Dehngrenze recht groß, typischerweise ca. 2 %. Deshalb kann eine vergleichbar große elastische Energiedichte $E_{el} = \frac{1}{2}E\varepsilon^2$ gespeichert und bei Entlastung wieder freigesetzt werden, was beispielsweise für Federanwendungen oder Sportgeräte, wie Golf- oder Tennisschläger, sehr vorteilhaft ist. Da metallische Gläser, wie alle Gläser, unterhalb von T_G prinzipiell spröde sind, brechen sie nach Erreichen der Dehngrenze im Zugversuch. Unter Druckbelastung beobachtet man eine plastische Zusatzdehnung, typischerweise in der Größenordnung von 1 %, die aber durch geeignete Maßnahmen wie chemische Zusammensetzung, Teilkristallisation oder Beimengung von Sekundärphasen verbessert werden kann.

6.9.2.2 Plastische Verformung

Unterhalb der Glasübergangstemperatur T_G verformen sich metallische Gläser durch Scherbandbildung, also durch inhomogene plastische Verformung, was einen gezackten Verlauf der Fließkurve verursacht (Abb. 6.97). Der Mechanismus der Scherbandbildung in metallischen Gläsern wird durch die Erzeugung von lokalen sogenannten Schertransformationszonen erklärt, die eine Folge des freien Volumens in einer nicht kristallinen atomaren Anordnung sind.

Im Temperaturbereich $T_G \leq T \leq T_x$, wobei T_x die Kristallisationstemperatur des Glases bedeutet, liegt das metallische Glas als unterkühlte Schmelze vor und ist daher sehr gut plastisch formbar, allerdings unter Festigkeitsverlust. Das Material verhält sich dann wie eine Newtonsche Flüssigkeit, d. h. Schubspannung τ und Scherrate $\dot{\gamma}$ sind zueinander proportional:

$$\dot{\gamma} = \zeta\tau \tag{6.196}$$

Abb. 6.97 Spannungs-
Dehnungs-Diagramm eines
metallischen Glases auf
Zr-Basis. Man beachte die
große elastische Dehnung
und den gezackten Verlauf
der Fließspannung [36]

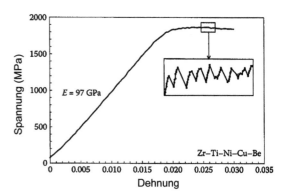

wobei $\eta = \zeta^{-1}$ als Viskosität bezeichnet wird. Bei Annäherung an T_G, die man auch als
quasi spröde-duktil-Übergangstemperatur verstehen kann, beobachtet man eine Abweichung vom rein viskosen Fließen zum Verhalten

$$\dot{\gamma} = A\tau^n \qquad (6.197)$$

mit $n > 1$ und schließlich einen Übergang vom Potenzgesetz zum thermisch aktivierten
Fließgesetz

$$\dot{\gamma} = \dot{\gamma}_0 \, exp\left(-\frac{Q - V\tau}{kT}\right) \qquad (6.198)$$

wobei Q die Aktivierungsenergie, V das Aktivierungsvolumen, k die Boltzmannkonstante
und T die absolute Temperatur sind (vergleiche Abschn. 6.4.3).

Für das metallische Glas mit der Zusammensetzung Zr_{41} Ti_{14} Cu_{13} Ni_{10} Be_{22} wird bei
einer homogenen Verformung nahe T_G als Aktivierungsvolumen etwa das 20–30 fache
des Atomvolumens von Zirkon gemessen bei einer Aktivierungsenergie von 4,6 eV. Diese
großen Werte deuten darauf hin, dass bei Temperaturen in der Nähe des Glasübergangs
Schertransformationszonen mit entsprechend vielen Atomen im Volumen gleichmäßig
verteilt sind und eine homogene Verformung erlauben.

6.9.3 Mechanische Eigenschaften von Graphen und Nanoröhren

Aufgrund der sehr starken kovalenten Bindung der Kohlenstoffatome in der hexagonalen
Basisebene des Graphits, Graphens oder in der Oberfläche von Kohlenstoffnanoröhren
haben diese Werkstoffe bemerkenswerte mechanische Eigenschaften. Sie besitzen in der
Fläche oder parallel zur Zylinderachse der Nanoröhre eine sehr große Steifigkeit (sehr hoher
Elastizitätsmodul) und daher auch eine sehr hohe Streckgrenze R_p. Wegen der geringen
Dichte ρ des Kohlenstoffs ist ihnen eine extrem hohe spezifische Festigkeit R_p/ρ zu eigen,
die sogar diejenige von hochfesten Stählen bei weitem übersteigt.

Abb. 6.98 a Durch einen Bindungswechsel läßt sich eine hexagonale Anordnung in eine Konfiguration aus 5- und 7b Ecken umwandeln. **b** Der Einbau von 5- und 7 ebenen Polygenen in eine hexagonale Struktur führt zu einer Formänderung einer Nanoröhre

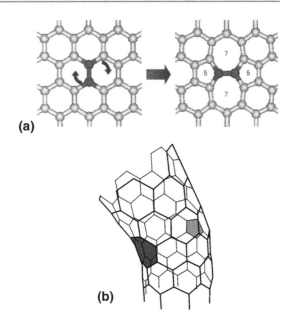

(a)

(b)

Wird eine Nanoröhre über die Streckgrenze hinaus belastet, ist sie auch in der Lage, sich plastisch zu verformen, beispielsweise zu knicken. Dabei wird lokal die regelmäßige sechseckige Atomanordnung in eine Kombination aus Fünfeck und Siebeneck umgewandelt, was einer Formänderung entspricht (Abb. 6.98). Diese fünfeckigen und siebeneckigen Elemente stellen Defektstrukturen des Graphens dar und ähneln damit den Versetzungen in Kristallen. So kann Graphen auch Korngrenzen enthalten, die aus solchen Defektstrukturen aufgebaut sind. Zu den außergewöhnlichen mechanischen Eigenschaften gesellen sich noch bemerkenswerte physikalische Eigenschaften (siehe Kap. 10).

6.10 Aufgaben

6.1 Geben Sie die allgemeine Formulierung für eine Drehmatrix für die nachfolgenden Fälle an:
   a) Drehung im 2-dimensionalen Fall,
   b) Drehung im 3-dimensionalen Fall um die x-Achse, um die y-Achse bzw. um die z-Achse.
   c) Wie wird ein Tensor erster bzw. zweiter Stufe gedreht?
6.2 Führen Sie in einem orthogonalen und normierten Koordinatensystem drei aufeinanderfolgende Drehungen um die x-Achse (Winkel α), die y-Achse (Winkel β) und

die z-Achse (Winkel γ) im Dreidimensionalen aus. Berechnen Sie die Formel der Rotationsmatrix als Funktion der drei Winkel.

$$\underline{\underline{R_x}} = \begin{pmatrix} 1 & 0 & 0 \\ 0 & \cos\alpha & -\sin\alpha \\ 0 & \sin\alpha & \cos\alpha \end{pmatrix} \quad \underline{\underline{R_y}} = \begin{pmatrix} \cos\beta & 0 & \sin\beta \\ 0 & 1 & 0 \\ -\sin\beta & 0 & \cos\beta \end{pmatrix} \quad \underline{\underline{R_z}} = \begin{pmatrix} \cos\gamma & -\sin\gamma & 0 \\ \sin\gamma & \cos\gamma & 0 \\ 0 & 0 & 1 \end{pmatrix}$$

6.3 In einem Referenzsystem sei der folgende Spannungstensor gegeben: $\underline{\underline{\sigma}} = \begin{pmatrix} 1 & 2 \\ 2 & -2 \end{pmatrix} \cdot$ $100\,MPa$

   a) Drehen Sie diesen Spannungstensor $\underline{\underline{\sigma}}$ um 35°.

   b) Bestimmen Sie den Hauptspannungstensor. Um wie viel Grad müssen Sie das Koordinatensystem dazu drehen?

   c) Berechnen Sie die maximale Schubspannung.

6.4 Wie lautet das Hookesche Gesetz in eindimensionaler und in tensorieller Schreibweise? Wie viele Elemente besitzt der Tensor der elastischen Konstanten? Wie viele verschiedene Komponenten kann der Tensor der elastischen Konstanten maximal haben und wie viele unabhängige elastische Konstanten gibt es im isotropen Fall?

6.5 Diskutieren Sie den Zugversuch an einem schlanken Stab.

   a) Zeichnen Sie qualitativ die Nennspannung über der Dehnung. Welche Materialgrößen kann man diesem Diagramm entnehmen?

   b) Zeichnen Sie qualitativ die wahre Spannung über der wahren Dehnung.

   c) Wie kann man die Kurven a) und b) ineinander umrechnen?

   d) Erläutern Sie die Begriffe „physikalische Verfestigung" und „geometrische Entfestigung".

   e) Weshalb geht die Probe schließlich zu Bruch?

6.6 In einem Zugversuch wurde eine technische Spannungs-Dehnungs-Kurve mit schwach ausgeprägtem Maximum aufgezeichnet. Bestimmen Sie die Gleichmaßdehnung mit Hilfe der Considère-Konstruktion.

6.7

   a) Durch welche Vektoren wird eine Versetzung eindeutig charakterisiert?

   b) Wie wird mit Hilfe dieser Vektoren die Gleitebene bestimmt?

   c) Erläutern Sie den Burgers-Umlauf. Legen Sie zuerst ein Koordinatensystem fest.

   d) Wie viele unterschiedliche Versetzungstypen gibt es? Wie unterscheiden sich Stufen- und Schraubenversetzungen in ihren Bewegungsmöglichkeiten?

   e) Aus welchen Versetzungstypen besteht ein rechteckiger Versetzungsring, dessen Burgersvektor in seiner Ebene liegt (Abb. 3.12.)? In welche Richtungen bewegen sich die unterschiedlichen Versetzungen unter einer äußeren Schubspannung? (Skizzieren Sie einen kubischen Körper. Zeichnen Sie parallel zu einer Achse den Burgersvektor ein. Legen Sie das Linienelement der Versetzung fest.)

   f) Ist es möglich, Versetzungsringe zu erzeugen, die nur aus Stufen- bzw. Schraubenversetzungen bestehen (Erläuterung)?

g) Wie sieht der Kristall aus, wenn ihn ein prismatischer Versetzungsring verlassen hat?

h) Wie entstehen Versetzungsringe (gemischte Ringe, prismatische Ringe)?

i) Wie viele Atome müssen kondensieren, damit in einem kubisch primitiven Kristall ein prismatischer Versetzungsring mit einem Radius von $r = 0{,}6\,\mu$m entsteht ($a = 0{,}35$ nm)?

6.8 Wie hoch kann die Versetzungsdichte in einem Kristall maximal werden? Warum? Wie groß ist die Versetzungslänge in $1\,\text{m}^3$ sehr hoch verformten Kupfers (in Lichtjahren)?

6.9 Um wie viel kann ein weichgeglühter, kubusförmiger Cu-Einkristall (kfz) der Kantenlänge $l = 1$ cm der abgleiten, wenn bei der Verformung alle Versetzungen den Kristall verlassen ($\rho = 10^{10}\,\text{m}^{-2}$)? Stimmt das mit der Erfahrung überein?

6.10 Berechnen Sie die Scherung bei der Zwillingsbildung im kfz und krz Gitter.

6.11 Berechnen Sie unter Benutzung des Dehnungstensors für eine Schraubenversetzung:

a) das Schubspannungsfeld im Abstand r vom Versetzungskern,

b) die Energiedichte und Gesamtenergie pro Längeneinheit. Setzen Sie dazu den Versetzungskernanteil mit $\tau_{\text{theo}} = G/2\pi$ an. Der innere Abschneideradius betrage b.

c) Wie groß ist der Anteil der Energie im elastischen Spannungsfeld im Verhältnis zur Gesamtenergie?

6.12 Berechnen Sie die Kräfte pro Längeneinheit, die eine Stufenversetzung auf eine weitere parallele Stufenversetzung mit

a) antiparallelem Burgersvektor,

b) mit 90° geneigtem Burgersvektor ausübt.

Geben Sie die stabilen und metastabilen Positionen an.

6.13 Berechnen Sie die Kraft zwischen einer Stufen- und Schraubenversetzung mit demselben Linienelement.

6.14 Berechnen Sie die Kraft zwischen zwei zueinander senkrechten Schraubenversetzungen.

6.15

a) Eine endliche Anzahl von übereinander angeordneten parallelen Stufenversetzungen bezeichnet man als Disklination. Drei Disklinationen seien in Cu bei einem Abstand von 20b parallel zueinander angeordnet. Sie bestehen aus je n identischen Stufenversetzungen (n = 10, b parallel zur Normalen der Disklination, b in x-Richtung, Linienelement in z-Richtung). Berechnen Sie die Kletterkraft, die die beiden äußeren Disklinationen auf die Versetzung bei y = 0 der mittleren Disklination ausüben unter der Annahme, dass eine Disklination einer einzelnen Versetzung mit n-fachem Burgersvektor gleichkommt. ($G_{\text{Cu}} = 48$ GPa, $b_{\text{Cu}} = 2{,}5\,\text{Å}$, $\nu = 0{,}3$)

b) Wie verläuft idealerweise das Spannungsfeld einer unendlich ausgedehnten Disklination?

6.16 Ein einseitig eingespannter Stab enthalte eine Stufenversetzung (siehe Skizze). In welche Richtung bewegt sich die Versetzung unter der Biegekraft F? Bestimmen Sie die Kraft auf die Versetzung.

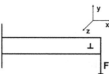

6.17 Die Stabachse einer Zugprobe eines Cu-Einkristalls sei parallel zur kristallographischen Richtung i) [236], ii) [001].

   a) Bestimmen Sie für alle möglichen Gleitsysteme jeweils den Schmid-Faktor.
   b) Welches Gleitsystem wird bei der plastischen Verformung als erstes aktiviert? Bei welcher technischen Zugspannung setzt plastische Verformung ein, wenn $\tau_{krit} = 3\,\text{MPa}$?
   c) Wie wandert die Stabachse bei der weiteren plastischen Verformung?
   d) Bestimmen Sie das Quergleitsystem.

6.18 Die Stabachse einer Druckprobe eines α-Fe-Einkristalls sei parallel zur kristallographischen Richtung $[\bar{1}24]$.

   a) Bestimmen Sie für alle möglichen Gleitsysteme jeweils den Schmid-Faktor.
   b) Welches Gleitsystem wird bei der plastischen Verformung als erstes aktiviert? Bei welcher äußeren Spannung setzt plastische Verformung ein, wenn $\tau_{krit} = 3\,\text{MPa}$?
   c) Wie wandert die Stabachse bei der weiteren plastischen Verformung?
   d) Bestimmen Sie das Quergleitsystem.

6.19 Ein Werkstoffverbund bestehe aus zwei hintereinander angeordneten Einkristallen, Cu und Fe. Der Cu-Einkristall hat eine [123]-Orientierung, der Fe-Einkristall eine $[\bar{1}24]$-Orientierung.

   a) Ermitteln Sie für beide Kristalle jeweils das Gleitsystem mit der maximalen Schubspannung für den Fall eines Druckversuches und für den Fall eines Zugversuches. Nennen Sie jeweils die konjugierten Gleitsysteme. Geben Sie für die aktiven Gleitsysteme die Schmidfaktoren an.
   b) Bei welcher äußeren Zugspannung σ beginnt die Probe sich plastisch zu verformen ($\tau_{krit(Cu)} = 3\,\text{MPa}$, $\tau_{krit(Fe)} = 4\,\text{MPa}$)?
   c) Bei welcher äußeren Zugspannung σ beginnt die Probe sich plastisch zu verformen, wenn der Verbundwerkstoff aus zwei nebeneinander angeordneten Einkristallen (Cu und Fe) besteht ($\tau_{krit(Cu)} = 3\,\text{MPa}$, $\tau_{krit(Fe)} = 4\,\text{MPa}$)?

6.20 Um aus den gemessenen Daten von Last F und Verlängerung l die Schubspannungs-Abgleitungskurven $\tau - \gamma$ eines Einkristalls zu ermitteln, muss die Änderung des Schmid-Faktors bei der Verformung berücksichtigt werden. Leiten sie eine entsprechende Umrechnungsformel für koplanare Doppelgleitung her (am Beispiel einer $[\bar{1}22]$-Stabachse). Verwenden Sie zur Herleitung die Beziehungen $q/q_0 = 1 + \varepsilon =$

$\sin(\delta_0)/\sin(\delta)$ und $\tau \cdot d\gamma = \sigma \cdot d\varepsilon$. (q: Probenquerschnitt). δ ist der Winkel zwischen Stabachse und resultierender Gleitrichtung.

6.21 Berechnen Sie die Aufspaltungsweite einer Stufenversetzung in Cu und Al ($a_{Cu} = 3,6\,\text{Å}$, $G_{Cu} = 48\,\text{GPa}$, $\gamma_{Cu} = 0,05\,\text{N/m}$, $a_{Al} = 4,0\,\text{Å}$, $G_{Al} = 27\,\text{GPa}$, $\nu = 0,3$, $\gamma_{Al} = 0,18\,\text{N/m}$).

6.22 Leiten Sie den Kraftverlauf beim Vorbeibewegen einer geraden Stufenversetzung an einem unbeweglichen Fremdatom unter der Annahme parelastischer Wechselwirkung her. Gehen Sie von der Wechselwirkungsenergie aus. Skizzieren Sie die Verläufe $F(x)$ und $E(x)$.

6.23 Im binären System Ni-Cu mit vollständiger Mischbarkeit sind die Gitterkonstanten sehr ähnlich. Eine parelastische Wechselwirkung kann daher vernachlässigt werden. Berechnen Sie die kritische Schubspannung für Cu - 5 at.% Ni bei Raumtemperatur. (Änderung des Moduls: $d\ln G/dc_{Ni} = 0,62$)
Hinweis: Die Gleitebene liege bei $y = 0,5 \cdot d_{\{111\}}$. Nehmen Sie an, dass das Atomvolumen $\Omega = b^3$.

6.24 Berechnen Sie die Orowan-Spannung für eine mit kugelförmigen Al_2O_3 Partikeln (Radius r) verstärkte Cu-Probe. ($G_{Cu} = 40\,\text{GPa}$, $b_{Cu} = 0,25\,\text{nm}$, $b_{Al} = 0,29\,\text{nm}$, $r = 10\,\text{nm}$, $f = 1\,\text{Vol.\%}$)

6.25 Gegeben sei eine Fe-Feder mit einem angehängten Gewicht mit $m = 100\,\text{g}$ (Federkonstante $D = 4\,\text{N/m}$), an der zur Auslenkung mit einer Kraft $F = 0,5\,\text{N}$ gezogen wird. Berechnen Sie das logarithmische Dekrement des gedämpften harmonischen Oszillators, wenn die Schwingung nach der ersten Auslenkung frei verlaufen kann. (Abklingkoeffizient $d = 0,1\,\text{s}^{-1}$)

Literatur

1. Marin J (1962) Mechnical behavior of engineering materials. Prentice Hall Inc., S 24
2. Masing G (1950) Lehrbuch der Allgemeinen Metallkunde. Springer, Berlin
3. Boas W, Schmid E (1929) Z Phys 54:16
4. Dieter GE (1986) Mechanical metallurgy, 3. Aufl. McGraw-Hill Book Company
5. Haasen P (1984) Physikalische Metallkunde. Springer, Berlin
6. Livingston JD (1962) Acta Metall 10:229
7. Courtney TH (1990) Mechanical behavior of materials. McGraw-Hill Publishing Company, New York
8. Kirch F (1970) Dissertation, RWTH Aachen
9. Werkstoffkunde Eisen und Stahl Bd 1 (1983) Verlag Stahleisen mbH, Düsseldorf, S 58
10. Mitchell TE, Foxall RA, Hirsch PB (1963) Phil Mag 8:1895
11. Whelan MJ, Hirsch PB, Horne RW, Bollmann W (1957) Proc Roy Soc A204:524
12. Guerland J (1972) Stereology and qualitative metallography. ASTM STP 504, S 108
13. Schmid E (1930) Phys Z 31:892
14. Sachs G, Weets J (1930) Z Phys 62:473

15. Linde JO, Edwards S, Arkiv Fysik 8:511
16. Fleischer RL (1963) Acta Metall 11:203
17. Koppenal TJ, Fine ME (1962) Trans TMS-AIME 224:347
18. Wert C (1950) Trans TMS-AIME 188:1242
19. Evans PRV (1962) J Less-Common Met 4:78
20. Evans AG, Langdon T (1976) Prog Mater Sci 21:11
21. Cottrell AH (1967) An introduction to metallurgy. Edward Arnold Ltd., London, S 393
22. Hirsch PB, Humphreys FJ (1969) Physics of strength and plasticity. In: Argon A (Hrsg) M.I.T. Press, Cambridge
23. Ashby MF (1964) Z Metallkunde 55:5
24. Reed-Hill RE (1973) Physical metallurgy principles, 2. Aufl. D. Van Nostrand Company, New York
25. Holt DA, Backofen WA (1968) Trans Quart ASM 61:329
26. Furushiro N, Hori S (1990) In: Mayo MJ, Kobayashi M, Wadsworth J (Hrsg) Superplasticity in metals, ceramics and intermetallics. MRS, S 252
27. Sherby OD, Wadsworth J (1990) In: Mayo MJ, Kobayashi M, Wadsworth J (Hrsg) Superplasticity in metals, ceramics and intermetallics. MRS, S 9
28. Blum W, Ilschner B (1967) Phys Stat Sol 20:629
29. Norman EC, Duran SA (1970) Acta Metall 18:723
30. Cheng CY, Karim A, Langdorn TG, Dorn JE (1968) Trans Met Soc AIME 242:584
31. Poteat LE, Yust CS (1968) In: Fulrath RM, Pask JA (Hrsg) Ceramic microstructure. Wiley, New York, S 649
32. Archiv des Institut für Metallkunde und Metallphysik, RWTH Aachen
33. King TB, Cahn RW, Chalmers B (1948) Nature. London, S 682
34. Kê TS (1947) Phys Rev LXXI 41:533
35. Domininghaus H (1992) Die Kunststoffe und ihre Eigenschaften. VDI-Verlag, Düsseldorf, S 187
36. Wright WJ et al (2001) Mat Trans 42:642

Erholung, Rekristallisation, Kornvergrößerung 7

7.1 Phänomenologie und Begriffe

Die Eigenschaftsänderungen durch Wärmebehandlung machen metallische Werkstoffe häufig erst zu brauchbaren Konstruktionswerkstoffen. Durch eine Wärmebehandlung im Anschluß an plastische Verformung werden insbesondere die mechanischen Eigenschaften und die Mikrostruktur beeinflußt, weniger dagegen die physikalischen Eigenschaften (elektrischer Widerstand) (Abb. 7.1).

Durch die Verformung nehmen die Festigkeit stark zu (Verfestigung) und die verbleibende Dehnung ab. Bei Wärmebehandlung dagegen nimmt die Festigkeit ab und die Verformbarkeit zu. Durch aufeinanderfolgende Verformung und Glühung können somit große Umformgrade erreicht werden.

Die physikalischen Ursachen für diese Phänomene sind die Versetzungen, deren Speicherung bei der plastischen Verformung die Verfestigung verursacht und deren Umordnung und Beseitigung bei der Glühung den Festigkeitsverlust hervorruft.

Es gibt grundsätzlich zwei verschiedene Ursachen des Festigkeitsverlustes, Erholung und Rekristallisation.

Unter Rekristallisation versteht man die Gefügeneubildung bei der Wärmebehandlung verformter Metalle. Sie vollzieht sich durch Entstehung und Bewegung von Großwinkelkorngrenzen unter Beseitigung der Verformungsstruktur und unterscheidet sich damit von der Erholung, die alle Vorgänge umfaßt, bei denen lediglich eine Auslöschung und Umordnung von Versetzungen stattfindet. Der Begriff Rekristallisation, wie er hier korrekt definiert ist, kennzeichnet genau genommen den wichtigsten unter den vielen Rekristallisationsprozessen, nämlich die statische primäre Rekristallisation. Der Vorgang der Rekristallisation wird aber im üblichen Sprachgebrauch viel weitgehender verwendet, indem alle möglichen Prozesse der Korngrenzenbewegung mit einbezogen werden, die zu einer Verringerung der Energie des Kristallverbandes führen. Dazu gehören im engeren Sinne auch alle Vorgänge

G. Gottstein, *Materialwissenschaft und Werkstofftechnik*, Springer-Lehrbuch,
DOI: 10.1007/978-3-642-36603-1_7, © Springer-Verlag Berlin Heidelberg 2014

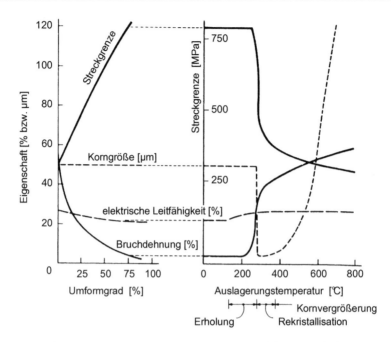

Abb. 7.1   Die Effekte der Kaltverformung und des Glühens auf die Eigenschaften einer Cu-35%Zn Legierung

der Kornvergrößerung, ferner solche, die bereits während der Verformung stattfinden und letztlich Sonderformen besonders starker Erholung.

Grundsätzlich wird bei Rekristallisation wie bei Erholung unterschieden, ob die Prozesse während der Verformung (dynamische Rekristallisation, bzw. dynamische Erholung) oder im Anschluß an die Kaltverformung während der Glühbehandlung (statische Rekristallisation, bzw. statische Erholung) stattfinden.

Tritt Rekristallisation bei der Wärmebehandlung eines hinreichend stark kaltverformten Metalls auf, so beobachtet man zunächst die Entstehung sehr kleiner Körner, die dann auf Kosten des verformten Gefüges wachsen bis sie zusammenstoßen, bzw. das verformte Gefüge vollständig aufgezehrt haben (Abb. 7.2).

Dieser Vorgang — charakterisiert durch Keimbildung und Keimwachstum — wird als primäre Rekristallisation bezeichnet. Da die Versetzungsdichte im Material nicht gleichmäßig, sondern diskontinuierlich von diskreten Körnern beseitigt wird, findet man für diesen Vorgang in der Literatur — in Anlehnung an die Begriffsbildung bei Phasenumwandlungen —auch die Bezeichnung diskontinuierliche Rekristallisation.

Neben dieser wichtigsten Erscheinungsform der primären Rekristallisation beobachtet man gelegentlich auch ganz andere Abläufe der Gefügeänderungen bei der Glühbehandlung im Anschluß an die Kaltverformung. Speziell nach sehr starker Kaltverformung oder wenn die Korngrenzenbewegung bspw. durch Ausscheidungen sehr stark behindert wird,

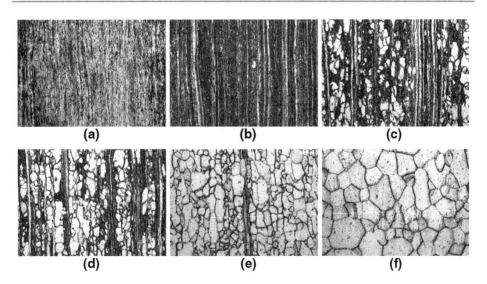

Abb. 7.2   Mikrostrukturänderung während der Rekristallisation von kaltverformtem Armco-Eisen

tritt eine so starke Erholung auf, daß dabei nicht nur Kleinwinkel- sondern auch Großwinkelkorngrenzen entstehen. Da dann eine völlige Gefügeneubildung ohne Wanderung von
Großwinkelkorngrenzen stattgefunden hat, bezeichnet man diesen Vorgang als Rekristallisation in-situ. Dieser Prozeß — wie jeder Erholungsvorgang — erfaßt das Gefüge homogen
und wird daher gelegentlich auch kontinuierliche Rekristallisation genannt, um ihn von der
diskontinuierlichen (primären) Rekristallisation zu unterscheiden.

Nach schwächerer Verformung bilden sich häufig gar keine Keime, sondern die bereits
vorhandenen Korngrenzen verschieben sich und lassen dabei ein versetzungsfreies Gebiet
zurück (SIBM: strain induced grain boundary motion). Abbildung 7.3 zeigt diesen Vorgang
an Aluminium. Dabei wächst die Orientierung des weniger verformten Kristalls in den angrenzenden Nachbarkristall hinein und vernichtet dort die Verformungsstruktur. Ursache
dieser Korngrenzenbewegung ist eine unterschiedliche gespeicherte Verformungsenergie
(d. h. Versetzungsdichte) in den beiden Körnern.

Bei fortgesetzter Glühung des primär rekristallisierten Gefüges — aber auch von anders
behandelten Werkstoffen, selbst von Gußgefügen — nimmt die Korngröße in der Regel noch
weiter zu. Diese unter dem Begriff Kornvergrößerungserscheinungen zusammengefaßten
Vorgänge findet man hauptsächlich in zwei Erscheinungsformen. Entweder nimmt der
mittlere Korndurchmesser des Gefüges gleichmäßig zu, dann spricht man von stetiger
Kornvergrößerung (Abb. 7.4), oder aber nur einige wenige Körner zeigen ein sehr starkes
Wachstum, die anderen hingegen praktisch überhaupt keins. In diesem Fall spricht man von
unstetiger Kornvergrößerung (Abb. 7.5). Wegen ihrer äußeren Ähnlichkeit zur primären
Rekristallisation (Keimbildung und Keimwachstum) wird (und zwar nur) die unstetige

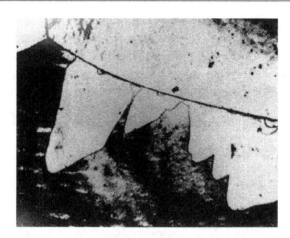

Abb. 7.3 SIBM (s. Text) von Aluminium bei Glühung bis zu 130 min bei 350 °C nach 12 % Walzverformung. Die ursprüngliche Position der Korngrenze ist noch sichtbar [1]

(a)   **(b)**   **(c)**

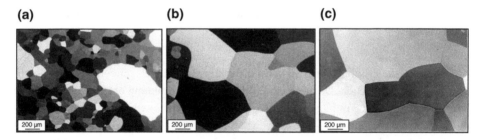

Abb. 7.4 Mikrostrukturelle Änderung während des normalen Kornwachstums in einer Al-0.1%Mn-Legierung bei 450 °C nach 95 % Walzverformung (**a**) 20 s, (**b**) 5 min, (**c**) 38 min.

Kornvergrößerung auch als sekundäre Rekristallisation bezeichnet. Sie führt zu sehr großen Körnern und ist technisch zumeist unerwünscht (Grobkornbildung).

Während der Kornvergrößerung ändert sich natürlich nicht nur die mittlere Korngröße, sondern die gesamte Korngrößenverteilung, und zwar in charakteristischer Weise, je nachdem ob stetige oder unstetige Kornvergrößerung vorliegt. Bei der stetigen Kornvergrößerung verschiebt sich die mittlere (logarithmische) Korngröße $\ln D_m$ zu größeren Werten, aber die Höhe des Maximums und die Standardabweichung bleiben unverändert (Abb. 7.6a). Man bezeichnet dieses Verhalten der Verteilung auch mit Selbstähnlichkeit, d. h. würde man die Verteilung über $\ln(D/D_m)$ auftragen, so würde sie sich im Verlauf der stetigen Kornvergrößerung nicht ändern. Dabei ist natürlich vorausgesetzt, daß die Verteilung normiert ist, wie es für jede Wahrscheinlichkeitsverteilung zutrifft. Normierung bedeutet in diesem Zusammenhang, daß das Integral der Verteilung einen festen Wert, z. B. den Wert 1, annimmt. Wäre das nicht der Fall, so müßte das Maximum der Verteilung immer kleiner werden, da es ja immer weniger Körner gibt.

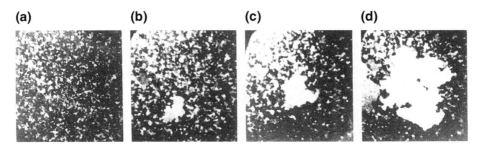

Abb. 7.5 Unstetige Kornvergrößerung von Reinst-Zink bei 240 °C im Heiztischmikroskop nach 40 % Verformung. 25 s (**a**), 79 min (**b**), 92 min (**c**) und 135 min (**d**) Glühdauer

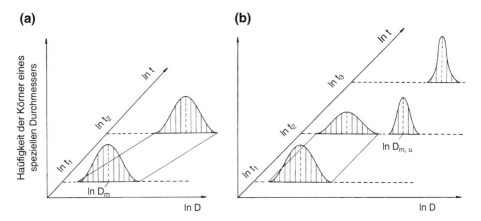

Abb. 7.6 Änderung der Korngrößenverteilung mit der Zeit bei **a** stetiger und **b** unstetiger Kornvergrößerung (schematisch)

Bei der unstetigen Kornvergrößerung hingegen bleibt die Verteilung nicht selbstähnlich. Vielmehr erhält man bei unvollständiger Sekundärrekristallisation eine zweigipflige Verteilung, nämlich die der aufgezehrten Körner und die der unstetig wachsenden Körner. Die Verteilung der aufgezehrten Körner schrumpft zwar in der Höhe und verschwindet schließlich, aber die Lage des Mittelwertes ändert sich nicht. Anders verhält sich die Verteilung der wenigen unstetig wachsenden Körner, deren Mittelwert $\ln D_{m,u}$ und Höhe f_{max} mit zunehmender Glühzeit bis zum vollständigen Abschluß der unstetigen Kornvergrößerung zunimmt (Abb. 7.6b).

Die Kornvergrößerung kommt in der Regel zum Erliegen, wenn die Korngröße die Dimension der kleinsten Probenabmessungen erreicht hat, also bspw. die Blechdicke. In einigen Fällen, insbesondere bei sehr dünnen Blechen, kann man aber unstetiges Wachstum von einigen wenigen Körnern beobachten. Durch geeignete Gasatmosphäre beim Glühen kann dieser Vorgang begünstigt, unterdrückt oder sogar rückgängig gemacht werden. Als Folge seiner diskontinuierlichen Erscheinungsform, aber in Abgrenzung zur unstetigen

Abb. 7.7 Schematische
Darstellung einer diskontinuierlichen Ausscheidung.
Die übersättigte Lösung der
Konzentration c_0 wirkt als
chemische treibende Kraft
p_c auf die Korngrenzen

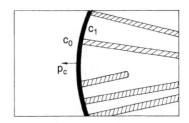

Kornvergrößerung wegen unterschiedlicher energetischer Ursachen, wird er als tertiäre
Rekristallisation bezeichnet.

Eine besondere Erscheinungsform der Rekristallisation erhält man schließlich, wenn
Rekristallisation in einem übersättigten Mischkristall gleichzeitig mit einer Umwandlung stattfindet. Durch die Korngrenzendiffusion können die sonst gehemmten Ausschei-
dungsvorgänge ablaufen, und die bewegte Korngrenze läßt ein Zweiphasengebiet zurück
(Abb. 7.7). Dieser Vorgang ist unter der Bezeichnung diskontinuierliche Ausscheidung geläufig, obwohl er der Natur nach ein Rekristallisationsvorgang ist. Die dabei auftretenden,
sehr hohen treibenden Kräfte infolge der Umwandlung können zu einer großen Rekristal-
lisationsgeschwindigkeit führen.

7.2   Die energetischen Ursachen der Rekristallisation

Im Gegensatz zu den atomistischen Vorgängen der Rekristallisation sind ihre energetischen
Ursachen heute weitgehend verstanden. Ganz allgemein wirkt immer eine treibende Kraft
auf eine Korngrenze, wenn sich durch ihre Bewegung die freie Enthalpie G des Kristalls
vermindert. Verschiebt sich ein Flächenelement dA einer Korngrenze um die kleine Strecke
dx, so ändert sich die freie Enthalpie um den Betrag

$$dG = -pdAdx = -pdV \qquad (7.1)$$

wobei dV das von der Korngrenze überstrichene Volumen ist. Die Größe

$$p = -dG/dV \qquad (7.2)$$

bezeichnet man als treibende Kraft; sie kann nämlich als die pro Volumeneinheit gewonnene
freie Enthalpie (J/m^3), aber auch als die pro Flächeneinheit an der Korngrenze angreifende
Kraft (N/m^2), d. h. als Druck auf die Korngrenze betrachtet werden.

Die treibende Kraft für die primäre Rekristallisation ist die in den Versetzungen gespeicherte Verformungsenergie. Wächst ein Korn in das verformte Gefüge hinein, so läßt die

Abb. 7.8 Schematische Darstellung eines primär rekristallisierten Gefüges mit unterschiedlich großen Körnern. Die Zahlen geben die Anzahl der nächsten Nachbarn eines Kornes an. (Korn 50 wächst sekundär, 10 wächst stetig, 3 schrumpft)

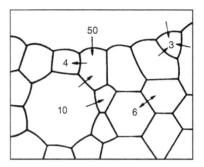

dabei bewegte Korngrenze ein Gebiet mit wesentlich niedrigerer Versetzungsdichte hinter sich zurück (etwa $10^{10}[\text{m}^{-2}]$ gegenüber $10^{16}[\text{m}^{-2}]$ in stark verformten Metallen).

Die Energie einer Versetzung pro Längeneinheit ist gegeben durch (vgl. Kap. 6)

$$E_v = \frac{1}{2}Gb^2 \tag{7.3}$$

(G - Schubmodul, b - Burgersvektor).

Für die treibende Kraft der primären Rekristallisation erhält man bei der Versetzungsdichte ρ (unter Vernachlässigung der zurückbleibenden Versetzungsdichte)

$$p = \rho E_v = \frac{1}{2}\rho Gb^2 \tag{7.4}$$

für $\rho \cong 10^{16}\text{m}^{-2}$, $G \cong 5 \cdot 10^4$ MPa und $b \cong 2 \cdot 10^{-10}$ m beträgt die treibende Kraft etwa $p = 10$ MPa ($10^7\text{J/m}^3 \approx 2\text{cal/cm}^3$), was recht gut der kalorimetrisch gemessenen gespeicherten Verformungsenergie entspricht.

Bei den Kornvergrößerungserscheinungen stammt die treibende Kraft aus den Korngrenzen selbst, nämlich aus der Verringerung der Korngrenzenfläche. Am einfachsten gestaltet sich die Rechnung für den Fall, daß ein sehr großes Korn in eine Umgebung mit Körnern viel geringerer Größe hineinwächst, also für die unstetige Kornvergrößerung (Abb. 7.8).

Bei einem Durchmesser d der Körner (die der Einfachheit halber als Würfel angenommen werden) beträgt mit der spezifischen Korngrenzenenergie γ [J/m^2] die Korngrenzenenergie pro Volumeneinheit und damit die treibende Kraft auf die ein solches Gefüge überstreichende Korngrenze

$$p = \frac{3d^2\gamma}{d^3} = \frac{3\gamma}{d} \tag{7.5}$$

Der Faktor 3 ergibt sich daraus, daß jede der sechs Würfelflächen zu zwei angrenzenden Körnern gehört. Setzt man für den Korndurchmesser einen Wert der üblichen Größenordnung $d \approx 10^{-4}$ m und für $\gamma \cong 1$ J/m^2 ein, so erhält man $p \cong 0.03$ MPa ($= 3 \cdot 10^4$ J/m^3). Man erkennt, daß die treibende Kraft selbst bei der unstetigen Kornvergrößerung um Größenordnungen kleiner ist als bei der primären Rekristallisation. Daher erklärt sich bereits zwanglos, daß Kornvergrößerungserscheinungen viel langsamer bzw. erst bei viel höheren Temperaturen ablaufen.

Der Ableitung von Gl. (7.5) liegt die Annahme zugrunde, daß ein sehr großer Kristall in ein feinkörniges Gefüge hineinwächst und dabei die Korngrenzenenergie freisetzt, d. h. die treibende Kraft wurde pauschal für die gesamte Korngrenze angesetzt. Ein beliebig herausgegriffenes Flächenelement der wandernden Grenze spürt jedoch im allgemeinen die in gewisser Entfernung befindlichen treibenden Korngrenzen gar nicht direkt. Die Wirkung kommt erst dadurch zustande, daß an den Knotenpunkten, wo mehrere Korngrenzen zusammenstoßen, die Einstellung des Kraftgleichgewichtes immer mit einer Krümmung der Korngrenze verbunden ist. Eine gekrümmte Korngrenze spürt aber eine Kraft, sich zu begradigen, also in Richtung ihres Krümmungsmittelpunktes zu wandern. Die treibende Kraft ist daher durch den Druck auf eine gekrümmte Oberfläche gegeben. Betrachtet man zu ihrer Berechnung die Änderung von Oberfläche und Volumen bei der Schrumpfung eines Kugelsegmentes mit Kugelradius R, so ergibt sich

$$p = \frac{8\pi R\gamma\, dR}{4\pi R^2 dR} = \frac{2\gamma}{R} \tag{7.6}$$

Man sieht, daß die treibenden Kräfte in Gl. (7.5) und (7.6) etwa übereinstimmen, wenn R etwa so groß wie der Korndurchmesser ist. Im allgemeinen ist die Krümmung der Korngrenzen jedoch viel geringer und folglich der Krümmungsradius erheblich größer (Faktor 5 bis 10). Daher ist die treibende Kraft für die stetige Kornvergrößerung Gl. (7.6) auch 5 bis 10 mal kleiner als für die unstetige Kornvergrößerung Gl. (7.5), so daß die stetige Kornvergrößerung viel langsamer abläuft als die sekundäre Rekristallisation.

Bei der tertiären Rekristallisation hat die treibende Kraft ihre Ursache in der Energie der freien Oberfläche. Ein an der Oberfläche liegendes Korn ist bestrebt, auf Kosten seiner Nachbarn zu wachsen, wenn es aufgrund seiner Orientierung eine kleinere Oberflächenenergie γ_0 als seine Nachbarn besitzt. Wenn in einem dünnen Blech der Breite B die Korngröße groß gegen die Blechdicke h ist, so daß die Korngrenzen ganz durch den Blechquerschnitt verlaufen und senkrecht zur Blechebene stehen (Abb. 7.9), so erhält man für die treibende Kraft

$$p = \frac{2\,(\gamma_{02} - \gamma_{01})\,B dx}{B h dx} = \frac{2\Delta\gamma_0}{h} \tag{7.7}$$

Auch in diesem Fall wird die treibende Kraft von der Oberfläche auf die im Volumen verlaufende Korngrenze dadurch übertragen, daß die Bewegung der Korngrenze an der Oberfläche eine Korngrenzenkrümmung verursacht.

Setzt man für $\Delta\gamma_O \approx 0.1$ J/m^2 $h \approx 10^{-4}$ m, so beträgt die treibende Kraft $p \approx 2 \cdot 10^{-3}$ MPa ($= 2 \cdot 10^3$ J/m^3). Da die Oberflächenenergie von der umgebenden Atmosphäre abhängt, kann durch geeignete Wahl der Glühatmosphäre $\Delta\gamma_O$ vergrößert, verkleinert oder sogar im Vorzeichen geändert werden, und damit die tertiäre Rekristallisation entsprechend beeinflußt werden (s. Abschn. Kornvergrößerung, sekundäre und tertiäre Rekristallisation).

Abb. 7.9 Zur Berechnung der treibenden Kraft bei der tertiären Rekristallisation, wenn $\gamma_{O1} < \gamma_{O2}$

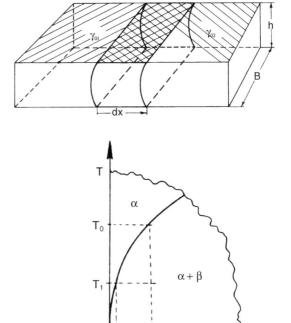

Abb. 7.10 Ausschnitt aus einem binären Zustandsdiagramm mit begrenzter Löslichkeit

Bei der diskontinuierlichen Ausscheidung findet primäre Rekristallisation in einem übersättigten Mischkristall unter gleichzeitiger Umwandlung statt. Als treibende Kraft steht daher außer der gespeicherten Verformungsenergie [Gl. (7.4)] auch noch die chemische Triebkraft der Umwandlung zur Verfügung. Es sei die Konzentration des übersättigten Mischkristalls c_0, die zugehörige Gleichgewichtstemperatur T_0 (Abb. 7.10) und bei der Temperatur T_1 die Gleichgewichtskonzentration c_1.

Für eine ideale Lösung errechnet sich die chemische treibende Kraft bei der Temperatur T_1 aus der konzentrationsabhängigen freien Mischungsenthalpie zu

$$p_c = \frac{Q_v}{\Omega} c_0 (1 - c_0) + \frac{kT_1}{\Omega} \left[c_0 \ln c_0 + (1 - c_0) \ln (1 - c_0) \right]$$
$$- \left\{ \frac{Q_v}{\Omega} c_1 (1 - c_1) + \frac{kT_1}{\Omega} \left[c_1 \ln c_1 + (1 - c_1) \ln (1 - c_1) \right] \right\} \tag{7.8}$$

worin Q_v die atomare Umwandlungswärme und Ω das Atomvolumen bedeuten. Da man Q_v aus der Löslichkeitskurve berechnen kann

$$c = \exp (-Q_v/kT) \tag{7.9}$$

erhält man für kleine Konzentrationen und $c_1 \ll c_0$

$$p_c \cong \frac{k}{\Omega} \, (T_1 - T_0) \, c_0 \ln c_0 \tag{7.10}$$

Für 5 at.% Ag in Cu besteht Löslichkeit oberhalb 780 °C. Anlassen des abgeschreckten, nun übersättigten Mischkristalls bei 300 °C ergibt eine treibende Kraft von $6 \cdot 10^2$ MPa, also mehr als 10 mal soviel wie für primäre Rekristallisation.

Außer den hier vorgestellten wichtigsten Fällen gibt es noch eine Vielzahl von Beispielen, in denen eine Triebkraft auf die Korngrenzen wirkt. So kann jeder orientierungsabhängige Energiezustand zur Bewegung der Korngrenzen verwendet werden. Beispiele dazu sind magnetische und elastische Energie infolge der Orientierungabhängigkeit der magnetischen Suszeptibilität bzw. des Elastizitätsmoduls. Tabelle 7.1 zeigt jedoch, daß die so erhaltenen treibenden Kräfte viel kleiner sind als diejenigen für primäre Rekristallisation und Kornvergrößerung, so daß diese Ursachen für den wirklichen Ablauf der Rekristallisationserscheinungen praktisch keine Rolle spielen.

7.3   Verformungsstruktur

Ausgangspunkt der Rekristallisation ist stets das verformte Gefüge, in dem sich die „Keime" bilden und auf dessen Kosten sie sich ausbreiten.

Die plastische Verformbarkeit der Metalle wird hauptsächlich durch die Bewegung von Versetzungen getragen (s. Kap. 6). Die Verformungsmechanismen und Verformungsstrukturen hängen daher außer von orientierungsbedingten Einflüssen von der Verfügbarkeit und Beweglichkeit der im jeweiligen Gefüge befindlichen Versetzungen ab. Neben den im Gefüge vorliegenden Hindernissen wie Fremdatome, Ausscheidungen, Versetzungen usw. ist die Aufspaltungsweite einer Versetzung für ihre Beweglichkeit von ausschlaggebender Bedeutung. Die normierte Stapelfehlerenergie $\gamma_{SF}/Gb \equiv \tilde{\gamma}_{SF}$ ist für die Aufspaltungsweite von Versetzungen die entscheidende Materialgröße. Versetzungen spalten also umso weiter auf, je kleiner der $\tilde{\gamma}_{SF}$ Wert eines Materials ist. Mit wachsender Aufspaltungsweite wird das Quergleiten von Schraubenversetzungen und das Klettern von Stufenversetzungen zunehmend behindert. Hindernisse können also immer schlechter umgangen werden, und es kommt zu einer starken Verfestigung. Wird die Festigkeit so hoch, daß zur weiteren Verformung durch Versetzungsgleitung Spannungen nötig sind, die die Höhe der Einsatzspannung für mechanische Zwillingsbildung erreichen, wird sich das Material zusätzlich über Zwillingsbildungsmechanismen weiter verformen.

Auch die Umformtemperatur hat einen entscheidenden Einfluß auf das Verformungsverhalten, denn sowohl die Quergleitung als auch das Klettern von Versetzungen verlaufen thermisch aktiviert. Bei entsprechend niedrigen Temperaturen kann die Fließspannung sogar die Größe der Einsatzspannung für mechanische Zwillingsbildung erreichen. In Abhängigkeit von der Temperatur kann die Verformung eines Metalls (z. B. Kupfer) also von unterschiedlichen Verformungsmechanismen getragen werden.

Tab. 7.1 Treibende Kräfte für die Korngrenzenwanderung

Quelle	Gleichung	ungefähre Werte der Parameter	geschätzte treibende Kraft in MPa
Gespeicherte-Verformungs-energie	$p = \frac{1}{2}\rho\, Gb^2$	ρ = Versetzungsdichte $\sim 10^{15}/m^2$	10
		$\frac{Gb^2}{2}$ = Versetzungsenergie $\sim 10^{-8} J/m$	
		γ = Korngrenzenenergie $\sim 0.5 N/m$	
Korngrenzen-energie	$p = \frac{2\gamma}{R}$	R = Krümmungsradius der Korngrenze $\sim 10^{-4} m$	10^{-2}
		h = Probendicke $\sim 10^{-4} m$	
Oberflächen-energie	$p = \frac{2\Delta\gamma_0}{h}$	$\Delta\gamma_0$ = Differenz der Oberflächenenergie zweier benachbarter Körner $\sim 0.1 N/m$	$2 \cdot 10^{-3}$
		c_0 = Konzentration	
Chemische treibende Kraft	$p = \frac{k}{\Omega}(T_1 - T_0)$ $\cdot\, c_0 \ln c_0$	$\widehat{=}$ max. Löslichkeit bei T_0	$6 \cdot 10^2$
		$T_1\, (< T_0)$ Auslagerungstemperatur	(5% Ag in
		Ω = atomic volume	Cu bei 300° C)
		Material: Wismut	
		μ_0 = Feldkonstante $1.26 \cdot 10^{-6} N/A^2$	
Magnetisches Feld	$p = \frac{\mu_0 H^2}{2}(\chi_1 - \chi_2)$	H = magnetische Feldstärke ($10^7 A/m$)	$3 \cdot 10^{-5}$
		χ_1, χ_2 = magnetische Suszeptibilität benachbarter Körner	
		σ = Elastische Spannung $\sim 10\, MPa$	
Elastische Energie	$p = \frac{\sigma^2}{2}\left(\frac{1}{E_1} - \frac{1}{E_2}\right)$	$E_1,\ E_2$ = Elastizitätsmodul benachbarter Körner $\sim 10^5\, MPa$	$2.5 \cdot 10^{-4}$
		$\Delta S = \begin{cases} \text{Differenz der Entropie zwischen} \\ \text{Korngrenze und Kristall (entsp.} \\ \text{etwa der Schmelzentropie)} \\ \sim 8 \cdot 10^3 J/K \cdot mol \end{cases}$	
Temperatur-gradient	$p = \frac{\Delta S \cdot 2a \cdot gradT}{\varphi}$	2a = Dicke der Korngrenze $\sim 5 \cdot 10^{-10} m$	$4 \cdot 10^{-5}$
		gradT = Temperaturgradient $\sim 10^4\, K/m$	
		φ = Molvolumen $\sim 10 cm^3/mol$	

Bei großen Umformgraden lassen sich in kfz Metallen zwei Grenztypen von Verformungsgefügen unterscheiden. Je nach Größe von $\tilde{\gamma}_{SF}$ und/oder der Verformungstemperatur sind diese durch das Auftreten bzw. Nichtauftreten von Verformungszwillingen gekennzeichnet.

Abb. 7.11 Elektronenmikroskopische Abbildung des
Gefüges eines 10 %
gewalzten {112}⟨111⟩-
Kupfer-Einkristalls mit
ungleichmäßiger Zell-
größenverteilung. Die
Bildebene liegt senkrecht
zur Querrichtung

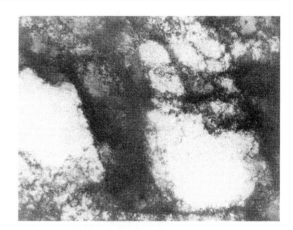

Abb. 7.12 Elektronenmikroskopische
Aufnahme eines Scher-
bandes des „Messing
Typs" in Kupfer nach
50 % Walzverformung
in flüssigem Stickstoff.
Zwillingsebenen liegen
parallel zur Walzebene

Schon bei niedrigen Umformgraden verteilen sich die Versetzungen nicht mehr gleichmäßig, sondern lagern sich zusammen und bilden eine sog. Zellstruktur mit unterschiedlich
großen Zellen (Abb. 7.11). Diese ist dadurch gekennzeichnet, daß relativ versetzungsfreie
Gebiete durch Zellwände hoher Versetzungsdichte voneinander getrennt sind. Die Erscheinungsform der Zellstruktur ist von Material zu Material verschieden und wird hauptsächlich
durch die normierte Stapelfehlerenergie ($\tilde{\gamma}_{SF}$), den Umformgrad und die Umformtemperatur bestimmt. Mit zunehmender Temperatur bzw. $\tilde{\gamma}_{SF}$ nimmt die Zellwanddicke stetig
bis zur Bildung von scharfen Subkorngrenzen ab, während im Zellinneren eine weitere
Verarmung an Versetzungen stattfindet. Der Umformgrad beeinflußt die Zellgröße und die
Orientierungsbeziehungen der Zellen untereinander. Steigt der Umformgrad, nimmt die
Zellgröße ab und verteilt sich gleichmäßig um einen mittleren Wert. Die Orientierungsunterschiede zwischen den Zellen nehmen dagegen zu, sie betragen aber in der Regel weniger
als 2°.

Bei größeren Verformungsgraden bilden sich im globularen Zellgefüge Verformungsinhomogenitäten, die als Bänder bezeichnet werden, z. B. Knickbänder bei Zugverformung

Abb. 7.13 Elektronenmikroskopische Aufnahme eines Scherbandes des „Kupfer Typs" in Cu 0.6 % Cr nach 95 % Walzverformung

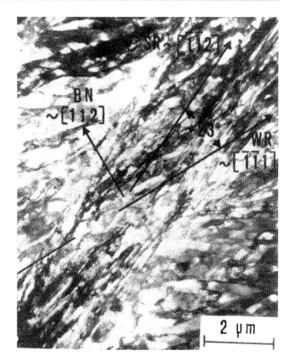

von Einkristallen oder beim Walzen Scherbänder (35° geneigt zur Walzrichtung) (Abb. 7.12, 7.13) und Deformationsbänder (parallel zur Walzrichtung). Diesen Verformungsinhomogenitäten ist gemeinsam, daß sie andere Orientierungen als das Matrixgefüge enthalten, wobei sich häufig ein Orientierungsunterschied kontinuierlich aufbaut (z. B. Knickband, Abb. 7.14).

7.4 Erholung

Der verformte Zustand eines Materials ist grundsätzlich instabil, weil die durch Verformung erzeugte Versetzungsstruktur kein Bestandteil des thermodynamischen Gleichgewichts ist. Bei entsprechend niedriger Verformungstemperatur bleibt der verformte Zustand jedoch erhalten, weil die Struktur mechanisch stabil ist, die Versetzungen sich also nach Beendigung der Verformung auf ihrer Gleitebene im mechanischen Kraftgleichgewicht befinden.

Bei Erhöhung der Temperatur kann jedoch diese mechanische Stabilität überwunden werden, indem es den Versetzungen gelingt, durch thermisch aktivierte Vorgänge, nämlich Quergleiten von Schraubenversetzungen und Klettern von Stufenversetzungen, ihre Blockierung zu überwinden. Dadurch können Versetzungen auf andere Gleitebenen überwechseln und energetisch günstigere Positionen annehmen, sich gegenseitig auslöschen oder den Kristall verlassen; dieser Vorgang wird als Erholung bezeichnet. Er führt zu einer

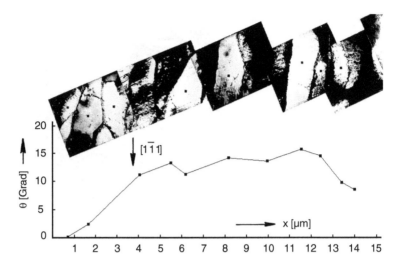

Abb. 7.14 Versetzungsstruktur und Orientierungsverlauf im Knickband eines zugverformten $\langle 451 \rangle$-Kupfer Einkristalls

Abnahme der Versetzungsdichte und zu ganz speziellen Versetzungsmustern, nämlich einem räumlichen Verbund von Kleinwinkelkorngrenzen; letzteres ist unter der Bezeichnung Polygonisation geläufig.

Die Erholung beruht auf der Wechselwirkung der Versetzungen miteinander infolge ihres langreichweitigen Spannungsfeldes. Beispielsweise ist die Wechselwirkungskraft einer Stufenversetzung mit Burgersvektor b_1 auf eine andere parallele Versetzung mit Burgersvektor b_2 (vgl. Abschn. 6.4)

$$F = \tau b_2 = \frac{G b_1 b_2}{2\pi r_v (1 - \nu)} \cos \Phi \cos 2\Phi \tag{7.11}$$

wobei r_v und Φ die Position von Versetzung 2 relativ zu Versetzung 1 festlegen (r_v — Abstand der Versetzungen und Φ die Winkelkoordinate mit $\Phi = 0°$ in der Gleitebene) und ν die Querkontraktionszahl ist.

Sind beide Versetzungen von gleichem Vorzeichen (parallele Versetzungen) und befinden sie sich auf der gleichen Gleitebene ($\Phi = 0°$), so ist die Kraft stets positiv gerichtet, d. h. sie stoßen sich ab. Haben aber beide Versetzungen entgegengesetzte Vorzeichen, so ist die Kraft negativ, d. h. beide Versetzungen ziehen sich an. Wenn sich solche (antiparallele) Versetzungen treffen, vereinigen sie sich und löschen sich aus (Annihilation) (Abb. 7.15a). Entsprechendes gilt für Schraubenversetzungen. Auf diese Weise kommt es zur Verringerung der Versetzungsdichte. Befinden sich die antiparallelen Versetzungen nicht auf der gleichen, sondern einer benachbarten Ebene, so löschen sie sich nicht aus; es kommt zur Bildung eines sog. Versetzungsdipols (Abb. 7.15b), der einer Kette von Leerstellen entspricht.

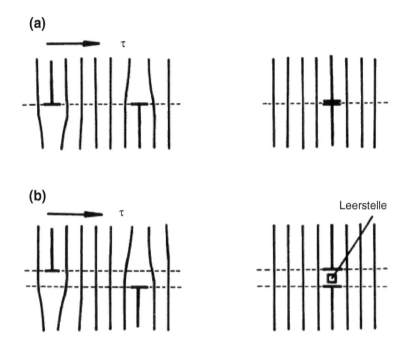

Abb. 7.15 Prinzip der Annihilation **a** und der Dipolbildung **b** von Stufenversetzungen

Dieser Dipol hat bereits eine viel geringere Energie als beide Einzelversetzungen. Durch Klettern einer Versetzung um einen Ebenenabstand kann anschließend noch Auslöschung erfolgen. Derartige Prozesse sind im Elektronenmikroskop beobachtet worden.

Auch wenn die Versetzungen mehrere Ebenenabstände voneinander entfernt sind, kommt es durch Anziehung und mehrfaches Klettern zur Annihilation. Sind die Gleitebenen der beiden Versetzungen aber so weit voneinander entfernt, daß $\Phi > 45°$ wird, so kehrt sich das Vorzeichen der Kraft gemäß Gl. (7.11) um. Nun stoßen sich antiparallele Versetzungen ab, dafür aber ziehen sich parallele Versetzungen an. Die Gleichgewichtsposition zweier solcher paralleler Versetzungen ist erreicht, wenn sie sich übereinander angeordnet haben. Dann ist $\Phi = 90°$ und gemäß Gl. (7.11) $F = 0$. Jede Auslenkung aus dieser Position führt daher zwangsläufig wieder in die Ruhelage. Diese Anordnung ist also energetisch günstiger als die Ausgangsposition. Zu einer erheblichen Energieverringerung der Versetzungen kommt es aber, wenn sich sehr viele Versetzungen übereinander anordnen. Eine periodische Anordnung von Stufenversetzungen übereinander führt zu einer Versetzungswechselwirkung, die die Reichweite R_a des Spannungsfeldes auf die Größenordnung des Versetzungsabstandes r_v verringert. Das bedeutet eine entscheidende Verringerung der Energie jeder einzelnen Versetzung. Befinden sich Z_V Versetzungen pro cm in dieser Anordnung, so wird die Energie pro Flächeneinheit

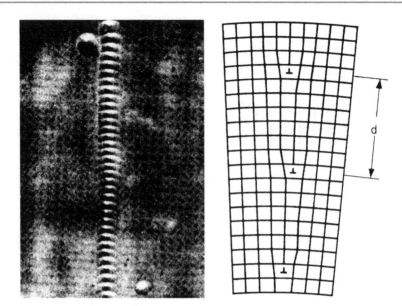

Abb. 7.16 Kleinwinkelkippkorngrenze, rechts: schematische Darstellung; links: Ätzgrübchen einer Kleinwinkelkorngrenze auf der {100}-Ebene von Germanium [2]

Abb. 7.17 Aufbau einer Drehkorngrenze aus netzwerkhaft angeordneten Schraubenversetzungen in Molybdän [3]

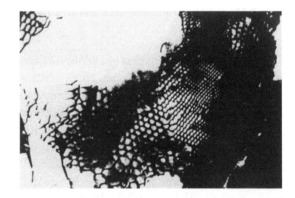

$$\gamma_{\mathrm{KWKG}} = Z_V \left[\frac{Gb^2}{4\pi(1-\nu)} \ln \frac{r_v}{2b} + E_K \right] \qquad (7.12)$$

(E_K — Energie des Versetzungskerns).

Die beschriebene Anordnung entspricht derjenigen einer (symmetrischen) Kleinwinkel-Kippkorngrenze (KWKG), wie sie Abb. 7.16 zeigt, und γ_{KWKG} in Gl. (7.12) bezeichnet entsprechend die spezifische Korngrenzenenergie einer KWKG.

Da sich die Orientierungsdifferenz Θ der angrenzenden Körner aus der Geometrie ablesen läßt zu

$$\Theta = \frac{b}{r_v} \tag{7.13}$$

und $1/r_v = \Theta/b = Z_v$ die Anzahl der Versetzungen pro cm in der KWKG ist, kann man Gl. (7.12) umformen und erhält für die spezifische Energie der KWKG

$$\gamma_{\text{KWKG}} = \Theta \left(K_1 - K_2 \ln \Theta \right) \tag{7.14}$$

$$K_1 = \frac{E_K}{b} - K_2 \ln 2 \tag{7.15}$$

$$K_2 = \frac{Gb}{4\pi(1 - v)} \tag{7.16}$$

Die gleiche Betrachtung kann man auch für Schraubenversetzungen und gemischte Versetzungen anstellen mit dem Ergebnis, daß solche Versetzungen sich ebenfalls zusammenlagern, wobei sie netzwerkhafte Versetzungsmuster ausbilden (Abb. 7.17).

Durch Schrauben-, Stufen- und gemischte Versetzungen kann sich so ein räumlich geschlossenes Netzwerk aus vielen Kleinwinkelkorngrenzen (Subgrenzen) aufbauen, das eine viel geringere Energie hat, als wenn die Versetzungen im Kristall regellos verteilt wären. Mit zunehmender Zahl der Versetzungen in der KWKG wird die Energie pro Versetzung weiter verringert, da auch r_v in Gl. (7.12) kleiner wird. Deshalb sind KWKG bestrebt, sich zu vereinigen, wodurch r_v abnimmt und Θ gemäß Gl. (7.13) größer wird. Durch Vereinigung vieler Subgrenzen kann es schließlich sogar zur Bildung von Großwinkelkorngrenzen kommen.

Erholung wird also durch Klettern und Quergleitung gesteuert. Beide Prozesse hängen empfindlich von der normierten Stapelfehlerenergie $\tilde{\gamma}_{SF}$ ab, derart, daß Klettern und Quergleitung mit steigender Stapelfehlerenergie begünstigt werden. Daher zeigen Materialien mit hohem $\tilde{\gamma}_{SF}$ starke Erholung, wie bspw. das kfz Al und die meisten krz Metalle; Ag, Cu und kfz-Legierungen dagegen haben niedrige Stapelfehlerenergie und zeigen kaum Tendenz zur Erholung.

In Abb. 7.18 ist der Fortschritt der Erholung in einem biegeverformten FeSi-Einkristall gezeigt. Während nach einer Stunde bei 650 °C die Versetzungen noch längs ihrer Gleitebenen angeordnet sind (a), erkennt man, daß mit zunehmender Temperatur bei konstanter Glühzeit eine Umordnung (Polygonisation) senkrecht zur Gleitebene stattfindet. Ab etwa 875 °C (e) ist die Polygonisation abgeschlossen, und es kommt zur Polygonvergrößerung, d. h. der mittlere Abstand der Kleinwinkelkorngrenzen nimmt zu (h).

Die Erholungsvorgänge laufen nicht nur bei Glühung nach der Kaltverformung ab (Abb. 7.19a, b), sondern auch bereits während der Verformung. Diesen Fall nennt man dynamische Erholung. Sie macht sich durch eine Abnahme der Verfestigungsrate bemerkbar und ist der Grund für die Anordnung der Versetzungen in Zellwänden oder bei starker Erholung in Subkorngrenzen. Das Ausmaß der Erholung hängt von Art und ursprünglicher Anordnung der Versetzungen ab. In Verformungsinhomogenitäten, wie z. B. Knickbändern in zugverformten Einkristallen, erhält man bereits während der Verformung

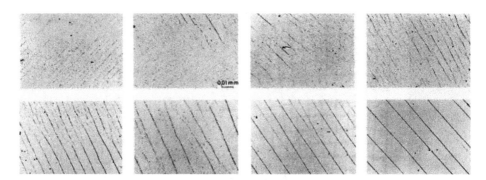

Abb. 7.18 Polygonisation von Stufenversetzungen in biegeverformten Eisen-Silizium-Einkristallen. Die Glühzeit beträgt eine Stunde bei verschiedenen Temperaturen [4]

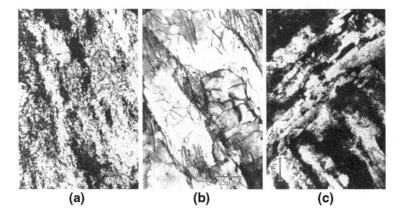

(a)   (b)   (c)

Abb. 7.19 TEM Aufnahme eines 80 % gewalzten Eisen-Einkristalls nach der Glühung: **a** 20 min bei 400 °C; **b** 5 min bei 600 °C; **c** wie b aber in dem Knickband, wo sich bereits während der Verformung Subkörner gebildet haben [5]

stark ausgeprägte Subkornbildung (Abb. 7.19c), während in anderen Bereichen der Probe die Versetzungsanordnung noch sehr ungeordnet ist (Abb. 7.19a).

Da die Erholung allein durch thermische Aktivierung sofort erfolgt und keine Inkubationszeit benötigt, ist ihre Kinetik von der der Rekristallisation grundsätzlich verschieden. So macht sich Erholung bereits bei kleinen Glühzeiten stark bemerkbar und klingt mit der Zeit ab, während Rekristallisation erst nach längeren Glühzeiten beginnt und dann in der Regel rasch vollständig abläuft (Abb. 7.20).

Im allgemeinen führt Erholung zu ähnlichen Eigenschaftsänderungen (bspw. der Härte) wie die Rekristallisation. Deshalb muß man bei der Bestimmung der Rekristallisationskinetik genau darauf achten, welche Prozesse mit der gemessenen Eigenschaftsänderung in Verbindung stehen. Das zeigt sehr eindrucksvoll Abb. 7.21, in die die Härteänderung gleichzeitig mit dem rekristallisierten Bruchteil X aus Gefügeuntersuchungen bestimmt wurde.

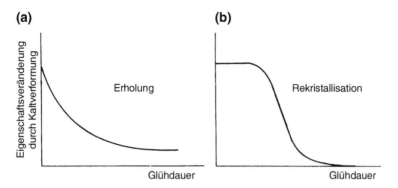

Abb. 7.20   Zeitlicher Verlauf **a** der Erholung und **b** der Rekristallisation (schematisch)

Abb. 7.21   Relative Härteänderung als Funktion des
rekristallisierten Bruchteils
für Kupfer und Aluminium
(nach [6])

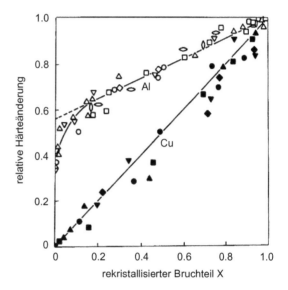

Während für Cu, das kaum erholt, eine strenge Proportionalität zwischen Härteänderung und Rekristallisationsbruchteil X gemessen wird, beobachtet man bei Al wegen der Erholung zunächst eine sehr starke Änderung der Härte, ohne daß Rekristallisation überhaupt aufgetreten ist. Erst zu einem späteren Zeitpunkt ändert sich die Härte linear mit X. Bei manchen Materialien und unter besonderen Bedingungen ist die Erholung so stark, daß es gar nicht zur Rekristallisation durch die Bewegung von Großwinkelkorngrenzen kommt (Rekristallisation in-situ). Üblicherweise sind aber die Erholungsprozesse gleichzeitig die Vorgänge, die zur Keimbildung der primären Rekristallisation führen.

7.5   Keimbildung

Zur Rekristallisationskeimbildung sind drei Kriterien zu erfüllen, die auch als Instabilitätsbedingungen bezeichnet werden. Diese Bedingungen sind in Abb. 7.22 schematisch skizziert.

i) Thermodynamische Instabilität. Wie bei der Keimbildung während der Erstarrung
(Kap. 8) muß der Keim mindestens eine kritische Größe haben, die sich daraus ergibt, daß
die Vergrößerung des Keim zu einer Verringerung der freien Enthalpie führen muß. Der
kritische Keimradius r_c ist unter Verwendung von Gl. (7.4) gegeben durch

$$r_c = \frac{2\gamma}{p} = \frac{4\gamma}{\rho G b^2} \qquad (7.17)$$

Wegen der geringen treibenden Kraft ist die Keimbildungsrate durch thermische Fluktuationen zu klein, um Rekristallisation auszulösen. Deshalb ist davon auszugehen, daß
ein Keim überkritischer Größe bereits im verformten Gefüge vorhanden ist (präexistenter
Keim), bspw. als Zelle oder Subkorn. Es sind aber Erholungsvorgänge notwendig, um eine
solche Zelle als Keim zu aktivieren.

ii) Mechanische Instabilität. Es muß ein lokales Ungleichgewicht der treibenden Kraft
herrschen, damit die Korngrenze eine definierte Bewegungsrichtung hat. Diese Bedingung
wird erfüllt durch eine inhomogene Versetzungsverteilung oder durch lokal große Subkörner, die häufig erst während der Erholungsphase entwickelt werden.

iii) Kinetische Instabilität. Die Grenzfläche des Keims muß beweglich sein. Das ist
aber nur bei einer Großwinkelkorngrenze möglich. Die Erzeugung einer beweglichen
Großwinkelkorngrenze aus einem verformten Gefüge ist der schwierigste Schritt der Rekristallisationskeimbildung. Es gibt mehrere mögliche Mechanismen; diskontinuierliches
Subkornwachstum, Keimbildung an vorhandenen Korngrenzen, Verformungsinhomogenitäten oder großen Partikeln, Bildung von Rekristallisationszwillingen, etc.

Der Zwang zur gleichzeitigen Erfüllung dieser drei Kriterien führt zu einer starken Bevorzugung der Keimbildung in bestimmten Regionen des verformten Gefüges, insbesondere
in Verformungsinhomogenitäten und an vorhandenen Großwinkelkorngrenzen.

In Verformungsinhomogenitäten wird durch Subkornwachstum eine Korngrenze mit
immer größerem Orientierungsunterschied und deshalb mit immer höherer Beweglichkeit
erzeugt (Abb. 7.23 und 7.24). An Korngrenzen ist bereits ein Orientierungsunterschied und
damit entsprechend latente Beweglichkeit vorhanden. Zur Keimbildung kann es hier dadurch kommen, daß sich die Korngrenze auswölbt. Dazu muß aber ebenfalls eine kritische
Keimgröße überschritten werden, die durch Gl. (7.17) gegeben ist, Abb. 7.25. Die größte
Schwierigkeit bereitet dann Kriterium (ii), also das Ungleichgewicht der treibenden Kraft.
Dieses wird dadurch gegeben, daß die Zellgröße auf beiden Seiten des Korns lokal verschie-
den sein kann, wobei die Korngrenze in das Gebiet mit feinerer Substruktur hineinwandert
(Abb. 7.26).

Abb. 7.22 Schematische
Abbildung eines wachs-
tumsfähigen Rekristallisati-
onskeims in einem verformten Gefüge

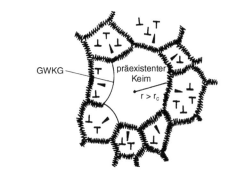

Abb. 7.23 Schematische
Abbildung der Erzeugung
einer Korngrenze durch
Subkornvergrößerung in
Inhomogenitäten

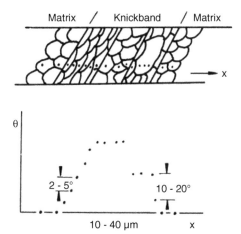

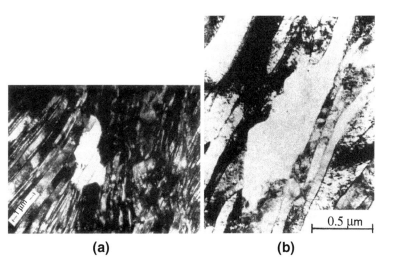

(a)   (b)

Abb. 7.24 (a), (b) TEM-Aufnahme eines Keims, der im Randbereich eines Scherbandes entstanden
ist und in das verformte Gefüge hineinwächst

Abb. 7.25 Schematische
Darstellung der Keimbil-
dung an einer vorhandenen
Korngrenze

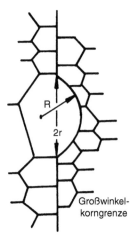

Großwinkel-
korngrenze

(a)   (b)

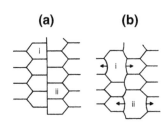

Abb. 7.26 „Strain Induced Boundary Migration" (SIBM), links (**a, b**): schematische Darstellung;
recht (**c**): SIBM in schwach zugverformtem Aluminium [7]

Auch ohne Bewegung der Korngrenze ist das korngrenzennahe Gebiet für die Keimbildung begünstigt, nämlich durch die erheblich höhere und inhomogen verteilte Versetzungsdichte (Abb. 7.27). Das gleiche Argument gilt für grobe Partikel. Heterogene Keimbildung
an der Partikeloberfläche sowie hohe und sehr inhomogene Versetzungsdichte führen zur
raschen Keimbildung in zweiphasigen Legierungen mit grober Dispersion (Abb. 7.28).

In Metallen mit niedriger Stapelfehlerenergie kann Zwillingsbildung die Keimbildung
begünstigen. Durch Zwillingsbildung wird eine andere Orientierung und damit eine
Großwinkelkorngrenze erzeugt, die dann beweglich ist. Häufig findet man auch Zwil-
lingsketten, also fortgesetzte Verzwillingung, die zu hochbeweglichen Korngrenzen führen
(Abb. 7.29).

Abb. 7.27 Keimbildung
an Kornkanten in zonenge-
reinigtem Aluminium [8]

Abb. 7.28 Rekristallisationskeimbildung
an einem TiC-Teilchen in
hochfestem mikrolegiertem
Stahl nach 90 % Kaltumfor-
mung und Glühung für 650
h bei 550 °C [9]

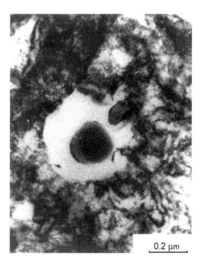

Alle diese Prozesse setzen zu ihrer Auslösung die lokale Umordnung von Versetzungen voraus, d. h. Keimbildung ist immer mit Erholungsvorgängen verbunden. Das ist der Grund für die sog. Inkubationszeit der Rekristallisation. Andererseits sind Erholung und Rekristallisation aber auch konkurrierende Prozesse, denn durch Erholung wird die treibende Kraft herabgesetzt. Bei Materialien mit starker Erholung, also bei hohem $\tilde{\gamma}_{SF}$, bspw. Aluminium, kann daher die diskontinuierliche Rekristallisation erschwert oder unterdrückt werden, und es kommt zur (kontinuierlichen) Rekristallisation in-situ.

Abb. 7.29 Schliffbild und {111} Polfigur eines Kupfer-Einkristalls nach dynamischer Rekristallisation im Zugversuch bei 1103 K. (Zwillingsgenerationen: - - - 1., — · — 2., — ·· — 3. Generation)

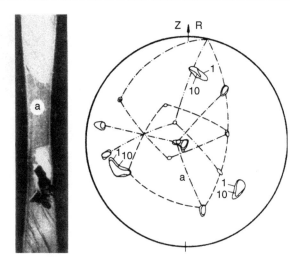

7.6   Korngrenzenbewegung

Bewegt sich eine Korngrenze unter dem Einfluß einer treibenden Kraft p [J/m^3] (vgl. Abschn. 7.2), so gewinnt jedes Atom, das sich dem wachsenden Korn anlagert, die freie Enthalpie pb^3, wobei b^3 das Atomvolumen bezeichnet. Die Geschwindigkeit der Korngrenze ergibt sich aus der Differenz der thermisch aktivierten Diffusionssprünge vom schrumpfenden zum wachsenden Korn und umgekehrt (Abb. 7.30).

$$v = bv_0 c_{LG} \left\{ \exp\left(-\frac{G_W}{kT}\right) - \exp\left(-\frac{G_W + pb^3}{kT}\right) \right\} \tag{7.18}$$

Darin bedeuten v_0 die atomare Schwingungsfrequenz ($\approx 10^{13}s^{-1}$), G_W die freie Aktivierungsenthalpie für einen Diffusionssprung durch die Korngrenze und c_{LG} die Leerstellenkonzentration in der Korngrenze, weil, wie bei der Selbstdiffusion, nur ein Sprung auf einen unbesetzten Platz in der Korngrenze möglich ist.

Bei allen treibenden Kräften der Rekristallisation ist stets

$$pb^3 \ll kT \tag{7.19}$$

(bspw. erhält man für hochverformtes Kupfer bei der halben Schmelztemperatur (400 °C) $pb^3 \cong 10^{-22}$J, $kT \cong 1/20$ eV $\cong 10^{-20}$J, $pb^3/kT \cong 0.01$), so daß Gl. (7.18) sich linear entwickeln läßt

Abb. 7.30 Schematischer Verlauf der freien Enthalpie an der Korngrenze unter Wirkung einer treibenden Kraft p

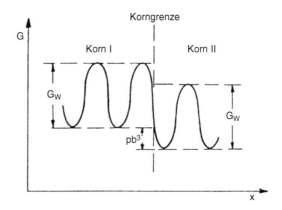

$$v \cong b v_0 c_{LG} \exp\left(-\frac{G_W}{kT}\right)\left\{1 - 1 + \frac{pb^3}{kT}\right\}$$

$$= b^4 v_0 c_{LG} \frac{1}{kT} \exp\left(-\frac{G_W}{kT}\right) \cdot p \tag{7.20}$$

oder $v = mp$.

Der Zusammenhang von Beweglichkeit m und Diffusionskoeffizient D_m für Sprünge durch die Korngrenze mit der Aktivierungsenergie Q_m ergibt sich mit der Nernst-Einstein-Beziehung zu

$$m = \frac{b^2 D_m}{kT} = \frac{b^2 D_0}{kT} \exp\left(-Q_m/kT\right) = m_0 \, e^{-Q_m/kT} \tag{7.21}$$

Durch Vergleich von Gl. (7.21) mit (7.20) erkennt man, daß $Q_m = H_W$, wenn die Leerstellenkonzentration c_{LG} nicht thermisch aktiviert ist. Die experimentelle Bestimmung der Korngrenzenbeweglichkeit gestaltet sich außerordentlich schwierig, da nur in Sonderfällen eine konstante treibende Kraft und konstante Korngrenzengeometrie eingehalten werden können. Zumeist kann auch der Einfluß von Störfaktoren wie Oberfläche, Probenreinheit etc. nicht geeignet berücksichtigt werden. Zur genauen Bestimmung der Korngrenzenbeweglichkeit sind deshalb Experimente an speziell gezüchteten Bikristallen am besten geeignet. Mittels solcher Experimente läßt sich die Proportionalität von Korngrenzengeschwindigkeit und treibender Kraft nachweisen (Abb. 7.31) und damit gemäß $v = mp$ die Korngrenzenbeweglichkeit ermitteln.

Einen starken Einfluß auf die Korngrenzenbeweglichkeit nehmen selbst geringe Verunreinigungen des Materials, die sich in der Korngrenze anreichern und eine rücktreibende Kraft auf die Korngrenze ausüben (vgl. Abschn. 7.9). In solchen Fällen können sehr hohe Aktivierungsenergien Q_m auftreten.

Die Beweglichkeit der Korngrenze hängt auch von der Orientierungsbeziehung $\omega\langle hkl\rangle$ (ω — Drehwinkel, $\langle hkl\rangle$ — Drehachse) ab (Abb. 7.32)

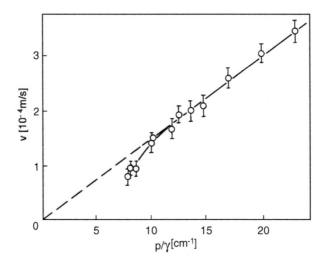

Abb. 7.31 Korngrenzengeschwindigkeit als Funktion der reduzierten treibenden Kraft p/γ (γ — Korngrenzenenergie) in einem Aluminium-Bikristall (nach [10])

Abb.7.32 Korngrenzengeschwindigkeit in Abhängigkeit vom Rotationswinkel bei $<111>$-Kippkorngrenzen in Aluminium (nach [11])

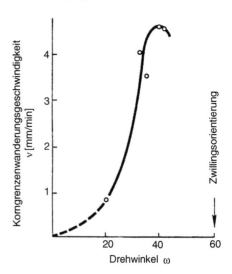

$$m = m (\omega < hkl >) \tag{7.22}$$

Kleinwinkelkorngrenzen sind nur sehr schwer beweglich, während Korngrenzen mit einer Drehbeziehung $40°\langle111\rangle$ in Aluminium eine besonders hohe Beweglichkeit besitzen. Je nach Material werden auch andere Orientierungsbeziehungen für schnellstwachsende Orientierungen gefunden, bspw. $30°\langle0001\rangle$ für Zn oder $27°\langle110\rangle$ für Fe-3%Si. Auch die räumliche Lage der Korngrenzen spielt für deren Beweglichkeit eine Rolle. So findet man bspw. in

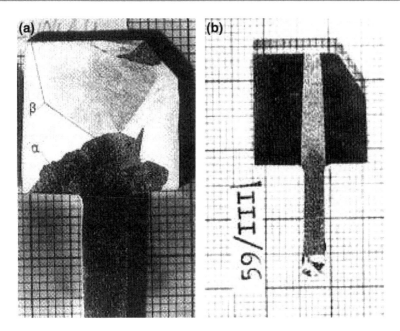

Abb. 7.33 Beispiel eines isotropen und anisotropen Kornwachstums in Aluminium. Vor Beginn der Glühung bestand der Bikristall aus einem rekristallisierten Korn im Stiel und einem leicht verformten Korn in der Schaufelfläche. Bei der Glühung bewegt sich die Korngrenze in das verformte Gefüge hinein und zwar **a** isotrop, d. h. in alle Richtungen etwa gleich schnell bei einer ⟨100⟩-Drehachse und **b** sehr anisotrop bei einer ⟨111⟩-Drehachse. Die lange gerade Korngrenze in Teilbild (**b**) ist eine {111}-Drehkorngrenze, die offenbar nur wenig beweglich ist [12]

Aluminium bei ⟨111⟩ Kippkorngrenzen eine hohe Beweglichkeit (Abb. 7.33), während sich in Fe-3%Si die ⟨100⟩-Drehgrenzen besonders schnell bewegen.

Die Orientierungsabhängigkeit, insbesondere vom Drehwinkel, wird gewöhnlich dadurch erklärt, daß Koinzidenzkorngrenzen (vgl. Kap. 3) durch hohe Beweglichkeiten ausgezeichnet sind (Abb. 7.34). Die Unterschiede in der Beweglichkeit werden so gedeutet, daß die Korngrenzen je nach Orientierung mehr oder weniger Fremdatome adsorbieren, wobei Koinzidenzkorngrenzen besonders wenig Fremdatome aufnehmen. Mit steigendem Fremdatomgehalt wird aber die Korngrenzenbeweglichkeit drastisch herabgesetzt. Bei ganz hoher Reinheit verliert sich die Orientierungsabhängigkeit der Korngrenzenbeweglichkeit.

7.7   Kinetik der primären Rekristallisation

Wegen seines hohen Versetzungsgehalts ist der verformte Zustand bei allen Temperaturen thermodynamisch instabil. Seine Beseitigung durch Rekristallisation ist deshalb ein irreversibler Prozeß, denn sie bewirkt den Übergang von einem metastabilen Gleichge-

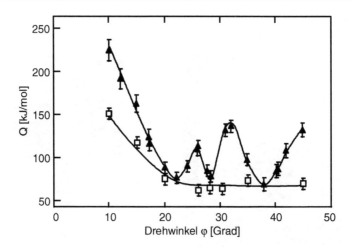

Abb. 7.34 Aktivierungsenergie der Beweglichkeit von ⟨100⟩-Kippkorngrenzen in Aluminium unterschiedlicher Reinheit als Funktion des Drehwinkels. Die Minima entsprechen Koinzidenzorientierungen ($\Sigma < 17$) (nach [13, 14]). □: Al 99.99995 %; ▲: Al 99.9992 %

wicht in einen stabileren Zustand, ohne daß der Ausgangszustand wiederhergestellt werden kann. Rekristallisation wird deshalb manchmal auch zweckmäßig als Umwandlung ohne Gleichgewichtstemperatur betrachtet. Dennoch wird der Rekristallisationsverlauf gewöhnlich durch eine Rekristallisationstemperatur beschrieben, die dadurch definiert wird, daß die Rekristallisation bei dieser Temperatur in einer technisch realisierbaren Zeit (etwa 1 Stunde) vollständig abläuft. Eine solche Festlegung ist aber nur deshalb sinnvoll, weil die Rekristallisation thermisch aktiviert verläuft und damit ihre Temperaturabhängigkeit durch einen Boltzmann-Faktor [$\exp(-Q/kT)$] beschrieben wird, so daß geringe Temperaturschwankungen zu großen Änderungen der Rekristallisationszeit führen (vgl. Abschn. 7.13); umgekehrt führt aus dem gleichen Grunde eine Festlegung der Rekristallisationszeit auf 0.5 h, 1 h oder 2 h nur zu geringen Änderungen der Rekristallisationstemperatur.

Die Kinetik der Rekristallisation wird deshalb von der thermischen Aktivierung der Rekristallisationsmechanismen (Keimbildung und Keimwachstum) bestimmt, anhand derer die Gesetzmäßigkeiten der Rekristallisationskinetik formuliert werden können. Primäre Rekristallisation vollzieht sich durch die Entstehung von Rekristallisationskeimen und deren Wachstum. Dazu definiert man die Keimbildungsgeschwindigkeit $\dot{N}$ und die Wachstumsgeschwindigkeit v. Diese Größen sind durch folgende Beziehungen definiert:

$$\dot{N} = \frac{\frac{dz_K}{dt}}{1 - X} \tag{7.23}$$

$$v = \frac{dR}{dt} \tag{7.24}$$

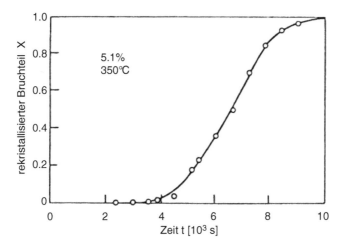

Abb. 7.35 Rekristallisierter Bruchteil als Funktion der Glühzeit nach 5.1 % Zugverformung (nach [15])

Hierin bedeuten $X = V_{RX}/V$ der rekristallisierte Volumenbruchteil, t die Zeit und R der Radius eines Korns, z_K ist die Zahl der beobachteten Keime pro Volumeneinheit. $\dot{N}$ ist also die Zahl der pro Zeiteinheit und Volumeneinheit neu gebildeten Keime bezogen auf den noch nicht rekristallisierten Bruchteil. Für das Wachstum wird vereinfachend vorausgesetzt, daß die Keime isotrop, also kugelförmig wachsen, wobei R den Kugelradius bezeichnet.

Abbildung 7.35 zeigt den gemessenen rekristallisierten Bruchteil X über der Anlaßzeit t für Aluminium. Zur quantitativen Beschreibung wird zumeist die Avrami-Johnson-Mehl-Kolmogorov-Gleichung

$$X = 1 - \exp\left\{-\left(\frac{t}{t_R}\right)^q\right\} \tag{7.25}$$

benutzt. Dabei ist t_R die Rekristallisationszeit. Intuitiv würde man als Rekristallisationszeit die Zeit definieren, die verstreicht, bis das gesamte Gefüge rekristallisiert ist. Mathematisch exakt ist das nach Gl. (7.25) aber erst nach unendlich großer Zeit der Fall. Technisch sinnvoll ist es daher, als Rekristallisationszeit die Zeit zu definieren, bei der ein bestimmter Wert von $X < 1$ erreicht wird. Mathematisch am bequemsten und physikalisch ebenso sinnvoll ist die Festlegung $X(t_R) = 1 - (1/e) = 0.63$. So ist t_R in Gl. (7.25) definiert. Man hätte auch $X = 0.99$ wählen können, seine Abhängigkeit von Verformung und Glühbedingungen wäre die gleiche. Allerdings wird bei großen Werten von X in der Regel die Messung sehr ungenau, so daß ein mittlerer Wert von X zur Definition von t_R am sinnvollsten ist. Unter vereinfachenden Voraussetzungen lassen sich bei bekanntem $\dot{N}$ und v der rekristallisierte Bruchteil X, der Zeitexponent q, die Rekristallisationszeit t_R und die primäre rekristallisierte Korngröße d herleiten. Wenn die Körner als Kugeln wachsen, solange sie sich nicht berühren (isotropes Wachstum), die Keimbildung gleichmäßig im verformten Gefüge erfolgt (homogene Keimbildung) und v und $\dot{N}$ während des gesamten Vorgangs konstant bleiben (u. a. keine ausgeprägte Erholung während der Rekristallisation), ergibt sich der rekristallisierte Volumenbruchteil dann zur Zeit t

$$X(t) = 1 - \exp\left(-\frac{\pi}{3}\dot{N}v^3 t^4\right) \tag{7.26}$$

Durch Vergleich von Gl. (7.26) mit (7.25) kann man die Rekristallisationszeit t_R und die primär rekristallisierte Korngröße d sofort ablesen:

$$t_R = \left(\frac{\pi}{3}\dot{N}v^3\right)^{-1/4} \tag{7.27}$$

und

$$d = 2vt_R \cong 2\left(\frac{3}{\pi}\frac{v}{\dot{N}}\right)^{1/4} \tag{7.28}$$

Die Berechnung der rekristallisierten Korngröße nach Gl. (7.28) ist natürlich nur eine grobe Näherung, denn im Gefüge berühren sich die rekristallisierten Körner nach einigem Wachstum und können dann nicht mehr ungehindert weiterwachsen. Gl. (7.28) vermittelt aber die richtige Größenordnung und gibt die richtige Abhängigkeit von Verformung und Glühbedingungen wieder. Korngrenzenbeweglichkeit und Keimbildungsgeschwindigkeit sind thermisch aktivierte Vorgänge (vgl. Abschn. 7.6 und 7.3). Bezeichnet man die betreffenden Aktivierungsenergien mit Q_v bzw. $Q_{\dot{N}}$, so kann man v und $\dot{N}$ darstellen als

$$v = v_0 \exp\left(-Q_v/kT\right) \tag{7.29}$$

$$\dot{N} = \dot{N}_0 \exp\left(-Q_{\dot{N}}/kT\right) \tag{7.30}$$

wobei die Vorfaktoren v_0 und $\dot{N}_0$ von der Temperatur unabhängig sind.

Aus Gl. (7.27) in Verbindung mit Gl. (7.29) und (7.30) erkennt man, daß auch die Rekristallisationszeit exponentiell von der Temperatur abhängt.

$$t_R = \left(\frac{3}{\pi \dot{N}_0 v_0^3}\right)^{1/4} \cdot \exp\left(\frac{Q_{\dot{N}} + 3Q_v}{4kT}\right) \tag{7.31}$$

und zwar derart, daß die Rekristallisationszeit mit steigender Temperatur exponentiell abnimmt. Das zeigt auch Abb. 7.36 anhand von Meßdaten an verschiedenen Materialien. Aus der Steigung der halblogarithmischen Auftragung von t_R über $1/T$ erhält man die scheinbare Aktivierungsenergie der primären Rekristallisation: $(Q_{\dot{N}} + 3Q_v)/4$.

Wie oben erwähnt kann man in Anlehnung an die Beschreibung von Phasenumwandlungen (Kap. 9) eine Rekristallisationstemperatur (entsprechend einer Umwandlungstemperatur) definieren, nämlich die Temperatur, zu der die Rekristallisation in einer bestimmten Zeit — etwa eine Stunde wie in der Praxis üblich — abläuft $[T_R \cong T(t_R = \text{const.})]$. In reinen Metallen ist nach starker Verformung die Rekristallisationstemperatur der Schmelztemperatur etwa proportional ($T_R \cong 0.4T_m$). Bei Legierungen kann je nach Legierungselement

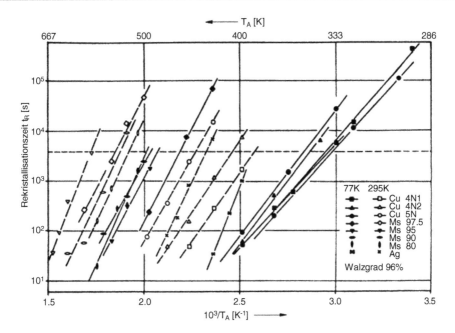

Abb. 7.36 Rekristallisationszeit in Abhängigkeit von der Glühtemperatur T_A für verschiedene Materialien und Walztemperaturen (nach [16])

oder Dispersion die Rekristallisation behindert und die Rekristallisationstemperatur entsprechend höher sein.

Die Temperaturabhängigkeit der rekristallisierten Korngröße bestimmt sich aus Gl. (7.28) bis (7.30) zu

$$d = \left(\frac{48v_0}{\pi \dot{N}_0}\right)^{1/4} \exp\left(\frac{Q_{\dot{N}} - Q_v}{4kT}\right) \tag{7.32}$$

Gleichung (7.28) und (7.32) veranschaulichen, daß die rekristallisierte Korngröße durch eine Konkurrenz zwischen Keimbildungsgeschwindigkeit und Keimwachstumsgeschwindigkeit bestimmt wird. Eine Erhöhung der Keimbildungsgeschwindigkeit führt zu einem feineren Korn, während eine Steigerung der Wachstumsgeschwindigkeit bei gleicher Keimbildungsgeschwindigkeit ein größeres Endkorn ergibt.

Vielfach sind die beiden Aktivierungsenergien $Q_{\dot{N}}$ und Q_v nahezu gleich. Dann sollte nach Gl. (7.32) die primäre rekristallisierte Korngröße von der Temperatur unabhängig sein. Das wird auch in der Regel beobachtet. In manchen Fällen überwiegt jedoch $Q_{\dot{N}}$ sehr stark, wie bspw. in Aluminium. Dann ist bei zunehmender Glühtemperatur mit einer Abnahme der Korngröße zu rechnen.

Sowohl $\dot{N}$ als auch v nehmen mit dem Verformungsgrad zu, wodurch sich die Rekristallisationszeit verkürzt. Da $\dot{N}$ mit dem Verformungsgrad jedoch stärker zunimmt als v, verringert sich gemäß Gl. (7.28) die rekristallisierte Korngröße mit höherem Verformungs-

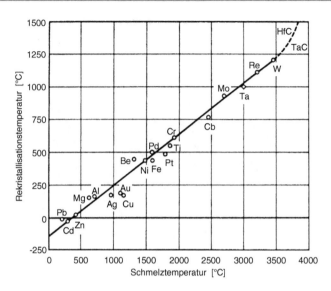

Abb. 7.37 Die Rekristallisationstemperatur verschiedener Metalle als Funktion der Schmelztemperatur (nach [17])

grad. Ähnlich wie eine Zunahme des Verformungsgrades wirkt sich eine kleinere Korngröße vor der Verformung aus.

Von besonderer Wichtigkeit ist der Einfluß der Legierungszusätze. Sind die Fremdatome in Lösung, so wird (vgl. Abschn. 7.9) zumeist v herabgesetzt. Oft, insbesondere bei kleinen Konzentrationen, wird auch $\dot{N}$ vermindert, und zwar in etwa gleichem Maße wie v. Dies erkennt man bereits daran, daß bei Zusatz von Fremdatomen sich die rekristallisierte Korngröße und daher gemäß Gl. (7.28) auch das Verhältnis $v/\dot{N}$ nur um kleinere Faktoren ändern, wohingegen die Änderung von $\dot{N}$ und v und somit auch der Rekristallisationszeit viele Größenordnungen betragen kann.

Die zur Ableitung von Gl. (7.26) und (7.28) getroffenen Voraussetzungen sind in den meisten Fällen nicht genau erfüllt. So nimmt die Keimwachstumsgeschwindigkeit häufig mit der Zeit etwas ab, wie man durch direkte Messungen feststellen kann, und ist in keinem Fall völlig isotrop. Umgekehrt beginnt die Keimbildungsgeschwindigkeit mit sehr kleinen Werten, nimmt dann rasch zu, um oft nach einem Maximum wieder abzufallen (Abb. 7.38). Schließlich ist auch die Keimbildung nicht statistisch über das Volumen verteilt. Das Vorliegen solcher Abweichungen erkennt man besonders deutlich, wenn man $\lg \ln[1/(1-X)]$ gegen $\lg t$ aufträgt. Gemäß Gl. (7.26) sollten sich dann Geraden mit der Steigung vier ergeben. Meistens werden jedoch geringere Steigungen gefunden, etwa $q \cong 2$. Das zeigt an, daß entweder $\dot{N}$ oder v nicht konstant sind, sondern mit der Zeit abfallen (z. B. durch Erholung) oder aber das Wachstum nicht dreidimensional verläuft (wie z. B. bei der Keimbildung an Kornkanten). Jedoch auch wenn solche Abweichungen von den der quantitativen Analyse zugrunde liegenden Voraussetzungen auftreten, behalten die Ergebnisse grundsätzlich weitgehend ihre Gültigkeit.

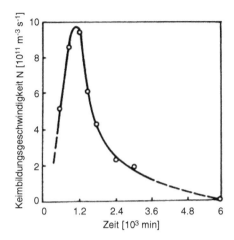

Abb. 7.38 Keimbildungsgeschwindigkeit in Abhängigkeit von der Glühdauer in zugverformtem Aluminium (nach [15])

7.8   Das Rekristallisationsdiagramm

Der Darstellung des Zusammenhanges zwischen rekristallisierter Korngröße, Verformungsgrad und Temperatur dient das Rekristallisationsdiagramm, das insbesondere in der betrieblichen Praxis eine große Bedeutung besitzt. Die Korngröße nimmt in der Regel mit sinkendem Verformungsgrad und steigender Glühtemperatur zu (Abb. 7.39). Es ist jedoch zu beachten, daß in den Rekristallisationsdiagrammen nicht die Korngröße nach vollständiger Primärrekristallisation angegeben ist, sondern die nach einer bestimmten Glühdauer.

Bei tiefen Temperaturen hat bei der gewählten Glühdauer häufig die Rekristallisation noch nicht stattgefunden, bzw. ist noch nicht vollständig abgelaufen. Dann kann keine rekristallisierte Korngröße angegeben werden, d. h. das Rekristallisationsdiagramm beginnt erst oberhalb einer gewissen vom Verformungsgrad abhängigen Temperatur.

Bei hohen Temperaturen ist hingegen in der gewählten Glühzeit häufig nicht nur die primäre Rekristallisation bereits abgelaufen, sondern oft hat auch schon eine Kornvergrößerung eingesetzt. Da, wie in Abschn. 7.11 gezeigt wird, bei der Kornvergrößerung die Korngröße mit der Temperatur zunimmt, gibt das Rekristallisationsdiagramm hier eine mit der Temperatur ansteigende Korngröße, während nach gerade vollendeter Primärrekristallisation eine von der Temperatur unabhängige bzw. damit abnehmende Korngröße erwartet werden sollte. Zur Erzielung eines besonders feinen Rekristallisationskornes sollte daher die Glühung sofort nach abgeschlossener Primärrekristallisation beendet werden.

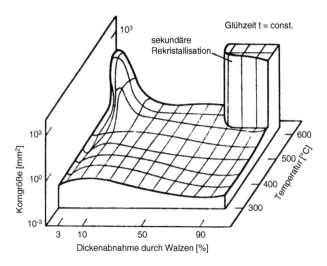

Abb. 7.39 Rekristallisationsdiagramm von Reinstaluminium (nach [18])

Bei einer sekundären Rekristallisation (s. Abschn. 7.10) wird auch das Rekristallisations-diagramm in dem Gebiet ihres Auftretens besonders große Körner anzeigen. Weiterhin ist zu beachten, daß die technisch wichtige Aufheizzeit bei diesen Betrachtungen nicht berück-sichtigt ist. Eine geringe Aufheizgeschwindigkeit entspricht ungefähr einer vorgelagerten Erholungsbehandlung bei tiefen Temperaturen und verursacht häufig eine Verminderung der Keimzahl.

7.9 Rekristallisation in homogenen Legierungen

Die Beimengung von Fremdatomen hat einen geringen Einfluß auf die Keimbildung, kann aber je nach Legierungselement einen sehr starken Einfluß auf die Korngrenzengeschwin-digkeit nehmen (Abb. 7.40). Der Grund liegt darin, daß die Fremdatome sich bevorzugt in der Korngrenze anlagern, weil dort ihre Energie am geringsten ist, bspw. wegen unter-schiedlicher Atomgröße.

Bei Bewegung der Korngrenze müssen die Fremdatome mit der Grenze mit diffundie-ren, wodurch sie eine rücktreibende Kraft p_R auf die Korngrenze ausüben, die von der Geschwindigkeit v und der Fremdatomkonzentration c abhängt.

$$v = m(p - p_R(c, v)) \qquad (7.33)$$

Bei niedrigen Geschwindigkeiten ist die Korngrenze mit Fremdatomen beladen, und die rücktreibende Kraft nimmt mit der Geschwindigkeit zu. Bei hohen Geschwindigkeiten kann

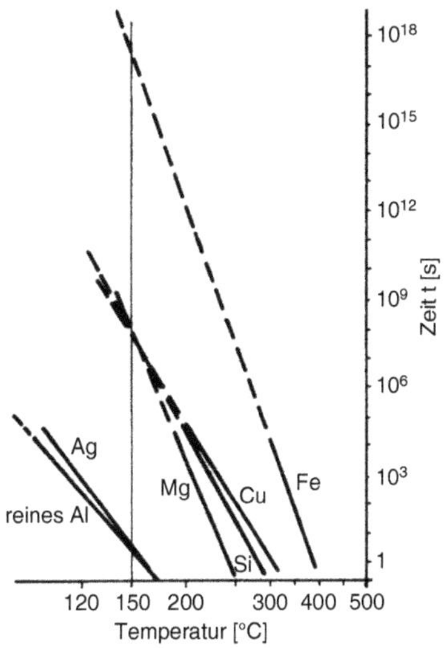

Abb. 7.40 Rekristallisationszeit binärer Legierungen aus Reinstaluminium mit 1/100 Atomprozent eines zweiten Metalls in Abhängigkeit von der Temperatur (nach [19])

Abb. 7.41 Reziproke Korngrenzengeschwindigkeit als Funktion der Kupferkonzentration in zonengereinigtem Aluminium (nach [20])

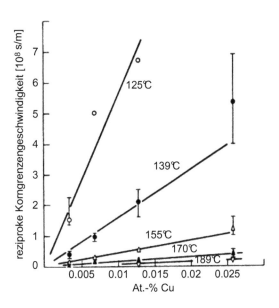

sich die Korngrenze von ihrer Fremdatomwolke losreißen und sich damit frei bewegen. Bei mittleren Geschwindigkeiten kann es zum unstetigen Übergang von der beladenen zur freien Korngrenze kommen. In diesem Übergang sind Korngrenzengeschwindigkeit und treibende Kraft zueinander nicht proportional (Abb. 7.41–7.44).

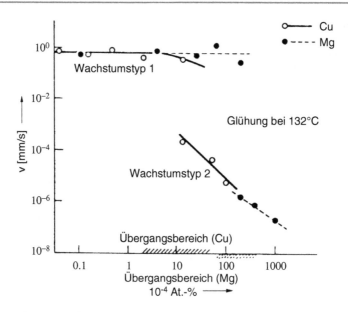

Abb. 7.42 Wachstumsgeschwindigkeit rekristallisierter Körner in gewalztem Aluminium mit Cu- bzw. Mg-Zusätzen (nach [21])

7.10   Rekristallisation in mehrphasigen Legierungen

Die Anwesenheit weiterer Phasen hat erheblichen Einfluß auf die Rekristallisation, von der Beschleunigung der Rekristallisation bis zu ihrer völligen Unterdrückung. Generell wird die Rekristallisation durch grobe Partikel gefördert, durch feine, gleichmäßig verteilte Teilchen dagegen stark behindert.

Der komplexe Einfluß der Partikel erklärt sich durch ihren Einfluß sowohl auf die Versetzungsstruktur, als auch auf Erholung oder Keimbildung und schließlich Korngrenzenbewegung. Bei harten Teilchen bildet sich um die Teilchen eine inhomogene Versetzungsstruktur aus. Bei groben Teilchen kann dadurch die Keimbildung erleichtert werden (Abb. 7.45) (particle stimulated nucleation — PSN). Kleine, fein verteilte Partikel haben einen weniger günstigen Einfluß auf die Keimbildung, behindern aber stark die Versetzungsbewegung (Erholung) (Abb. 7.46) und Korngrenzenwanderung (Abb. 7.47a). Die Beeinflußung der Korngrenzenbewegung geschieht durch eine rücktreibende Kraft auf die Korngrenze bei Kontakt mit den Teilchen, weil an der Kontaktfläche Korngrenzenfläche eingespart wird, die beim Ablösen vom Teilchen wieder aufgebracht werden muß (Abb. 7.47b). Die entsprechende rücktreibende Kraft (Zener-Kraft) ist gegeben durch

$$p_Z = -\frac{3}{2}\gamma\frac{f}{r_p} \tag{7.34}$$

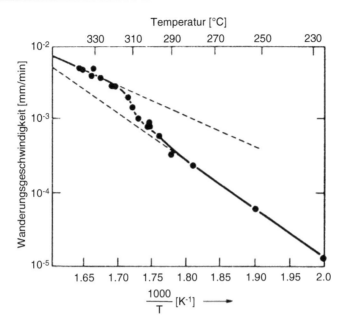

Abb. 7.43 Wanderungsgeschwindigkeit einer Rekristallisationsfront in gewalztem Gold mit 20 ppm Eisen (nach [22])

wobei r_p der Radius, f der Volumenbruchteil der Teilchen und γ die Korngrenzenenergie sind. Die Größe f/r_p wird als Dispersionsgrad bezeichnet. Für die Korngrenzenbewegung steht dann effektiv nur die treibende Kraft $p + p_Z$ zur Verfügung (p_Z ist negativ).

Bei fein verteilten Partikeln kann daher die rücktreibende Kraft sehr groß werden und die Rekristallisation erheblich behindern (höhere Rekristallisationstemperatur). Für die technische Anwendung sehr wichtig sind Partikel zur Stabilisierung der Korngröße nach der Primärrekristallisation, weil durch die Zener-Kraft die Kornvergrößerung stark beeinflußt bis ganz unterdrückt werden kann, was aus dem Vergleich von treibender Kraft und Zener-Kraft deutlich wird. Zum Beispiel ergibt sich bei $f = 1\%$, $r_p = 1000$ Å und $\gamma = 0.6\text{J/m}^2$ eine Zener-Kraft von etwa 0.1 MPa, also etwa die gleiche Größenordnung oder größer als die treibende Kraft für Kornvergrößerung.

7.11   Kornvergrößerung

Nach Beendigung der primären Rekristallisation, wenn die wachsenden rekristallisierten Körner aneinandergestoßen sind und das ganze verformte Gefüge aufgezehrt haben, ist eine neue, spannungsfreie, polykristalline Struktur mit einer gegenüber dem verformten Zustand wesentlich verringerten freien Energie entstanden.

Abb. 7.44 Theoretische Abhängigkeit der Korngrenzengeschwindigkeit von der treibenden Kraft und der Temperatur bei Anwesenheit von Fremdatomen

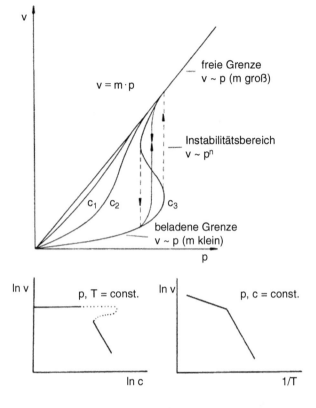

Abb. 7.45 Keimbildung an Oxidteilchen in 60 % gewalztem Eisen (2 min 540 °C) (TEM-Aufnahme) [23]

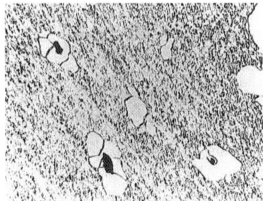

Ein polykristallines Gefüge besteht aus einer Anordnung von Körnern, deren Gestalt man durch Polyeder beschreiben kann, welche sich an Flächen, Kanten und Ecken berühren. Die räumliche Form der Körner stellt sich als Kompromiß zwischen der Erfordernis vollständiger Raumerfüllung und dem Gleichgewicht der Grenzflächenspannung

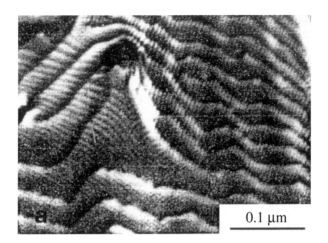

$0.1\ \mu\text{m}$

Abb. 7.46 Feine Partikel (Aluminiumoxid) behindern die Versetzungsbewegung in einer Subkorngrenze [24]

(a) **(b)**

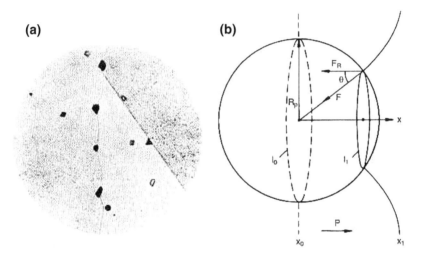

Abb. 7.47 Behinderung der Bewegung einer Großwinkelkorngrenze durch Teilchen einer zweiten Phase. **a** Verankerung einer Korngrenze an Einschlüssen in α-Messing [25]; **b** schematisch [zur Ableitung von Gl. (7.34)]

an Kornkanten und -ecken ein. Die Behandlung dieses 3-dimensionalen Problems ist vorstellungsmäßig und mathematisch schwierig. Die grundlegenden Vorgänge können aber auch an einem zweidimensionalen Modell verdeutlicht werden. In einer zweidimensionalen Struktur ergibt sich ein Gleichgewicht der Korngrenzenanordnung nur dann, wenn alle Körner sechseckig sind, weil sie dann gerade Korngrenzen haben und sich diese an den Ecken unter dem Gleichgewichtswinkel treffen (Abb. 7.48).

Abb. 7.48 Zweidimensionales
Gleichgewichtsgefüge, das
bis auf eine Störstelle
nur aus Sechsecken mit
120°-Innenwinkeln besteht

Abb. 7.49 Schematische
Darstellung der Kräfte an
einem Korneckpunkt

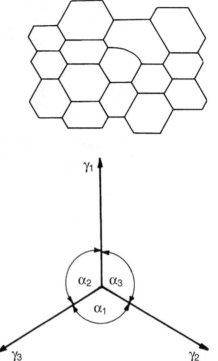

Damit die Oberflächenspannungen an den Eckpunkten im Gleichgewicht sind, muß (etwas vereinfacht, vgl. Kap. 3) gelten (Abb. 7.49):

$$\frac{\gamma_1}{\sin \alpha_1} = \frac{\gamma_2}{\sin \alpha_2} = \frac{\gamma_3}{\sin \alpha_3} \tag{7.35}$$

In einphasigen Metallen sind die Oberflächenspannungen der meisten Korngrenzen sehr ähnlich, deshalb stellen sich immer Winkel von etwa 120° ein. In mehrphasigen Legierungen können die Abweichungen von 120° durch die unterschiedlichen Oberflächenspannungen der verschiedenen Phasen aber ganz beträchtlich sein; so stellt sich z. B. in $\alpha - \beta$-Messing ein Winkel von 95° an einem Tripelpunkt von einem β- und zwei α-Messing-Körnern ein.

Befindet sich im Gefüge aber ein Korn mit einer von sechs abweichenden Eckenzahl, wie z. B. in Abb. 7.48 das fünfeckige Korn, so kann die Bedingung des Kraftgleichgewichts an den Knotenpunkten nach Gl. (7.35) nur dann erfüllt werden, wenn eine Korngrenze gekrümmt ist. Da nun aber auf eine solche gekrümmte Korngrenze eine Kraft in Richtung des Krümmungsmittelpunktes wirkt, verschiebt sie sich, was eine Verstimmung des 120°-Winkels an den beiden Kornecken zur Folge hat. Um das Gleichgewicht wieder herzustellen, müssen sich die anderen an den Ecken beteiligten Korngrenzen bewegen. Daraus resultieren dann weitere gekrümmte Korngrenzen, und das bedingt wieder neue Korngrenzenbewegungen.

Abb. 7.50 Krümmung der Seiten regelmäßiger Vielecke mit verschiedener Eckenzahl bei einem Innenwinkel von 120°

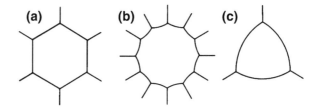

Aus morphologischen Untersuchungen ist bekannt, das Körner mit mehr als sechs Ecken überwiegend konkav, solche mit weniger als sechs Ecken hingegen konvex gekrümmte Korngrenzen haben, um die 120°-Bedingung zu erfüllen (Abb. 7.50). Da große Körner von vielen kleinen umgeben sind, haben große Körner gewöhnlich mehr als sechs Ecken, kleine dagegen weniger als sechs Ecken. Das Bestreben der Korngrenzen, durch Wanderung in Richtung ihres Krümmungsmittelpunktes die Korngrenzfläche zu verringern, führt dazu, daß im Mittel Körner mit mehr als sechs Ecken, also die großen Körner, wachsen, während solche mit weniger als sechs Ecken, also die kleinen Körner, aufgezehrt werden.

Im dreidimensionalen Fall erhält man vollständige Raumerfüllung und gleichzeitig ebene Korngrenzen nur dann, wenn sich je drei Körner an einer Kornkante unter einem Winkel von 120° und je vier Körner an einer Kornecke unter 109° treffen. An einer Kornecke kann deshalb das Gleichgewicht niemals eingestellt werden.

Die Zunahme des mittleren Korndurchmessers beim isothermen Glühen läßt sich durch ein einfaches empirisches Zeitgesetz beschreiben. Unter der Annahme, daß der mittlere Krümmungsradius R der Korngrenze dem Korndurchmesser D und die mittlere Korngrenzengeschwindigkeit v der zeitlichen Änderung des Korndurchmessers (dD/dt) proportional ist, erhält man :

$$\frac{dD}{dt} = mK_1\frac{\gamma}{D} \tag{7.36}$$

und daraus durch Integration unter der Voraussetzung, daß sich die Konstante K_1 zeitlich nicht ändert

$$D^2 - D_0^2 = K_2 t \tag{7.37}$$

D_0 ist die Korngröße zur Zeit $t = 0$, d. h. unmittelbar nach Abschluß der Primärrekristallisation.

Wenn $D_0 \ll D$ ist, vereinfacht sich Gl. (7.37) weiter zu:

$$D \cong Kt^n \tag{7.38}$$

mit $n = 0.5$, d. h. die mittlere Korngröße sollte mit der Wurzel aus der Glühzeit wachsen. In zahlreichen Experimenten wurde ein Exponent $n = 0.5$ aber nur bei höchstreinen Metallen und Glühtemperaturen nahe dem Schmelzpunkt gefunden. In Metallen technischer Reinheit findet man abhängig von der Reinheit, der Temperatur und der Textur überwie-

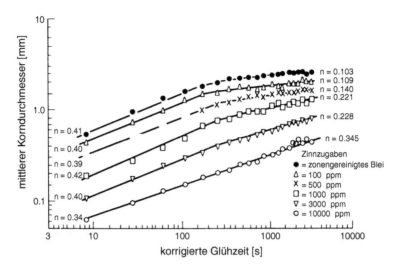

Abb. 7.51 Kornwachstum in zonengereinigtem Blei und Blei mit unterschiedlichen Zinngehalten. Die Abweichung des Exponenten vom Idealwert 0.5, sowie der Anstieg der Abweichung bei zunehmender Korngröße wird ersichtlich (nach [26])

gend n-Werte zwischen 0.2 und 0.3 (Abb. 7.51), aber auch sehr viel kleinere und unter bestimmten Bedingungen auch Werte größer als 0.5.

Eine starke Hemmung des Kornwachstums tritt ein, wenn der mittlere Korndurchmesser die Größenordnung der kleinsten Probendimension erreicht. Wenn eine Korngrenze an eine freie Oberfläche stößt, so muß sich auch hier wieder ein Gleichgewicht mit der Oberflächenspannung einstellen. Dies führt zur Bildung einer Furche (thermische Ätzung) entlang der Korngrenzen, die bei der weiteren Bewegung der Korngrenzen überwunden werden muß (Abb. 7.52). Die sich daraus ergebende rücktreibende Kraft p_{RO}, die unabhängig von der Furchentiefe ist, hat die Größe

$$p_{RO} = -\frac{\gamma_{KG}^2}{h\gamma_0} \tag{7.39}$$

(h = Probendicke, γ_0 = Oberflächenenergie).

Diese rücktreibende Kraft führt zu einer Verringerung der Wachstumsgeschwindigkeit derjenigen Körner, die an die Oberfläche stoßen. Solange die Korngröße sehr viel kleiner als die Probendicke ist, macht sich dieser Einfluß auf die Zunahme der mittleren Korngröße nicht bemerkbar, er gewinnt aber immer mehr an Bedeutung, je mehr Körner die Oberfläche berühren. Durch die Krümmung der Korngrenzen in der Blechebene wirkt trotzdem weiterhin eine treibende Kraft zur Kornvergrößerung, die aber gemäß Gl. (7.6) ständig abnimmt. Das Kornwachstum kommt schließlich zum Stillstand, wenn der mittlere Korndurchmesser etwa der zweifachen Probendicke entspricht.

Abb. 7.52 Das Kraftgleichgewicht von Oberflächen- und Korngrenzenspannung führt zur Ausbildung einer Ätzfurche

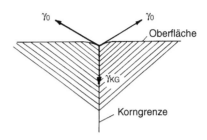

Wenn eine Probe, die Ausscheidungen enthält, bei einer Temperatur geglüht wird, bei der sich die Ausscheidungen noch nicht auflösen, so findet stetige Kornvergrößerung nur solange statt, bis eine bestimmte maximale Korngröße erreicht wird. Diese hängt nur von der Menge und der Teilchengröße der dispergierten Phase ab. Die sich einstellende Korngröße ist kleiner als in einem vergleichbaren einphasigen Werkstoff. Die Hemmung des Kornwachstums durch Ausscheidungen beruht auf der Wirkung der Zener-Kraft (vgl. Abschn. 7.10). Zum Losreißen der Korngrenze von einem Teilchen muß die Korngrenze eine rücktreibende Kraft (Zener-Kraft) p_Z überwinden

$$p_Z = -3\gamma \frac{f}{d_p} \tag{7.40}$$

(f = Volumenbruchteil der ausgeschiedenen Phase, d_p = Durchmesser der Ausscheidungen).

Ein Losreißen wird nur solange erfolgen, wie die treibende Kraft größer als die rücktreibende Kraft ist. Die treibende Kraft wird aber immer kleiner, je weiter das Kornwachstum fortgeschritten ist, da die Krümmung der Korngrenzen immer geringer, d. h. die Korngrenzen immer gerader werden. Die Kornvergrößerung kommt zum Stillstand, wenn treibende und rücktreibende Kraft gleich groß sind: $p = -p_Z$

$$\frac{2\gamma}{\alpha \cdot d} = 3\gamma \frac{f}{d_p} \tag{7.41}$$

(α — Proportionalitätskonstante zwischen Krümmungsradius der Korngrenze und Korndurchmesser).

Daraus ergibt sich für die maximale Korngröße

$$d_{\max} = \frac{2}{3} \cdot \frac{1}{\alpha} \frac{d_p}{f} \tag{7.42}$$

Da Ausscheidungen sich bei höherer Glühtemperatur häufig vergröbern (d_p in Gl. (7.41) wird größer), steigt d_{max} zumeist mit der Glühtemperatur an. Die nach Gl. (7.42) berechneten Korndurchmesser sind in der Regel größer als die experimentell gemessenen, weil für die Ableitung von Gl. (7.42) vereinfachende Annahmen gemacht wurden.

Abb. 7.53 Kornwachstum in einer Al-1.1%Mn Legierung. Die horizontal gestrichelte Linie gibt die Blechdicke und die vertikale strichpunktierte Linie den Beginn des unstetigen Kornwachstums an. Die Löslichkeitstemperatur der Al-1.1%Mn-Legierung liegt bei 625 °C (nach [27])

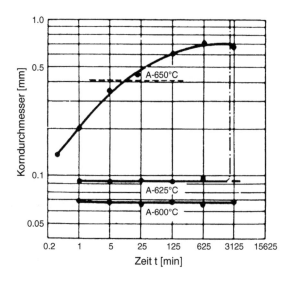

7.12 Unstetige Kornvergrößerung (Sekundäre Rekristallisation)

In dem technisch wichtigsten Fall der Behinderung des stetigen Kornwachstums durch Ausscheidungen entsteht sekundäre Rekristallisation bei Glühung kurz unterhalb der Löslichkeitslinie. Da Ausscheidungen stets in unterschiedlicher Größe und räumlich inhomogen verteilt vorliegen, können sie bei diesen Temperaturen an einigen Stellen bereits aufgelöst sein, so daß dort Kornwachstum möglich ist, während der größte Teil der Matrix noch durch Ausscheidungen stabilisiert ist. Einige Körner erhalten dadurch einen Größenvorsprung, der sie befähigt, zu großen Sekundärkörnern zu wachsen. Abbildung 7.53 zeigt hierzu als Beispiel das Kornwachstum in einer Aluminium-Mangan Legierung.

Bei Temperaturen, bei denen das Mangan vollständig gelöst ist, findet nur durch die Blechdicke beschränktes stetiges Kornwachstum statt. Während bei Temperaturen, bei denen das Mangan vollständig ausgeschieden ist, selbst nach sehr langen Glühzeiten keine Veränderung der Korngröße festgestellt wird, tritt bei einer Glühung in der Nähe der Löslichkeitstemperatur starke sekundäre Rekristallisation auf. Für die kritische Korngröße, die ein Korn in einer Matrix mit Ausscheidungen erreichen muß, um unstetig wachsen zu können, kann man die Beziehung

$$d > \frac{\bar{d}}{1 - \frac{\bar{d}}{d_{max}}} \tag{7.43}$$

ableiten, bei der $\bar{d}$ der mittlere Korndurchmesser des Gefüges und d_{max} der maximal erreichbare Korndurchmesser gemäß Gl. (7.42) ist.

Abb. 7.54 Torsionsfließkurven
eines Kohlenstoffstahls bei
1100 °C und verschiedenen
Dehngeschwindigkeiten
(nach [28])

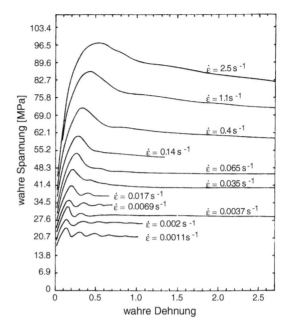

Abb. 7.55 Verfestigungskurve
von Kupfereinkristallen
während Zugverformung
bei verschiedenen Temperaturen

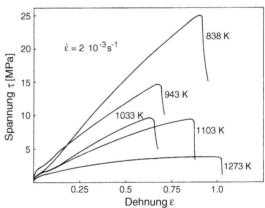

Damit Sekundärrekristallisation auftritt, muß $\bar{d}$ kleiner als d_{max} sein. Eine Erhöhung der Glühtemperatur bewirkt eine verstärkte Auflösung und Koagulation der Ausscheidungen. Dadurch steigt gemäß Gl. (7.42) d_{max} an und eine größere Zahl Körner erfüllt Gl. (7.43). Wenn mehrere Körner gleichzeitig wachsen, stoßen sie schneller aneinander, und die Korngröße nach Abschluß der Sekundärrekristallisation ist kleiner. Umgekehrt bedeutet das, daß die Sekundärrekristallisation beim Glühen kurz oberhalb der kritischen Temperatur, bei der überhaupt Sekundärrekristallisation auftritt, am ausgeprägtesten ist.

7.13   Dynamische Rekristallisation

Bei der Warmumformung $(T > 0.5T_m)$ kann Rekristallisation auch während der
Umformung auftreten. Dies wird als dynamische Rekristallisation bezeichnet. In der Verfestigungskurve äußert sich der Eintritt der dynamischen Rekristallisation durch ein oder
mehrere Fließspannungsmaxima (Abb. 7.54). Besonders dramatisch ist der Effekt bei Einkristallen, wo ein drastischer Festigkeitsverlust mit dem Beginn der dynamischen Rekristallisation verbunden ist (Abb. 7.55). Dynamische Rekristallisation kann auch bei Kriech-
versuchen auftreten, was an einer sprunghaften Erhöhung der Kriechrate erkennbar ist
(Abb. 7.56).   Die kritischen Werte von Spannung und Dehnung, bei der dynamische

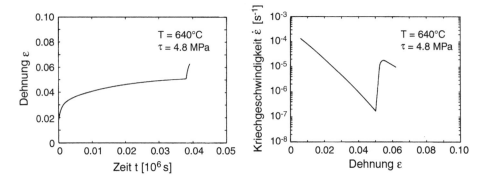

Abb. 7.56   Kriechverformung: $\varepsilon(t)$ und $\dot{\varepsilon}(\varepsilon)$ eines Kupfereinkristalls unter Zugbeanspruchung

Abb. 7.57   Torsionsfließkurven
für Kupfer und Kupfer-
legierungen bei einer
Dehngeschwindigkeit
$\dot{\varepsilon} = 2 \cdot 10^{-2} s^{-1}$ (nach [29])

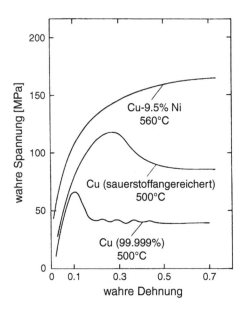

Abb. 7.58 Normierte Rekristallisationsspannung in Abhängigkeit von der homologen Temperatur für verschiedene einkristalline Materialien

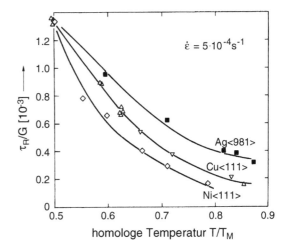

Abb. 7.59 Rekristallisationsspannung von Kupfereinkristallen in Abhängigkeit von der Verformungstemperatur für verschiedene Verformungsgeschwindigkeiten

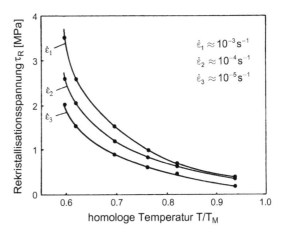

Rekristallisation einsetzt, hängen von Material und Verformungsbedingungen ab. Viele konzentrierte Legierungen und dispersionsgehärtete Werkstoffe rekristallisieren nicht dynamisch (Abb. 7.57). Die Fließspannung zur Auslösung der dynamischen Rekristallisation nimmt mit steigender Verformungstemperatur (Abb. 7.58) und abnehmender Dehngeschwindigkeit (Abb. 7.59) ab.

Der Vorgang hat große Bedeutung für die Warmformgebung. Einmal bleibt durch dynamische Rekristallisation die Fließspannung klein, so daß die Umformkräfte niedrig gehalten werden können, zum anderen nimmt die Bruchdehnung um ein Vielfaches zu (Abb. 7.60). Außerdem ist die dynamisch rekristallisierte Korngröße direkt mit der Fließspannung korreliert und zwar derart, daß mit steigender Fließspannung die Korngröße abnimmt (Abb. 7.61). Dadurch kann ein teilrekristallisiertes feinkörniges Material durch Wahl geeigneter Umformbedingungen hergestellt werden.

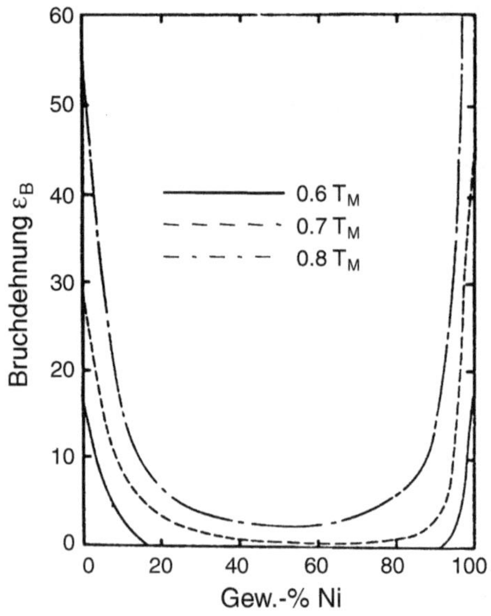

Abb. 7.60 Der Einfluß
des Lösungsgehaltes auf
die Duktilität in Cu-Ni
Legierungen bei 0.6 T_M,
0.7 T_M und 0.8 T_M (nach
[30])

Abb. 7.61 Dynamisch
rekristallisierte Korngröße
in Abhängigkeit von der
stationären Fließspannung
für Cu-Al Legierungen
(nach [31]

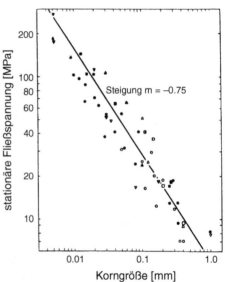

Phänomenologisch läßt sich die Fließspannung durch Anwendung der Avrami-Gleichung beschreiben. Eine Fließkurve mit oszillierender Fließspannung erhält man, wenn Rekristallisationszyklen vollständig nacheinander ablaufen, bei überlappenden Rekristallisationszyklen wird nur ein einzelnes Fließspannungsmaximum erhalten (Abb. 7.62).

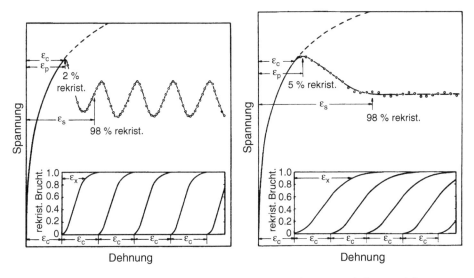

Abb. 7.62 Theoretische Fließkurve bei dynamischer Rekristallisation nach dem Modell von Luton und Sellars (nach [32])

Mit dieser Näherung kann bspw. die Korngrößenentwicklung beim Warmwalzen berechnet werden (Abb. 7.63). Man erkennt dabei, daß die rekristallisierte Korngröße nicht von der Ausgangskorngröße, aber stark von der Stichabnahme abhängt.

7.14 Rekristallisationstexturen

Unter kristallographischer Textur versteht man die Verteilung der Orientierungen in einem Vielkristall. Durch starke Verformung, bspw. Walzen oder Drahtziehen, wird immer eine ausgeprägte Textur erzeugt. Je nachdem, ob Verformung nur durch Gleitung oder auch durch Zwillingsbildung stattfindet, wird eine spezielle, reproduzierbare Textur eingestellt. Beispielsweise beim Walzen, dem wichtigsten Umformprozeß, erhält man in kfz-Metallen und Legierungen entweder eine Cu-Walztextur oder eine Messing-Walztextur oder entsprechende Mischformen. Bei der Rekristallisation ändert sich die Textur, aber je nach Walztextur ergibt sich ein spezieller Typ der Rekristallisationstextur, nämlich die sog. Würfellage aus der Cu-Walztextur und die Messing-Rekristallisationstextur aus Messing-Walztextur (Abb. 7.64). Stärker als die Walztexturen können aber die Rekristallisationstexturen durch Beimengung von Legierungselementen beeinflußt werden.

Auch die Kornvergrößerung schlägt sich in Texturänderungen nieder, sowohl bei der stetigen Kornvergrößerung, bspw. beim Messing, als auch bei der unstetigen Kornvergrößerung. Die erwünschte sehr ausgeprägte Goss-Textur in Fe-Si Transformatorblechen wird bspw. durch sekundäre Rekristallisation verursacht (Abb. 7.65).

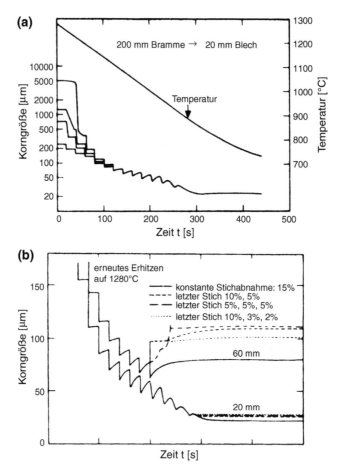

Abb. 7.63 Berechnete Korngrößenentwicklung beim Warmwalzen eines Blechs. **a** Gleiche Verformungsschritte in jedem Stich; **b** unterschiedliche Verformungsschritte in den letzten Stichen bei gleichem Endwalzgrad [nach [33]]

7.15   Rekristallisation in nichtmetallischen Werkstoffen

Rekristallisation setzt plastische Verformung voraus. Die meisten Nichtmetalle lassen sich bei Umgebungstemperatur praktisch nicht verformen, weil die Versetzungsbeweglichkeit zu gering ist. Statische Rekristallisation ist deshalb in keramischen Werkstoffen nicht von Bedeutung. Bei hohen Temperaturen werden allerdings viele Keramiken duktil, weil thermische Aktivierung die Versetzungsbewegung erleichtert. Unter derartigen Umständen werden Versetzungen gespeichert und dynamische Rekristallisation tritt auf, wobei ähnli-

Abb. 7.64 {111}-Polfiguren einiger typischer Walz- und Rekristallisationstexturen (95 % Walzgrad)

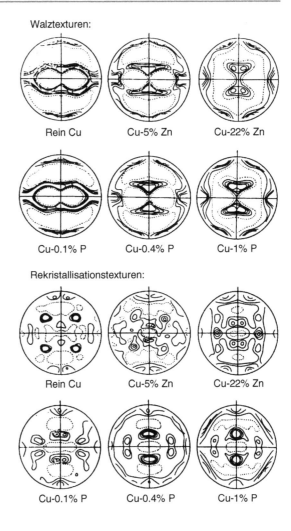

Walztexturen:

Rein Cu   Cu-5% Zn   Cu-22% Zn

Cu-0.1% P   Cu-0.4% P   Cu-1% P

Rekristallisationstexturen:

Rein Cu   Cu-5% Zn   Cu-22% Zn

Cu-0.1% P   Cu-0.4% P   Cu-1% P

che Zusammenhänge zwischen Mikrostruktur und mechanischen Eigenschaften beobachtet werden wie bei Metallen. Zusätzlich zu den in Metallen beobachteten Phänomenen wird in keramischen Werkstoffen und Mineralien bei kleinen Spannungen (in großem Umfang) auch der Mechanismus der sog. „Rotationsrekristallisation" gefunden. Dieser besteht darin, daß während der Verformung Kleinwinkelkorngrenzen (Subkorngrenzen) entstehen, die bei fortschreitender Verformung ihre Desorientierung kontinuierlich vergrößern, bis schließlich Großwinkelkorngrenzen entstehen. So kommen Orientierungsunterschiede ohne merkliche Korngrenzenbewegung zustande. Bei hohen Temperaturen und großen Fließspannungen tritt aber auch gewöhnliche dynamische Rekristallisation auf, wie sie bei Metallen beobachtet wird (Abb. 7.66).

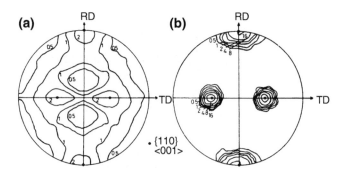

Abb. 7.65 Quantitative {100}-Polfiguren der **a** primären, **b** sekundären Rekristallisationstexturen von Fe-Si

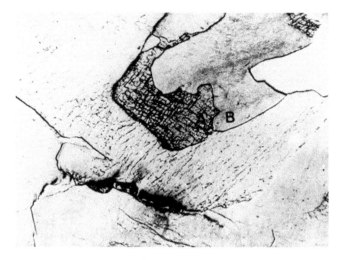

Abb. 7.66 Dynamische Rekristallisation bei Druckverformung von NaCl (480 °C, $\sigma = 3.4$ MPa, $\varepsilon = 71$ %); Korn B wächst auf Kosten von Korn A, welches stark polygonisiert ist [34]

Letztlich sei noch darauf hingewiesen, daß bei der Entstehung geologischer Formationen unter hohem Druck und hoher Temperatur dynamische Rekristallisation wesentlich zur Gefügebildung von Gesteinen beigetragen hat.

7.16   Aufgaben

7.1. Nach vollständiger Rekristallisation sei die Korngrößenverteilung einer Fe-17%Cr-Probe gegeben nach Tab. 1. Nach einer weiteren Glühbehandlung ändert sich die Korngrößenverteilung zu den angegebenen Daten in Tab. 2

Welcher Prozess hat bei der weiteren Glühbehandlung stattgefunden?

Tabelle 1		Tabelle 2	
Korngrößenbereich (μm)	Häufigkeit	Korngrößenbereich (μm)	Häufigkeit
0–2	11	0–20	10
2–4	18	20–40	18
4–6	19	40–60	20
6–8	17	60–80	19
8–10	13	80–100	17
10–12	9	100–120	15
12–14	5	120–140	13
14–16	3	140–160	10
16–18	2	160–180	7
18–20	1	180–200	5
		200–220	3
		220–240	2
		240–260	1

7.2.

a) Berechnen Sie am Beispiel von Cu die treibende Kraft p [MPa] für die primäre Rekristallisation ($\rho_{\text{verformt}} = 10^{16}$ m^{-2}, $\rho_{\text{Rekr.}} = 10^{10}$ m^{-2}, G = 48 GPa, a = 3,61 Å).

b) Berechnen Sie für Cu größenordnungsmäßig die treibende Kraft p [MPa] für die unstetige Kornvergrößerung unter der Annahme, dass ein großes Korn in ein Gefüge mit würfelförmigen Körnern der Korngröße D = 0,1 mm hineinwächst.

c) Berechnen Sie die treibende Kraft der tertiären Rekristallisation für ein Blech der Dicke h = 1 mm mit $\gamma_O^1 = 1$ Jm^{-2}, $\gamma_O^2 = 0,95$ Jm^{-2}.

7.3. Berechnen Sie die kritische Keimgröße für die primäre Rekristallisation in Cu sowie die Wahrscheinlichkeit zur Bildung solcher Keime durch thermische Fluktuation für kugelförmige Keime bei 1000 K ($\gamma_{KG} = 1$ J/m^2, G = 48·10^9 N/m^2, b = 2,5·10^{-10} m, $\rho = 10^{16}$ m^{-2}).

7.4. Die Rekristallisationszeit betrage t_R = 300 s, die mittlere Endkorngröße wurde im Schliffbild mit 0,1 mm^2 bestimmt.

a) Berechnen Sie die Kornwachstumsgeschwindigkeit v und die Keimbildungsgeschwindigkeit $\dot{N}$ unter der Voraussetzung, dass beide Größen konstant und isotrop sind.

b) Wie würde sich die Endkorngröße d bei einer Verdoppelung der Keimbildungsgeschwindigkeit verändern?

7.5.

a) Leiten Sie einen Ausdruck für die rücktreibende Kraft her, mit der eine Korngrenze an kugelförmigen Ausscheidungen mit dem Radius r und dem Volumenbruchteil f festgehalten wird.

b) Berechnen Sie diese Kraft für den folgenden Fall: f = 3 Vol. %, r = 0,1 μm, γ = 0,8 Jm^{-2}.

c) Bei welchem Korndurchmesser käme die stetige Kornvergrößerung durch solche Teilchen zum Stillstand?

7.6. Bei einer superplastischen Probe darf eine maximale Korngröße von 10 μm nicht überschritten werden. Da superplastische Verformung erst bei hohen Temperaturen abläuft, ist mit Kornwachstum zu rechnen. Welche Größe r_T müssen Ausscheidungen haben, wenn sie das stetige Kornwachstum beim Versuch unterdrücken sollen (ausgeschiedener Volumenbruchteil f = 4 Vol.%)? Nehmen Sie an, dass der Krümmungsradius R der Korngrenzen etwa zehnmal so groß ist wie die mittlere Korngröße d und γ = 1 Jm^{-2}.

7.7. Leiten Sie das Zeitgesetz der unstetigen Kornvergrößerung her.

7.8. Berechnen Sie die maximale Korngröße, die durch stetige Kornvergrößerung in einem Blech der Dicke H = 0,5 mm eingestellt werden kann, wenn die Korngrenzen an der Blechoberfläche durch thermische Ätzung zurückgehalten werden. Nehmen Sie an, dass der Krümmungsradius der Korngrenzen R etwa fünfmal so groß ist wie die mittlere Korngröße d. ($\gamma_O = 4\gamma_{KG}$)

Literatur

1. Gottstein G (1984) Rekristallisation metallischer Werkstoffe. DGM, Oberursel, S 29
2. Vogel FL jr (1955) Acta Metall 3:245
3. Mader S (1965) In: Seeger A (Hrsg) Moderne Probleme der Metallphysik, Bd 1. Springer, Berlin, S 203
4. Hibbard WR, Dunn C (1956) Acta Metall 4:311
5. Clarebrough LM, Hargreaves ME, Loretto MH (1963) In: Himmel L (Hrsg) Recovery and recrystallization of metals. Interscience, New York, S 63
6. Hayendy In: Grundlagen der Wärmebehundlung von Stahl. Verlag Stahl-Eisen
7. Doherty RD, Cahn RW (1972) J Less-Common Met 28:279
8. Vandermeer RA, Gordon P (1959) Trans AIME 215:577
9. Hornbogen E, Köster U (1978) In: Haessner F (Hrsg) Recrystallization of metallic materials. Dr. Riederer-Verlag, Stuttgart, S 159–194
10. Rath BB, Hu H (1969) Trans TMS-AIME 245:1243–1252, 1577–1585
11. Liebmann B, Lücke K, Masing G (1956) Z Metallkunde 47:57
12. Gottstein G, Murmann HC, Renner G, Simpson C, Lücke K (1978) Textures of materials, Bd 1. Springer, Berlin, S 530
13. Demianczuk DW, Aust KT (1975) Acta Metall 23:1149
14. Friedman EM, Kopezky CV, Shvindlerman LS (1975) Z Metallk 66:533
15. Anderson WA, Mehl RF (1945) Trans AIME 161:140
16. Rosenbaum FW (1972) Dissertation, RWTH Aachen
17. Hornbogen E (1979) Werkstoffe. Springer, Berlin, S 85
18. Dahl O, Pawlek F (1936) Metallk Z 28:266
19. Detert K, Lücke K (1956) Report No. AFOSR - TN - 56-103 AD - 82016, Brown University

20. Gordon P, Vandermeer RA (1956) Recrystallisation, grain growth and textures. ASM Metals Park, Ohio, S 205
21. Frois C, Dimitrov O (1962) Mem Sci Rev Met 59:643
22. Grünwald W, Haessner F (1970) Acta Metall 18:217
23. Leslie WC, Michalak JT, Aul FW (1963) Iron and its solid solutions. Interscience Publishers, S 119
24. Hansen N, Jones HR (1981) Recovery and recrystallization of particle containing materials. In: 24 colloque de metallurgie, Sacley, S 95
25. Burke GE, Turnbull D (1952) Prog Metal Phy 3:274
26. Grey T, Higgins J (1973) Acta Metall 21:310
27. Beck PA, Holzwerth ML, Sperry PR (1949) Trans AIME 180:163
28. Rossard C (1960) Metaux 35:102, 140, 190
29. Petkovic RA (1975) Dissertation, McGill University Montreal
30. Sellars CM, Tegart WJMcG (1966) Mem Sci Rev Met 63:731
31. Bromley R, Sellars CM (1973) In: Proceedings of international conference on strength of metals and alloys 3, Bd 1. Cambridge, S 380
32. Luton MJ, Sellars CM (1969) Acta Metall 17:1033
33. Sellars CM, Whiteman JA (1979) Met Sci 13:187
34. Poirier J, Nicholson M (1975) J Geol 83

Erstarrung von Schmelzen

8

8.1 Zustand der Schmelze

Zum Schmelzen eines metallischen Festkörpers muß eine gewisse Wärmemenge aufgebracht werden, die Schmelzwärme. Die verschiedenen Metalle schmelzen bei sehr unterschiedlichen Temperaturen. Das hängt mit den Bindungskräften zwischen den Atomen zusammen. Am Schmelzpunkt T_m muß die thermische Energie (pro Mol RT_m) von der gleichen Größenordnung wie die Bindungsenergie (Schmelzwärme pro Mol H_m) sein: $H_m \cong RT_m$ (Richardsche Regel).

Man kann den Sachverhalt physikalisch richtiger so ausdrücken, daß am Schmelzpunkt flüssige und feste Phase miteinander im Gleichgewicht stehen, also die gleiche freie Enthalpie haben müssen:

$$G_{fest} = G_{flüssig}$$
$$H_{fest} - T_m \cdot S_{fest} = H_{flüssig} - T_m \cdot S_{flüssig}$$
$$H_{fest} - H_{flüssig} = T_m(S_{fest} - S_{flüssig})$$
$$H_m = T_m \cdot S_m$$

wobei H_m die Schmelzwärme und S_m die Schmelzentropie bezeichnen. H_m und T_m kann man messen (Tab. 8.1). Man sieht, daß bei den meisten Metallen die Entropiezunahme beim Schmelzen etwa 2 cal/mol/K($= 8.37$ J/mol/K) $\cong R$ (R — Gaskonstante) beträgt. Metalle kristallisieren zumeist in dichtgepackten Gittern. Beim Schmelzen geht die Kristallstruktur verloren, also ist die Packungsdichte der Atome in der Schmelze geringer als im Festkörper. Deshalb muß beim Schmelzen das Volumen zunehmen, wie Abb. 8.1 am Beispiel von Kupfer zeigt. Diese Volumenänderung ist natürlich reversibel und wird bei der Erstarrung wieder rückgängig gemacht (Erstarrungskontraktion). In einigen Elementen hat aufgrund spezieller Bindungszustände das kristalline Gitter eine sehr geringe Dichte. Dann

G. Gottstein, *Materialwissenschaft und Werkstofftechnik*, Springer-Lehrbuch, DOI: 10.1007/978-3-642-36603-1_8, © Springer-Verlag Berlin Heidelberg 2014

Tab. 8.1   Schmelzwärme und Schmelzentropie einiger Metalle

Element	Schmelzwärme [J/mol]	Schmelzpunkt [K]	Schmelzentropie [J/mol · K]
Mn	8422	1517	5.45
Fe	11523	1812	6.29
Na	2640	371	7.12
K	2353	337	7.12
Mg	7333	923	7.96
Pb	4860	600	7.96
Cu	11187	1356	8.25
Ca	9344	1118	8.38
Ag	10685	1233	8.80
Ni	15880	1725	9.22
Cd	5782	594	9.64
W	33730	3683	9.22
Au	13282	1336	10.06
Al	9679	933	10.48
Zn	7123	692	10.48
Pt	22207	2046	10.89
Sn	7123	505	14.25
Bi	9972	544	18.44
Sb	19567	903	23.88

Abb. 8.1   Volumenänderung durch thermische Ausdehnung und Volumenzunahme beim Schmelzen von Kupfer (nach [1])

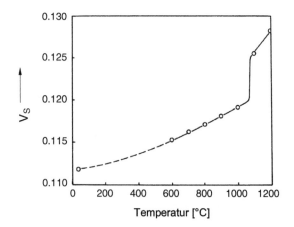

wird beim Schmelzen eine Abnahme des Volumens beobachtet, bspw. beim Silizium, das im sehr offenen Diamantgitter kristallisiert (Tab. 8.2).

Die atomare Anordnung in Schmelzen ist nicht völlig regellos. Vielmehr gibt es zwischen den Atomen Kräfte, die sie zur dichten Anordnung veranlassen, dem aber die Temperatur-

Tab. 8.2 Anzahl der nächsten Nachbarn im Kristall und in der Schmelze sowie die Volumenänderung beim Schmelzen

Element	Raumgitter	Nächste Nachbarn		$\Delta V[\%]$
		Kristall	Schmelze	
Al	kfz	12	10.6	+6.26
Au	kfz	12	11	+5.03
Cu	kfz	12		+4.25
Ag	kfz	12		+3.4
Pb	kfz	12	8	+3.38
δ-Fe	krz	8		+3.0
K	krz	8	8	+2.5
Zn	hex.	12	10.8	+4.7
Cd	hex.	12	8.3	+4.72
Ti	hex.	12	8.4	
In	tetr.	4	8.4	
Sn	tetr.	4	10	+2.6
Sb	rhomb.	3	4	−0.95
Ga	rhomb.	1	11	−3.24
Bi	rhomb.	3	7.5	−3.3
Si	Diamant	4		−10
AlSb	Diamant	4		−1.5

bewegung entgegenwirkt. Deshalb ist die Anordnung nicht so dicht wie in einem dicht gepackten kristallinen Festkörper. Das zeigt Abb. 8.2 anhand der röntgenographischen Streuintensität einer Debye-Scherrer Aufnahme von flüssigem Zink bei einer Temperatur von 460 °C, also etwa 40 °C höher als der Schmelzpunkt (419.4 °C). Für eine regellose Atomverteilung würde man die gestrichelte Linie erhalten. Die beobachteten Maxima in der gemessenen Kurve deuten auf eine höhere Atomdichte in speziellen Abständen hin. Diese aus (a) berechnete Zahl der Atome als Funktion des Abstandes r ist in (b) aufgetragen. Die gestrichelte Kurve ist wieder für eine regellose Verteilung berechnet. Die eingezeichneten Balken geben die Abstände der Nachbarn im kristallinen Zink an. Man erkennt, daß bei kleinen Abständen r die Atome in der Schmelze sich in ähnlichen Abständen häufen wie im Kristall und in einigen Fällen sogar eine ähnliche Anzahl nächster Nachbarn vorhanden ist wie im Kristall (Tab. 8.2).

Diese Ergebnisse zeigen, daß die Schmelze dem kristallinen Zustand weit ähnlicher ist als dem regellos gasförmigen. Es herrscht eine ausgeprägte Nahordnung aber keine ferngeordnete Gitterstruktur. Insofern ist die eingänglich erwähnte Vorstellung vom Aufbrechen der Kristallstruktur durch thermische Bewegung zu stark vereinfacht. Eher kann man den Zustand der Schmelze so beschreiben, daß sich durch thermische Fluktuation mehr oder

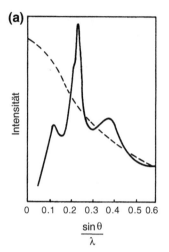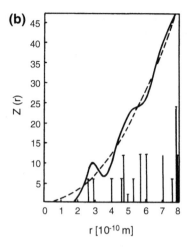

Abb. 8.2 **a** Röntgenstreuintensität von em Zink bei 460 °C als Funktion des Streuwinkels; **b** aus (a) berechnete Atomdichte als Funktion des Abstandes *r* (gestrichelte Linie: regellose Verteilung) (nach [2])

weniger große geordnete Bereiche bilden, die sich aber nicht aufrecht erhalten lassen und zerfallen. Diese strukturmäßige Dynamik ist die Grundlage der Keimbildung bei Temperaturabsenkung unter die Schmelztemperatur.

8.2 Keimbildung in der Schmelze

Bei einer gegebenen Temperatur (und festem Druck) ist immer derjenige Zustand stabil, der die geringste freie Enthalpie besitzt. Bei $T < T_m$ hat der Kristall, bei $T > T_m$ hat die Schmelze die kleinere freie Enthalpie. Am Schmelzpunkt müssen die freien Enthalpien beider Phasen gleich sein, denn bei $T = T_m$ sind Kristall und Schmelze im Gleichgewicht. Nimmt man in erster Näherung an, daß die freie Enthalpie beider Phasen sich linear mit der Temperatur ändert, erhält man quantitativ den in Abb. 8.3 skizzierten Verlauf, wobei die ausgezogenen Linien die freie Enthalpie im Gleichgewicht wiedergeben. Überhitzt man den Kristall, bzw. unterkühlt man die Schmelze, so wirkt pro Volumeneinheit eine treibende Kraft $\Delta g_u = g_S - g_K$ zur Änderung des Zustandes.

Daß sich nicht immer spontan der feste Zustand bei Unterkühlung einstellt, liegt daran, daß sich ein fester Keim, also ein kleines Volumen mit kristalliner Anordnung von endlicher Größe, durch thermische Fluktuation bilden muß. Solche Fluktuationen kommen infolge der thermischen Atombewegung in der Schmelze immer vor. Bei Temperaturen oberhalb der Schmelze ist ein solcher Keim jedoch grundsätzlich instabil. Dagegen ist bei $T < T_m$ ein Keim nur stabil, wenn er eine kritische Größe überschreitet. Das liegt an der Oberfläche

Abb. 8.3 Spezifische freie Enthalpie von Kristall (g_K) und Schmelze (g_S) in Abhängigkeit von der Temperatur (*ausgezogene Linien* — Gleichgewicht, *gestrichelte dünne Linie* — spezifische freie Enthalpie g_r eines Kristallkeims mit Radius r)

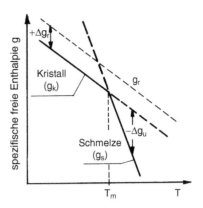

des Keims, die immer mit einer positiven spezifischen Energie γ (Oberflächenenergie pro Flächeneinheit) verbunden ist. Geht man von einem kugelförmigen Keim mit Radius r aus, so ist die Änderung der freien Enthalpie durch Bildung des Keims, ΔG_K, durch zwei Beiträge gegeben. Einmal gewinnt man die Volumenenergie $4/3\pi r^3 \cdot (-\Delta g_u)$, zum anderen muß die Oberflächenenergie $4\pi r^2 \gamma$ aufgebracht werden.

$$\Delta G_K = -\frac{4}{3}\pi r^3 \Delta g_u + 4\pi r^2 \gamma \tag{8.1}$$

Für $T \geq T_m$ ist $\Delta g_u \leq 0$ und deshalb ΔG_K immer positiv. Jeder Keim zerfällt daher unter Energiegewinn (Abb. 8.4a). Für $T < T_m$ nimmt die freie Enthalpie beim Wachsen eines Keims erst dann ab, wenn $r \geq r_0$. Bei $r = r_0$ hat ΔG_K ein Maximum (Abb. 8.4b), so daß man r_0 aus Gl. (8.1) berechnen kann durch $d(\Delta G_K)/dr = 0$. Man erhält

$$r_0 = \frac{2\gamma}{\Delta g_u} \tag{8.2}$$

Die freie Enthalpie des Keims ist in Abb. 8.3 gestrichelt eingezeichnet. Entsprechend ergibt sich

$$\Delta G_0 = \Delta G(r_0) = \frac{16}{3}\pi \frac{\gamma^3}{\left(\Delta g_u\right)^2} = \frac{1}{3}F_0\gamma \tag{8.3}$$

wobei ΔG_0 als Keimbildungsarbeit bezeichnet wird. F_0 ist die Oberfläche des kritischen Keims. Die kritische Arbeit ist also nicht gleich der gesamten Oberflächenenergie des Keims, sondern nur 1/3 davon.

Da die Keimbildung durch thermische Fluktuationen erfolgt, ist die Keimbildungshäufigkeit pro Volumen und Zeiteinheit, d. h. die Keimbildungsgeschwindigkeit $\dot{N}$

$$\dot{N} \sim \exp\left(-\frac{\Delta G_0}{RT}\right) \tag{8.4}$$

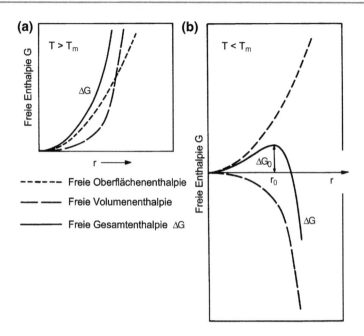

Abb. 8.4 Freie Enthalpie eines kugelförmigen Keims in Abhängigkeit von seinem Radius r

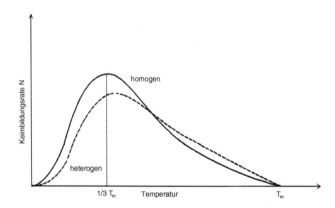

Abb. 8.5 Homogene und heterogene Keimbildungsgeschwindigkeit als Funktion der Temperatur (schematisch, T_m — Schmelztemperatur)

Aus Abb. 8.3 und Gl. (8.3) ergibt sich, daß

$$\lim_{\substack{T \to T_m \\ T \to 0}} \frac{\Delta G_0}{RT} = \infty$$

$[(G_{flüssig} - G_{fest})$ bleibt endlich für $T \to 0]$ und damit $\dot{N}(T_m) = \dot{N}(0) = 0$, und $\dot{N} > 0$ für $0 < T < T_m$. Also muß $\dot{N}$ ein Maximum durchlaufen (Abb. 8.5). Das wird auch beobachtet

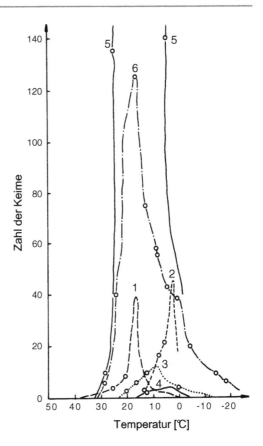

Abb. 8.6 Keimzahl in Betol als Funktion der Temperatur. Der Schmelzpunkt liegt bei 91 °C (Kurve 1 — dreimal umkristallisiert, Kurve 4 — einmal umkristallisiert, alle anderen mit organischen Zusätzen) (nach [3])

(Abb. 8.6). Da $\dot{N}$ exponentiell von ΔG_0 abhängt, aber ΔG_0 temperaturabhängig ist (über Δg_u, s. Abbildung 8.3 und Gl. (8.3)), machen sich kleine Änderungen der Unterkühlung in einer starken Änderung der Keimbildungsgeschwindigkeit bemerkbar (Abb. 8.7).

Die nach Gl. (8.4) berechneten Keimbildungsgeschwindigkeiten sind aber viel kleiner als in der Praxis beobachtet. Der Grund dafür ist, daß Keimbildung nicht homogen, also im freien Schmelzvolumen (Abb. 8.8a), sondern heterogen, also an vorhandenen Oberflächen, stattfindet, bspw. an der Oberfläche des Schmelztiegels oder an Partikeln in der Schmelze (Abb. 8.8b). Dann kann ein Teil der Keimoberfläche durch die Wand oder Teilchenoberfläche bereitgestellt werden. Im Fall der heterogenen Keimbildung ist die Keimbildungsarbeit

$$\Delta G_{\text{het}} = f \cdot \Delta G_0 \qquad (8.5)$$

wobei $f \leq 1$. Für Keimbildung an einer glatten Wand ergibt sich

$$f = \frac{1}{4}(2 + \cos\Theta)(1 - \cos\Theta)^2 \qquad (8.6)$$

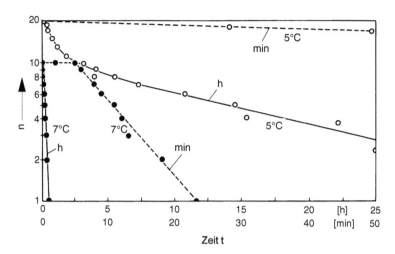

Abb. 8.7 Einfluß der Unterkühlung auf die Keimbildung (Anzahl der nichterstarrten Proben n) bei Zinn. Für die gestrichelten Kurven gilt der große Maßstab (nach [4])

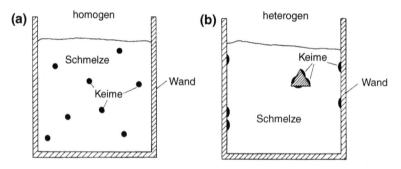

Abb. 8.8 Prinzipielle Darstellung von **a** homogener und **b** heterogener Keimbildung in einer Schmelze

wobei Θ der Benetzungswinkel ist (Abb. 8.9). Wegen der starken exponentiellen Abhängigkeit $\dot{N}(\Delta G)$ werden durch heterogene Keimbildung erheblich höhere Keimbildungsgeschwindigkeiten bei kleineren Unterkühlungen erzielt. In der Praxis werden der Schmelze häufig unlösliche Teilchen beigemengt, z. B. TiB_2 in Aluminium, um die Anzahl der Keime zu erhöhen und damit ein feinkörnigeres Gefüge zu erzielen.

Die Keimbildungsgeschwindigkeit ist ebenfalls von der Überhitzung der Schmelze vor der Erstarrung abhängig. Das rührt daher, daß sich Fremdpartikel in der Schmelze, die als heterogene Keimbildner wirken, mit zunehmender Temperatur auflösen. Dieser Einfluß hängt aber stark vom Metall ab. Es ist bspw. beim Antimon um eine Größenordnung höher als beim Aluminium (Abb. 8.10).

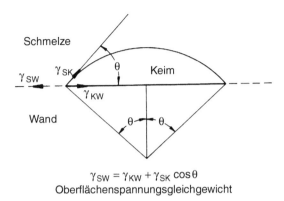

$$\gamma_{SW} = \gamma_{KW} + \gamma_{SK} \cos\theta$$
Oberflächenspannungsgleichgewicht

Abb. 8.9   Gleichgewichtsgestalt eines flüssigen Tropfens auf einer ebenen Fläche

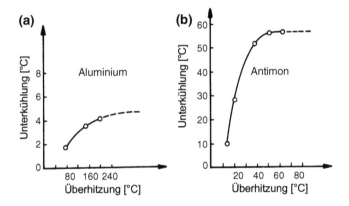

Abb. 8.10   Einfluß einer Überhitzung der Schmelze auf die zur Keimbildung notwendige Unterkühlung bei **a** Aluminium und **b** Antimon (nach [5])

Bei technischen metallischen Schmelzen sind Unterkühlungen von einigen Grad üblich, denn Erstarrung findet fast ausschließlich durch heterogene Keimbildung statt. Um homogene Keimbildung zu erhalten, muß man besondere Vorkehrungen zur Vermeidung heterogener Keimbildung treffen. Eine erfolgreiche Methode dazu ist die Erstarrung metallischer Tröpfchen. Bei großen Tröpfchen reichen auch die darin enthaltenen Verunreinigungen aus, heterogene Keimbildung auszulösen (Abb. 8.11). Erst bei großen Unterkühlungen, wo kleine kritische Keimgrößen zur Erstarrung ausreichen, erhält man Kristallisation auch in kleinen verunreinigungsfreien Tröpfchen, d. h. metallische Schmelzen können erheblich unterkühlt werden, ohne zu erstarren (Tab. 8.3). Aus der so ermittelten Größe des kritischen Keims bei der homogenen Keimbildung läßt sich gemäß Gl. (8.2) die Oberflächenenergie γ bestimmen.

Abb. 8.11 Zur Erstarrung
notwendige Unterkühlung
eines Tröpfchens in Abhängigkeit vom Tröpfchenvolu-
men (schematisch)

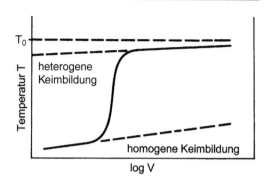

Tab. 8.3 Maximale Unterkühlung von Metallschmelzen

Metall	Schmelztemperatur T_m [K]	maximale Unterkühlung ΔT [K]	$\Delta T/T_m$ [%]
Au	1336	190	14.2
Co	1768	310	17.5
Cu	1356	180	13.3
Fe	1807	280	15.5
Ge	1210	200	16.5
Ni	1726	290	16.8
Pd	1825	310	17.0

Berechnete und so gemessene Werte stimmen gut überein. Sehr große Unterkühlungen
kann man in organischen Stoffen erzielen, da dort die Kristallisation durch die komplizierte Molekülstruktur wesentlich erschwert ist, wie Abb. 8.6 am Beispiel von Betol zeigt.
Der Schmelzpunkt des reinen Betols liegt bei 91 °C. Eine nennenswerte Keimbildung tritt
aber erst nach Unterkühlung von über 50 °C auf und wird insbesondere durch organische
Zusätze beschleunigt.

8.3   Kristallwachstum

8.3.1   Gestalt des Kristalls

Da die Oberfläche eine Störung des Kristallaufbaus darstellt, erhöht sie stets die Gesamtenergie des Kristalls. Intuitiv würde man annehmen, daß die Gleichgewichtsform eines Kristalls
in Abwesenheit anderer Kräfte eine Kugel ist, denn dann ist das Verhältnis von Oberfläche zu Volumen am kleinsten. Das ist aber nur richtig, wenn die Energie der Oberfläche
von ihrer kristallographischen Orientierung unabhängig ist. Bei kristallinen Materialien ist

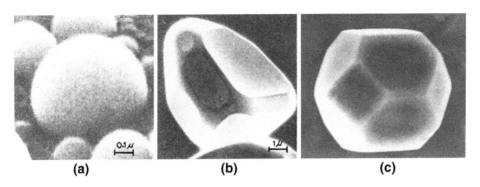

(a)　　　　　　　**(b)**　　　　　　　**(c)**

Abb. 8.12 Im Rastermikroskop beobachtete Gestalt von Kristallen: **a** Zinn-Teilchen nach Aufdampfung auf NaCl Substrat $(0.8T_s)$; **b** Iridium Kristall nach 50 h bei 1700 °C in Heliumatmosphäre; **c** NiO Kristall gewachsen aus der Dampfphase, ebene Flächen sind {111}, {001}, {011} [6]

Abb. 8.13 Gleichgewichtsgestalt eines Kristalls nach Wulff. Die gestrichelte Kurve entspricht der Grenzflächenenergie. Ebene Flächen entstehen dort, wo die Energie Minima besitzt

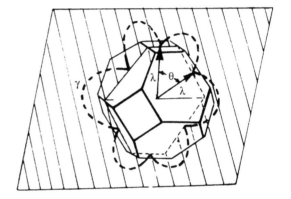

das aber gewöhnlich nicht der Fall. Dann wird der Kristall versuchen, die Oberflächen mit höherer Energie so klein wie möglich zu halten (Abb. 8.12). Unter solchen Umständen ist die Gleichgewichtsgestalt eines Kristalls durch ein Polyeder gegeben, das dem Wulffschen Theorem

$$2\gamma_i/\lambda_i = K_w \qquad (8.7)$$

genügt. Dabei ist γ_i die spezifische Energie der Oberfläche, λ_i der Abstand der Oberfläche vom Kristallmittelpunkt und K_w die Wulffsche Konstante. Das Theorem besagt, daß man die Gleichgewichtsgestalt erhält, wenn man in alle räumlichen Ebenennormalenrichtungen i den Abstand λ_i abträgt. Die innere Hüllkurve ist die Gleichgewichtsgestalt, also ein Polyeder (Abb. 8.13). Wegen der geringen Größe der zum Gleichgewicht führenden Kräfte, kann ein Kristall aber gewöhnlich seine Gleichgewichtsgestalt nur nach langer Zeit bei hohen Temperaturen und abgeschirmt von anderen Einflüssen annehmen (Abb. 8.12).

Die Gestalt eines Kristalls bei der Erstarrung ist allerdings nicht die Gleichgewichtsgestalt, sondern wird durch die Wachstumsanisotropie bestimmt. Nur wenn der Kristall in

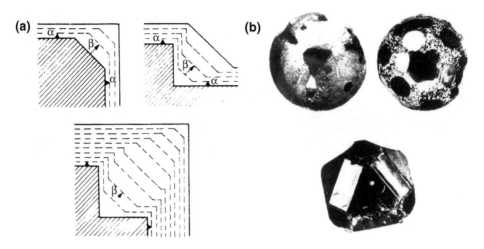

Abb. 8.14 **a** Verschiebungsstadien einer langsam (α) und einer schnell (β) wachsenden Fläche, **b** Wachstum einer Alaun-Kugel aus wässriger Lösung [7]

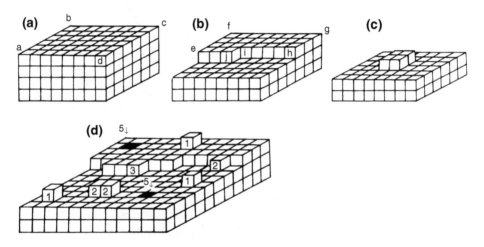

Abb. 8.15 Schematische Darstellung der atomistischen Vorgänge beim Kristallwachstum nach Kossel und Stranski. **a** atomistisch glatte Oberfläche; **b** Anbau von Atomen in der Halbkristallage; **c** Flächenkeimbildung; **d** verschiedene Baufehler an Kristalloberflächen; die Zahlen geben die Anzahl der Bindungen an

alle Raumrichtungen gleich schnell wächst, ergibt sich eine Kugelform, ansonsten entsteht wiederum ein Polyeder, wobei die Oberfläche von den langsam wachsenden kristallographischen Ebenen gebildet wird, denn die schnell wachsenden Ebenen verschwinden im Laufe des Wachstums (Abb. 8.14).

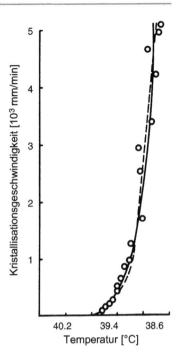

Abb. 8.16 Wachstumsgeschwindigkeit von Alaun-Kristallen in Abhängigkeit von der Temperatur (nach [7])

8.3.2 Atomistik des Kristallwachstums

Die atomistischen Vorgänge des Kristallwachstums (aus der Dampfphase) sind von Kossel und Stranski betrachtet worden. Nach ihren Vorstellungen lagern sich Atome auf der zunächst glatten Oberfläche ab und bilden einen (Flächen-) Keim, der durch Anlagern weiterer Atome wächst, bis sich eine vollständige neue Schicht ausgebildet hat, die die Bildung eines weiteren Keims erfordert etc.. Beim Abscheiden der Atome aus der Dampfphase kann es zu verschiedenen Konfigurationen der Atomanordnung kommen, die in Abb. 8.15 schematisch dargestellt sind. Charakterisiert man die Oberflächenenergie durch die Anzahl der (im Vergleich zum Kristallinneren) nicht abgesättigten Bindungen, so ist die sog. Halbkristallage die energetisch günstigste Position. Da die Atome aber nicht immer an der richtigen Position auftreffen, kann es auch zur Bildung von Konfigurationen aus einzelnen Atomen (Adatome), zwei Atomen (Doppeladatome) und sogar zur Bildung von Oberflächenleerstellen kommen. Da das Auswachsen einer Schicht aber sehr schnell verläuft, im Vergleich zur Flächenkeimbildung, ist der geschwindigkeitsbestimmende Schritt in diesem Modell die Keimbildung. Experimentell werden mit steigender Unterkühlung stark zunehmende Wachstumsgeschwindigkeiten beobachtet, viel stärker als vom Modell vorausgesagt (Abb. 8.16). Der Grund hierfür sind Kristallbaufehler, nämlich Schraubenversetzungen, die eine unendlich fortgesetzte Anlagerung der Atome um die Versetzungslinie erlauben, wo-

Abb. 8.17 Wachstumsfläche
um zwei Schraubenverset-
zungen, markiert durch
aufgedampfte Goldteilchen
[8]

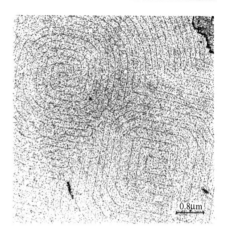

durch der Kristall spiralförmig wächst (Abb. 8.17). Eine Keimbildung ist in diesem Fall nicht
notwendig. Das erklärt die hohen gemessenen Wachstumsgeschwindigkeiten.

8.3.3 Kristallwachstum in der Schmelze

8.3.3.1 Erstarrung reiner Metalle

Die Gestalt der Körner in einer erstarrten Schmelze wird hauptsächlich durch die Abfuhr
der Erstarrungswärme bestimmt. Die freigesetzte Erstarrungswärme kann entweder durch
den erstarrten Festkörper oder die Schmelze abgeführt werden. Der Temperaturgradient
hat an der Erstarrungsfront stets eine Unstetigkeit, weil dort eine Wärmequelle existiert
(Abb. 8.18). Bei Fortschritt der Erstarrungsfront um dx im Zeitintervall dt wird die Wärmemenge $h_S \cdot (dx/dt) = h_S \cdot v$ pro Zeiteinheit freigesetzt, wobei h_S die Erstarrungswärme
pro Volumeneinheit angibt. Bezeichnen λ_S und λ_K die thermische Leitfähigkeit in Schmelze
und Kristall, so lautet die Wärmeflußgleichung

$$\lambda_K \left(\frac{dT}{dx}\right)_K - \lambda_S \left(\frac{dT}{dx}\right)_S = h_S v \tag{8.8}$$

Erfolgt die Wärmeabfuhr durch den Kristall (Abb. 8.18a), so ist der Temperaturgradient
im Kristall größer als in der Schmelze. Eilt an der Erstarrungsfront ein Kristall vor, so
gerät er in ein Gebiet höherer Temperatur und bildet sich zurück. Auf diese Art bleibt die
Erstarrungsfront eben und bewegt sich stabil. Es entstehen globulitische (kugelförmige)
Körner.

War die Schmelze bei der Erstarrung stark unterkühlt, dann kann die Erstarrungswärme
durch die Schmelze abgeführt werden. In diesem Fall erhält man qualitativ einen Temperaturverlauf wie in Abb. 8.18b. Entsteht in einem solchen Fall eine Unregelmäßigkeit an der

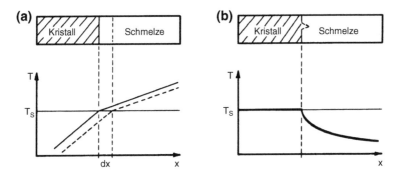

Abb. 8.18 Temperaturverlauf bei Wachstum eines Kristalls in der Schmelze. Wärmeabfuhr durch **a** den Kristall; **b** die Schmelze

Erstarrungsfront, z. B. eine Spitze, so ragt sie in ein Gebiet unterkühlter Schmelze hinein, wo sie rasch wachsen kann. Es bilden sich dann lange und dünne Kristalle, die sich häufig auch in andere Richtungen weiter verzweigen und dann „Tannenbaumkristalle" oder „Dendriten" genannt werden. In diesem Fall bewegt sich die Erstarrungsfront also nicht stabil. Bei transparenten organischen Werkstoffen kann dieser Vorgang leicht verfolgt werden (Abb. 8.19 und 8.20).

Bei der Erstarrung einer Schmelze in einer kalten Kokille kommt es häufig zu diesem zweiten Fall der Dendritenbildung dadurch, daß die Schmelze an der Kokillenwand besonders stark unterkühlt wird (gestrichelter Temperaturverlauf in Abb. 8.21). Nach Einsetzen der raschen Erstarrung heizt sich der Kristall schnell bis zur Schmelztemperatur auf, und wegen des Temperaturverlaufs in der Schmelze entsteht dann ein Temperaturminimum vor der Erstarrungsfront (ausgezogener Temperaturverlauf in Abb. 8.21). Das führt aber zur Dendritenbildung, wie oft zu beobachten ist (Abb. 8.22).

8.3.3.2 Erstarrung von Legierungen

In Legierungen besteht gewöhnlich ein endlicher Temperaturbereich, in dem Schmelze und Kristall im Gleichgewicht miteinander vorliegen, und deshalb haben Kristall und Schmelze eine unterschiedliche Zusammensetzung (vgl. Kap. 4). Dann kommt zum Wärmeflußproblem, das wir oben für reine Metalle betrachtet haben, auch noch ein Diffusionsproblem hinzu, wie in Abb. 8.23 dargestellt ist.

Zur Vereinfachung wollen wir annehmen, daß die Wärme über den Kristall abgeleitet wird. Dann ergibt sich qualitativ der Temperaturverlauf wie in Abb. 8.23 in den rechten Teilbildern als ausgezogene Linie eingezeichnet. Die gestrichelte Kurve in den rechten Teilbildern gibt den Temperaturverlauf an der Erstarrungsfront beim Durchlauf der Front an. Die gepunktete Kurve gibt die Liquidustemperatur der Schmelze wieder, die sich gemäß des Zustandsdiagramms mit der Zusammensetzung ändert. In den linken Teilbildern ist der Konzentrationsverlauf in Kristall und Schmelze bei der angegebenen Position der Er-

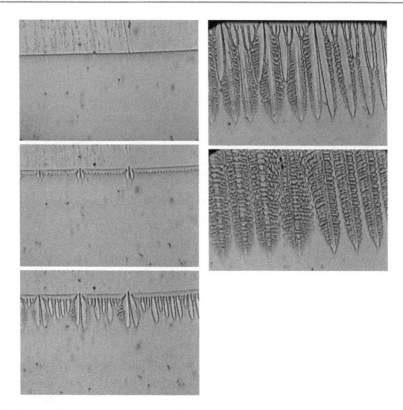

Abb. 8.19   Gerichtete Erstarrung einer verdünnten Lösung von Succinonitril in Aceton. Aus kleinen Fluktuationen entstandene Dendriten [9]

Abb. 8.20   Spitze eines wachsenden Dendriten in einer schwach unterkühlten Schmelze aus hochreinem Succinonitril [10]

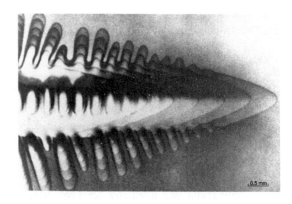

starrungsfront als durchgehende Kurve eingezeichnet. Die gestrichelten Linien geben die Zusammensetzung von Kristall und Schmelze an der Erstarrungsfront bei der Bewegung der Front durch den Tiegel an.

Abb. 8.21 Temperaturverteilung an einer Kokillenwand

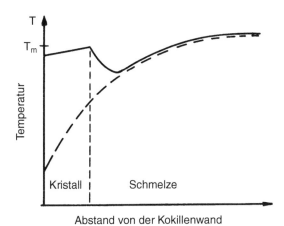

Abb. 8.22 Dendriten im Erstarrungshohlraum einer Eisenschmelze

Findet Diffusion in Kristall und Schmelze sehr schnell statt, so haben Kristall und Schmelze zu jedem Zeitpunkt ihre Gleichgewichtszusammensetzung (Abb. 8.23a). Ist die Diffusion im Kristall sehr langsam, aber in der Schmelze hinreichend schnell (Abb. 8.23b), so daß nur im flüssigen aber nicht im festen Zustand ein Konzentrationsausgleich durch Diffusion stattfinden kann, so reichert sich die Schmelze mit fortschreitender Erstarrungsfront an Legierungsatomen bis weit über die Konzentration c_2 hinaus an. Nach Abschluß der Erstarrung verbleibt ein Konzentrationsgradient im Kristall. Ist die Diffusion sowohl im Kristall als auch in der Schmelze so stark eingeschränkt, daß in beiden Phasen praktisch

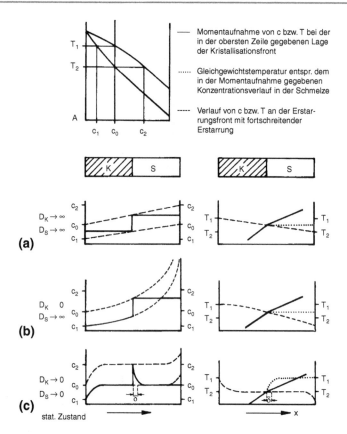

Abb. 8.23 Schematik der Erstarrung eines Mischkristalls mit der Konzentration c_0. Die linke Spalte gibt den Konzentrationsverlauf, die rechte den Temperaturverlauf an (K — Kristall, S — Schmelze)

kein Konzentrationsausgleich stattfinden kann (Abb. 8.23c), dann werden die Legierungs-atome, die an der Erstarrungsfront nicht in den Kristall eingebaut wurden, zwar an die Schmelze abgegeben, verbleiben aber an der Erstarrungsfront (innerhalb eines kleinen Be-reichs der Dicke δ), so daß die Restschmelze weiter entfernt von der Erstarrungsfront in ihrer Zusammensetzung unverändert bleibt, nämlich mit der Ausgangskonzentration c_0. An der Erstarrungsfront kann sich die Schmelze bis maximal c_2 anreichern, weil dann der Kristall mit der Konzentration c_0 erstarrt und damit die Schmelze von c_0 auf c_2 angereichert wird. Die Zusammensetzung der Schmelze ändert sich also an der Erstarrungsfront sehr stark, nämlich von c_2 auf c_0 im Abschnitt der Länge δ und entsprechend stark steigt die zugehörige Liquidustemperatur, also die Temperatur, bei der eine Schmelze mit der ent-sprechenden Zusammensetzung erstarrt — wie im Zustandsdiagramm ersichtlich — von T_2 auf T_1 an (gepunktete Kurve in Abb. 8.23c, rechtes Teilbild). Ist dieser Anstieg größer als der tatsächliche Temperaturgradient in der Schmelze (ausgezogene Kurve), dann ist die Temperatur unmittelbar hinter der Erstarrungsfront niedriger als die Liquidustemperatur

Abb. 8.24 Dendriten in einer Fe-24%Cr-Gußlegierung [11]

100 µm

der Schmelze mit der vorliegenden Zusammensetzung (Gleichgewichtstemperatur). Dann spricht man von konstitutioneller Unterkühlung, weil sie durch den zusammensetzungsabhängigen Zustand der Legierung verursacht wird.

Entsteht eine Unregelmäßigkeit an der Erstarrungsfront, so ragt sie nun in ein Gebiet der Schmelze, das kälter ist als die der Zusammensetzung entsprechende Gleichgewichtstemperatur, und rasches Wachstum in die konstitutionell unterkühlte Zone ist die Folge. Auf diese Weise entstehen bei der Erstarrung von Legierungen sogar Dendriten, ohne daß eine echte Unterkühlung der Schmelze vorliegt. Nur durch einen sehr steilen Temperaturgradienten in der Schmelze kann dieser Fall unterdrückt werden. Konstitutionelle Unterkühlung ist gewöhnlich die Ursache von Dendritenbildung in Legierungen (Abb. 8.24).

8.3.3.3 Erstarrung eutektischer Legierungen

Besondere Formen der Erstarrungsgefüge findet man bei eutektischen Legierungen. Bei der eutektischen Zusammensetzung erstarren am Schmelzpunkt die beiden festen Phasen mit unterschiedlicher Zusammensetzung gleichzeitig aus der Schmelze. Der diffusionsgesteuerte Konzentrationsaustausch ist bei rascher Erstarrung aber nur über kurze Strecken möglich, so daß sich ein lamellenhaftes Gefüge ausbildet (Abb. 8.25b). Bei anderen Zusammensetzungen scheidet sich zunächst ein primärer Mischkristall aus (gewöhnlich dendritisch, wegen konstitutioneller Unterkühlung), bis die Restschmelze die eutektische Zusammensetzung erreicht und dann in lamellarer Form erstarrt (Abb. 8.25c). Nimmt man die Erstarrung einer eutektischen Schmelze gerichtet vor, so kann man unter geeigneten Bedingungen die beiden Phasen in kontinuierlichen Lamellen oder Stengeln erhalten. Der Lamellabstand ℓ wird hauptsächlich durch die Abkühlgeschwindigkeit R gegeben,

$$\ell^2 \cdot R = \text{const.} \tag{8.9}$$

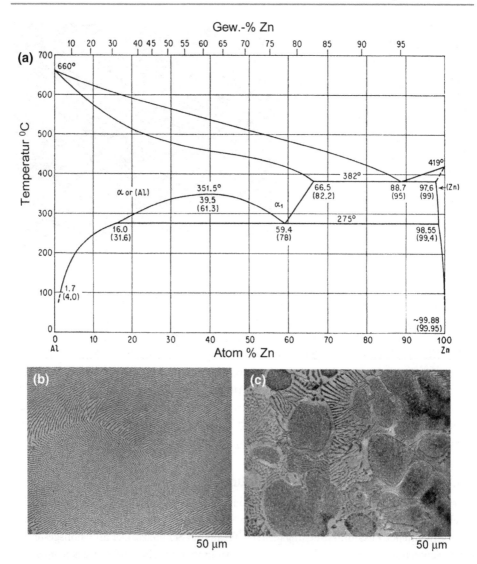

Abb. 8.25 Erstarrung im eutektischen System Al-Zn. **a** Zustandsdiagramm; **b** Gefüge bei 90 % Zn eutektische Zusammensetzung; **c** Gefüge bei 75 % Zn; zwischen den Primärkristallen befindet sich ein lamellares eutektisches Gefüge

Bei hohen Abkühlgeschwindigkeiten erhält man also kleine Lamellenabstände. Das gerichtet erstarrte eutektische Gefüge entspricht dem eines faserverstärkten Verbundwerkstoffs (Abb. 8.26). Da dieser aber nicht synthetisch erzeugt wird, spricht man von einem in-situ Verbundwerkstoff. Wichtige Beispiele sind die Hochtemperaturwerkstoffe, die z. B. für Turbinenschaufeln benutzt werden, wo bestimmte mechanische Eigenschaften in gewissen

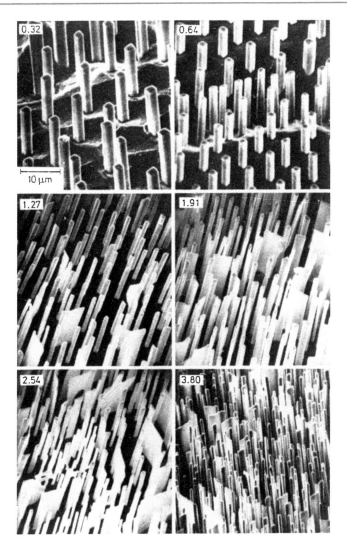

Abb. 8.26   Gerichtet erstarrtes eutektisches Gefüge im System Co-Ni-Cr-Ta-C (COTAC 3), bei verschiedenen Erstarrungsgeschwindigkeiten (in cm/h). Die TaC-Fasern wurden durch chemisches Entfernen der Matrix freigelegt [12]

Raumrichtungen erforderlich sind. Ein Beispiel sind die COTAC-Werkstoffe, die neben Co, Ni und Cr außerdem hauptsächlich Ta und C enthalten. Dann scheidet sich TaC faserförmig mit dem ternären Mischkristall aus (Abb. 8.26).

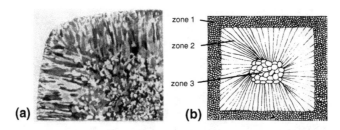

Abb. 8.27 Gefügeausbildung in einem Gußstück. **a** Gefüge eines Fe-4 %Si Gußblockes; **b** schematisch: *1* — Rand-, *2* — Stengelkristall-, *3* — globulitische Innenzone

Abb. 8.28 Gußblock aus Reinstaluminium

8.4   Gefüge des Gußstücks

Das typische Gefüge eines Gußblocks (Abb. 8.27) besteht aus drei Zonen: a) der feinkörnigen, regellos orientierten Randzone, b) der Stengelkristallzone mit starker Vorzugsrichtung und c) der Zone globulitischer Körner mit regelloser Orientierung.

Diese Zonenbildung erklärt sich daher, daß zunächst am Rand der Gießform viele regellos orientierte Körner durch heterogene Keimbildung entstehen. Bei weiterem Wachstum der Keime kommt es zu einer Wachstumsauslese, bei der nur diejenigen Körner überleben, die in Erstarrungsrichtung (also Richtung Kokillenmitte) die größte Wachstumsgeschwindigkeit haben. Da die Wachstumsgeschwindigkeit von der kristallographischen Orientierung abhängt, haben die Stengelkristalle eine Vorzugsrichtung, d. h. eine Textur. Diese Textur wird als Gußtextur bezeichnet. Die innere globulitische Zone wird zumeist von Verunreinigungen verursacht, die einen hohen Schmelzpunkt haben und sich deshalb in der am längsten flüssigen Zone anreichern. An ihnen findet schließlich Keimbildung statt, die zu einem feinkörnigen globulitischen Gefüge führt. In ganz reinen metallischen Schmelzen fehlt daher die innere Keimbildungszone (Abb. 8.28). Das Ausmaß der einzelnen Zonen hängt entscheidend von den Temperaturverhältnissen ab (Abb. 8.29). Bei hohen Guß- und Kokillentemperaturen löst man die Verunreinigungen auf, und es kommt wegen

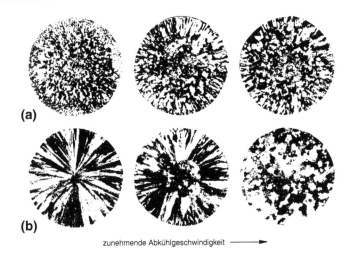

zunehmende Abkühlgeschwindigkeit ⟶

Abb. 8.29 Gußgefüge von technisch reinem Aluminium in Abhängigkeit von der Kokillentempe-
ratur. **a** Gießtemperatur 700 °C; **b** Gießtemperatur 900 °C

langsamer Abkühlung zu ganz ausgeprägten Stengelkristallen. Sind Gieß- und Kokillen-
temperatur klein, erhält man eine hohe Keimbildungsrate und entsprechend eine große
globulitische Zone.

8.5 Fehler des Gußgefüges

Die meisten Metalle und Oxide haben im flüssigen Zustand ein größeres spezifisches Volumen als im festen Zustand. Entsprechend tritt bei der Erstarrung eine Volumenkontraktion
auf. Die Folge ist die Ausbildung eines makroskopischen Hohlraums in der Mitte des Gußstückes, der als „Lunker" bezeichnet wird (Abb. 8.30). Außer den Makrolunkern können
auch zwischen den einzelnen Kristalliten kleine Hohlräume (Mikrolunker) entstehen. Man
spricht dann von porösem Guß.

Eine andere Fehlererscheinung erklärt sich dadurch, daß Schmelzen eine erheblich
größere Gasmenge als der kristalline Festkörper aufnehmen können (Abb. 8.31). Bei der
Erstarrung vereinigen sich die Gasmoleküle zu Gasblasen, die entweder im flüssigen Ma-
terial aufsteigen und dadurch eine starke Bewegung der Schmelze hervorrufen, oder die
Gasblasen werden im Gußstück eingeschlossen, wodurch ebenfalls Poren erzeugt werden
(Gasblasenseigerungen) (Abb. 8.32).

Bei der Erstarrung von Legierungen (oder Mehrkomponenten-Schmelzen) können
Entmischungserscheinungen auftreten, die als Seigerungen bezeichnet werden. Solche
Seigerungen entstehen bspw. durch große Dichteunterschiede der beteiligten Kompo-
nenten (Abb. 8.33) (Schwereseigerungen), durch Ansammlung von Verunreinigungen an

Abb. 8.30 Lunker in einem Zinkgußblock

Abb.8.31 Temperaturabhängigkeit der Wasserstofflöslichkeit in Metallen. Am Schmelzpunkt ändert sich die Löslichkeit sprunghaft (nach [13])

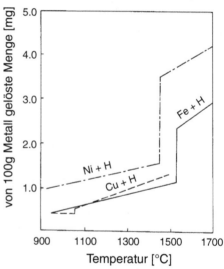

bestimmten Stellen des Gußstückes (Blockseigerungen) und durch Konzentrationsunterschiede innerhalb eines Mischkristalls (Kristallseigerungen oder Zonenkristalle) infolge der in Abschn. 8.3.3.2 (Erstarrung von Legierungen) beschriebenen Beschränkungen des Konzentrationsausgleichs im Kristall. Diese Kristallseigerung kann aber durch nachträgliche Homogenisierungsglühung behoben werden (Abb. 8.34), während eine Beseitigung der anderen Seigerungserscheinungen praktisch ausgeschlossen ist.

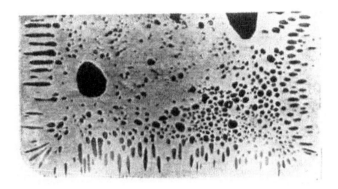

Abb. 8.32 Gasblasenentwicklung in einem Gußblock aus unberuhigtem Stahl. Die Entbindung von CO bei der Frischreaktion führt zur Bildung von Gasblasen im erstarrten Gußblock [14]

8.6 Schnelle Erstarrung von Metallen und Legierungen

8.6.1 Quasikristalle

Eine immer schnellere Abkühlung aus der Schmelze schlägt sich in starken morphologischen Änderungen des erstarrten Gefüges, der Zusammensetzung bei Legierungen und schließlich sogar des kristallinen Zustandes nieder. Generell wird das Erstarrungsgefüge bei rascher Abkühlung feiner. In Systemen mit begrenzter Mischbarkeit werden mit zunehmender Abkühlrate die Löslichkeitsgrenzen zu höheren Konzentrationen verschoben (übersättigte Mischkristalle), und bei Systemen mit intermetallischen Phasen treten häufig andere metastabile Phasen auf, meist mit einfacheren Kristallstrukturen. Bei noch höherer Abkühlgeschwindigkeit wird schließlich ein mikrokristallines Gefüge erreicht (Korndurchmesser unter 1 μm). In einigen Systemen (z. B. Al-Mn) werden sog. Quasikristalle gebildet, die den strengen Prinzipien der Kristallsymmetrie nur unvollständig genügen (Auftreten einer unerlaubten fünfzähligen Rotationssymmetrie). Eine solche Anordnung kann bspw. aus zwei unterschiedlichen Strukturelementen bestehen, deren Zusammenfügen keine ferngeordnete Atomanordnung ergibt, aber eine fünfzählige Rotationssymmetrie besitzt (Penrose-Muster, Abb. 2.26a). Derartige Strukturen lassen sich im Elektronenmikroskop auch tatsächlich nachweisen (Abb. 2.26b). Das Anwendungspotential für quasikristalline Werkstoffe ist noch nicht absehbar, aber einige Systeme verfügen über große Härte und schlechte Benetzbarkeit, was sie für Beschichtungen interessant macht. Ebenfalls erwartet man spezielle elektrische Eigenschaften von diesen Materialien.

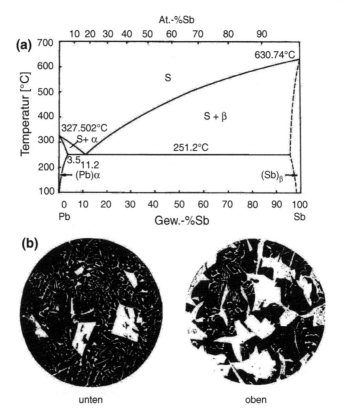

Abb. 8.33 Schwereseigerungen im System Blei-Antimon. **a** Zustandsdiagramm; **b** Schliffbild des Gußblocks am unteren und oberen Ende einer übereutektischen Legierung (leichtere antimonreiche Mischkristalle hell) [15, S. 235]

8.6.2 Massive metallische Gläser

Bei sehr hohen Abkühlgeschwindigkeiten (10^5–10^6 K/s) erstarren schließlich sogar Metalle und Legierungen amorph. Übliche technologische Verfahren für amorphe Erstarrung metallischer Werkstoffe, d. h. zur Herstellung sog. metallischer Gläser, sind

- Eingießen der Schmelze zwischen gekühlte Walzzylinder (roller quenching)
- Aufspritzen auf eine gekühlte rotierende Platte (melt spinning)
- Aufdampfen auf ein stark gekühltes Substrat.

Die Bedingung sehr hoher Abkühlgeschwindigkeit zur Herstellung metallischer Gläser setzt ein großes Verhältnis von Oberfläche zu Volumen voraus, um die Wärme schnell abführen zu können. Deshalb wurden metallische Gläser speziell als dünne Bänder gefertigt, was sich in einer eingeschränkte Geometrie von möglichen Produkten niederschlägt. Diese Beschränkung hat auch die technische Verwendung von metallischen Gläsern erheblich be-

Abb. 8.34 a Dendritische Zonenkristalle einer Gußbronze (90 % Cu, 10 % Sn). Der Konzentrationsunterschied wird durch eine Resistenzgrenze deutlich. **b** Nach 30 min Homogenisierung bei 650 °C hat ein Konzentrationsausgleich stattgefunden. Die Helligkeitsunterschiede beruhen hier auf Kornflächenätzung [15, S. 230, 231]

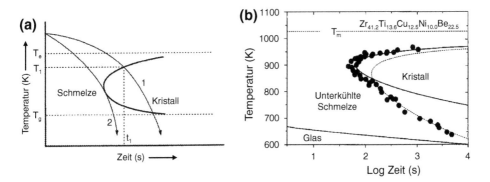

Abb. 8.35 a Schematisches Zeit-Temperatur-Umwandlungs-Diagramm (ZTU-Diagramm) zum Verständnis von Kristall- und Glasbildung. Ist die Abkühlrate hoch genug (Kurve 2) so wird die Kristallisation unterdrückt. Bei Abkühlrate 1 erhält man einen kristallinen Festkörper. **b** ZTU-Diagramm eines massiven metallischen Glases auf Zr-Basis ([16])

einträchtigt. Einen bedeutenden Aufschwung haben die metallischen Gläser erst erfahren, als es möglich wurde, massive metallische Gläser herzustellen, beispielsweise Zylinder mit mehreren Zentimetern Durchmesser. Daraus lassen sich nun massive Bauteile für technische Anwendungen fertigen.

Die Entwicklung massiver metallischer Gläser beruht auf der Erkenntnis, dass die Keimbildung der Kristallisation einen Diffusionsvorgang zur Herstellung der kristallinen Phase voraussetzt. In Legierungssystemen mit sehr komplexer Struktur der Elementarzelle ist daher die Kristallisation erschwert, so dass man bereits bei geringen Abkühlungsraten die Schmelze unterkühlen und schließlich zum Glas erstarren lassen kann. Die notwendigen

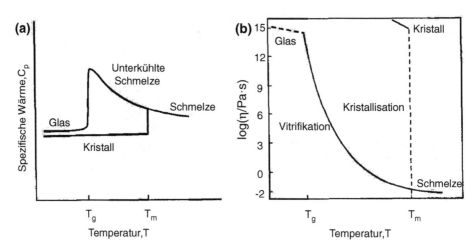

Abb. 8.36 Schematische Temperaturabhängigkeit der spezifischen Wärme (**a**) und der Viskosität (**b**) eines Kristalls und eines Glases [17]

Abkühlungsraten liegen bereits in der Größenordnung der Abkühlgeschwindigkeit von konventionellen Gießverfahren.

Entsprechende Legierungssysteme werden auch heute noch überwiegend empirisch entwickelt. Das ist darauf zurückzuführen, dass es zwar viele Ansätze, aber kein allgemein gültiges Kriterium für die Neigung von Legierungssystemen zur metallischen Glasbildung gibt, das für eine computergestützte kombinatorische Legierungsentwicklung genutzt werden könnte. Einen guten Leitfaden für die Erzeugung von Legierungssystemen für Glasbildung geben aber empirische Regeln.

1. Die Legierung muss aus mindestens drei Komponenten bestehen. Mit steigender Zahl von Legierungselementen nimmt die Neigung zur Glasbildung zu.
2. Die Atomgrößen der Legierungspartner sollten möglichst unterschiedlich sein, mindestens jedoch 12 %. Dadurch wird die atomistische Struktur der Elementarzelle verkompliziert und somit die Kristallisation erschwert.
3. Die Hauptkomponenten sollten eine negative Mischungsenthalpie besitzen. Dadurch wird eine homogene Durchmischung der Elemente begünstigt.
4. In aller Regel haben massive metallische Gläser eine eutektische oder nahe-eutektische Zusammensetzung. Bei tiefen Eutektika ist bereits die Schmelztemperatur sehr niedrig, so dass eine geringe Abkühlung genügt, die Diffusion und damit die Keimbildung der kristallinen Phase erheblich zu beeinträchtigen und somit die Glasbildung zu begünstigen.

Grundsätzlich erhält man Glasbildung immer dann, wenn die Abkühlgeschwindigkeit größer ist als die maximale Keimbildungsgeschwindigkeit der Kristallisation. Der Kehrwert der Keimbildungsrate entspricht der Zeit zum Beginn der Keimbildung, t_K.

Trägt man daher in einem $t_K(T)$ Diagramm (entsprechend dem ZTU-Diagramm der Festkörperumwandlung in Abschn. 9.2.3.1), so erhält man mit Gl. (8.2) und (8.3) und der Tatsache, dass die freie Umwandlungsenthalpie unterhalb des Schmelzpunktes mit abnehmender Temperatur zunimmt (Abb. 8.3) einen C-förmigen Verlauf von $t_K(T)$ (Abb. 8.35), vergleichbar mit einer Spiegelung und 90° Drehung von Abb. 8.5. Vergleicht man $t_K(T)$ mit der Abkühlkurve $T(t)$, so erhält man die mindestens notwendige Abkühlrate zur Unterdrückung der Kristallisation (Abkühlkurve 2 in Abb. 8.35a).

Wird ein metallisches Glas unter die Schmelztemperatur (Liquidustemperatur) T_m abgekühlt, so verhält es sich wie eine unterkühlte Schmelze, d. h. sein Zustand ändert sich mit fallender Temperatur stetig gemäß der Änderung seiner freien Enthalpie (Abb. 8.3) oder seiner spezifischen Wärme (Abb. 8.36a). Bei einer gewissen Temperatur T_G, der Glasübergangstemperatur, erstarrt (relaxiert) die Legierung in eine Struktur, die sich bei weiterer Abkühlung nicht mehr ändert. Dieser Übergang äußert sich in einem dramatischen Anstieg der Viskosität (Abb. 8.36b). Die Viskosität einer Flüssigkeit ist ein Maß für ihre Zähflüssigkeit, d. h. für ihren Fließwiderstand. Bei einer idealen (Newtonschen) Flüssigkeit ist im Scherversuch die Schubspannung τ der Schergeschwindigkeit $\dot{\gamma}$ proportional:

$$\tau = \eta\dot{\gamma} \tag{8.10}$$

Dabei ist η die Viskosität und hat die Dimension [Pa·s]. Zum Beispiel hat Wasser bei Raumtemperatur etwa die Viskosität $\eta_{H_2O} = 10^{-2}$ [Pa·s], Silikatglas bei 600 °C dagegen etwa $\eta_{Glas} = 10^{+12}$ [Pa·s]. Die Glasübergangstemperatur T_G wird vereinbarungsgemäß dadurch definiert, dass die Viskosität den Wert 10^{12} [Pa·s] erreicht.

Metallische Gläser sind - im Gegensatz zu Silikatgläsern - grundsätzlich instabil. Wärmt man ein metallisches Glas von einer Temperatur $T < T_G$ auf, so geht es bei T_G in den Zustand der unterkühlten Schmelze über und kristallisiert schließlich bei der Temperatur T_x, der Kristallisationstemperatur, wobei $T_G < T_x < T_m$. Die Differenz $\Delta T_x = T_x - T_G$ ist ein Maß für die Stabilität des metallischen Glases und daher eines seiner wesentlichen Charakteristika.

8.7   Erstarrung von Nichtmetallen: Gläser und Hochpolymere

(a) Ionenkristalle und Gläser. Das Kristallisationsverhalten der meisten Ionenkristalle ist denen der Metalle sehr ähnlich. Einige lassen sich jedoch bei geeigneter Abkühlung leicht in den Zustand der permanent unterkühlten Schmelze überführen. Dazu gehören bei den keramischen Werkstoffen die Silikate, bspw. die Na-K-Silikate, die wir als gewöhnliches Glas kennen. Der eigentliche Glaszustand wird von dem Zustand der unterkühlten Schmelze unterschieden (Abb. 8.37). Kühlt man nämlich eine Schmelze ab, so ändert sich der Zustand der Schmelze ständig entsprechend ihrem Gleichgewicht bei der gegebenen Temperatur,

Abb. 8.37 Schematische Darstellung der Eigenschafts-Temperatur-Kurven von Hochpolymeren und silikattechnischen Werkstoffen. *1* — Schmelze (flüssiger Zustand); *2* — Zustand unterkühlter Schmelze; *3* — Gleichgewichtszustand der unterkühlten Schmelze; *4* — Glaszustand; *5* — kristalliner Zustand

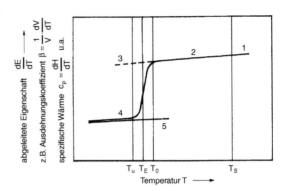

womit eine stetige Erhöhung des Ordnungsgrades verbunden ist. Unterhalb einer Temperatur T_E friert jedoch die thermische Bewegung ein, und die Anordnung der Moleküle ändert sich nicht mehr. Unterhalb dieser Einfriertemperatur T_E wird das Material als Glas bezeichnet, wenn es amorph geblieben ist.

Bei Temperaturerhöhung kann ein amorphes Material kristallisieren, wie z. B. die metallischen Gläser, oder in den Zustand der unterkühlten Schmelze übergehen, wie bspw. die Silikatwerkstoffe. Durch zugefügte Keimbildner, wie TiO_2, Cr_2O_3 oder P_2O_5 oder entsprechende Temperaturführung bei der Wärmebehandlung kann man auch Gläser kristallisieren. Diese kristallisierten Gläser werden als „Vitrokerame" oder „Glaskeramik" bezeichnet. Kristallgröße und Kristallisationsgrad lassen sich über das Temperaturprogramm steuern, wodurch Transparenz, Wärmeausdehnung und mechanische Bearbeitbarkeit beeinflußt werden können.

(b) Hochpolymere. Für die Kristallisation von Hochpolymeren gelten die gleichen physikalischen Prinzipien wie für die Metalle oder Ionenkristalle. Wegen der von einer globulitischen Gestalt weit entfernten Form der Makromoleküle, ergeben sich jedoch Besonderheiten bei der Kristallisation.

Je einfacher und räumlich symmetrischer die Molekülketten aufgebaut sind, desto umfangreicher findet eine Ausrichtung benachbarter Moleküle statt. Dagegen wird eine geordnete Struktur durch unsymmetrischen Molekülaufbau oder durch Verknäueln der Fadenmoleküle in ihrer Entstehung behindert. Wichtig zur Kristallisation ist nicht nur die regelmäßige Struktur der Molekülketten, sondern auch Art und Größe der zwischenmolekularen Wechselwirkungen. Zum Beispiel läßt sich das Polyisobutylen $[-CH_2 - C(CH_3)_2-]_n$ nur bei starker Dehnung kristallisieren, weil ansonsten die zwischenmolekularen Kräfte, hier allein die Dispersionskräfte, zur Kristallisation nicht ausreichen.

Auch bei Polymeren versucht ein Keim, eine möglichst kleine Oberfläche anzunehmen, also eine Kugelgestalt. Da aber die Kristallisationswärme Δg_u nur dann einen genügend großen Wert annimmt, wenn die Moleküle gestreckt und parallel gelagert sind,

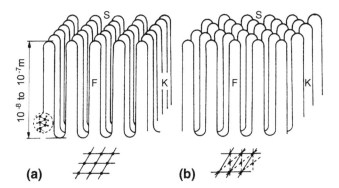

Abb. 8.38 Schematische Darstellung der Bildung einer Lamelle durch Faltung von Makromolekülen (idealisierte Faltung). Ansicht von der Seite und Projektion von oben. **a** Faltung in gedeckter Lage (z. B. bei Polyamid); **b** Faltung auf Lücke (z. B. Polyethylen)

Abb. 8.39 Schematische Darstellung einer Schaschlik-Struktur (lineares Polyethylen)

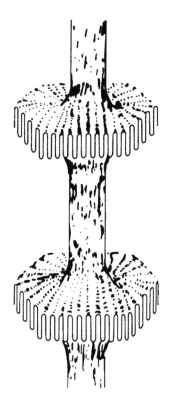

verbindet sich damit die Forderung, daß die Moleküle im Keim gefaltet sein müssen. Solche „Faltenkeime" entstehen bereits in der Schmelze in Form von Lamellen (Abb. 8.38). Wie bei Metallen und Ionenkristallen werden homogene und heterogene Keimbildung

unterschieden. Heterogene Keimbildung (auch sekundäre Keimbildung genannt) wird gewöhnlich durch Zusatz von Fremdkeimen erzwungen, bspw. durch Alkalisalze in Polyamid.

Die Kristallwachstumsgeschwindigkeit v_K ist von Polymer zu Polymer sehr verschieden, da sie von der Molekülstruktur überaus stark abhängt. Symmetrisch aufgebaute
Moleküle kristallisieren sehr rasch (z. B. Polyethylen: $v_K = 5 \cdot 10^{-3}$ m/min), während
komplizierte Moleküle mit sperrigen Seitengruppen nur langsam wachsen (z. B. PVC:
$v_K = 1 \cdot 10^{-8}$ m/min). Die Größe von v_K wird natürlich auch durch die Unterkühlung
bestimmt.

Die kristallinen Bereiche sind bei Polymeren klein im Verhältnis zur Moleküllänge.
Ein Makromolekül wird daher zumeist mehreren Kristalliten angehören, zwischen denen
Gebiete mit amorpher Struktur existieren. Die technischen Polymere liegen entweder im
teilkristallinen Zustand oder amorph vor. Der Kristallisationsgrad beträgt in der Regel
40–60 %, bei einigen maximal 90 %, und nur in Sonderfällen sind Werte von mehr als
95 % erreicht worden. Für die mechanischen Eigenschaften sind die amorphen Bereiche
bedeutungsvoll. Völlig kristalline Hochpolymere wären sehr spröde.

Unter günstigen Kristallisationsbedingungen können große Faltungsblöcke entstehen,
die sich beim Abkühlen zu noch größeren polykristallinen Einheiten zusammenlagern können. Es entstehen dann sog. „kugelförmige Überstrukturen" mit Durchmesser bis zu 1 mm.
Durch Verzweigung oder seitlicher Anlagerung an Fibrillen entstehen sog. „Schaschlik-
Strukturen", z. B. beim Polyethylen (Abb. 8.39).

Kristalline Überstrukturen haben für die Praxis zumeist nachteilige Eigenschaften, da sie
eher zu Rißbildung neigen als feinkörnige Gefüge.

8.8   Aufgaben

8.1 a) Leiten Sie für die homogene Keimbildung würfelförmiger Keime aus der Schmelze
        einen Ausdruck für die kritische Kantenlänge d_c des Keims sowie für die kritische
        Keimbildungsarbeit $\Delta G(d_c)$ her.
     b) Die Änderung der spezifischen freien Enthalpie sei proportional zur Unterkühlung.
        Wie ändern sich die kritische Kantenlänge des Keims und die Keimbildungsarbeit
        bei einer Verdoppelung der Unterkühlung?
     c) Wie groß ist die Keimbildungsarbeit für eine Umwandlung im Festen, wenn durch
        die Volumenänderung eine elastische Dehnung von 1 % aufgewendet wird und eine
        Unterkühlung von $\Delta T = 50$ K vorliegt? (Bsp. Kupfer: E = 130 GPa, $\gamma = 1$ J/m²,
        $\Delta h = 1{,}6 \cdot 10^9$ J/m³)

8.2 Berechnen Sie unter der Verwendung des Ergebnisses von Aufgabe 1c) das Maximum
     der Keimbildungsgeschwindigkeit $\dot{N}$ für homogene Keimbildung von der Temperatur
     und diskutieren Sie diese Kurve.

8.3 Bei der heterogenen Keimbildung auf einer ebenen Oberfläche wird die Keimbildungsarbeit um den Faktor f mit $f = \frac{1}{4} \cdot (2 + \cos\theta) \cdot (1 - \cos\theta)^2$ vermindert.

   a) Leiten Sie diese Beziehung für f her.

   b) Wie groß wäre die Keimbildungsarbeit für vollständige Benetzbarkeit und was bedeutet das für die Erstarrung?

8.4 a) Berechnen Sie für homogene und für heterogene Keimbildung (mit $f = 0{,}25$) die auf konstantes $\dot{N}_0$ bezogene Keimbildungsgeschwindigkeit $\dot{N}$ für Cu bei $T = 1078\,°C$ bei einer kritischen Keimbildungsarbeit $G_K(T) = \Delta G_K(1078\,°C) = 1\,eV$ pro Atom.

   b) Berechnen Sie den Vorfaktor $\dot{N}_0$. Nehmen Sie dazu an, dass sich $\dot{N}_0$ aus der Debyefrequenz multipliziert mit der reziproken Anzahl der Atome, die in einen Keim mit dem kritischen Radius $r_{krit} = 10^{-6}\,m$ hineinpassen, ergibt ($a_{Cu} = 0{,}36\,nm$, $\nu_D \approx 10^{13}\,s^{-1}$).

8.5 Konstruieren Sie folgende zweidimensionale Wulff-Diagramme ($x = [100]$, $y = [010]$). $K_W = 0{,}03\,Jm^{-3}$, $\gamma_{(100)} = 1{,}2\,Jm^{-2}$, $\gamma_{(110)} = 1{,}2\,Jm^{-2}$, $\gamma_{(010)} = 0{,}7\,Jm^{-2}$.

8.6 In einem Metall hat die $\{111\}$-Ebene die kleinste Energie, die $\{110\}$- Ebene die höchste Energie und die $\{100\}$-Ebene die kleinste Wachstumsgeschwindigkeit. Welche Gestalt des erstarrten Kristalls erwarten Sie?

8.7 Berechnen Sie die Keimbildungsgeschwindigkeit am Beispiel von Kupfer nach der Theorie von Kossel und Stranski. ($\gamma = 1\,J/m^2$, $\Delta g_u = 60\,MPa$, $T = 1273\,K$)

8.8 a) In einem länglichen Tiegel mit Querschnitt q erstarre eine Schmelze der Zusammensetzung c_0 mit einer ebenen Erstarrungsfront. Berechnen Sie den Konzentrationsverlauf $c_K(x)$ im Kristall unter den Voraussetzungen, dass keine Diffusion im Festen, aber vollständiger Konzentrationsausgleich in der Schmelze stattfindet (Scheil-Modell).

   b) Zur Reinigung eines Blocks Ag - 0,5 wt. % Cu (Länge $l = 30\,cm$) wird das Verfahren des Zonenschmelzens durchgeführt. Berechnen Sie die Restkonzentration an Kupfer am Ort $x = 10\,cm$ nach 3 Durchgängen (Verteilungskoeffizient $k = 0{,}6$)

8.9 Berechnen und zeichnen Sie die Form eines Lunkers (d. h. $h = f(r)$), der bei der Erstarrung einer zylinderförmigen Probe entsteht, die nur über ihre Mantelfläche abgekühlt wird.

Literatur

1. Sauerwald F (1929) Lehrbuch der Metallkunde des Eisens und der Nichteisenmetalle. Springer, Berlin
2. Debye P, Menke H (1938) Ergebn Techn Röntgenkunde 2:18
3. Tammann G, Aggregatzustände, Leipzig, S 223
4. Scheil E (1940) Z Metallkunde 32:171
5. Horn L, Masing G (1940) Z Elektrochemie 46:109

6. Murr LE (1975) Interfacial phenomena in metals and alloys. Addison Publishing Company, London, S 8

7. Archiv des Institut für Metallkunde und Metallphysik, RWTH Aachen

8. Schatt W (1981) Einführung in die Werkstoffwissenschaften. VEB Verlag für Grundstoffindustrie, Leipzig, S 121

9. Esaka, Straunke, Kurz (1985) Columnar Dendrite Growth in SCN-Acetone(Videobänder). EPFL-Lausanne

10. Huang SC, Glicksman ME (1981) Acta Metall 29:717

11. Gottstein G, Murmann HC, Renner G, Simpson C, Lücke K (1978) Textures of materials, Bd. 1. Springer, Berlin, S 530

12. Donomoto T, Miura N, Funatani K, Miyake N (1983) Ceramic fiber reinforced piston for high performance diesel engine. SAE Technical Paper No. 83052, Detroit, MI

13. Sieverts A (1929) Z Metallkunde 21:37

14. Archiv des Instituts für Eisenhüttenkunde, RWTH Aachen

15. Masing G (1950) Lehrbuch der Allgemeinen Metallkunde. Springer, Berlin

16. Busch R, Schroers J, Wang WH (2007) MRS Bull 32:620

17. Suryanarayana C, Inoue A (2011) Bulk metallic glasses. CRS Press, S 19

Umwandlungen im festen Zustand 9

9.1 Reine Metalle

Die Kristallstruktur eines Metalls muß nicht notwendigerweise bei allen Temperaturen unterhalb des Schmelzpunktes stabil sein. Das rührt daher, daß ein Metall diejenige Kristallstruktur einnimmt, die der geringsten freien Enthalpie entspricht, auch wenn andere Kristallstrukturen nur eine geringfügig höhere Energie besitzen. Letzteres ist sogar fast immer der Fall: die Bindungsenergie E_0 eines Metalls wird nur sehr wenig von seiner Atomanordnung bestimmt. Zum Beispiel macht die Umwandlungswärme des Natriums von der krz zur hexagonalen Struktur (bei 36 K) nur $E_0/1000$ aus. Die Hauptbeiträge der Bindung werden durch die Elektronenstruktur bestimmt, wobei kleine Änderungen zu einer Instabilität der Kristallstruktur führen können, z. B. durch innere Felder beim Ferromagnetismus. Letzteres ist der Grund für die ferromagnetische krz-Struktur des Eisens (α-Fe) bei niedrigen Temperaturen.

Die verschiedenen Kristallstrukturen eines Elements im festen Zustand nennt man seine allotropen Modifikationen. Sie kommen je nach Element bei sehr unterschiedlichen Temperaturen vor. Häufig treten sogar mehrere solche Phasenumwandlungen im festen Zustand auf (Tab. 9.1). Tritt die gleiche Kristallstruktur in verschiedenen Temperaturbereichen auf, so lassen sich physikalische Eigenschaften zwischen den Bereichen häufig stetig fortsetzen, wie z. B. die thermische Ausdehnung in Fe (Abb. 9.1). In beiden krz-Phasen α und δ folgt die thermische Ausdehnung der gleichen Gesetzmäßigkeit, aber verschieden von derjenigen der kfz γ-Phase.

G. Gottstein, *Materialwissenschaft und Werkstofftechnik*, Springer-Lehrbuch,
DOI: 10.1007/978-3-642-36603-1_9, © Springer-Verlag Berlin Heidelberg 2014

Tab. 9.1 Allotrope Modifikationen einiger Elemente[#)]

Element	O.Z.	Phase	Struktur	a/c [Å]	U-Temp. [°C]
Calcium (Ca)	20	α	kfz	5.58	
					$\alpha \xrightarrow{464} \gamma$
		γ	krz	4.48	
Kobalt (Co)	27	α	hdp	2.51/407	
					$\alpha \xrightarrow{450} \beta$
		β	kfz	3.54	
Eisen (Fe)	26	α	krz	2.87	
					$\alpha \xrightarrow{909} \gamma$
		γ	kfz	3.67	
					$\gamma \xrightarrow{1388} \delta$
		δ	krz	2.93	
Samarium (Sm)	62	α	hdp	3.62/26.25	
					$\alpha \xrightarrow{917} \beta$
		β	krz	4.07	
Zinn (Sn)	50	α (grau)	kub	6.49	
					$\alpha \xrightarrow{13.2} \beta$
		β (weiß)	tetr	5.83/3.18	
Strontium (Sr)	38	α	kfz	6.09	
					$\alpha \xrightarrow{225} \beta$
		β	hdp	4.32/7.06	
					$\beta \xrightarrow{570} \gamma$
		γ	krz	4.85	
Titan (Ti)	22	α	hdp	2.95/4.68	
					$\alpha \xrightarrow{882} \beta$
		β	krz	3.31	
Uran (U)	92	α	orthor		
					$\alpha \xrightarrow{662} \beta$
		β	tetr	10.76/5.66	
					$\beta \xrightarrow{775} \gamma$
		γ	krz	3.53	

[#)] O.Z. — Ordnungszahl; U-Temp. — Umwandlungstemperatur

9.2   Legierungen

9.2.1   Umwandlungen mit Konzentrationsänderung

9.2.1.1 Fallunterscheidungen

Bei Legierungen kann es wie beim Phasenübergang flüssig-fest auch bei Umwandlungen im Festen zu verschiedenen Reaktionen kommen, die in Abb. 9.2 schematisch skizziert sind. Im Grunde sind drei Fälle zu unterscheiden:

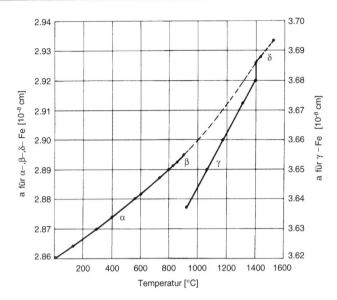

Abb. 9.1 Temperaturabhängigkeit der Gitterkonstanten von Eisen (nach [1])

1. Auflösung oder Ausscheidung einer zweiten Phase bei Überschreitung nur einer Phasengrenze: $\alpha \to \alpha + \beta$ oder $\gamma + \alpha \to \alpha$ (z. B. $a - b$, $a' - b'$)
2. Umwandlung einer Kristallart in eine andere mit gleicher Zusammensetzung bei Überschreitung von zwei Phasengrenzen: $\gamma \to \beta$ (z. B. $c - d$, $c' - d'$)
3. Zerfall einer Phase in mehrere neue Phasen bei Überschreiten von drei Phasengrenzlinien $\gamma \to \alpha + \beta$ (z. B. $e - f$, $e' - f'$). Ein Sonderfall ist der eutektoide Zerfall $e'' - f''$.

Mit Ausnahme des 2. Falles ist mit einer Umwandlung also immer auch eine Konzentrationsänderung verbunden, wozu Diffusionsprozesse erforderlich sind. Umwandlungen mit Konzentrationsänderung sind also diffusiongesteuerte Phasenübergänge.

9.2.1.2 Thermodynamik der Entmischung

Wir wollen zunächst den Fall betrachten, daß sich aus einer homogenen Phase α eine neue Phase β bildet, also die Reaktion: $\alpha \to \alpha + \beta$. Dabei gibt es grundsätzlich zwei Möglichkeiten:

1. β hat die gleiche Kristallstruktur wie α, aber eine andere Zusammensetzung. In diesem Fall nennt man die Phasenumwandlung auch Entmischung.
2. β hat eine andere Kristallstruktur und Zusammensetzung als α. Das ist der allgemeine Fall der Ausscheidung.

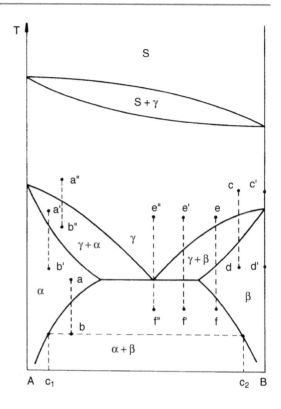

Den Fall der Entmischung kann man unter vereinfachenden Annahmen geschlossen berechnen. Dazu dient das quasi-chemische Modell der regulären Lösung, das wir im folgenden betrachten wollen.

Bei gegebener Temperatur und festem Druck wird das thermodynamische Gleichgewicht
durch das Minimum der freien Enthalpie G beschrieben.

$$G = H - TS \tag{9.1}$$

Die Enthalpie H beschränkt sich in diesem Modell auf Beiträge von Bindungen zwischen
benachbarten Atomen und wird gegeben durch die Bindungsenthalpien H_{AA}, H_{BB}, H_{AB}
zwischen benachbarten AA-, BB- oder AB-Atomen. Somit ergibt sich die Gesamtbindungsenthalpie, die auch als Mischungsenthalpie H_m bezeichnet wird:

$$H_m = N_{AA}H_{AA} + N_{BB}H_{BB} + N_{AB}H_{AB} \tag{9.2}$$

wobei N_{ij} die Gesamtzahl der Bindungen zwischen i und j Atomen ist ($i = A, B$;
$j = A, B$). Dabei wird angenommen, daß H_{ij} und deshalb auch H_m positiv sind. Die Ent-
halpie ist in diesem Modell daher nicht als Enthalpiegewinn ($H < 0$) eines Atoms beim
Übergang vom freien zum gebundenen Zustand zu verstehen, sondern als Differenz des

Bindungszustandes zu einem Referenzzustand mit absolut minimaler Enthalpie. Ein kleiner Wert von H bezeichnet deshalb einen stärker gebundenen (stabilen) Zustand als ein großer Enthalpiewert. Die Wahl des Referenzzustandes ist aber für die Rechnung unerheblich, da nur die Unterschiede zwischen den Enthalpieniveaus das physikalische Verhalten bestimmen.

Ist die Gesamtzahl der Atome N und die Anzahl der nächsten Nachbarn z (Koordinationszahl), so ist bei einer (atomaren) Konzentration c von B-Atomen $N_{BB} = 1/2Nzc^2$, denn es gibt $N \cdot c$ B-Atome und jedes B-Atom hat im Mittel $z \cdot c$ B-Atome als Nachbarn. Der Faktor 1/2 ergibt sich daraus, daß bei Betrachtung aller B-Atome jede BB-Bindung doppelt gezählt wird. Entsprechende Überlegungen für N_{AA} und N_{AB} ergeben:

$$H_m = \frac{1}{2}N \cdot z\left[(1-c)^2 H_{AA} + 2c(1-c)H_{AB} + c^2 H_{BB}\right]$$

$$= \frac{1}{2}N \cdot z\left[(1-c)H_{AA} + cH_{BB} + 2c(1-c)H_0\right] \tag{9.3}$$

mit $H_0 = H_{AB} - 1/2\,(H_{AA} + H_{BB})$. H_0 wird als Vertauschungsenergie bezeichnet, die man gewinnt ($H_0 < 0$) oder verliert ($H_0 > 0$), wenn man zwei AB-Bindungen aus je einer AA- und BB-Bindung herstellt. Der Sonderfall $H_0 = 0$ wird als ideale Lösung bezeichnet. Dann hängt die Bindungsenthalpie nicht von der Anordnung ab.

Die Entropie S setzt sich zusammen aus der Schwingungsentropie S_v und der Mischungsentropie S_m. Die Schwingungsentropie ist von der Größenordnung der Boltzmann-Konstanten k und in erster Näherung nicht von der Anordnung abhängig, so daß bei Legierungen

$$S \cong S_m \tag{9.4}$$

Die Mischungsentropie ergibt sich nach Boltzmann aus der Anordnungsvielfalt ω_m der N_A A-Atome und N_B B-Atome auf N Gitterplätzen.

$$S_m = k \ln \omega_m \tag{9.5a}$$

Die Zahl der möglichen unterscheidbaren Anordnungen ist

$$\omega_m = \frac{N!}{N_A! \cdot N_B!} \tag{9.5b}$$

Mit der Stirling Formel, die für $x > 5$ eine sehr gute Näherung liefert

$$\ln x! \cong x \ln x - x \tag{9.5c}$$

und $N_A = N(1 - c)$, $N_B = Nc$ erhält man für Gl. (9.5a)

$$S_m = -Nk \cdot \left[c \ln c + (1 - c) \ln(1 - c)\right] \tag{9.6}$$

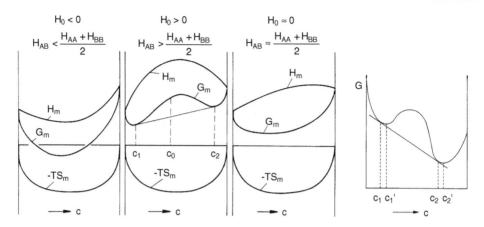

Abb. 9.3 Verlauf der freien Enthalpie einer regulären Mischung in Abhängigkeit von der Konzentration für verschiedene Werte der Vertauschungsenergie

S_m ist immer positiv, symmetrisch bezüglich $c = 0.5$ und nähert sich dem Wert Null mit unendlicher Steigung bei $c \rightarrow 0$ und $c \rightarrow 1$. Letzteres ist im übrigen der Grund für die Schwierigkeit, ganz reine Stoffe aus ihren Legierungen herzustellen, denn für $c \rightarrow 0$ ist der Gewinn dG an freier Enthalpie bei einer Konzentrationsänderung um dc (Verunreinigung) unendlich groß (im Fall unendlich großer Systeme).

Die freie Enthalpie der regulären Lösung G_m (freie Mischungsenthalpie) lautet mit Gl. (9.3) und (9.6):

$$G_m = 1/2Nz \cdot [(1 - c)H_{AA} + cH_{BB} + 2c(1 - c)H_0]$$
$$+ NkT \cdot [c \ln c + (1 - c) \ln(1 - c)] \tag{9.7}$$

Enthalpie, Entropie und freie Enthalpie (Summenkurve) sind in Abb. 9.3. schematisch dargestellt. Dabei sind zwei Fälle zu unterscheiden. Ist $H_0 \leq 0$, so ist der Verlauf $G_m(c)$ durch eine Kurve mit einem Minimum gegeben. Ist dagegen $H_0 > 0$, so hat $G_m(c)$ — bei hinreichend kleinerem T — zwei Minima, bei c_1' und c_2'. Ist $c_1 < c_0 < c_2$, so kann das System seine freie Enthalpie verringern, wenn es sich entmischt in ein Gemenge aus zwei Phasen mit den Konzentrationen c_1 und c_2. Die freie Enthalpie des Gemenges G_g ist durch die Gerade gegeben, die die $G_m(c)$-Kurve bei den Konzentrationen c_1 und c_2 berührt (Tangentenregel).

$$G_g = G_m(c_1) + \frac{c - c_1}{c_2 - c_1} \cdot (G_m(c_2) - G_m(c_1)) \tag{9.8}$$

Ist dagegen $H_0 < 0$, so ist jede Atomsorte bemüht, sich möglichst mit ungleichen Atomen zu umgeben. Dann kommt es statt zur Entmischung zu ausgeprägten Ordnungserscheinungen (vgl. Kap. 4).

Abb. 9.4 Theoretisches Zustandsdiagramm für eine reguläre Lösung mit Mischungslücke

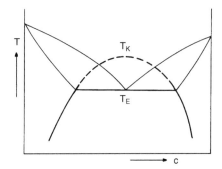

Abb. 9.5 Zustandsdiagramm von Au-Ni (nach [2])

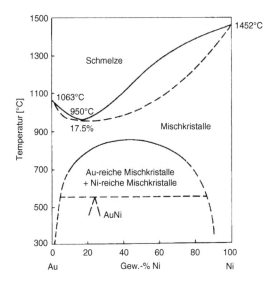

Für $c < c_1$ und $c > c_2$ hat dagegen die Mischung immer eine kleinere freie Enthalpie als jedes Gemenge, die Lösung ist immer einphasig. Entsprechend stellen c_1 und c_2 die Löslichkeitsgrenzen des Mischkristalls bei der Temperatur T dar. Die Abhängigkeit $c_1(T)$ entspricht also der Randlöslichkeit im Zustandsdiagramm des binären Systems $A - B$. Für den vereinfachten Fall $H_{AA} = H_{BB}$ ist $G_m(c)$ symmetrisch bezüglich $c = 0.5$, und bei c_1 und $c_2 = 1 - c_1$ hat $G_m(c)$ ein relatives Minimum. Die Löslichkeitsgrenze c_1 ergibt sich dann aus

$$\left.\frac{dG}{dc}\right|_{c=c_1} = 0 \tag{9.9}$$

Daraus erhält man

$$c_1(T) \cong \exp\left(-\frac{zH_0}{kT}\right) \tag{9.10}$$

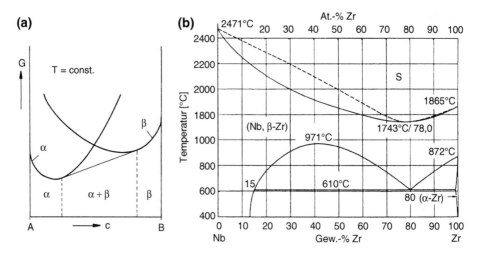

Abb. 9.6 a Verlauf der freien Enthalpie für ein System mit verschiedenen Phasen α und β, **b** Zustandsdiagramm Nb-Zr (nach [2])

Diese Abhängigkeit ist in Abb. 9.4 aufgetragen. Sie entspricht der Randlinie des Mischkristallbereichs im Zustandsdiagramm von Systemen mit begrenzter Löslichkeit, bspw. dem System Au-Ni (Abb. 9.5). In der Regel wird das Maximum nicht erreicht, weil die Legierung vorher schmilzt. Je nach Verlauf der Soliduslinie (monoton oder mit Minimum) erhält man dann ein peritektisches oder eutektisches Zustandsdiagramm (Abb. 9.4), wie in (Abschn. 4.2) ausführlich besprochen.

Haben die zwei Phasen α und β unterschiedliche Kristallstrukturen, so erhält man keine gemeinsame Kurve $G_m(c)$, sondern getrennte Kurven für jede Phase, $G_\alpha(c)$ und $G_\beta(c)$, die sich bei einer gewissen Konzentration schneiden. Da nur die Phase oder das Phasengemenge mit der kleinsten freien Enthalpie thermodynamisch stabil ist, erhält man die gleiche Situation wie bei der Entmischung, nämlich einen homogenen α bzw. β Mischkristall für $c \leq c_1$, bzw. $c \geq c_2$ und ein Phasengemenge für $c_1 < c < c_2$, wobei c_1 und c_2 die Berührungspunkte der gemeinsamen Tangente angeben (Abb. 9.6).

9.2.1.3 Keimbildung und spinodale Entmischung

Der Vorgang der Entmischung kann entweder durch einen Keimbildungsprozeß ablaufen, indem sich ein Keim mit der Gleichgewichtszusammensetzung c_2 bildet, oder durch spontane Entmischung (spinodale Entmischung), bei der die Gleichgewichtszusammensetzung sich im Laufe der Zeit einstellt. Hat eine Phase eine Zusammensetzung nahe einem Minimum der freien Enthalpiekurve, z. B. c_1 in Abb. 9.7, so führt eine Entmischung zunächst grundsätzlich zu einer Erhöhung der freien Enthalpie. Bei Entmischung der Zusammensetzung c_1 in die Konzentrationen c_1' und c_1'' (Abb. 9.7) ist die freie Enthalpie des Gemenges G_E durch die Sehne von $G(c_1')$ nach $G(c_1'')$ gegeben, so daß $G_E(c_1) \equiv G_{1E} > G(c_1) \equiv G_1$. Eine

Abb. 9.7 Änderung der freien Enthalpie durch Entmischung. Die Wendepunkte der Kurve $G(c)$ liegen bei c_W bzw. c'_W

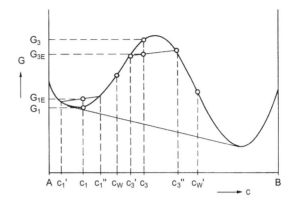

solche Entmischung wäre instabil, und das System kehrt zur homogenen Mischung zurück. Hat die Phase dagegen eine Zusammensetzung in der Nähe des Maximums der $G(c)$-Kurve (z. B. c_3 in Abb. 9.7), so ist mit jeder Entmischung ein Gewinn an freier Enthalpie verbunden, der mit fortschreitender Entmischung weiter zunimmt. In einem solchen Fall wird eine Konzentrationsfluktuation verstärkt, das System entmischt sich spontan. Dieser Vorgang wird als spinodale Entmischung bezeichnet. Da der Diffusionsstrom bei der spinodalen Entmischung in Richtung Konzentrationserhöhung (Bergaufdiffusion) und nicht in Richtung Konzentrationsgleichverteilung geht, verläuft er entgegengesetzt dem Konzentrationsgradienten. Das entspricht einer negativen Diffusionskonstanten, bedingt durch einen negativen thermodynamischen Faktor (vgl. Abschn. 5.6).

Der Unterschied zwischen spinodaler Entmischung und regulärer Keimbildung ist in Abb. 9.8 verdeutlicht. Bei der Keimbildung entsteht ein Keim der β-Phase mit der richtigen Zusammensetzung c_β durch thermische Fluktuation. Im Laufe der Zeit wird er durch Diffusion größer. Wie bei der Keimbildung in der Schmelze, so ist auch bei Umwandlungen im Festen eine kritische Keimgröße zu überschreiten, damit der Keim stabil wachsen kann. Deshalb geht der Umwandlungskeimbildung stets eine Inkubationszeit voraus. Dagegen erfolgt die spinodale Entmischung spontan (ohne Inkubationszeit), wobei aber nicht sofort die Gleichgewichtskonzentration eingestellt wird, sondern die Entmischung sich so lange verstärkt, bis das Gleichgewicht erreicht ist. Der Endzustand ist physikalisch der gleiche, jedoch ist die Morphologie des Phasengemenges völlig verschieden. Bei der spinodalen Entmischung erhält man in den Frühstadien ein oszillierendes Muster, während bei der Keimbildung die Gestalt der ausgeschiedenen Phase durch Grenzflächenenergie und elastische Verzerrungsenergie bestimmt wird. Die Periode spinodal entmischter Strukturen ist in der Regel sehr klein, z. B. 50Å in Al-37 %Zn bei 100 °C (Abb. 9.9). Solch feinlamellare „Verbundwerkstoffe" haben sehr vorteilhafte Eigenschaften und im Falle ferromagnetischer Legierungen sehr hohe Koerzitivkräfte (gute Permanentmagnete).

Eine Verringerung der freien Enthalpie bei der Entmischung ist nur möglich, wenn die Sehne zwischen zwei Punkten der Kurve $G(c)$ unterhalb der Kurve selbst liegt, d. h. wenn die

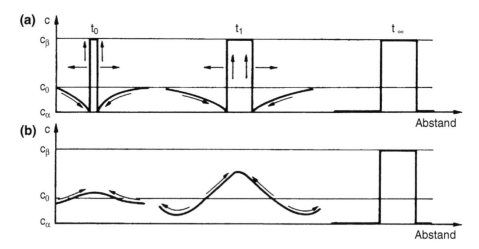

Abb. 9.8 Schematischer Verlauf der Konzentrationsänderung und Dimension bei Entmischung durch **a** Keimbildung und Wachstum, **b** spinodale Entmischung

Kurve konkav gekrümmt ist ($d^2G/dc^2 \leq 0$). Das ist der Fall zwischen den Wendepunkten der Kurve $G(c)$. Die Wendepunkte sind aber gegeben durch $d^2G/dc^2 = 0$. Sie sind in Abb. 9.7 als c_w und c'_w angegeben. Rechnerisch ergeben sich c_w und c'_w durch zweifache Differentiation von (Gl. 9.7).

Die Abhängigkeit $c_w(T)$ beschreibt die Spinodale. Für den Fall $H_{AA} = H_{BB}$ ergibt sich:

$$c_w \cdot (1 - c_w) = \frac{kT}{2zH_0} \qquad (9.11)$$

Diese parabelförmige Spinodale ist in Abb. 9.10 mit eingetragen. Innerhalb der Mischungslücke kann man also zwei Bereiche unterscheiden, nämlich den durch die Spinodale begrenzten Kern, wo spontan Entmischung auftreten kann, und der Bereich zwischen der Spinodalen und der Löslichkeitsgrenze, wo Ausscheidung nur durch Keimbildung und Keimwachstum erfolgen kann.

Die Keimbildung von Ausscheidungen läßt sich prinzipiell analog der Keimbildung in der Schmelze behandeln, allerdings mit zusätzlichen Komplikationen. Im Gegensatz zur Erstarrung spielt nämlich das gewöhnlich von der Mutterphase unterschiedliche Molvolumen der ausgeschiedenen Phase im festen Zustand eine wesentliche Rolle. Diese Volumendifferenz führt zu elastischen Verzerrungen, wobei die elastische Energie E_{el} mit steigendem Keimvolumen V zunimmt: $E_{el} = \varepsilon_{el} \cdot V$, ($\varepsilon_{el}$ — Verzerrungsenergie pro Volumeneinheit).

Damit ergibt sich die freie Enthalpieerhöhung bei Bildung eines kugelförmigen Keims mit Radius r in Analogie zu Gl. (8.1) (vgl. Kap. 8):

$$\Delta G(r) = \left(-\Delta g_u + \varepsilon_{el}\right) \cdot 4/3\pi r^3 + \gamma \cdot 4\pi r^2 \qquad (9.12)$$

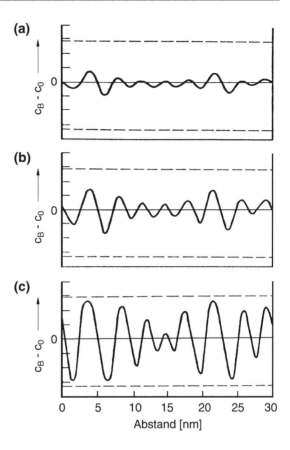

Abb. 9.9 Numerisch berechnete Konzentrationsprofile für spinodal entmischtes Al-37%Zn nach Alterung bei 100 °C für **a** 8 min, **b** 15 min, **c** 23 min. Die gestrichelten Linien geben die Gleichgewichtskonzentrationen der Entmischung an (nach [3])

γ ist hier die spezifische Energie der $\alpha - \beta$-Phasengrenzfläche, Δg_u die freie Umwandlungsenthalpie pro Volumeneinheit. Entsprechend ist der kritische Keimradius gegeben durch das Maximum der Kurve $\Delta G(r)$ bei:

$$r_0 = \frac{2\gamma}{\Delta g_u - \varepsilon_{el}} \qquad (9.13)$$

Die Energie der Phasengrenzfläche und die elastische Verzerrungsenergie spielen also eine entscheidende Rolle, da kleine Änderungen von r_0 große Änderungen der Keimbildungsgeschwindigkeit zur Folge haben (Abschn. 8.2). Die elastische Verzerrungsenergie (pro Volumeneinheit) für eine harte Ausscheidung β in einer weichen Matrix α läßt sich berechnen zu

$$\varepsilon_{el} = \frac{E_\alpha \delta^2}{1 - \nu} \left(c_\beta - c_\alpha\right)^2 \cdot \varphi \left(\frac{c}{b}\right) \qquad (9.14)$$

Darin bedeuten c_α, c_β die Konzentrationen von Matrix bzw. Ausscheidung, E_α und ν den Elastizitätsmodul bzw. die Querkontraktionszahl der α-Phase, $\delta = d(lna)/dc$

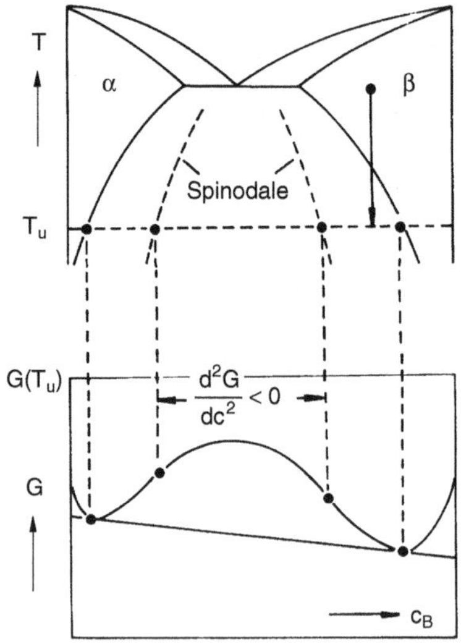

Abb. 9.10 Schematische
Darstellung des Zustands-
diagramms und der freien
Enthalpie der Mischphase
beim Auftreten einer Mi-
schungslücke; $G(T_u)$ = freie
Enthalpie bei der Ausschei-
dungstemperatur T_u

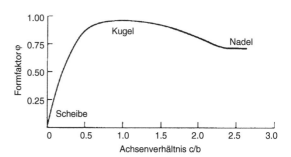

Abb. 9.11 Elastischer
Formfaktor φ für einen
Rotationsellipsoid mit Ach-
senverhältnis c/b (nach [4])

(a-Gitterparameter) den Atomgrößenfaktor (also im wesentlichen die Verzerrung) und
φ den Formfaktor. Wird die Ausscheidung als Rotationsellipsoid angenommen, wobei c
der Halbmesser in Richtung der Rotationsachse, b der dazu senkrechte Halbmesser sind, so
ergibt sich für φ die in Abb. 9.11 aufgetragene Abhängigkeit. Demnach ist die Verzerrungsenergie für eine Kugel am größten. Andererseits ist aber für eine Kugel auch die Oberfläche
bei festem Volumen am kleinsten. Die Gestalt der Ausscheidung ist daher ein Kompromiß
zwischen Minimalisierung von Verzerrungsenergie und Oberflächenenergie. Haben Ausscheidungen und Matrix etwa den gleichen Gitterparameter ($\delta \approx 0$) in Gl. (9.14) wie etwa
im System Al-Ag, spielt die elastische Energie eine untergeordnete Rolle, und die Ausscheidungen haben Kugelgestalt. Ist der Unterschied der Gitterparameter sehr groß ($\delta \gg 0$),
sind plattenförmige Ausscheidungen bevorzugt, z. B. im System Al-Cu. Allerdings spielt
nicht nur die Größe der Grenzfläche, sondern auch ihre Energie eine Rolle. Ist die Grenzflächenenergie stark anisotrop, d. h. verschiedene Ebenen der Phasengrenzfläche haben sehr
unterschiedliche Energie, dann kann es auch zu plattenförmigen Ausscheidungen kommen,

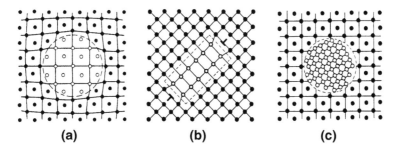

Abb. 9.12 Struktur von Phasengrenzflächen. **a** kohärent, **b** teilkohärent, **c** inkohärent

obwohl die elastische Verzerrung minimal ist. So bildet sich bspw. im System Ag-Al zunächst eine kugelförmige Phase und im Laufe einer weiteren Glühung eine plattenförmige Phase (Abb. 9.19).

9.2.1.4 Metastabile Phasen

Die Keimbildungsgeschwindigkeit $\dot{N}$ ist analog Gl. (8.4) gegeben durch

$$\dot{N} \sim \exp\left(-\frac{\Delta G_0}{kT}\right) \tag{9.15}$$

mit

$$\Delta G_0 = \Delta G\left(r_c\right) = \frac{16}{3}\pi\frac{\gamma^3}{\left(\Delta g_u - \varepsilon_{el}\right)^2}$$

Damit hängt $\dot{N}$ sehr stark von der Grenzflächenenergie γ ab. Die Energie einer Phasengrenzfläche wird ganz entscheidend von ihrer Struktur bestimmt. Dazu kann man prinzipiell drei Grenzflächentypen unterscheiden, nämlich die kohärente, teilkohärente und inkohärente Phasengrenzfläche (Abb. 9.12).

Bei kohärenten Ausscheidungen setzen sich die Gitterebenen der Matrix stetig in der Ausscheidung fort, (Abb. 9.12a), wobei leichte elastische Verzerrungen unvermeidlich sind. Ist der Gitterparameterunterschied sehr groß, können Stufenversetzungen zur Kompensation der elastischen Verzerrungen in die Grenzfläche eingebaut werden (teilkohärente Grenzfläche, Abb. 9.12b), wobei weiterhin die meisten Gitterebenen in der Ausscheidung stetig fortgesetzt werden, einige dagegen in der Grenzfläche enden. Ist schließlich die Kristallstruktur beider Phasen verschieden, oder ist die Orientierung von Matrix und Ausscheidung bei gleicher Gitterstruktur verschieden, so erhält man eine inkohärente Grenzfläche (Abb. 9.12c). Die Energie einer kohärenten Grenzfläche ist zumeist sehr klein im Vergleich zur Energie einer inkohärenten Grenzfläche.

Ausscheidungen haben gewöhnlich eine andere Kristallstruktur als die Mutterphase. Ihre Phasengrenzfläche ist deshalb inkohärent. Wegen der damit verbundenen hohen Grenzflächenenergie ist die Keimbildungsarbeit sehr groß und deshalb die Keimbildung stark

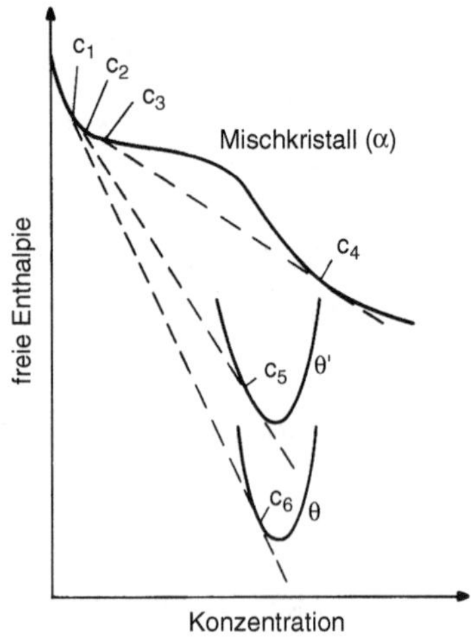

Abb. 9.13 Schematischer
Verlauf der freien Enthalpie
für sukzessiv auftretende
metastabile Phasen. θ ist die
stabile Gleichgewichtsphase

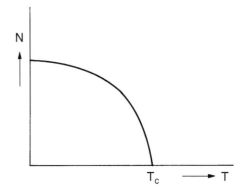

Abb. 9.14 Gleichgewichts-
dichte von Guinier-Preston-
Zonen in Abhängigkeit von
der Temperatur (Existenz-
kurve). Bei tiefen Temperaturen läßt sich das Gleichgewicht durch unzureichende
Diffusion nicht einstellen

behindert, insbesondere bei tieferen Temperaturen, wo die Diffusion langsamer verläuft.
Dann kommen metastabile Phasen zum Zug, die zwar nicht eine so geringe freie Enthalpie haben wie die Gleichgewichtsphase θ (Abb. 9.13), dafür aber eine niederenergetische
kohärente oder teilkohärente Phasengrenzfläche, wodurch hohe Keimbildungsgeschwindigkeiten erzielt werden.

Eine metastabile Phase ist grundsätzlich instabil, weil ihre freie Enthalpie höher als die
der Gleichgewichtsphase ist. Oft werden bis zum Erreichen der Gleichgewichtsphase sogar
mehrere metastabile Phasen durchlaufen, die gewöhnlich auseinander hervorgehen und
eine sukzessive Absenkung der freien Enthalpie mit sich bringen (Abb. 9.13). Die ersten
sich bildenden kohärenten Phasen sind in der Regel entmischte Zonen mit der Größe von
wenigen Atomlagen. Diese entmischten kohärenten Bereiche werden als Guinier-Preston-
Zonen bezeichnet. Da die Temperaturbewegung der Bildung solcher Entmischungszonen
entgegenwirkt, nimmt die Zahl der Guinier-Preston-Zonen mit steigender Temperatur ab,
bis sich oberhalb einer kritischen Temperatur gar keine Entmischungszonen mehr bilden,

Abb. 9.15 **a** Zustandsdiagramm Al-Cu, **b** Ausschnitt aus dem Zustandsdiagramm Al-Cu (Al-reiche Seite) mit Bezeichnung der Temperaturführung bei Aushärtung (nach [2])

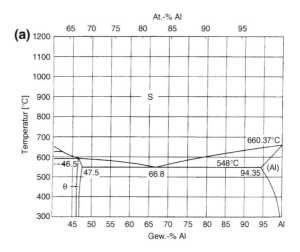

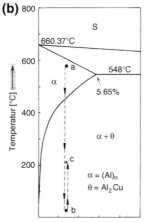

sondern nur noch inkohärente Phasen auftreten (Abb. 9.14). Bei zu tiefen Temperaturen dagegen friert die Diffusion ein, so daß ebenfalls keine Entmischung stattfinden kann. Es gibt daher einen bestimmten Temperaturbereich, in dem diese Phasen auftreten. Das ist der Temperaturbereich zur Wärmebehandlung aushärtender Legierungen, die technisch außerordentlich wichtig sind.

9.2.1.5 Aushärtung

Die Aushärtung ist eines der wichtigsten Verfahren zur Festigkeitssteigerung von Legierungen. Die aushärtbaren Aluminiumlegierungen sind die Basiswerkstoffe der Luftfahrt. Ohne Härtung wäre Aluminium ein für Konstruktionszwecke praktisch wertloses Material.

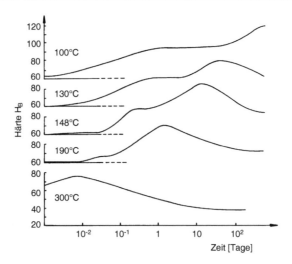

Abb. 9.16　Aushärtungskurven von Al-4%Cu-1%Mg (nach [5])

Das Prinzip der Aushärtung liegt in der Festigkeitssteigerung durch Ausscheidungen einer zweiten Phase bei der Auslagerung eines übersättigten Mischkristalls. Das Musterbeispiel ist Al-Cu. Die Al-reiche Seite des Zustandsdiagramms ist rein eutektisch (Abb. 9.15a). Die maximale Löslichkeit von Cu in Al beträgt 5.65 Gew.% bei 548 °C. Bei Temperaturen unterhalb 300 °C sinkt die Löslichkeit auf weniger als 1 %. Zur Aushärtung wird eine Zusammensetzung verwendet, die bei hohen Temperaturen als Mischkristall α vorliegt, bei tieferen Temperaturen aber aus einem Phasengemenge $\alpha + \theta$ besteht (Abb. 9.15b), wobei θ die intermetallische Phase Al_2Cu bezeichnet, die eine ganz andere Kristallstruktur hat (nämlich tetragonal) als der kfz Al-Cu-Mischkristall. Schreckt man den homogenen Mischkristall auf Raumtemperatur ab, so liegt ein übersättigter Mischkristall vor. Wird dieser nun bei etwas höheren Temperaturen ausgelagert, so erhält man einen beträchtlichen Festigkeitsanstieg, wie in Abb. 9.16 gezeigt. Bei niedrigen Auslagerungstemperaturen (100 °C) steigt die Härte langsam aber stetig an, bis ein Plateauwert erreicht wird. Bei etwas höheren Temperaturen beobachtet man nach Erreichen des Plateauwertes noch einen weiteren Härteanstieg, der aber ein Maximum durchläuft. Bei noch höheren Temperaturen werden Plateauwert und Maximum schneller erreicht, aber der Plateauwert nimmt ab. Schließlich wird bei 300 °C gar kein Plateau mehr, sondern nur noch die 2. Härtungsstufe ausgebildet. Dieses Materialverhalten läßt sich mit Hilfe der Phasenumwandlung $\alpha \rightarrow \alpha + \theta$ deuten. Dabei entsteht zunächst gar nicht die inkohärente Gleichgewichtsphase θ, sondern kohärente und später teilkohärente metastabile Guinier-Preston(GP)-Zonen I und II. Die GPI-Zonen sind einschichtige Atomlagen von Cu auf {100}-Ebenen. GPII-Zonen (oder θ''-Phase) sind Anhäufungen von parallelen Cu Schichten längs {100}-Ebenen, was zu einer tetragonalen Verzerrung führt (Abb. 9.17 und 9.18). Die Gleichgewichtsphase θ wird schließlich über eine weitere Zwischenphase θ' (CaF_2-Gitterstruktur, auch über {100} mit der Matrix kohärent) erreicht.

Abb. 9.17 Schnitt durch eine GPI-Zone in Al-Cu

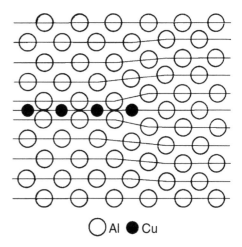

○ Al ● Cu

Die erste Aushärtungsstufe, das Plateau, wird durch Ausbildung der GPI- und GPII-Zonen erklärt. Als Entmischungsphasen nimmt ihre Zahl mit zunehmender Temperatur ab, und deshalb wird der Härtewert des Plateaus mit steigender Temperatur kleiner. Bleibt wegen niedriger Temperatur die Aushärtung auf diese erste Stufe beschränkt, so spricht man von Kaltaushärtung. Erst bei höheren Anlaßtemperaturen erhält man auch die 2. Härtestufe. Das wird als Warmaushärtung bezeichnet. Sie ist im wesentlichen auf die Ausbildung der θ'-Phase zurückzuführen. Durch Vergröberung der Ausscheidungen bei längerer Glühzeit (Ostwald-Reifung, vgl. Abschn. 9.2.1.6) kommt es zur Vergrößerung der Teilchenabstände und damit zu einer Festigkeitsabnahme, weil die Teilchen von den Versetzungen mit dem Orowan-Mechanismus leichter umgangen werden können (vgl. Abschn. 6.7.3). Ziel der Warmaushärtung ist es, die maximale Festigkeit zu erreichen. Die unerwünschte Festigkeitsabnahme bei langen Glühzeiten nennt man Überalterung. Die Gleichgewichtsphase θ wird meist erst nach fortgeschrittener Überalterung gebildet, spielt also für die Aushärtung gar keine Rolle. Neben Al-Cu (meist Al-4%Cu-1%Mg) haben auch noch Al-Mg-Si (Al-1%Mg-1%Si, Gleichgewichtsphase Mg_2Si) und Al-Mg-Zn (Al-4.5%Zn-1.5%Mg, Gleichgewichtsphase $MgZn_2$) technische Bedeutung.

Eine zweite wichtige Gruppe von aushärtbaren Legierungen besteht aus Ni, Cr, und Co mit Zusatz von Al, Si, Ti, Mo, Nb oder W. Sie finden Anwendung für Hochtemperaturbauteile (z. B. Turbinenschaufeln) und werden auch als Superlegierungen bezeichnet. Das Musterbeispiel ist hier das System Ni-Al, wo die intermetallische γ'-Phase Ni_3Al mit dem nickelreichen Mischkristall γ im Gleichgewicht steht. Beide Phasen sind kubisch mit etwa gleichem Gitterparameter, so daß kohärente Ausscheidungen sich leicht bilden können. Moderne technische Superlegierungen enthalten bis zu 80% Volumenanteil von γ'-Phase, wobei die γ-Matrix enge Kanäle um die Ausscheidungen bildet.

Zur Aushärtung von Cu benutzt man am häufigsten Be (bis zu 3 Gew.%). Nach Anlassen des übersättigten Mischkristalls bei 300–400 °C steigt die Festigkeit stark an und läßt

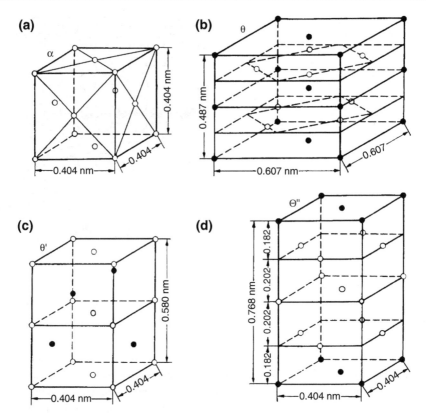

Abb. 9.18 Kristallstrukturen des Mischkristalls **a**, der Gleichgewichtsphase θ **b** und der metastabilen Phasen θ' **c** und θ'' **d** im System Al-Cu (Cu ●, Al ○) (nach [6])

sich durch Kaltverformung noch weiter erhöhen. Die Legierung findet Anwendung für paramagnetische Bauteile oder für funkenfreie Werkzeuge.

Der Härtungseffekt ist optimal, wenn der Teilchenabstand möglichst klein ist, d. h. wenn die Ausscheidung homogen erfolgt und deshalb die Ausscheidungen gleichmäßig im Kristall verteilt sind (kontinuierliche Ausscheidung). Bei metastabilen Entmischungszonen ist das zumeist der Fall. Inkohärente Ausscheidungen werden häufig bevorzugt an Gitterfehlern wie Versetzungen, Subkorngrenzen oder Korngrenzen gebildet (Abb. 9.20). Bleibt die Ausscheidung auf die Gebiete um die Gitterfehler beschränkt, werden die mechanische Eigenschaften oft nur unzureichend verbessert.

9.2.1.6 Wachstumskinetik von Ausscheidungen

Die gebildeten Keime einer sich ausscheidenden Phase wachsen im Laufe der Glühzeit bis sich beide Phasen im Gleichgewicht befinden, d. h. ihre Gleichgewichtskonzentration angenommen haben (Abb. 9.8). Diese Wachstumskinetik verläuft diffusionsgesteuert und

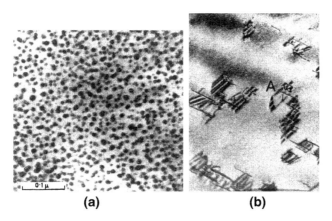

Abb. 9.19 TEM-Aufnahme von metastabilen Phasen in Al-32%Ag [7, S. 431]. **a** kugelförmige kohärente GP-Zonen nach 300 min. bei 160 °C; **b** plattenförmige γ'-Phase nach 7200 min. bei 160 °C [7, S. 34]

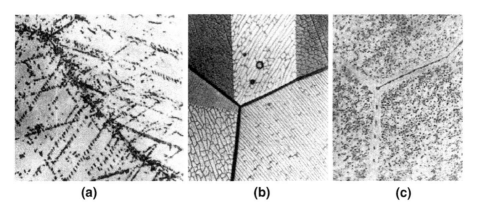

Abb. 9.20 Bevorzugte Ausscheidung an Kristallbaufehlern **a** an Versetzungen, d. h. entlang Gleitlinien; **b** an Subkorngrenzen; **c** an Korngrenzen. Die ausscheidungsfreie Zone um die Korngrenze ist eine Folge der Konzentrationsverarmung durch Korngrenzenausscheidungen [8]

kann unter vereinfachenden Annahmen berechnet werden. In einer binären Legierung AB mit der Ausgangskonzentration c_0 ändert sich die mittlere Konzentration der Matrix $\bar{c}_B$ mit der Zeit t, weil ein ständiger Strom von B-Atomen, j_B, in die Ausscheidungen vom Radius r_0 abfließt:

$$\frac{4}{3}\pi R^3 \cdot \frac{d\bar{c}_B}{dt} = j_B(r_0) \cdot 4\pi r_0^2 \tag{9.16}$$

Dabei ist R der Radius einer Kugel, die das mittlere Matrixvolumen pro Ausscheidung darstellt. Wächst das Teilchen stationär, d. h. ändert sich der Konzentrationsverlauf vor dem Teilchen nicht, so ergibt sich der Konzentrationsverlauf in der Matrix als Lösung der stationären Diffusionsgleichung zu

$$c_B(r) = c_0 - (c_0 - c_B') \cdot (r_0/r) \tag{9.17}$$

worin c_B' die Gleichgewichtskonzentration ist, die bei $r = r_0$ immer eingestellt ist.

Wegen

$$j_B(r_0) = -D_B \left.\frac{\partial c_B}{\partial r}\right|_{r=r_0} = -D_B \frac{c_0 - c_B'}{r_0} \tag{9.18}$$

und der Erhaltung der Zahl der B-Atome

$$\frac{4}{3}\pi R^3 (c_0 - \bar{c}_B) = \frac{4}{3}\pi c_K r_0^3 \tag{9.19}$$

wobei c_K die Konzentration in der Ausscheidung ist, erhält man für den ausgeschiedenen Bruchteil:

$$X(t) \equiv \frac{c_0 - \bar{c}_B}{c_0 - c_B'} \tag{9.20}$$

für kleine Zeiten

$$X(t) = \left(\frac{2t}{3\tau}\right)^{3/2} \tag{9.21}$$

und für große Zeiten, wo benachbarte Gebiete um die verbleibenden überschüssigen B Atome konkurrieren,

$$X(t) = 1 - 2\,\exp\left(-\frac{t}{\tau}\right) \tag{9.22}$$

Die Zeitkonstante τ ist im wesentlichen gegeben durch die Diffusionskonstante

$$\frac{1}{\tau} = \frac{3D_B(c_0 - c_B')^{1/3}}{c_K^{1/3} R^2} \tag{9.23}$$

Das Ergebnis läßt sich leicht physikalisch interpretieren. Abgesehen vom Endstadium wächst der Teilchenradius $r_0 \sim \sqrt{D_B \cdot t}$. Das erklärt sich daher, daß die B-Atome, die die Ausscheidungen vergrößern, aus immer größerer Entfernung $a \sim \sqrt{D_B \cdot t}$ herbeigeschafft werden müssen. Da $X \sim r_0^3$, ergibt sich die Abhängigkeit $X \sim t^{3/2}$.

Diese einfache Rechnung stimmt mit dem Experiment hinreichend gut überein (Abb. 9.21), wenn man bedenkt, daß der Einfluß elastischer Verzerrungen völlig vernachlässigt wurde. In anderen Fällen wird weniger gute Übereinstimmung von Theorie und Experiment erzielt. Das liegt daran, daß die Wachstumskinetik auch durch ganz andere Mechanismen bestimmt werden kann als durch den Atomtransport, bspw. durch den Einbau der B-Atome in die Phasengrenze beim Wachstum der Teilchen, oder bei Ausscheidungen an Gitterfehlern, wo andere Diffusionsmechanismen zum Zuge kommen.

Man könnte erwarten, daß das Teilchenwachstum zum Stillstand kommt, wenn sich die Gleichgewichtskonzentrationen eingestellt haben. In Wirklichkeit wird aber beobachtet, daß sich im Laufe einer Glühung kleine Teilchen auflösen und größere Teilchen wachsen. Es kommt also zur Teilchenvergröberung. Dieser Vorgang wird als Ostwald-Reifung

Abb. 9.21 Wachstums-
kinetik von C in α-Fe.
Ausgezogene Kurve —
exakte Theorie, gestrichelt
— Verlauf gemäß Gl. (9.22)

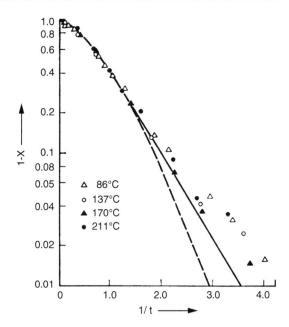

bezeichnet. Die treibende Kraft dieses Vorgangs ist die Herabsetzung der Gesamtgrenzflächenenergie. Die Gesamtenergie wäre viel kleiner, wenn es nur ein einziges riesiges Teilchen
gäbe, anstatt viele kleine Ausscheidungen. Ob ein Teilchen sich auflösen soll oder weiter
wachsen wird, ergibt sich daraus, ob das chemische Potential μ eines Atoms in der Nähe
einer Ausscheidung größer oder kleiner als das mittlere chemische Potential ist. Bei kugelförmigen Teilchen ist das chemische Potential durch die Krümmung der Oberflächen
gegeben, so daß zwischen zwei Teilchen mit den Radien r_1 und r_2 eine chemische Potentialdifferenz (Gibbs-Thomson-Gleichung)

$$\Delta\mu_p = 2\gamma_{\alpha\beta}\Omega\left(\frac{1}{r_1} - \frac{1}{r_2}\right) = kT\frac{\Delta c_B}{\hat{c}_B} \tag{9.24}$$

($\hat{c}_B$ — Gleichgewichtskonzentration der Matrix bei ebener Phasengrenzfläche ($r \to \infty$), $\gamma_{\alpha\beta}$
— Grenzflächenenergie und Ω — Atomvolumen) und damit ein Konzentrationsgradient
Δc_B besteht (Abb. 9.22). Dieser Konzentrationsgradient verursacht einen Diffusionsstrom
in Richtung des größeren Teilchens, so daß die großen Teilchen wachsen und sich die kleinen Teilchen auflösen. Die Lösung des Diffusionsproblems ergibt für die Zeitabhängigkeit
der mittleren Teilchengröße $\bar{r}$

$$\bar{r}^3 - \bar{r}_0^3 \sim \gamma_{\alpha\beta}D_B t \tag{9.25}$$

In dieser Rechnung wurden allerdings elastische Verzerrungen nicht berücksichtigt. Kommt
es wegen des Formfaktors zu plattenförmigen Ausscheidungen, so sind Abweichungen von
der Kugelgeometrie zu berücksichtigen. Dennoch wird die Abhängigkeit $r \sim t^{1/3}$ für jede

Abb. 9.22 Konzentra-
tionsverlauf und Diffusi-
onsfluß bei Ausscheidungen
unterschiedlicher Größe

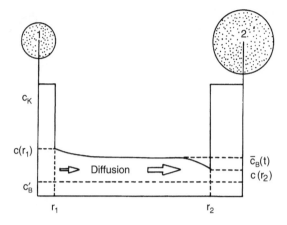

Dimension eines Teilchens, bspw. die Kantenlänge eines quaderförmigen Teilchens, beobachtet, obgleich mit verschiedenen kinetischen Koeffizienten ($\gamma_{\alpha\beta}D_B$) für unterschiedliche
Raumrichtungen.

Letztlich sei noch bemerkt, daß Teilchenvergröberung nicht auf die Gleichgewichtsphase
beschränkt ist, sondern auch schon bei metastabilen Phasen eine Rolle spielt. So sind bei der
Aushärtung das Maximum des Härteanstiegs und die Überalterung auf Ostwald-Reifung
zurückzuführen, obwohl zumeist die Gleichgewichtsphase noch gar nicht aufgetreten ist.

9.2.1.7 Eutektoide Entmischung und diskontinuierliche Ausscheidung

Während in der Regel die Ausscheidung durch Bildung und Wachstum individueller Keime
erfolgt, kann in anderen Fällen die Umwandlung auch durch Bewegung einer Reaktionsfront vor sich gehen, bspw. bei der eutektoiden Entmischung und der diskontinuierlichen
Ausscheidung.

Die eutektoide Entmischung entspricht dem Vorgang der eutektischen Erstarrung,
nur daß sie sich im festen Zustand vollzieht. Eine Phase zerfällt in zwei andere Phasen:
$\alpha \rightarrow \beta + \gamma$. Da β und γ gleichzeitig entstehen, aber verschiedene Zusammensetzung
— möglicherweise auch verschiedene Kristallstrukturen — haben, erfolgt die Umwand-
lung mit lamellenhafter Morphologie, weil sich nur durch kurzreichweitige Diffusion die
Konzentrationsunterschiede einstellen und die beiden Phasen so nebeneinander entstehen.
Das wohl technologisch wichtigste Beispiel ist die Perlitreaktion in Stahl. Dabei zerfällt das
kohlenstoffreiche kfz γ-Fe in kohlenstoffarmes α-Fe und Zementit (Fe_3C).

Zumeist geht die Umwandlung von einer Korngrenze aus, weil dort die Keimbildung
begünstigt ist. Bildet z. B. die α-Phase zuerst einen Keim (Abb. 9.24a), so bezieht sie die
dazu notwendige Anreicherung einer Atomsorte (z. B. B) aus ihrer unmittelbaren Nachbarschaft, die an derselben Atomsorte verarmt, aber sich mit der anderen Atomsorte (A) anrei-
chert, wodurch ein β-Keim entsteht. Die Verarmung der Umgebung an A führt wieder zur

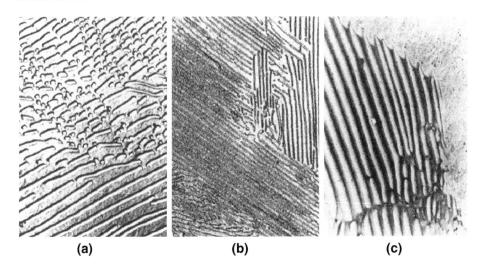

(a) (b) (c)

Abb. 9.23 Mikrostruktur des eutektoid entmischten Systems Fe-0.78%C-0.97%Mn. **a** bei langsamer Abkühlgeschwindigkeit (Erstarrung bei 680 °C) [9, S. 227]; **b** bei schneller Abkühlgeschwindigkeit (Erstarrung bei 639 °C) [9, S. 227]; **c** beginnende Perlitbildung mit voreilenden Karbidlamellen bei Fe-0.8%C (Karbidlamellen hell, Ferritlamellen dunkel) [10]

Keimbildung von α usw. Das Ergebnis ist ein lamellenhaftes Umwandlungsgefüge (Abb. 9.24b). Da die Lamellendicke durch die Reichweite der Diffusion gegeben ist, nimmt der Lamellenabstand mit steigender Umwandlungsgeschwindigkeit ab (Abb. 9.23) [Gl. (8.9)].

Eine andere Form der Umwandlung durch Bewegung einer Reaktionsfront ist die diskontinuierliche Ausscheidung. Dabei vollzieht sich an der Umwandlungsfront die Reaktion $\alpha \rightarrow \alpha + \beta$, also nur eine neue Phase entsteht. Gewöhnlich beginnt die Keimbildung ebenfalls an Korngrenzen, und es entsteht wie bei der eutektoiden Entmischung eine lamellenhafte Mikrostruktur. Da die Ausscheidung nicht homogen im Korninneren — wie bei der kontinuierlichen Ausscheidung — sondern an einigen wenigen Stellen, zumeist an der Korngrenze stattfindet, nennt man den Vorgang auch diskontinuierliche Ausscheidung. Ein Charakteristikum der diskontinuierlichen Ausscheidung ist, daß mit der Reaktion eine Korngrenzenbewegung verbunden ist. Deshalb wird sie auch als Rekristallisationsvorgang angesehen. Da in der Korngrenze die Diffusionsprozesse schneller ablaufen können, werden Entmischungsprozesse durch die Korngrenze erleichtert und beschleunigt. Entsprechend scheidet sich hinter der bewegten Korngrenze die neue Phase β aus, die somit lamellenhaft mit der Korngrenzenverschiebung wächst (Abb. 9.25). Ist der übersättigte Mischkristall außerdem verformt, so wird die Korngrenzenwanderungsrate erhöht, weil zusätzlich zur chemischen Umwandlungsenergie auch die Versetzungsenergie als treibende Kraft auf die Korngrenzen wirkt (vgl. Kap. 7). Ganz analog verläuft auch der umgekehrte Vorgang, nämlich die Auflösung von Ausscheidungen durch bewegte Korngrenzen bei der Rekristallisation von zweiphasigen Gefügen im homogenen Mischkristallbereich.

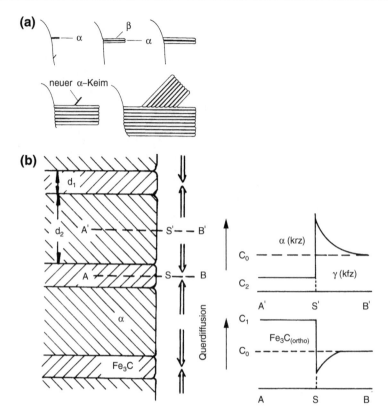

Abb. 9.24   **a** Schematik der Lamellenbildung bei der eutektoiden Entmischung; **b** Lamellenanord-
nung und C-Konzentrationsverlauf in Wachstumsrichtung bei der Perlitreaktion

9.2.2   Martensitische Umwandlungen

In reinen Metallen stellt sich am Umwandlungspunkt die neue Kristallstruktur gewöhnlich
spontan ein, und auch durch hohe Abkühlgeschwindigkeiten läßt sich die Phasenumwandlung nicht unterdrücken. Bei den Legierungen sind jedoch Konzentrationsänderungen mit
der Ausbildung der neuen Phase verbunden, die durch Diffusion gesteuert werden. Bei Erhöhung der Abkühlgeschwindigkeit werden die erreichbaren Diffusionswege immer kleiner, bis bei schnellen Abkühlungen schließlich die Diffusionsgeschwindigkeit nicht mehr
ausreicht, die notwendigen Konzentrationsänderungen herbeizuführen. Dann wird die Phasenumwandlung unterdrückt. Mit zunehmender Unterkühlung einer instabilen Phase werden allerdings die treibenden Kräfte zur Umwandlung immer größer. Ändert sich bei der
Umwandlung die Kristallstruktur, wie bspw. beim System Fe-C von kfz zu krz, so können
die treibenden Kräfte derart groß werden, daß sich die Kristallstruktur spontan ändert, ohne daß eine Konzentrationsänderung stattfindet. Diese spontanen Phasenumwandlungen

Abb. 9.25 Reaktionsfront der diskontinuierlichen Ausscheidung in Al-2.8At.%Ag-1At.%Ga

Abb. 9.26 Martensit-
und Restaustenit in einer
FeNiAl-Legierung [11]

ohne Konzentrationsänderung werden ganz allgemein als martensitische Umwandlungen bezeichnet, in Anlehnung an die wohl technologisch bedeutendste spontane Umwandlung im System Fe-C bei Unterdrückung der Perlit-Reaktion.

Ist eine spontane Änderung der Kristallstruktur mit einer Volumen- oder Gestaltsänderung verbunden, verstärkt durch den fehlenden Konzentrationsausgleich, so findet die Umwandlung durch sukzessives Umklappen meist nadel- oder plattenförmiger Bereiche in die neue Kristallstruktur statt (Abb. 9.26). Später entstehende Platten werden dabei durch bereits vorhandene Platten in ihrer Ausbreitung beschränkt.

Der Volumenbruchteil der martensitisch umgewandelten Phase ist gewöhnlich nicht von der Zeit, sondern nur von der Temperatur abhängig, auf die abgeschreckt wurde, wobei der Volumenbruchteil mit abnehmender Temperatur zunimmt (Abb. 9.27). Oberhalb einer gewissen Temperatur M_s (für Martensit-Start; definiert bei 1 % martensitischem Gefügeanteil) findet gar keine Umwandlung statt. Beträchtliche Unterkühlungen unterhalb

Abb. 9.27 Existenzkurve des Martensits in Fe-0.45%C. A_{c3} ist die beim Aufheizen gemessene Umwandlungstemperatur zum Austenit. M_s und M_f werden in der Praxis durch 1 % bzw. 99 % Martensitanteil festgelegt

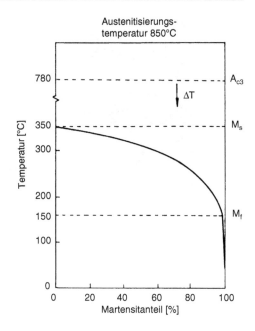

M_s sind aber notwendig, um vollständige Martensitumwandlung (M_f — Martensit-Finish; definiert bei 99 % martensitischem Gefügeanteil) zu erreichen. Diese Existenzkurve des Martensits hängt aber von der Zusammensetzung ab (Abb. 9.28). Mit zunehmender Konzentration nimmt M_s gewöhnlich ab. Beim Aufheizen wandelt sich bei M_s der Martensit aber nicht spontan in die kfz γ-Phase zurück. Eine Überhitzung auf A_s (Austenit-Start) ist notwendig, wobei A_s ebenfalls von der Konzentration abhängt (Abb. 9.28). Im speziellen Fall des Fe-C zerfällt der Martensit beim Anlassen in Ferrit und Zementit, anstatt sich direkt in Austenit umzuwandeln. Durch Verformung kann die Differenz zwischen den Umwandlungstemperaturen verringert werden. Als thermodynamische Gleichgewichtstemperatur T_0 für beide Phasen (gleiche freie Enthalpie) kann man in erster Näherung $T_0 = (M_s + A_s)/2$ annehmen, was recht gut mit theoretischen Rechnungen übereinstimmt.

Eine anschauliche Erklärung für die kristallographischen Zusammenhänge bei der Martensitumwandlung im System Fe-C gibt die Theorie von Bain (Abb. 9.29). Die Umwandlung besteht in einer Änderung der Gitterstruktur von kfz zu krz, wobei die krz-Zelle durch Anwesenheit des Kohlenstoffs tetragonal verzerrt wird, worauf weiter unten eingegangen wird. Die Mitte zweier benachbarter kfz-Elementarzellen (Gitterparameter a_0) enthält eine tetragonal raumzentrierte Elementarzelle (trz) mit den Abmessungen $a = a_0\sqrt{2}$ und $c = a_0$. Zur Änderung in eine krz-Zelle muß noch in c-Richtung gestaucht und in beiden a-Richtungen gedehnt werden, wobei sich das Volumen um 3 bis 5 % ändert. Diese Vorstellung trägt der Bedingung Rechnung, daß es bei der Martensitbildung nicht zu großen Änderungen der Atompositionen kommt und nächste Nachbarn auch nach der Umwandlung nächste Nachbarn bleiben. Die Bainsche Korrespondenz wird durch röntgenographische

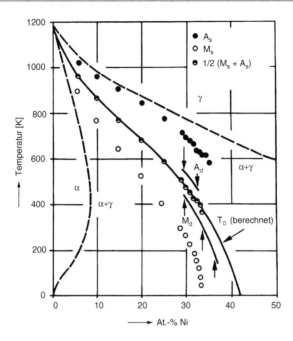

Abb. 9.28 Konzentrationsabhängigkeit des Existenzbereichs von Martensit in Fe-Ni (nach [9, S. 328])

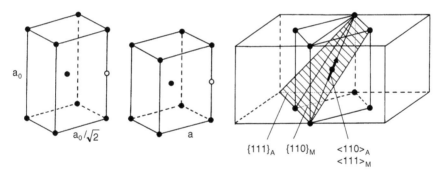

Abb. 9.29 Bain-Modell der Martensitbildung im System Fe-C und entsprechende Orientierungs-korrelation von Austenit und Martensit nach Kurdjumov-Sachs; offene Kreise — mögliche Positionen des Kohlenstoffs

Untersuchungen gestützt, die eine Orientierungsbeziehung bei Fe-C $\{111\}_\gamma \| \{110\}_\alpha$ und $\langle 110 \rangle_\gamma \| \langle 111 \rangle_\alpha$ (nach Kurdjumov-Sachs) belegen.

Statt eines Übergangs kfz $\rightarrow$ krz wie bei reinem Eisen oder beim Ferrit wird bei der martensitischen Umwandlung von Fe-C eine Gittertransformation kfz-trz gefunden. Diese widerspricht nicht der Bainschen Korrespondenz, sondern wird durch den Kohlenstoff verursacht. Das c/a-Verhältnis im Martensit steigt mit steigender Kohlenstoffkonzentration an,

Abb. 9.30 Änderung der
Gitterparameter in Abhän-
gigkeit vom C-Gehalt für
Austenit und Martensit
(nach [12])

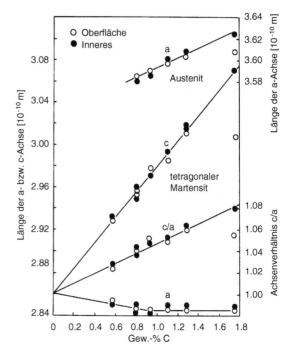

Abb. 9.31 Martensit-
platten in Fe-33.2%Ni mit
innerer Verzwillingung [13]

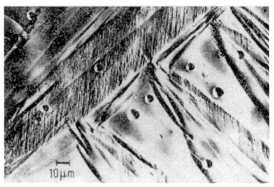

während die Größe der a-Achse praktisch unabhängig von der Kohlenstoffkonzentration
ist (bzw. leicht abnimmt) (Abb. 9.30). In der γ-Phase nimmt der Gitterparameter a_0 dagegen mit steigendem Kohlenstoffgehalt zu. Diese Ergebnisse lassen sich mit dem Bainschen
Modell erklären. Bekanntlich befindet sich der Kohlenstoff im Austenit auf den Oktaederlücken des kfz-Eisengitters, d.h. in der Würfelmitte oder auf den Kantenmitten. Gemäß
der Bainschen-Korrespondenz befinden sich nach der Umwandlung die C-Atome grundsätzlich auf der c-Achse. Da die C-Atome größer als die Oktaeder-Lücken sind, führen
sie zu einer Vergrößerung des Gitterparameters im Austenit, wegen ihrer Anordnung

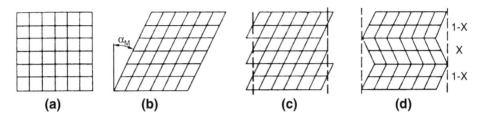

Abb. 9.32 Die Gestalt eines Kristalls **a** wird durch Martensitbildung infolge Scherung geändert **b**. Diese Gestaltsänderung kann durch Gleitung **c** oder Zwillingsbildung **d** im Martensit weitgehend kompensiert werden

im Martensit entsprechend zu einer starken Vergrößerung der c-Achse mit steigendem Kohlenstoffgehalt, d. h. zu tetragonalem Martensit. Gibt man dem Kohlenstoff Gelegenheit zur Umordnung und Gleichverteilung oder zur Ausscheidung, bspw. beim Tempern von Martensit, stellt sich krz-Martensit oder Ferrit ein.

Hinsichtlich der besonderen mechanischen Eigenschaften des Martensits kommt dem Kohlenstoff eine besondere Rolle zu. Einmal ist die Löslichkeit von C in γ-Fe viel größer als im α-Fe (größere Oktaederlücken im kfz-Gitter), so daß der trz-Martensit einem stark übersättigten Mischkristall entspricht, zum anderen führt die tetragonale Verzerrung zu einer Verringerung der Versetzungsbeweglichkeit (erhöhte Peierlspannung) (vgl. Abschn. 6.3.1).

Die Bain-Korrespondenz belegt, daß die Martensitumwandlung neben einer Änderung der Kristallstruktur auch erhebliche elastische Verzerrungen verursacht. Die Stauchung und Streckung zur Anpassung an die kubische (bzw. tetragonale) Gestalt wird durch Scherverformung vollzogen. Dadurch kommt es zur Gestaltsänderung des sich umwandelnden Bereichs, die sich in Reliefs auf der Oberfläche zeigt (Abb. 9.31). Diese Gestaltsänderungen würden zu großen elastischen Anpassungsverformungen in der unmittelbaren Nachbarschaft der Martensitplatten führen. Diese können reduziert werden durch Anpassungsverformung innerhalb des Martensits mittels Gleitung und Zwillingsbildung (Abb. 9.31 und 9.32). Die Gesamtverformung entspricht einer Scherung parallel zu einer deshalb unverzerrt bleibenden Ebene (bspw. $\{111\}_{kfz} = (0001)_{hex}$ bei der Kobalt-Umwandlung). Sie wird als Habitusebene bezeichnet und ist häufig von irrationaler Indizierung, z. B. beim Fe-C.

9.2.3 Anwendungen

9.2.3.1 ZTU-Schaubild

Umwandlungen gehören zu den wichtigsten Vorgängen bei der Herstellung von Konstruktionswerkstoffen. Die Art und Verteilung von Teilchen zweiter Phase bestimmt ganz wesentlich die mechanischen Eigenschaften, also Festigkeit, Duktilität, Zähigkeit und Bruchverhalten. Umwandlungen bilden die Grundlage der thermomechanischen

Behandlung metallischer Werkstoffe. Wir wollen hier nur wenige ganz wichtige Beispiele aufgreifen, um die Prinzipien zu erhellen.

Von zentraler Bedeutung für die Wärmebehandlung umwandelnder Systeme ist der Bruchteil der ausgeschiedenen Phase in Abhängigkeit von der Glühtemperatur und Glühzeit. Während der Gemengeanteil im Gleichgewicht nach dem Hebelgesetz aus dem Zustandsdiagramm bestimmt werden kann, ist bei der Glühbehandlung der zeitliche Fortschritt der Umwandlung von Interesse. Zu einer solchen Information verhelfen die Zeit-Temperatur-Umwandlungs-Diagramme, auch ZTU-Schaubilder (im englischen Sprachgebrauch „TTT-diagrams") genannt. In ihnen sind im Glühzeit-Glühtemperatur-Feld diejenigen Linien eingezeichnet, die dem gleichen Umwandlungsbruchteil entsprechen, also Beginn, Ende oder ein fester Bruchteil der ausgeschiedenen Phase (Abb. 9.33). Den Kehrwert der Keimbildungsgeschwindigkeit $1/\dot{N}$ kann man grob als Keimbildungszeit t_K interpretieren. Verwendet man den Temperaturverlauf von $\dot{N}$ wie in Abb. 8.5 dargestellt, so entspricht die Auftragung T gegen t_K (also $1/\dot{N}$ gegen T, aber achsenvertauscht) dem „nasenförmigen" ZTU Verlauf für den Ausscheidungsbeginn wie in Abb. 9.33.

Dabei ist die Keimbildung unterhalb der Umwandlungstemperatur erheblich stärker von der Diffusion abhängig als im Fall der Erstarrung, so daß es für die einzelnen Phasen nur enge Temperaturbereiche gibt, in denen sie auftreten können. Dabei können auch Temperaturzonen existieren, wo in technisch sinnvollen Zeiten gar keine Umwandlung stattfindet, bspw. in Abb. 9.33 im Bereich zwischen Perlitumwandlung und Zwischenstufe bei legierten Stählen. Infolge einer endlichen Inkubationszeit der Keimbildung, also der Zeit bis zum Ausscheidungsbeginn, kann durch geeignete Abkühlbedingungen erreicht werden, daß eine Umwandlung bis zu einem gewissen Grad stattfindet oder aber ganz vermieden wird. Das wird bspw. wichtig, wenn die Martensitumwandlung für bestimmte Werkstoffeigenschaften angestrebt wird. Dann muß die Abkühlung so rasch vorgenommen werden, daß Perlit- und Zwischenstufenumwandlung nicht stattfinden können (Abb. 9.33).

9.2.3.2 Technologische Bedeutung der Martensitumwandlung: Einige Beispiele

Die Martensitumwandlung im System Fe-C hat große technologische Bedeutung zur Festigkeitssteigerung von Stählen. Wie angedeutet, kommen beträchtliche Beiträge zur Festigkeitssteigerung von der Mischkristallhärtung des übersättigten trz α-Kristalls und von den elastischen Verzerrungen infolge der Martensitbildung. Darüber hinaus beschränken die Martensitplatten die Laufwege der Versetzungen, wodurch eine starke Verfestigung erzielt wird. Da der Anteil des Martensits durch die Temperatur bestimmt wird, lassen sich Festigkeit, Duktilität und Bruchzähigkeit des Materials wunschgemäß einstellen. Eine Vielzahl von Verfahren ist entwickelt worden, um die optimale Eigenschaftskombination mit und ohne Martensitbildung zu erreichen. Dazu gehört die Kornfeinung vor der Perlitumwandlung (z. B. „Ausforming") und die Aushärtung im weichen (nickelreichen und kohlenstoffarmen) Martensit („Maraging").

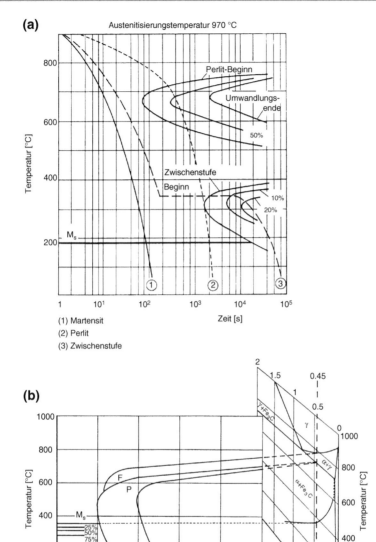

Abb. 9.33 **a** ZTU-Schaubild eines legierten Stahls (Fe-C-Cr) mit eingezeichneten Abkühlkurven. Je nach Abkühlgeschwindigkeit erhält man Martensit *1*, *2* oder Zwischenstufe (Bainit) *3*. **b** Beziehung zwischen ZTU-Schaubild und Zustandsdiagramm für Fe-C. Nur bei sehr langsamer Abkühlung erfolgt Umwandlung bei der Gleichgewichtstemperatur (F — Ferrit; P — Perlit; M_s — Martensit-Start) (nach [14])

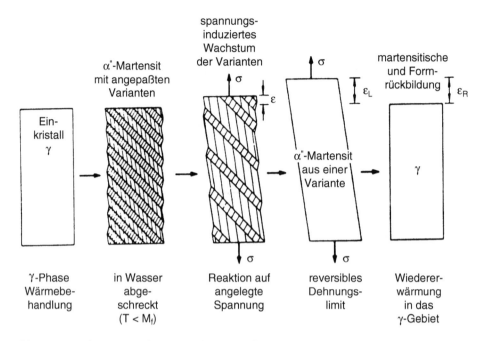

Abb. 9.34 Wirkungsweise des Formgedächtnis-Effekts, schematisch für einen Einkristall

Eine besondere Variante sind die sog. TRIP-Stähle (TRansformation-Induced-Plasticity). Sie beruhen darauf, daß durch Verformung die Martensitumwandlung begünstigt wird. Durch entsprechende Zusammensetzung wird dafür gesorgt, daß die bei Verformung geltende Umwandlungstemperatur M_d etwas oberhalb der Einsatztemperatur des Werkstoffs liegt. Treten nun im Bauteil Belastungsfälle auf, die mit einer Verformung verbunden sind, dann wird das Material sich martensitisch umwandeln. Die mit der martensitischen Umwandlung verbundene Scherung trägt zur Verformung bei, wodurch gleichzeitig eine weitere starke Zunahme der Festigkeit verbunden ist und Rißbildung oder Rißfortschritt behindert werden. So zeichnet sich der Werkstoff durch Festigkeit, gute Duktilität und enorme Bruchzähigkeit aus. Zur Optimierung der Festigkeit wird der Stahl vor dem Einsatz zumeist einer zusätzlichen thermomechanischen Behandlung unterzogen.

Die Martensitumwandlung ist nicht auf das System Fe-C beschränkt, sondern findet in vielen anderen Systemen statt, in denen sich die Kristallstruktur ändert. Eine besondere Rolle nehmen die Formgedächtnis-Legierungen (im englischen Sprachgebrauch: „shape-memory-alloys"; SMA) ein. Sie haben die Eigenschaft, sich nach Verformung bei entsprechender Wärmebehandlung in die vor der Verformung bestehende Gestalt zurückzuverwandeln. Die physikalische Ursache für diesen Effekt besteht darin, daß die martensitische Umwandlung mit einer Scherverformung verbunden ist und sich verschiedene kristallographisch äquivalente Varianten der martensitischen Phase bilden können (Abb. 9.34). Bei der Abkühlung einer Probe auf Temperaturen unterhalb M_f werden die verschiedenen äquivalenten Varianten so eingestellt, daß sich die Gestalt der Probe nicht ändert. Bei der Verformung unterhalb M_f wird aber nicht die Bewegung von Versetzungen zur Formänderung benutzt, sondern die kristallographisch günstiger orientierte Variante wächst auf Kosten der anderen Varianten, wodurch die gewünschte Formänderung herbeigeführt wird. Wärmt man anschließend den Werkstoff über die A_f-Temperatur auf, verschwindet der Martensit und die ursprüngliche Form ist wieder hergestellt. Der Effekt wurde zunächst an einer InTl-Verbindung entdeckt, aber Bedeutung erlangte er erst durch die Entwicklung der NiTi-Legierungen (Nitinol). Heute gibt es eine Vielzahl von Formgedächtnis-Legierungen, wobei in der Regel die Hochtemperaturphase eine ungeordnete krz-Struktur hat, während die martensitische Phase eine geordnete krz oder orthorhombische Struktur besitzt. Es gibt zahllose Anwendungen für diesen Effekt, von der Medizin bis zur Raumfahrt.

Ein verwandter Effekt führt zur sog. Pseudoelastizität. Dabei wird die martensitische Phase durch die angelegte mechanische Spannung erzeugt, wodurch eine große obgleich nichtlineare Dehnung hervorgerufen wird, die sich bei Entlasten wieder zurückbildet. Diese sich leicht vollziehende Martensitbildung führt speziell zu hervorragenden Dämpfungseigenschaften, da die Energie einer mechanischen Einwirkung durch martensitische Umwandlung aufgezehrt und nicht in elastische Wellen (Schallwellen) umgesetzt wird. Superelastische Werkstoffe finden u. a. auch Verwendung für unzerbrechliche Brillengestelle.

9.3 Aufgaben

9.1 Leiten Sie die Gibbsche Phasenregel her.

9.2 Leiten Sie einen Ausdruck für den Verlauf der freien Enthalpie G einer idealen Lösung als Funktion der Konzentration her unter Vernachlässigung der Schwingungsentropie.

9.3 Leiten Sie einen Ausdruck für die maximale Löslichkeit von B-Atomen in der α-Phase als Funktion der Temperatur $c_B(T)$ ab. Nehmen Sie dazu an, dass die Bindungsenthalpie zwischen A-Atomen und B-Atomen identisch ist, so dass der Verlauf der freien Enthalpie symmetrisch wird. H_0 sei aber ungleich Null. Nehmen Sie weiter an, dass für kleine Konzentrationen c gilt: $(1 - c) \approx (1 - 2c) \approx 1$.

9.4 a) Geben Sie einen Ausdruck für den Verlauf der freien Enthalpieerhöhung als Funktion der Kantenlänge eines quaderförmigen Keims mit verschiedenen spezifischen Oberflächenenergien bei der Umwandlung im Festen an.

   b) Diskutieren Sie die anhand der Ausscheidungsphasen in den Systemen Al-Ag ($c_\alpha = 5$ at. % Ag, $c_\beta = 65$ at. % Ag, $\delta_{Ag2Al} = 0,013$) und Al-Cu ($c_\alpha = 2$ at. % Cu, $c_\beta = 33$ at. % Cu, $\delta_{Al2Cu} = 1,59$) verschiedenen Formen auftretender Keime bei einer Umwandlung im Festen auf der Basis der elastischen Verzerrungsenergie und der Grenzflächenenergie ($E_{Al} = 27$ GPa, $\nu = 0,3$, $\gamma = 1$ Jm^{-2}).

   c) Erläutern Sie die Begriffe kohärente und inkohärente Grenzfläche.

9.5 a) Berechnen Sie im Rahmen des quasichemischen Modells den Verlauf der Spinodalen $c_W(T)$ für den Fall, dass gilt: $H_{AA} = H_{BB}$.

    b) Wie ändert sich der Bereich der Spinodalen bei einer Zunahme der Vertauschungsenergie?

9.6 Wir betrachten einen Einkristall einer binären kfz-Legierung mit einer Zusammensetzung, die bei 1000K der Spinodalen entspricht. Sie entmischt sich spinodal in ein eindimensionales periodisches Muster (Lamellenmuster) aus α_1- und α_2-Phase (vollständig kohärent) mit einer Wellenlänge von 50 nm. Die Bindungsenergie $H_{AA} = H_{BB}$ und $H_0 = 0,02 eV$. Setzen Sie $c << 1$ voraus.

    a) Welche Zusammensetzung haben α_1 und α_2?

    b) Wie breit sind die α_2-Lamellen?

    c) Wie groß ist die kritische Schubspannung zur Überwindung der α_2-Lamellen, wenn nur parelastische Wechselwirkung mit $|\delta| = 0,33$ überwunden werden muss?

    d) Wie groß wäre der E-Modul in Lamellenrichtung, wenn $E_A = 60 \; GPa$ und $E_B = 100 \; GPa$ betragen würden und sich der E-Modul proportional mit der Konzentration ändert?

9.7 Das System Al-Ag zeigt begrenzte Mischbarkeit. Es bilden sich kohärente Teilchen der Phase AlAg$_2$. Von anderen Untersuchungen ist bekannt, dass bei t = 0 s AlAg$_2$-Teilchen mit der Größe r_0 = 10 Å vorliegen und dass die Fließspannung τ_0 = 20 MPa beträgt. Außerdem ist bekannt, dass sich die Teilchen bei Auslagerungsglühungen mit der Rate dr/dt = 50·$t^{-2/3}$ [Å/s] vergröbern. Berechnen Sie für ein ausgeschiedenes Volumen von 5 % (G_{Al} = 27 GPa, a_{Al} = 4,04 Å)

    a) die Glühzeit für maximale Festigkeit.

    b) die kritische Schubspannung für den Zustand maximaler Aushärtung.

9.8 Leiten Sie die Gibbs-Thomson-Gleichung her.

9.9 Geben Sie mit Hilfe des Bain-Modells die Orientierungsbeziehungen zwischen der kubisch-flächenzentrierten und der martensitischen Phase bei der Martensitumwandlung an.

9.10 Geben sie die Orientierungsbeziehung der Bain'schen Korrespondenz in den drei Darstellungen: Drehachse + Drehwinkel, Eulerwinkel und Miller-Indizes an.

9.11 Berechnen Sie die Festigkeitssteigerung der Martensitbildung durch Mischkristallhärtung bei einem Kohlenstoffgehalt von c^a = 0,04 at. %. ($|\delta|$ = 1, 19, β = 1/20, $|\eta|$ = 10)

9.12 Erläutern Sie, warum bei allen martensitischen Phasenumwandlungen im metastabilen System Fe-C stets Restaustenit übrigbleibt und es niemals zur vollständigen Martensitumwandlung kommt.

9.13 Bestimmen Sie die Phasengehalte eines legierten Stahls aus dem in Abb. 9.33a dargestellten Zeit-Temperatur-Umwandlungsdiagramm für alle drei Abkühlpfade.

9.14 Erklären Sie den Formgedächtnis-Effekt (FGE). Wie würden Sie mit Hilfe einer solchen Formgedächtnis-Legierung ein Sicherheitsventil konstruieren, das ab einer bestimmten Temperatur schließt?

9.15 Eine Formgedächtnislegierung erlaubt eine maximale Dehnung von 5 %. Wie klein darf der Krümmungsradius eines gebogenen Drahtes der Dicke 1 mm werden, wenn bei einer Wärmebehandlung die Urgestalt wieder hergestellt werden soll?

9.16 Warum verursacht die martensitische Umwandlung in Stahl keinen Formgedächtniseffekt?

Literatur

1. Masing G (1950) Lehrbuch der Allgemeinen Metallkunde. Springer, Berlin, S 479
2. Massalski TB (1990) Binary alloy phase diagrams. ASM
3. Hilliard JE (1970) In: Phase transformation. ASM Metals Park, Ohio
4. Haasen P (1984) Physikalische Metallkunde. Springer, Berlin, S 173
5. Silcock JM (1960) J Inst Metals 89:203–210
6. Hornbogen E (1967) Aluminium 43:41
7. Nicholson RB et al (1958) J Inst Metals 87:34, 431
8. Hardy HK, Heal TJ (1954) Progress in metal physics, Bd 5. Pergamon Press, S 177
9. Shewmon PG (1969) Transformations in metals. McGraw-Hill Book Company, New York
10. Horstmann D (1985) Das Zustandsdiagramm Fe-C. Verlag Stahleisen, Düsseldorf
11. Hornbogen E (1991) In: Bunk WGJ (Hrsg) Advanced structural and functional material. Springer, S 140
12. Houdremont E (1956) Handbuch der Sonderstahlkunde, 3. Aufl. Bd. 1. Springer, Berlin
13. Haasen P (1974) Physikalische Metallkunde. Springer, Berlin, S 267
14. Hougardy HP (1984) In: Werkstoffkunde Stahl, Bd 1. Verlag Stahleisen, Düsseldorf, S 198–231

Physikalische Eigenschaften

10

10.1 Elektronentheoretische Grundlagen der Festkörpereigenschaften

Die Eigenschaften eines Festkörpers sind grundsätzlich Eigenschaften der Elektronenstruktur seiner Bauteile, nämlich der Atome. Die Existenz des festen Zustandes als stabiler Tieftemperaturaggregatzustand macht deutlich, daß es zwischen den Atomen eines Elementes eine Anziehungskraft gibt. Bei weiter Entfernung zweier Atome voneinander ist diese Anziehungskraft sehr klein und rührt von dem Dipolmoment der Elektronenstruktur her. Dieses Dipolmoment stammt, vereinfacht ausgedrückt, daher, daß die Schwerpunkte der positiven Ladung (Atomkern) und der negativen Ladung (Atomhülle) nie völlig gleich, sondern aufgrund von Fluktuationen immer etwas verschieden sind. Diese Dipolwechselwirkung führt zur Anziehung und daher zur Annäherung der Atome (Abb. 10.1). Mit abnehmendem Abstand nimmt die Anziehungskraft zu. Nähern sich die Atome so weit, daß sich ihre Hüllen gegenseitig beeinflussen, also praktisch berühren, dann kommt es zu einer Vielfalt von möglichen Prozessen, die zu den in Kap. 2 erklärten Bindungstypen führen. Bei noch weiterer Annäherung der Atome kommt es zur Überlappung der Atomhüllen. Da nach dem Pauli-Prinzip aber nicht zwei Elektronen den gleichen Zustand einnehmen dürfen, müssen einige Elektronen in freie, aber höherenergetische Zustände angehoben werden, was mit einer starken Energieerhöhung und damit einer abstoßenden Kraft verbunden ist. Die Summe der anziehenden und abstoßenden Kräfte ergibt die gesamte Wechselwirkungskraft der Atome (Abb. 10.2). Der Abstand, bei dem sich abstoßende und anziehende Kräfte kompensieren, ist der Gleichgewichtsabstand. Diese Betrachtung kann von der zweiatomigen Molekülbildung auf den vielatomigen Festkörper übertragen werden, wobei sich zwischen je zwei benachbarten Atomen qualitativ die gleiche Wechselwirkung wie im Molekülmodell ergibt.

G. Gottstein, *Materialwissenschaft und Werkstofftechnik*, Springer-Lehrbuch, DOI: 10.1007/978-3-642-36603-1_10, © Springer-Verlag Berlin Heidelberg 2014

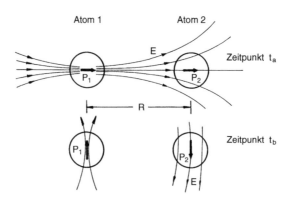

Abb. 10.1 Ursprung der Dipol-Wechselwirkung im klassischen Bild: Das Dipolmoment P_1 des Atoms 1 führt zur Ausrichtung des Dipolmoments P_2 des Atoms 2. Aufgrund von Fluktuationen sind die Dipolmomente zeitlich nicht konstant, so daß die Ausrichtung der Momente parallel oder antiparallel erfolgen kann. Unabhängig davon führt die Wechselwirkung aber immer zu einer anziehenden Kraft zwischen den Atomen

Die periodische Anordnung der Atome in einem kristallinen Festkörper führt zu einer Besonderheit der elektronischen Struktur: Im Gegensatz zu den freien Elektronen ist nicht jeder beliebige Energiezustand erlaubt, sondern es gibt erlaubte Energiebereiche, die durch unerlaubte Zonen getrennt sind. Diese Situation wird im Bändermodell der Elektronentheorie beschrieben. Stark vereinfacht kann man sich die Situation folgendermaßen vorstellen. In einem isolierten Atom können die Elektronen nur ganz diskrete Energiewerte annehmen. Diese Energiewerte sind für alle Atome desselben Elements gleich, solange die Atome voneinander getrennt sind. Berühren sich zwei Atome mit der gleichen Elektronenstruktur, so muß ein Elektron in einen höheren Energiezustand gehoben werden, d. h. die Energiezustände spalten auf in zwei Energieniveaus (Abb. 10.3). Bei N Atomen erhält man entsprechend eine Aufspaltung in N Energieniveaus. Im Festkörper ist die Zahl der Atome und daher N sehr groß ($\approx 10^{23}$ cm^{-3}). Die N Energieniveaus bilden deshalb ein quasikontinuierliches Energieband. Diese Aufspaltung in Bänder ist dabei auf die äußeren Schalen der Elektronenhülle beschränkt, denn die inneren, stark gebundenen Elektronen sind von der Überlappung der Elektronenhüllen praktisch unbeeinflußt. In der Bändertheorie sind hauptsächlich zwei Bänder wichtig, nämlich das energetisch höchste, vollständig gefüllte Band, das sog. Valenzband, und das nächsthöhere, teilweise gefüllte oder völlig leere Band, das sog. Leitungsband.

Die Ursache für diese komplizierte Struktur ist der Wellencharakter der Elektronen. Der Zustand von Elektronen läßt sich durch ihre Wellenfunktion $\psi(\mathbf{r}, t)$ ausdrücken, die eine Lösung der Schrödingergleichung

$$-\frac{\hbar^2}{2m}\nabla^2\psi + V\psi = i\hbar\dot{\psi} \qquad (10.1)$$

Abb. 10.2 a Kraft zwischen zwei Atomen in Abhängigkeit vom Abstand; **b** Energie zweier Atome aufgetragen über den Atomabstand

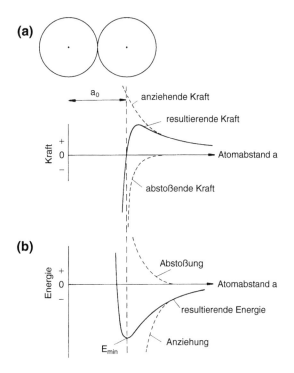

ist, wobei m die Masse, h das Wirkungsquantum = $6.63 \cdot 10^{-34}$ Js, $\hbar = h/2\pi$ und V das Potential sind. Für den zeitunabhängigen Teil $\varphi(\mathbf{r})$ der Lösung $\Psi(\mathbf{r}, t) = \varphi(\mathbf{r}) \cdot \exp(-i[E/\hbar] \cdot t)$, wobei E die Energie des Zustandes Ψ ist, ergibt sich

$$\nabla^2 \varphi + \frac{2m}{\hbar^2}(E - V)\varphi = 0 \qquad (10.2)$$

Bei geeigneter Wahl des Potentials für einen gegebenen Fall kann man so die Zustände ψ der Elektronen berechnen, wenn man die entsprechenden Randbedingungen kennt.

Im Fall eines Kristallgitters läßt sich das Potential durch eine periodische Kastenfunktion mit der Höhe V_0 (Kronig-Penney-Potential Abb. 10.4) nähern. Die Lösung von Gl. (10.2) hat dann die Form

$$\varphi(x) = u(x) \cdot e^{ikx} \qquad (10.3)$$

wobei $u(x)$ eine periodische Funktion und $k = 2\pi/\lambda$ die Wellenzahl sind. Die Lösung fordert nach einigen Näherungen

$$p\frac{\sin \alpha a}{\alpha a} + \cos \alpha a = \cos ka \qquad (10.4)$$

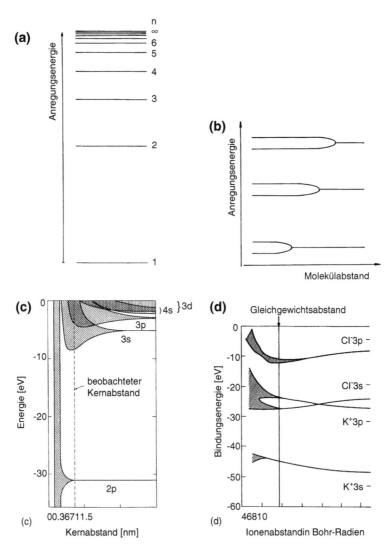

Abb. 10.3 **a** Schematische Darstellung der Energieniveaus eines Elektrons in der Atomhülle; **b** Aufspaltung der Energieniveaus bei der Molekülbildung; **c** Energieniveaus im Festkörper am Beispiel des Natriums. Aus den Energieniveaus des Natriumatoms werden mit abnehmendem Kernabstand Bänder. In festem Natrium beträgt der Kernabstand 3.67 Å (nach [1]); **d** Beispiel einer Verbindung (KCl). Die vier höchst besetzten Energiebänder von KCl, gerechnet in Abhängigkeit vom Ionenabstand in Bohr-Radien ($a_0 = 5.29 \cdot 10^{-9}$ cm) (nach [2])

wobei a der Abstand der Potentialwände (Abb. 10.4), $p = ma V_0 \omega / \hbar^2$ und $\alpha = \sqrt{2mE}/\hbar$ bedeuten. Je nach Potentialhöhe V_0 gibt es verschiedene Lösungen, die unterschiedlichen Situationen in der Wirklichkeit entsprechen (Abb. 10.5).

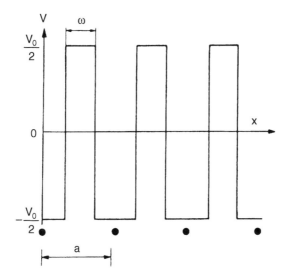

Abb. 10.4   Kronig-Penney-Potential. Die vollen Kreise geben die Position der Ionenrümpfe an

Für den Fall sehr niedriger Potentialhöhe V_0, d. h. $P \approx 0$, erhält man den Grenzfall freier Elektronen, mit $\alpha = k$ und $E = \hbar^2 k^2 / 2m$, also beliebige Energiezustände (Abb. 10.5b). Im Fall eines sehr hohen Potentials existiert eine Lösung nur für $\sin \alpha a \approx 0$, weil $| \cos ka | \leq 1$, woraus folgt $\alpha = n \cdot \pi / a$ mit $n = 1, 2, \dots$ d. h. diskrete Energiezustände. Das beschreibt die Zustände der stark gebundenen Elektronen, also die tiefer gelegenen Schalen der Elektronenhülle (Abb. 10.5a).

Für mittlere Werte von V_0 ergeben sich wegen $| \cos ka | \leq 1$ nicht für alle Werte von α Lösungen. Das heißt, es gibt energetisch unerlaubte Zonen, nämlich die Energielücken, welche die erlaubten Energiezustände, d. h. die Bänder, voneinander trennen (Abb. 10.5c). Dieser Fall entspricht der Realität in kristallinen Festkörpern und begründet das Bändermodell.

Teilchen mit halbzahligem Spin, also z. B. Elektronen mit $s = \pm 1/2$, unterliegen dem Pauli-Prinzip, d. h. zwei Teilchen können nicht den gleichen Zustand annehmen. Solche Teilchen werden als Fermionen bezeichnet. In Vielteilchensystemen, z. B. den freien Elektronen in einem Festkörper, füllen die Elektronen sukzessiv höhere Energieniveaus auf. Ohne thermische Aktivierung, d. h. bei $T = 0\,\mathrm{K}$, sind alle Energieniveaus unterhalb einer Energie ε_F, der Fermienergie, besetzt. Diese Fermienergie ist eine Materialkonstante. Bei höherer Temperatur können Elektronen durch Aufnahme thermischer Energie in höhere Energiezustände versetzt werden. Die thermische Energie kT ist im Verhältnis zur Fermienergie allerdings sehr klein. Deshalb gelingt nur solchen Elektronen, die eine Energie nahe der Fermienergie haben, ein Wechsel auf unbesetzte höhere Energieniveaus. Elektronen weit

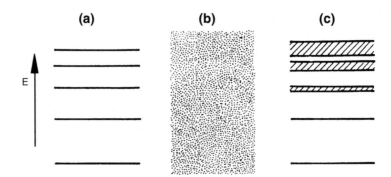

Abb. 10.5 Erlaubte Energieniveaus für **a** gebundene Elektronen, **b** freie Elektronen und **c** Elektronen im Festkörper

Abb. 10.6 Fermi-
Verteilung bei verschie-
denen Temperaturen

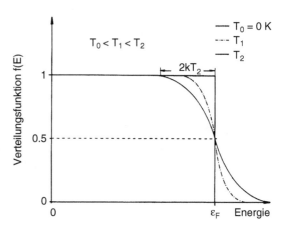

unterhalb der Fermikante bleiben dagegen von der thermischen Energie unberührt, denn sie können nicht auf geringfügig höherenergetische Zustände wechseln, da diese bereits besetzt sind. Die Temperaturabhängigkeit der Besetzungswahrscheinlichkeit eines Zustandes mit der Energie E wird durch die Fermiverteilung $f(E)$ beschrieben (Gl. (10.5)).

$$f(E) = \frac{1}{1 + e^{\frac{E-\varepsilon_F}{kT}}} \qquad (10.5)$$

Am absoluten Nullpunkt ($T = 0\,\mathrm{K}$) ist $f(E) = 1$, wenn die Energie $E < \varepsilon_F$ ist, und $f(E) = 0$ für $E > \varepsilon_F$. Bei höherer Temperatur ist $f(E) \approx 1$ für $E \ll \varepsilon_F$, jedoch im Falle einer Energie $E > \varepsilon_F$ ist $f(E) > 0$. Damit ergibt sich der in Abb. 10.6 dargestellte Verlauf (s. auch Abb. 10.13c). Der Fermienergie kann man formal auch eine Temperatur zuordnen, die Fermitemperatur. Sie ist diejenige Temperatur, die der thermischen Energie ε_F entspräche,

$$kT_F = \varepsilon_F \qquad (10.6)$$

Tab. 10.1 Berechnete Werte der Fermi-Energie und der Fermi-Temperatur für freie Elektronen in Metallen bei RT. (Nur für Na, K, Rb, Cs bei 5K und für Li bei 78K)

Wertigkeit	Metall	Fermi-Energie in [eV]	Fermi-Temperatur $T_F = \varepsilon_F/k$ in [$10^4 K$]
1	Li	4.72	5.48
	Na	3.23	3.75
	K	2.12	2.46
	Rb	1.85	2.15
	Cs	1.58	1.83
	Cu	7.00	8.12
	Ag	5.48	6.36
	Au	5.51	6.39
2	Be	14.14	16.41
	Mg	7.13	8.27
	Ca	4.68	5.43
	Sr	3.95	4.58
	Ba	3.65	4.24
	Zn	9.39	10.90
	Cd	7.46	8.66
3	Al	11.63	13.49
	Ga	10.35	12.01
	In	8.60	9.98
4	Pb	9.37	10.87
	Sn(ω)	10.03	11.64

Da ε_F sehr groß ist, liegt T_F weit oberhalb der Schmelztemperatur der Festkörper (Tab. 10.1). Analog ist die Angabe einer Fermigeschwindigkeit, gemäß der kinetischen Energie ε_F

$$\frac{1}{2}mv_F^2 = \varepsilon_F \tag{10.7}$$

Fermitemperatur und Fermigeschwindigkeit sind Eigenschaften von Elektronen mit Zuständen nahe der Fermienergie. Da $T_F \gg T_S$ in einem Festkörper, werden durch thermische Aktivierung die Eigenschaften dieser Elektronen aber nur geringfügig beeinflußt. Da es diese Elektronen nahe der Fermikante sind, die zu elektrischer und Wärmeleitfähigkeit beitragen, werden ihnen die Eigenschaften T_F und v_F zugeordnet.

Teilchen, die keinen halbzahligen, sondern einen ganzzahligen Spin haben, z. B. Photonen (Lichtquanten) oder Phononen (Schwingungsquanten), werden Bosonen genannt. Sie unterliegen nicht dem Pauliprinzip. Deshalb können beliebig viele Teilchen den gleichen Zustand einnehmen, insbesondere den Grundzustand $E = 0$. Die Wahrscheinlichkeit zur Besetzung eines Zustandes ist daher bei fehlender thermischer Aktivierung, also $T = 0$ K, gleich $f(E) = 1$ für $E = 0$ und $f(E) = 0$ für $E \neq 0$. Für $T > 0$ K werden höhere Niveaus durch thermische Aktivierung angenommen, die für alle Bosonen möglich ist. In diesem Fall wird die Besetzungswahrscheinlichkeit durch die Bose-Einstein-Verteilung beschrieben:

$$f(E) = \frac{1}{e^{+\frac{E}{kT}} - 1} \tag{10.8}$$

Sie spielt bei Gitterschwingungen und zum Verständnis der Supraleitfähigkeit eine bedeutsame Rolle (vgl. Abschn. 10.2 und 10.4).

10.2 Mechanische und thermische Eigenschaften

Die Atome in einem Festkörper ordnen sich so an, daß ihre Energie minimal ist, d. h. die auf sie wirkenden Kräfte verschwinden. Das ist der Fall im Minimum des interatomaren Potentials, das schematisch in Abb. 10.2b dargestellt ist. Die geschlossene Berechnung des interatomaren Potentials ist bisher nicht möglich. Gewöhnlich werden Näherungsfunktionen verwendet, die qualitativ den in Abb. 10.2 dargestellten Verlauf haben und deren Werte an meßbare Materialgrößen angepaßt sind. Die bekanntesten Potentialfunktionen sind das Morse-Potential (exponentielle Näherung)

$$V = D \cdot \left(e^{[-2\alpha(r-r_0)]} - 2\, e^{[-\alpha(r-r_0)]} \right) \tag{10.9}$$

oder das Lennard-Jones-Potential (Näherung durch Potenzgesetz)

$$V = \frac{A}{r^{12}} - \frac{B}{r^6} \tag{10.10}$$

wobei A, B, D, und α Konstanten sind, r_0 ist der Gleichgewichtsabstand.

Diese Potentiale beschreiben allerdings nur die paarweisen Wechselwirkungen zwischen nächsten Nachbaratomen. Häufig sind aber auch weiterreichende Wechselwirkungen von Bedeutung. Solche Fälle können mit sog. „Einbettpotentialen" behandelt werden, in denen der Einfluß aller anderen Atome pauschal berücksichtigt wird.

Der mechanische Gleichgewichtszustand ist erreicht, wenn sich die Atome auf den Gleichgewichtsabstand genähert haben, der durch das Minimum des interatomaren Potentials gegeben ist. Dieser Gleichgewichtsabstand bestimmt den Gitterparameter in einem Kristall und das Molvolumen des Festkörpers (Abb. 10.2). Da bei dieser Betrachtung die thermische Ausdehnung unberücksichtigt bleibt, erhält man den Gitterparameter bei $T = 0\,\mathrm{K}$. Fügt man Fremdatome hinzu, so ändert sich in der Regel der Gitterparameter, da das Atomvolumen des Fremdatoms vom Atomvolumen des Wirtsatoms verschieden ist. Bei Legierungen mit lückenloser Mischkristallbildung findet man, daß der Gitterparameter sich in erster Näherung linear mit der Konzentration ändert (Vegardsche Regel, Abb. 10.7).

Abb. 10.7 Änderung des Gitterparameters mit der Konzentration in einigen lückenlos mischbaren Legierungen. Die gestrichelte Kurve entspricht einer linearen Abhängigkeit, die offenen Kreise geben Meßergebnisse wieder (nach [3, S. 262])

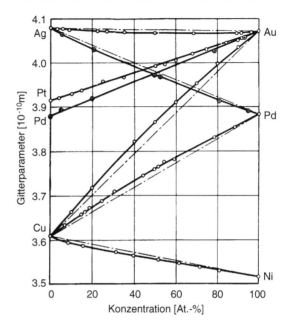

Durch Differentiation des Potentials nach dem Abstand erhält man die Kraft, oder auf die Fläche bezogen die mechanische Spannung, die anzubringen ist, um den Abstand zu ändern (Abb. 10.2a). Beim Gleichgewichtsabstand ist die Spannung Null und steigt bei einer kleinen Längenänderung in erster Näherung linear an. Die Proportionalitätskonstante ist die Steigung der Kurve $\sigma = f(a)$ für $a = a_0$, also die 2. Ableitung des interatomaren Potentials bei a_0. Sie entspricht makroskopisch dem Elastizitätsmodul und die Proportionalität zwischen Spannung σ und Dehnung $\varepsilon = \Delta a/a_0$ beschreibt das Hookesche Gesetz. Bei größeren Längenänderungen ändert sich die Spannung nicht mehr proportional zum Abstand. Dann versagt die lineare Elastizitätslehre. Statt der Längenänderung kann man auch die Volumenänderung mit der angebrachten hydrostatischen Spannung betrachten. Sie gibt einen ähnlichen Verlauf wie Abb. 10.2a. Die Steigung für $\Delta V/V_0 = 0$ ist dann der Kompressionsmodul.

Die Proportionalität von Spannung und Dehnung entspricht in der Mechanik dem Verhalten einer Feder. Die Energie nimmt quadratisch mit der Auslenkung zu. Übertragen auf den Festkörper würde das aber bedeuten, daß das interatomare Potential (Abb. 10.2b) nahe dem Potentialminimum parabelförmig verläuft (harmonische Näherung). Das ist aber nicht der Fall, denn sonst gäbe es keine thermische Ausdehnung (s. unten). Allerdings ist das Federmodell ein sehr hilfreiches Modell zur Erklärung der thermischen Eigenschaften von Festkörpern. Durch Zufuhr von Wärme werden die Atome in einem Festkörper in Schwingungen versetzt, was wir als seine Temperatur erfahren. Je größer die Wärmezufuhr, desto höher die Temperatur und desto größer die Schwingungsamplitude der Atome. Wäre das Potential symmetrisch bezüglich seiner Energiemulde (harmonische Näherung), so wäre

der Schwerpunkt der Schwingungen von der Schwingungsamplitude unabhängig, d. h. die
Atome würden unabhängig von der Temperatur um ihre Ruhelage bei $T = 0$ K schwingen,
so daß sich auch der mittlere Atomabstand mit der Temperatur nicht ändern würde. Das
wird aber nicht beobachtet, sondern für nicht zu tiefe Temperaturen ($T > \Theta_D/2$, Θ_D—
Debye-Temperatur, s. unten) nimmt die thermische Ausdehnung $\Delta\ell/\ell$ linear mit der Temperatur zu (Abb. 10.8b), bzw. der thermische Ausdehnungskoeffizient $\alpha = (1/\ell)d\ell/dT$ ist
konstant. Die Beobachtung der thermischen Ausdehnung bedeutet, daß das Potential unsymmetrisch zur Energiemulde verläuft, und zwar steigt es stärker an, wenn man die Atome
aus der Gleichgewichtslage aufeinander zubewegt, als wenn man sie weiter voneinander entfernt. Die gleiche Energieerhöhung führt also zu einer größeren Auslenkung in Richtung
größerer Atomabstände als in Richtung kleinerer Atomabstände. Daher verschiebt sich
der Schwerpunkt der Schwingung mit zunehmender Amplitude (höherer Temperatur) zu
höheren Werten, d. h. zu größeren Atomabständen (Abb. 10.8a). Diese Verschiebung des
mittleren Atomabstandes hat Rückwirkungen auf die mechanischen Eigenschaften. Die
elastischen Konstanten (Kompressionsmodul, etc.) ergeben sich ja, wie anfänglich erklärt,
als die zweite Ableitung des Gitterpotentials an der Stelle des Gleichgewichtsabstandes.
Während der Gleichgewichtsabstand bei $T = 0$ K dem Energieminimum entspricht, wird
er bei höherer Temperatur durch die thermische Ausdehnung zu größeren Werten verschoben. Bei größeren Atomabständen verläuft aber die Kraft-Abstands-Kurve flacher und
entsprechend wird die zweite Ableitung kleiner (Abb. 10.2b). Deshalb nehmen mit steigender Temperatur die elastischen Konstanten ab, und zwar — bei nicht zu niedrigen
Temperaturen — etwa linear mit der Temperatur (Abb. 10.9).

Die Energie der Gitterschwingungen bestimmt den Wärmeinhalt U und folglich die
spezifische Wärme des Festkörpers. Bei konstantem Volumen gilt

$$c_v = \left.\frac{dU}{dT}\right|_v \tag{10.11}$$

Üblicherweise wird aber experimentell die spezifische Wärme bei konstantem Druck c_p gemessen, weil das Volumen eines Festkörpers bei einer Temperaturänderung nicht konstant
bleibt. Man kann allerdings c_p in c_v umrechnen durch die Beziehung $c_p - c_v = \frac{(3\alpha)^2}{\kappa}\frac{T}{\rho}$,
wobei α - linearer Ausdehnungskoeffizient, κ - Kompressibilität. ρ - Dichte, T - absolute
Temperatur. Im Folgenden wird daher nur c_v betrachtet.

Der Wärmeinhalt ist die Gesamtschwingungsenergie der Atome. Bei hohen Temperaturen steigt der Wärmeinhalt pro Atom gemäß dem klassischen Gesetz von Dulong-Petit
linear mit der Temperatur: $U = 3 \cdot k \cdot T$, d. h. die spezifische Wärme ist temperaturunabhängig. Bei tiefen Temperaturen wird aber ein starker Abfall der spezifischen Wärme mit
fallender Temperatur betrachtet. Diese Abweichung vom klassischen Verhalten konnte
erstmalig von Einstein erklärt werden: Die Schwingungen der Atome kann man durch Oszillatoren beschreiben, die den Gesetzen der Quantenmechanik unterliegen, d. h. sie können
nur diskrete Energiezustände annehmen. Die Quanten dieser Gitterschwingungen werden
Phononen genannt. Nimmt man an, daß die Atome unabhängig voneinander alle mit der-

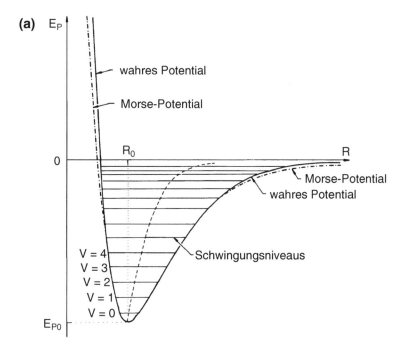

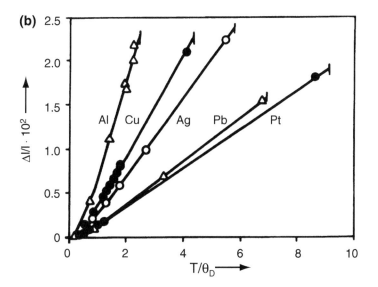

Abb. 10.8 **a** Potentielle Energie eines zweiatomigen Moleküls aufgetragen über den Atomabstand (schematisch). Die gestrichelte Linie stellt die Schwerpunktsverschiebung mit ansteigenden Schwingungsniveaus, d. h. mit zunehmender Temperatur, dar. **b** Thermische Ausdehnung einiger Metalle als Funktion der auf die Debye-Temperatur normierten Temperatur (nach [3, S. 263])

Abb.10.9 Temperaturverlauf des Schubmoduls von Aluminium

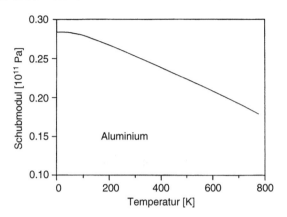

selben Frequenz schwingen, so kann man die spezifische Wärme leicht berechnen. Bei der Schwingungsfrequenz sind die möglichen Energiewerte des Oszillators $E_n = h\nu(n + \frac{1}{2})$, wobei n die Quantenzahl ist. Die Häufigkeitsverteilung der Quantenzustände n bei einem Oszillator mit Schwingungsfrequenz ist gegeben durch die Bose-Einstein-Verteilung

$$< n > = \frac{1}{e^{+\frac{h\nu}{kT}} - 1} \tag{10.12}$$

Damit ergibt sich bei N Atomen und Schwingungen in alle drei Raumrichtungen für die Gesamtenergie des Festkörpers

$$U = 3 \cdot N \cdot \left(< n > + \frac{1}{2} \right) h \cdot \nu \tag{10.13}$$

und mit Gl. (10.11) erhält man die spezifische Wärme

$$c_\nu = 3Nk \left(\frac{h\nu}{kT} \right)^2 \cdot \frac{\exp\left(\frac{h\nu}{kT} \right)}{\left(\exp\left(\frac{h\nu}{kT} \right) - 1 \right)^2} \tag{10.14}$$

Diese exponentielle Temperaturabhängigkeit wird allerdings nicht beobachtet, sondern ein weniger starker Anstieg mit der Temperatur. Das liegt daran, daß die Atome nicht unabhängig voneinander mit der gleichen Frequenz schwingen, sondern — nach einem Vorschlag von Debye — als gekoppelte Oszillatoren mit einer Vielzahl von Schwingungen, nämlich von der kürzesten Wellenlänge, dem doppelten Atomabstand, bis zur größten Wellenlänge, der doppelten Probenlänge. Zur Berechnung des Wärmeinhalts müssen deshalb die Energiebeiträge der verschiedenen Frequenzen aufsummiert werden, was bei einem praktisch kontinuierlichen Frequenzspektrum durch Integration erfolgen kann.

$$U = \int\limits_{0}^{v_D} D(v) \left(n(v) + \frac{1}{2} \right) hv \, dv \qquad (10.15)$$

wobei v_D die höchstmögliche Frequenz (Debye-Frequenz) und $n(v)$ wieder die Besetzungsdichte der Quantenzahlen ist. $D(v)$ bedeutet die Anzahl der Schwingungszustände in einem Frequenzintervall zwischen v und dv in einem Würfel der Kantenlänge L. Diese sog. Zustandsdichte ist gegeben durch:

$$D(v) = \frac{2v^2 \cdot L^3}{V_S^3} \qquad (10.16)$$

(V_S = Schallgeschwindigkeit).

Definiert man die Debye-Temperatur $\Theta_D = (hv_D/k)$, so erhält man für $T \ll \Theta_D$

$$c_v \cong 234 \, N \, k \left(\frac{T}{\Theta_D} \right)^3 \qquad (10.17)$$

Diese T^3-Abhängigkeit bei tiefen Temperaturen ist für viele sehr unterschiedliche Festkörper bestätigt worden (Abb. 10.10).

Für $T \gg \Theta_D$ ergibt sich näherungsweise

$$c_v \cong 3 \, N \, k \qquad (10.18)$$

entsprechend dem klassischen Gesetz von Dulong-Petit. In homogenen Legierungen oder mehrphasigen Systemen setzt sich die molare spezifische Wärme in erster Näherung additiv aus den spezifischen Wärmen der Komponenten zusammen (Neumann-Koppsche Regel).

Die Energie der Gitterschwingungen macht den größten Teil der thermischen Energie des Festkörpers aus. Gemäß der Bose-Einstein-Statistik Gl. (10.8) frieren die Schwingungen aber bei tiefen Temperaturen immer mehr ein, bis schließlich nur die sog. Nullpunktsschwingungen übrig bleiben ($<n> = 0$). Dann werden auch andere, bei höheren Temperaturen vernachlässigbare, Beiträge zur spezifischen Wärme wichtig, nämlich die spezifische Wärme der freien Elektronen.

Elektronen sind Fermionen (Spin 1/2) und folgen daher nicht der Bose-Einstein-Statistik, sondern der Fermi-Statistik. Zur spezifischen Wärme können aber nur diejenigen Elektronen beitragen, die auch thermische Energie aufnehmen können, also die freien Elektronen, und der Beitrag ist deshalb nur bei Metallen erheblich. Bei einer Temperatur T ist in Metallen der Bruchteil der anregungsfähigen, d. h. freien Elektronen, etwa T/T_F, wobei $T_F = \varepsilon_F/k$ die Fermitemperatur ist (ε_F – Fermienergie). Da jedes Elektron im klassischen Sinne die thermische Energie der Größe kT aufnimmt, ist bei N Atomen die thermische Energie der Elektronen

$$E_{el} \cong N \frac{T}{T_F} \cdot kT \qquad (10.19)$$

und der Beitrag der Elektronen zur spezifischen Wärme

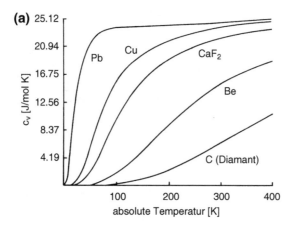

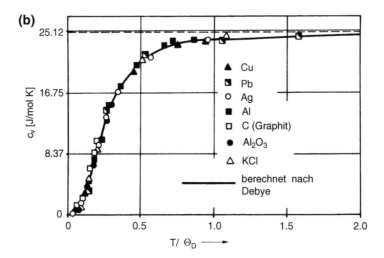

Abb. 10.10 **a** Molare Wärmekapazität verschiedener Stoffe aufgetragen über der absoluten Temperatur; **b** Spezifische Wärme verschiedener Stoffe aufgetragen über der normierten Temperatur (Θ_D = Debye-Temperatur). Gestrichelt ist der konstante Wert 25.12 J/(mol K) eingezeichnet, der nach Dulong-Petit bei hohen Temperaturen erreicht wird (nach [4])

$$c_v^{el} \sim T \tag{10.20}$$

Die gesamte spezifische Wärme ergibt sich dann als Summe aus den Beiträgen der Gitterschwingungen und der freien Elektronen

$$c_v = AT^3 + BT \tag{10.21}$$

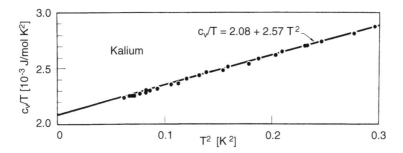

Abb. 10.11 Experimentell bestimmte Werte der Molwärme c_v von Kalium aufgetragen in der Form: c_v/T als Funktion von T^2 [5, S. 262]

Trägt man c_v/T über T^2 auf, erhält man bei tiefen Temperaturen auch tatsächlich eine lineare Abhängigkeit (Abb. 10.11).

10.3 Wärmeleitfähigkeit

Temperaturunterschiede in einem Festkörper führen zu einem Wärmefluß

$$\dot{q} = -\lambda \frac{dT}{dx} \tag{10.22}$$

wobei $\dot{q}$ die Wärmeflußdichte (thermische Energie, die pro Zeiteinheit durch eine Flächeneinheit fließt), T die Temperatur und λ die Wärmeleitzahl sind. Ob ein Material ein guter oder schlechter Wärmeleiter ist, wird durch die Größe von λ bestimmt. In der Regel gelten gute elektrische Leiter, also Metalle, auch als gute Wärmeleiter und Isolatoren als schlechte Wärmeleiter (Tab. 10.2). Allerdings hängt die Wärmeleitfähigkeit von der Temperatur ab (Abb. 10.12). Bei tiefen Temperaturen haben auch einige Isolatoren hervorragende Wärmeleitfähigkeit.

Aus der kinetischen Gastheorie läßt sich folgende Beziehung herleiten,

$$\lambda = \frac{1}{3} C \cdot v \cdot \ell \tag{10.23}$$

wobei C die spezifische Wärme pro Volumeneinheit, v die mittlere Teilchengeschwindigkeit und ℓ die mittlere freie Weglänge zwischen zwei aufeinanderfolgenden Zusammenstößen eines Teilchens sind. Die Temperatur in einem Festkörper beschreibt die Heftigkeit der Gitterschwingungen. Der Wärmefluß besteht daher in der Weitergabe der Gitterschwingungen an weniger angeregte Bereiche. Diese Weitergabe kann durch zwei grundsätzlich verschiedene Mechanismen erfolgen, nämlich durch das Kristallgitter oder durch die freien

Tab. 10.2 Wäremeleitzahl λ in $J(/cm \cdot s \cdot K)$ bei Raumtemperatur

Al	Cu	Na	Ag	NaCl	KCl	Cr-Al-Legierung
2.26	3.94	1.38	4.19	0.071	0.071	0.019

Elektronen. In Isolatoren gibt es praktisch keine frei beweglichen Ladungsträger (Elektronen), deshalb wird die Wärmeleitung fast ausschließlich vom Kristallgitter verursacht. Bei Metallen ist die Zahl der freien Elektronen sehr groß, deshalb wird hier die Wärmeleitung hauptsächlich von den Elektronen getragen.

Die Wärmeleitung über das Gitter erfolgt derart, daß die Kopplung der Schwingungen der Atome dazu führt, daß hochenergetische Schwingungen weitergereicht werden. Am einfachsten läßt sich der Sachverhalt erklären, wenn man die Gitterschwingungen wie Teilchen behandelt, sog. virtuelle Teilchen, da es sie gar nicht gibt. Ein Phonon ist das Energiequant einer elastischen Welle. Die Vorstellung und Begriffsbildung ist ganz analog der elektromagnetischen Strahlung. Ein elektromagnetisches Energiequant (bspw. einer Lichtwelle) wird als Photon bezeichnet, was man zum Verständnis vieler Fälle auch mit einem Teilchen identifizieren kann. Ebenso sind die Schwingungen der Atome in einem Festkörper gequantelt, deren Einheit man als Phonon bezeichnet. Die Weitergabe von Gitterschwingungen erfolgt in diesem Bild durch den Zusammenstoß von Phononen mit anderen Phononen, wodurch Energie übertragen wird, nämlich Wärme. Die Größen C, v und ℓ beziehen sich somit auf die Phononen. Die spezifische Wärme der Phononen ist durch die spezifische Wärme des Gitters gegeben, v ist die Fortpflanzungsgeschwindigkeit elastischer Wellen, also die temperaturunabhängige Schallgeschwindigkeit. Bei hohen Temperaturen ist C konstant und ℓ nimmt etwa proportional mit $1/T$ ab, weil die Zahl der Phononen mit T ansteigt und die mittlere freie Weglänge umgekehrt proportional zur Zahl der Phononen, mit denen es zusammenstoßen kann, abnimmt. Bei tiefen Temperaturen wird ℓ schließlich so groß wie die Probendimensionen, dann ist die Temperaturabhängigkeit durch die spezifische Wärme gegeben, die mit T^3 abfällt (Abb. 10.12). Auf diese Weise kommt es zu dem beobachteten Maximum der Wärmeleitfähigkeit bei tiefen Temperaturen.

Störungen des Kristallaufbaus, bspw. Punktfehler, Versetzungen oder Fremdatome verursachen eine Streuung der Phononen und verringern deshalb die freie Weglänge. Durch Gitterfehler wird die Wärmeleitfähigkeit also stets verschlechtert. Sogar Isotope in einem sonst idealen Kristall verringern λ aus dem gleichen Grund (Abb. 10.12b).

Bei Metallen wird der Wärmestrom außer durch Phononen auch durch die freien Leitungselektronen getragen, wobei der Beitrag der Elektronen in reinen Metallen erheblich überwiegt. In Legierungen können beide Beiträge vergleichbar sein (Tab. 10.2).

Die Wärmeleitung durch Elektronen kann man sich so vorstellen, daß Elektronen durch den Zusammenstoß mit Atomen Energie aufnehmen und bei weiteren Stößen wieder abgeben. Die Atome setzen diese Stoßenergie in verstärkte Schwingungen um, wodurch sich die Temperatur erhöht. Die spezifische Wärme von Elektronen ändert sich proportional zur

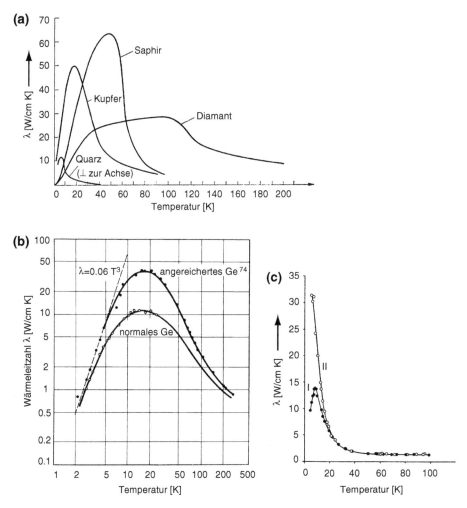

Abb. 10.12 a Wärmeleitfähigkeit von Cu, Quarz, synthetischem Saphir und Diamant; **b** der Einfluß von Isotopen auf die Wärmeleitfähigkeit von Germanium („normales Ge" und Isotopengemisch). Unabhängig von der Höhe des Maximums verläuft die Wärmeleitfähigkeit bei tiefen Temperaturen proportional zu T^3; **c** Wärmeleitfähigkeit von einem Natriumkristall sehr hoher Reinheit (II) und verunreinigtem Natrium (I) (nach [5, S. 240, 241])

Temperatur. Die Elektronengeschwindigkeit ist durch die Fermi-Energie $\varepsilon_F = 1/2\,m v_F^2$ gegeben, also temperaturunabhängig, weil ε_F eine Materialkonstante ist. Die mittlere freie Weglänge ℓ wird bestimmt durch die Streuung der Elektronen an Phononen und an Gitterfehlern. Das Maximum von λ wird daher durch die gegenläufigen Einflüsse von mit fallender Temperatur abnehmender spezifischer Wärme und zunehmender freier Weglänge verursacht. Die maximale freie Weglänge wird hier in der Regel nicht durch die

Probendimensionen, sondern durch den mittleren Abstand der Gitterstörungen, insbesondere der Fremdatome bestimmt, so daß sie mit zunehmender Reinheit größer wird (Abb. 10.12c). Da bei Metallen die freien Elektronen sowohl die Wärmeleitfähigkeit λ, als auch die elektrische Leitfähigkeit σ tragen, sind beide korreliert, was durch das Wiedemann-Franzsche Gesetz beschrieben wird,

$$\frac{\lambda}{\sigma} = L \cdot T \tag{10.24}$$

wobei L, die Lorenz-Zahl, einen für alle Metalle konstanten Wert von $L = 2.45 \cdot 10^{-8} \, W\Omega/K^2$ annimmt.

10.4 Elektrische Eigenschaften

10.4.1 Leiter, Halbleiter und Nichtleiter

Ob ein Festkörper ein Leiter oder Nichtleiter ist, wird durch seine Elektronenstruktur, genauer, durch seine Bandstruktur bestimmt(Abb. 10.13a). Das Valenzband, das immer vollständig gefüllt ist, wird vom Leitungsband durch eine Energielücke der Größe E_g getrennt. Ist das Leitungsband vollständig leer, ist das Material ein Nichtleiter oder Isolator, bspw. keramische Werkstoffe. Ist das Leitungsband teilweise gefüllt, ist der Festkörper ein elektrischer Leiter. Metalle sind sehr gute elektrische Leiter. Lassen sich durch thermische Aktivierung leicht Elektronen vom Valenzband in das Leitungsband heben, so spricht man von einem Halbleiter (Abb. 10.13b). Die Häufigkeit f für diesen Vorgang ist gegeben durch die Wahrscheinlichkeit, daß ein Elektron die thermische Energie aufnimmt, um die Schwelle E_g zu überwinden, was durch den Boltzmann-Faktor

$$f \sim e^{\left(-\frac{E_g}{kT}\right)} \tag{10.25}$$

beschrieben wird (Abb. 10.13c).

Die Anzahl der Elektronen N_e im Leitungsband eines Isolators oder Halbleiters ist daher $N_e \sim f$ und deshalb exponentiell von der Temperatur abhängig. Ist E_g sehr groß, (z. B. 5.33 eV für Diamant), dann bleibt im Temperaturbereich bis zum Schmelzpunkt die Anzahl der Leitungselektronen vernachlässigbar klein, das Material ist ein guter Isolator. Ist E_g dagegen sehr klein (z. B. 0.67 eV für Ge), dann ist bei Umgebungstemperatur die Anzahl der thermisch aktivierten Leitungselektronen beträchtlich. Halbleiter zeichnen sich durch eine starke Abnahme des spezifischen elektrischen Widerstandes mit steigender Temperatur aus (Abb. 10.14). Die Elemente Germanium und Silizium und die Verbindung GaAs sind bekannte Beispiele. Durch Dotierung mit Fremdatomen kann die Energielücke noch verkleinert werden, wodurch die Leitfähigkeit weiter zunimmt(Abb. 10.15).

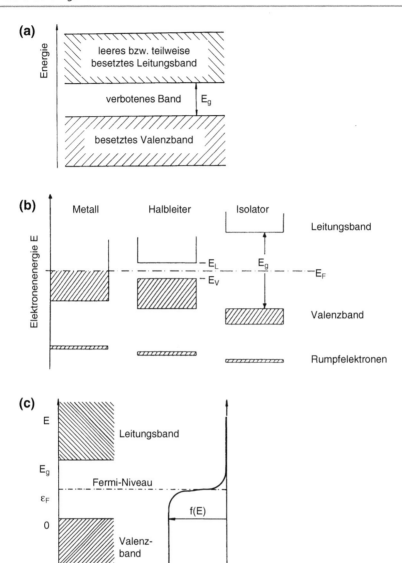

Abb. 10.13 a Bänderschema, E_g ist die Größe der Bandlücke; **b** Schematische Darstellung der Besetzung der erlaubten Energiebänder durch Elektronen für ein Metall, einen Halbleiter und einen Isolator; **c** Bänderschema eines Eigenhalbleiters. Am absoluten Nullpunkt ist das Leitungsband leer und durch die Energielücke E_g vom besetzten Leitungsband getrennt. Ebenfalls eingezeichnet ist die Fermi-Verteilung für eine Temperatur T mit $kT > E_g$. Durch thermische Aktivierung können Elektronen entsprechend der Fermi-Verteilung ins Leitungsband gelangen. (Dabei ist zu beachten, daß die Fermi-Verteilung nur die Zustandswahrscheinlichkeit angibt. Die tatsächlich vorhandene Zahl der Elektronen ergibt sich aus dem Produkt der Fermi-Verteilung mit der Zustandsdichte, die im verbotenen Bereich (Energielücke) gleich Null ist.)

Abb. 10.14 Arrheniusauftragung des spezifischen Widerstandes einiger Halbleiter über der reziproken Temperatur. Zum Vergleich ist der Widerstandsverlauf von Kupfer eingetragen

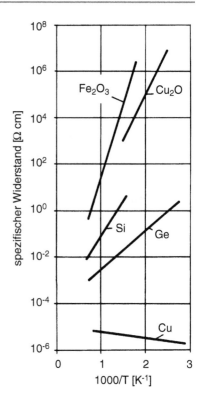

Bei thermischer Erzeugung von Leitungselektronen fehlen im Valenzband entsprechend viele Elektronen. Diese „Löcher" tragen ebenfalls zur elektrischen Leitung bei und können als Ladungsträger mit positiver Ladung angesehen werden. In reinen Halbleitern ist die Anzahl von Elektronen und Löchern gleich groß, und die elektrische Leitung der Ladungsträger wird als Eigenleitung bezeichnet. Bei Dotierung mit Fremdatomen kommt es zu unterschiedlichen Konzentrationen von Elektronen und Löchern. Akzeptoratome nehmen Elektronen des Halbleiters auf und erzeugen somit ein Loch. Solche Halbleiter heißen p-Halbleiter, weil die überwiegende Zahl der Lagungsträger positiv ist. Entsprechend wird durch Zugabe eines Donator-Atoms ein Elektron freigesetzt, wodurch eine Mehrzahl von negativen Lagungsträgern und deshalb ein n-Halbleiter entsteht. Die Beiträge zur Leitfähigkeit durch Fremdatome bezeichnet man als Fremdleitung oder Störstellenleitung. Bei nicht zu hohen Temperaturen überwiegt immer die Fremdleitung (Abb. 10.16). Erst durch gezielte Dotierbarkeit und entsprechende Fremdleitfähigkeit haben Halbleiter technologische Bedeutung erlangt. Durch Verbindung von p- und n-Halbleitern erhält man bekanntlich Dioden und Transistoren, die Bausteine der modernen Mikroelektronik.

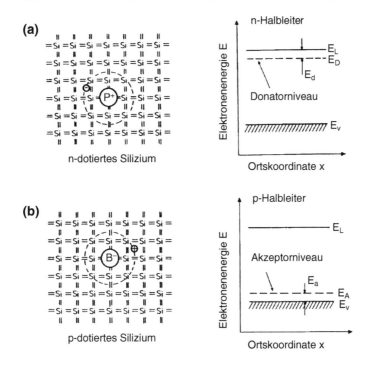

Abb. 10.15 Schematische Darstellung der Wirkung eines **a** Phosphor-Atoms als Donator; **b** Bor-Atoms als Akzeptor in einem Si-Kristall. E_d = Ionisierungsenergie des Donators; E_a = Ionisierungsenergie des Akzeptors

Abb. 10.16 Arrheniusauftragung der Leitfähigkeit eines dotierten Halbleiters (von rechts nach links nimmt die Temperatur zu)

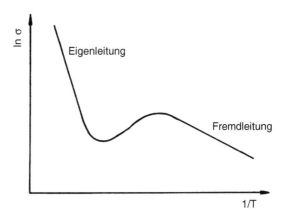

10.4.2 Graphen und Kohlenstoffnanoröhren (CNT)

Die ebene Ausrichtung der kovalenten Bindung des Kohlenstoffs im Graphen und in CNT mit jeweils drei nächsten Nachbarn führt zu einer besonderen Elektronendichtevertei-

Abb. 10.17 Schematisches Bandschema von C-Nanoröhren (CNT). Bei metallischen CNT (*linkes Teilbild*) fällt die Unterkante des Leitungsbandes mit der Oberkante des Valenzbandes zusammen, bei CNT mit Halbleitercharakter (*rechtes Teilbild*) besteht eine Bandlücke

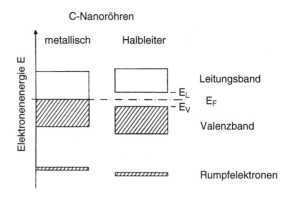

lung, die zwei unterschiedliche Ausprägungen der Bandstruktur, entweder Halbleiter oder Metall, zur Folge hat (Abb. 10.17). Bei der Herstellung von CNT entstehen gewöhnlich etwa ein Drittel der CNT mit metallischem Charakter, d. h. etwa zwei Drittel besitzen Halbleitereigenschaften. Armchair-konfigurierte CNT sind stets metallisch, zickzack- und chiral konfigurierte CNT sind zu etwa 2/3 Halbleiter. Chirale CNT haben metallischen Charakter, wenn gemäß ihrer Kristallographie $n - m = 3k$, wobei k eine natürliche Zahl ist (siehe Abschn. 2.2.7). Bei den metallischen CNT grenzt das Valenzband direkt an das Leitungsband, das heißt, die Unterkante des Leitungsbandes fällt mit der Oberkante des Valenzbandes zusammen (Abb. 10.17), so dass Elektronen aus dem Valenzband direkt in das Leitungsband wechseln können. Deshalb stehen besonders viele Elektronen zur Verfügung, die mit externen Felder koppeln können, so dass metallische CNT, wie auch das ihnen zu Grunde liegende Graphen, eine sehr hohe Ladungsträgerdichte besitzen und deshalb ausgezeichnete elektrische Leiter sind, insbesondere auch deshalb, weil die Beweglichkeit der Ladungsträger durch die nahezu defektfreie Kristallstruktur sehr hoch ist. Für nanoskalige Halbleiterbauelemente, wie bspw. MOSFET, würden sich CNT mit Halbleitereigenschaften sehr gut eignen. Dazu müssen sie jedoch von den metallischen CNT getrennt werden, da sonst die Elektroden ungewollt kurz geschlossen werden. Da eine gute elektrische Leitfähigkeit mit einer guten thermischen Leitfähigkeit (Wiedemann-Franz-Gesetz, Abschn. 10.3, Gl. 10.24) verknüpft ist, sind Graphen und CNT wegen ihrer hohen Ladungsträgerdichte und ihrer defektarmen kristallinen Realstruktur auch hervorragende Wärmeleiter.

10.4.3 Leitfähigkeit von Metallen

Metalle sind gute elektrische Leiter. Die Anzahl ihrer Ladungsträger hängt praktisch nicht von der Temperatur ab, aber die Leitfähigkeit ist materialabhängig und wird stark beeinflußt von Temperatur, Verunreinigungen, Gitterfehlern, Phasenkonstruktion und Überstrukturen. Der spezifische elektrische Widerstand ρ ist der Kehrwert der elektrischen Leitfähigkeit: $\rho = 1/\sigma$. Er liegt bei Metallen in der Größenordnung 10^{-7} Ωm.

Abb. 10.18 Spezifischer elektrischer Widerstand einiger hexagonaler Metalle als Funktion des Winkels α zur Basisebene. Der Widerstand ändert sich linear mit $\cos^2\alpha$ (nach [3, S. 266])

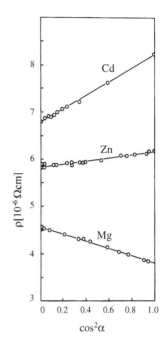

Genau genommen ist die Leitfähigkeit in kristallinen Festkörpern keine Zahl, sondern ein symmetrischer Tensor zweiter Stufe, denn die Leitfähigkeit ist abhängig von der kristallographischen Richtung. In kubischen Kristallen ist die Leitfähigkeit in allen Raumrichtungen gleich. Dann genügt zur Angabe der Leitfähigkeit ein einziger Zahlenwert. Bei hexagonalen (ebenso bei tetragonalen oder trigonalen) Metallen sind die Leitfähigkeit bzw. der Widerstand in der c- und a-Achse, $\rho_\perp$ bzw. $\rho_\parallel$ (Abb. 10.18), verschieden. Für eine beliebige Richtung mit dem Neigungswinkel α gegen die Basisebene gilt

$$\rho_\alpha = \rho_\perp + \left(\rho_\parallel - \rho_\perp\right) \cdot \cos^2\alpha \qquad (10.26)$$

Beispielsweise ist für Magnesium $\rho_\parallel = 3.5 \cdot 10^{-8}\,\Omega m$ und $\rho_\perp = 4.2 \cdot 10^{-8}\,\Omega m$ und auch der Temperaturkoeffizient ist verschieden. Bei noch niedrigerer Kristallsymmetrie sind die Leitfähigkeitswerte in allen drei Raumrichtungen verschieden, z. B. Gallium (50.5; 16.1; 7.5) $\cdot 10^{-8}\Omega m$. Technische Werkstoffe sind aber in aller Regel vielkristallin. Dann erhält man nur einen Mittelwert, es sei denn, der Werkstoff besitzt eine ausgeprägte kristallographische Textur.

Der elektrische Widerstand ist auch von der Temperatur abhängig, aber im Gegensatz zu Halbleitern nimmt er mit steigender Temperatur zu (Abb. 10.19, 10.20). Oberhalb einer materialabhängigen charakteristischen Temperatur steigt der Widerstand linear mit der Temperatur an (Abb. 10.20). Bei tiefen Temperaturen findet man erhebliche Abweichungen vom linearen Verlauf. Bei Temperaturen nahe dem absoluten Nullpunkt bleibt der Wider-

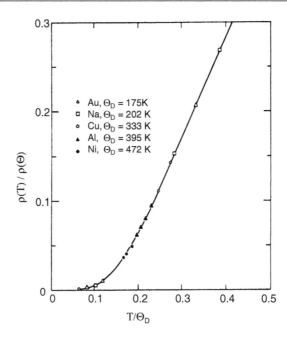

Abb. 10.19 Theoretische Temperaturabhängigkeit (nach Grüneisen) des spezifischen elektrischen Widerstandes und experimentelle Werte für verschiedene Metalle (nach [5, S. 72])

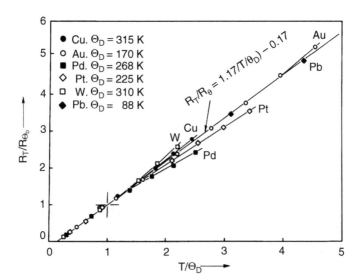

Abb. 10.20 Spezifischer elektrischer Widerstand einiger Metalle als Funktion der normierten Temperatur (Θ_D = Debye-Temperatur) (nach [3, S. 267])

Abb. 10.21 Spezifischer elektrischer Widerstand von Gold bei sehr tiefen Temperaturen. Der Restwiderstand nimmt mit zunehmender Anzahl an Kristallbaufehlern, d. h. Verunreinigungen, zu (nach [6])

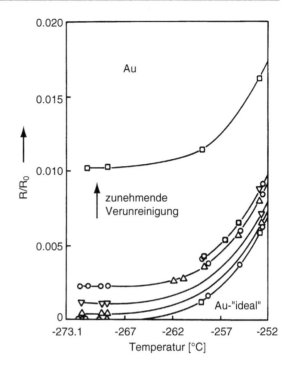

stand praktisch konstant. Der Wert wird als Restwiderstand bezeichnet. Mit zunehmender Reinheit wird der Restwiderstand kleiner (Abb. 10.21). Es ist zu vermuten, daß bei ganz reinen, störungsfreien Metallen der Widerstand gegen Null geht.

Bei ansteigenden Temperaturen nimmt der Widerstand zunächst etwa mit der 5. Potenz der Temperatur zu, bevor er oberhalb einer charakteristischen Temperatur linear mit der Temperatur verläuft (Abb. 10.22).

Der Widerstand ist von der Zusammensetzung abhängig. Mit zunehmender Konzentration des Legierungselementes nimmt der Widerstand zu (Abb. 10.23a). Da das für die reinen Elemente auf beiden Seiten des Phasendiagramms zutrifft, muß bei binären Lösungen der Widerstand bei mittleren Konzentrationen ein Maximum durchlaufen, was, wie beim Ag-Pd (Abb. 10.23b), nicht notwendigerweise bei einer 50 %-Legierung liegen muß.

Während sich der Absolutwert des Widerstandes beträchtlich durch Zulegieren ändert, bleibt der Temperaturkoeffizient der Widerstandszunahme $d\rho/dT$ zumindest bei verdünnten Legierungen von der Konzentration praktisch unbeeinflußt (Abb. 10.24a). Dieser Sachverhalt ist als Matthiessensche Regel bekannt. Bei genauen Messungen stellt man aber fest, daß die Matthiessensche Regel nicht immer erfüllt ist und bei einigen Legierungspartnern starke Abweichungen zu beobachten sind, z. B. Cr in Au (Abb. 10.24b).

Der Betrag der Widerstandserhöhung beim Zulegieren ist vom Legierungspartner abhängig. Vielfach wird die Norburysche Regel erfüllt, wonach die Widerstandserhöhung

Abb. 10.22 Normierte, doppeltlogarithmische Auftragung des spezifischen elektrischen Widerstandes verschiedener Metalle (nach [7])

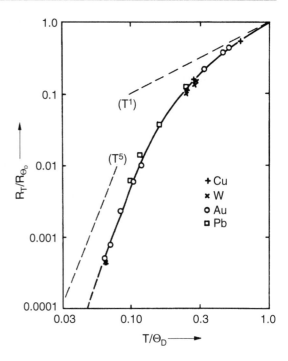

proportional mit dem Quadrat der Wertigkeitsdifferenz zunimmt (Abb. 10.25). Ganz anderes Widerstandsverhalten wird beobachtet, wenn im Zustandsdiagramm intermetallische Phasen auftreten, also bei geordneten Atomverteilungen. Da gemäß der Wellennatur der Elektronen nicht die Streuung an einzelnen Atomen, sondern die Abweichungen vom periodischen Kristallaufbau die Widerstandserhöhung verursachen, tritt bei ordnenden Legierungen eine drastische Abnahme der Widerstände beim Übergang vom ungeordneten zum geordneten Zustand auf (Abb. 10.26).

In heterogenen Legierungen hängt der Widerstand von der geometrischen Anordnung der Gemengebestandteile ab. Wären Phasen schichtweise angeordnet, so erhielte man bei Stromrichtung senkrecht zu den Schichten eine Addition des Widerstandes (Abb. 10.27a), parallel zu den Schichten eine Addition der Leitfähigkeiten (Abb. 10.27b). Der Fall (b) entspricht besser den realen Verhältnissen (Abb. 10.27c), wenn die zweite Phase vollständig in die Mutterphase eingebettet ist. Entsprechend werden die Widerstandsdaten besser durch eine Parallelschaltung (Abb. 10.27b) der Phasen wiedergegeben (Abb. 10.28).

10.4.4 Deutung der Leitfähigkeitsphänomene

Betrachtet man die Ladungsträger als freie Teilchen, die aufgrund des angelegten Feldes eine Kraftwirkung erfahren, so kann man viele Phänomene bereits hinreichend beschrei-

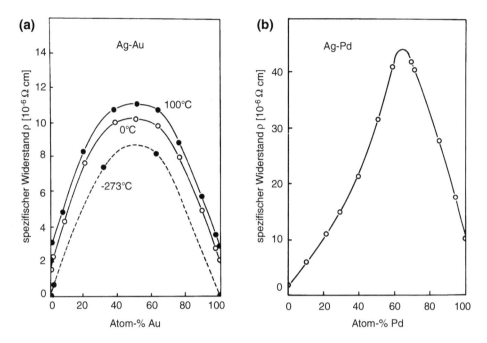

Abb. 10.23   Spezifischer elektrischer Widerstand bei Raumtemperatur in Abhängigkeit von der Legierungskonzentration bei den lückenlos mischbaren Legierungen Ag-Au (**a**) und Ag-Pd (**b**) (nach [3, S. 271])

ben. Bei Metallen tragen nur Elektronen zum Strom bei. Die elektrische Stromdichte ist entsprechend

$$j = -nv \cdot e \tag{10.27}$$

wobei n die Anzahl der Leitungselektronen pro Volumeneinheit, e die Elementarladung und v die mittlere Geschwindigkeit der Elektronen ist. Geht man davon aus, daß Elektronen bei Stößen mit Atomen ihre gesamte kinetische Energie verlieren und dann über eine Zeit τ zwischen zwei aufeinanderfolgenden Stößen frei beschleunigt werden, dann erhält man bei einer elektrischen Feldstärke E (Kraft F)

$$F = -eE = \frac{d}{dt}(mv)$$

$$v_{\max} = \int_0^\tau \frac{F}{m}dt = \int_0^\tau \frac{-eE}{m}dt = \frac{-eE}{m}\tau \tag{10.28}$$

Da die Geschwindigkeit proportional zur Zeit zunimmt, ist die mittlere Geschwindigkeit (Driftgeschwindigkeit) dann gegeben durch $v = v_{\max}/2$ und

Abb. 10.24 a Temperaturabhängigkeit des spe-
zifischen elektrischen Widerstandes bei verdünnten
Silberlegierungen. Die Temperaturabhängigkeit des
Widerstandes ändert sich
in erster Näherung nicht
(Matthiessensche Regel).
b Temperaturkoeffizient des
elektrischen Widerstandes
bei verschiedenen Goldle-
gierungen (nach [3, S. 270])

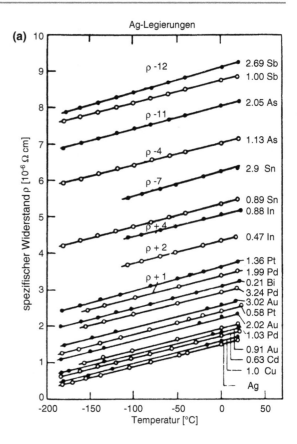

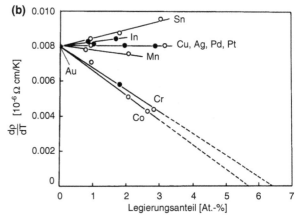

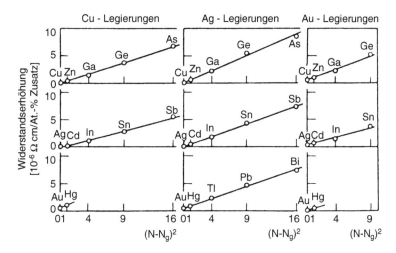

Abb. 10.25 Atomare Widerstandserhöhung von Cu, Ag und Au durch metallische Zusätze in Abhängigkeit von der Wertigkeitsdifferenz. Die Widerstandserhöhung nimmt mit dem Quadrat der Wertigkeit zu (Norburysche Regel) (nach [3, S. 270])

Abb. 10.26 Durch Einstellung der geordneten Phasen Cu_3Au und CuAu wird der Widerstand grundsätzlich verringert (nach [8])

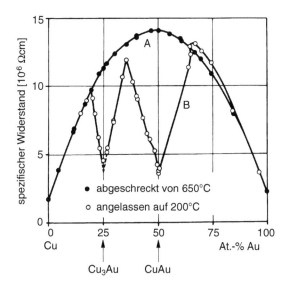

$$j = n\frac{e^2 E}{2m} \cdot \tau \tag{10.29}$$

Vergleicht man mit dem Ohmschen Gesetz

$$j = \sigma E \tag{10.30}$$

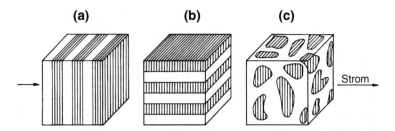

Abb. 10.27 Abhängigkeit des elektrischen Widerstandes heterogener Legierungen von der geometrischen Anordnung der Phasen. **a** Addition der Widerstände; **b** Addition der Leitfähigkeiten beider Phasen; **c** Reale Verteilung, bei der eine Phase nicht vollständig zusammenhängend ist, verhält sich annähernd wie (**b**)

Abb. 10.28 Elektrischer Widerstand einiger Gemenge als Funktion des Volumenanteils der beiden Phasen (*durchgezogene Linien* Addition Leitfähigkeit; *gestrichelte Linien* Addition Widerstände) (nach [3, S. 269])

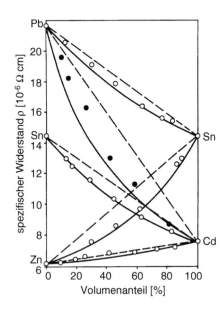

so erhält man durch Vergleich von (10.29) mit (10.30) die elektrische Leitfähigkeit

$$\sigma = \frac{ne^2\tau}{2m} \tag{10.31}$$

oder unter Einführung der Beweglichkeit

$$\mu = \frac{v}{E} = \frac{e\tau}{2m} \tag{10.32}$$

$$\sigma = ne\mu \tag{10.33a}$$

Bei Halbleitern kommt noch der Beitrag der Löcher hinzu. Da beide Ladungsträger verschiedene Dichten (n und p) und Beweglichkeiten (μ_n und μ_p) haben können, aber den gleichen Absolutbetrag der Ladung, erhält man

$$\sigma = e\left(n\mu_n + p\mu_p\right) \tag{10.33b}$$

Dabei ist zu beachten, daß bei Metallen nur die Beweglichkeit, bei Halbleitern auch die Dichte der Ladungsträger von der Temperatur abhängt. Die Beweglichkeit wird nur über die Stoßzeit τ beeinflußt. Mit zunehmender Zahl von Störstellen nimmt τ ab. Störstellen sind hauptsächlich Gitterbaufehler (Fremdatome) und Gitterschwingungen (Phononen). Den Einfluß der Fremdatome erkennt man am Restwiderstand, denn er dominiert bei tiefen Temperaturen, wo die Gitterschwingungen im wesentlichen eingefroren sind. Der Restwiderstand steigt mit der Konzentration der Fremdatome an, weil τ mit der Konzentration abnimmt. Bei hohen Temperaturen dominiert der Störbeitrag der Phononen. Da die Amplitude der Gitterschwingungen mit steigender Temperatur größer wird, erhöht sich die Stoßwahrscheinlichkeit proportional zur Temperatur und daher $\tau \sim 1/T$. Daher steigt der Widerstand in Metallen proportional zur Temperatur an. Da die Gitterschwingungen in verdünnten Legierungen nur wenig von den Fremdatomen beeinflußt werden, ist auch die Matthiessensche Regel verständlich. Zu tieferen Temperaturen hin frieren die Gitterschwingungen ein. Gemäß Debye nehmen die Gitterschwingungen mit T^3 ab. Die beobachtete T^5-Abhängigkeit ist darauf zurückzuführen, daß das Spektrum der angeregten Phononen hauptsächlich aus langwelligen Phononen besteht, deren Impuls so gering ist, daß Elektronen nur um kleine Winkel abgelenkt werden können, was durch eine T^2 Abhängigkeit beschrieben werden kann.

Für Halbleiter ist die Leitfähigkeit nur für höhere Temperaturen wesentlich von Null verschieden und deshalb von Interesse. Auch hier sind Fremdatome und Phononen die Streuzentren für die Ladungsträger. Im Gegensatz zu den freien Elektronen in Metallen hängen aber in Halbleitern sowohl die Anzahl der Ladungsträger als auch ihre Beweglichkeit von der Temperatur ab. Mit $\tau(T) = (Tv)^{-1}$ und $v = \sqrt{2E/m} = \sqrt{2kT/m}$ ergibt sich $\tau \sim T^{-3/2}$ und $n \sim \exp(-E/kT)$. Für die Löcher ergibt sich eine ganz analoge Betrachtung.

Man erkennt, daß hier gegenüber der Temperaturabhängigkeit der Ladungsträgerdichte diejenige der Beweglichkeit vernachlässigt werden kann, so daß die Leitfähigkeit im wesentlichen über einen Boltzmann-Faktor von der Temperatur abhängt (vgl. Abb. 10.14).

Mit dem einfachen Modell der freien Elektronen lassen sich jedoch nicht alle Phänomene vollständig erklären. Der Beitrag eines Fremdatoms oder eines Kristallbaufehlers zum Widerstand ist schwer zu berechnen. Das gleiche trifft zu für die Abnahme des Widerstandes in Überstrukturen. Hier kann nur die wellentheoretische Behandlung quantitative Resultate liefern, was bis heute nur sehr unvollkommen der Fall ist.

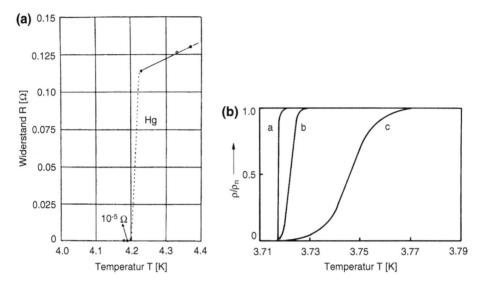

Abb. 10.29 **a** Widerstand einer Quecksilberprobe in Abhängigkeit von der absoluten Temperatur. Dieses Diagramm von Kamerling Onnes kennzeichnet die Entdeckung der Supraleitung (nach [5, S. 398]). **b** Charakteristischer Verlauf des spezifischen elektrischen Widerstandes supraleitender Materialien bei tiefen Temperaturen, hier am Beispiel von Zinn (**a**) Einkristall; (**b**) Vielkristall; (**c**) verunreinigtes Material

10.4.5 Supraleitung

Manche Metalle — und wie neuerdings bekannt, auch einige Oxidkeramiken — verlieren bei einer bestimmten, von Null verschiedenen Temperatur, dem Sprungpunkt, vollständig ihren elektrischen Widerstand (Abb. 10.29). Sie gehen dabei in einen neuen Zustand über, den man supraleitend nennt. Der normalleitende Zustand wird wieder angenommen, wenn entweder Temperatur, Stromdichte oder ein äußeres Magnetfeld einen kritischen Wert überschreiten, der für jedes Material verschieden ist. Der supraleitende Zustand ist also auf einen bestimmten Bereich von Bedingungen beschränkt (Abb. 10.30). Neben dem völligen Verschwinden des elektrischen Widerstandes zeigt der supraleitende Zustand noch eine andere bemerkenswerte Eigenschaft, nämlich das Verdrängen eines Magnetfeldes aus seinem Inneren (Abb. 10.31). Damit verhält sich ein Supraleiter wie ein idealer Diamagnet, die magnetische Induktion in seinem Innern ist Null (vgl. Abschn. 10.5.1). Man bezeichnet diesen Effekt nach seinem Entdecker als Meissner-Ochsenfeld-Effekt. Er ist nicht eine Folge des Widerstandsverlustes. Würde man ein ideales Metall in einem Magnetfeld auf 0K abkühlen, so würde sein elektrischer Widerstand völlig verschwinden, jedoch das Magnetfeld im Innern verbleiben, im Gegensatz zum Supraleiter.

Man findet Supraleitung in vielen metallischen Systemen, in Elementen, Legierungen und intermetallischen Phasen (Tab. 10.3 und 10.4). In metallischen Systemen liegt der

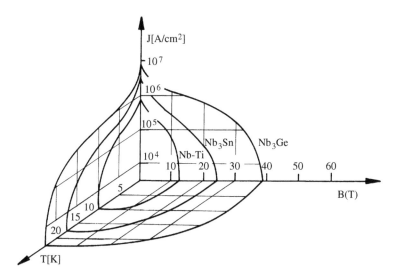

Abb. 10.30 Darstellung der kritischen Werte von Stromdichte J, Magnetfeld B und Temperatur T für einige Supraleiter (nach [9])

Tab. 10.3 Sprungtemperatur einiger ausgewählter Verbindungen

Verbindung	T_c in [K]	Verbindung	T_c in [K]
Nb_3Ge	23.1	Nb_3Au	11.5
Nb_3Sn	18.05	La_3In	10.4
Nb_3Al	17.5	Ti_2Co	3.44
V_3Si	17.1	Nb_6Sn_5	2.07
NbN	16.0	$InSn$[#]	1.9
MoN	12.0	$(SN)_x$polymer	0.26
$YBa_2Cu_3O_7$	80	$HgBa_2Ca_3CuO_{8+x}$	134

[#] Metallische Phase

höchste Sprungpunkt heute bei $T_c = 23.1\,K$ in Nb_3Ge. Für diese metallischen Systeme wird die Supraleitung durch die sog. BCS-Theorie erklärt (vorgeschlagen von Bardeen-Cooper-Schrieffer). Im Jahr 1986 wurde auch Supraleitung in dielektrischen Keramiken bei viel höheren Temperaturen gefunden, etwa 80 K, allerdings mit viel kleineren kritischen Strömen als bei Metallen. Zur Zeit existiert noch keine brauchbare Theorie zur Erklärung solch hoher Sprungtemperaturen. Wir wollen uns hier auf metallische Systeme beschränken.

Man unterscheidet Supraleiter I. Art (weiche Supraleiter) und Supraleiter II. Art (harte Supraleiter) (Abb. 10.32). Sie unterscheiden sich dadurch, daß harte Supraleiter das Magnetfeld oberhalb einer kritischen Feldstärke H_{C1} in eine dünne Oberflächenschicht des Materials eindringen lassen, aber weiterhin elektrisch supraleitend bleiben. Erst oberhalb H_{C2} wird das Material normalleitend. Das Feld H_{C2} kann das Hundertfache des kritischen

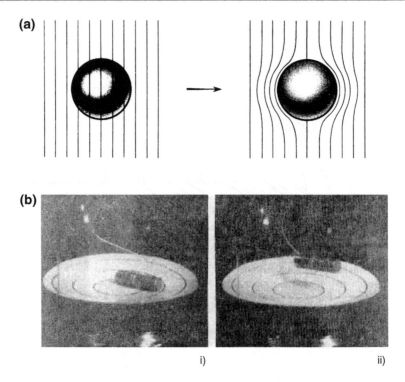

Abb. 10.31 a Meissner-Ochsenfeld-Effekt in einer supraleitenden Kugel, die bei konstantem äußerem Magnetfeld abgekühlt wird; beim Unterschreiten der Sprungtemperatur werden die Induktionsfeldlinien aus der Kugel herausgedrängt (schematisch); **b** „Der schwebende Magnet" zur Demonstration des Meissner-Effekts aufgrund der Dauerströme, die beim Abenken durch Induktion angeworfen werden *i* Ausgangslage *ii* Gleichgewichtslage [10]

Feldes von weichen Supraleitern betragen. Harte Supraleiter sind daher für die technische Anwendung, bspw. für supraleitende Magnetspulen, interessant.

Die Supraleitung läßt sich vereinfacht darauf zurückführen, daß sich zwei Elektronen mit entgegengesetztem Impuls $\pm\mathbf{p}$ und entgegengesetztem Spin $\uparrow\downarrow$ bei tiefen Temperaturen zu einem Cooper-Paar zusammenfinden. Die anziehende Wechselwirkung zwischen den Elektronen erfolgt über das Kristallgitter durch den Austausch von (sog. virtuellen) Phononen (Abb. 10.33). Ein solches Cooper-Paar bildet ein neues Teilchen $\{\mathbf{p}\uparrow, -\mathbf{p}\downarrow\}$ mit dem Gesamtimpuls und Gesamtspin Null. Ein Teilchen mit dem Gesamtspin Null unterliegt aber nicht, wie das einzelne Elektron, der Fermistatistik, sondern der Bose-Statistik. Deshalb können alle Cooper-Paare den gleichen Quantenzustand annehmen. Erst diese makroskopische Besetzung eines einzelnen Quantenzustandes ergibt die Eigenschaften des

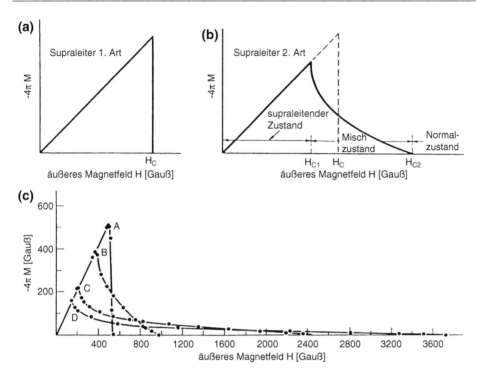

Abb. 10.32 **a** Magnetisierungskurve eines Supraleiters 1. Art (idealer Diamagnet). **b** Magnetisierungskurve eines Supraleiters 2. Art. Bei der Feldstärke H_{c1} beginnt der Fluß in die Probe einzudringen. **c** Magnetisierungskurven von getemperten polykristallinen Blei-Indium-Legierungen bei 4.2 K, *A* Blei; *B* Blei 2.8 w/o Indium; *C* Blei 8.32 w/o Indium; *D* Blei 20.4 w/o Indium (nach [5, S. 399])

Supraleiters. Die Gesamtheit der Cooper-Paare führt kollektive Bewegungen in Phase mit den Gitter-Nullpunktschwingungen aus. Bei geringer Energieaufnahme aus einem angelegten elektrischen Feld können diese kollektiv in einen nur wenig höheren Energiezustand übergehen, in welchem alle Paare den gleichen endlichen Impuls besitzen, was einen Suprastrom darstellt. Der supraleitende Zustand fordert den gleichen quantenmechanischen Zustand für alle Paare. Deshalb kann ein einzelnes Paar nicht mit dem Gitter wechselwirken, d. h. Impulse austauschen, ohne den supraleitenden Zustand zu verlassen, wozu eine endliche Energie aufzubringen ist, nämlich die Wechselwirkungsenergie der Cooper-Paare. Daher ist zu verstehen, daß bei großer Energieaufnahme im elektrischen oder magnetischen Feld die Eigenschaft der Supraleitfähigkeit verloren geht.

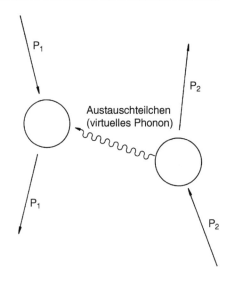

Abb. 10.33 Elektron-Elektron-Wechselwirkung über Phononen

10.5 Magnetische Eigenschaften

10.5.1 Dia- und Paramagnetismus

Festkörper zeigen drei Hauptformen des Magnetismus, nämlich Diamagnetismus, Paramagnetismus und Ferromagnetismus. Jedes Material ist diamagnetisch, jedoch ist der Effekt bei paramagnetischen und ferromagnetischen Stoffen so klein, daß er weit überkompensiert wird und gar nicht in Erscheinung tritt.

Diamagnetismus beruht auf dem Induktionsprinzip. Ein äußeres magnetisches Feld H verursacht in der Elektronenhülle eines Atoms einen Strom, dessen Magnetfeld M dem äußeren Feld entgegengesetzt ist. Das induzierte magnetische Moment versucht also das äußere Magnetfeld zu schwächen, die Suszeptibilität χ_D

$$M = \chi_D H \qquad (10.34)$$

(H = magnetische Feldstärke; M = Magnetisierung) ist negativ. Der Diamagnetismus ist für Festkörper nicht von besonderer Bedeutung, ausgenommen für spezielle Effekte in der Festkörperphysik (magnetische Resonanzen), auf die hier nicht eingegangen wird. Erwähnenswert ist noch, daß Supraleiter ideale Diamagneten sind, da sie das äußere Magnetfeld völlig aus dem Inneren verdrängen. Hier ist also $\chi_D = -1$. Bei anderen Substanzen ist χ_D sehr klein, in der Größenordnung von 10^{-8} und von der Temperatur unabhängig. Paramagnetische Substanzen sind solche Stoffe, deren Atomhüllen ein magnetisches Moment besitzen, was immer dann der Fall ist, wenn die Elektronenschale nicht vollständig abgeschlossen ist (Abb. 10.34). Da das magnetische Moment aber in alle Raumrichtungen zeigen kann, ist die Magnetisierung eines paramagnetischen Festkörpers im Mittelwert Null. Bei

Tab. 10.4 Verteilung der Supraleiter im Periodensystem. Oberer Zahlenwert: Sprungtemperatur in K; unterer Zahlenwert: (soweit bekannt) kritisches Magnetfeld bei $T = 0$ K in 10^{-4} Tesla; *: nur in dünnen Filmen und unter hohem Druck supraleitend

1	2	3	4	5	6	7	8	9	10	11	12	13	14	15	16	17	18
H																	He
Li	Be 0.026											B	C	N	O	F	Ne
Na	Mg											Al 1.140 105	Si* 6.7	P* 4.6-6.1	S*	Cl	Ar
K	Ca	Sc	Ti 0.39 100	V 5.38 1420	Cr	Mn	Fe	Co	Ni	Cu	Zn 0.875 53	Ga 1.091 51	Ge* 5.4	As* 0.5	Se* 6.9	Br	Kr
Rb	Sr	Y* 1.5-2.7	Zr 0.546 47	Nb 9.5 1980	Mo 0.92 95	Tc 7.77 1410	Ru 0.51 70	Rh 0.0003 0.049	Pd	Ag	Cd 0.56 30	In 3.4035 293	Sn 3.722 309	Sb* 3.6	Te* 4.5	I	Xe
Cs* 1.5	Ba* 1.8-5.1	la.)	Hf 0.12	Ta 4.483 830	W 0.012 1.07	Re 1.4 1.98	Os 0.655 65	Ir 0.14 19	Pt	Au	Hg 4.153 412	Tl 2.39 171	Pb 7.193 803	Bi* 3.9-8.5	Po	At	Rn
Fr	Ra	ac.)															

la.) - lanthanoids

La 6.00 1100	Ce* 1.7	Pr	Nd	Pm	Sm	Eu	Gd	Tb	Dy	Ho	Er	Tm	Yb	Lu 0.1

ac.) - actinoids

Ac	Th 1.368 1.62	Pa 1.4	U 0.2	Np	Pu	Am	Cm	Bk	Cf	Es	Fm	Md	No	Lr

Anlegen eines äußeren Feldes richten sich jedoch die magnetischen Momente aus, indem sie um die Richtung des äußeren Feldes präzedieren. Magnetische Momente, die dem äußeren Feld entgegengesetzt sind, haben eine höhere Energie (nämlich $\mu_z H$, μ_z-Komponente des magnetischen Momentes entgegen der Feldrichtung), so daß sie die Tendenz haben, in Feldrichtung einzudrehen. Auf diese Weise erhält der Festkörper eine Magnetisierung, die bei kleinen Feldstärken proportional zum äußeren Feld ist

$$M = \chi_P H \qquad (10.35)$$

wobei nun $\chi_P > 0$. Bei großen Feldstärken richten sich schließlich alle Momente in Feldrichtung aus und es kommt zur magnetischen Sättigung (Abb. 10.35). Thermische Aktivierung wirkt der Ausrichtung entgegen, so daß χ_P mit höherer Temperatur immer kleiner wird. Es gilt das Curiesche Gesetz des Paramagnetismus

$$\chi_P = \frac{C}{T} \qquad (10.36)$$

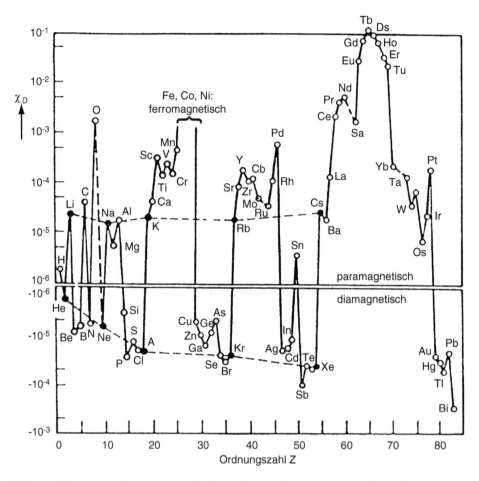

Abb. 10.34 Atomare Suszeptibilität in Abhängigkeit von der Ordnungszahl (nach [11])

wobei C eine Konstante ist (Abb. 10.36).

Elektronen haben einen Eigendrehimpuls, den Spin, der sich entweder parallel oder antiparallel zur Feldrichtung einstellt. Freie Elektronen in einem Leiter, also insbesondere in Metallen, tragen daher zum Paramagnetismus bei. Dieser Beitrag wird als Pauli-Paramagnetismus bezeichnet. Er ist allerdings klein, weil nur die Elektronen nahe der Fermikante freie Energie aufnehmen können (also andere Energieniveaus annehmen können). Allerdings erregt ein Magnetfeld bei freien Elektronen auch einen Induktionsstrom, der diamagnetisches Verhalten verursacht (Landau-Diamagnetismus). Die diamagnetische (Landau-) Suszeptibilität ist allerdings noch kleiner als die paramagnetische (Pauli-) Suszeptibilität.

$$\chi_{\text{Landau}} = -\frac{1}{3}\chi_{\text{Pauli}} \qquad (10.37)$$

Abb. 10.35 Abhängigkeit des magnetischen Momentes von H/T für kugelförmige Proben aus *I* Kalium-Chrom-Alaun, *II* Eisen-III-Alaun und *III* Gadolinium-Sulfat-Oktahydrat (nach [5, S. 504])

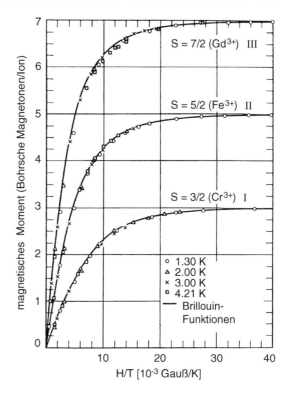

Der Pauli-Magnetismus, verringert um den diamagnetischen (Landau-) Beitrag, ergibt den Unterschied zwischen dem Magnetismus von freien Atomen und den gleichen Atomen im Festkörperverband. Freie Edelmetallatome, wie Cu, Ag oder Au, sind diamagnetisch.

10.5.2 Ferromagnetismus

Die technologisch bei weitem wichtigste Art des Magnetismus in Festkörpern ist der Ferromagnetismus. Ferromagnete besitzen im Gegensatz zu paramagnetischen Stoffen ein spontanes magnetisches Moment, d. h. ein magnetisches Moment ohne Anwesenheit eines äußeren Magnetfeldes. Die spontane Magnetisierung beruht darauf, daß die Elektronenspins in einer Substanz in die gleiche Richtung ausgerichtet sind. Das Problem zur Erklärung des Ferromagnetismus ist die Ursache dieser Ausrichtung der Spins. Dazu muß offenbar ein inneres Magnetfeld H_E vorhanden sein, das durch die Wechselwirkung der Spins untereinander zustande kommt und Austauschfeld oder Molekularfeld genannt wird. Es ist sehr groß, nämlich bis zu 10^7 Gauß ($= 10^3$ Tesla). Die Magnetisierung (M) ist dem Feld proportional

$$H_E = \lambda M \tag{10.38}$$

Abb. 10.36 Abhängigkeit
der Suszeptibilität von
der reziproken Tempe-
ratur für pulverisiertes
$CuSO_4 \cdot K_2SO_4 \cdot 6H_2O$. Der
Kurvenverlauf entspricht
dem Curieschen Gesetz
(nach [5, S. 507])

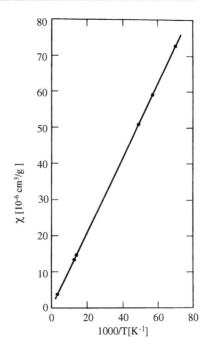

wobei λ eine von der Temperatur unabhängige Material-Konstante ist. Wenn alle Spins
ausgerichtet sind, befindet sich der Magnet im Zustand maximaler Magnetisierung, d. h. im
Zustand der Sättigungsmagnetisierung. Das innere Feld H_E ist so groß, daß es praktisch alle
Spins ausrichtet. Allerdings wirkt die Temperatur dieser Ausrichtung entgegen. Deshalb
nimmt die Sättigungsmagnetisierung mit zunehmender Temperatur ab und wird bei einer
kritischen Temperatur T_C, der Curie-Temperatur, zu Null (Abb. 10.37). Dort verschwindet
die spontane Magnetisierung und das Material verhält sich bei $T > T_C$ paramagnetisch. T_C
und λ stehen in einer Beziehung zueinander. Bei einem angelegten Feld H ist bei $T > T_C$

$$M = \chi \cdot (H + H_E) \tag{10.39}$$

und $\chi = C/T$. Damit wird

$$\chi = \frac{C}{T - C\lambda} \tag{10.40}$$

Bei $T = C\lambda$ hat χ eine Singularität; unterhalb dieser Temperatur existiert eine spontane
Magnetisierung, also $T_C = C\lambda$. Für $T > T_C$ gilt das Curie-Weisssche Gesetz

$$\chi = \frac{C}{T - T_C} \tag{10.41}$$

In einem technischen Ferromagneten wird häufig eine viel kleinere Magnetisierung als
die Sättigungsmagnetisierung M_S gemessen, sie kann sogar Null sein. Der Grund dafür

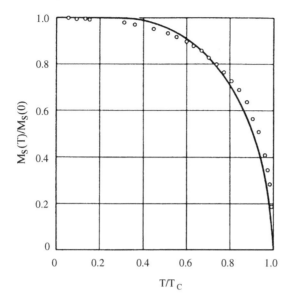

Abb. 10.37 Sättigungsmagnetisierung von Nickel als Funktion der Temperatur; die theoretische Kurve ergibt sich aus der Weissschen Theorie des Molekularfeldes (nach [5, S. 532])

(a) **(b)** **(c)**

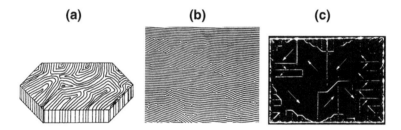

Abb. 10.38 a Skizze der Blochwände in einem $BaFe_{12}O_{19}$ Kristall; **b** magnet. Domänen in einem $Gd_{0.94}Tb_{0.75}Er_{1.31}Al_{0.5}Fe_{4.5}O_{12}$-Granat. Die schwarzen und weißen Bereiche repräsentieren Domänen mit unterschiedlicher Magnetisierungsrichtung; **c** Ferromagnetische Domänen auf der Oberfläche eines einkristallinen Nickelplättchens. Die Domänengrenzen sind mit Hilfe der Bittertechnik sichtbar gemacht (nach [5, S. 565])

liegt in der Mikrostruktur des ferromagnetischen Festkörpers. Er besteht aus Bereichen (Domänen), in denen die Spins einheitlich ausgerichtet sind, aber die Ausrichtung in den verschiedenen Domänen unterschiedlich ist (Abb. 10.38). Im Extremfall kann sich die Ausrichtung der Domänen gerade kompensieren, die Magnetisierung ist Null (Abb. 10.39). Die Grenzfläche zwischen den Domänen bezeichnet man als Blochwände. Durch Anlegen eines äußeren Magnetfeldes verschieben sich die Blochwände derart, daß die günstig zur Feldrichtung liegenden Domänen wachsen und die Magnetisierung ansteigt (Abb. 10.40). Die Sättigung M_S wird erreicht, wenn die Probe aus einer einzigen Domäne besteht,

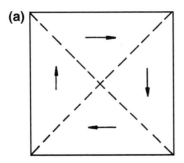 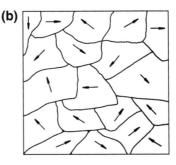

Abb. 10.39 Schematische Darstellung der Domänenordnung in einem Ein- (**a**) und Polykristall (**b**). Das resultierende magnetische Moment verschwindet. Im allgemeinen fallen Korn- und Domänengrenzen nicht zusammen

deren Spins in Feldrichtung liegen. Dazu sind letztlich nicht nur Blochwandverschiebungen, sondern auch Drehungen der Magnetisierungsrichtung erforderlich, wozu manchmal hohe Magnetfelder vonnöten sind. Schaltet man das Magnetfeld ab, so verbleibt eine permanente Magnetisierung, die Remanenz M_R. Erst bei einer Feldstärke H_C (Koerzitivfeldstärke), entgegen der Magnetisierungsrichtung, geht die Magnetisierung verloren. Die Magnetisierung eines Ferromagneten in Abhängigkeit von der Stärke eines äußeren Magnetfeldes beschreibt die Magnetisierungskurve, die auch als Hysteresekurve bezeichnet wird, da sie bei Richtungswechsel des Magnetfeldes eine offene Schleife durchläuft. Die Werte M_S, M_R und H_c definieren die technische Magnetisierungskurve (Abb. 10.41a). Sie können für verschiedene ferromagnetische Stoffe sehr unterschiedlich sein, was für vielfältige Anwendungen nutzbar gemacht werden kann. Erreicht man die Sättigung bereits bei kleinen Feldstärken, so spricht man von einem weichmagnetischen Werkstoff (Abb. 10.41b). Dann ist die Hysteresekurve sehr eng. Die Fläche unter der Hysteresekurve entspricht der Ummagnetisierungsarbeit, die durch das angelegte Magnetfeld aufzubringen ist und letztlich in Wärme umgesetzt wird. Ein weichmagnetischer Werkstoff läßt sich ohne große Verluste ummagnetisieren, da die aufzubringende Ummagnetisierungsarbeit sehr gering ist. Er ist daher gut für magnetische Speichermedien, bspw. als Computermemory, oder für Transformatorkerne zu gebrauchen. Hartmagnetische Werkstoffe haben eine hohe Sättigungsfeldstärke und daher eine breite Hysteresekurve (Abb. 10.41b). Sie sind schwer zu entmagnetisieren und eignen sich daher als Permanentmagnete, z. B. in Lautsprechern.

In Kristallen hängt die Magnetisierung und damit die Hysterese von der Kristallrichtung ab. In Eisen ist die <100>-Richtung die magnetisch weichste, in Ni die <111>-Richtung (Abb. 10.42). Diese magnetische Anisotropie rührt daher, daß sich die Elektronenverteilungen benachbarter Atome überlappen und damit die Ladungsverteilung nicht kugelförmig ist. In Vielkristallen mit regelloser Orientierungsverteilung mittelt sich die Orientierungsabhängigkeit der Magnetisierung heraus. Hat das Metall jedoch eine ausgeprägte kristallographische Textur, dann macht sich die Anisotropie bemerkbar (Abb. 10.41c). Das ist

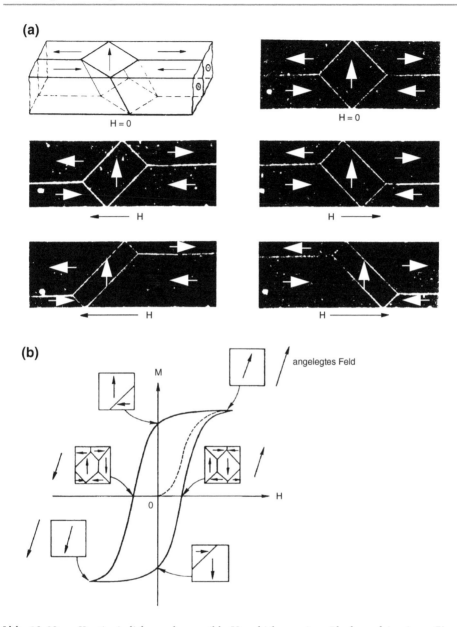

Abb. 10.40   a Kontinuierliche und reversible Verschiebung einer Blochwand in einem Eisen-Kristall. Die Bezirke, die in Richtung des angelegten Magnetfeldes orientiert sind, wachsen auf Kosten der anderen [5, S. 566]. **b** Veränderung der Domänen-Mikrostrukturen während des Durchfahrens der Magetisierungshysterese [12]

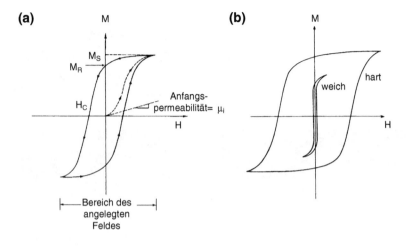

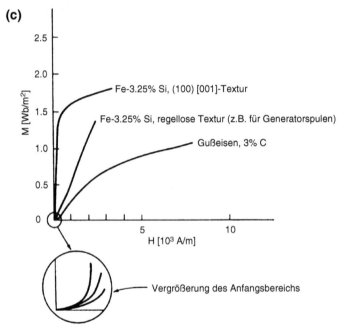

Abb. 10.41 **a** Hysterese-Schleife eines ferromagnetischen Materials (Neukurve; M_S = Sättigungs-magnetisierung; M_R = Remanenz; H_C = Koerzitivfeldstärke). **b** Schematische Abbildung der Hysterese für hart- und weichmagnetische Werkstoffe. **c** Vergleich der Neu-Kurven für drei Eisen-Legierungen

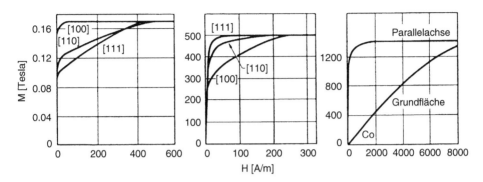

Abb. 10.42 Magnetisierungskurven für Einkristalle aus Eisen, Nickel und Kobalt. Die Kurven für Eisen zeigen, daß $<100>$ die Richtungen leichter Magnetisierung und $<111>$ die Richtungen schwerer Magnetisierung sind (nach [5, S. 568])

der Grund für die erwünschte Goss-Textur in Fe-Si-Transformatorblechen, die bekanntlich durch sekundäre Rekristallisation eingestellt wird (vgl. Kap. 7). In amorphen Metallen gibt es naturgemäß keine Richtungsabhängigkeit. Außerdem können die Blochwände nicht durch Kristallbaufehler in ihrer Bewegung behindert werden. Deshalb sind sie sehr weichmagnetisch. Allerdings erreicht man in dünnen Bändern die besten weichmagnetischen Eigenschaften nicht bei amorphen Legierungen, sondern in kristallisierten oder teilkristallisierten metallischen Gläsern mit nanoskaliger Korngröße, zum Beispiel $Fe_{82}Si_9B_0$ oder $Fe_{94-x}Nb_6B_x$. Von massiven metallischen Gläsern auf Eisen- oder Kobaltbasis wird aber erwartet, dass sie die für weichmagnetische Anwendungen erwünschte beste Kombination aus hohem elektrischem Widerstand, hoher Sättigungsmagnetisierung und geringer Koerzitivkraft besitzen (Abb. 10.44).

Die Spin-Spin-Wechselwirkung kann in einigen Kristallstrukturen dazu führen, daß benachbarte Spins nicht parallel sondern antiparallel ausgerichtet werden. Dann ist das Material antiferromagnetisch, denn bei vollständiger Sättigung ist die Magnetisierung Null. Wie beim Ferromagnetismus gibt es auch hier eine Temperatur T_N, die Néel-Temperatur, wo der Antiferromagnetismus verschwindet und sich bei $T > T_N$ das Material paramagnetisch verhält.

Verwandt mit dem Antiferromagnetismus ist der Ferrimagnetismus. Hier sind bestimmte Gitterplätze mit parallelen bzw. antiparallelen Spins besetzt (Abb. 10.43a), wodurch die Anzahl der parallelen nicht gleich der der antiparallelen Spins sein muß. In der Sättigung ist die Magnetisierung nicht Null aber viel kleiner als die eines Ferromagneten. Die Bezeichnung Ferrimagnetismus ist geschichtlich bedingt, da er zuerst in den Ferriten gefunden wurde, also den Oxiden des Eisens, bspw. dem Magnetit $FeO \cdot Fe_2O_3$. Ferrimagnete kristallisieren in der Kristallstruktur des Spinells ($MgAl_2O_4$-Struktur, Abb. 10.43b). Im Magnetit befinden sich, in einer kubisch dichtesten Sauerstoffpackung, die magnetischen Eisenatome auf den Oktaeder- und Tetraederplätzen, aber mit umgekehrtem Spin.

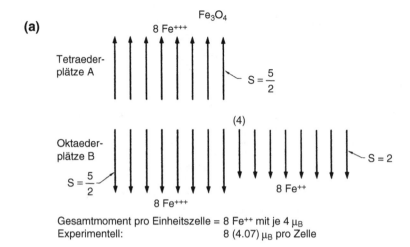

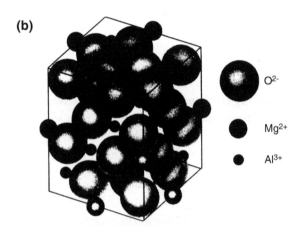

Abb. 10.43 **a** Schematische Spinanordnung in Magnetit, $FeO \cdot Fe_2O_3$. Die Momente der Fe^{3+}-Ionen heben sich gegenseitig auf, nur die Momente der Fe^{++}-Ionen bleiben übrig. **b** Kristallstruktur von normalem Spinell $MgAl_2O_4$; die Mg^{++}-Ionen sitzen an den Ecken eines Tetraeders, und jedes ist von vier Sauerstoffionen umgeben; die Al^{3+}-Ionen besetzen die Ecken eines Oktaeders und sind jeweils von sechs Sauerstoffionen umgeben

Ferrite sind die technisch wichtigsten keramischen Magnete. Sie zeichnen sich durch eine schlechte elektrische Leitfähigkeit aus. Das ist vorteilhaft bei Hochfrequenzanwendungen. Bei Wechselfeldern wird ja in Leitern ein Strom induziert (Eddy-Strom), der letztlich in Wärme umgesetzt wird. Bei sehr hochfrequenten Wechselfeldern wären die Eddy-Strom-Verluste in Metallen zu groß. Das ist auch der Grund, warum man in Fe-Si-Bleche für Transformatorkerne den Siliziumgehalt so hoch wie möglich macht, weil dadurch die elektrische Leitfähigkeit — und deshalb die Eddy-Ströme — so klein wie möglich sind. In den

Abb. 10.44 Weichmagnetische Werkstoffe zeichnen sich durch einen hohen elektrischen Widerstand und eine geringe Koerzitivkraft aus. Massive metallische Gläser auf Eisen- oder Kobaltbasis erfüllen diese Anforderungen besonders gut ([13])

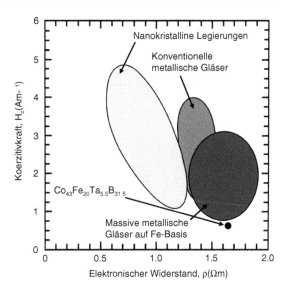

schlechtleitende Ferriten dagegen spielen die Eddy-Ströme nur eine unbedeutende Rolle. Gebräuchliche Anwendungen für Ferrite sind bspw. die Ferrit-Antennen in Radios, aber auch Transformatorkerne und schließlich Magnetbänder. Diese Magnetbänder bestehen aus feinen γ-Fe_2O_3-Partikeln auf einem Plastikband. Fe_2O_3 ist sehr hartmagnetisch. Das durch den Schall verursachte elektrische Feld magnetisiert die Partikel, wobei die Magnetisierung proportional zur Feldstärke ist. Das gleiche Prinzip gilt auch für Disketten und Festplatten von Computern, bei denen eine Eisenoxidschicht auf eine Plastikscheibe aufgetragen ist.

10.6   Optische Eigenschaften

10.6.1 Licht

Optik ist die Lehre vom Licht. Licht besteht aus elektromagnetischen Wellen, bei denen das magnetische Feld senkrecht zum elektrischen Feld schwingt. Es wird durch die Wellenlänge λ charakterisiert, die mit seiner Frequenz ν durch die Beziehung

$$\nu\lambda = c \tag{10.42}$$

verbunden ist, wobei c die Lichtgeschwindigkeit ist, die im Vakuum $3 \cdot 10^{10}$ m/s beträgt, im Festkörper aber kleiner ist. Im Teilchenbild besteht das Licht aus elementaren Einheiten, den Lichtquanten oder Photonen, die zwar keine Masse, aber die Energie

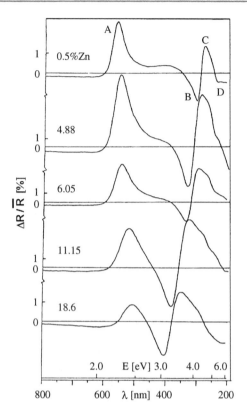

Abb. 10.45 Experimentelle Reflectogramme für verschiedene Cu-Zn-Legierungen. Der angegebene Parameter ist die mittlere Zinkkonzentration in Atomprozent (nach [14])

$$E = h\nu = hc/\lambda \qquad (10.43)$$

besitzen (h – Plancksches Wirkungsquantum).

Sichtbares Licht ist nur die Erscheinungsform der elektromagnetischen Wellen im Wellenlängenbereich $0.34\,\mu\mathrm{m} \leq \lambda \leq 0.74\,\mu\mathrm{m}$, die wir mit unseren Augen wahrnehmen können. Zu kürzeren Wellenlagen schließen sich die ultravioletten und schließlich die Röntgenstrahlen an, während sich zu größeren Wellenlagen die Infrarotstrahlung (Wärmestrahlung), Mikrowellen und Radiowellen erstrecken. Optische Eigenschaften von Festkörpern sind demnach die Erscheinungsformen der Wechselwirkung der Festkörper mit den elektromagnetischen Wellen, speziell im sichtbaren Spektrum.

Rein äußerlich kann man einem Festkörper zunächst die Eigenschaften Transparenz und Farbe zuordnen. Unter Transparenz versteht man die Durchlässigkeit eines Festkörpers für Licht. Viele elektrische Isolatoren sind transparent. Ist ein Festkörper nicht transparent, so absorbiert er das Licht — entweder vollständig, dann erscheint er schwarz, oder teilweise, dann erscheint er farbig — oder er reflektiert es. Die meisten Metalle reflektieren das Licht

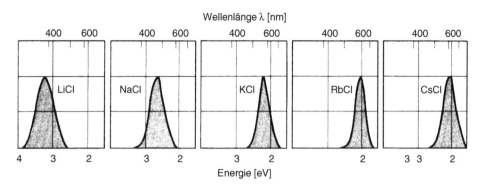

Abb. 10.46 F-Bänder für verschiedene Alkalihalogenide: Optische Absorption als Funktion der Wellenlänge für Kristalle und F-Zentren

vollständig, deshalb erscheinen sie silbrig weiß, oder nur teilweise, dann sehen sie farbig aus, etwa rot wie das Kupfer oder gelb wie das Gold. Weißes Licht ist ein Gemisch aus allen sichtbaren Wellenlängen. Licht einer einzigen Wellenlänge heißt monochromatisches Licht, besitzt also eine bestimmte Farbe, die von der Wellenlänge bestimmt wird. Da mit unterschiedlichen Wellenlängen nach Gl. (10.43) auch unterschiedliche Photonenenergien verbunden sind, hängen die optischen Eigenschaften des Festkörpers in der Regel von der Wellenlänge ab, was in der Optik als Dispersion bezeichnet wird.

10.6.2 Reflexion metallischer Oberflächen

Genauer betrachtet beruhen die optischen Eigenschaften von Festkörpern auf der Wechselwirkung von elektromagnetischen Wellen, bzw. von Photonen, mit den Elektronen im Festkörper. Metalle besitzen freie Elektronen. Durch das schwingende elektrische Feld des Lichts werden sie zu Oszillationen angeregt. Da beschleunigte Ladung aber strahlt, gibt das oszillierende Elektron die aufgenommene Energie des Lichts als Strahlung wieder ab, was bedeutet, daß das Licht reflektiert wird. Berechnet man das Eindringen einer elektromagnetischen Welle in eine Metalloberfläche mit der quantenmechanischen Schrödingergleichung Gl. (10.1), so stellt man fest, daß die Amplitude der Lichtwelle exponentiell mit der Eindringtiefe abnimmt, was gleichbedeutend damit ist, daß sie gar nicht in das Metall eindringt, sondern an der Oberfläche reflektiert wird. Am einfachsten gestaltet sich die Betrachtung der Wechselwirkung von Licht und Festkörper im Teilchenbild der Welle und im Bändermodell des Festkörpers. Photonen einer Wellenlänge des sichtbaren Lichts ($0.34\,\mu\text{m} \leq \lambda \leq 0.74\,\mu\text{m}$) besitzen gemäß Gl. (10.43) eine Energie $1.7\,\text{eV} \leq E \leq 3.5\,\text{eV}$. Diese Energien können sie an Elektronen im Leitungsband oder im Valenzband abgeben und damit in angeregte Zustände höherer Energie überführen. Bei Halbleitern und Isolatoren setzt das allerdings voraus, daß die eingestrahlte Energie mindestens so groß ist wie die

Energielücke E_g. Bei Metallen sind dagegen alleAnregungsenergien möglich. Fallen die angeregten Elektronen in ihren Grundzustand zurück, so wird der Energiegewinn wieder als Strahlung abgegeben. Werden bestimmte Energieniveaus besonders angeregt, so hat das zurückgestrahlte (reflektierte) Licht eine Farbe mit der Frequenz, die der Energiedifferenz zwischen angeregtem und Grundzustand entspricht (Abb. 10.45).

10.6.3 Isolatoren

10.6.3.1 Farbe

Besonders vielfältig sind die optischen Eigenschaften von Isolatoren. Ganz reine Isolatoren sind zumeist vollständig transparent, erscheinen also farblos. Durch Verunreinigungen auch in kleinen Konzentrationen können sie farbig werden. Beispiele sind der dunkelrote Rubin oder der blaue Saphir. Beides sind verunreinigte Kristalle aus Al_2O_3, welches in reinem Zustand farblos ist. Die rote Farbe des Rubins wird durch Verunreinigung mit etwa 0.5 %Cr^{3+} Ionen hervorgerufen. Die blaue Farbe des Saphirs stammt dagegen von gelöstem Ti^{3+} Ionen. Die Anregungszustände der Verunreinigungsatome bestimmen die Wellenlänge des reflektierten Lichts und damit die Farbe des Kristalls.

Ist die Energielücke zwischen Valenz– und Leitungsband kleiner als die Energie des eingestrahlten Lichts, so wird die Lichtenergie, speziell bei hochenergetischem (blauem) Licht, dazu verwendet, ein Elektron-Loch-Paar zu bilden und wird deshalb im Kristall absorbiert. Die Farbe des Kristalls ist dann die Farbe des verbleibenden durchgelassenen Lichts. Deshalb erscheint beispielsweise CdS gelb-orange, weil das hochenergetische blaue Licht absorbiert wird. Übergangselemente haben häufig atomare Anregungszustände, die im sichtbaren Bereich liegen. Kristalle, die solcheÜbergangselemente enthalten, erscheinen auch dann farbig, wenn die Bandlücke nicht im Sichtbaren liegt.

Farblose Kristalle können eine Farbe erhalten, wenn man sie einer Röntgenstrahlung oder einem Elementarteilchenbeschuß aussetzt. Der Grund hierfür sind die Farbzentren, die nichts anderes als lokalisierte Elektronen in Anionleerstellen sind, die durch die Bestrahlung erzeugt wurden.

Das Elektron besitzt Anregungszustände mit Energien des sichtbaren Lichts, was zu Absorptionsbändern und damit zur Kristallfärbung führt. Die F-Bänder einiger (sonst transparenter) Alkalihalogenide zeigt Abb. 10.46. Es gibt auch noch kompliziertere Strukturen von Farbzentren, bei denen mehrere Atome und Verunreinigungen beteiligt sind. Dann kann es auch mehrere Absorptionsbänder geben.

Den gleichen Effekt erhält man auch durch Anlegen eines elektrischen Feldes an einem Isolator, wodurch eine Raumladungszone entsteht, in der Elektronen Anregungszustände im Sichtbaren haben (Abb. 10.47).

Abb. 10.47 Farbzentren
(dunkler (*blauer*) Bereich)
in NaCl, erzeugt durch
das hohe elektrische Feld
an der Spitze der (*oberen*)
Elektrode

10.6.3.2 Absorption

Durch Einstrahlung mit einer Energie, die über der Bandlücke liegt, wird ein Elektron ins
Leitungsband gehoben und ein Loch bleibt im Valenzband zurück. Ist die Energiezufuhr
etwas geringer als die Energielücke, so kann es ebenfalls zu einer Elektron-Loch-Paarbildung
kommen, doch beide bleiben miteinander als Paar verbunden. Ein solch gebundenes Paar
wird Exziton genannt (Abb. 10.48).

Im entsprechenden Energiebereich zeigt der Kristall dann Absorption, wie Abb. 10.49
am Beispiel des GaAs zeigt. Ganz charakteristische Exzitonenabsorption im ultravioletten
Spektralbereich zeigen die Alkalihalogenide, weil dort das Elektron-Loch-Paar lokalisiert
ist, welches tieferliegende Anregungsniveaus als die positiven Alkalizonen besitzt.

10.6.3.3 Photoleitfähigkeit

Unter Photoleitfähigkeit versteht man die Erhöhung der elektrischen Leitfähigkeit eines
kristallinen Isolators, wenn er elektromagnetischer Strahlung ausgesetzt wird. Der Grund

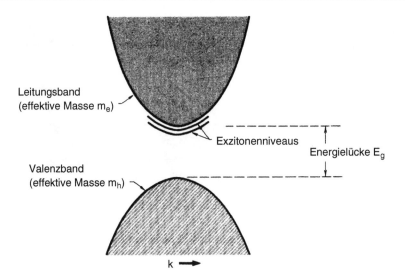

Abb. 10.48 Lage des Exzitonniveaus relativ zur Kante des Leitungsbandes für eine einfache Bandstruktur: die Kanten sowohl des Leitungsbandes als auch des Valenzbandes liegen bei $k = 0$. Ein Exziton kann (kinetische) Translationsenergie besitzen. Ist jedoch die Translationsenergie größer als seine Bindungsenergie, so verhält es sich gegenüber dem Zerfall in ein freies Elektron und ein freies Loch metastabil. Jedes Exziton ist potentiell instabil gegenüber Strahlungsrekombination, bei der das Elektron in ein Loch im Valenzband zurückfällt und dabei ein Photon oder Phonon emittiert

dafür liegt einfach in der Erhöhung der Ladungsträgerkonzentration infolge der Elektron-Loch-Paarbildung, wenn die Photoenergie ausreicht. Werden im ganzen Kristall homogen solche Paare gebildet, kann man die Photoleitfähigkeit einfach berechnen. Ist A die Absorptionsrate der Photonen und R die Rekombinationskonstante für die Rekombination von Loch und Elektron, so ist die zeitliche Änderung der Ladungsträgerkonzentration n

$$dn/dt = A - Rn^2 \qquad (10.44)$$

Im stationären Zustand ist $\dot{n} = 0$, und man erhält die stationäre Photoelektronenkonzentration

$$n_0 = \sqrt{\frac{A}{R}} \qquad (10.45)$$

und die Photoleitfähigkeit mit Gl. (10.33a)

$$\sigma = ne\mu = \sqrt{\frac{A}{R}} e\mu \qquad (10.46)$$

Anwendungen sind bekanntlich Belichtungsmesser, Kristalldetektoren etc.

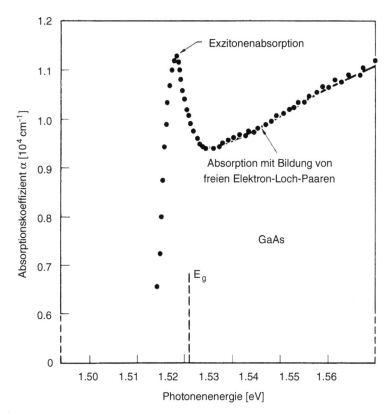

Abb. 10.49 Auswirkung eines Exzitonniveaus auf die optische Absorption eines Halbleiters bei Photonenenergien nahe dem Bandabstand E_g. Das Diagramm zeigt die optische Absorptionskante und die Spitze der Exzitonabsorption in Galliumarsenid bei 21 K (nach [15]). Die Ordinate gibt den Absorptionskoeffizienten α, der gemäß $I(x) = I_0 \cdot \exp(-\alpha x)$ definiert ist. Energielücke und Bindungsenergie des Exzitons können aus der Gestalt der Absorptionskurve bestimmt werden: der Bandabstand beträgt danach 1.521 eV, die Bindungsenergie des Exzitons 0.0034 eV

10.6.3.4 Lumineszenz

An Festkörpern beobachtet man eine Reihe von optischen Erscheinungen, die unter dem Oberbegriff Lumineszenz zusammengefaßt sind. Dazu zählen Fluoreszenz und Phosphoreszenz. Unter Lumineszenz versteht man ganz allgemein Leuchterscheinungen aufgrund von absorbierter Energie, die durch Lichteinfall, mechanische Einwirkung, chemische Reaktionen oder Wärmezufuhr eingebracht sein kann. Findet die Emission schon während der Anregung oder in weniger als 10^{-8} s danach statt, spricht man von Fluoreszenz. Tritt die Lichtabgabe erst im Anschluß an die Anregung statt, so spricht man von Phosphoreszenz oder Nachleuchten. Die Verzögerungszeit kann zwischen Millisekunden und Stunden liegen. Kristalline Festkörper, die Lumineszenz zeigen, werden ganz allgemein als Phosphore bezeichnet. Lumineszenzerscheinungen werden dadurch verursacht, daß durch die

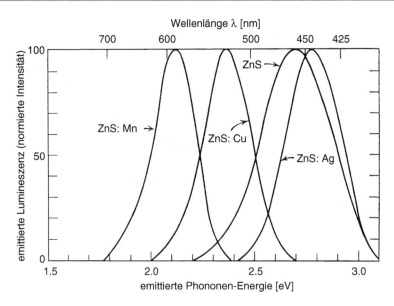

Abb. 10.50 Lumineszenzemissionsspektrum für ZnS, ZnS:Ag, ZnS:Cu und ZnS:Mn ([16])

Abb. 10.51 Photochrome
Gläser werden hauptsäch-
lich für selbsttönende Son-
nenbrillen verwendet. Hier
ist selektiv eines der beiden
Gläser ultraviolettem Licht
ausgesetzt worden

eingebrachte Energie Elektronen sogenannter Aktivatoren, also eingebauter Fremdatome
in Kristallen, in angeregte Zustände übergehen und unter Emission von sichtbarem Licht
in ihren Grundzustand zurückfallen. Dabei betrachtet man eine gewisse Breite der absorbierten Energie, die sich dadurch erklären läßt, daß ein Teil der Energie auch zur Anregung
von Schwingungen des betreffenden Atoms verwendet wird (Abb. 10.50).

10.6.4 Anwendungen

Optische Eigenschaften von Gläsern oder Kristallen haben heute große technische Bedeutung. Seit langem wird die bekannte Brechung des Lichtes in Gläsern für Linsen in optischen
Instrumenten verwendet. Ein wichtiges Beispiel für großtechnische Anwendung von Absorption und Reflektion ist die Wärmedämmung. Durch entsprechende Beschichtungen

versucht man ein Verhalten des Werkstoffs so einzustellen, daß er im infraroten Bereich, also die Wärmestrahlung, absorbiert oder reflektiert, das sichtbare Licht aber durchläßt. Fensterscheiben in klimatisierten Gebäuden sind deshalb gewöhnlich beschichtet und weisen eine charakteristische Färbung auf. Weitverbreitet sind auch selbsttönende Brillen, bei denen je nach Lichtintensität und besonders bei UV-Bestrahlung eine Färbung hervorgerufen wird, indem entsprechende Absorptionsbänder durch die einwirkende UV-Strahlung (meist photochemisch) angeregt werden (Abb. 10.51).

Anwendungen der Luminiszenz finden sich bei Fluoreszenzlampen mit Oszillographenschirmen. Bei Belichtungsmessern und Kristalldetektoren wird die Photoleitfähigkeit ausgenutzt. Immer mehr werden auch Metalloberflächen für dekorative Zwecke eingesetzt, z. B. aus eloxiertem Aluminium. In diesem Zusammenhang spielt die Reflektivität von Metallen und das Licht der reflektierten Strahlung eine maßgebliche Rolle. Auf dem gleichen Prinzip beruht die Funktion von Präzisionsspiegeln durch metallisierte Oberflächen.

10.7   Aufgaben

10.1 Gegeben seien die untenstehenden interatomaren Kraftkurven für zwei Metalle A und B. Welches Material hat
a) die größere Gitterkonstante?
b) den größeren E-Modul?

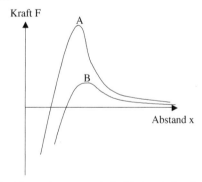

10.2 Die interatomare Wechselwirkung kann vereinfacht durch das Lennard-Jones Potenzial angepasst werden:
$V = \frac{A}{x^{12}} - \frac{B}{x^6}$ mit x: Abstand der beiden benachbarten Atome.
Leiten Sie einen Ausdruck für den Gleichgewichtsabstand der Atome bei 0 K ab.

10.3 Was besagt das Wiedemann-Franzsche Gesetz? Bestimmen Sie mit Hilfe des Gesetzes die Wärmeleitfähigkeit bei Raumtemperatur für Kupfer, Aluminium und Eisen.
$(\sigma_{Cu} = 58 \cdot 10^6\, \Omega^{-1} m^{-1}, \sigma_{Al} = 37 \cdot 10^6\, \Omega^{-1} m^{-1}, \sigma_{Fe} = 10 \cdot 10^6\, \Omega^{-1} m^{-1})$

10.4 Bei einer Temperatur von 20 °C wurde der elektrische Widerstand eines 250 mm langen Metalldrahts mit einem Durchmesser von 1 mm mit $R = 9,55 \cdot 10^{-3}\ \Omega$ bestimmt.

  a) Berechnen Sie mit Hilfe der Regel $\rho = \rho_R + \rho(T)$ den temperaturabhängigen Anteil des spezifischen Widerstandes $\rho(T)$ unter der Voraussetzung, dass der durch Gitterfehler bewirkte Restwiderstand $\rho_R = 2 \cdot 10^{-6}\ \Omega\mathrm{mm}$ ist.

  b) Wie groß ist der spezifische Widerstand des Drahts bei 270 °C (Temperaturkoeffizient $\alpha = 0,004\ \mathrm{K}^{-1}$)

10.5 Zink hat eine hexagonale Kristallstruktur und ist diamagnetisch. Die Differenz der diamagnetischen Suszeptibilitäten parallel und senkrecht zur c-Achse beträgt $5 \cdot 10^{-6}$. Ein Zink-Bikristall sei einem Magnetfeld von 20 T ausgesetzt. In einem der beiden Kristalle stehe die c-Achse parallel, im anderen senkrecht zur Feldrichtung.

  a) Berechnen Sie die treibende Kraft auf die Korngrenze.

  b) In Richtung welchen Kristalls bewegt sich die Korngrenze?

10.6 In einem nichtmagnetischen Material betrage die Remanenz $M_R = 1000$ Gauss. Zur Entmagnetisierung ist ein Gegenfeld (Koerzitivkraft) von $H_c = 1,7\dfrac{kA}{m}$ erforderlich. Wie groß ist etwa der magnetische Energieverlust pro Hysteresezyklus?

10.7 Warum ist Kohlenstoff in Form von Diamant durchsichtig, in Form von Graphit dagegen nicht?

10.8 Auf einen Halbleiter mit einer Bandlücke von 5 eV fällt monochromatisches Licht der Wellenlänge $\lambda = 0,4\ \mu m$. Wie groß ist der Photostrom?

Literatur

1. Slater JC (1934) Phys Rev 45:794
2. Ibach H, Lüth H (1989) Festkörperphysik. Springer, Berlin, S 119
3. Masing G (1950) Lehrbuch der Allgemeinen Metallkunde. Springer, Berlin
4. Schulze GER (1967) Metallphysik. Akademie-Verlag, Berlin, S 150
5. Kittel C (1968) Einführung in die Festkörperphysik. R. Oldenbourg-Verlag, München
6. Hardy HK, Heal TJ (1954) Progress in metal physics, Bd 5. Pergamon Press, Oxford, S 177
7. Archiv des Instituts für Metallkunde und Metallphysik, RWTH Aachen
8. Chalmers B (Hrsg) (1952) Progress in metal physics. Pergamon Press, Oxford, S 42–75
9. Stritzker B (1988) Anwendungen der Supraleitung I, Vortrag 24 in Vorlesungsmanuskripte des 19. IFF-Ferienkurses in der KFA Jülich, KFA Jülich (Hrsg) Jülich
10. Buckel W (1977) Supraleitung. Physik-Verlag, S 12
11. Koch KM, Jellinghaus W (1957) Einführung in die Physik der magnetischen Werkstoffe. Franz Deuticke, Wien
12. Shackelford JF (1988) Introduction to materials science for engineers. Macmillan Publishing Company, New York

13. Suryanarayana C, Inoue A (2011) Bulk metallic glasses. CRC Press, S 475
14. Nastasi Andrews RJ, Hummel RE (1977), Phys Rev B16:4314
15. Sturge J (1962) Phys Rev 127:768
16. Bube RH (1960) Photoconductivity of solids. Wiley, New York

Kapitel 2

2.1. Bestimmen Sie für ein kubisch-raumzentriertes (krz), ein kubisch-flächenzentriertes (kfz), sowie ein hexagonal dichtest gepacktes (hdp) Gitter

a) die Anzahl von Atomen pro Elementarzelle,
b) die Anzahl der nächsten Nachbarn,
c) die Raumerfüllung.

Lösung:

	a)	b)
krz	2	8
kfz	4	12
hdp	2 bzw. 6	12

c)

$$\text{krz: } \sqrt{3}a = 4R \Leftrightarrow R = \frac{\sqrt{3}a}{4} \qquad V_{krz} = \frac{2 \cdot \frac{4}{3} \cdot \pi R^3}{a^3} = \frac{\frac{8}{3} \cdot \pi \frac{\sqrt{3}^3 a^3}{64}}{a^3} = 68\,\%$$

$$\text{kfz: } \sqrt{2}a = 4R \Leftrightarrow R = \frac{\sqrt{2}a}{4} \qquad V_{kfz} = \frac{4 \cdot \frac{4}{3} \cdot \pi R^3}{a^3} = \frac{\frac{16}{3} \cdot \pi \frac{\sqrt{2}^3 a^3}{64}}{a^3} = 74\,\%$$

hdp: 3 EZ mit je 2 Atomen

G. Gottstein, *Materialwissenschaft und Werkstofftechnik*, Springer-Lehrbuch,
DOI: 10.1007/978-3-642-36603-1_11, © Springer-Verlag Berlin Heidelberg 2014

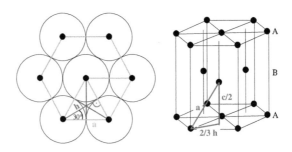

$$a = 2R \Leftrightarrow R = a/2$$

$$\frac{h}{a} = \cos 30° \Leftrightarrow h = a \cdot \cos 30°$$

$$a^2 = \left(\frac{2}{3}h\right)^2 + \left(\frac{c}{2}\right)^2 = \frac{4}{9}h^2 + \frac{c^2}{4} = \frac{4}{9}a^2 \cos^2 30° + \frac{c^2}{4}$$

$$\Leftrightarrow c^2 = 4a^2 - \frac{16}{9}a^2 \cdot \frac{3}{4} \Leftrightarrow c = 2a\sqrt{\frac{2}{3}}$$

$$V_{hdp} = \frac{2 \cdot \frac{4}{3} \cdot \pi R^3}{a \cdot h \cdot c} = \frac{\frac{8}{3} \cdot \pi \frac{a^3}{8}}{a \cdot a \cdot \cos 30° \cdot 2a\sqrt{2/3}} = 74\%$$

2.2.

a) Bestimmen Sie die Anzahl, Position und Größe ($r_{Lü}/r_{Atom}$) der Tetraeder- und Oktaederlücken im kfz-Gitter.

b) Wie viele Oktaederlücken pro Atom gibt es?

c) Wie viele Tetraederlücken pro Atom gibt es?

Lösung:

a)

Oktaederlücken:

– Anzahl und Positionen:

auf der Würfelmitte und den Kantenmitten, wobei jede der zwölf Kanten zu jeweils vier angrenzenden Elementarzellen gehört, daher $n_{Okt} = 12 \cdot \frac{1}{4} + 1 = 4$

– Größe der Oktaederlücke: (siehe Abb. 2.16.)

(Die Größe einer Lücke entspricht der größten Kugel, die in die Lücke passt. Sie wird durch ihren Radius r_L gekennzeichnet.)

$$\sqrt{2}a = 4R$$

$$\sqrt{2}(2R + 2r_L) = 4R$$

$a = 2R + 2r_L$

$$\sqrt{2}2r_L = R(2 - \sqrt{2})$$

$\sqrt{2}a = 4R$

$$\frac{r_L}{R} = \frac{2 - \sqrt{2}}{\sqrt{2}} \approx 0{,}41$$

Tetraederlücken:
- Anzahl und Positionen:
  je Achtelkubus eine Lücke, daher $n_{Tet} = 8 \cdot 1 = 8$
- Größe der Tetraederlücke:

$$\frac{\sqrt{3}}{4}\sqrt{2}R = R + r_L$$

$\frac{\sqrt{3}}{4}a = R + r_L$

$$\sqrt{\frac{3}{2}}R = R + r_L$$

$\frac{a}{\sqrt{2}} = 2R$

$$\frac{r_L}{R} = \sqrt{\frac{3}{2}} - 1 \approx 0{,}22$$

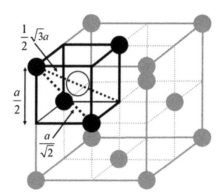

b) eine Oktaederlücke pro Atom
c) zwei Tetraederlücken pro Atom

2.3. Was ist das Größenverhältnis zwischen einer Oktaederlücke im kfz- und im krz-Gitter?

Lösung:

Oktaederlücke kfz: $\dfrac{r_L^{kfz}}{R} = 0{,}41$

Oktaederlücke krz: $\dfrac{r_L^{krz}}{R} = 0{,}155$ bzw. $0{,}63$

(ellipsoide Lückenform im krz (siehe Abb. 2.14.), Berechnung über $\sqrt{3}a = 4R$ und $2r_L + 2R = a$ bzw. $2r_L + 2R = \sqrt{2}a$)

Verhältnis: $\dfrac{r_L^{kfz}}{r_L^{krz}} = \dfrac{0,41}{0,155} = 2,65 \quad bzw. \quad = \dfrac{0,41}{0,63} = 0,65$

2.4. Auf welchen Gitterlücken befinden sich die C- bzw. N-Atome im krz Fe-Gitter ($r_C/r_{Fe} = 0.61$; $r_N/r_{Fe} = 0.55$)? Begründen Sie Ihre Antwort.

Lösung:

Oktaederlücken
Begründung:

– ellipsoide Form der Oktaederlücke im krz-Gitter
– Größe: 0,63 (Durchmesser $\sqrt{2}a$) bzw. 0,155 (Durchmesser a) siehe Abb. 2.14.
– Gitterverzerrung nur in eine Raumrichtung notwendig

2.5. Zeichnen Sie folgende Ebenen und Richtungen in eine Elementarzelle ein. Wie viele kristallographisch gleichwertiges Ebenen und Richtungen existieren jeweils?

a) krz-Gitter: (100)- und (101)-Ebene, sowie [112]- und [1$\bar{1}\,\bar{1}$]-Richtung
b) hdp-Gitter: (1$\bar{1}$00)- und ($\bar{1}\,\bar{1}$2$\bar{1}$)-Ebene, sowie die [1$\bar{1}$01]- und [11$\bar{2}$3]-Richtung.

Lösung:

a)

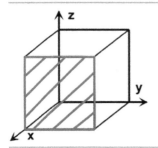

Überlegung:
    Ebene (100) → Kehrwert $(1, \infty, \infty)$
$\{100\}=\{(100),(010),(001)\}$

→ 3 kristallographisch gleichwertige Ebenen (6 bei Einbeziehung der negativen Ebenen)

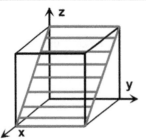

Überlegung:
    Ebene (101) → Kehrwert $(1, \infty, 1)$
$\{101\} = \{(101), (\bar{1}01), (011), (0\bar{1}1), (110), (1\bar{1}0)\}$

→ 6 kristallographisch gleichwertige Ebenen (12 bei Einbeziehung der negativen Ebenen)

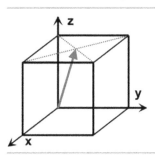

$\langle 110 \rangle = \langle [110], [1\bar{1}0], [101], [\bar{1}01],$
$[011], [0\bar{1}1] \rangle$

→ 6 kristallographisch gleichwertige Richtungen (12 bei Einbeziehung der negativen Richtungen)

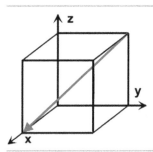

(Ursprung verlegen)
$\langle 1\bar{1}\bar{1} \rangle = \langle [1\bar{1}\bar{1}], [11\bar{1}], [\bar{1}1\bar{1}], [\bar{1}\,\bar{1}\,\bar{1}] \rangle$

→ 4 kristallographisch gleichwertige Richtungen (8 bei Einbeziehung der negativen Richtungen)

b)

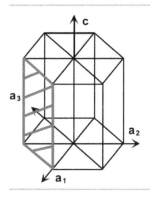

$\{1\bar{1}00\} = \{(1\bar{1}00), (10\bar{1}0), (01\bar{1}0)\}$

→ 3 kristallographisch gleichwertige Ebenen (6 bei Einbeziehung der negativen Ebenen)

Prismenebenen 1. Art

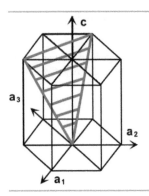

$\{\overline{1}\overline{1}2\overline{1}\} = \{(\overline{1}\overline{1}2\overline{1}), (1\overline{2}1\overline{1}), (2\overline{1}\,\overline{1}\,\overline{1}),$
$(11\overline{2}\,\overline{1}), (\overline{1}2\overline{1}\,\overline{1}), (\overline{2}11\overline{1})\}$

→ 6 kristallographisch gleichwertige Ebenen
(12 bei Einbeziehung der negativen Ebenen)

Pyramidalebenen 2. Art, 1. Ordnung

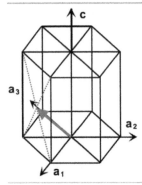

(Stern in alle Richtungen)

$\langle 1\overline{1}01 \rangle = \langle [1\overline{1}01], [\overline{1}101], [10\overline{1}1],$
$[\overline{1}011], [01\overline{1}1], [0\overline{1}11] \rangle$

→ 6 kristallographisch gleichwertige Richtungen (12 bei Einbeziehung der negativen Richtungen)

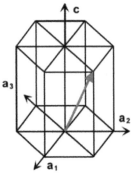

$\langle 11\overline{2}3 \rangle = \langle [11\overline{2}3], [1\overline{2}13], [\overline{2}113],$
$[\overline{1}\,\overline{1}23], [\overline{1}2\overline{1}3], [2\overline{1}\,\overline{1}3] \rangle$

→ 6 kristallographisch gleichwertige Richtungen (12 bei Einbeziehung der negativen Richtungen)

2.6.

    a) Zeichnen Sie eine [123]-orientierte Stabachse (SA) eines kfz Einkristalls in eine Standardprojektion ein.

    b) Wo liegt dieser Pol in einer (011)-Projektion?

Lösung:

    a) Standardprojektion = (001)-Projektion

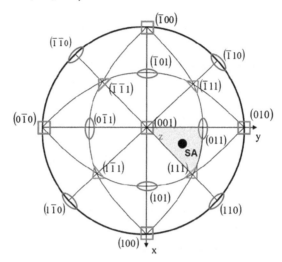

    b) (011)-Projektion

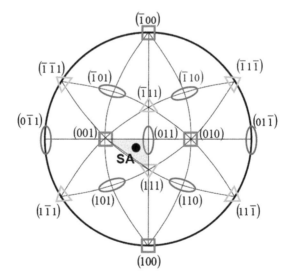

2.7.

a) Skizzieren Sie die {111}-Polfigur eines Würfels, der um 45° gegen den Uhrzeigersinn um die Walzrichtung rotiert ist.

b) Geben Sie die Miller-Indizes der Orientierung an.

c) Bestimmen Sie für diese Orientierung die Orientierungsmatrix **g**.

Lösung:

a) {111}-Polfigur
(siehe Abb. 2.40.)

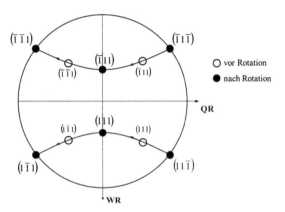

b) (hkl) → Kristallebene || Blechebene → (011)

[uvw] → Kristallrichtung || Walzrichtung → [100]

c)

– Beschreibung von Orientierungen (Lage des Kristalls bzgl. der Probe) → allgemeine Rotation um Winkel φ

$$\{C\} = \underline{\underline{g}} \cdot \{S\} \quad \rightarrow \quad \begin{array}{l} \{C\} = (c_1, c_2, c_3) \quad \textit{Kristallkoordinaten} \\ \{S\} = (s_1, s_2, s_3) \quad \textit{Probenkoordinaten} \end{array}$$

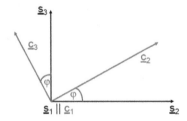

– $s_1 \perp s_2 \perp s_3$

– $c_1 \perp c_2 \perp c_3$

– $|s_i| = 1, |c_i| = 1 \rightarrow$ Einheitsvektoren

→ Bestimmung der Orientierungsmatrix

$$\underline{c}_1 = 1 \cdot \underline{s}_1 + \quad 0 \quad \cdot \underline{s}_2 + \quad 0 \quad \cdot \underline{s}_3$$
$$\underline{c}_2 = 0 \cdot \underline{s}_1 + |\underline{c}_2| \cdot \cos\varphi \cdot \underline{s}_2 + |\underline{c}_3| \cdot \sin\varphi \cdot \underline{s}_3$$
$$\underline{c}_3 = 0 \cdot \underline{s}_1 - |\underline{c}_2| \cdot \sin\varphi \quad \cdot \underline{s}_2 + |\underline{c}_3| \cdot \cos\varphi \cdot \underline{s}_3$$

$$\underbrace{(c_1, c_2, c_3)}_{\{C\}} = \underbrace{\begin{bmatrix} 1 & 0 & 0 \\ 0 & \cos\varphi & \sin\varphi \\ 0 & -\sin\varphi & \cos\varphi \end{bmatrix}}_{\underline{\underline{g}}} \cdot \underbrace{(s_1, s_2, s_3)}_{\{S\}}$$

→ Transformations- bzw. Rotationsmatrix für Transformationen des Probenkoordinatensystems in das Kristallkoordinatensystem

$$\text{für } \varphi = 45° : \underline{\underline{g}} = \begin{bmatrix} 1 & 0 & 0 \\ 0 & \cos\varphi & \sin\varphi \\ 0 & -\sin\varphi & \cos\varphi \end{bmatrix} = \begin{bmatrix} 1 & 0 & 0 \\ 0 & 1/\sqrt{2} & 1/\sqrt{2} \\ 0 & -1/\sqrt{2} & 1/\sqrt{2} \end{bmatrix}$$

– Spaltenvektoren der Transformationsmatrix entsprechen den Probenbasisvektoren im Kristallkoordinatensystem

$$\underline{\underline{g}} = \begin{bmatrix} u & q & h \\ v & r & k \\ w & s & l \end{bmatrix} \rightarrow (hkl)\,[uvw] : \left(0, \frac{1}{\sqrt{2}}, \frac{1}{\sqrt{2}}\right)[100] = (011)\,[100]$$

$$\downarrow \downarrow \downarrow$$
$$\|s_1 \ \|s_2 \ \|s_3$$
$$(WR)\ (QR)\ (BN)$$

– wenn Miller-Indizes bekannt: $(hkl) \times [uvw] = qrs$, da $(hkl) \perp [uvw]$

2.8. Zeichnen Sie eine Standardprojektion eines hexagonal primitiven Einkristalls. Berücksichtigen Sie alle zweizähligen und sechszähligen Drehachsen. Geben Sie für die eingezeichneten Symmetrieelemente die Miller-Bravais-Indizes an.

Lösung:
6-zählige Achse → $\quad \{0001\}$
2-zählige Achsen → $\quad \{10\bar{1}0\}, \{11\bar{2}0\}$

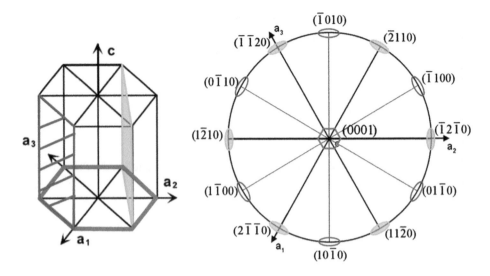

2.9.

   a) Leiten Sie das Braggsche Gesetz her unter der Annahme, dass die Gitterebenen halbdurchlässige Spiegel sind.

   b) Berechnen Sie den kleinsten Winkel im krz- und kfz-Gitter, unter dem nach dem Braggschen Gesetz Reflexion von Röntgenstrahlung auftritt. ($a = 4\,\text{Å}$, $\lambda_{Mo} = 0{,}71\,\text{Å}$).

   c) Welche Strahlungsarten können außer Röntgenstrahlung noch für kristallographische Untersuchungen verwendet werden?

   d) Kann man das Braggsche Gesetz auch für die Reflexion von sichtbarem Licht verwenden?

Lösung:

a)

   Bedingung halbdurchlässiger Spiegel:

   – reflektierte Intensität nur bei in Phase liegender Strahlung nach Beugung
   – wenn nicht, dann Auslöschung der Strahlen

   Herleitung: (siehe Abb. 2.46.)

$$\sin\theta = \frac{\overline{PN}}{d} = \frac{\overline{MP}}{d}$$

   für reflektierten Strahl muss gelten: $2 \cdot \overline{PN} = n \cdot \lambda$

$$\Rightarrow \quad n \cdot \lambda = 2d \sin\theta$$

b)

kubische Struktur: $d = \dfrac{a}{\sqrt{h^2 + k^2 + l^2}}$

Auslöschungsregeln:

Reflexion nur, wenn

bei kfz   alle Miller-Indizes gerade oder alle ungerade, z. B. {111}, {200}

bei krz   (h + k + l) gerade, z. B. {110}, {200}

Beugung erster Ordnung:

$$\lambda = 2d \sin\theta \quad \Leftrightarrow \quad \sin\theta = \frac{\lambda}{2d} \quad \Leftrightarrow \quad \theta = \arcsin\left(\frac{\lambda}{2d}\right)$$

$$\Leftrightarrow \quad \theta = \arcsin\left(\frac{\lambda}{2a}\sqrt{h^2 + k^2 + l^2}\right)$$

$\rightarrow$ kleinster Winkel, wenn $\sqrt{h^2 + k^2 + l^2}$ minimal

kfz $\rightarrow$ {111} $\theta = \arcsin\left(\dfrac{0{,}71\text{Å}}{8A}\sqrt{3}\right) = 8{,}84°$

krz $\rightarrow$ {110} $\theta = \arcsin\left(\dfrac{0{,}71\text{Å}}{8A}\sqrt{2}\right) = 7{,}21°$

c) Materiestrahlen aus Elektronen oder Neutronen

$\rightarrow$ durch Welle-Teilchen-Dualismus Zuordnung einer Wellenlänge nach de-Broglie $\left(\lambda = \dfrac{h}{p} = \dfrac{h}{mv}\right)$ möglich

- Elektronen (im REM, E = 20 keV): $\lambda \approx 9\,\text{pm}$
- (thermische) Neutronen (E = 35 meV): $\lambda \approx 152\,\text{pm}$

d) nein, kann nicht für Reflexionen von sichtbarem Licht verwendet werden

$\rightarrow$ Begründung:

- es muss gelten: $\sin\theta \leq 1$ (per Definition)

$\rightarrow$ bei einem Gitterabstand von $d \approx 3$ Å (siehe Aufgabenteil b) kann Wellenlänge maximal $\lambda = 2d \cdot 1 = 6$ Å (= 60 nm) betragen

- <u>aber:</u> Wellenlänge des sichtbaren Lichts: $380\,\text{nm} \leq \lambda \leq 780\,\text{nm}$

Kapitel 3

3.1. Leiten Sie einen Ausdruck für die thermische Gleichgewichtskonzentration von Zwischengitteratomen auf Oktaederlücken in einem kfz-Metall her. Benutzen Sie als Ausdruck für die Konfigurationsentropie: $S_k = k \cdot \ln w$, $w = \dfrac{N_{Zw}!}{(N_{Zw} - n_{Zw})! \cdot n_{Zw}!}$. ($c = n/N$, Stirlingsche Formel : $\ln(x!) = x \cdot \ln x - x$).

Lösung:

freie Enthalpie: $G = H - TS$

$\rightarrow$ Erzeugung von Zwischengitteratomen:

$$G = G_0 + n_{Zw}H_B^{Zw} - T(nS_v^{Zw} + S_k)$$

G_0 = freie Enthalpie des perfekten Kristalls

n_{Zw} = Anzahl Zwischengitteratome

H_B^L = Bildungsenthalpie eines Zwischengitteratoms

S_v = Schwingungsentropie eines Zwischengitteratoms

S_k = Konfigurationsentropie

→ Vernachlässigung der Schwingungsentropie: $G = G_0 + n_{Zw}H_B^{Zw} - Tn_{Zw}S_v^{Zw} - TS_k$
nach Boltzmann $S_k = k \cdot \ln w$ mit w = Anordnungsvielfalt

$$w = \frac{N_{Zw}!}{(N_{Zw} - n_{Zw})! \cdot n_{Zw}}$$

$$G - G_0 = \Delta G(n_{Zw}) = n_{Zw}H_B^{Zw} - Tn_{Zw}S_v^{Zw} - TS_k = n_{Zw}G_B^{Zw} - TS_k$$

→ im thermodynamischen Gleichgewicht ist $G = G_{min}$

$$\rightarrow \quad \frac{dG(n_{Zw})}{dn_{Zw}} = 0 = G_B^{Zw} - T\frac{dS_k}{dn_{Zw}}$$

$$\frac{dS_k}{dn_{Zw}} = k\frac{d}{dn_{Zw}}\left(\ln\frac{N_{Zw}!}{(N_{Zw} - n_{Zw})!n_{Zw}!}\right)$$

Anwendung der Stirling-Formel: $\ln(x!) = x \cdot \ln x - x$

$$= k\frac{d}{dn_{Zw}}(N_{Zw}\ln N_{Zw} - N_{Zw} - [(N_{Zw} - n_{Zw})\ln(N_{Zw} - n_{Zw})$$

$$-(N_{Zw} - n_{Zw}) + n_{Zw}\ln n_{Zw} - n_{Zw}])$$

$$= k\frac{d}{dn_{Zw}}(N_{Zw}\ln N_{Zw} - (N_{Zw} - n_{Zw})\ln(N_{Zw} - n_{Zw}) - n_{Zw}\ln n_{Zw})$$

$$= k\left[\ln(N_{Zw} - n_{Zw}) - \frac{1}{N_{Zw} - n_{Zw}}(N_{Zw} - n_{Zw})(-1) - \ln n_{Zw} - n_{Zw}\frac{1}{n_{Zw}}\right]$$

$$= k[\ln(N_{Zw} - n_{Zw}) - \ln n_{Zw}] = k\ln\frac{N_{Zw} - n_{Zw}}{n_{Zw}} = -k\ln\frac{n_{Zw}}{N_{Zw}} = -k\ln c_{Zw}^a$$

→ für n << N gilt N − n.N

c_{Zw}^a := atomare Zwischengitterkonzentration

$$\boxed{\Delta G(n) = G_B^{Zw} - T(-k\ln c_{Zw}^a) \overset{!}{=} 0 \Leftrightarrow c_{Zw}^a = \exp\left(-\frac{G_B^{Zw}}{kT}\right)}$$

3.2.

a) Schätzen Sie die Bildungsenthalpie einer Leerstelle in Wolfram ab. Die Gleichgewichtsleerstellenkonzentration am Schmelzpunkt (3410 °C) beträgt 10^{-4}, die Schwingungsentropie kann man mit 2·k annehmen. Drücken Sie das Ergebnis in J und in eV aus.

b) Berechnen Sie für ein krz-Metall mit $H_B^{ZG} = 4{,}45$ eV für Zwischengitteratome und $H_B^L = 1{,}2$ eV für Leerstellen, aber gleichen Schwingungsentropien, das Verhältnis der Gleichgewichtskonzentration von Zwischengitteratomen zu Leerstellen bei T = 1000 K. Welcher Gitterfehler tritt in der Realität auf?

c) Die Leerstellenkonzentration in Cu sei $1{,}2{\cdot}10^{23}$ m^{-3} bei 500 °C. Berechnen Sie die freie Bildungsenthalpie einer Leerstelle sowie die Leerstellenkonzentration [in m^{-3}] bei 900 °C. Nehmen Sie für die Schwingungsentropie 2·k an. ($M_{Cu} = 63{,}5$ g/mol, $a_{Cu} = 3{,}61$ Å, $\rho_{Cu} = 8{,}7$ g/cm^3, $N_A = 6 \cdot 10^{23}$ mol^{-1})

Lösung:

a) gegeben: $T_m = 3410\,°C = 3683\,K$

$$c_L^a = 10^{-4}$$

$$S_v = 2k$$

$$k = 8{,}62{\cdot}10^{-5}\,eV/K = 1{,}38{\cdot}10^{-23}\,J/K$$

gesucht: H_B^L in J und eV

$$c_L^a = \exp\left(-\frac{H_B^L - TS_v}{kT}\right) = \exp\left(-\frac{H_B^L}{kT}\right)\exp\left(\frac{S_v}{k}\right) \Leftrightarrow H_B^L = TS_v - kT\ln c_L^a$$

$$H_B^L = TS_v - kT\ln c_L^a = kT(2 - \ln c_L^a) = 3{,}56\,eV = 5{,}7\cdot 10^{-19}\,J$$

b) gegeben: $H_B^{Zw} = 4{,}45$ eV

$$H_B^L = 1{,}2\,eV$$

$$S_v^L = S_v^{Zw} = S_v$$

$$T = 1000\,K$$

gesucht: $c_{Zw}^a\,/\,c_L^a$

$$c_{Zw}^a = \exp\left(-\frac{H_B^{Zw}}{kT}\right)\exp\left(\frac{S_v}{k}\right)$$

$$c_L^a = \exp\left(-\frac{H_B^L}{kT}\right)\exp\left(\frac{S_v}{k}\right)$$

$$\frac{c_{Zw}^a}{c_L^a} = \frac{\exp\left(-\dfrac{H_B^{Zw}}{kT}\right)\exp\left(\dfrac{S_v}{k}\right)}{\exp\left(-\dfrac{H_B^L}{kT}\right)\exp\left(\dfrac{S_v}{k}\right)} = \exp\left(\frac{H_B^L - H_B^{Zw}}{kT}\right) = 4{,}22 \cdot 10^{-17} \approx 0$$

$\rightarrow c_{Zw}^a$ kann im Allgemeinen vernachlässigt werden. Es treten nur Leerstellen auf.

c) gegeben: $T_m = 500\,^\circ C = 773\,K$

$\qquad\quad c_L^V = 1{,}2 \cdot 10^{23}\,m^{-3}$

$\qquad\quad S_v = 2\,k$

$\qquad\quad M_{Cu} = 63{,}5\,g/mol$

$\qquad\quad a_{Cu} = 3{,}61\,\text{Å} = 3{,}61 \cdot 10^{-10}\,m$

$\qquad\quad \rho = 8{,}7\,g/cm^3$

$\qquad\quad N_A = 6 \cdot 10^{23}\,mol^{-1}$

gesucht: H_B^L und $c_L^V\,(900\,^\circ C)$

$$c_L^V = \frac{n}{V} = \frac{n}{N} \cdot \frac{N}{V} = c_L^a \cdot \frac{N}{V}$$

$$\left.\begin{array}{l} V = m \cdot V_{EZ} \Leftrightarrow m = \dfrac{V}{V_{EZ}} \\[2mm] N = m \cdot 4\,(Atome) \end{array}\right\} \quad \Leftrightarrow \quad \frac{N}{V} = \frac{4}{V_{EZ}}$$

$$V = \frac{m}{\rho} \quad \Rightarrow \quad V_{EZ} = \frac{m_{EZ}}{\rho} \qquad\qquad m_{EZ} = 4 \cdot m_{Atom} = 4 \cdot \frac{M_{Cu}}{N_A}$$

$$\qquad\qquad\qquad\qquad = \frac{4 \cdot M_{Cu}}{\rho \cdot N_A}$$

$$\Rightarrow \quad \frac{N}{V} = 4 \cdot \frac{\rho \cdot N_A}{4 \cdot M_{Cu}} = \frac{\rho \cdot N_A}{M_{Cu}}$$

$$\Rightarrow \quad c_L^a = c_L^V \cdot \frac{V}{N} = \frac{c_L^V \cdot M}{\rho \cdot N_A}$$

$$H_B^L = -kT \ln c_L^a = -kT \ln\left(\frac{c_L^V \cdot M}{\rho \cdot N_A}\right) = 1{,}43 \cdot 10^{-19}\,J = 0{,}89\,eV$$

$$c_L^V\,(900\,^\circ C) = \frac{\rho \cdot N_A}{M_{Cu}} \cdot \exp\left(-\frac{H_B^L}{kT}\right) = 1{,}17 \cdot 10^{25}\,m^{-3}$$

3.3. Für reines Kupfer wurden die folgenden Leerstellenkonzentrationen bei verschiedenen Temperaturen gemessen:

$T\,[^\circ C]$	600	720	950	1000
c_L^a	$5 \cdot 10^{-9}$	$3 \cdot 10^{-8}$	10^{-3}	$3{,}7 \cdot 10^{-3}$

Wie können aus diesen Daten die Schwingungsentropie und die Bildungsenthalpie ermittelt werden?

Lösung:

T [°C]	500	700	900	1100
$10^3/T$ [1/K]	1,29	1,03	0,85	0,73
c_L^a	10^{-5}	$1,5 \cdot 10^{-4}$	10^{-3}	$3,7 \cdot 10^{-3}$
$\ln c_L^a$	$-11,51$	$-8,81$	$-6,91$	$-5,60$

→ Arrhenius-Auftragung:

$$c_L^a = \exp\left(-\frac{H_B^L}{kT}\right)\exp\left(\frac{S_v}{k}\right) \Leftrightarrow \ln c_L^a = \left(-\frac{H_B^L}{k}\right)\cdot\frac{1}{T} + \frac{S_v}{k}$$

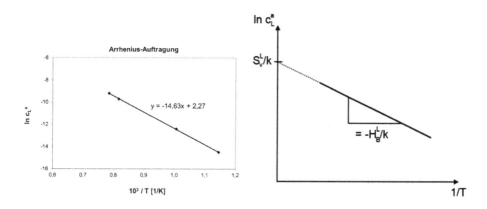

$$-\frac{H_B^L}{k} = -14,63 \cdot 10^3\,K \quad \Leftrightarrow \quad H_B^L = 1,26\,eV$$

$$\frac{S_v}{k} = 2,27 \quad \Leftrightarrow \quad S_v \approx 2 \cdot k$$

3.4.

a) Ermitteln Sie anhand eines Burgersumlaufs den Gesamtburgersvektor für zwei benachbarte antiparallele Versetzungen.

b) Wie sind der Burgersvektor, das Linienelement, die verursachte Scherung und die Bewegungsrichtung bei einer Schrauben- bzw. Stufenversetzung zueinander orientiert?

c) Kann eine Versetzungslinie im Kristall enden (Erläuterung)?

Lösung:

a) $\underline{b}_1 + \underline{b}_2 = \underline{0}$

→ Die Versetzungen löschen sich gegenseitig aus. Anschließend liegt wieder ein perfekter Kristall vor, der um eine Ebene breiter geworden ist.

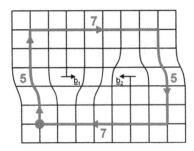 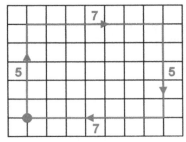

b) Stufenversetzung:

- Burgersvektor $\underline{b}$ ist senkrecht zum Linienelement $\underline{s}$
- wenn die Schubspannung $\underline{\tau}$ parallel zu $\underline{b}$ ist, dann ist die Scherung parallel zu $\underline{b}$ und senkrecht zu $\underline{s}$

Schraubenversetzung:

- Burgersvektor $\underline{b}$ ist parallel zum Linienelement $\underline{s}$
- wenn die Schubspannung $\underline{\tau}$ parallel zu $\underline{b}$ ist, dann ist die Scherung senkrecht zu $\underline{b}$ und $\underline{s}$

c) Nein

- Versetzungslinie endet niemals im Kristall, da sie gemäß Definition die Begrenzungslinie der Teilebenen darstellt
- endet entweder auf Kristalloberfläche bzw. Korngrenze oder liegt als geschlossener Ring vor

3.5. Wie groß ist der mittlere Versetzungsabstand bei einer Versetzungsdichte von $\rho = 10^{16}\,\mathrm{m}^{-2}$?

Lösung:

$$\rho = \frac{1}{d^2} \quad \Leftrightarrow \quad d = \frac{1}{\sqrt{\rho}} = 10\,\mu m$$

3.6. Berechnen Sie für eine symmetrische Kleinwinkelkippkorngrenze in Cu die Orientierungsdifferenz θ der angrenzenden Körner als Funktion des Versetzungsabstandes D. Wie groß kann der Winkel maximal werden, warum ist dieses Konzept bei hohen Verkippungen nicht mehr sinnvoll?

Lösung:

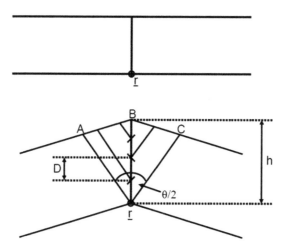

h = Länge der Korngrenze

D = Versetzungsabstand

n = Anzahl Ebenen entlang ABC

alle Versetzungen entlang der Strecke ABC enden in der Korngrenze

Ebenenabstand = 1b

$$\overline{ABC} = n \cdot b$$
$$\frac{nb}{2} = h \cdot \sin \frac{\theta}{2} = \overline{AB} = \overline{BC}$$
$$h = n \cdot D$$

$$\Rightarrow \frac{nb}{2} = n \cdot D \cdot \sin \frac{\theta}{2} \Leftrightarrow D = \frac{b}{2} \cdot \frac{1}{\sin \dfrac{\theta}{2}} \Leftrightarrow \theta = 2 \cdot \arcsin \left(\frac{b}{2D} \right)$$

für kleine Winkel gilt: $\sin\alpha \approx \alpha$

$$\rightarrow \quad D = \frac{b}{2} \cdot \frac{2}{\theta} = \frac{b}{\theta} \Leftrightarrow \theta = \frac{b}{D}$$

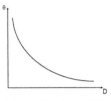

$\rightarrow$ Warum ist das Versetzungsmodell bei hohen Verkippungen nicht mehr sinnvoll?

(m -> Vielfaches des Burgersvektors)

$$D = m \cdot b \quad \rightarrow \quad \theta = \frac{b}{D} = \frac{b}{m \cdot b} = \frac{1}{m}$$

$\rightarrow$ nur diskrete Winkel berechenbar

- für kleine Winkel ($b \ll D$) ändert sich θ quasi-kontinuierlich
- für große Winkel ($m < 4$) ergibt sich ein großer Orientierungsunterschied zwischen zwei periodischen Versetzungsanordnungen

m	θ
10	5,7
7	8,2
6	9,6
5	11,5
4	14,4
3	19,2
2	28,9
1	60°

$\rightarrow$ bei sehr kleinem Abstand überlappen sich die Versetzungskerne, sodass die Versetzungen nicht mehr als diskrete Gitterfehler vorliegen wie im Modell angenommen

$$\text{bei } D_{min} = 4 \cdot b \Rightarrow \theta_{max} \approx \frac{1}{4} \cong 14{,}4°$$

3.7. Berechnen Sie für eine asymmetrische Kleinwinkelkippkorngrenze in Cu die Abstände D_1 und D_2 der beiden Scharen von strukturellen Stufenversetzungen für eine Korngrenze mit Kippwinkel $\theta = 10°$ und Neigung zur symmetrischen Kleinwinkelkippkorngrenze $\Phi = 45°$?

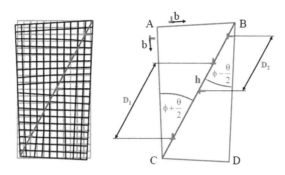

θ : Kippwinkel

ϕ : Neigung zur symmetrischen Kleinwinkelkippkorngrenze

n_{AB}, n_{CD} n_{BD}, n_{AC}: Anzahl atomarer Ebenen

Hilfestellung/Additionstheoreme:

$$\sin(\alpha \pm \beta) = \sin\alpha \cdot \cos\beta \pm \cos\alpha \cdot \sin\beta$$

$$\cos(\alpha \pm \beta) = \cos\alpha \cdot \cos\beta \mp \sin\alpha \cdot \sin\beta$$

Lösung:

Betrachtung der Versetzungen vom Typs $\perp$:

Für die Winkel θ und ϕ gilt:

$$\boxed{\sin\left(\phi + \frac{\theta}{2}\right) = \frac{AB}{BC} = \frac{n^{AB} \cdot b}{h}} \quad \text{und} \quad \boxed{\sin\left(\phi - \frac{\theta}{2}\right) = \frac{CD}{BC} = \frac{n^{CD} \cdot b}{h}}$$

Außerdem gilt:

$$\boxed{h = n_\perp \cdot D_1} \quad \text{und} \quad \boxed{n_\perp = n^{AB} - n^{CD}}$$

Daraus folgt:

$$n_\perp = \frac{h}{b} \cdot \left[\sin\left(\phi + \frac{\theta}{2}\right) - \sin\left(\phi - \frac{\theta}{2}\right)\right]$$

Additionstheoreme liefern:

$$\sin(\alpha \pm \beta) = \sin\alpha \cdot \cos\beta \pm \cos\alpha \cdot \sin\beta$$

Daraus folgt:

$$n_\perp = \frac{h}{b} \cdot \left[\sin\phi \cdot \cos\frac{\theta}{2} + \cos\phi \cdot \sin\frac{\theta}{2} - \sin\phi \cdot \cos\frac{\theta}{2} + \cos\phi \cdot \sin\frac{\theta}{2}\right]$$

$$n_\perp = \frac{h}{b} \cdot \left[2 \cdot \cos\phi \cdot \sin\frac{\theta}{2}\right]$$

Für kleine Winkel gilt:

$$\sin \frac{\theta}{2} \approx \frac{\theta}{2}$$

Daraus folgt:

$$n_\perp = \frac{h}{b} \cdot \left[2 \cdot \frac{\theta}{2} \cdot \cos \phi \right]$$

Mit $D_1 = \dfrac{h}{n_\perp}$ folgt:

$$D_1 = \frac{b}{\theta \cdot \cos \phi}$$

Betrachtung der Versetzungen vom Typ $\vdash$ (analog zum Typ) $\perp$:

Für die Winkel θ und ϕ gilt:

$$\boxed{\cos\left(\phi + \frac{\theta}{2}\right) = \frac{AC}{BC} = \frac{n^{AC} \cdot b}{h}} \quad \text{und} \quad \boxed{\cos\left(\phi + \frac{\theta}{2}\right) = \frac{BD}{BC} = \frac{n^{BD} \cdot b}{h}}$$

Außerdem gilt:

$$\boxed{h = n_\vdash \cdot D_2} \quad \text{und} \quad \boxed{n_\vdash = n^{BD} - n^{AC}}$$

Daraus folgt:

$$n_\vdash = \frac{h}{b} \cdot \left[\cos\left(\phi - \frac{\theta}{2}\right) - \cos\left(\phi + \frac{\theta}{2}\right) \right]$$

Additionstheoreme liefern:

$$\cos(\alpha \pm \beta) = \cos\alpha \cdot \cos\beta \mp \sin\alpha \cdot \sin\beta$$

Daraus folgt:

$$n_\vdash = \frac{h}{b} \cdot \left[\cos\phi \cdot \cos\frac{\theta}{2} + \sin\phi \cdot \sin\frac{\theta}{2} - \cos\phi \cdot \cos\frac{\theta}{2} + \sin\phi \cdot \sin\frac{\theta}{2} \right]$$

$$n_\vdash = \frac{h}{b} \cdot \left[2 \cdot \sin\phi \cdot \sin\frac{\theta}{2} \right]$$

Für kleine Winkel gilt:

$$\sin \frac{\theta}{2} \approx \frac{\theta}{2}$$

Daraus folgt:

$$n_\vdash = \frac{h}{b} \cdot \left[2 \cdot \frac{\theta}{2} \cdot \sin \phi \right]$$

Mit $D_2 = \dfrac{h}{n_\vdash}$ folgt:

$$D_2 = \frac{b}{\theta \cdot \sin \phi}$$

3.8.

a) Berechnen Sie die Anzahl der Versetzungen pro Längeneinheit in einer symmetrischen Kippkorngrenze von $\theta = 0{,}5°$ ($b = 2 \cdot 10^{-10}$ m).

b) Berechnen Sie die Energie der Kleinwinkelkippkorngrenze pro Fläche in Abhängigkeit vom Kippwinkel. Verwenden Sie dabei, dass sich die Energie einer Versetzung in einer Kleinwinkelkorngrenze zusammensetzt aus der elastischen Energie einer Versetzung $\dfrac{Gb^2}{4\pi\,(1-\nu)} \ln \left(\dfrac{R}{r_0} \right)$, der Wechselwirkungsenergie jeder Versetzung mit allen anderen der Korngrenze $\dfrac{Gb^2}{4\pi\,(1-\nu)} \ln \left(\dfrac{D}{R} \right)$ und der Energie des Versetzungskerns $\dfrac{Gb^2}{4\pi\,(1-\nu)}$, wobei 2R der Kristalldurchmesser, D der Versetzungsabstand und $r_0 \approx 2b$ die Größe des Versetzungskerns ist.

c) Wie groß ist die Steigung von $E_{KG}(\theta)$ für $\theta \to 0$?

d) Für welchen Kippwinkel wird die spezifische Korngrenzenenergie maximal?

Lösung:

a) $\theta = 0{,}5° = 0{,}009$ rad

$b = 2 \cdot 10^{-10}$ m

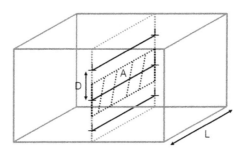

Länge der Versetzungen L pro Flächeneinheit A
= Anz. d. Versetzungen pro Längeneinheit der KG

$$\to \frac{L}{A} = \frac{L}{L \cdot D} = \frac{1}{D}$$

$$\theta = \frac{b}{D} \Leftrightarrow \frac{1}{D} = \frac{\theta}{b} = 43{,}63 \cdot 10^6 \, m^{-1}$$

b) $E_{KG} = \gamma :=$ Energie der Korngrenze pro Flächeneinheit $[Jm^{-2}]$

$$E_V^{KG} = \frac{Gb^2}{4\pi\,(1-\nu)}\ln\left(\frac{R}{r_0}\right) + \frac{Gb^2}{4\pi\,(1-\nu)}\ln\left(\frac{D}{R}\right) + \frac{Gb^2}{4\pi\,(1-\nu)}$$

$$= \frac{Gb^2}{4\pi\,(1-\nu)}\ln\left(\frac{D}{r_0}+1\right)$$

$$E_{KG} = \frac{1}{D}\cdot E_V = \frac{\theta}{b}\cdot\frac{Gb^2}{4\pi(1-\nu)}\left[\ln\frac{D}{r_0}+1\right]$$

$$= \frac{\theta}{b}\cdot\frac{Gb^2}{4\pi(1-\nu)}\left[\ln\frac{b}{\theta\cdot 2b}+1\right]$$

$$= \frac{Gb}{4\pi(1-\nu)}\cdot\theta\left[\ln\frac{1}{2\theta}+1\right] = B\cdot\theta\left[1-\ln 2\theta\right]$$

$$B = \frac{Gb}{4\pi(1-\nu)}$$

$$\rightarrow\quad E_{KG} = B\cdot\theta\left[1-\ln 2\theta\right]$$

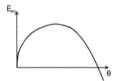

c) $\dfrac{dE_{KG}}{d\theta} = B\cdot[1-\ln 2\theta] + B\cdot\theta\cdot\left(-\dfrac{1}{2\theta}\cdot 2\right) = -B\cdot\ln 2\theta$

$\displaystyle\lim_{\theta\to 0}\frac{dE_{KG}}{d\theta} = +\infty \quad\rightarrow$ Steigung von $E_{KG}(\theta)$ für $\theta\to 0$ geht gegen unendlich.

d) maximale spezifische Korngrenzenenergie bei

$$\frac{dE_{KG}}{d\theta}\overset{!}{=}0 = B\cdot\ln 2\theta \Leftrightarrow \ln 2\theta = 0 \Leftrightarrow 2\theta = 1 \Leftrightarrow \theta = \frac{1}{2} = 28{,}6°$$

3.9. Wie groß ist das Verhältnis der Energie einer Kleinwinkelkippkorngrenze und einer Kleinwinkeldrehkorngrenze mit gleichem Rotationswinkel?

Lösung:

Energie einer Schraubenversetzung: $E_{Schraube} = \dfrac{Gb^2}{4\pi}\ln\left(\dfrac{D}{r_0}\right)$

Energie einer Stufenversetzung: $E_{Stufe} = \dfrac{Gb^2}{4\pi\,(1-\nu)}\ln\left(\dfrac{D}{r_0}\right)$

Da für gleichen Rotationswinkel doppelt so viele Schraubenversetzungen bei der Drehkorngrenze als Stufenversetzungen bei der Kippkorngrenze benötigt werden, ist das Verhältnis KWkippKG zu KWdrehKG ungefähr $1/(1 - \nu): 2 \approx 3/4$ (für $\nu \approx 1/3$).

3.10.

   a) Was ist unter einem Koinzidenzgitter zu verstehen, welche Eigenschaften weisen Koinzidenzgitterplätze auf?

   b) Wie können Koinzidenzlagen in Korngrenzen mit Hilfe eines anderen Gitterfehlers beschrieben werden (Skizze)?

   c) Erklären Sie auf der Basis des Koinzidenzgitters (CSL) das DSC Gitter.

Lösung:

a)

- Energieerhöhung durch Auslenkung der Atome vom perfekten Kristall in der Korngrenze
- aber: bestimmte Orientierungsbeziehungen erlauben stetige und unverzerrte Fortsetzung einiger Atomebenen durch die Korngrenze
- Atompositionen in der Korngrenze, die beiden ungestörten Kristallgittern gehören, heißen Koinzidenzpunkte
- Modellvorstellung:
  - Besetzung jedes Gitterplatzes mit zwei Atomen
  - Rotation der beiden Kristallgitter gegeneinander um spezifischen Winkel → Koinzidenzpunkte
  - Koinzidenzpunkte sind periodisch → erzeugen Koinzidenzgitter (CSL)

b) CSL-Gitter entspricht periodischer Anordnung von Gitterversetzungen

c)

- Verlust der Koinzidenz bei kleinen Abweichungen von der exakten Rotationsbeziehung → Aufrechterhaltung des Koinzidenzgitters durch Einbau von Versetzungen mit möglichst kleinem Burgersvektor (da Energie proportional zum Quadrat des Burgersvektors), da diese die Differenzvektoren der beiden Gitter sind
- sie spannen DSC-Gitter auf
- DSC-Gitter: gröbstes Raster, das durch alle Gitterpunkte von beiden angrenzenden Kristallen verläuft (mathematische Beschreibung)
- Einfügen von Versetzungen mit DSC-Burgersvektor erhält die Dichte der Koinzidenzpunkte, ändert aber deren Ort

3.11. Bestimmen Sie für die $36.9° <100>$-Kippkorngrenze einer einfach kubischen Gitterstruktur das CSL- und das DSC-Gitter sowie die reziproke Dichte der Koinzidenzpunkte Σ. (CSL - Coincidence Site Lattice, DSC - Displacement Shift Complete)

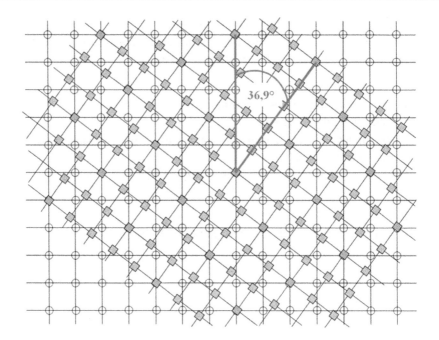

Lösung:

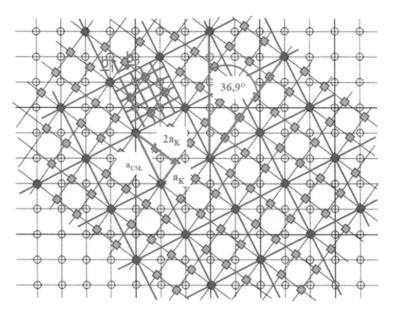

$$\text{Maß für Dichte der Koinzidenzpunkte: } \Sigma = \frac{V_{CSL}}{V_{EZ}}$$

$$V_{EZ} = a^3$$
$$V_{CSL} = a_{CSL}^2 \cdot a = \left(\sqrt{(2a)^2 + a^2}\right)^2 \cdot a = 5a^3 \qquad \Sigma = \frac{V_{CSL}}{V_{EZ}} = \frac{5a^3}{a^3} = 5$$

→ jedes 5. Atom ist in Koinzidenzbeziehung

3.12. Konstruieren Sie in der nachfolgend dargestellten Abbildung die Struktur der unrelaxiert symmetrischen $28{,}07° <100>$ ($\Sigma = 17$) Kippkorngrenze.

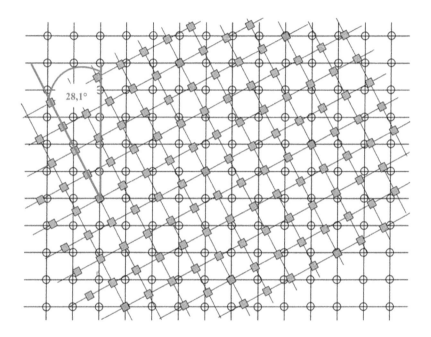

Lösung:

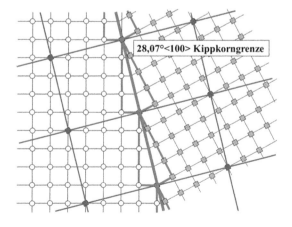

Kapitel 4

4.1. Beschreiben Sie die Abkühlung einer peritektischen Legierung mit der Konzentration c_0 und skizzieren Sie das Gefüge während der Erstarrung.

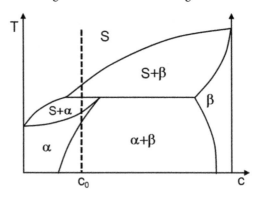

Lösung:
oberhalb der Liquidustemperatur ausschließlich Schmelze vorliegend
1. Primärerstarrung β: $L \rightarrow \beta$
2. peritektische Reaktion: $L + \beta \rightarrow \alpha$
   - Umwandlung β zu α unter gleichzeitiger weiterer Aufzehrung der Schmelze
3. Einphasengefüge α
4. Zweiphasengefüge $\alpha + \beta$

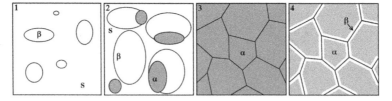

4.2. Berechnen Sie für eine Silber-Kupfer-Legierung (Abb. 4.6.) mit einer Ausgangskonzentration von $c_0 = 50$ Gew.-% Cu die Mengenanteile der Phasen α und β direkt nach dem Abschluss der eutektischen Reaktion.

Lösung:
- Zusammensetzung der Legierung: $c_0 = 0{,}5$
- nach der eutektischen Reaktion im Gleichgewicht:
  - Phase α der Zusammensetzung $c_1 = 0{,}088$
  - Phase β der Zusammensetzung $c_2 = 0{,}92$
  - $\rightarrow$ Hebelgesetz: Phasenanteile im Gleichgewicht

Mengenanteile über den gegenüberliegenden Hebelarm:

$$m_\alpha = \frac{c_2 - c_0}{c_2 - c_1} = \frac{0,92 - 0,5}{0,92 - 0,088} = 0,505$$

$$m_\beta = \frac{c_0 - c_1}{c_2 - c_1} = \frac{0,5 - 0,088}{0,92 - 0,088} = 0,495$$

4.3. Was erwarten Sie gemäß der Hume-Rothery-Regeln für die Zustandsdiagramme Au-Cu, Au-Ag und Cu-Ag ($a_{Au} = 4,0786\,\text{Å}$, $a_{Ag} = 4,0863\,\text{Å}$, $a_{Cu} = 3,6148\,\text{Å}$)?

Lösung:
Hume-Rothery-Regeln für ausgeprägte Löslichkeit:
1) Atomradienunterschied weniger als 15 %
2) Elektronegativitätsunterschied sollte klein sein (geringe chemische Affinität)
3) Valenzelektronenzahl sollte nicht sehr unterschiedlich sein ($\sim$1,4)

Au: $a = 0,40786$ nm   EN = 2,54   Wertigkeit: +1, +3
Ag: $a = 0,40863$ nm   EN = 1,93   Wertigkeit: +1
Cu: $a = 0,36148$ nm   EN = 1,90   Wertigkeit: +1, +2

Au – Cu: $\dfrac{r_{Au} - r_{Cu}}{r_{Cu}} = 12,83\,\%$

Ag – Au: $\dfrac{r_{Ag} - r_{Au}}{r_{Au}} = 0,19\,\%$

Ag – Cu: $\dfrac{r_{Ag} - r_{Cu}}{r_{Cu}} = 13,04\,\%$

- ΔEN-Werte und Wertigkeit bei allen Kombinationen ähnlich
- Kristallisation im kfz-Gitter

$\rightarrow$ erwartete Zustandsdiagramme:
- Au-Ag: vollständige Löslichkeit im Flüssigen und Festen (Abb. 4.3.)
- Au-Cu: vollständige Löslichkeit mit Minimum im Zustandsdiagramm durch größeren Atomradienunterschied (Abb. 4.5.)
- Cu-Ag: eutektisches Zustandsdiagramm durch minimal zu großen Gitterparameterunterschied (Abb. 4.6.)

4.4. Berechnen Sie die Valenzelektronenkonzentration (VEK $= c_A\,N_A + c_B\,N_B$) für die Legierung mit der jeweils maximalen Löslichkeit von Zn, Ga, Ge und As in Cu (Abb. 4.31.).

Lösung:

Anzahl Valenzelektronen:

Element	Elektronenstruktur	Valenzelektronenzahl
Cu	$(1s^2 2s^2 2p^6 3s^2 3p^6 3d^{10} 4s^1)$	1
Zn	$(1s^2 2s^2 2p^6 3s^2 3p^6 3d^{10} 4s^2)$	2
Ga	$(1s^2 2s^2 2p^6 3s^2 3p^6 3d^{10} 4s^1 4p^1)$	3
Ge	$(1s^2 2s^2 2p^6 3s^2 3p^6 3d^{10} 4s^1 4p^2)$	4
As	$(1s^2 2s^2 2p^6 3s^2 3p^6 3d^{10} 4s^1 4p^3)$	5

Valenzelektronenkonzentration $VEK = c_A\, N_A + c_B\, N_B$

$c_A, c_B :=$ atomare Konzentration

$N_A, N_B :=$ Anzahl VE

atomare Konzentrationen aus dem Zustandsdiagramm $\rightarrow$ Abb. 4.31.

$c_{Zn} = 38\,\%$

$c_{Ga} = 21\,\%$

$c_{Ge} = 12\,\%$

$c_{As} = 7\,\%$

$VEK\,(Cu/Zn) = 1 \cdot 0{,}62 + 2 \cdot 0{,}38 = 1{,}38$

$VEK\,(Cu/Ga) = 1 \cdot 0{,}79 + 3 \cdot 0{,}21 = 1{,}42$

$VEK\,(Cu/Ge) = 1 \cdot 0{,}88 + 4 \cdot 0{,}12 = 1{,}36$

$VEK\,(Cu/As) = 1 \cdot 0{,}93 + 5 \cdot 0{,}07 = 1{,}28$

4.5.

a) Wie wird die Gitterstruktur der binären intermetallischen Phase NiAl bezeichnet? Nennen Sie Gemeinsamkeiten und Unterschiede zu einer kubisch-raumzentrierten Struktur.

b) Nennen Sie die am niedrigsten indizierte Netzebene, die bei einer geordneten kubischen Legierung nach dem Braggschen Gesetz reflektiert (Begründung).

Lösung:

a) $\rightarrow$ B2-Struktur (AB-Verbindung, kubisch primitiv)

- Gemeinsamkeit mit krz: Belegung der gleichen Gitterplätze
- Unterschied zu krz: Mittenatom und ein Eckatom bilden ein Molekül, das dem Eckpunkt zugeordnet wird, wodurch eine kubisch primitive Kristallstruktur entsteht.

b) durch Fernordnung der geordneten Phase NiAl treten Überstrukturreflexe auf $\rightarrow$ $\theta = \theta_{min}$ für $d = d_{max}$ mit $d = a/\sqrt{h^2 + k^2 + l^2} \rightarrow d_{max} = d_{100}$, Reflexion an $\{100\}$-Ebenen aufgrund des kubisch-primitiven Untergitters

4.6. Zeichnen Sie die Elementarzellen der geordneten Legierungen β-CuZn, NiAl, Cu_3Au, Ni_3Al, FeAl und CuAu. Welche Gitterstrukturen liegen vor?

Lösung:
(siehe Abb. 4.33.)

Typ AB
- B2-Struktur; 2 kubisch primitive Untergitter
- CuZn, NiAl, FeAl

Typ AB_3
- $L1_2$-Struktur; 4 kubisch primitive Untergitter
- Cu_3Au, Ni_3Al

Typ AB
- Tetragonale Struktur, Schichtbildung ($a = b \neq c$)
- CuAu

4.7. Gegeben ist der nachfolgend dargestellte Kristall einer CuZn-Legierung.
   a) Erläutern Sie den Begriff des Fernordnungsparameters. Bestimmen Sie die Grenzen, in denen der Parameter für eine AB-Legierung definiert ist, und berechnen Sie den Parameter für die gegebene Elementarzelle.
   b) Erläutern Sie den Nahordnungsparameter und berechnen Sie ihn für das mittig dargestellte Zn-Atom.

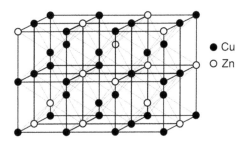

● Cu
○ Zn

Lösung:
   a) Fernordnung/Überstruktur:
   - streng geordnete Atomverteilung, die sich über viele Elementarzellen hinweg erstreckt (makroskopische Dimension)
   - Fernordnungsparamter: $s = \dfrac{p - x}{1 - x}$

$$p: \text{Bruchteil der A-Atome auf dem A-Teilgitter}$$
$$x: \text{Bruchteil der A-Atome in der Legierung}$$

AB-Legierung: $x = 0,5 \rightarrow s = 2p - 1 \quad -1 \leq s \leq 1$
$p = 1 \quad \rightarrow s = 1 \quad \rightarrow$ vollständig geordnet
$p = 0,5 \rightarrow s = 0 \quad \rightarrow$ regellos
$p = 0 \quad \rightarrow s = -1 \rightarrow$ vollständig geordnet

$$\text{für das dargestellte Gitter: } s = \frac{9/12 - 1/2}{1 - 1/2} = \frac{1}{2}$$

b) Nahordnung:

- unabhängig von der langreichweitigen Korrelation
- gibt die Nachbarschaftsverhältnisse eines beliebig herausgegriffenen Atoms an
- Nahordnungsparameter: $\sigma = \dfrac{q - q_u}{q_m - q_u}$ $0 \leq \sigma \leq 1$

q : Bruchteil B-Atome als Nachbar von A

q_u: Bruchteil B-Atome als Nachbar von A im völlig ungeordneten Zustand

q_m: Bruchteil B-Atome als Nachbar von A im völlig geordneten Zustand

für das Zn-Atom im dargestellten Gitter:

- krz = 8 nächste Nachbarn
- $\sigma = \dfrac{6/8 - 4/8}{8/8 - 4/8} = \dfrac{1}{2}$

4.8. Berechnen und zeichnen Sie für die geordnete krz AB-Legierung (β-Messing) den Fernordnungsparameter s als Funktion der Temperatur.

Lösung:

- Fernordnungsparameter $s = \dfrac{p - x}{1 - x}$ mit

    p: Bruchteil von A-Atomen auf A-Gitterplätzen

    x: Bruchteil von A in der Legierung

- für AB-Legierung (x = 0.5): s = 2p − 1
  - Bruchteil von A-Atomen auf A-Plätzen: $p = \dfrac{s + 1}{2}$
  - Bruchteil von B-Atomen auf A-Plätzen: $1 - p = \dfrac{1 - s}{2}$
- $s = f(T, H_0)$ → Bestimmung über freie Enthalpie G(s) im quasichemischen Modell
- Bestimmung der freien Mischungsenthalpie G(s) = H(s) − T · S(s)
  - Mischungsenthalpie $H(s) = N_{AA} \cdot H_{AA} + N_{BB} \cdot H_{BB} + N_{AB} \cdot H_{AB}$

→ Anzahl Bindungen N_{AA}, N_{BB}, N_{AB}:

$$N_{AA} = \frac{1}{2} \cdot \underbrace{N \cdot p}_{\substack{\text{Anzahl der} \\ \text{A–Atome} \\ \text{auf A–Plätzen}}} \cdot \underbrace{z\,(1 - p)}_{\substack{\text{Wahrscheinlichkeit} \\ \text{bzw. Anzahl der A–} \\ \text{Atome auf B–Plätzen}}} = N_{BB}$$

Gesamtzahl an Bindungen: $\dfrac{1}{2}Nz = N_{AA} + N_{BB} + N_{AB}$

Daraus folgt:

$$N_{AB} = \frac{1}{2}Nz - N_{AA} - N_{BB}$$

$$\Rightarrow N_{AB} = \frac{1}{2}Nz - 2N_{AA}$$

$$N_{AB} = \frac{1}{2}Nz - 2\left[\frac{1}{2}N \cdot \left(\frac{s+1}{2}\right) \cdot z \cdot \left(\frac{1-s}{2}\right)\right]$$

$$N_{AB} = \frac{1}{2}Nz - 2\underbrace{\left[\frac{1}{8}N \cdot z \cdot \left(1-s^2\right)\right]}_{=N_{AA}, N_{BB}}$$

$$N_{AB} = \frac{1}{4}Nz\left[2 - \left(1-s^2\right)\right]$$

$$N_{AB} = \frac{1}{4}Nz\left(1 + s^2\right)$$

Daraus folgt für H(s):

$$H(s) = (H_{AA} + H_{BB})\left[\frac{1}{8}Nz\left(1-s^2\right)\right] + H_{AB} \cdot \frac{1}{4}Nz\left(1+s^2\right)$$

$$H(s) = \frac{1}{8}Nz(H_{AA} + H_{BB}) - \frac{1}{8}Nzs^2(H_{AA} + H_{BB}) + \frac{1}{4}Nz \cdot H_{AB} + \frac{1}{4}Nzs^2 \cdot H_{AB}$$

$$H(s) = \frac{1}{8}Nz(H_{AA} + H_{BB} + 2H_{AB}) + \frac{1}{4}Nzs^2\underbrace{\left[H_{AB} - \frac{1}{2}(H_{AA} + H_{BB})\right]}_{\text{Vertauschungsenergie } H_0}$$

- Mischungsentropie $S_m = -k \cdot N(c_A \ln c_A + c_B \ln c_B)$
  $\rightarrow$ entsprechend für das geordnete krz AB-Gitter:

$$S = -k \cdot N\left[p \cdot \ln p + (1-p) \cdot \ln(1-p)\right]$$

$$S = -k \cdot N\left[\left(\frac{1+s}{2}\right) \cdot \ln\left(\frac{1+s}{2}\right) + \left(\frac{1-s}{2}\right) \cdot \ln\left(\frac{1-s}{2}\right)\right]$$

$\rightarrow$ freie Mischungsenthalpie $G(s) = H(s) - T \cdot S(s)$

$$G(s) = \frac{1}{8}Nz(H_{AA} + H_{BB} + 2H_{AB}) + \frac{1}{4}Nzs^2 \cdot H_0$$

$$+ kTN\left[\left(\frac{1+s}{2}\right) \cdot \ln\left(\frac{1+s}{2}\right) + \left(\frac{1-s}{2}\right) \cdot \ln\left(\frac{1-s}{2}\right)\right]$$

- Ordnungsgleichgewicht, wenn $\frac{dG}{ds} = 0$

1. Ableitung:

$$\frac{dG}{ds} = \frac{1}{2}Nzs \cdot H_0 + \frac{1}{2}kTN\left[\ln\left(\frac{1+s}{2}\right) + (1+s)\cdot\left(\frac{2}{1+s}\right)\cdot\left(\frac{1}{2}\right)\right.$$

$$\left. + \ln\left(\frac{1-s}{2}\right)(-1) + (1-s)\cdot\left(\frac{2}{1-s}\right)\cdot\left(-\frac{1}{2}\right)\right]$$

$$\frac{dG}{ds} = \frac{1}{2}Nzs \cdot H_0 + \frac{1}{2}kTN\left[\ln\left(\frac{1+s}{2}\right) - \ln\left(\frac{1-s}{2}\right)\right]$$

$$\frac{dG}{ds} = \frac{1}{2}Nzs \cdot H_0 + \frac{1}{2}kTN \cdot \ln\left(\frac{1+s}{1-s}\right)$$

2. Ableitung:

$$\frac{d^2G}{ds^2} = \frac{1}{2}Nz \cdot H_0 + \frac{1}{2}kTN \cdot \left(\frac{1-s}{1+s}\right)\cdot\left[\frac{(1-s)-(-1)(1+s)}{(1-s)^2}\right]$$

$$\frac{d^2G}{ds^2} = \frac{1}{2}Nz \cdot H_0 + \frac{1}{2}kTN \cdot \frac{(1-s)+(1+s)}{(1+s)(1-s)}$$

$$\frac{d^2G}{ds^2} = \frac{1}{2}Nz \cdot H_0 + kTN \cdot \left(\frac{1}{1-s^2}\right)$$

Herleitung der Bestimmungsgleichung $s = f(T)$:

$$\frac{dG}{ds} = 0 \quad \Rightarrow \frac{1}{2}Nzs \cdot H_0 + \frac{1}{2}kTN \cdot \ln\left(\frac{1+s}{1-s}\right) = 0$$

$$\Rightarrow \underline{\underline{s = 0}}$$

Einsetzen von $s = 0$ in die 2. Ableitung zur Bestimmung Minimum/Maximum:

$$\frac{1}{2}Nz \cdot H_0 + kTN = 0 \quad \Rightarrow T_0 = -\frac{H_0 \cdot z}{2k} \text{ (bei Ordnung: } H_0 < 0)$$

Daraus folgt:

für $T > T_0$: $\frac{d^2G}{ds^2} > 0 \rightarrow$ Minimum: $G(s)$ minimal (mit $s = 0$)

für $T < T_0$: $\frac{d^2G}{ds^2} < 0 \rightarrow$ Maximum:

$\rightarrow$ Bestimmungsgleichung $s = f(T)$ (mit $s > 0$)

Lösung der Bestimmungsgleichung:

$$\frac{1}{2}Nzs \cdot H_0 + \frac{1}{2}kTN \cdot \ln\left(\frac{1+s}{1-s}\right) = 0$$

$$\Rightarrow zs \cdot H_0 + kT \cdot \ln\left(\frac{1+s}{1-s}\right) = 0$$

$$\Rightarrow \frac{1}{s} \cdot \ln\left(\frac{1+s}{1-s}\right) = -\frac{z \cdot H_0}{kT} = \frac{2 \cdot T_0}{T}$$

$$\Rightarrow \frac{T}{T_0} = \frac{2s}{\ln\left(\dfrac{1+s}{1-s}\right)}$$

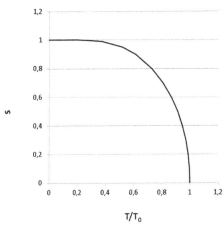

4.9.

a) Wodurch werden Zintl-Phasen charakterisiert? (1 Beispiel)

b) Wodurch werden Laves-Phasen charakterisiert? (1 Beispiel)

c) Wodurch werden Hägg-Phasen charakterisiert? (1 Beispiel)

d) Wodurch werden Hume-Rothery-Phasen charakterisiert? (1 Beispiel)

Lösung:

a) Zintl-Phasen

- hoher Elektronegativitätsunterschied, Tendenz zu heteropolaren Bindungen
- definierte Phasen mit genauer Stöchiometrie (wertigkeitstreu)
- Zintl-Grenze zwischen Hauptgruppe IIIA/IVA

Bsp.: Mg_2Si

b) Laves-Phasen
- hohe Raumerfüllung
- Typ AB_2 (mit $r_A > r_B$)
- $\dfrac{r_A}{r_B} \approx 1,225$ (nicht mehr als 10 % Abweichung)

Bsp.: $MgCu_2$

c) Hägg-Phasen
- hohe Raumerfüllung
- ein Legierungspartner sehr klein (C, N)
- Radienverhältnis $\leq 0,59$
  - AB-Typ: kfz-Gitter mit Belegung der oktaedrischen Zwischengitterplätze (NaCl-Gitter)
  - AB_4-Typ: kfz-Gitter mit Belegung der Oktaederlücke in der Mitte der Zelle ($ZrAu_4$-Gitter)

Bsp.: TaC

d) Hume-Rothery-Phasen
- vollkommen wertigkeitsfremd
- großer Konzentrationsbereich
- $VEK = \dfrac{21}{14}$ (β, ζ, μ) $\beta \rightarrow$ CsCl-Struktur, $\zeta \rightarrow \beta$-Mn-Struktur, $\mu \rightarrow$ hex
- $VEK = \dfrac{21}{13}$ (γ) $\gamma \rightarrow \gamma$-Messing-Struktur
- $VEK = \dfrac{21}{12}$ (ε) $\varepsilon \rightarrow$ hex

Bsp.: CuZn

4.10. Berechnen Sie die Valenzelektronenkonzentrationen (VEK) für die im Messingsystem (Cu-Zn, Abb. 4.14.) auftretenden stabilen Phasen β, γ und ε.

Lösung:
$\rightarrow$ Hume-Rothery-Phasen

Cu $N_{Cu} = 1$
Zn $N_{Zn} = 2$

β (CuZn) $\rightarrow c_{Cu} = 0,5 \rightarrow VEK = 1 \cdot 0,5 + 2 \cdot 0,5 = 1,5 = 3/2 = 21/14$
γ (Cu_5Zn_8) $\rightarrow c_{Cu} = 5/13 \rightarrow VEK = 1 \cdot 5/13 + 2 \cdot 8/13 = 1,62 = 21/13$
ε ($CuZn_3$) $\rightarrow c_{Cu} = 0,25 \rightarrow VEK = 1 \cdot 0,25 + 2 \cdot 0,75 = 1,75 = 7/4 = 21/12$

Kapitel 5

5.1. Zeigen Sie, dass $c(x,t) = \dfrac{c_0}{2} \left(1 + \dfrac{2}{\sqrt{\pi}} \cdot \int\limits_0^{\frac{x}{2\sqrt{Dt}}} \exp(-\xi^2)\, d\xi \right)$

eine Lösung des 2. Fickschen Gesetzes darstellt für den Fall, dass zwei halbunendlich ausgedehnte Stäbe an der Stelle $x = 0$ zusammengeschweißt sind und dass folgende Randbedingungen gelten: $c(t = 0, x > 0) = c_0$, $c(t = 0, x < 0) = 0$.

Lösung:

2. Ficksche Gesetz, 1-dim: $\dfrac{\partial c}{\partial t} = D\dfrac{\partial^2 c}{\partial x^2}$

$$c(x, t) = \frac{c_0}{2}\left(1 + \frac{2}{\sqrt{\pi}} \cdot \int_0^{\frac{x}{2\sqrt{Dt}}} \exp(-\xi^2)\,d\xi\right)$$

$$\frac{\partial c}{\partial t} = \frac{c_0}{2} \cdot \frac{2}{\sqrt{\pi}} \cdot \exp\left(-\frac{x^2}{4Dt}\right) \cdot \frac{\partial\left(\dfrac{x}{2\sqrt{Dt}}\right)}{\partial t}$$

$$= \frac{c_0}{\sqrt{\pi}} \cdot \exp\left(-\frac{x^2}{4Dt}\right) \cdot \frac{x}{2\sqrt{D}} \cdot \left(-\frac{1}{2} \cdot t^{-\frac{3}{2}}\right)$$

$$\frac{\partial c}{\partial x} = \frac{c_0}{\sqrt{\pi}} \cdot \exp\left(-\frac{x^2}{4Dt}\right) \cdot \frac{1}{2\sqrt{Dt}}$$

$$\frac{\partial^2 c}{\partial x^2} = \frac{c_0}{\sqrt{\pi}} \cdot \frac{1}{2\sqrt{Dt}} \cdot \exp\left(-\frac{x^2}{4Dt}\right) \cdot \frac{-2x}{4Dt}$$

Einsetzen in 2. Ficksches Gesetz:

$$\frac{c_0}{\sqrt{\pi}} \cdot \exp\left(-\frac{x^2}{4Dt}\right) \cdot \frac{x}{2\sqrt{D}} \cdot \left(-\frac{1}{2} \cdot t^{-\frac{3}{2}}\right) = D \cdot \frac{c_0}{\sqrt{\pi}} \cdot \frac{1}{2\sqrt{Dt}} \cdot \exp\left(-\frac{x^2}{4Dt}\right) \cdot \frac{-2x}{4Dt}$$

$\rightarrow$ Beide Seiten sind gleich.

Einsetzen der Randbedingungen:

(i) $c(x < 0, t = 0) = 0$

(ii) $c(x > 0, t = 0) = \dfrac{c_0}{2}\left(1 + \dfrac{2}{\sqrt{\pi}} \underbrace{\int_0^{\pm\infty} \exp\left(-\xi^2\right)d\xi}_{=\frac{\sqrt{\pi}}{2}}\right) = c_0$

Die Lösung erfüllt sowohl das 2. Ficksche Gesetz als auch die Randbedingung und ist somit eine Lösung des gestellten Diffusionsproblems.

5.2. Ein Stahl mit einem Kohlenstoffanteil von 0,05 % soll durch Aufkohlung gehärtet werden. Dazu wird er einer Gasatmosphäre ausgesetzt, die 1,5 % C enthält. Der Stahl hat

optimale Eigenschaften, wenn in einer Tiefe von 0,5 cm ein Kohlenstoffgehalt von 0,3 %
vorliegt. Berechnen Sie, wie lange der Stahl bei 900 °C geglüht werden muss, damit das
gewünschte Konzentrationsprofil erreicht wird. Die Aktivierungsenergie für die Diffusion von C in α-Fe beträgt 0,8 eV und der Vorfaktor ist 0,004 cm^2/s. (alle Angaben
in Gew.%)

Lösung:

gegeben: $c_1 = 0,05\,\%$

$c_2 = 1,5\,\%$

$c(x,t) = 0,3\,\%$

$x = 0,5\,cm$

$T = 900\,°C = 1173\,K$

$Q_D = 0,8\,eV$

$D_0 = 0,004\,cm^2/s$

$k = 8,62 \cdot 10^{-5}\,eV/K$

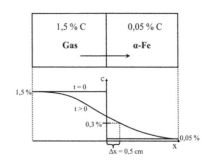

gesucht: t (Aufkohlzeit)

$$c(x,t) = c_1 + \frac{c_2 - c_1}{2}\left(1 - erf\left(\frac{x}{2\sqrt{Dt}}\right)\right) \Leftrightarrow erf\left(\frac{x}{2\sqrt{Dt}}\right) = 1 - \frac{2(c(x,t) - c_1)}{c_2 - c_1} = 0,6552$$

minus, da Konzentration in x-Richtung abnehmend

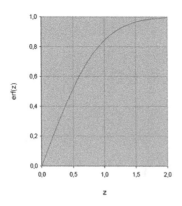

z	erf(z)
0	0,0000
0,1	0,1125
0,2	0,2227
0,3	0,3286
0,4	0,4284
0,5	0,5205
0,6	0,6039
0,7	0,6778
0,8	0,7421
0,9	0,7969
1	0,8427

$$erf\left(\frac{x}{2\sqrt{Dt}}\right) = 0,6552 \quad \Leftrightarrow \quad \frac{x}{2\sqrt{Dt}} = 0,7$$

$$t = \frac{x^2}{4D \cdot 0{,}7^2} = \frac{x^2}{4 \cdot D_0 \cdot \exp\left(-\dfrac{Q_D}{kT}\right) \cdot 0{,}7^2}$$

$$t = \frac{(0{,}5\,cm)^2}{4 \cdot 0{,}004\,\dfrac{cm^2}{s} \cdot \exp\left(-\dfrac{0{,}8\,eV}{8{,}62 \cdot 10^{-5}\dfrac{eV}{K} \cdot 1173\,K}\right) \cdot 0{,}7^2} = 87047\,s \approx 24\,h$$

5.3. Welcher Unterschied besteht zwischen Diffusion und Konvektion? Nennen Sie je ein Beispiel.

Lösung:

- Diffusion:
    - Vorgang ohne Krafteinwirkung
    - thermisch aktiviert → nur durch Temperaturbewegung der Atome
    - statistische Platzwechselvorgänge (→ regellos, ohne bestimmte Richtung) führen zu Konzentrationsausgleich
    - → Bsp.: Tinte in Wasser
- Konvektion
    - Teilchendriftbewegung in einem Potentialgradienten, z. B.
        - Wirkung einer ortsabhängigen elastischen Spannung
        - elektrostatische Wechselwirkung
        - lokale Änderung des chemischen Potentials
    - Konvektionsstrom durch Einwirken der Kraft K, die mit dem Potential ϕ verbunden ist $K = -\nabla\phi$ → $j_K = v \cdot c$ (v := Driftgeschw.)
    - → Bsp.: elektrischer Strom

5.4. Bei einem Aufkohlungsversuch von Eisen bei 900 K ist die Diffusionsfront in 1 h um 0,05 cm weitergewandert. Bei einer Temperaturerhöhung um 20 K wird in der gleichen Zeit eine Strecke von 0,06 cm zurückgelegt.

a) Wie groß sind die Diffusionskoeffizienten D bei 900 K und 920 K?

b) Wie groß ist die Aktivierungsenergie Q dieses Diffusionsprozesses?

c) Wie groß ist der Vorfaktor D_0?

d) Berechnen Sie die Zeitkonstante (Zeit zwischen zwei aufeinander folgenden Sprüngen) bei 900 K, sowie die Änderung dieser Konstanten bei einer Temperaturerhöhung auf 920 K.($a_{\alpha-Fe} = 2{,}872$ Å, Annahme: a unabhängig von der Temperatur)

Lösung:

gegeben: $T_1 = 900\,K$ $t_1 = 1\,h = 3600\,s$ $x_1 = 0{,}05\,cm$

           $T_2 = 920\,K$ $t_2 = t_1$ $x_2 = 0{,}06\,cm$

a) $x^2 = 6Dt \Leftrightarrow D = \dfrac{x^2}{6t}$

$$D_1 = \frac{(0{,}05\,cm)^2}{6 \cdot 3600\,s} = 1{,}16 \cdot 10^{-7}\frac{cm^2}{s}$$

$$D_2 = \frac{(0{,}06\,cm)^2}{6 \cdot 3600\,s} = 1{,}67 \cdot 10^{-7}\frac{cm^2}{s}$$

b) $D = D_0 \cdot \exp\left(-\dfrac{Q_D}{kT}\right)$

$$\frac{D_1}{D_2} = \frac{D_0 \cdot \exp\left(-\dfrac{Q_D}{kT_1}\right)}{D_0 \cdot \exp\left(-\dfrac{Q_D}{kT_2}\right)} = \exp\left(-\frac{Q_D}{kT_1} + \frac{Q_D}{kT_2}\right) = \exp\left(\frac{Q_D}{k}\left(\frac{1}{T_2} - \frac{1}{T_1}\right)\right)$$

$$\Leftrightarrow \quad \ln\frac{D_1}{D_2} = \frac{Q_D}{k}\left(\frac{1}{T_2} - \frac{1}{T_1}\right)$$

$$\Leftrightarrow \quad Q_D = \frac{k \cdot \ln\dfrac{D_1}{D_2}}{\left(\dfrac{1}{T_2} - \dfrac{1}{T_1}\right)} = \frac{8{,}62 \cdot 10^{-5}\,\dfrac{eV}{K} \cdot \ln\dfrac{1{,}16 \cdot 10^{-7}\,cm^2/s}{1{,}67 \cdot 10^{-7}\,cm^2/s}}{\left(\dfrac{1}{920\,K} - \dfrac{1}{900\,K}\right)} = 1{,}3\,eV$$

c)
$$D = D_0 \cdot \exp\left(-\frac{Q_D}{kT}\right) \Leftrightarrow D_0 = \frac{D_1}{\exp\left(-\dfrac{Q_D}{kT_1}\right)}$$

$$\Leftrightarrow D_0 = \frac{1{,}16 \cdot 10^{-7}\,cm^2/s}{\exp\left(-\dfrac{1{,}3\,eV}{8{,}62 \cdot 10^{-5}\,eV/K \cdot 900\,K}\right)} = 2{,}18\,\frac{cm^2}{s}$$

d) $D = \dfrac{x^2}{6t} = \dfrac{\lambda^2}{6\tau}$ $\lambda :=$ Sprungweite

$\rightarrow$ in α-Fe (krz) C auf Oktaederlücken $\rightarrow \lambda = a/2$

$$\rightarrow \quad \tau = \frac{\lambda^2}{6D}$$

für 900 K: $\tau_1 = \dfrac{\lambda^2}{6D_1} = \dfrac{\left(2{,}872 \cdot 10^{-8}\,cm/2\right)^2}{6 \cdot 1{,}16 \cdot 10^{-7}\,cm^2/s} = 0{,}29 \cdot 10^{-9}s = 0{,}29\,ns$

für 920 K: $\tau_2 = \dfrac{\lambda^2}{6D_2} = \dfrac{\left(2{,}872 \cdot 10^{-8}\,cm/2\right)^2}{6 \cdot 1{,}67 \cdot 10^{-7}\,cm^2/s} = 0{,}2 \cdot 10^{-9}\,s = 0{,}20\,ns$

$\rightarrow \Delta\tau = \tau_2 - \tau_1 = 0{,}09\,ns$

5.5. Für ein reines Metall wurden folgende Werte des Diffusionskoeffizienten bei verschiedenen Temperaturen gemessen. Ermitteln Sie D_0 und die Aktivierungsenergie des Prozesses ($k_B = 1{,}38 \cdot 10^{-23}$ J/K).

T [°C]	250	300	400	600	800
D [cm² / s]	$0{,}2 \cdot 10^{-16}$	$0{,}3 \cdot 10^{-15}$	$0{,}1 \cdot 10^{-13}$	$0{,}1 \cdot 10^{-11}$	$0{,}5 \cdot 10^{-10}$

Lösung:

→ Arrhenius-Auftragung

$$D = D_0 \cdot \exp\left(-\frac{Q_D}{kT}\right) \Leftrightarrow \ln D = -\frac{Q_D}{k} \cdot \frac{1}{T} + \ln D_0$$

T [°C]	250	300	400	600	800
10^3/ T [1/K]	1,91	1,75	1,49	1,15	0,93
D [cm² / s]	$0,2 \cdot 10^{-16}$	$0,3 \cdot 10^{-15}$	$0,1 \cdot 10^{-13}$	$0,1 \cdot 10^{-11}$	$0,5 \cdot 10^{-10}$
ln D	−38,45	−35,74	−32,24	−27,63	−23,72

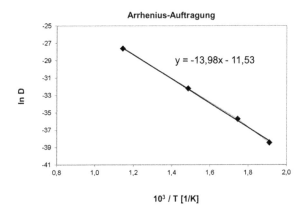

$$-\frac{Q_D}{k} = -13,98 \cdot 10^3 \, K$$

$$\Leftrightarrow Q_D = 14636 \, K \cdot 1,38 \cdot 10^{-23} \, J/K = 1,93 \cdot 10^{-19} J = 1,21 \, eV$$

$$\ln D_0 = -11,53 \Leftrightarrow D_0 = 9,83 \cdot 10^{-6} \, cm^2/s$$

5.6. Erläutern Sie den Unterschied zwischen Leerstellendiffusion und Selbstdiffusion in reinen Metallen. Woraus setzt sich jeweils die Aktivierungsenthalpie zusammen?

Lösung:

Leerstellendiffusion: Diffusion von Leerstellen durch den Kristall
                → Aktivierungsenthalpie = Wanderungsenthalpie
Selbstdiffusion: Diffusion von Atomen über Leerstellen, ohne Konzentrationsgradienten
                → Aktivierungsenthalpie = Bildungsenthalpie + Wanderungsenthalpie

5.7. Zeigen Sie, dass für die Diffusion von Leerstellen im kfz-Gitter für den Diffusionskoeffizienten D gilt: $D = \dfrac{\lambda^2}{6 \cdot \tau}$

Lösung:

kfz

Anzahl nächster Nachbarn = 12

→ 12 Sprungmöglichkeiten insgesamt

→ davon 4 von Ebene M auf Ebene N

w := Sprungwahrscheinlichkeit nach Ebene N

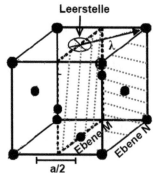

Leerstelle

$$w = \frac{Spr\ddot{u}ngeNachN}{Spr\ddot{u}ngeGesamt} = \frac{4}{12} = \frac{1}{3}$$

Sprungweite $\lambda = \dfrac{a}{\sqrt{2}}$ (zwischen zwei Atomen in dichtest gepackter Richtung)

Flächenkonzentration an Leerstellen auf Ebene M → c_M^F

Flächenkonzentration an Leerstellen auf Ebene N → c_N^F

→ Annahme: auf Ebene M mehr Leerstellen $c_M^F > c_N^F$

- betrachte Nettostromdichte $j = j_{MN} - j_{NM}$

$$\text{mit } j_{MN} = \Gamma \cdot c_M^F \cdot w \text{ bzw. } j_{NM} = \Gamma \cdot c_N^F \cdot w$$

$$\Gamma = \frac{1}{\tau} = \nu \exp\left(-\frac{G_W}{kT}\right) := \text{Sprungrate}$$

$$\nu = 10^{13} s^{-1} \text{ Debye-Frequenz}$$

$$\rightarrow \quad j = \Gamma \cdot w \cdot \left(c_M^F - c_N^F\right)$$

- für einen Vergleich mit dem 1. Fickschen Gesetz muss von Flächenkonzentration $[1/m^2]$ auf Volumenkonzentration $[1/m^3]$ umgerechnet werden

  → alle Atome auf M im Volumen der Breite $a/2$

  $c_M^F = c_M \cdot a/2$ bzw. $c_N^F = c_N \cdot a/2$

- $c_M^F > c_N^F$ bzw. $c_M^F \neq c_N^F$, c_N unbekannt

$$\rightarrow \text{Taylorreihe: } c_N = c_M + \left.\frac{dc_M}{dx}\right|_{x_0} (x - x_0) + \ldots = c_M + \frac{a}{2} \cdot \frac{dc_M}{dx}$$

Abbruch nach linearem Term, da Konzentrationsunterschied gering

→ Einsetzen in Nettostromdichte:

$$j = \Gamma \cdot \frac{1}{3} \cdot \frac{a}{2} \cdot (c_M - c_N) = \Gamma \cdot \frac{a}{6} \cdot \left(c_M - c_M - \frac{a}{2} \cdot \frac{dc_M}{dx}\right)$$

$$= -\Gamma \cdot \frac{a^2}{12} \cdot \frac{dc_M}{dx} = -\Gamma \cdot \frac{\lambda^2}{6} \cdot \frac{dc_M}{dx}$$

→ Vergleich mit 1. Fickschen Gesetz: $j_D = -D\dfrac{\partial c}{\partial x}$ → $\boxed{D = \Gamma \cdot \dfrac{\lambda^2}{6} = \dfrac{\lambda^2}{6 \cdot \tau}}$

5.8. Berechnen Sie unter der Verwendung der Formel $D = \dfrac{\lambda^2}{6 \cdot \tau}$ die Größen D_0 und Q

für den Diffusionskoeffizienten D in der Form: $D = D_0 \cdot \exp\left(-\dfrac{Q}{kT}\right)$

   a) für Leerstellendiffusion.

   b) für Selbstdiffusion unter Vernachlässigung von Korrelationseffekten.

Lösung:

a) $\dfrac{1}{\tau} = \Gamma = \nu_D \cdot \exp\left(-\dfrac{G_W^{LS}}{kT}\right)$

$\qquad\qquad G_W^{LS} = H_W^{LS} - TS_W^{LS}$: freie Wanderungsenthalpie Leerstelle

$\Rightarrow \quad D = \dfrac{\lambda^2}{6} \cdot \nu_D \cdot \exp\left(\dfrac{S_W^{LS}}{k}\right) \cdot \exp\left(-\dfrac{H_W^{LS}}{kT}\right) = D_0 \cdot \exp\left(-\dfrac{Q}{kT}\right)$

$\quad$ mit $\boxed{Q = H_W^{LS}}$ und $\boxed{D_0 = \dfrac{\lambda^2}{6} \cdot \nu_D \cdot \exp\left(\dfrac{S_W^{LS}}{k}\right)}$

b) $\rightarrow$ immer mit Bildung von Leerstellen verbunden

$\qquad \dfrac{1}{\tau} = \Gamma = \nu_D \cdot \exp\left(-\dfrac{G_W^{LS}}{kT}\right) \cdot \left(z \cdot c^{LS}\right)$

Wahrscheinlichkeit, dass nächster Nachbar eine Leerstelle ist

z := Koordinationszahl

$\quad$ im thermischen GGW: $\quad c^{LS} = \exp\left(-\dfrac{G_B^{LS}}{kT}\right)$

$\Rightarrow$
$\qquad D = \dfrac{\lambda^2}{6} \cdot \nu_D \exp\left(\dfrac{S_W^{LS}}{k}\right) \cdot \exp\left(-\dfrac{H_W^{LS}}{kT}\right) \cdot z \cdot \exp\left(\dfrac{S_B^{LS}}{k}\right) \cdot \exp\left(-\dfrac{H_B^{LS}}{kT}\right)$

$\qquad = \dfrac{\lambda^2}{6} \cdot \nu_D \cdot z \cdot \exp\left(\dfrac{S_W^{LS} + S_B^{LS}}{k}\right) \cdot \exp\left(-\dfrac{H_W^{LS} + H_B^{LS}}{kT}\right) = D_0 \cdot \exp\left(-\dfrac{Q}{kT}\right)$

$\quad$ mit $\boxed{Q = H_W^{LS} + H_B^{LS}}$ und $\boxed{D_0 = \dfrac{\lambda^2}{6} \cdot \nu_D \cdot z \cdot \exp\left(\dfrac{S_W^{LS} + S_B^{LS}}{k}\right)}$

5.9. In einem Experiment zur Bestimmung der Wanderungsenthalpie von Leerstellen wurden die folgenden normierten Widerstandsänderungen $d\rho/dt$ abgeschreckter Goldproben während des Anlassens gemessen

$T_1 = 60\,^\circ C \rightarrow d\rho/dt = -4{,}0 \cdot 10^{-4}\ s^{-1}$

$T_2 = 80\,^\circ C \rightarrow d\rho/dt = -20{,}6 \cdot 10^{-4}\ s^{-1}$

a) Beschreiben Sie das durchgeführte Experiment.

b) Stellen Sie die Gleichungen auf, die zur Auswertung des Versuches erforderlich sind, und berechnen Sie die Wanderungsenthalpie. Nutzen Sie dabei die Annahme: $d\rho/dt \sim dc/d\tau = c_L/\tau$ (ρ = spez. Widerstand, c_L = Konzentration der Leerstellen, τ = mittlere Zeit, die zum Ausheilen einer Leerstelle benötigt wird)

c) Welchen Nutzen hat der Versuch zur Beurteilung der Selbstdiffusionsmechanismen?

d) Nennen Sie mögliche Fehlerquellen bzw. Ungenauigkeiten.

Lösung:

a)

- Proben bei hohen Temperaturen glühen und abschrecken → Einfrieren der Leerstellenkonzentration
- Messung der zeitlichen Änderung des elektrischen Widerstands beim nachfolgenden Anlassen bei einer niedrigen Temperatur T_1 → $\left(\dfrac{d\rho}{dt}\right)_{T_1}$
- sprunghafte Änderung der Anlasstemperatur auf T_2 → Änderung der Ausheilkurve bei T_2 → $\left(\dfrac{d\rho}{dt}\right)_{T_2}$
- am Schnittpunkt der Ausheilkurven (= Punkt der Temperaturänderung) c_L und ρ jeweils identisch → aus dem Verhältnis der Steigungen der Kurven Bestimmung der Wanderungsenthalpie

b) $D \propto \exp\left(-\dfrac{G_W^{LS}}{kT}\right)$ $\lambda^2 = 6D\tau$ $\rightarrow D \propto \dfrac{1}{\tau}$

$$\rightarrow \frac{1}{\tau} \propto \exp\left(\frac{G_W^{LS}}{kT}\right)$$

$$\Rightarrow \quad \frac{dc}{dt} = K \cdot c_L \cdot \exp\left(-\frac{G_W^{LS}}{kT}\right) \quad (K := \text{Konstante})$$

$$\Rightarrow \quad \frac{d\rho}{dt} = K \cdot c_L \cdot \exp\left(-\frac{G_W^{LS}}{kT}\right)$$

$$\Rightarrow \quad \frac{\left(\dfrac{d\rho}{dt}\right)_{T_1}}{\left(\dfrac{d\rho}{dt}\right)_{T_2}} = \frac{K \cdot c_L \cdot \exp\left(-\dfrac{H_W^L}{kT_1}\right) \cdot \exp\left(\dfrac{S_W^L}{k}\right)}{K \cdot c_L \cdot \exp\left(-\dfrac{H_W^L}{kT_2}\right) \cdot \exp\left(\dfrac{S_W^L}{k}\right)} = \exp\left[\frac{H_W^L}{k}\left(\frac{1}{T_2} - \frac{1}{T_1}\right)\right]$$

$$H_W^L = \frac{k \cdot \left(\ln \left(\dfrac{d\rho}{dt} \right)_{T_1} - \ln \left(\dfrac{d\rho}{dt} \right)_{T_2} \right)}{\left(\dfrac{1}{T_2} - \dfrac{1}{T_1} \right)} = 0,83 \, eV$$

c) Vergleich der gemessenen Wanderungsenthalpie mit Literaturwerten der verschiedenen Diffusionsmechanismen ermöglicht die Bestimmung des beim Versuch vorherrschenden Mechanismus

d) nur Betrachtung der Leerstellenkonzentration!

    → nicht beachtet:

- Konzentrationsänderungen von Verunreinigungen und Änderung der Versetzungsstruktur beim Anlassen
- Korngrenzendiffusion

5.10. Überführen Sie das eindimensionale 2. Ficksche Gesetz (partielle DGL 2. Ordnung) in eine gewöhnliche DGL durch Einführung der Variablen $\eta = \dfrac{x}{\sqrt{t}}$. Unter welchen Umständen kann man die gewöhnliche Differentialgleichung zur Berechnung des Diffusionsproblems verwenden?

Lösung:

2. Ficksches Gesetz: $\dfrac{\partial c}{\partial t} = \dfrac{\partial}{\partial x} \left(\tilde{D} \dfrac{\partial c}{\partial x} \right)$

- physikalische Annahmen:
  - Randbedingungen des Diffusionsproblems lassen sich in Form $x/\sqrt{t}$ ausdrücken (Konzentration c abhängig von Zeit t und Ort x → aber: x und t auch abhängig voneinander)
  - Konzentrationsverlauf zu bestimmtem Zeitpunkt bekannt

- Substitution, sodass Konzentration in Abhängigkeit von Variablen $\eta = \eta(x, t)$

    → wähle $\eta = \dfrac{x}{\sqrt{t}}$

$$\Rightarrow \quad \frac{\partial \eta}{\partial x} = \frac{1}{\sqrt{t}} \quad \text{und} \quad \frac{\partial \eta}{\partial t} = -\frac{x}{2} \cdot t^{-\frac{3}{2}} = -\frac{x}{\sqrt{t}} \cdot \frac{1}{2t} = -\frac{\eta}{2t}$$

Substitution der Zeit t: $\dfrac{\partial c}{\partial t} = \dfrac{\partial c}{\partial \eta} \cdot \dfrac{\partial \eta}{\partial t} = \dfrac{dc}{d\eta} \cdot \left(-\dfrac{\eta}{2t} \right)$

Substitution des Ortes x: $\dfrac{\partial c}{\partial x} = \dfrac{\partial c}{\partial \eta} \cdot \dfrac{\partial \eta}{\partial x} = \dfrac{dc}{d\eta} \cdot \dfrac{1}{\sqrt{t}}$

→ Einsetzen in 2. Ficksches Gesetz mit $dx = d\eta \cdot \sqrt{t}$

$$\frac{dc}{d\eta} \cdot \left(-\frac{\eta}{2t} \right) = \frac{d}{d\eta \cdot \sqrt{t}} \left(\tilde{D} \cdot \frac{1}{\sqrt{t}} \cdot \frac{dc}{d\eta} \right) \quad \Leftrightarrow \quad \frac{d}{d\eta} \left(\tilde{D} \frac{dc}{d\eta} \right) + \frac{\eta}{2} \cdot \frac{dc}{d\eta} = 0$$

5.11. Wie ist die Matano-Ebene definiert? (Skizze, Gleichung)

    Lösung:

- Ebene, die als Grenzfläche zwischen den verschiedenen Materialien definiert wird
- teilt ein unsymmetrisches Konzentrationsprofil in gleich große Flächen (siehe Abb. 5. 19.)

$$\int_{c=0}^{c=c_0} x\,dc = 0 \quad \Leftrightarrow \quad \int_{c^M}^{c=0} x\,dc = \int_{c^M}^{c=c_0} x\,dc$$

5.12. Nach 50h Glühung sind Diffusionsdaten bezüglich der Matano-Ebene ermittelt worden (Tabelle). Bestimmen Sie den chemischen Diffusionskoeffizienten $\tilde{D}(c_A)$ für $c_A = 0{,}375$.

c_A [%]	l [cm]	c_A [%]	l [cm]
100,00	0,508	43,75	−0,052
93,75	0,314	37,50	−0,062
87,50	0,193	31,25	−0,072
81,25	0,103	25,00	−0,087
75,00	0,051	18,75	−0,107
68,75	0,018	12,50	−0,135
62,50	−0,007	6,25	−0,182
56,25	−0,027	0,00	−0,292
50,00	−0,039		

Lösung:

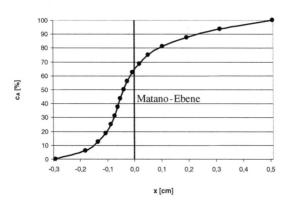

Herleitung der Matano-Boltzmann-Analyse:

$$\frac{d}{d\eta}\left(\tilde{D}\frac{dc}{d\eta}\right) + \frac{\eta}{2}\cdot\frac{dc}{d\eta} = 0$$

Randbedingungen:

t = 0: c = 0 (x < 0)   c = c₀ (x > 0)

t > 0: c = 0 (x → −∞, η → −∞) c = c₀ (x → ∞, η → ∞)

$$\frac{d}{d\eta}\left(\tilde{D}\frac{dc}{d\eta}\right) = -\frac{\eta}{2}\cdot\frac{dc}{d\eta}$$

$$d\left(\tilde{D}\frac{dc}{d\eta}\right) = -\frac{\eta}{2}\cdot dc$$

$$\int_0^{c'} d\left(\tilde{D}\frac{dc}{d\eta}\right) = \int_0^{c'} -\frac{\eta}{2}\cdot dc$$

$$\tilde{D}\frac{dc}{d\eta}\Big|_0^{c'} = \int_0^{c'} -\frac{\eta}{2}\cdot dc \qquad Rücksubstitution: \quad \eta = \frac{x}{\sqrt{t}} \Leftrightarrow \frac{1}{d\eta} = \frac{\sqrt{t}}{dx}$$

$$\tilde{D}\frac{dc}{dx}\Big|_{c'}\cdot\sqrt{t} = \int_0^{c'} -\frac{1}{2}\frac{x}{\sqrt{t}}dc = -\frac{1}{2}\cdot\frac{1}{\sqrt{t}}\cdot\int_0^{c'} xdc \qquad mit \quad \frac{dc}{dx}\Big|_{c=0} = 0$$

$$\tilde{D} = -\frac{1}{2}\cdot\frac{1}{t}\cdot\frac{1}{\dfrac{dc}{dx}\Big|_{c'}}\cdot\int_0^{c'} xdc$$

gesucht: $\tilde{D}(c_A)$ für $c_A = 0{,}375$

- Berechnung des Integrals über Sehnen-Trapez-Formel

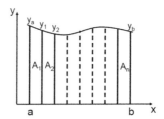

$$\int_0^{c'} xdc \cong \sum_{i=1}^n A_i = \frac{b-a}{2n}\cdot\left(y_a + \sum_{i=1}^s 2\cdot y_i + y_b\right) \quad mit\ s = n-1$$

$$= \frac{0{,}375 - 0}{2\cdot 6}\cdot(-0{,}292 + 2\cdot(-0{,}182) + 2\cdot(-0{,}135)$$
$$+ 2\cdot(-0{,}107) + 2\cdot(-0{,}087) + 2\cdot(-0{,}072) - 0{,}062)$$
$$= -0{,}0475\,cm$$

- Bestimmung der Steigung $\dfrac{dx}{dc}\Big|_{c'} \rightarrow$ über Sekante

$$= \frac{-0{,}072\,cm - (-0{,}062\,cm)}{0{,}3125 - 0{,}3750} = 0{,}16\,cm$$

- chemischer Diffusionskoeffizient

$$\tilde{D} = -\frac{1}{2} \cdot \frac{1}{t} \cdot \frac{1}{\left.\frac{dc}{dx}\right|_{c'}} \cdot \int\limits_{0}^{c'} x \, dc = -\frac{1}{2} \cdot \frac{1}{50\,h} \cdot 0,16\,cm \cdot (-0,0475\,cm) = 2,1 \cdot 10^{-8}\,\frac{cm^2}{s}$$

5.13. Welche Information liefert der aus einer Matano-Boltzmann-Analyse ermittelte chemische Diffusionskoeffizient, welche Information fehlt?

Lösung:

- gibt den Diffusionskoeffizienten des Gesamtstroms an
- keine Information über die Diffusionskoeffizienten bzw. Ströme der Komponenten

5.14. Erläutern und diskutieren Sie den Kirkendall-Effekt. Welche Information liefert uns das Experiment von Kirkendall und Smigelskas bezüglich der partiellen chemischen Diffusionskoeffizienten? Nennen Sie die zur Auswertung erforderlichen Gleichungen!

Lösung:

Experiment von Kirkendall und Smigelskas:

- Probe mit einem Kern aus 70/30 Messing und einem Mantel aus Kupfer mit Molybdän-Drähten an der Grenzschicht (keine Teilnahme des Molybdäns am Diffusionsprozess bei den verwendeten Temperaturen)
- Beobachtung beim anschließenden Glühprozess: Mo-Drähte bewegen sich aufeinander zu
- Erklärung:
  - es diffundiert beträchtlich mehr Zn aus dem Messing heraus als Cu hinein
  - Messing-Kern wird kleiner und die Mo-Marker nähern sich an
  - Differenz der Leerstellenströme führt zu einer Volumenänderung

Nachteile des Kirkendall-Effektes

- Schweißnaht verschiebt sich
- Werkstück wird größer
- Entstehung von Löchern
- Bildung von Gräben und Hügeln

zur Auswertung erforderlichen Gleichungen → Darkenschen Gleichungen:

$$\tilde{D} = c_1^a \tilde{D}_2 - c_2^a \tilde{D}_1 \quad v = (\tilde{D}_2 - \tilde{D}_1)\frac{dc_1^a}{dx}$$

→ durch die experimentelle Bestimmung von $\tilde{D}$ und v ist die Berechnung von $\tilde{D}_1$ und $\tilde{D}_2$ möglich

5.15. In der Schweißnaht einer Diffusionsprobe mit den partiellen chemischen Diffusionskonstanten $\tilde{D}_1$ und $\tilde{D}_2$ seien Marken angebracht. Leiten Sie eine allgemeine Gleichung für die Geschwindigkeit her, mit der sich die Marken bewegen.

(Anleitung: Man setze c_1+c_2 = const. und benutze das 1. Ficksche Gesetz mit den partiellen Diffusionskoeffizienten.)

Lösung:

$$j_1 = -\tilde{D}_1 \frac{dc_1}{dx}$$

$$c = konst. \quad \rightarrow \quad \frac{dc_1}{dx} = -\frac{dc_2}{dx}$$

$$j_2 = -\tilde{D}_2 \frac{dc_2}{dx}$$

$$\Rightarrow j_{res} = j_1 + j_2 = (\tilde{D}_2 - \tilde{D}_1)\frac{dc_1}{dx}$$

$$j_M = v \cdot c$$

Blickwinkel Marker:
→ resultierender Gesamtstrom = Bewegung („Verdrängung") des Markers in die Gegenrichtung des resultierenden Massestroms

$$j_M = -j_{res}$$

$$v \cdot c = -(\tilde{D}_2 - \tilde{D}_1)\frac{dc_1}{dx} \qquad \frac{c_1}{c} = c_1^a \Leftrightarrow c_1 = c_1^a \cdot c \quad \leftarrow atomare\ Konz.$$

$$v = (\tilde{D}_1 - \tilde{D}_2)\frac{1}{c} \cdot \frac{dc_1}{dx} \qquad \frac{dc_1}{dx} = \frac{dc_1^a}{dx} \cdot c + c_1^a \cdot \underbrace{\frac{dc}{dx}}_{0}$$

$$\underline{\underline{v = (\tilde{D}_1 - \tilde{D}_2)\frac{dc_1^a}{dx}}} \qquad \frac{dc_1}{dx} = \frac{dc_1^a}{dx} \cdot c \Leftrightarrow \frac{1}{c} \cdot \frac{dc_1}{dx} = \frac{dc_1^a}{dx}$$

Blick von außen:
→ Bewegung der Atome durch Diffusions- und Konvektionsbewegung (nicht unterscheidbar)

$$j_1^{res} = j_1^{Diffusion} + j_1^{Konvektion} = -\tilde{D}_1 \frac{dc_1}{dx} + v \cdot c_1 = -\tilde{D}_1 \frac{dc_1}{dx} + (\tilde{D}_1 - \tilde{D}_2)\frac{1}{c} \cdot \frac{dc_1}{dx} \cdot c_1$$

$$= \frac{1}{c} \cdot \left[-\tilde{D}_1 \cdot c + (\tilde{D}_1 - \tilde{D}_2) \cdot c_1\right] \cdot \frac{dc_1}{dx}$$

$$= \frac{1}{c} \cdot \left[-\tilde{D}_1 \cdot (c_1 + c_2) + (\tilde{D}_1 - \tilde{D}_2) \cdot c_1\right] \cdot \frac{dc_1}{dx}$$

$$= \frac{1}{c} \cdot \left[-\tilde{D}_1 c_2 - \tilde{D}_2 c_1\right] \cdot \frac{dc_1}{dx}$$

Vergleich mit 1. Fickschen Gesetz: $j_1^{res} = -\tilde{D}\frac{dc_1}{dx}$

$$\rightarrow \quad \tilde{D} = \frac{\tilde{D}_1 c_2 + \tilde{D}_2 \cdot c_1}{c} = \underline{\underline{\tilde{D}_1 c_2^a + \tilde{D}_2 \cdot c_1^a}}$$

5.16. Experimentell beobachtet man, dass sich bei einem Diffusionspaar A-B die Grenzfläche mit der Geschwindigkeit $3 \cdot 10^{-10}$ cm/s in Richtung A bewegt. Die Konzentration von A in der Grenzfläche beträgt 35 %, der Konzentrationsgradient 200 %/cm. $\tilde{D}$ wurde zu $1{,}03 \cdot 10^{-10}$ cm²/s bestimmt. Berechnen Sie die partiellen Diffusionskoeffizienten.

Lösung:

Darkensche Gleichungen : $v = (\tilde{D}_A - \tilde{D}_B)\dfrac{dc_A^a}{dx}$ $\tilde{D} = c_A^a \tilde{D}_B + c_B^a \tilde{D}_A$

gegeben: gesucht: $\tilde{D}_A, \tilde{D}_B$

$v = 3 \cdot 10^{-10} cm/s$

$c_A^a = 0,35$

$\tilde{D} = 1,03 \cdot 10^{-10} cm^2/s$

$\dfrac{dc_A^a}{dx} = 2\dfrac{1}{cm}$

$v = (\tilde{D}_A - \tilde{D}_B)\dfrac{dc_A^a}{dx} \quad \Leftrightarrow \quad \tilde{D}_A = v \cdot \dfrac{dx}{dc_A^a} + \tilde{D}_B$

$\tilde{D} = c_A^a \tilde{D}_B + (1 - c_A^a) \cdot \left(v \cdot \dfrac{dx}{dc_A^a} + \tilde{D}_B\right)$

$\tilde{D} = c_A^a \tilde{D}_B + (1 - c_A^a) \cdot \tilde{D}_B + (1 - c_A^a) \cdot v \cdot \dfrac{dx}{dc_A^a}$

$\Leftrightarrow \tilde{D}_B = \tilde{D} - (1 - c_A^a) \cdot v \cdot \dfrac{dx}{dc_A^a} = 5,5 \cdot 10^{-12} \, cm^2/s$

$\tilde{D}_A = v \cdot \dfrac{dx}{dc_A^a} + \tilde{D}_B = 1,55 \cdot 10^{-10} \, cm^2/s$

5.17. Gegeben sei ein Zweikomponentensystem A-B. Bei $T = 900$ K wurden für die Selbstdiffusion D_0 und die Aktivierungsenergie Q_D ($D_0 = 8 \cdot 10^{-6}$ cm^{2}s^{-1}, $Q_D = 1$ eV), sowie mit steigendem Legierungsgehalt die Aktivität a_B (siehe Tabelle) bestimmt.

c_B	0,05	0,1	0,15	0,2
a_B	0,26	0,48	0,61	0,7

a) Berechnen Sie aus den gegebenen Daten den thermodynamischen Faktor Φ und den chemischen Diffusionskoeffizienten $\tilde{D}(c_B)$ bei $c_B = 0,1$.

b) Was passiert, wenn $\Phi = 0$?

Lösung:

a) Berechnung Φ:

c_B	0,05	0,1	0,15	0,2
$\ln(c_B)$	−3,00	−2,30	−1,90	−1,61
a_B	0,26	0,48	0,61	0,7
$\ln(a_B)$	−1,35	−0,73	−0,49	−0,36
Φ		0,89	0,6	0,45

Bsp.: $\Phi = 1 + \dfrac{d \, ln\gamma_1}{d \, lnc_1} = \dfrac{d \, lna_1}{d \, \ln c_1}$ $\approx \dfrac{-0,73 + 1,35}{-2,30 + 3,00} = 0,89$

Berechnung $\tilde{D}(c_A)$ bei $c_B = 0,1$:

$$D^* = D_0 \, exp\left(-\frac{Q_D}{kT}\right) = 8 \cdot 10^{-6} cm^2 s^{-1} \cdot exp\left(-\frac{1\,eV}{8{,}62 \cdot 10^{-5}\,eVK^{-1} \cdot 800\,K}\right)$$
$$= 4{,}03 \cdot 10^{-12} cm^2 s^{-1}$$

$$\tilde{D}\,(c_B = 0{,}1) = D^* \cdot \left(\frac{d\,lna_1}{d\,lnc_1}\right) = 4{,}03 \cdot 10^{-12} cm^2 s^{-1} \cdot 0{,}6$$
$$= 2{,}42 \cdot 10^{-12} cm^2 s^{-1}$$

→ Legierungselement B sorgt für eine Verringerung der Diffusion.

b) Bei Φ = 0 findet keine Diffusion statt. Der Legierungspartner wirkt als Diffusionssperre.

Kapitel 6

6.1. Geben Sie die allgemeine Formulierung für eine Drehmatrix für die nachfolgenden Fälle an:

a) Drehung im 2-dimensionalen Fall,

b) Drehung im 3-dimensionalen Fall um die x-Achse, um die y-Achse bzw. um die z-Achse.

c) Wie wird ein Tensor erster bzw. zweiter Stufe gedreht?

Lösung:

Spannungstensor $\underline{\underline{\sigma_t}}$ im rotierten Koordinatensystem berechnet sich aus dem ursprünglichen Spannungstensor σ zu: $\underline{\underline{\sigma_t}} = \underline{\underline{A}}^T \cdot \underline{\underline{\sigma}} \cdot \underline{\underline{A}}$

A^T = Haupttransponierte Matrix: $A_{ij}^T = A_{ji}$

(A: Rotationsmatrix → Transformation der Koordinatenachsen)

a) 2D: $\underline{\underline{A}} = \begin{pmatrix} \cos\phi & -\sin\phi \\ \sin\phi & \cos\phi \end{pmatrix}$

b) 3D: Koordinatenachsentransformation

$$\underline{\underline{R_x}} = \begin{pmatrix} 1 & 0 & 0 \\ 0 & \cos\phi & \sin\phi \\ 0 & -\sin\phi & \cos\phi \end{pmatrix} \quad \underline{\underline{R_y}} = \begin{pmatrix} \cos\phi & 0 & -\sin\phi \\ 0 & 1 & 0 \\ \sin\phi & 0 & \cos\phi \end{pmatrix} \quad \underline{\underline{R_z}} = \begin{pmatrix} \cos\phi & \sin\phi & 0 \\ -\sin\phi & \cos\phi & 0 \\ 0 & 0 & 1 \end{pmatrix}$$

c) Tensor 1.Stufe → Vektor ⟹ Rotationswinkel $\cos\varphi = \dfrac{r \cdot r'}{|r| \cdot |r'|}$

(r – Vektor im ungedrehten System, r' – Vektor im gedrehten System)

Tensor 2. Stufe → 3x3 Matrix

⟹ $\underline{\underline{\sigma}}$ im rotierten System aus σ: $\underline{\underline{\sigma_t}} = \underline{\underline{A}}^T \cdot \underline{\underline{\sigma}} \cdot \underline{\underline{A}}$

6.2. Führen Sie in einem orthogonalen und normierten Koordinatensystem drei aufeinanderfolgende Drehungen um die x-Achse (Winkel α), die y-Achse (Winkel β) und die z-Achse (Winkel γ) im Dreidimensionalen aus. Berechnen Sie die Formel der Rotationsmatrix als Funktion der drei Winkel.

$$\underline{\underline{R_x}} = \begin{pmatrix} 1 & 0 & 0 \\ 0 & \cos\alpha & -\sin\alpha \\ 0 & \sin\alpha & \cos\alpha \end{pmatrix} \quad \underline{\underline{R_y}} = \begin{pmatrix} \cos\beta & 0 & \sin\beta \\ 0 & 1 & 0 \\ -\sin\beta & 0 & \cos\beta \end{pmatrix} \quad \underline{\underline{R_z}} = \begin{pmatrix} \cos\gamma & -\sin\gamma & 0 \\ \sin\gamma & \cos\gamma & 0 \\ 0 & 0 & 1 \end{pmatrix}$$

Lösung:

$$\underline{\underline{R}} = \underline{\underline{R_z}} \cdot \underline{\underline{R_y}} \cdot \underline{\underline{R_x}}$$

$$= \begin{pmatrix} \cos\beta\cos\gamma & -\cos\beta\sin\gamma & \sin\beta \\ \sin\alpha\sin\beta\cos\gamma + \cos\alpha\sin\gamma & -\sin\alpha\sin\beta\sin\gamma + \cos\alpha\cos\gamma & -\sin\alpha\cos\beta \\ -\cos\alpha\sin\beta\cos\gamma + \sin\alpha\sin\gamma & \cos\alpha\sin\beta\sin\gamma + \sin\alpha\cos\gamma & \cos\alpha\cos\beta \end{pmatrix}$$

6.3. In einem Referenzsystem sei der folgende Spannungstensor gegeben:

$$\underline{\underline{\sigma}} = \begin{pmatrix} 1 & 2 \\ 2 & -2 \end{pmatrix} \cdot 100\,MPa$$

a) Drehen Sie diesen Spannungstensor $\underline{\underline{\sigma}}$ um $35°$.

b) Bestimmen Sie den Hauptspannungstensor. Um wie viel Grad müssen Sie das Koordinatensystem dazu drehen?

c) Berechnen Sie die maximale Schubspannung.

Lösung:

a) Drehung um $35°$:

$$\underline{\underline{\sigma}}' = \underline{\underline{A}}^T \cdot \underline{\underline{\sigma}} \cdot \underline{\underline{A}}$$

σ' : Spannungstensor im rotierten System

A^T : transponierte Matrix

σ : ursprünglicher Spannungstensor

A : Rotationsmatrix

Drehmatrix: $\quad \underline{\underline{A}} = \begin{pmatrix} \cos\varphi & -\sin\varphi \\ \sin\varphi & \cos\varphi \end{pmatrix}$

transponierte Matrix: $\underline{\underline{A}}^T = \begin{pmatrix} \cos\phi & \sin\phi \\ -\sin\phi & \cos\phi \end{pmatrix}$

$$\underline{\underline{\sigma}}' = \begin{pmatrix} \cos\varphi & \sin\varphi \\ -\sin\varphi & \cos\varphi \end{pmatrix} \cdot \begin{pmatrix} 1 & 2 \\ 2 & -2 \end{pmatrix} \cdot \begin{pmatrix} \cos\varphi & -\sin\varphi \\ \sin\varphi & \cos\varphi \end{pmatrix} \cdot 100\,MPa$$

$$= \begin{pmatrix} 1,8924 & -0,7255 \\ -0,7255 & -2,8924 \end{pmatrix} \cdot 100\,MPa$$

b) Hauptspannungstensor: $\underset{=H}{\sigma} = \begin{pmatrix} \lambda_1 & 0 \\ 0 & \lambda_2 \end{pmatrix} = \begin{pmatrix} \sigma_1 & 0 \\ 0 & \sigma_2 \end{pmatrix} (\lambda_1 > \lambda_2)$

charakteristische Gleichung: $|(\underset{=}{\sigma} - \lambda \underset{=}{E})| = 0$

$$E = \begin{pmatrix} 1 & 0 \\ 0 & 1 \end{pmatrix} \quad \Rightarrow \quad \det \begin{pmatrix} 1-\lambda & 2 \\ 2 & -2-\lambda \end{pmatrix} = 0$$

$$(1-\lambda) \cdot (-2-\lambda) - 2 \cdot 2 = 0$$

$$\Leftrightarrow \lambda^2 + \lambda - 6 = 0$$

$$\Rightarrow \lambda_{1/2} = -0.5 \pm \sqrt{\frac{1}{4} + 6} = -0.5 \pm 2.5$$

$$\Rightarrow \lambda_1 = 2, \lambda_2 = -3$$

$$\Rightarrow \quad \underset{=H}{\sigma} = \begin{pmatrix} 2 & 0 \\ 0 & -3 \end{pmatrix} \cdot 100 \, MPa$$

Richtung der Hauptspannungen $\rightarrow$ Eigenvektoren: $(\underset{=}{\sigma} - \lambda \underset{=}{E}) \cdot \underline{q} = 0$

zu $\lambda_1 = 2$:

$$\begin{pmatrix} 1-2 & 2 \\ 2 & -2-2 \end{pmatrix} \cdot \begin{pmatrix} q_1 \\ q_2 \end{pmatrix} = 0$$

$$\Rightarrow -q_1 + 2q_2 = 0$$

$$\underline{q}^{(1)} = \frac{1}{\sqrt{5}} \cdot \begin{pmatrix} 2 \\ 1 \end{pmatrix}$$

zu $\lambda_2 = -3$:

$$\begin{pmatrix} 1+3 & 2 \\ 2 & -2+3 \end{pmatrix} \cdot \begin{pmatrix} q_1 \\ q_2 \end{pmatrix} = 0$$

$$\Rightarrow 2q_1 + q_2 = 0$$

$$\underline{q}^{(2)} = \frac{1}{\sqrt{5}} \cdot \begin{pmatrix} -1 \\ 2 \end{pmatrix}$$

„alte" x-Achse: $x = \begin{pmatrix} 1 \\ 0 \end{pmatrix}$ „neue" x-Achse: $x' = \begin{pmatrix} 2 \\ 1 \end{pmatrix} \cdot \frac{1}{\sqrt{5}}$

$\Rightarrow$ Drehung des Koordinatensystems um

$$\theta = \arccos \frac{(x \cdot x')}{|x| \cdot |x'|} = \arccos \left(\frac{2/\sqrt{5}}{1 \cdot 1} \right) = 26,56°$$

c) maximale Schubspannung: $\tau_{max} = \dfrac{(\sigma_1 - \sigma_2)}{2} = \dfrac{(2-(-3)) \cdot 100 \, MPa}{2} =$ 250 MPa

6.4. Wie lautet das Hookesche Gesetz in eindimensionaler und in tensorieller Schreibweise? Wie viele Elemente besitzt der Tensor der elastischen Konstanten? Wie viele verschiedene Komponenten kann der Tensor der elastischen Konstanten maximal haben und wie viele unabhängige elastische Konstanten gibt es im isotropen Fall?

Lösung:

1-dim: $\sigma = E \cdot \varepsilon$

tensoriell: $\underset{=}{\sigma} \; \underset{\equiv}{C} \cdot \underset{=}{\varepsilon} \quad \sigma_{ij} = \sum_{kl}^{3} c_{ijkl} \cdot \varepsilon_{kl}$

$\underset{\equiv}{C}$ ist ein Tensor 4. Stufe mit $3^4 = 81$ Komponenten

- Zahl reduziert sich aufgrund der Symmetrie von Spannungs- und Dehnungstensor auf $6 \cdot 6 = 36 \quad \rightarrow \quad \sigma_{ij} = \sigma_{ji}; \varepsilon_{kl} = \varepsilon_{lk}$
- elastische Arbeit ist wegunabhängig: $c_{ijkl} = c_{klij}$
  $\rightarrow$ Reduktion auf 21 elastische Konstanten
- durch Kristallsymmetrie weitere Vereinfachung $\rightarrow$ im isotropen Fall gibt es nur zwei unabhängige Konstanten, beispielsweise E und v, wobei $G = \dfrac{E}{2(1+v)}$ (G – Schubmodul, E – Elastizitätsmodul, v – Querkontraktionszahl)

6.5. Diskutieren Sie den Zugversuch an einem schlanken Stab.
- a) Zeichnen Sie qualitativ die Nennspannung über der Dehnung. Welche Materialgrößen kann man diesem Diagramm entnehmen?
- b) Zeichnen Sie qualitativ die wahre Spannung über der wahren Dehnung.
- c) Wie kann man die Kurven a) und b) ineinander umrechnen?
- d) Erläutern Sie die Begriffe „physikalische Verfestigung" und „geometrische Entfestigung".
- e) Weshalb geht die Probe schließlich zu Bruch?

Lösung:
- a) Abb. 6.7.a

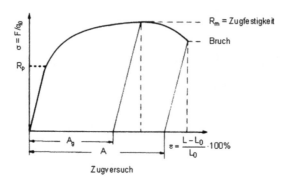

Zugversuch

- R_p : Streckgrenze
- R_m: Zugfestigkeit

- A_g: Gleichmaßdehnung
- A: Bruchdehnung
- E-Modul: $E = \Delta\sigma / \Delta\varepsilon$ (linear-elastischer Bereich)

b) Abb. 6.7.c

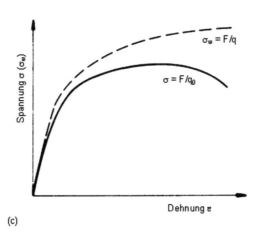

(c)

c)

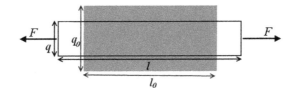

$$\sigma = \frac{F}{q_0}$$

Volumenkonstanz: $l_0 \cdot q_0 = l \cdot q$

$$\sigma_W = \frac{F}{q} = \frac{F}{q_0}\frac{q_0}{q} = \frac{F \cdot l}{q_0 \cdot l_0} = \sigma \cdot \frac{l}{l_0} = \sigma \cdot (1 + \varepsilon)$$

$$d\varepsilon = \frac{dl}{l_0} \quad \Leftrightarrow \quad \int_0^{\varepsilon_0} d\varepsilon = \int_{l_0}^{l} \frac{dl}{l_0} \quad \Leftrightarrow \quad \varepsilon = \frac{1}{l_0} \cdot l\Big|_{l_0}^{l} = \frac{l - l_0}{l_0} = \frac{\Delta l}{l_0}$$

$$d\varepsilon_W = \frac{dl}{l} \quad \Leftrightarrow \quad \varepsilon_W = \int_{l_0}^{l} \frac{dl}{l} = ln\frac{l}{l_0} = ln\frac{l - l_0 + l_0}{l_0} = ln(1 + \varepsilon)$$

d) Kraft $F = \sigma_W \cdot q$

Krafterhöhung während der Dehnung: $\dfrac{dF}{d\varepsilon_W} = q \cdot \dfrac{d\sigma_W}{d\varepsilon_W} + \sigma_W \cdot \dfrac{dq}{d\varepsilon_W}$

- physikalische Verfestigung $\dfrac{d\sigma_W}{d\varepsilon_W} > 0$: Steigung der Fließkurve

- geometrische Entfestigung $\dfrac{dq}{d\varepsilon_W} < 0$: Querschnittsverringerung (bei Verlängerung)

e) $\dfrac{d\sigma_W}{d\varepsilon_W} > \left|\dfrac{dq}{d\varepsilon_W}\right|$: Verfestigung überwiegt Entfestigung $\rightarrow$ stabile Verformung

$\dfrac{d\sigma_W}{d\varepsilon_W} = \left|\dfrac{dq}{d\varepsilon_W}\right|$: Verfestigung u. Entfestigung kompensieren sich,

definiert Zugfestigkeit und Gleichmaßdehnung

$\dfrac{d\sigma_W}{d\varepsilon_W} < \left|\dfrac{dq}{d\varepsilon_W}\right|$: Entfestigung überwiegt Verfestigung $\rightarrow$ instabile Verformung

$\rightarrow$ Einschnürung bei lokaler Querschnittsverringerung

$\rightarrow$ wahre Spannung nimmt im Querschnitt der Einschnürung weiter zu

$\rightarrow$ Versagen der Probe, Bruch

6.6. In einem Zugversuch wurde eine technische Spannungs-Dehnungs-Kurve mit schwach ausgeprägtem Maximum aufgezeichnet. Bestimmen Sie die Gleichmaßdehnung mit Hilfe der Considère-Konstruktion.

Lösung:

Gleichmaßdehnung A_g ist die plastische Dehnung am Maximum der Kurve $F(\varepsilon_w)$ (ist bei flachem Kurvenverlauf nicht einfach ablesbar, daher Considère-Konstruktion)

$F = \sigma_w \cdot q \quad \rightarrow \quad dF = q \cdot d\sigma_w + \sigma_w \cdot dq$ (siehe Aufg. 5)

im Maximum: $dF = 0 \quad \Rightarrow q \cdot d\sigma_w + \sigma_w \cdot dq = 0 \quad \Rightarrow \dfrac{d\sigma_w}{\sigma_w} = -\dfrac{dq}{q}$

aufgrund der Volumenkonstanz: $dV = dq \cdot l + dl \cdot q = 0 \quad \Rightarrow \dfrac{dq}{q} = -\dfrac{dl}{l}$

$\Rightarrow \dfrac{d\sigma_w}{\sigma_w} = \dfrac{dl}{l} = \dfrac{dl}{l_0}\dfrac{l_0}{l} = \dfrac{d\varepsilon}{1+\varepsilon} \quad \boxed{\Rightarrow \dfrac{d\sigma_w}{d\varepsilon} = \dfrac{\sigma_w}{1+\varepsilon}}$ für $\varepsilon = \varepsilon_g$

(siehe Abb. 6.9.)

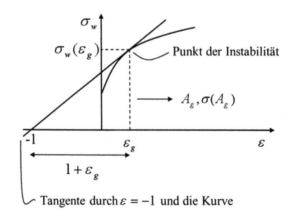

6.7.

   a) Durch welche Vektoren wird eine Versetzung eindeutig charakterisiert?

   b) Wie wird mit Hilfe dieser Vektoren die Gleitebene bestimmt?

   c) Erläutern Sie den Burgers-Umlauf. Legen Sie zuerst ein Koordinatensystem fest.

   d) Wie viele unterschiedliche Versetzungstypen gibt es? Wie unterscheiden sich Stufen- und Schraubenversetzungen in ihren Bewegungsmöglichkeiten?

   e) Aus welchen Versetzungstypen besteht ein rechteckiger Versetzungsring, dessen Burgersvektor in seiner Ebene liegt (Abb. 3.12.)? In welche Richtungen bewegen sich die unterschiedlichen Versetzungen unter einer äußeren Schubspannung? (Skizzieren Sie einen kubischen Körper. Zeichnen Sie parallel zu einer Achse den Burgersvektor ein. Legen Sie das Linienelement der Versetzung fest.)

   f) Ist es möglich, Versetzungsringe zu erzeugen, die nur aus Stufen- bzw. Schraubenversetzungen bestehen (Erläuterung)?

   g) Wie sieht der Kristall aus, wenn ihn ein prismatischer Versetzungsring verlassen hat?

   h) Wie entstehen Versetzungsringe (gemischte Ringe, prismatische Ringe)?

   i) Wie viele Atome müssen kondensieren, damit in einem kubisch primitiven Kristall ein prismatischer Versetzungsring mit einem Radius von $r = 0{,}6\,\mu\mathrm{m}$ entsteht (a $= 0{,}35\,\mathrm{nm}$)?

Lösung:

   a) Linienelement $\underline{s}$, Burgersvektor $\underline{b}$

      Stufenversetzung: $\underline{s}\perp\underline{b}$ Schraubenversetzung: $\underline{s}\|\underline{b}$

   b) Gleitebenennormale $\underline{m} = \underline{s} \times \underline{b}$

   c) Burgers-Umlauf (Abb. 3.10.):

      • Festlegung des Linienelements $\underline{s}$

      • rechtshändiger Umlauf um $\underline{s}$, zunächst als geschlossener im gestörten, dann der gleiche Umlauf im perfekten Kristall

      $\rightarrow$ Burgervektor ist der Vektor zwischen Endpunkt und Startpunkt des Umlaufs im perfekten Kristall

   d)

      • zwei Grenzfälle: reine Schraubenversetzung und reine Stufenversetzung
        $\rightarrow$ dazwischen unendlich viele gemischte Versetzungstypen

      • jede Versetzung lässt sich aber in ihre Schrauben- und Stufenanteile zerlegen

$$\underline{b}_{Schraube} = \underline{s} \cdot (\underline{b} \cdot \underline{s}) = (\underline{b} \cdot \cos\varphi) \cdot \underline{s}$$
$$\underline{b}_{Stufe} = \underline{s} \times (\underline{b} \times \underline{s}) = (\underline{b} \cdot \sin\varphi) \cdot \underline{n}$$

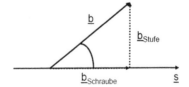

      • Stufenversetzung ist auf eine bestimmte Gleitebene festgelegt, weil ihre Gleitebene durch $\underline{b}$ eindeutig definiert ist

- Schraubenversetzung kann Gleitebene verlassen (= Quergleiten) und auf eine andere Gleitebene wechseln, die auch ihren Burgersvektor enthält, Gleitebene ist wegen $\underline{s}||\underline{b}$ nach $\underline{b}$ nicht definiert

e) Versetzungsring:
  - Annahme: Burgersvektor liegt in der Gleitebene und besteht aus geradlinigen Stücken 1–4 (Abb. 3.12.)
    1. Schraubenversetzung („negatives" Vorzeichen)
    2. Stufenversetzung („negatives" Vorzeichen)
    3. Schraubenversetzung („positives" Vorzeichen)
    4. Stufenversetzung („positives" Vorzeichen)
  - Schrauben- und Stufenversetzungen bewegen sich in der Gleitebene in zueinander senkrechte Richtungen, wenn man eine Schubspannung $\vec{\tau}$ anlegt, wobei $\vec{\tau}||\vec{b}$
  - Verschiebung der beiden Kristallhälften gegeneinander in Richtung des Burgersvektors

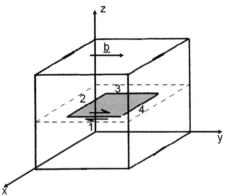

f)
  - Der Burgersvektor ist für den gesamten Versetzungsring konstant, d. h. ein geschlossener Versetzungsring muss in mindestens zwei Punkten seine Richtung ändern. Daraus folgt:
    - Versetzungsring kann niemals vollständig aus Schraubenversetzungen aufgebaut werden, da $\vec{s}||\vec{b}$
    - Versetzungsring nur aus Stufenversetzungen ($\vec{s}\perp\vec{b}$) ist möglich, wenn Burgersvektor senkrecht zur Ebene des Ringes steht → Franksche Versetzung/Prismatischer Versetzungsring

g)
  - Wenn der Stufenversetzungsring den Kristall verlassen will, müssen bei einer eingeschobenen Ebene weitere Atome (z. B. ZG-Atome) in die Ebene diffundieren, damit der Ring sich ausbreiten kann.
    - am Ende ist der Kristall um diese Schicht „dicker"

- Bei einer fehlenden Ebene müssen weitere Leerstellen in die Ebene diffundieren.
  - Kristall wird um die Ebene „dünner"
    - → prismatischer Versetzungsring ist <u>nicht</u> gleitfähig!

h)
- prismatische Ringe entstehen durch Diffusion und Clustern von Leerstellen oder Zwischengitteratomen (bspw. nach Bestrahlung mit hochenergetischen Teilchen)
- gleitfähige Ringe:
  - Die Entstehung eines Versetzungsringes ist so vorstellbar, dass ein Teil einer Ebene ganz im Inneren des Kristalls von der benachbarten Ebene getrennt, der obere Teil der Trennfläche um einen Vektor $\underline{b}$ gegenüber dem unteren Schnittufer verschoben und die Trennfläche dann wieder verschweißt wird
  - Die Begrenzungslinie der Trennfläche stellt einen Versetzungsring dar. Solche Versetzungsringe können entstehen bspw. durch den Frank-Read-Mechanismus oder den Orowan-Mechanismus

i)

Versetzungsring: Radius $r = 0,6\,\mu m$ → Fläche des Ringes $A = \pi \cdot r^2$

im kubischen Gitter kann man jedem Atom auf einer Grundfläche die Fläche a^2 zuordnen

$$\Rightarrow \quad x \cdot a^2 = \pi \cdot r^2 \quad \Rightarrow \quad x = \frac{\pi \cdot r^2}{a} = 9,23 \cdot 10^6 \text{Atome}$$

6.8. Wie hoch kann die Versetzungsdichte in einem Kristall maximal werden? Warum? Wie groß ist die Versetzungslänge in $1\,m^3$ sehr hoch verformten Kupfers (in Lichtjahren)?

Lösung:
- Die maximal erreichbare Spannung in einem Kristall ist die Bruchspannung. Sie beträgt ungefähr einem Hundertstel der theoretischen Schubfestigkeit (siehe Tab. 6.1.)

$$\tau_{max} = \alpha\, G b \sqrt{\rho_{max}} \approx 0,01 \cdot \tau_{theor} = 0,01 \cdot \frac{G}{2\pi} \quad (\alpha \approx 0,5,\ b \approx 10^{-10}\,m^{-2})$$

$$\Leftrightarrow \underset{max}{\rho} = (2\pi \cdot \alpha \cdot b \cdot 0,01)^{-2} \approx 10^{16}\,m^{-2}$$

$$\rho = 10^{16}\,\frac{m}{m^3}, \text{ ein Lichtjahr: } 9,45 \cdot 10^{15}\,m$$

$$\Rightarrow \quad \rho = \frac{L}{V} \Rightarrow L = \rho \cdot V$$

$$\frac{L}{Lichtjahr} = \frac{10^{16} \cdot 1\,m^3}{m^2 \cdot 9,45 \cdot 10^{15}} = 1,058\ \text{Lichtjahre}$$

6.9. Um wie viel kann ein weichgeglühter, kubusförmiger Cu-Einkristall (kfz) der Kantenlänge $l = 1$ cm abgleiten, wenn bei der Verformung alle Versetzungen den Kristall verlassen ($\rho = 10^{10}$ m^{-2})? Stimmt das mit der Erfahrung überein?

Lösung:

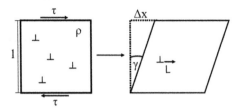

$$\gamma = \frac{\Delta x}{l}$$

L ... Lauflänge der Versetzung

n ... Anzahl der Versetzungen

Abscherung durch eine Versetzung mit Lauflänge L
(wenn eine Versetzung ganz durchläuft $\rightarrow$ L $= l$ und $\gamma = b/l$,
sonst geringere Scherung $\rightarrow$ Faktor: L/l)

$$\gamma = \frac{b}{l} \cdot \frac{L}{l}$$

Abscherung durch n Versetzungen $\quad\rightarrow\quad \gamma_{ges} = n \cdot \dfrac{b \cdot L}{l^2}$

mit $\qquad\qquad\qquad \rho = \dfrac{n}{l^2} \qquad\rightarrow\quad \gamma_{ges} = \rho \cdot b \cdot L$

im Mittel beträgt die Lauflänge L $= l/2 \rightarrow \quad \gamma_{ges} = \rho \cdot b \cdot \dfrac{l}{2}$

einsetzen: $\rho = 10^6$ cm$^{-2} = 10^{10}$ m^{-2}

$\qquad\qquad$ b(Cu): a(Cu) = 3,61 Å $\rightarrow$ b = a/$\sqrt{2}$ = 2,5 Å

$\qquad\qquad$ $l = 1$ cm = 0,01 m

$\rightarrow \quad \gamma_{ges} = 0,0125 = 1,25\,\%$

$\rightarrow$ Keine Übereinstimmung mit der Erfahrung (Wert viel zu klein)

$\rightarrow$ Erzeugung neuer Versetzungen notwendig (z. B. Frank-Read-Quelle)

6.10. Berechnen Sie die Scherung bei der Zwillingsbildung im kfz und krz Gitter.

Lösung:

- Bei der Zwillingsbildung überführt die Scherverformung die Kristallbereiche in eine zur Ausgangslage symmetrische Lage
- Geometrie: Zwillingsebene ZE
  $\qquad\qquad$ Verschiebungsrichtung VR
  $\qquad\qquad$ $\rightarrow$ Zwillingssystem ZS
- x – Verschiebung des Atoms, y – Abstand des Atoms zur Zwillingsebene
- bei mechanischer Zwillingsbildung ist Richtung und Betrag der Verschiebung festgelegt

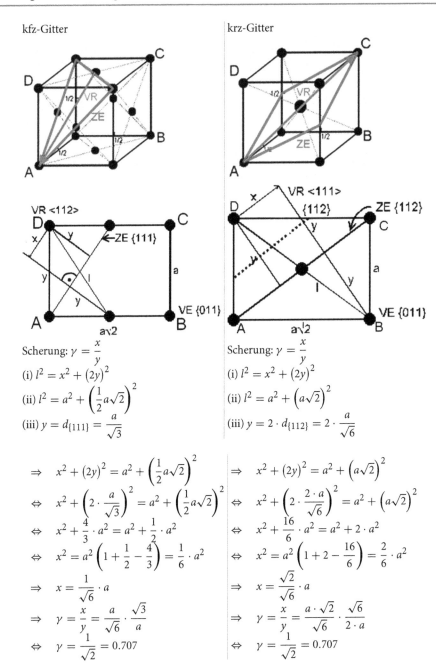

kfz-Gitter

krz-Gitter

kfz-Gitter (linke Seite):

VR <112>

ZE {111}

VE {011}

Scherung: $\gamma = \dfrac{x}{y}$

(i) $l^2 = x^2 + (2y)^2$

(ii) $l^2 = a^2 + \left(\dfrac{1}{2}a\sqrt{2}\right)^2$

(iii) $y = d_{\{111\}} = \dfrac{a}{\sqrt{3}}$

$\Rightarrow \quad x^2 + (2y)^2 = a^2 + \left(\dfrac{1}{2}a\sqrt{2}\right)^2$

$\Leftrightarrow \quad x^2 + \left(2 \cdot \dfrac{a}{\sqrt{3}}\right)^2 = a^2 + \left(\dfrac{1}{2}a\sqrt{2}\right)^2$

$\Leftrightarrow \quad x^2 + \dfrac{4}{3} \cdot a^2 = a^2 + \dfrac{1}{2} \cdot a^2$

$\Leftrightarrow \quad x^2 = a^2 \left(1 + \dfrac{1}{2} - \dfrac{4}{3}\right) = \dfrac{1}{6} \cdot a^2$

$\Rightarrow \quad x = \dfrac{1}{\sqrt{6}} \cdot a$

$\Rightarrow \quad \gamma = \dfrac{x}{y} = \dfrac{a}{\sqrt{6}} \cdot \dfrac{\sqrt{3}}{a}$

$\Leftrightarrow \quad \gamma = \dfrac{1}{\sqrt{2}} = 0.707$

krz-Gitter (rechte Seite):

VR <111> {112} ZE {112}

VE {011}

Scherung: $\gamma = \dfrac{x}{y}$

(i) $l^2 = x^2 + (2y)^2$

(ii) $l^2 = a^2 + \left(a\sqrt{2}\right)^2$

(iii) $y = 2 \cdot d_{\{112\}} = 2 \cdot \dfrac{a}{\sqrt{6}}$

$\Rightarrow \quad x^2 + (2y)^2 = a^2 + \left(a\sqrt{2}\right)^2$

$\Leftrightarrow \quad x^2 + \left(2 \cdot \dfrac{2 \cdot a}{\sqrt{6}}\right)^2 = a^2 + \left(a\sqrt{2}\right)^2$

$\Leftrightarrow \quad x^2 + \dfrac{16}{6} \cdot a^2 = a^2 + 2 \cdot a^2$

$\Leftrightarrow \quad x^2 = a^2 \left(1 + 2 - \dfrac{16}{6}\right) = \dfrac{2}{6} \cdot a^2$

$\Rightarrow \quad x = \dfrac{\sqrt{2}}{\sqrt{6}} \cdot a$

$\Rightarrow \quad \gamma = \dfrac{x}{y} = \dfrac{a \cdot \sqrt{2}}{\sqrt{6}} \cdot \dfrac{\sqrt{6}}{2 \cdot a}$

$\Leftrightarrow \quad \gamma = \dfrac{1}{\sqrt{2}} = 0.707$

6.11. Berechnen Sie unter Benutzung des Dehnungstensors für eine Schraubenversetzung:

a) das Schubspannungsfeld im Abstand r vom Versetzungskern,

b) die Energiedichte und Gesamtenergie pro Längeneinheit. Setzen Sie dazu den Versetzungskernanteil mit $\tau_{theo} = G/2\pi$ an. Der innere Abschneideradius betrage b.

c) Wie groß ist der Anteil der Energie im elastischen Spannungsfeld im Verhältnis zur Gesamtenergie?

Lösung:

a)

- Die elastische Verspannung des Gitters durch eine Versetzung ist nach Volterra beschreibbar als elastische Verformung eines Hohlzylinders (Versetzungskern zunächst unberücksichtigt) (siehe Abb. 6.33. und 6.34.)
- Die Schraubenversetzung liege in z-Richtung. Dann lautet der Dehnungstensor der Schraubenversetzung in Zylinderkoordinaten:

$$\varepsilon_{r\theta z} = \begin{pmatrix} 0 & 0 & 0 \\ 0 & 0 & \gamma_{\theta z} \\ 0 & \gamma_{\theta z} & 0 \end{pmatrix}$$

- Scherung: $\gamma_{\theta z} = \dfrac{b}{2\pi r}$ $\quad$ $\tau_{\theta z} = G \cdot \gamma_{\theta z} = \dfrac{G \cdot b}{2\pi r}$ (Hooke)

b)

- elastische Energiedichte = Energie pro Volumeneinheit $\varepsilon_V = \displaystyle\int_0^\gamma \tau \, d\gamma$

- mit $\tau = G \cdot \gamma$ folgt: $\quad \varepsilon_V = \displaystyle\int_0^\gamma G\gamma' d\gamma' = G \cdot \dfrac{1}{2}\gamma^2 = \dfrac{\tau^2}{2G}$

- Die elastische Gesamtenergie ergibt sich als Integral der Energiedichte über das Gesamtvolumen V: $\quad E_V = \displaystyle\int_V \varepsilon_V dV$

- Das Volumenelement beträgt in zylindrischen Koordinaten $dV = rdrd\theta \, dz$

$$E_{el} = \int_0^1 \int_0^{2\pi} \int_{r_0}^R \frac{\tau^2}{2G} \cdot rdrd\theta \, dz = \int_{r_0}^R \frac{\tau^2}{2G} \cdot r \cdot 2\pi \cdot l dr$$

- mit $\tau = \dfrac{Gb}{2\pi r}$ folgt: $E_{el} = \displaystyle\int_{r_0}^R \left(\frac{Gb}{2\pi r}\right)^2 \cdot \frac{1}{2G} \cdot 2\pi \cdot r \cdot l \cdot dr$

$$E_{el} = \int_{r_0}^R \frac{Gb^2 \cdot l}{4\pi} \cdot \frac{1}{r} \cdot dr$$

$$E_{el} = \frac{Gb^2 \cdot l}{4\pi} \cdot \ln\left(\frac{R}{r_0}\right)$$

Energie des Kerns:

- im Versetzungskern: $\quad \tau = \tau_{theor} = \dfrac{G}{2\pi}$

- innerer Abschneideradius: $r_0 = b$

$$E_{Kern} = \int_0^{r_0} \frac{\tau^2}{2G} \cdot 2\pi \cdot r \cdot l dr$$

$$= \int_0^{r_0} \left(\frac{G}{2\pi}\right)^2 \cdot \frac{2\pi \cdot r \cdot l}{2G} dr$$

$$= \int_0^{r_0} \frac{G \cdot l}{4\pi} \cdot r dr$$

$$= \frac{G \cdot l \cdot r_0^2}{8\pi}$$

- Mit $r_0 = b$ folgt: $E_{Kern} = \dfrac{G \cdot b^2}{8\pi} \cdot l$
- Gesamtenergie der Schraubenversetzung = elastischen Verzerrungsenergie + Energie des Kerns:

$$E_V^{ges} = E_{el} + E_{Kern}$$

- Energie der Versetzung pro Länge: $E_V = \dfrac{E_V^{ges}}{l}$

$$E_V = \frac{Gb^2}{4\pi} \cdot ln\left(\frac{R}{r_0}\right) + \frac{Gb^2}{8\pi} = \frac{Gb^2}{4\pi} \cdot \left[ln\left(\frac{R}{r_0}\right) + \frac{1}{2}\right]$$

- da R der Kristallgröße entspricht ($R \approx 100 \ \mu m \approx 10^6 b$) und E_V logarithmisch

von R abhängt: $\boxed{E_V \approx \dfrac{1}{2}Gb^2}$

c)
- Bsp. Kupfer: Burgersvektor $b = 2{,}5 \text{ Å} \Rightarrow r_0 = b = 2{,}5 \cdot 10^{-10} \text{ m}$

  Korngröße $R = 10^{-4} \text{ m}$
- Elastischer Anteil: $ln\left(\dfrac{R}{r_0}\right) = 12{,}9 \Rightarrow \underline{96\%}$ (der Energie im Volumen)
- Anteil des Kerns: $1/2$ $\Rightarrow \underline{4\%}$

6.12. Berechnen Sie die Kräfte, die eine Stufenversetzung auf eine weitere parallele Stufenversetzung mit

a) antiparallelem Burgersvektor,

b) mit 90° geneigtem Burgersvektor ausübt.

Geben Sie die stabilen und metastabilen Positionen an.

Lösung:

Versetzung 1: $\underline{b}_1$, $\underline{s}_1$

Versetzung 2: $\underline{b}_2$, $\underline{s}_2$

$\underline{\sigma}_1$: Spannungfeld von Versetzung 1 am Ort von Versetzung 2

$\underline{K}_{12}$: Kraft von Versetzung 1 auf Versetzung 2

a) antiparallele Burgersvektoren

$$\underline{s}_1 = \underline{s}_2 = \begin{pmatrix} 0 \\ 0 \\ 1 \end{pmatrix} \quad \underline{b}_1 = \begin{pmatrix} b \\ 0 \\ 0 \end{pmatrix} \quad \underline{b}_2 = \begin{pmatrix} -b \\ 0 \\ 0 \end{pmatrix}$$

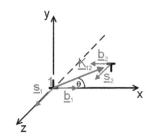

$$\underline{K}_{12} = \left(\underline{\underline{\sigma}}_1 \cdot \underline{b}_2\right) \times \underline{s}_2 = \left[\begin{pmatrix} \sigma_{xx} & \tau_{xy} & 0 \\ \tau_{xy} & \sigma_{yy} & 0 \\ 0 & 0 & \sigma_{zz} \end{pmatrix} \begin{pmatrix} -b \\ 0 \\ 0 \end{pmatrix} \right] \times \begin{pmatrix} 0 \\ 0 \\ 1 \end{pmatrix} = \begin{pmatrix} -b\,\tau_{xy} \\ b\sigma_{xx} \\ 0 \end{pmatrix}$$

$$\sigma_{xx} = -\frac{Gb}{2\pi(1-\nu)} \cdot \frac{\sin\theta\,(2+\cos(2\,\theta))}{r} \qquad \tau_{xy} = \frac{Gb}{2\pi(1-\nu)} \cdot \frac{\cos\theta\,\cos(2\,\theta)}{r}$$

Gleitkraft: $\qquad K_x = -\dfrac{Gb^2}{2\pi(1-\nu)} \cdot \dfrac{\cos\theta\,\cos(2\,\theta)}{r}$

Kletterkraft: $\qquad K_y = -\dfrac{Gb^2}{2\pi(1-\nu)} \cdot \dfrac{\sin\theta\,(2+\cos(2\,\theta))}{r}$

„Kurvendiskussion" $\rightarrow 0° \leq \theta \leq \pm 180°$

für K_x: $\qquad$ Bewegung auf Gleitebene (für r = konst.)

θ	$\cos\theta$	$\cos(2\,\theta)$	K_x	in x-Richtung
0°	1	1	−	angezogen
0 bis 45°	+	+	−	angezogen
45°	+	0	0	stabil
45 bis 90°	+	−	+	abgestoßen
90°	0	−1	0	metastabil
90 bis 135°	−	−	−	abgestoßen
135°	−	0	0	stabil
135 bis 180°	−	+	+	angezogen
180°	−1	1	+	angezogen

→ Bewegung von Versetzung 2 dorthin, wo Kraft null ist

$45°, 135° →$ stabile Lage $-> K_x = 0$

$90°$ → metastabile Lage (kleine Auslenkung aus Ruhelage führt zu Abwanderung der Versetzung)

für K_y: bei r = konst.

für $0° \leq \theta \leq 180°$ ist $\sin \theta > 0$

$(2 + \cos(\theta)) > 0$ für alle Winkel θ

→ für $\theta = 0°$ $\quad K_y = 0$

für $\theta = 180°$ $\quad K_y = 0$

Kletterkraft nicht entscheidend für metastabile und stabile Lage

b) mit 90° geneigtem Burgersvektor

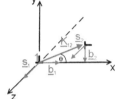

$$\underline{s}_1 = \underline{s}_2 = \begin{pmatrix} 0 \\ 0 \\ 1 \end{pmatrix} \quad \underline{b}_1 = \begin{pmatrix} b \\ 0 \\ 0 \end{pmatrix} \quad \underline{b}_2 = \begin{pmatrix} 0 \\ -b \\ 0 \end{pmatrix}$$

$$\underline{K}_{12} = \left[\begin{pmatrix} \sigma_{xx} & \tau_{xy} & 0 \\ \tau_{xy} & \sigma_{yy} & 0 \\ 0 & 0 & \sigma_{zz} \end{pmatrix} \begin{pmatrix} 0 \\ -b \\ 0 \end{pmatrix} \right] \times \begin{pmatrix} 0 \\ 0 \\ 1 \end{pmatrix} = \begin{pmatrix} -b\sigma_{yy} \\ b\,\tau_{xy} \\ 0 \end{pmatrix} \begin{array}{l} \to K_x \ldots \text{Kletterkraft} \\ \to K_y \ldots \text{Gleitkraft} \end{array}$$

$$K_x = -\frac{Gb^2}{2\pi(1-\nu)} \cdot \frac{\sin\theta \cdot \cos(2\theta)}{r} \qquad K_y = \frac{Gb^2}{2\pi(1-\nu)} \cdot \frac{\cos\theta \cdot \cos(2\theta)}{r}$$

θ	$\sin\theta$	$\cos\theta$	$\cos(2\theta)$	K_x	K_y
0°	0	1	1	0	+
0 bis 45°	+	+	+	−	+
45°	+	+	0	0	0
45 bis 90°	+	+	−	+	−
90°	1	0	−1	+	0
90 bis 135°	+	−	−	+	+
135°	+	−	0	0	0
135 bis 180°	+	−	+	−	−
180°	0	−1	1	0	−

$K_x = 0:$ $\quad 0°, 45°, 135°, 180°,$ $\qquad K_y = 0:$ $\quad 45°, 90°, 135°$

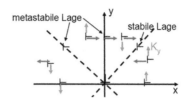

→ stabile Lage bei $\theta = 45°$

→ metastabile Lage bei $\theta = 90°$ und $\theta = 135°$

→ $\theta = 0°$ ($= 180°$): Versetzung gleitet

→ $\theta = 90°$: Versetzung klettert

6.13. Berechnen Sie die Kraft zwischen einer Stufen- und Schraubenversetzung mit demselben Linienelement.

Lösung:

$$\underline{s}_1 = \underline{s}_2 = \begin{pmatrix} 0 \\ 0 \\ 1 \end{pmatrix} \quad \underline{b}_1 = \begin{pmatrix} b \\ 0 \\ 0 \end{pmatrix} \quad \underline{b}_2 = \begin{pmatrix} 0 \\ 0 \\ b \end{pmatrix}$$

$$\underline{K}_{12} = \left[\begin{pmatrix} \sigma_{xx} & \tau_{xy} & 0 \\ \tau_{xy} & \sigma_{yy} & 0 \\ 0 & 0 & \sigma_{zz} \end{pmatrix} \begin{pmatrix} 0 \\ 0 \\ b \end{pmatrix} \right] \times \begin{pmatrix} 0 \\ 0 \\ 1 \end{pmatrix} = \begin{pmatrix} 0 \\ 0 \\ 0 \end{pmatrix}$$

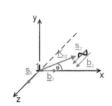

→ keine Wechselwirkungen

6.14. Berechnen Sie die Kraft zwischen zwei zueinander senkrechten Schraubenversetzungen.

Lösung:

$$\underline{s}_1 = \begin{pmatrix} 0 \\ 0 \\ 1 \end{pmatrix} \quad \underline{s}_2 = \begin{pmatrix} 0 \\ 1 \\ 0 \end{pmatrix} \quad \underline{b}_1 = \begin{pmatrix} 0 \\ 0 \\ b \end{pmatrix} \quad \underline{b}_2 = \begin{pmatrix} 0 \\ b \\ 0 \end{pmatrix}$$

$$\underline{K}_{12} = \left[\begin{pmatrix} 0 & 0 & \tau_{xz} \\ 0 & 0 & \tau_{yz} \\ \tau_{xz} & \tau_{yz} & 0 \end{pmatrix} \begin{pmatrix} 0 \\ b \\ 0 \end{pmatrix} \right] \times \begin{pmatrix} 0 \\ 1 \\ 0 \end{pmatrix} = \begin{pmatrix} -b\,\tau_{yz} \\ 0 \\ 0 \end{pmatrix}$$

$$\underset{yz}{\tau} = \frac{Gb}{2\pi} \cdot \frac{x}{(x^2 + y^2)} = \frac{Gb}{2\pi r} \cdot \cos\theta$$

wirkende Kraft: $K_x = -\dfrac{Gb^2}{2\pi r} \cdot \cos\theta \quad \rightarrow$ stabile Lage bei $\theta = 90°$

6.15.

a) Eine endliche Anzahl von übereinander angeordneten parallelen Stufenversetzungen bezeichnet man als Disklination. Drei Disklinationen seien in Cu bei einem Abstand von 20b parallel zueinander angeordnet. Sie bestehen aus je n identischen Stufenversetzungen (n = 10, b parallel zur Normalen der Disklination, b in x-Richtung, Linienelement in z-Richtung). Berechnen Sie die Kletterkraft, die die beiden äußeren Disklinationen auf die Versetzung bei y = 0 der mittleren Disklination ausüben unter der Annahme, dass eine Disklination einer einzelnen Versetzung mit n-fachem Burgersvektor gleichkommt. ($G_{Cu} = 48\,\text{GPa}$, $b_{Cu} = 2{,}5\,\text{Å}$, $\nu = 0{,}3$)

b) Wie verläuft idealerweise das Spannungsfeld einer unendlich ausgedehnten Disklination?

Lösung:

a)

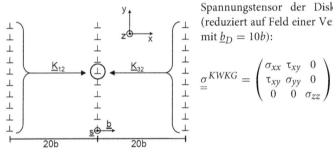

Spannungstensor der Disklination (reduziert auf Feld einer Versetzung mit $\underline{b}_D = 10b$):

$$\underline{\underline{\sigma}}^{KWKG} = \begin{pmatrix} \sigma_{xx} & \tau_{xy} & 0 \\ \tau_{xy} & \sigma_{yy} & 0 \\ 0 & 0 & \sigma_{zz} \end{pmatrix}$$

$$\sigma_{xx} = -\frac{Gb_D}{2\pi\,(1-\nu)} \cdot \frac{y\,(3x^2 + y^2)}{(x^2 + y^2)^2} \qquad \sigma_{yy} = -\frac{Gb_D}{2\pi\,(1-\nu)} \cdot \frac{y\,(x^2 - y^2)}{(x^2 + y^2)^2}$$

$$\sigma_{zz} = \nu\,(\sigma_{xx} + \sigma_{yy}) \qquad\qquad \tau_{xy} = -\frac{Gb_D}{2\pi\,(1-\nu)} \cdot \frac{x\,(x^2 - y^2)}{(x^2 + y^2)^2}$$

Kraft der Disklination 1 und 3 auf eine einzelne Versetzung in der Disklination 2

$$\underline{K} = \underline{K}_{12} + \underline{K}_{32} = \left(\underline{\underline{\sigma}}_1 \cdot \underline{b}_2\right) \times \underline{s}_2 + \left(\underline{\underline{\sigma}}_3 \cdot \underline{b}_2\right) \times \underline{s}_2 \quad \text{mit}\ \underline{b}_2 = \begin{pmatrix} b \\ 0 \\ 0 \end{pmatrix} \text{und}\ \underline{s}_2 = \begin{pmatrix} 0 \\ 0 \\ 1 \end{pmatrix}$$

$$\underline{K} = \left(\begin{pmatrix} \sigma^1_{xx} & \tau^1_{xy} & 0 \\ \tau^1_{xy} & \sigma^1_{yy} & 0 \\ 0 & 0 & \sigma^1_{zz} \end{pmatrix} \cdot \begin{pmatrix} b \\ 0 \\ 0 \end{pmatrix}\right) \times \begin{pmatrix} 0 \\ 0 \\ 1 \end{pmatrix} + \left(\begin{pmatrix} \sigma^3_{xx} & \tau^3_{xy} & 0 \\ \tau^3_{xy} & \sigma^3_{yy} & 0 \\ 0 & 0 & \sigma^3_{zz} \end{pmatrix} \cdot \begin{pmatrix} b \\ 0 \\ 0 \end{pmatrix}\right) \times \begin{pmatrix} 0 \\ 0 \\ 1 \end{pmatrix}$$

$$\underline{K} = \begin{pmatrix} b\sigma^1_{xx} \\ b\,\tau^1_{xy} \\ 0 \end{pmatrix} \times \begin{pmatrix} 0 \\ 0 \\ 1 \end{pmatrix} + \begin{pmatrix} b\sigma^3_{xx} \\ b\,\tau^3_{xy} \\ 0 \end{pmatrix} \times \begin{pmatrix} 0 \\ 0 \\ 1 \end{pmatrix} = \begin{pmatrix} b\,\tau^1_{xy} \\ -b\sigma^1_{xx} \\ 0 \end{pmatrix} + \begin{pmatrix} b\,\tau^3_{xy} \\ -b\sigma^3_{xx} \\ 0 \end{pmatrix}$$

Kletterkraft: $\underline{K}_y = -b\sigma^1_{xx} - b\sigma^3_{xx} = -b\left(\sigma^1_{xx} + \sigma^3_{xx}\right)$

für $\sigma^1_{xx}: x = 20b$ und $\sigma^3_{xx}: x = -20b$

$$\Rightarrow \quad \underline{K}_y = -b\left(\sigma^1_{xx} + \sigma^3_{xx}\right) = \frac{10Gb^2}{2\pi\,(1-\nu)} \cdot 2 \cdot \frac{y\left(1200b^2 + y^2\right)}{\left(400b^2 + y^2\right)^2}$$

für y = 0: $\underline{K}_y = 0$

b) Bei einer unendlich ausgedehnten Disklination handelt es sich um eine symmetrische Kleinwinkelkippkorngrenze. Das Spannungsfeld begrenzt sich auf den Abstand der Versetzungen, wodurch die Kletterkraft vernachlässigbar klein ist.

6.16. Ein einseitig eingespannter Stab enthalte eine Stufenversetzung (siehe Skizze). In welche Richtung bewegt sich die Versetzung unter der Biegekraft F? Bestimmen Sie die Kraft auf die Versetzung.

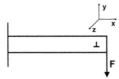

Lösung:

$$\underline{\underline{\sigma}} = \begin{pmatrix} 0 & -\tau_{xy} & 0 \\ -\tau_{xy} & 0 & 0 \\ 0 & 0 & 0 \end{pmatrix} \qquad \underline{s} = \begin{pmatrix} 0 \\ 0 \\ 1 \end{pmatrix} \qquad \underline{b} = \begin{pmatrix} b \\ 0 \\ 0 \end{pmatrix}$$

$$\underline{K} = \left(\underline{\underline{\sigma}} \cdot \underline{b}\right) \times \underline{s} = \left(\begin{pmatrix} 0 & -\tau_{xy} & 0 \\ -\tau_{xy} & 0 & 0 \\ 0 & 0 & 0 \end{pmatrix} \cdot \begin{pmatrix} b \\ 0 \\ 0 \end{pmatrix}\right) \times \begin{pmatrix} 0 \\ 0 \\ 1 \end{pmatrix}$$

$$= \begin{pmatrix} 0 \\ -\tau_{xy} \cdot b \\ 0 \end{pmatrix} \times \begin{pmatrix} 0 \\ 0 \\ 1 \end{pmatrix} = \begin{pmatrix} -\tau_{xy} \cdot b \\ 0 \\ 0 \end{pmatrix}$$

→ Kraft wirkt in negative x-Richtung → Die Versetzung bewegt sich in die negative x-Richtung.

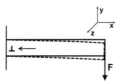

6.17. Die Stabachse einer Zugprobe eines Cu-Einkristalls sei parallel zur kristallographischen Richtung i) [236], ii) [001].

a) Bestimmen Sie für alle möglichen Gleitsysteme jeweils den Schmid-Faktor.
b) Welches Gleitsystem wird bei der plastischen Verformung als erstes aktiviert? Bei welcher technischen Zugspannung setzt plastische Verformung ein, wenn $\tau_{krit} = 3\,\text{MPa}$?
c) Wie wandert die Stabachse bei der weiteren plastischen Verformung?
d) Bestimmen Sie das Quergleitsystem.

Lösung

i) Stabachse parallel zu [236]

a) Cu → kfz = 12 Gleitsysteme vom Typ {111}<110>

Schmid-Faktor: $m = \cos\lambda\cos\kappa$

λ - Winkel zwischen Gleitebenennormale (GE) und der Stabachse (SA)

κ - Winkel zwischen Gleitrichtung (GR) und der Stabachse (SA)

$$\cos\lambda = \frac{[GE] \cdot [SA]}{\left|[GE]\right| \cdot \left|[SA]\right|} \qquad \cos\kappa = \frac{[GR] \cdot [SA]}{\left|[GR]\right| \cdot \left|[SA]\right|}$$

	m
$(111)\,[\bar{1}10]$	0,0916
$(111)\,[0\bar{1}1]$	0,2749
$(111)\,[\bar{1}01]$	0,3666
$(\bar{1}11)\,[110]$	0,2916
$(\bar{1}11)\,[0\bar{1}1]$	0,1750
$\boxed{(\bar{1}11)\,[101]}$	0,4666 → **primäres GS**
$(\bar{1}\,\bar{1}1)\,[\bar{1}10]$	0,0083
$(\bar{1}\,\bar{1}1)\,[101]$	0,0667
$(\bar{1}\,\bar{1}1)\,[011]$	0,0750
$(1\bar{1}1)\,[110]$	0,2083
$(1\bar{1}1)\,[\bar{1}01]$	0,1666
$(1\bar{1}1)\,[011]$	0,3749

b) Gleitsystem (GS) mit größtem Schmidfaktor wird als erstes aktiviert = primäres
   Gleitsystem $(\overline{1}11)$ [101] mit m = m_{max} = 0,4666
   technische Zugspannung (Streckgrenze R_p) für den Beginn der plastischen Verformung

$$\tau_{krit} = m \cdot R_p \quad \Leftrightarrow \quad R_p = \frac{\tau_{krit}}{m} \quad \Rightarrow R_p = \frac{3\,MPa}{0,4666} = 6,43\,MPa$$

Merke: Da der Schmidfaktor maximal wird, wenn $\lambda = \kappa = 45°$ im Zug- und
   Druckversuch,
   GE immer {111} über 001-011-Symmetrale des Stabachsendreiecks
   GR immer <110> über 001-111-Symmetrale des Stabachsendreiecks

c) Stabachse wandert bei Zugbeanspruchung zunächst in Richtung der primären
   Gleitrichtung → Richtung [101]
→ Grund:

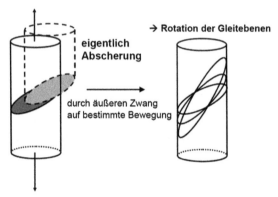

Wanderung der Stabachse in Richtung [101] bis Symmetrale erreicht ist

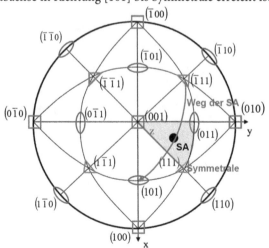

→ beim Erreichen der Symmetralen wird konjugiertes Gleitsystem aktiviert

$\rightarrow (1\bar{1}1)\,[011]$

$\rightarrow$ resultierende Gleitrichtung: $[101] + [011] = [112]$
Änderung der Orientierung in Richtung $[112]$

d) beide Gleitsysteme besitzen gleiche GR, aber andere GE
$\rightarrow$ <110>-Gleitrichtung gehört immer zwei {111}-Gleitebenen an: $(\bar{1}11)\,[101]$
und
$(\bar{1}\bar{1}1)\,[101] \rightarrow$ Quergleitsystem $(\bar{1}\bar{1}1)\,[101]$

ii) Stabachse parallel zu $[001]$

a)

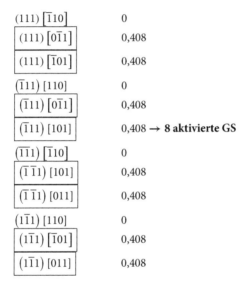

$(111)\,[\bar{1}10]$	0
$(111)\,[0\bar{1}1]$	0,408
$(111)\,[\bar{1}01]$	0,408
$(\bar{1}11)\,[110]$	0
$(\bar{1}11)\,[0\bar{1}1]$	0,408
$(\bar{1}11)\,[101]$	0,408 $\rightarrow$ **8 aktivierte GS**
$(\bar{1}\bar{1}1)\,[\bar{1}10]$	0
$(\bar{1}\bar{1}1)\,[101]$	0,408
$(\bar{1}\bar{1}1)\,[011]$	0,408
$(1\bar{1}1)\,[110]$	0
$(1\bar{1}1)\,[\bar{1}01]$	0,408
$(1\bar{1}1)\,[011]$	0,408

b) Gleitsysteme mit größtem Schmidfaktor werden als erstes aktiviert
$m_{max} = 0,408 \rightarrow$ Davon gibt es acht Gleitsysteme.

technische Zugspannung R_p für plastische Verformung

$$\tau_{krit} = m \cdot R_p \quad \Leftrightarrow \quad R_p = \frac{\tau_{krit}}{m} \quad \Rightarrow \quad R_p = \frac{3\,MPa}{0,408} = 7,35\,MPa$$

c) Summe aller Gleitrichtungen ist $[100]$, d. h. sie fällt mit der Richtung der SA zusammen. Deshalb ändert sich die Orientierung der SA bei der Verformung nicht (stabile Orientierung)

d) Gleitsystem (GS) und Quergleitsystem (QS) besitzen gleiche GR, aber andere GE

6.18. Die Stabachse einer Druckprobe eines α-Fe-Einkristalls sei parallel zur kristallographischen Richtung $[\bar{1}24]$.

$$\text{GS: } (111)\,[0\bar{1}1] \leftrightarrow \text{QS: } (\bar{1}11)\,[0\bar{1}1]$$
$$(111)\,[\bar{1}01] \leftrightarrow (1\bar{1}1)\,[\bar{1}01]$$
$$(\bar{1}11)\,[101] \leftrightarrow (\bar{1}\,\bar{1}1)\,[101]$$
$$(\bar{1}\,\bar{1}1)\,[011] \leftrightarrow (1\bar{1}1)\,[011]$$

a) Bestimmen Sie für alle möglichen Gleitsysteme jeweils den Schmid-Faktor.

b) Welches Gleitsystem wird bei der plastischen Verformung als erstes aktiviert? Bei welcher äußeren Spannung setzt plastische Verformung ein, wenn $\tau_{krit} = 3\,\text{MPa}$?

c) Wie wandert die Stabachse bei der weiteren plastischen Verformung?

d) Bestimmen Sie das Quergleitsystem.

Lösung:

a) α-Fe $\rightarrow$ krz = 12 Gleitsysteme vom Typ $\{110\}\,<111>$

SA: $[\bar{1}24]$

	m	
$(110)\,[\bar{1}11]$	0,1361	
$(110)\,[1\bar{1}1]$	0,0194	
$(1\bar{0})\,[\bar{1}11]$	-0,1750	
$(1\bar{1}0)\,[111]$	-0,2916	
$(101)\,[\bar{1}\,\bar{1}1]$	0,1750	
$(101)\,[\bar{1}11]$	0,4082	
$(011)\,[\bar{1}\,\bar{1}1]$	0,3499	
$(011)\,[1\bar{1}1]$	0,1166	
$(0\bar{1}1)\,[\bar{1}11]$	0,2722	
$(0\bar{1}1)\,[111]$	0,1944	
$(\bar{1}01)\,[111]$	0,4860	$\rightarrow$ **primäres GS**
$(\bar{1}01)\,[\bar{1}\,\bar{1}1]$	0,0972	

b) primäres Gleitsystem: $(\bar{1}01)\,[111]$ $\quad \sigma = \dfrac{\tau_{krit}}{m} = 6,17\,MPa$

c) Beim Druckversuch wandert die SA in Richtung der GE-Normalen

primäres GS: $\qquad\qquad$ SA $\rightarrow$ Ebenennormale $(\bar{1}01)$

konjugiertes GS $(011)\,[\bar{1}\bar{1}1]$: SA $\rightarrow$ Ebenennormale (011)

$\Rightarrow$ stabile Endlage: $[\bar{1}01] + [011] \Rightarrow [\bar{1}12]$

d) Eine $\langle 111 \rangle$-Richtung liegt in drei verschiedenen $\{110\}$-Ebenen. Daher gibt es zwei Quergleitsysteme: $(0\bar{1}1)\,[111]$ und $(1\bar{1}0)\,[111]$

6.19. Ein Werkstoffverbund bestehe aus zwei hintereinander angeordneten Einkristallen, Cu und Fe. Der Cu-Einkristall hat eine [123]-Orientierung, der Fe-Einkristall eine $[\bar{1}24]$-Orientierung.

a) Ermitteln Sie für beide Kristalle jeweils das Gleitsystem mit der maximalen Schubspannung für den Fall eines Druckversuches und für den Fall eines Zugversuches. Nennen Sie jeweils die konjugierten Gleitsysteme. Geben Sie für die aktiven Gleitsysteme die Schmidfaktoren an.

b) Bei welcher äußeren Zugspannung σ beginnt die Probe sich plastisch zu verformen ($\tau_{\text{krit(Cu)}} = 3\,\text{MPa}$, $\tau_{\text{krit(Fe)}} = 4\,\text{MPa}$)?

c) Bei welcher äußeren Zugspannung σ beginnt die Probe sich plastisch zu verformen, wenn der Verbundwerkstoff aus zwei nebeneinander angeordneten Einkristallen (Cu und Fe) besteht ($\tau_{\text{krit(Cu)}} = 3\,\text{MPa}$, $\tau_{\text{krit(Fe)}} = 4\,\text{MPa}$)?

Lösung:

a)

$$
\begin{array}{lll}
\text{Cu:} & \text{primäres GS:} & (\bar{1}11)\,[101] \\
& \text{konjugiertes GS (Zug):} & (1\bar{1}1)\,[011] \\
& \text{konjugiertes GS (Druck):} & (111)\,[\bar{1}01] \\
& \text{Schmidfaktor } m & = 0{,}4666 \\[2mm]
\text{Fe:} & \text{primäres GS:} & (\bar{1}01)\,[111] \\
& \text{konjugiertes GS (Zug):} & (101)\,[\bar{1}11] \\
& \text{konjugiertes GS (Druck):} & (011)\,[\bar{1}\,\bar{1}1] \\
& \text{Schmidfaktor } m & = 0{,}4860
\end{array}
$$

b) Anordnung der Kristalle hintereinander/untereinander

→ Beginn der Verformung wird durch den weicheren Kristall bestimmt

$$\sigma_{Cu} = \frac{\tau_{krit,Cu}}{m_{Cu}} = 6{,}4295\,MPa$$

$$\sigma_{Fe} = \frac{\tau_{krit,Fe}}{m_{Fe}} = 8{,}2305\,MPa$$

$$\Rightarrow \quad \sigma_{krit} = 6{,}4295\,MPa$$

c) Anordnung der Kristalle nebeneinander

   → Beginn der Verformung wird durch den festeren Kristall bestimmt

   ⇒ $\sigma_{krit} = 8,2305\,MPa$

6.20. Um aus den gemessenen Daten von Last F und Verlängerung l die Schubspannungs-Abgleitungskurven $\tau - \gamma$ eines Einkristalls zu ermitteln, muss die Änderung des Schmid-Faktors bei der Verformung berücksichtigt werden. Leiten sie eine entsprechende Umrechnungsformel für koplanare Doppelgleitung her (am Beispiel einer $[\overline{1}22]$-Stabachse). Verwenden Sie zur Herleitung die Beziehungen $q/q_0 = 1+\varepsilon = \sin(\delta_0)/\sin(\delta)$ und $\tau \cdot d\gamma = \sigma \cdot d\varepsilon$. (q: Probenquerschnitt). δ ist der Winkel zwischen Stabachse und resultierender Gleitrichtung.

Lösung:

wahre Zugspannung: $\sigma_w = F/q$ wahres Dehnungsinkrement: $d\varepsilon_w = dl/l$

Umrechnung von Zug- in Schubspannung: $\tau = \sigma_w \cdot \cos\kappa \cdot \cos\lambda$

Bei koplanarer Doppelgleitung wandert die Stabachse bei Zugverformung auf dem Großkreis $((111), (\overline{1}11))$ in die resultierende Gleitrichtung $[\overline{2}11]$

Definitionen:

κ: Winkel zwischen Gleitebene (GE) und Stabachse

λ: Winkel zwischen Gleitrichtung (GR) und Stabachse

δ: Winkel zwischen resultierender GR und Stabachse

- Beziehung zwischen κ und δ:
  da Winkel zwischen (111) und $[\overline{2}11]$ = 90°
  → $\cos\kappa = \sin\delta$

- Beziehung zwischen λ und δ:
  Seiten-Kosinussatz der sphärischen Trigonometrie:
  $\cos\lambda = \cos\delta \cdot \cos c + \sin\delta \cdot \sin c \cdot \cos\alpha$
  α = Schnittwinkel der Ebenen, die von [011] und $[\overline{2}11]$ sowie $[\overline{1}01]$ und $[\overline{2}11]$ aufgespannt werden

Ebenennormale: $n_1 = \dfrac{[011] \times [\bar{2}11]}{|n_1|} = \dfrac{1}{\sqrt{2}}[0\bar{1}1]$

$n_2 = \dfrac{[\bar{1}01] \times [\bar{2}11]}{|n_2|} = \dfrac{1}{\sqrt{3}}[\bar{1}\,\bar{1}\,\bar{1}]$

$\rightarrow \quad \cos\alpha = n_1 \cdot n_2 = 0 \quad \Rightarrow \quad \alpha = \dfrac{\pi}{2}$

$\rightarrow \quad \cos\lambda = \cos\delta \cdot \cos c$

$\cos c = \dfrac{1}{\sqrt{12}}[\bar{1}01] \cdot [\bar{2}11] = \dfrac{\sqrt{3}}{2}$

$\cos\lambda = \dfrac{\sqrt{3}}{2}\cos\delta$

- Berechnung der Schubspannung:

$\tau = \sigma_w \cdot \cos\kappa \cdot \cos\lambda$ mit $q/q_0 = 1 + \varepsilon = \sin(\delta_0)/\sin(\delta)$

$$\Rightarrow \quad \tau = \sigma_w \cdot \cos\kappa \cdot \cos\lambda = \dfrac{F}{q_0} \cdot (1 + \varepsilon) \cdot \dfrac{\sqrt{3}}{2} \cdot \dfrac{\sin\delta_0}{(1 + \varepsilon)} \cdot \sqrt{1 - \dfrac{\sin^2\delta_0}{(1 + \varepsilon)^2}}$$

$$\Rightarrow \quad \boxed{\tau = \dfrac{F}{q_0} \cdot \dfrac{\sqrt{3}}{2} \cdot \dfrac{\sin\delta_0}{(1 + \varepsilon)}\sqrt{(1 + \varepsilon)^2 - \sin^2\delta_0}}$$

- Berechnung der Abgleitung:

$\tau \cdot d\gamma = \sigma_w \cdot d\varepsilon_w$

$\Leftrightarrow d\gamma = \dfrac{d\varepsilon_w}{\cos\kappa \cdot \cos\lambda}$

mit $\varepsilon_w = \ln(1 + \varepsilon) \Rightarrow \dfrac{d\varepsilon_w}{d\varepsilon} = \dfrac{1}{1 + \varepsilon}$

$$\Rightarrow \quad d\gamma = \dfrac{2}{\sqrt{3}} \cdot \dfrac{(1 + \varepsilon) \cdot d\varepsilon}{\sin\delta_0\sqrt{(1 + \varepsilon)^2 - \sin^2\delta_0}}$$

$$\Rightarrow \quad \gamma = \dfrac{2}{\sqrt{3} \cdot \sin\delta_0} \cdot \int\limits_0^\varepsilon \dfrac{(1 + \varepsilon)\,d\varepsilon}{\sqrt{(1 + \varepsilon)^2 - \sin^2\delta_0}} \quad \text{mit} \int \dfrac{x\,dx}{\sqrt{x^2 + a^2}} = \sqrt{x^2 + a^2}$$

$$\Rightarrow \quad \gamma = \dfrac{2}{\sqrt{3} \cdot \sin\delta_0} \cdot \left[\sqrt{(1 + \varepsilon)^2 - \sin^2\delta_0} + const.\right]_0^\varepsilon$$

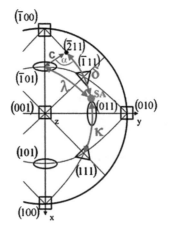

Randbedingung: $\gamma = 0$ für $\varepsilon = 0 \rightarrow \quad const. = -\dfrac{2 \cdot \cos \delta_0}{\sqrt{3} \cdot \sin \delta_0}$

$$\Rightarrow \quad \boxed{\gamma = \frac{2}{\sqrt{3} \cdot \sin \delta_0} \cdot \cdot \left(\sqrt{(1 + \varepsilon)^2 - \sin^2 \delta_0} - \cos \delta_0 \right)}$$

6.21. Berechnen Sie die Aufspaltungsweite einer Stufenversetzung in Cu und Al ($a_{Cu} = 3{,}6$ Å, $G_{Cu} = 48$ GPa, $\gamma_{Cu} = 0{,}05$ N/m, $a_{Al} = 4{,}0$ Å, $G_{Al} = 27$ GPa, $\nu = 0{,}3$, $\gamma_{Al} = 0{,}18$ N/m).

Lösung:

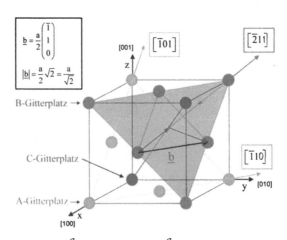

vollständige Versetzung: $\underline{b} = \dfrac{a}{2}[\bar{1}10]$ mit $|\underline{b}| = \dfrac{a}{\sqrt{2}}$ mit Gleitebene (111)

nach Aufspaltung unter der Bedingung $\underline{b} = \underline{b}_1 + \underline{b}_2$ liegen zwei Halbversetzungen, sog. „Shockley partials"/Shockleysche Partialversetzungen vor:

$$\underline{b}_1 = \frac{a}{6}[\bar{2}11] \text{ und } \underline{b}_2 = \frac{a}{6}[\bar{1}2\bar{1}] \text{ mit } |\underline{b}_1| = |\underline{b}_2| = \frac{a}{\sqrt{6}}$$

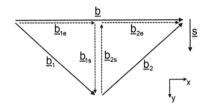

Welche Kräfte wirken?

- Keine Kräfte zwischen Stufen- und Schraubenanteilen
- Kräfte zwischen Stufenanteilen
- Kräfte zwischen Schraubenanteilen

Es ist nur eine Betrachtung der Kraftkomponenten in Richtung des Burgersvektors notwendig, da die Aufspaltung in der Gleitebene erfolgt.

Bei der Aufspaltungsweite x_0 sollen die Kräfte zwischen den Versetzungen und die Kraft zur Erzeugung des Stapelfehlers im Gleichgewicht stehen:

$$K_e(x_0) + K_s(x_0) + K_{SF} = 0$$

für $r = x_0$

Stufenanteile:

parallele Stufen ($\theta = 0°$): $K_e(x_0) = \dfrac{Gb_{1e} \cdot b_{2e}}{2\pi(1-v)} \cdot \dfrac{\cos\theta \cos 2\theta}{r} = \dfrac{Gb_{1e} \cdot b_{2e}}{2\pi(1-v)} \cdot \dfrac{1}{x_0} \cdot L$

Schraubenanteile:

antiparallele Schrauben: $K_s(x_0) = -\dfrac{Gb_{1s} \cdot b_{2s}}{2\pi} \cdot \dfrac{x}{x^2+y^2} = -\dfrac{Gb_{1s} \cdot b_{2s}}{2\pi} \cdot \dfrac{1}{x_0} \cdot L$

Stapelfehler: $K_{SF} = -\gamma_{SF} \cdot L$

$$\Rightarrow \gamma_{SF} = \frac{G}{2\pi} \cdot \frac{1}{x_0} \left(\frac{b_{1e} \cdot b_{2e}}{(1-v)} - b_{1s} \cdot b_{2s} \right) \quad \Rightarrow \boxed{ x_0 = \frac{G}{2\pi} \cdot \frac{1}{\gamma_{SF}} \left(\frac{b_{1e} \cdot b_{2e}}{(1-v)} - b_{1s} \cdot b_{2s} \right) }$$

$$b_{1e} = b_{2e} = \frac{|b|}{2} = \frac{a}{2\sqrt{2}}$$

$$|b_1| = b_{1e}^2 + b_{1s}^2 \quad \rightarrow \quad b_{1s} = \frac{a}{\sqrt{24}} = b_{2s}$$

$$\Rightarrow \quad x_0 = \frac{G}{2\pi} \cdot \frac{1}{\gamma_{SF}} \left[\frac{1}{(1-v)} \cdot \frac{a^2}{8} - \frac{a^2}{24} \right]$$

mit $b^2 = \left(\dfrac{a}{\sqrt{2}} \right)^2 = \dfrac{a^2}{2} \quad \rightarrow \quad x_0 = \dfrac{G}{2\pi \cdot \gamma_{SF}} \left(\dfrac{1}{(1-v)} \cdot \dfrac{b^2}{4} - \dfrac{b^2}{12} \right)$

$$x_0 = \frac{G}{2\pi \cdot \gamma_{SF}} \cdot \frac{b^2}{12} \left(\frac{3}{(1-v)} - 1 \right) = \frac{Gb^2}{24\pi \cdot \gamma_{SF}} \left(\frac{3-1+v}{1-v} \right) = \frac{Gb^2}{24\pi \cdot \gamma_{SF}} \left(\frac{2+v}{1-v} \right)$$

Aufspaltungsweite in Cu:

$a_{Cu} = 3,6\,\text{Å}, G_{Cu} = 48\,\text{GPa}, \gamma_{Cu} = 0,05\,\text{N/m}, \nu = 0,3$

$\Rightarrow \quad x_0 = 27,1\,\text{Å} \approx 11b$

Aufspaltungsweite in Al:
$a_{Al} = 4,0\,\text{Å}, G_{Al} = 27\,\text{GPa}, \nu = 0,3, \gamma_{Al} = 0,18\,\text{N/m}$

$\Rightarrow \quad x_0 = 5,23\,\text{Å} \approx 2b$

6.22. Leiten Sie den Kraftverlauf beim Vorbeibewegen einer geraden Stufenversetzung an einem unbeweglichen Fremdatom unter der Annahme parelastischer Wechselwirkung her. Gehen Sie von der Wechselwirkungsenergie aus. Skizzieren Sie die Verläufe F(x) und E(x).

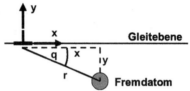

Lösung:
- parelastische Wechselwirkung:
  - basiert auf Wechselwirkung zwischen hydrostatischem Spannungsfeld der Stufenversetzung und isotropem Spannungsfeld des Fremdatoms
  - Wechselwirkung besteht in der Regel nur zwischen Stufenversetzungen und Fremdatomen
  - Schraubenversetzungen haben kein hydrostatisches Spannungsfeld und tragen daher normalerweise nicht zur parelastischen Wechselwirkung bei (bei tetragonalem Verzerrungsfeld des Fremdatoms können auch Schraubenversetzungen zur parelastischen Wechselwirkung beitragen)
- Hier wird nur die Wechselwirkung zwischen Fremdatom und Stufenversetzung betrachtet
- Zwischen Stufenversetzung u. Fremdatom herrscht folgende Wechselwirkungsenergie:

$$\Delta E^p = -p \cdot \Delta V \left(3 \cdot \frac{1 - \nu}{1 + \nu} \right)$$

p := hydrostatisches Spannungsfeld der Versetzung
ΔV := Volumenänderung durch Fremdatom

- für hydrostatische Spannungsfeld der Versetzung gilt:

$$p = \frac{1}{3} \left(\sigma_{xx} + \sigma_{yy} + \sigma_{zz} \right) = -\frac{Gb}{3\pi r} \cdot \frac{1 + \nu}{1 - \nu} \cdot \sin\theta$$

r := Abstand zwischen Versetzung und Fremdatom

- Annahme in dem in der Skizze gegebenen Fall:
  - Fremdatom unterhalb der Versetzung
  - Fremdatom größer als die Atome des Matrixgitters
    - → übt Druckspannungen auf umliegendes Gitter aus
    - → Anordnung der Versetzung oberhalb des Fremdatoms, da unterhalb der Versetzungen Zugspannungen
- wichtig:
  - bei nachfolgender Rechnung liegt Koordinatenursprung immer im Zentrum der Versetzung
  - nur so Gültigkeit der Angaben bzgl. des hydrostatischen Spannungsfeldes der Versetzung
- Abstand zwischen Fremdatom und Versetzung r und Winkelkoordinate θ als Funktion der Größen x und y ausgedrückt:

$$\sin\theta = \frac{y}{r} \qquad r^2 = x^2 + y^2$$

- Ableitung der Energie nach dem Ort zur Bestimmung des horizontalen Kraftverlaufs zwischen Stufenversetzung und Fremdatom: $F^p = -\dfrac{dE^p}{dx}$

$$-\frac{dE^p}{dx} = -\frac{d}{dx}\left(\frac{Gb}{3\pi r}\cdot\frac{1+\nu}{1-\nu}\cdot\frac{y}{r}\cdot\Delta V\cdot 3\cdot\frac{1-\nu}{1+\nu}\right)$$

$$\Leftrightarrow -\frac{dE^p}{dx} = -\frac{d}{dx}\left(\frac{Gb\cdot\Delta V}{\pi}\cdot\frac{y}{x^2+y^2}\right)$$

$$\Leftrightarrow -\frac{dE^p}{dx} = -\frac{Gb\cdot\Delta V\cdot y}{\pi}\cdot\frac{d}{dx}\left[(x^2+y^2)^{-1}\right]$$

$$\Leftrightarrow -\frac{dE^p}{dx} = -\frac{Gb\cdot\Delta V\cdot y}{\pi}\cdot(-1)\cdot(x^2+y^2)^{-2}\cdot 2x$$

$$\Leftrightarrow F^p = \frac{2\cdot Gb\cdot\Delta V}{\pi}\cdot\frac{x\cdot y}{\left(x^2+y^2\right)^2}$$

- Die Kraft wird Null für den Fall $x = 0$ und für $x \to \pm\infty$
- Bestimmung der Extrema des Kraftverlaufs

$$\frac{dF^p}{dx} = 0 \quad \Leftrightarrow \quad \frac{dF^p}{dx} = \frac{d}{dx}\left[\frac{2\cdot Gb\cdot\Delta V}{\pi}\cdot\frac{x\cdot y}{\left(x^2+y^2\right)^2}\right] = 0$$

$$\Leftrightarrow \frac{d}{dx}\left(\frac{x\cdot y}{\left(x^2+y^2\right)^2}\right) = 0$$

$$\Leftrightarrow \frac{y\cdot\left(x^2+y^2\right)^2 - x\cdot y\cdot 2\cdot\left(x^2+y^2\right)\cdot 2x}{\left(x^2+y^2\right)^4} = 0$$

$$\Leftrightarrow x^2 + y^2 = 4x^2$$

$$\Leftrightarrow x^2 = \frac{y^2}{3} \quad \Leftrightarrow \quad x = \pm\frac{y}{\sqrt{3}}$$

- Kraftverlauf F^p skizziert (berücksichtigt, dass Fremdatom unterhalb der Versetzung und Größe y folglich negativ):

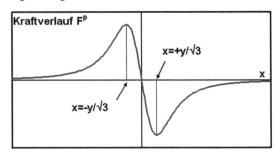

- entsprechender Verlauf der Energie:

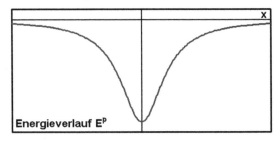

6.23. Im binären System Ni-Cu mit vollständiger Mischbarkeit sind die Gitterkonstanten sehr ähnlich. Eine parelastische Wechselwirkung kann daher vernachlässigt werden. Berechnen Sie die kritische Schubspannung für Cu - 5 at.% Ni bei Raumtemperatur. (Änderung des Moduls: $d\ln G/dc_{Ni} = 0{,}62$)

Hinweis: Die Gleitebene liege bei $y = 0{,}5 \cdot d_{\{111\}}$. Nehmen Sie an, dass das Atomvolumen $\Omega = b^3$.

Lösung:

nur dielastische WW: $\Delta E^d = \dfrac{Gb^2}{8\pi^2 r^2}\,\Omega\eta \quad$ mit $\eta = \dfrac{d\ln G}{dc^a}$

$$r^2 = x^2 + y^2$$

$$\Delta E^d = \frac{A}{r^2} \quad \text{mit } A = \frac{Gb^2\Omega\eta}{8\pi^2}$$

$$\Rightarrow \quad F^d = -\frac{d\,\Delta E^d}{dx} = -\frac{d}{dx} \cdot \left(\frac{A}{r^2}\right) = -\frac{d}{dx} \cdot \left(\frac{A}{x^2 + y^2}\right)$$

$$= -\left(-\frac{A \cdot 2x}{\left(x^2 + y^2\right)^2}\right) = \frac{2Ax}{r^4}$$

maximale Kraft: $\dfrac{dF^d}{dx} = 0 \Leftrightarrow x = \pm\dfrac{y}{\sqrt{3}}$ mit $y = \dfrac{d_{\{111\}}}{2} = \dfrac{a}{2\sqrt{3}}$

$$\Rightarrow \quad F^d_{max} = \frac{2A}{r^4} \cdot \left(\frac{y}{\sqrt{3}}\right) = \frac{3\sqrt{3}}{64\pi^2} Gb^2 \Omega \frac{dlnG}{dc^a} \cdot \frac{1}{y^3}$$

für die Mischkristallhärtung gilt: $\dfrac{\Delta\tau_C}{G} = \dfrac{1}{\sqrt{3}} \cdot \left(\dfrac{F_{max}}{Gb^2}\right)^{\frac{3}{2}} \cdot \sqrt{c^a}$

mit $\dfrac{d\ln G}{dc_{Ni}} = 0{,}62$, $y = \dfrac{a}{2\sqrt{3}}$, $b = \dfrac{a}{\sqrt{2}}$, $c^a = 0{,}05$ und $\Omega = b^3$

$$\Rightarrow \quad \frac{\Delta\tau_c}{G} = 2{,}649 \cdot 10^{-3}$$

6.24. Berechnen Sie die Orowan-Spannung für eine mit kugelförmigen Al_2O_3 Partikeln (Radius r) verstärkte Cu-Probe. ($G_{Cu} = 40\,GPa$, $b_{Cu} = 0{,}25\,nm$, $b_{Al} = 0{,}29\,nm$, $r = 10\,nm$, $f = 1\,Vol.\%$)

Lösung:

$$\tau_{Orowan} = \frac{Gb\sqrt{f}}{r} = \frac{40\,GPa \cdot 0{,}25\,nm \cdot \sqrt{0{,}01}}{10\,nm} = 0{,}1\,GPa = 100\,MPa$$

6.25. Gegeben sei eine Fe-Feder mit einem angehängten Gewicht mit m = 100 g (Federkonstante D = 4 N/m), an der zur Auslenkung mit einer Kraft F = 0,5 N gezogen wird. Berechnen Sie das logarithmische Dekrement des gedämpften harmonischen Oszillators, wenn die Schwingung nach der ersten Auslenkung frei verlaufen kann. (Abklingkoeffizient $d = 0{,}1\,s^{-1}$)

Lösung:
Bewegungsgleichung einer gedämpften Schwingung: $m\ddot{x} + a\dot{x} + Dx = 0$

(mit m - Masse, a - Dämpfungskonstante)

Lösung: $x(t) = x_0 \cdot e^{-dt} \cdot cos\,(\omega t)$
(d - Abklingkoeffizient, ω – Kreisfrequenz)
Berechnung der Anfangsauslenkung x_0:

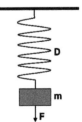

$$F_{gesamt} = Dx_0 \quad \Leftrightarrow \quad x_0 = \frac{F + m \cdot g}{D} = \frac{0,5N + 9,81\frac{m}{s^2} \cdot 0,1kg}{4\frac{N}{m}} = 0,37m$$

$$\text{Periodendauer } T = 2\pi\sqrt{\frac{m}{D}} = 2\pi\sqrt{\frac{0,1kg}{4\frac{N}{m}}} = 0,9935s \approx 1s$$

→ erste Amplitude A_1 ist Anfangsauslenkung $x_0 = 0,37$ m

→ zweite Amplitude A_2 nach einer Periodendauer T = 1s:

$$x(1s) = 0,37m \cdot e^{-0,1 \cdot 1s} \cdot \cos(2\pi) = 0,335m$$

Daraus folgt für das logarithmische Dekrement $\delta = ln\frac{A_1}{A_2} = 0,101$

Kapitel 7

7.1. Nach vollständiger Rekristallisation sei die Korngrößenverteilung einer Fe-17%Cr-Probe gegeben nach Tab. 1. Nach einer weiteren Glühbehandlung ändert sich die Korngrößenverteilung zu den angegebenen Daten in Tab. 2
Welcher Prozess hat bei der weiteren Glühbehandlung stattgefunden?

Tabelle 1		Tabelle 2	
Korngrößenbereich (μm)	Häufigkeit	Korngrößenbereich (μm)	Häufigkeit
0–2	11	0–20	10
2–4	18	20–40	18
4–6	19	40–60	20
6–8	17	60–80	19
8–10	13	80–100	17
10–12	9	100–120	15
12–14	5	120–140	13
14–16	3	140–160	10
16–18	2	160–180	7
18–20	1	180–200	5
		200–220	3
		220–240	2
		240–260	1

Lösung:

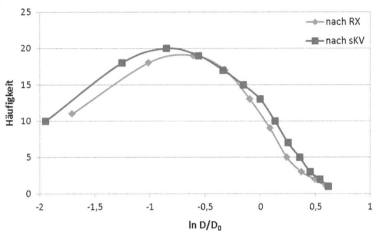

Es hat stetige Kornvergrößerung stattgefunden, da die Korngrößenverteilung selbstähnlich geblieben ist.

7.2.

a) Berechnen Sie am Beispiel von Cu die treibende Kraft p [MPa] für die primäre Rekristallisation ($\rho_{\text{verformt}} = 10^{16}\,\text{m}^{-2}$, $\rho_{\text{Rekr.}} = 10^{10}\,\text{m}^{-2}$, G = 48 GPa, a = 3,61 Å).

b) Berechnen Sie für Cu größenordnungsmäßig die treibende Kraft p [MPa] für die unstetige Kornvergrößerung unter der Annahme, dass ein großes Korn in ein Gefüge mit würfelförmigen Körnern der Korngröße D = 0,1 mm hineinwächst.

c) Berechnen Sie die treibende Kraft der tertiären Rekristallisation für ein Blech der Dicke h = 1 mm mit $\gamma_O^1 = 1\,Jm^{-2}$, $\gamma_O^2 = 0,95\,Jm^{-2}$.

Lösung:

a) primäre Rekristallisation: (mit $b = \dfrac{a}{\sqrt{2}}$)

$$p = \frac{Gb^2\left(\rho_{Def} - \rho_{RX}\right)}{2} = \frac{48\,GPa \cdot \left(3,61 \cdot 10^{-10}m\right)^2 \cdot \left(10^{16}m^{-2} - 10^{10}m^{-2}\right)}{2 \cdot 2}$$

$$= 15\,MPa$$

b) unstetige Kornvergrößerung:

$$p = \frac{3\gamma_{KG}}{D} = \frac{3 \cdot 0,5\,Jm^{-2}}{0,1 \cdot 10^{-3}m} = 1,5 \cdot 10^{-2}\,MPa$$

c) tertiäre Rekristallisation: $\Delta\gamma_O = 1\,Jm^{-2} - 0,95\,Jm^{-2} = 0,05\,Jm^{-2}$

$$p = \frac{2\Delta\gamma_O}{h} = \frac{2 \cdot 0,05\,Jm^{-2}}{1 \cdot 10^{-3}m} = 10^{-4}\,MPa$$

7.3. Berechnen Sie die kritische Keimgröße für die primäre Rekristallisation in Cu sowie die Wahrscheinlichkeit zur Bildung solcher Keime durch thermische Fluktuation für kugelförmige Keime bei 1000 K (γ_{KG} = 1 J/m^2, G = 48·10^9 N/m^2, b = 2,5·10^{-10} m, ρ = 10^{16} m^{-2}).

Lösung:

$$r_c = \frac{2 \cdot \gamma_{KG}}{1/2 Gb^2 \, \rho_{Def}} = \frac{2 \cdot 1 \, Jm^{-2}}{0,5 \cdot 48 \cdot 10^9 \, Nm^{-2} \left(2,5 \cdot 10^{-10} \, m\right)^2 \cdot 10^{16} \, m^{-2}} = 133 \, nm$$

$$\Delta G_0^{krit} = \frac{16}{3} \cdot \frac{\pi \, (\gamma_{KG})^3}{\left(1/2 Gb^2 \, \rho_{Def}\right)^2} = \frac{16 \cdot \pi \cdot \left(1 \, Jm^{-2}\right)^3}{3 \cdot (0,5 \cdot 48 \cdot 10^9 \, Nm^{-2} (2,5 \cdot 10^{-10} \, m)^2 \cdot 10^{16} m^{-2})^2}$$

$$= 0,74 \cdot 10^{-13} \, J$$

→ Häufigkeit, mit der solche Keime durch thermische Fluktuationen entstehen:

$$N(T) = N_0 \cdot \exp\left(-\frac{\Delta G_0}{kT}\right)$$

→ Exponentialausdruck = Wahrscheinlichkeit zur Bildung eines Keims bei T

$$\exp\left(-\frac{\Delta G_0}{kT}\right) = \exp\left(-\frac{0,74 \cdot 10^{-13} \, J}{1,3806 \cdot 10^{-23} \, JK^{-1} \cdot 1000 \, K}\right) \approx 0$$

→ Keine Keimbildung durch thermische Fluktuationen!

7.4. Die Rekristallisationszeit betrage t_R = 300 s, die mittlere Endkorngröße wurde im Schliffbild mit 0,1 mm^2 bestimmt.

a) Berechnen Sie die Kornwachstumsgeschwindigkeit v und die Keimbildungsgeschwindigkeit $\dot{N}$ unter der Voraussetzung, dass beide Größen konstant und isotrop sind.

b) Wie würde sich die Endkorngröße d bei einer Verdoppelung der Keimbildungsgeschwindigkeit verändern?

Lösung:

a)

Annahmen:

- Korndurchmesser im Schliffbild = Korngröße
- kreisförmige Körner: $A = \pi \cdot r^2 = \pi \cdot \left(\frac{d}{2}\right)^2 \Rightarrow d = \sqrt{\frac{4 \cdot A}{\pi}}$
- v, $\dot{N}$=const.
- isotropes Wachstum, homogene Keimbildung

$$d = 2 \cdot v \cdot t_R \qquad \rightarrow \qquad v = \frac{d}{2 \cdot t_R} = \sqrt{\frac{4A}{\pi}} \cdot \frac{1}{2 \cdot t_R} = 5,95 \cdot 10^{-4} \frac{mm}{s}$$

$$t_R = \left(\frac{\pi}{3} \dot{N} v^3\right)^{-1/4} \qquad \rightarrow \qquad \dot{N} = \frac{3}{\pi \cdot v^3} \cdot t_R^{-4} = 0,56 \, mm^{-3} s^{-1}$$

b) $d \propto \left(\dfrac{v}{\dot{N}}\right)^{1/4}$

Verdopplung von $\dot{N} \quad \rightarrow \quad d' \propto \left(\dfrac{v}{2 \cdot \dot{N}}\right)^{1/4}$

$$\frac{d'}{d} = \left(\frac{1}{2}\right)^{1/4} \quad \Leftrightarrow \quad d' = \frac{1}{\sqrt[4]{2}} \cdot d$$

→ Endkorngröße nimmt um vierte Wurzel von $2 \approx$ Faktor 1,2 ab

für den in a) betrachteten Fall:

$$d = \sqrt{\frac{4 \cdot A}{\pi}} = \sqrt{\frac{4 \cdot 0,1 \, mm^2}{\pi}} = 0,36 \, mm$$

$$d' = \frac{1}{\sqrt[4]{2}} \cdot d = \frac{1}{\sqrt[4]{2}} \cdot 0,36 \, mm = 0,30 \, mm$$

7.5.

a) Leiten Sie einen Ausdruck für die rücktreibende Kraft her, mit der eine Korngrenze an kugelförmigen Ausscheidungen mit dem Radius r und dem Volumenbruchteil f festgehalten wird.

b) Berechnen Sie diese Kraft für den folgenden Fall: f $= 3$ Vol. %, r $= 0,1 \, \mu$m, $\gamma = 0,8 \, Jm^{-2}$.

c) Bei welchem Korndurchmesser käme die stetige Kornvergrößerung durch solche Teilchen zum Stillstand?

Lösung:

a) Es wirkt eine rücktreibende Kraft auf die Korngrenze (KG) durch kleine Teilchen (Zener-Kraft)

- an Kontaktfläche wird Korngrenzenfläche eingespart (Teilchen ersetzt KG)
- Zunahme der Korngrenzenfläche beim Ablösen der Korngrenze von den Teilchen

  → aufgrund des Gleichgewichts der Oberflächenspannungen steht die Korngrenze senkrecht auf dem Teilchen

  F: Kraft der Korngrenze auf Teilchenmittelpunkt gerichtet

  A: eingesparte Korngrenzenfläche pro Teilchen

  n: Anzahl Teilchen pro Volumeneinheit

  n': Anzahl Teilchen pro Flächeneinheit der Korngrenze

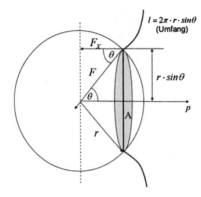

$$p_R = \frac{dG}{dV} = \gamma_{KG}\frac{dA}{dV}$$

$$\gamma_{KG} = \gamma = \frac{Energie}{Fläche} = \frac{Kraft}{Länge}$$

$$\gamma_{KG} = \frac{F}{l} \Rightarrow F = \gamma_{KG} \cdot l$$

$$F_x = F \cdot \cos\theta = \gamma_{KG} \cdot 2\pi \cdot r \cdot \sin\theta \cdot \cos\theta$$

F_x wird maximal, wenn $\theta = 45°$

$$\Rightarrow F_x^{max} = \pi \cdot r \cdot \gamma_{KG}$$

$$\Rightarrow p_R^{max} = -n' \cdot \pi \cdot r \cdot \gamma_{KG}$$

Volumenbruchteil der Teilchen: $f = n \cdot \frac{4}{3}\pi r^3 \quad \Leftrightarrow \quad n = \frac{f}{4/3\pi r^3}$

Anzahl von Teilchen pro Flächeneinheit in Kontakt mit der Korngrenze

$$n' = n \cdot 2r \quad \Leftrightarrow \quad n' = \frac{f}{4/3\pi r^3} \cdot 2r = \frac{3f}{2\pi r^2}$$

wenn pro Teilchen $p_R^{max} = -n' \cdot \pi \cdot r \cdot \gamma = -\frac{3}{2}f\frac{\gamma}{r}$

$$\boxed{p_R^{max} = -\frac{3}{2} \cdot f \cdot \frac{\gamma}{r}} \quad \rightarrow \quad \text{Zener-Kraft}$$

b) Beispiel: $p_R^{max} = -\frac{3}{2} \cdot 0{,}03 \cdot 0{,}8\frac{J}{m^2} \cdot \frac{1}{0{,}1 \cdot 10^{-6}\,m} = -0{,}36\,MPa$

c) $p_{sKV} + p_R = 0$ für stetige Kornvergrößerung: $p_{sKV} = \frac{2\gamma_{KG}}{R}$

                     Krümmungsradius $R = 10 \cdot d$

                     (d := Korndurchmesser)

$$p_{sKV} + p_R = 0 = \frac{2\gamma_{KG}}{R} - \frac{3}{2}f \cdot \frac{\gamma_{KG}}{r_T} = \frac{\gamma_{KG}}{5 \cdot d_{max}} - \frac{3}{2}f \cdot \frac{\gamma_{KG}}{r_T}$$

$$\Rightarrow d^{max} = \frac{2}{15} \cdot \frac{r_T}{f} = \frac{2}{15} \cdot \frac{0{,}1 \cdot 10^{-6}\,\mu m}{0{,}03} = 0{,}44\,\mu m$$

7.6. Bei einer superplastischen Probe darf eine maximale Korngröße von $10\,\mu m$ nicht überschritten werden. Da superplastische Verformung erst bei hohen Temperaturen abläuft, ist mit Kornwachstum zu rechnen. Welche Größe r_T müssen Ausscheidungen haben, wenn sie das stetige Kornwachstum beim Versuch unterdrücken sollen (ausgeschiedener Volumenbruchteil $f = 4$ Vol.%)? Nehmen Sie an, dass der Krümmungsradius R der Korngrenzen etwa zehnmal so groß ist wie die mittlere Korngröße d und $\gamma = 1\,Jm^{-2}$.

Lösung:

$$d^{max} = 10\mu m \quad p_{sKV} = \frac{2\gamma}{R} \approx \frac{2\gamma}{10d} \quad p_R = -\frac{3}{2}\gamma\frac{f}{r_T}$$

Stillstand des Kornwachstums: $\sum p = 0$

$$\Rightarrow \quad p_{sKV} + p_R = 0$$

$$\frac{2\gamma}{10 \cdot d^{max}} = \frac{3}{2} \cdot \gamma \cdot \frac{f}{r_T} \quad \rightarrow \quad r_T = \frac{3}{2} \cdot \gamma \cdot f \cdot \frac{10 \cdot d^{max}}{2 \cdot \gamma} = 3\mu m$$

7.7. Leiten Sie das Zeitgesetz der unstetigen Kornvergrößerung her.

Lösung:

Annahme: Die Korngrenzengeschwindigkeit ist die zeitliche Änderung des halben Korndurchmessers $v = \frac{1}{2} \cdot \frac{dD}{dt}$ (D: Größe des wachsenden Korns)

$$v = mp \quad p = 3 \cdot \frac{\gamma_{KG}}{d} \quad \text{(d: Größe des aufgezehrten Korns)}$$

$$\rightarrow \quad v = mp = m \cdot 3\frac{\gamma_{KG}}{d} = \frac{1}{2}\frac{dD}{dt} \quad \rightarrow \quad dD = \frac{6m\gamma_{KG}}{d}dt$$

Integration: $\int_{D_0}^{D} dD = \int_{t_0}^{t} \frac{6m\gamma_{KG}}{d}dt \quad \rightarrow \quad D - D_0 = \frac{6m\gamma_{KG}}{d}(t - t_0)$

Mit $D\,(t = t_0) = D_0$ für $t_0 = 0 \rightarrow \quad D = D_0 + k \cdot t$ mit $k = \frac{6m\gamma_{KG}}{d}$

7.8. Berechnen Sie die maximale Korngröße, die durch stetige Kornvergrößerung in einem Blech der Dicke $H = 0,5$ mm eingestellt werden kann, wenn die Korngrenzen an der Blechoberfläche durch thermische Ätzung zurückgehalten werden. Nehmen Sie an, dass der Krümmungsradius der Korngrenzen R etwa fünfmal so groß ist wie die mittlere Korngröße d. ($\gamma_O = 4\gamma_{KG}$)

Lösung:

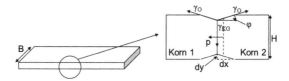

→ Bildung einer Furche an der Korngrenze

im Gleichgewicht: Summe aller Grenzflächenenergien senkrecht zur Oberfläche gleich null

$$\sum \gamma_{iy} = 0 \quad \rightarrow \quad 2 \cdot \gamma_O \cdot \sin \varphi = \gamma_{KG} \quad \Leftrightarrow \quad \sin \varphi = \frac{\gamma_{KG}}{2 \cdot \gamma_O}$$

Hat das Blech eine Breite B, so beträgt die Vergrößerung der Korngrenzenfläche $dA = 2 \cdot B \cdot dy$ (Faktor 2, da oben und unten gleichermaßen)

mit $\dfrac{dy}{dx} = \tan \varphi \cong \sin \varphi$ (für kleine Winkel)

$$dA = 2 \cdot B \cdot dy = 2 \cdot B \cdot dx \cdot \sin \varphi = 2 \cdot B \cdot dx \cdot \frac{\gamma_{KG}}{2 \cdot \gamma_O} = B \cdot dx \cdot \frac{\gamma_{KG}}{\gamma_O} \quad \Leftrightarrow \quad \frac{dA}{dx} = B \cdot \frac{\gamma_{KG}}{\gamma_O}$$

rücktreibende Kraft : $p_r = -\dfrac{dG}{dV} = -\dfrac{dG}{dA} \cdot \dfrac{dA}{dV} = -\gamma_{KG} \cdot \dfrac{dA}{A dx} = -\gamma_{KG} \cdot B \cdot \dfrac{\gamma_{KG}}{\gamma_O} \cdot \dfrac{1}{HB}$

$$\Leftrightarrow \quad p_r = -\frac{\gamma_{KG}^2}{\gamma_O \cdot H}$$

treibende Kraft : $p_{sKV} = \dfrac{2\gamma}{R} \approx \dfrac{2\gamma}{5d}$

maximale Korngröße: $\sum p = 0 = p_{sKV} + p_r \quad \Leftrightarrow \quad p_{sKV} = -p_r$

$$\Leftrightarrow \quad \frac{2 \cdot \gamma_{KG}}{10 \cdot d_{max}} = \frac{\gamma_{KG}^2}{\gamma_O \cdot H} \quad \rightarrow \quad d_{max} = \frac{2 \cdot \gamma_O \cdot H}{10 \cdot \gamma_{KG}} = \frac{2 \cdot 4 \cdot \gamma_{KG} \cdot H}{10 \cdot \gamma_{KG}} = 0,4 \, mm$$

Kapitel 8

8.1.

a) Leiten Sie für die homogene Keimbildung würfelförmiger Keime aus der Schmelze einen Ausdruck für die kritische Kantenlänge d_c des Keims sowie für die kritische Keimbildungsarbeit $\Delta G(d_c)$ her.

b) Die Änderung der spezifischen freien Enthalpie sei proportional zur Unterkühlung. Wie ändern sich die kritische Kantenlänge des Keims und die Keimbildungsarbeit bei einer Verdoppelung der Unterkühlung?

c) Wie groß ist die Keimbildungsarbeit für eine Umwandlung im Festen, wenn durch die Volumenänderung eine elastische Dehnung von 1 % aufgewendet wird und eine Unterkühlung von $\Delta T = 50 \, K$ vorliegt? (Bsp. Kupfer: E = 130 GPa, γ = 1 J/m², $\Delta h = 1,6 \cdot 10^9$ J/m³)

Lösung:

a) Die Änderung der freien Enthalpie durch Bildung eines würfelförmigen Keims der Kantenlänge d wird bestimmt durch die gewonnene Volumenenergie $G_V(d)$ und die aufzubringende Oberflächenenergie $G_A(d)$

$$\Delta G(d) = G_A(d) + G_V(d) = \gamma \cdot 6d^2 - \Delta g_u \cdot d^3$$

γ: spezifische Oberflächenenergie

Δg_u: spezifische freie Enthalpie der Unterkühlung

$$\left.\frac{dG}{dd}\right|_{d=d_c} = 0 : \quad \gamma \cdot 12 \cdot d_c - \Delta g_u \cdot 3 \cdot d_c^2 = 0 \quad \Rightarrow d_c = \frac{4 \cdot \gamma}{\Delta g_u}$$

$$\Delta G(d_c) = \Delta G_c = \gamma \cdot 6 \cdot \left(\frac{4 \cdot \gamma}{\Delta g_u}\right)^2 - \Delta g_u \cdot \left(\frac{4 \cdot \gamma}{\Delta g_u}\right)^3 = \frac{32 \cdot \gamma^3}{(\Delta g_u)^2}$$

b) Unterkühlung: $\Delta T = T_m - T$

$$\Delta g_u = \Delta h - T \Delta s$$

bei $T = T_m : \Delta g_u = 0 \quad \Delta h = T_m \Delta s \quad \Delta s = \frac{\Delta h}{T_m}$

$$\Delta g(T) = \Delta h - T \frac{\Delta h}{T_m} = \Delta h \cdot \left(1 - \frac{T}{T_m}\right) = \Delta h \cdot \frac{\Delta T}{T_m}$$

$$\rightarrow \quad \begin{aligned} d_c &\propto \frac{1}{\Delta g_u} \propto \frac{1}{\Delta T} \\ \Delta G(d_c) &\propto \frac{1}{(\Delta g_u)^2} \propto \frac{1}{\Delta T^2} \end{aligned}$$

Bei einer Verdopplung der Unterkühlung halbiert sich die kritische Kantenlänge und verringert sich die Keimbildungsarbeit auf ein Viertel.

c) bei Umwandlungen im Festen muss zusätzlich eine elastische Verzerrungsenergie G_{el} aufgebracht werden

$$\Delta G(d) = G_A(d) + G_V(d) + G_{el}(d) = \gamma \cdot 6d^2 - \Delta g_u \cdot d^3 + \varepsilon_{el} \cdot d^3$$

ε_{el}: spezifische Verzerrungsenergie

$$\rightarrow \quad d_c = \frac{4\gamma}{(\Delta g_u - \varepsilon_{el})} \quad \text{und} \quad \Delta G_c = 32 \frac{\gamma^3}{(\Delta g_u - \varepsilon_{el})^2}$$

$$\varepsilon_{el} = \frac{1}{2} E \varepsilon^2 = \frac{1}{2} \cdot 130 GPa \cdot (0,01)^2 = 6,5 \, MPa$$

$$\Delta g(T) = \Delta h \cdot \frac{\Delta T}{T_m} = 1,6 \cdot 10^9 \, Jm^{-3} \cdot \frac{50 \, K}{1356 \, K} = 5,9 \cdot 10^7 \, Jm^{-3} = 59 \, MPa$$

$$\Delta G_c = 32 \frac{\left(1 \, Jm^{-2}\right)^3}{(59 \, MPa - 6,5 \, MPa)^2} = 1,2 \cdot 10^{-14} \, J$$

8.2. Berechnen Sie unter der Verwendung des Ergebnisses von Aufgabe 1c) das Maximum der Keimbildungsgeschwindigkeit $\dot{N}$ für homogene Keimbildung von der Temperatur und diskutieren Sie diese Kurve.

Lösung:

$$\dot{N}(T) \propto \exp\left(-\frac{\Delta G_c}{kT}\right) \qquad \Delta G_c \propto \frac{1}{\Delta T^2} \quad \Rightarrow \quad \Delta G_c = \frac{C}{\Delta T^2}$$

$$\rightarrow \text{Maximum bei } \frac{d\dot{N}}{dT} = 0$$

$$\frac{d\dot{N}}{dT} = 0 = \underbrace{\dot{N}_0 \cdot \exp\left(-\frac{\Delta G_c}{kT}\right) \cdot (-1)}_{e^x \neq 0,\ \text{außer } x=-\infty} \cdot \underbrace{\left(\frac{\dfrac{d\Delta G_c}{dT} \cdot kT - \Delta G_c \cdot k}{(kT)^2}\right)}_{=0}$$

$$\Delta G_c = \frac{C}{(\Delta T)^2} = \frac{C}{(T_m - T)^2} \quad \Rightarrow \quad \frac{d\Delta G_c}{dT} = \frac{2C}{(T_m - T)^3} = \frac{2\Delta G_c}{(T_m - T)}$$

$$\frac{d\Delta G_c}{dT} \cdot kT - \Delta G_c \cdot k = 0 \quad \Leftrightarrow \quad \frac{2\Delta G_c}{(T_m - T)} \cdot T = \Delta G_c \quad \Leftrightarrow \quad T = \frac{1}{3} T_m$$

$\rightarrow$ maximale Keimbildungsgeschwindigkeit bei T = 1/3 T_m

8.3. Bei der heterogenen Keimbildung auf einer ebenen Oberfläche wird die Keimbildungsarbeit um den Faktor f mit $f = \frac{1}{4} \cdot (2 + \cos\theta) \cdot (1 - \cos\theta)^2$ vermindert.
   a) Leiten Sie diese Beziehung für f her.
   b) Wie groß wäre die Keimbildungsarbeit für vollständige Benetzbarkeit und was bedeutet das für die Erstarrung?

Lösung:
a)

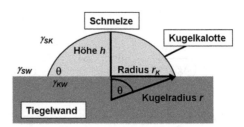

- Annahme: entstehender Kristall hat Form einer Kugelkalotte
- Höhe $h = r \cdot (1 - \cos\theta)$; Volumen $V_K = \frac{1}{3}\pi h^2 \cdot (3r - h)$
  (r ist Radius der der Kalotte zugrunde gelegten Kugel,
  θ ist entsprechender Winkel)
- Radius der Kalottenauflagefläche $r_K = r \cdot \sin\theta$

- Auflagefläche (Grenzfläche zw. Kristall und Tiegelwand): $A_{KW} = \pi \cdot r_K^2$
- Grenzfläche zw. Kalotte und Schmelze: $A_{SK} = \pi \cdot \left(r_K^2 + h^2\right)$
- Gleichgewicht der Grenzflächenspannungen am Punkt, an dem Kristall, Schmelze und Tiegelwand zusammentreffen: $\gamma_{SW} = \gamma_{KW} + \gamma_{SK} \cdot \cos\theta$
  (γ_{SW} - Grenzflächenspannung zwischen Schmelze und Tiegelwand
  γ_{SK} - Grenzflächenspannung zwischen Schmelze und Kristall
  γ_{KW} - Grenzflächenspannung zwischen Kristall und Wand)
- für heterogene Keimbildung gilt: $\Delta G_{het} = -V_K \cdot \Delta g_u + \Delta G_{Ob}$
- Änderung der freien Enthalpie der Oberfläche ΔG_{Ob} setzt sich aus verschiedenen Termen zusammen:
  - aufzubringende Grenzfläche zwischen Kristall und Schmelze
  - aufzubringende Grenzfläche zwischen Kristall und Tiegelwand
  - eingesparte Grenzfläche zwischen Schmelze und Tiegelwand

$$\Rightarrow \quad \Delta G_{Ob} = +\gamma_{SK} \cdot A_{SK} + \gamma_{KW} \cdot A_{KW} - \gamma_{SW} \cdot A_{KW}$$
$$\Leftrightarrow \quad \Delta G_{Ob} = \gamma_{SK} \cdot A_{SK} + A_{KW} \cdot (-\gamma_{SK} \cdot \cos\theta)$$
$$\Leftrightarrow \quad \Delta G_{Ob} = \gamma_{SK} \cdot \left[\pi \cdot \left(r_K^2 + h^2\right) - \pi \cdot r_K^2 \cdot \cos\theta\right]$$
$$\Leftrightarrow \quad \Delta G_{Ob} = \gamma_{SK} \cdot \pi \cdot \left[h^2 + r_K^2 \cdot (1 - \cos\theta)\right]$$
$$\Leftrightarrow \quad \Delta G_{Ob} = \gamma_{SK} \cdot \pi \cdot \left\{[r \cdot (1 - \cos\theta)]^2 + (r \cdot \sin\theta)^2 \cdot (1 - \cos\theta)\right\}$$
$$\Leftrightarrow \quad \Delta G_{Ob} = \gamma_{SK} \cdot \pi \cdot r^2 \cdot (1 - \cos\theta)^2 \cdot (2 + \cos\theta)$$

- Volumen des entstehenden Keims

$$V_K = \frac{1}{3}\pi h^2 \cdot (3r - h)$$

$$\Leftrightarrow \quad V_K = \frac{1}{3}\pi \cdot [r \cdot (1 - \cos\theta)]^2 \cdot [3r - r \cdot (1 - \cos\theta)]$$
$$\Leftrightarrow \quad V_K = \frac{1}{3}\pi \cdot r^3 \cdot (1 - \cos\theta)^2 \cdot (2 + \cos\theta)$$

- Somit ergibt sich für ΔG_{het}:

$$\Delta G_{het} = -\left[\frac{1}{3}\pi \cdot r^3 \cdot (1 - \cos\theta)^2 \cdot (2 + \cos\theta)\right] \cdot \Delta g_u$$
$$+ \left[\gamma_{SK} \cdot \pi \cdot r^2 \cdot (1 - \cos\theta)^2 \cdot (2 + \cos\theta)\right]$$

$$\Leftrightarrow \quad \Delta G_{het} = \frac{1}{4}(1 - \cos\theta)^2 \cdot (2 + \cos\theta) \cdot \left(-\frac{4}{3}\pi \cdot r^3 \cdot \Delta g_u + 4 \cdot \pi \cdot r^2 \cdot \gamma_{SK}\right)$$

- für homogene Keimbildung: $\Delta G_{hom} = -\frac{4}{3}\pi \cdot r^3 \cdot \Delta g_u + 4 \cdot \pi \cdot r^2 \cdot \gamma_{SK}$
- Vergleich zwischen homogener und heterogener Keimbildung zeigt:

$$\Delta G_{het} = f \cdot \Delta G_{hom}$$

$$\text{mit } f = \frac{1}{4}(1 - \cos\theta)^2 \cdot (2 + \cos\theta)$$

b)

vollständige Benetzbarkeit $\theta = 0°$: $f = 0 \rightarrow \Delta G_{het} = 0 \rightarrow \quad \dot{N} \rightarrow \infty$

$\rightarrow$ Schmelze wird spontan erstarren

8.4.

a) Berechnen Sie für homogene und für heterogene Keimbildung (mit f = 0,25) die auf konstantes $\dot{N}_0$ bezogene Keimbildungsgeschwindigkeit $\dot{N}$ für Cu bei T = 1078 °C bei einer kritischen Keimbildungsarbeit $G_K(T) = \Delta G_K$ (1078 °C) = 1 eV pro Atom.

b) Berechnen Sie den Vorfaktor $\dot{N}_0$. Nehmen Sie dazu an, dass sich $\dot{N}_0$ aus der Debyefrequenz multipliziert mit der reziproken Anzahl der Atome, die in einen Keim mit dem kritischen Radius $r_{krit} = 10^{-6}$ m hineinpassen, ergibt (a_{Cu} = 0,36 nm, $\nu_D \approx 10^{13}$ s^{-1}).

Lösung:

a) $\dot{N} = \dot{N}_0 \exp\left(-\dfrac{\Delta G_K}{kT}\right)$

(homogen)

$$\Rightarrow \quad \frac{\dot{N}}{\dot{N}_0} = \exp\left(-\frac{\Delta G_K}{kT}\right) = \exp\left(\frac{1\,eV}{8,62 \cdot 10^{-5}\,eV/K \cdot 1351,15\,K}\right) = 1,867 \cdot 10^{-4}$$

(heterogen)

$$\Rightarrow \quad \frac{\dot{N}}{\dot{N}_0} = \exp\left(-\frac{f \cdot \Delta G_K}{kT}\right) = 0,117$$

$\rightarrow$ Keimbildungsgeschwindigkeit für heterogene Keimbildung viel größer:

$$\frac{\dot{N}_{heterogen}}{\dot{N}_{homogen}} = 627$$

b) $\dot{N}_0 = \dfrac{\nu_D}{n}\left[= \dfrac{\text{Debye-Frequenz} \approx 10^{13}\,s^{-1}}{\text{Anz. Atome im kritischen Keim}}\right]$

Cu $\rightarrow$ kfz-Gitter $\Rightarrow$ 4 Atome pro EZ; $V_{EZ} = a^3$

$$\Rightarrow \quad V_{Keim} = \frac{4}{3}\pi \cdot r_{krit}^3 = \frac{1}{4}na^3 \Leftrightarrow n = \frac{16}{3} \cdot \pi \cdot \frac{r_{krit}^3}{a^3} = 3,59 \cdot 10^{11}$$

$$\Rightarrow \quad \dot{N}_0 = 27,85\,s^{-1}$$

8.5. Konstruieren Sie folgende zweidimensionale Wulff-Diagramme (x = [100], y = [010]). $K_W = 0,03$ Jm^{-3}, $\gamma_{(100)} = 1,2$ Jm^{-2}, $\gamma_{(110)} = 1,2$ Jm^{-2}, $\gamma_{(010)} = 0,7$ Jm^{-2}.

Lösung:

Wulffsches Theorem: $\lambda_i = \dfrac{2\gamma_i}{K_W}$ $\lambda :=$ Abstand der Oberfläche v. Kristallmittelpunkt

$\gamma :=$ spezifische Oberflächenenergie

$K_W :=$ Wulffsche Konstante

$$\lambda_{\{100\}} = \frac{2 \cdot 1,2\,Jm^{-2}}{0,03\,Jm^{-3}} = 80\,m$$

$$\lambda_{\{110\}} = \frac{2 \cdot 1,2\,Jm^{-2}}{0,03\,Jm^{-3}} = 80\,m$$

$$\lambda_{\{010\}} = \frac{2 \cdot 0,7\,Jm^{-2}}{0,03\,Jm^{-3}} = 46,67\,m$$

→ kubische Symmetrie erlaubt die Reduktion auf einen Quadranten

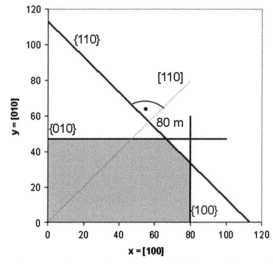

→ innere Hüllkurve (grau markierter Bereich) ist Gleichgewichtsgestalt

8.6. In einem Metall hat die {111}-Ebene die kleinste Energie, die {110}- Ebene die höchste Energie und die {100}-Ebene die kleinste Wachstumsgeschwindigkeit. Welche Gestalt des erstarrten Kristalls erwarten Sie?

Lösung:

- im Gleichgewichtsfall ist die Gestalt des Kristalls laut Wulffschem Theorem durch Ebenen niedrigster Oberflächenenergie bestimmt → Form des Kristalls durch {111}- Ebenen bestimmt, da $\gamma_{\{110\}} \gg \gamma_{\{111\}}$ → Oktaeder aus {111}- Ebenen
- bei der Erstarrung ist Gestalt durch Wachstumsanisotropie bestimmt (durch die am langsamsten wachsende Ebene) → Form des Kristalls durch {100}- Ebenen bestimmt → es ergibt sich eine kubische Kristallform

8.7. Berechnen Sie die Keimbildungsgeschwindigkeit am Beispiel von Kupfer nach der Theorie von Kossel und Stranski. ($\gamma = 1\,J/m^2$, $\Delta g_u = 60\,MPa$, $T = 1273\,K$)

Lösung:

Keimbildungsgeschwindigkeit: $\dot{N} = \dot{N}_0 exp\left(-\dfrac{\Delta G}{kT}\right)$

→ Die Keimbildungsarbeit ΔG zum Kristallwachstum entspricht der Arbeit für homogene Keimbildung eines zylinderförmigen Keims auf einer glatten Oberfläche (Deckelfläche = Bodenfläche bereits vorhanden → muss nicht erzeugt werden)

$$\Delta G(r) = G_A(r) + G_V(r) = \gamma \cdot 2\pi rh - \Delta g_u \cdot \pi r^2 h$$

$$\left.\frac{dG}{dr}\right|_{r=r_c} = 0: \quad \gamma \cdot 2\pi h - \Delta g_u \cdot 2\pi h r_c = 0 \qquad \Rightarrow r_c = \frac{\gamma}{\Delta g_u}$$

$$\Delta G(r_c) = \Delta G_c = \gamma \cdot 2\pi h \cdot \frac{\gamma}{\Delta g_u} - \Delta g_u \cdot \pi h \left(\frac{\gamma}{\Delta g_u}\right)^2 = \pi h \frac{\gamma^2}{\Delta g_u}$$

Annahme: Höhe des Zylinders = Höhe einer Elementarzelle

$$\Delta G_c = \pi h \frac{\gamma^2}{\Delta g_u} = \pi \cdot 3{,}61 \cdot 10^{-10}\,m \cdot \frac{\left(1\,Jm^{-2}\right)^2}{60 \cdot 10^6 Jm^{-3}} \approx 1{,}9 \cdot 10^{-17}\,J \approx 10\,eV$$

(siehe Aufgabe 4b)

$$\dot{N}_0 = \frac{\nu_D}{n} = \frac{\nu_D}{\frac{16}{3} \cdot \pi \cdot \frac{r_c^3}{a^3}} = \frac{10^{13}\,s^{-1}}{\frac{16}{3} \cdot \pi \cdot \frac{\left(1\,Jm^{-2}\right)^3}{\left(60 \cdot 10^6\,Jm^{-3}\right)^3 \cdot \left(3{,}61 \cdot 10^{-10}\,m\right)^3}} = 6{,}1 \cdot 10^6\,s^{-1}$$

$$\dot{N} = \dot{N}_0 \exp\left(-\frac{\Delta G}{kT}\right) = 6{,}1 \cdot 10^6\,s^{-1} \cdot \exp\left(-\frac{10\,eV}{8{,}62 \cdot 10^{-5} eVK^{-1} \cdot 1273K}\right)$$

$$= 1{,}6 \cdot 10^{-33}\,s^{-1}$$

8.8.

a) In einem länglichen Tiegel mit Querschnitt q erstarre eine Schmelze der Zusammensetzung c_0 mit einer ebenen Erstarrungsfront. Berechnen Sie den Konzentrationsverlauf $c_K(x)$ im Kristall unter den Voraussetzungen, dass keine Diffusion im Festen, aber vollständiger Konzentrationsausgleich in der Schmelze stattfindet (Scheil-Modell).

b) Zur Reinigung eines Blocks Ag - 0,5 wt. % Cu (Länge $l = 30\,cm$) wird das Verfahren des Zonenschmelzens durchgeführt. Berechnen Sie die Restkonzentration an Kupfer am Ort $x = 10\,cm$ nach 3 Durchgängen (Verteilungskoeffizient $k = 0{,}6$)

Lösung:

a) länglicher Tiegel

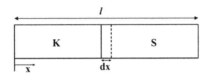

Annahme: $D_K \to 0, D_S \to \infty \quad \to$ Scheil-Modell

Konzentration: $c = \dfrac{n}{V}$

Anzahl der Atome, die nicht in den Kristall eingebaut werden (werden an die Schmelze abgegeben): (schalenartiger Aufbau)

$$dn = (c_S - c_K) \cdot dV; \quad dV = q \cdot dx$$

$$\Rightarrow \quad dn = (c_S - c_K) \cdot q \cdot dx$$

Verteilungskoeffizient: $k = \dfrac{c_K}{c_S}$ (k < 1)

Konzentrationsausgleich in der Schmelze:

→ nicht eingebaute Atome werden über das gesamte Schmelzvolumen verteilt

$$dc_S = \frac{dn}{V_S} = \frac{(c_S - c_K) \cdot q \cdot dx}{(l-x) \cdot q} = \frac{(c_s - c_K)dx}{l-x} = \frac{c_S \left(1 - \dfrac{c_K}{c_S}\right) dx}{l-x}$$

$$\Rightarrow \frac{dc_S}{c_S} = \frac{(1-k)\,dx}{l-x}$$

$$\int_{c_0}^{c_S} \frac{dc_S}{c_S} = \int_0^x \frac{1-k}{l-x}dx \Rightarrow \ln\left(\frac{c_S}{c_0}\right) = -(1-k) \cdot \ln\left(\frac{l-x}{l}\right)$$

$$\Rightarrow \quad c_S = c_0\left(\frac{l-x}{l}\right)^{k-1} \quad \Rightarrow \quad c_K = kc_0\left(\frac{l-x}{l}\right)^{k-1}$$

b) Restkonzentration nach Zonenschmelzen

1. Durchgang: $c_{K,1} = kc_{0,1}\left(\dfrac{l-x}{l}\right)^{k-1}$, wobei $c_{K,1} = c_{0,2}$

2. Durchgang: $c_{K,2} = kc_{0,2}\left(\dfrac{l-x}{l}\right)^{k-1} = k^2c_{0,1}\left(\dfrac{l-x}{l}\right)^{k-1} \cdot \left(\dfrac{l-x}{l}\right)^{k-1}$

$$= k^2c_{0,1}\left(\frac{l-x}{l}\right)^{2k-2}$$

n. Durchgang: $\boxed{c_{K,n} = k^n c_0\left(\dfrac{l-x}{l}\right)^{n \cdot k-n}}$

→ Reinigungseffekt nach n = 3 Durchgängen:

$$c_{K,3} = (0,6)^3 \cdot 0,5 at.\% \cdot \left(\frac{30\,cm - 10\,cm}{30\,cm}\right)^{3 \cdot 0,6 - 3} = 0,18 at.\%$$

8.9. Berechnen und zeichnen Sie die Form eines Lunkers (d.h. h = f(r)), der bei der Erstarrung einer zylinderförmigen Probe entsteht, die nur über ihre Mantelfläche abgekühlt wird.

Lösung:

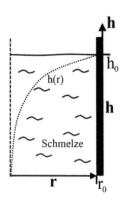

Volumen des Zylinders: $V = h \cdot \pi r^2$

Erstarrung der Randschale: $dV_{Schale} = h \cdot 2\pi\, r dr$

Absinken des Schmelzspiegels: $d\Delta V = \pi r^2 dh$

→ relative Volumenänderung beim Übergang von Schmelze zu Festkörper (aufgrund unterschiedlicher Dichten):

$$\Lambda = \frac{\Delta V}{V_{Schmelze}} = \frac{V_{Schmelze} - V_{Schale}}{V_{Schmelze}} \quad \Leftrightarrow \quad V_{Schmelze} = \frac{V_{Schale}}{1 - \Lambda}$$

$$\Delta V = V_{Schmelze} - V_{Schale} = \Lambda \cdot V_{Schmelze} = \frac{\Lambda}{1 - \Lambda} \cdot V_{Schale}$$

$$d\Delta V = \frac{\Lambda}{1 - \Lambda} \cdot dV_{Schale} = \frac{\Lambda}{1 - \Lambda} \cdot h \cdot 2\pi\, r dr = \pi r^2 dh$$

$$\Leftrightarrow \quad \frac{2\Lambda}{1 - \Lambda} \cdot \frac{dr}{r} = \frac{dh}{h}$$

$$\Leftrightarrow \quad \frac{2\Lambda}{1 - \Lambda} \int_{r_0}^{r} \frac{dr}{r} = \int_{h_0}^{h} \frac{dh}{h}$$

$$\Leftrightarrow \quad \frac{2\Lambda}{1 - \Lambda} ln\left(\frac{r}{r_0}\right) = ln\left(\frac{h}{h_0}\right)$$

$$\boxed{\Leftrightarrow \quad h = h_0 \left(\frac{r}{r_0}\right)^{\left(\frac{2\Lambda}{1 - \Lambda}\right)}}$$

Kapitel 9

9.1. Leiten Sie die Gibbsche Phasenregel her.

Lösung:

Die Gibbsche Phasenregel lautet: die Anzahl der thermodynamischen Freiheitsgrade f ist gegeben durch

$$f = n - p + 2$$

Dabei ist n die Anzahl der Komponenten, bspw. Elemente, und p die Anzahl der Phasen.

Im thermodynamischen Gleichgewicht eines Vielstoffsystems ist das chemische Potential $\mu = \dfrac{dG}{dN_i}$, N_i-Teilchenzahl der Komponente i, überall gleich.

Für jede Komponente $n = 1, 2, \ldots$ ist in jeder Phase $p = a, b, \ldots$ das chemische Potential gleich, d. h.

$$\mu_1^a = \mu_1^b = \mu_1^c \ldots \mu_1^p$$

$$\mu_2^a = \mu_2^b = \ldots = \mu_2^p$$

$$\mu_n^a = \mu_n^b = \ldots = \mu_n^p$$

Man hat also $n(p - 1)$ Gleichungen.

In jeder Phase summiert sich die Gesamtkonzentration zu 1. Es gibt also $n - 1$ unabhängige Konzentrationsvariablen. In p Phasen gibt es daher insgesamt $p(n - 1)$ Konzentrations

variablen. Zusätzlich sind Temperatur und Druck thermodynamische Variablen. Insgesamt gibt es also $p(n - 1) + 2$ Variablen. Da es insgesamt $n(p - 1)$ Gleichungen und $p(n - 1) + 2$ Variablen gibt, verbleiben

$$f = p(n - 1) + 2 - n(p - 1) = n - p + 2$$

unbestimmte Variablen, d. h.

$$f = n - p + 2$$

thermodynamische Freiheitsgrade.

9.2. Leiten Sie einen Ausdruck für den Verlauf der freien Enthalpie G einer idealen Lösung als Funktion der Konzentration her unter Vernachlässigung der Schwingungsentropie.

Lösung:
Berechnung der freien Enthalpie einer idealen Mischung einer binären Legierung (quasichemisches Modell → nur Betrachtung der Wechselwirkungen eines Atoms mit seinen nächsten Nachbarn)

freie Mischungsenthalpie: $G_m = H_m - T \cdot S_m$

Mischungsenthalpie H_m = Gesamtbindungsenthalpie zwischen den einzelnen Atomen → mögliche Bindungen A-A, B-B, A-B + deren Anzahl

$$H_m = N_{AA}H_{AA} + N_{BB}H_{BB} + N_{AB}H_{AB}$$

H_{ij}: Bindungsenthalpie zw. zwei benachbarten Atomen
N_{ij}: Gesamtzahl an Bindungen zw. i- u. j-Atomen

$$N_{BB} = \underbrace{N \cdot c_B^a}_{\substack{Gesamtzahl \\ B-Atome}} \cdot \underbrace{c_B^a \cdot z}_{\substack{Wahrscheinlichkeit, \\ dass\ NN\ B-Atom}} \cdot \underbrace{\frac{1}{2}}_{\substack{Ununterscheid- \\ barkeit}} = \frac{1}{2}Nzc$$

$$N_{AA} = \frac{1}{2}Nz\,(1 - c)^2$$

$$N_{AB} = Nz\,(1 - c)\,c$$

Es folgt:

$$H_m = \frac{1}{2}Nz\,(1 - c)^2 \cdot H_{AA} + \frac{1}{2}Nzc^2 \cdot H_{BB} + Nzc\,(1 - c) \cdot H_{AB}$$

bzw.

$$H_m = \frac{1}{2}Nz\left\{(1 - c)^2 \cdot H_{AA} + c^2 \cdot H_{BB} + 2c\,(1 - c) \cdot H_{AB}\right\}$$

$$\Leftrightarrow H_m = \frac{1}{2}Nz\,[(1 - c) \cdot (1 - c) \cdot H_{AA} + \{c - c \cdot (1 - c)\} \cdot H_{BB} + 2c\,(1 - c) \cdot H_{AB}]$$

$$\Leftrightarrow H_m = \frac{1}{2}Nz\left[(1 - c) \cdot H_{AA} + c \cdot H_{BB} + 2c\,(1 - c)\left\{H_{AB} - \frac{1}{2} \cdot H_{BB} - \frac{1}{2} \cdot H_{AA}\right\}\right]$$

$$\Leftrightarrow H_m = \frac{1}{2}Nz\,[(1 - c) \cdot H_{AA} + c \cdot H_{BB} + 2c\,(1 - c) \cdot H_0]$$

H_m als Funktion der sogenannten Vertauschungsenthalpie (Maß der bevorzugten Bindungen) $H_0 = H_{AB} - \dfrac{1}{2}\,(H_{AA} + H_{BB})$

bei idealer Lösung: $H_0 = 0$!

$$\Leftrightarrow \quad H_m = \frac{1}{2}Nz\,[(1 - c)\,H_{AA} + cH_{BB}]$$

Mischungsentropie S_m = Maß für die Anordnungsvielfalt der Atome auf den Gitterplätzen

Entropie = Schwingungsentropie S_v + Mischungsentropie S_m
Schwingungsentropie ≈ 0 und in erster Näherung von der Anordnung der Atome unabhängig

$$S_m = k \cdot \ln(\omega_m) \quad \omega_m = \frac{N!}{N_A! \cdot N_B!} \quad \text{Stirling:} (\ln(x!) \cong x \cdot \ln(x) - x)$$

$$S_m = k \cdot \{N \cdot \ln(N) - N - N_A \cdot \ln(N_A) + N_A - N_B \cdot \ln(N_B) + N_B\}$$

Mit $\dfrac{N_B}{N} = c$ bzw. mit $\dfrac{N_A}{N} = 1 - c$ folgt:

$$S_m = k \cdot \{N \cdot \ln(N) - N - N \cdot (1 - c) \cdot \ln[N \cdot (1 - c)]$$
$$+ N \cdot (1 - c) - N \cdot c \cdot \ln[N \cdot c] + N \cdot c\}$$
$$\Leftrightarrow S_m = kN \cdot \{\ln(N) - 1 - (1 - c) \cdot \ln[N \cdot (1 - c)] + (1 - c) - c \cdot \ln[N \cdot c] + c\}$$
$$\Leftrightarrow S_m = -kN \cdot \{(1 - c) \cdot \ln(1 - c) + c \cdot \ln(c)\}$$

Damit folgt schließlich für die freie Mischungsenthalpie der idealen Lösung:

$$G_m = H_m - T \cdot S_m$$

$$G_m = \frac{1}{2} Nz \left[(1 - c) H_{AA} + c H_{BB}\right] + kNT \left[c \cdot \ln c + (1 - c) \cdot \ln(1 - c)\right]$$

9.3. Leiten Sie einen Ausdruck für die maximale Löslichkeit von B-Atomen in der α-Phase als Funktion der Temperatur $c_B(T)$ ab. Nehmen Sie dazu an, dass die Bindungsenthalpie zwischen A-Atomen und B-Atomen identisch ist, so dass der Verlauf der freien Enthalpie symmetrisch wird. H_0 sei aber ungleich Null. Nehmen Sie weiter an, dass für kleine Konzentrationen c gilt: $(1 - c) \approx (1 - 2c) \approx 1$.

Lösung:
Die Forderung nach einer Randlöslichkeit bedeutet, dass eine Entmischung stattfinden muss $\rightarrow H_0 > 0$

$$H_{AA} = H_{BB} \quad \rightarrow \text{symmetrische G(c)-Kurve}$$
$$G_m(c) = H_m(c) - T S_m(c)$$
$$= \frac{1}{2} Nz \left[(1 - c) \cdot H_{AA} + c \cdot H_{BB} + 2c \cdot (1 - c) \cdot H_0\right]$$
$$+ kNT \left[c \cdot \ln c + (1 - c) \cdot \ln(1 - c)\right]$$

$$\frac{dG_m(c)}{dc} \overset{!}{=} 0$$

$$= \frac{1}{2}Nz \left[\underbrace{(1-2c)}_{\approx 1} \cdot 2H_0 \right] + kNT \left[\ln c - \ln \underbrace{(1-c)}_{\approx 1} \right] = NzH_0 + kNT \ln c$$

$$\rightarrow c(T) = \exp\left(-\frac{zH_0}{kT} \right)$$

9.4.

a) Geben Sie einen Ausdruck für den Verlauf der freien Enthalpieerhöhung als Funktion der Kantenlänge eines quaderförmigen Keims mit verschiedenen spezifischen Oberflächenenergien bei der Umwandlung im Festen an.

b) Diskutieren Sie die anhand der Ausscheidungsphasen in den Systemen Al-Ag ($c_\alpha = 5$ at. % Ag, $c_\beta = 65$ at. % Ag, $\delta_{Ag2Al} = 0{,}013$) und Al-Cu ($c_\alpha = 2$ at. % Cu, $c_\beta = 33$ at. % Cu, $\delta_{Al2Cu} = 1{,}59$) verschiedene Formen auftretender Keime bei einer Umwandlung im Festen auf der Basis der elastischen Verzerrungsenergie und der Grenzflächenenergie ($E_{Al} = 27$ GPa, $\nu = 0{,}3$, $\gamma = 1$ Jm^{-2}).

c) Erläutern Sie die Begriffe kohärente und inkohärente Grenzfläche.

Lösung:

a) bei der Umwandlung im Festen muss zusätzlich elastische Verzerrungsenergie aufgebracht werden

Für quaderförmige Keime (mit Länge l, Breite b und Höhe h) = drei verschiedene spezifische Oberflächenenergien (γ_{lb}, γ_{lh}, γ_{hb})

$$\Delta G(l, b, h) = G_A(l, b, h) + G_V(l, b, h) + G_E(l, b, h)$$
$$= 2 \cdot (lb \cdot \gamma_{lb} + lh \cdot \gamma_{lh} + hb \cdot \gamma_{hb}) - \Delta g_u \cdot lbh + \varepsilon_{el} \cdot lbh$$

b)

$$\varepsilon_{el} = \frac{E_\alpha \delta^2}{1 - \nu} \left(c_\beta - c_\alpha \right)^2 \cdot \varphi$$

$E_\alpha :=$ E-Modul Matrixphase

$\delta = d(\ln a)/dc :=$ Atomgrößenfaktor

$\nu :=$ Querkontraktionszahl

$c_\alpha, c_\beta :=$ Konz. Matrix bzw. Ausscheidung

$\varphi = \varphi(c/b) :=$ Formfaktor

(siehe Abb. 9.11.)

- bei Kugel Verzerrungsenergie am größten, aber Grenzfläche am kleinsten
  → Gestalt der Ausscheidung als Kompromiss aus beiden

- wenn Matrix und Ausscheidung ungefähr gleichen Gitterparameter ($\delta \approx 0$) → Kugelgestalt, da elastische Energie nur untergeordnete Rolle
- bei stark unterschiedlichen Gitterparametern ($\delta \gg 0$) → platten- oder nadelförmige Ausscheidungen
- zusätzlicher Einfluss durch Anisotropie der Grenzflächenenergie → bei großer Anistropie ebenfalls platten- oder nadelförmige Ausscheidungen

$$\varepsilon_{el}\left(AlAg_2\right) = \frac{27GPa \cdot (0{,}013)^2}{1 - 0{,}3} (0{,}65 - 0{,}05)^2 \cdot \varphi = 0{,}0024 GPa \cdot \varphi$$

→ Bildung kugelförmiger Ausscheidungen, da $\varepsilon_{el} \ll \gamma$

$$\varepsilon_{el}\left(Al_2Cu\right) = \frac{27GPa \cdot (1{,}59)^2}{1 - 0{,}3} (0{,}33 - 0{,}02)^2 \cdot \varphi = 10{,}49 GPa \cdot \varphi$$

→ Bildung plattenförmiger Ausscheidungen, da $\varepsilon_{el} \gg \gamma$

c) kohärent: stetige Fortsetzung der Gitterebenen von Matrix in Ausscheidung
inkohärent: kein Übergang der Gitterebenen durch unterschiedliche Gitterstruktur oder Orientierung
(siehe auch Abb. 9.12.)

9.5.

a) Berechnen Sie im Rahmen des quasichemischen Modells den Verlauf der Spinodalen $c_W(T)$ für den Fall, dass gilt: $H_{AA} = H_{BB}$.

b) Wie ändert sich der Bereich der Spinodalen bei einer Zunahme der Vertauschungsenergie?

Lösung:

a) Spinodale Entmischung tritt auf bei Konzentrationen zwischen den Wendepunkten von G(c)

wegen $H_{AA} = H_{BB}$

$$G_m = \frac{1}{2}Nz\left[(1 - c)H_{AA} + cH_{BB}\right] + kNT\left[c \cdot \ln c + (1 - c) \cdot \ln(1 - c)\right]$$

$$\frac{dG_m(c)}{dc} = NzH_0(1 - 2c) + kNT(\ln c - \ln(1 - c))$$

$$\frac{dG_m^2(c)}{dc^2} = -2NzH_0 + kNT\left(\frac{1}{c} + \frac{1}{1 - c}\right)$$

$$= -2NzH_0 + kNT\left(\frac{1}{c(1 - c)}\right)$$

$$\left.\frac{dG_m^2(c)}{dc^2}\right|_{c=c_W} \overset{!}{=} 0: \quad c_W(1-c_W) = \frac{kT}{2zH_0}$$

$$c_W(1-c_W) = \frac{kT}{2zH_0} \quad \Rightarrow \quad c_W = \frac{1}{2} \pm \sqrt{\frac{1}{4} - \frac{kT}{2zH_0}}$$

b) Mit zunehmendem H_0 wird $c_{w1} - c_{w2}$ größer, d.h. der Bereich der spinodalen Entmischung wird größer.

9.6. Wir betrachten einen Einkristall einer binären kfz-Legierung mit einer Zusammensetzung, die bei 1000 K der Spinodalen entspricht. Sie entmischt sich spinodal in ein eindimensionales periodisches Muster (Lamellenmuster) aus α_1- und α_2-Phase (vollständig kohärent) mit einer Wellenlänge von 50 nm. Die Bindungsenergie $H_{AA} = H_{BB}$ und $H_0 = 0{,}02\,eV$. Setzen Sie $c \ll 1$ voraus.

a) Welche Zusammensetzung haben α_1 und α_2?

b) Wie breit sind die α_2-Lamellen?

c) Wie groß ist die kritische Schubspannung zur Überwindung der α_2-Lamellen, wenn nur parelastische Wechselwirkung mit $|\delta| = 0{,}33$ überwunden werden muss?

d) Wie groß wäre der E-Modul in Lamellenrichtung, wenn $E_A = 60\ GPa$ und $E_B = 100\,GPa$ betragen würden und sich der E-Modul proportional mit der Konzentration ändert?

Lösung:
Die molare freie Enthalpie einer binären Legierung als reguläre Lösung lautet bei N-Atomen pro Mol

$$G_m = \frac{1}{2}Nz\left(cH_{AA} + (1-c)H_{AA} + 2c(1-c)H_0\right) + NkT\left(c\ln c + (1-c)\ln(1-c)\right)$$

c_{α_1} und c_{α_2} entsprechen wegen $H_{AA} = H_{BB}$ den Minima der $G_m(c)$-Kurve (Vergleiche Abb. 9.7.)

$$\frac{dG_m}{dc} = 0: \quad c_{\alpha_1} \cong e^{-\frac{zH_o}{kT}} = e^{-\frac{12\cdot 0{,}02\,\mathrm{eV}}{8{,}62\cdot 10^{-5}\,\mathrm{eV/K}\cdot 1000\mathrm{K}}} \cong 0{,}06; \quad c_{\alpha_2} = 1 - 0{,}06 = 0{,}94$$

Spinodale bei 1000 K

$$\left.\frac{d^2 G}{dc^2}\right|_{c=c_w} = 0:$$

$$c_w(1-c_w) = \frac{kT}{2zH_0}$$

$$c_w = \frac{1}{2} \pm \sqrt{\frac{1}{4} - \frac{kT}{2zH_0}}$$

$$= \frac{1}{2} \pm \sqrt{\frac{1}{4} - \frac{8,62 \cdot 10^{-5} \cdot 1000}{2 \cdot 12 \cdot 0,02}}$$

$$= 0,5 \pm 0,265$$

$$c_{w_1} = 0,235, \quad c_{w_2} = 0,765$$

Wir gehen im Weiteren von c_{w_1} aus.

b) Mengenanteil gemäß Hebelgesetz

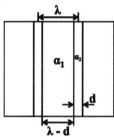

$$m_{\alpha_1} = \frac{c_{\alpha_2} - c_w}{c_{\alpha_2} - c_{\alpha_1}} = \frac{0,94 - 0,235}{0,94 - 0,06} = \frac{0,705}{0,88} = 0,801 = 80,1\,\%$$

$$m_{\alpha_2} = \frac{c_w - c_{\alpha_1}}{c_{\alpha_2} - c_{\alpha_1}} = \frac{0,235 - 0,06}{0,94 - 0,06} = \frac{0,175}{0,88} = 0,199 = 19,9\,\%$$

$$\frac{m_{\alpha_1}}{m_{\alpha_2}} = \frac{0,801}{0,199} = 4,03 = \frac{d_{\alpha_1} \cdot \ell b \, \rho}{d_{\varepsilon_2} \cdot \ell b \, \rho} = \frac{d_{\alpha_1}}{d_{\alpha_2}}$$

$$d_{\alpha_1} = 4,03 \cdot d_{\alpha_2}$$

$$d_{\alpha_1} = \lambda - d_{\alpha_2} = \lambda - \frac{d_{\alpha_1}}{4,03}$$

$$x = d_{\alpha_1} = \frac{\lambda}{1 + \frac{1}{4,03}} = \frac{50\,nm}{1,248} = 40,06\,nm, \quad d_{\alpha_2} = \frac{40,06}{4,03}\,nm = 9,95\,nm$$

c) (vgl. Gl. 6.112b)

$$\Delta \tau = G \frac{1}{\sqrt{3}} |\delta|^{3/2} \sqrt{c_{\alpha_2}} = G \frac{1}{\sqrt{3}} (0,33) \frac{3}{2} \sqrt{0,94} = 0,106\,G$$

d. h. etwa die theoretische Schubspannung.

d) $\quad E_{\alpha_1} = 60\,GPa + 40\,GPa \cdot 0,06 = 62,4\,GPa$

$\quad E_{\alpha_2} = 60\,GPa + 40\,GPa \cdot 0,94 = 97,6\,GPa$

$\quad E_c = f_{\alpha_1} \cdot E_{\alpha_1} + \left(1 - f_{\alpha_1}\right) E_{\alpha_2}$

$$\quad = \frac{d_{\alpha_1}}{\lambda} \cdot E_{\alpha_1} + \frac{d_{\alpha_2}}{\lambda} \cdot E_{\alpha_2} = \frac{40,03}{50} 62,4\,GPa + \frac{9,95}{50} 97,6\,GPa$$

$\quad = 49,957\,GPa + 19,422\,GPa = 69,38\,GPa$

9.7. Das System Al-Ag zeigt begrenzte Mischbarkeit. Es bilden sich kohärente Teilchen der Phase $AlAg_2$. Von anderen Untersuchungen ist bekannt, dass bei $t = 0\,s$ $AlAg_2$-Teilchen mit der Größe $r_0 = 10\,Å$ vorliegen und dass die Fließspannung $\tau_0 = 20\,MPa$ beträgt. Außerdem ist bekannt, dass sich die Teilchen bei Auslagerungsglühungen mit der Rate $dr/dt = 50 \cdot t^{-2/3}$ [Å/s] vergröbern. Berechnen Sie für ein ausgeschiedenes Volumen von 5 % ($G_{Al} = 27\,GPa$, $a_{Al} = 4{,}04\,Å$)

a) die Glühzeit für maximale Festigkeit.
b) die kritische Schubspannung für den Zustand maximaler Aushärtung.

Lösung:
a) max. Festigkeit bei r_c: Schneidspannung = Orowanspannung

$$\text{Schneidspannung: } \Delta\,\tau_S = \frac{\tilde{\gamma}^{3/2}}{b} \cdot \frac{\sqrt{f \cdot r}}{\sqrt{6 \cdot E_V}} = \frac{\tilde{\gamma}^{3/2}}{b} \cdot \frac{\sqrt{f \cdot r}}{\sqrt{6 \cdot \frac{1}{2}Gb^2}}$$

$$\text{Orowanspannung: } \Delta\,\tau_{OR} = \frac{Gb\sqrt{f}}{r}$$

$$\Rightarrow \quad \frac{\tilde{\gamma}^{3/2}}{b} \cdot \frac{\sqrt{f \cdot r_c}}{\sqrt{6 \cdot \frac{1}{2}Gb^2}} = \frac{Gb\sqrt{f}}{r_c} \quad \Rightarrow \quad r_c = \frac{\sqrt[3]{3} \cdot Gb^2}{\tilde{\gamma}}$$

im Anfangszustand kohärente Teilchen $\rightarrow$ werden geschnitten

$$\text{Schneidspannung: } \tau_0 = \frac{\tilde{\gamma}^{3/2}}{b} \cdot \frac{\sqrt{f \cdot r_0}}{\sqrt{6 \cdot \frac{1}{2}Gb^2}}$$

$$\Rightarrow \tilde{\gamma} = \sqrt[3]{\frac{3 \cdot \tau_0^2\,Gb^4}{f \cdot r_0}} = \sqrt[3]{\frac{3 \cdot (20\,MPa)^2 \cdot 27 GPa \cdot \left(\dfrac{4{,}04 \cdot 10^{-10}m}{\sqrt{2}}\right)^4}{0{,}05 \cdot 10 \cdot 10^{-10}m}} = 0{,}163 Pa \cdot m$$

$$\Rightarrow \quad r_c = \frac{\sqrt[3]{3} \cdot Gb^2}{\tilde{\gamma}} = 19{,}54\,nm$$

$$\frac{dr}{dt} = 50t^{-2/3} \quad \Rightarrow \quad \int_{r_0}^{r} dr = \int_0^t 50t^{-2/3}\,dt$$

$$\Rightarrow \quad r - r_0 = 3 \cdot 50 t^{1/3} \quad \Leftrightarrow \quad t_c = 1{,}89\,s$$

b) $\tau_{max} = \tau_{max}^{OR} = \dfrac{Gb\sqrt{f}}{r_c} = 88{,}4\,MPa$

9.8. Leiten Sie die Gibbs-Thomson-Gleichung her.

Lösung:
chemisches Potential μ = freie Enthalpie pro Atom

$$\text{Druck durch gekrümmte Oberfläche: } p = -\frac{dG}{dV} = -\frac{\gamma \, dA}{dV} = -\frac{\gamma \cdot 8\pi \, r \, dr}{4\pi \, r^2 \, dr} = -\frac{2\gamma}{r}$$

Druck p · Atomvolumen Ω

γ: Oberflächenenergie
r: Krümmungsradius
chemisches Potential: $\mu = \mu_0 + kT \ln(\gamma_a c)$ k: Boltzmann-Konstante
T: absolute Temperatur
γ_a: Aktivitätskoeffizient
c: Konzentration

$$\frac{d\mu}{dc} = kT\frac{1}{c} \quad \Leftrightarrow \quad d\mu = kT\frac{dc}{c}$$

$$\Rightarrow \quad \Delta\mu = \Delta p \cdot \Omega = \left(-\frac{2\gamma}{r_2} + \frac{2\gamma}{r_1}\right)\Omega = kT\frac{\Delta c}{c}$$

$$\Rightarrow \quad \boxed{\Delta\mu_P = 2\gamma_{\alpha\beta}\Omega\left(\frac{1}{r_1} - \frac{1}{r_2}\right) = kT\frac{\Delta c_B}{\hat{c}_B}}$$

c_B: Gleichgewichtskonz. in Matrix bei $r \rightarrow \infty$ $\quad \Delta c_B$: Konzentrationsgradient

→ Potentialdifferenz zwischen zwei Teilchen mit den Radien r_1 und r_2
→ Teilchenvergröberung: Ostwald-Reifung
  Ziel: Herabsetzung der Gesamtgrenzflächenenergie
     $r < r_C$: (kleines Teilchen): hohes Potential → schrumpft
     $r = r_C$: keine Veränderung
     $r > r_C$: (großes Teilchen): niedriges Potential → wächst

9.9. Geben Sie mit Hilfe des Bain-Modells die Orientierungsbeziehungen zwischen der kubisch-flächenzentrierten und der martensitischen Phase bei der Martensitumwandlung an.

Lösung:
(siehe Abb. 9.29.)

- in der Mitte zweier benachbarter kfz-Einheitszellen mit Gitterparameter a_0 befindet sich eine tetragonale Einheitszelle mit $a = \frac{a_0}{\sqrt{2}}$ und $c = a_0$
  → Entstehung einer krz-Einheitszelle durch Stauchung der c-Achse und Dehnung der beiden a-Achsen
- in kohlenstoffhaltigem Eisen findet Gittertransformation von kfz zu trz statt
  – im kfz Gitter Kohlenstoff auf Oktaederlücken
  → tetragonale Verzerrung (der c-Achse) des Martensits mit steigendem Kohlenstoffgehalt, da nach dem Bain-Modell alle C-Atome auf der c-Achse liegen
  Bain'sche Korrespondenz stellt Drehung der <100>-Achse um 45° zwischen Austenit und Martensit dar.

9.10. Geben sie die Orientierungsbeziehung der Bain'schen Korrespondenz in den drei Darstellungen: Drehachse + Drehwinkel, Eulerwinkel und Miller-Indizes an.

Lösung:
Die Orientierungsbeziehung entspricht einer 45°-Rotation des kfz-Gitters um die z-Achse. Dadurch werden die Achsen von beiden Koordinatensystemen zueinander parallel. (siehe Abb. 9.29.)
Also:

45°[001]:   Drehwinkel + Achse

(45,0,0):   Eulerwinkel

$[010]_{kfz} \parallel [110]_{krz}; (001)_{kfz} \parallel (001)_{krz}$

[110](001):   Miller-Indizes

9.11. Berechnen Sie die Festigkeitssteigerung der Martensitbildung durch Mischkristallhärtung bei einem Kohlenstoffgehalt von $c^a = 0{,}04$ at. %. ($|\delta| = 1{,}19, \beta = 1/20, |\eta| = 10$)

Lösung:

$$\frac{\Delta \tau_c}{G} = \frac{1}{\sqrt{3}} \left(|\delta| + \beta\, |\eta|\right)^{3/2} \sqrt{c^a} = \frac{1}{\sqrt{3}} \left(1{,}19 + \frac{1}{20} \cdot 10\right)^{3/2} \sqrt{0{,}04} = 0{,}25$$

9.12. Erläutern Sie, warum bei allen martensitischen Phasenumwandlungen im metastabilen System Fe-C stets Restaustenit übrigbleibt und es niemals zur vollständigen Martensitumwandlung kommt.

Lösung:
- Entstehung hoher Spannungen beim Abschrecken von stabilem, homogenem Austenit von hohen Temperaturen weit unter Gleichgewichtstemperatur
- durch Abschreckspannungen Auftreten von Zonen hoher Versetzungsdichte, die als Senken für Kohlenstoffatome wirken → Bildung örtlicher Heterogenitäten, die Austenit stabilisieren

9.13. Bestimmen Sie die Phasengehalte eines legierten Stahls aus dem in Abb. 9.33a dargestellten Zeit-Temperatur-Umwandlungsdiagramm für alle drei Abkühlpfade.

Lösung:
Pfad 1:
- Abkühlgeschwindigkeit hoch genug, um Bainit- und Perlitumwandlung zu verhindern
- Bildung eines vollständigen Martensitgefüges

Pfad 2:
- Abkühlpfad durchquert Perlitbereich → Bildung von ca. 50 % Perlit

- Abkühlgeschwindigkeit hoch genug, um Bainitbildung zu verhindern
- Umwandlung des restlichen Austenits in Martensit → ca. 50 % Martensit

Pfad 3:
- Abkühlrate so hoch, dass Perlitumwandlung unterdrückt wird
- Haltepunkt bei ca. 350 °C zur Bainitbildung → ca. 25 % Bainit
- Umwandlung des restlichen Austenits in Martensits → ca. 75 % Martensit

9.14. Erklären Sie den Formgedächtnis-Effekt (FGE). Wie würden Sie mit Hilfe einer solchen Formgedächtnis-Legierung ein Sicherheitsventil konstruieren, das ab einer bestimmten Temperatur schließt?

Lösung:
- Der FGE ist die Eigenschaft eines Werkstoff, sich nach Verformung bei entsprechender Wärmebehandlung in die vor der Verformung bestehende Gestalt zurückzuverwandeln
- Die martensitische Umwandlung in FG-Legierungen ist mit Scherverformungen verbunden → Bildung verschiedener kristallographisch äquivalenter Varianten der martensitischen Phase → Einstellung bei Abkühlung in der Art, dass Form der Probe erhalten bleibt
- bei Verformung statt Versetzungsbewegung Wachstum der energetisch günstigsten Variante auf Kosten der anderen Varianten
- bei hohen Temperaturen verschwindet Martensit wieder, so dass unabhängig von der Variante die alte Form wieder hergestellt wird

Sicherheitsventil:
- Ausgangszustand ist geschlossener Zustand
- Ventil muss mechanisch in offenen Zustand geformt werden
- bei Temperaturerhöhung bildet sich Martensit zurück, d. h. Feder geht wieder in Austenit über
- dabei entspannt sich die Feder → Ausgangszustand

9.15. Eine Formgedächtnislegierung erlaubt eine maximale Dehnung von 5 %. Wie klein darf der Krümmungsradius eines gebogenen Drahtes der Dicke 1 mm werden, wenn bei einer Wärmebehandlung die Urgestalt wieder hergestellt werden soll?

Lösung:
Damit bei einer Wärmebehandlung die Urgestalt vollständig hergestellt wird, darf die maximale Dehnung 5 % nicht überschreiten. Die Zugverformung beim Biegeversuch ist auf der Oberfläche der Probe maximal.

$$R \varphi = \ell_o$$

$$\left(R + \frac{d}{2}\right) \varphi = \ell_0 + \Delta\ell$$

$$\frac{d}{2} \varphi = \Delta\ell$$

$$\varepsilon = \frac{\Delta\ell}{\ell_O} = \frac{\frac{d}{2}\varphi}{R\varphi} = \frac{d}{2R}$$

$$R = \frac{d}{2\varepsilon} = \frac{1\,mm}{2 \cdot 0{,}05} = 10\,mm$$

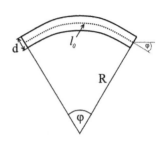

9.16. Warum verursacht die martensitische Umwandlung in Stahl keinen Formgedächtniseffekt?

Lösung:
Die Gestaltsänderung bei der martensitischen Umwandlung von Stahl wird durch
Anpassungsverformung mittels Versetzungsbewegung und Zwillingsbildung kom-
pensiert und nicht durch selbstkompensierende martensitische Varianten wie bei
NiTi. Die Verformungsprozesse durch Versetzungsgleitung und Zwillingsbildung
sind nicht reversibel. Daher wird bei der Wärmebehandlung nicht die ursprüngliche
Form wiederhergestellt.

Kapitel 10

10.1. Gegeben seien die untenstehenden interatomaren Kraftkurven für zwei Metalle A
und B. Welches Material hat
a) die größere Gitterkonstante?
b) den größeren E-Modul?

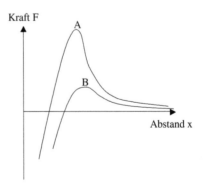

Lösung:

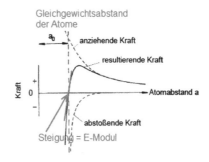

a)

- anziehende Kraft durch Dipolmoment der Elektronenstruktur
- abstoßende Kraft bei Überlappung der Atomhüllen (Pauli-Prinzip)
- → Kompensation anziehender und abstoßender Kräfte (Summe der Kräfte ist Null) = Gleichgewichtsabstand a_0

  Gleichgewichtsabstand proportional zur Gitterkonstanten → $a_B > a_A$

b) Hookesches Gesetz: $\sigma = E\,\varepsilon \quad \Leftrightarrow \quad \dfrac{F}{A_0} = E \cdot \dfrac{\Delta l}{l_0} \quad \Rightarrow \quad E \propto \dfrac{F}{\Delta l}$

- Kraft bezogen auf Fläche ergibt Spannung, die aufzubringen ist, um Abstand der Atome zu ändern → bei Gleichgewichtsabstand ist Spannung Null
- Anstieg bei kleiner Längenänderung näherungsweise linear
- → Proportionalitätskonstante ist Steigung der Kurve, entspricht makroskopisch dem E-Modul → A hat größeren E-Modul als B

10.2. Die interatomare Wechselwirkung kann vereinfacht durch das Lennard-Jones Potenzial angepasst werden:

$$V = \frac{A}{x^{12}} - \frac{B}{x^6} \qquad \text{mit x: Abstand der beiden benachbarten Atome.}$$

Leiten Sie einen Ausdruck für den Gleichgewichtsabstand der Atome bei 0 K ab.

Lösung:
→ bei 0K ist $V = V_{min}$ → dort Steigung = 0
(siehe Abb. 10.2.b)

$$\left.\frac{dV}{dx}\right|_{x=x_0} = 0 = -\frac{12A}{x^{13}} + \frac{6B}{x^7} \quad \rightarrow \quad x_0 = a_0 = \left(\frac{2A}{B}\right)^{\frac{1}{6}}$$

10.3. Was besagt das Wiedemann-Franzsche Gesetz? Bestimmen Sie mit Hilfe des Gesetzes die Wärmeleitfähigkeit bei Raumtemperatur für Kupfer, Aluminium und Eisen.
($\sigma_{Cu} = 58 \cdot 10^6 \Omega^{-1}\text{m}^{-1}$, $\sigma_{Al} = 37 \cdot 10^6 \Omega^{-1}\text{m}^{-1}$, $\sigma_{Fe} = 10 \cdot 10^6 \Omega^{-1}\text{m}^{-1}$)

Lösung:

Korrelation zwischen Wärmeleitfähigkeit λ und elektrischer Leitfähigkeit σ bei Metallen, da beide von freien Elektronen getragen werden

$\rightarrow$ Wiedemann-Franzsches Gesetz: $\dfrac{\lambda}{\sigma} = LT$

$$(\text{L: Lorenz-Zahl} = 2,45 \cdot 10^{-8} \dfrac{W\Omega}{K^2}; \text{T: Temperatur})$$

Cu: $\lambda_{Cu} = LT\sigma = 2,45 \cdot 10^{-8} W\Omega K^{-2} \cdot 298K \cdot 58 \cdot 10^6 \Omega^{-1} m^{-1} = 423 WK^{-1} m^{-1}$

Al: $\lambda_{Al} = LT\sigma = 2,45 \cdot 10^{-8} W\Omega K^{-2} \cdot 298K \cdot 37 \cdot 10^6 \Omega^{-1} m^{-1} = 270 WK^{-1} m^{-1}$

Fe: $\lambda_{Fe} = LT\sigma = 2,45 \cdot 10^{-8} W\Omega K^{-2} \cdot 298K \cdot 10 \cdot 10^6 \Omega^{-1} m^{-1} = 73 WK^{-1} m^{-1}$

10.4. Bei einer Temperatur von 20 °C wurde der elektrische Widerstand eines 250 mm langen Metalldrahts mit einem Durchmesser von 1 mm mit R = 9,55·10^{-3} Ω bestimmt.

a) Berechnen Sie mit Hilfe der Regel $\rho = \rho_R + \rho(T)$ den temperaturabhängigen Anteil des spezifischen Widerstandes $\rho(T)$ unter der Voraussetzung, dass der durch Gitterfehler bewirkte Restwiderstand $\rho_R = 2 \cdot 10^{-6}$ Ωmm ist.

b) Wie groß ist der spezifische Widerstand des Drahts bei 270 °C (Temperaturkoeffizient $\alpha = 0{,}004$ K^{-1})?

Lösung:

a)

$$\rho = R \cdot \frac{A}{l} \;\text{ mit } A = \pi \cdot \frac{d^2}{4}$$

$$\rho = 9{,}55 \cdot 10^{-3}\Omega \cdot \frac{\pi \cdot (1\,mm)^2}{4 \cdot 250mm} = 3 \cdot 10^{-5}\Omega\,mm$$

$$\rho = \rho_R + \rho(T) \;\leftrightarrow\; \rho(20\,°C) = \rho - \rho_R = 2{,}8 \cdot 10^{-5}\,\Omega\,mm$$

b)

$$\rho(T) = \rho_0\,(1 + \alpha \cdot \Delta T) \;\text{ mit } \rho_0 \equiv \rho\left(20\,°C\right)$$

$$\rho_{ges}\left(270\,°C\right) = \rho_R + \rho_0\,(1 + \alpha \cdot \Delta T)$$
$$= 2 \cdot 10^{-6}\Omega\,mm + 2{,}8 \cdot 10^{-5}\Omega\,mm\left(1 + 0{,}004\,K^{-1} \cdot (270 - 20)°\,C\right)$$
$$= 5{,}8 \cdot 10^{-5}\Omega\,mm$$

10.5. Zink hat eine hexagonale Kristallstruktur und ist diamagnetisch. Die Differenz der diamagnetischen Suszeptibilitäten parallel und senkrecht zur c-Achse beträgt $5 \cdot 10^{-6}$. Ein Zink-Bikristall sei einem Magnetfeld von 20 T ausgesetzt. In einem der beiden Kristalle stehe die c-Achse parallel, im anderen senkrecht zur Feldrichtung.

a) Berechnen Sie die treibende Kraft auf die Korngrenze.

b) In Richtung welchen Kristalls bewegt sich die Korngrenze?

Lösung:

a) In niedrigsymmetrischen Kristallsystemen ist die magnetische Suszeptibilität ein Tensor 2. Stufe. Im Hauptkoordinatensystem, d. h. im Koordinatensystem des hexagonalen Gitters lautet er

$$\underline{\underline{\chi}} = \begin{pmatrix} \chi_\perp & 0 & 0 \\ 0 & \chi_\perp & 0 \\ 0 & 0 & \chi_{||} \end{pmatrix}$$

wobei $\chi_\perp$ und $\chi_{||}$ die Suszeptibilitäten senkrecht und parallel zur z-Achse sind.

Ist das Magnetfeld zur c-Achse geneigt, so ist das Magnetfeld durch den Vektor
$\underline{H} = (H_x, H_y, H_z) = H(\cos\alpha, \cos\beta, \cos\gamma)$
gegeben, wobei H_x, H_y, H_z die Richtungskosinus des Magnetfeldvektors bezüglich der Koordinatenachsen sind.

Die magnetische Energiedichte (Energie/Volumen) beträgt

$$E_m = \frac{1}{2}\underline{BH}$$

$$= \frac{1}{2}\mu_0\,\mu_r\underline{H}\cdot\underline{H}$$

$$= \frac{1}{2}\mu_0\left(1 + \underline{\underline{\chi}}\right)\underline{H}^2$$

$$= \frac{1}{2}\mu_0\underline{H}^2 + \frac{1}{2}\mu_0\left(H_x^2\chi_\perp + H_y^2\chi_\perp + H_z^2\chi_{||}\right)$$

$$= \frac{1}{2}\mu_0\underline{H}^2 + \frac{1}{2}\mu_0 H^2\left(\cos^2\alpha\;\chi_\perp + \cos^2\beta\,\chi_\perp + \cos^2\gamma\;\chi_{||}\right)$$

Wegen $\cos^2\alpha + \cos^2\beta + \cos^2\gamma = 1$ (der Richtungsvektor von $\underline{H}$ ist ein Einheitsvektor) folgt

$$\cos^2\alpha + \cos^2\beta = 1 - \cos^2\gamma$$

und daher

$$E_m = \frac{1}{2}\mu_0\underline{H}^2 + \frac{1}{2}\mu_0 H^2\left[\left(1 - \cos^2\gamma\right)\chi_\perp + \cos^2\gamma\;\chi_{||}\right]$$

$$= \frac{1}{2}\mu_0\underline{H}^2 + \frac{1}{2}\mu_0 H^2\left(\chi_\perp + \left(\chi_{||} - \chi_\perp\right)\cos^2\gamma\right)$$

$$= \frac{1}{2}\mu_0\underline{H}^2 + \frac{1}{2}\mu_0 H^2\left(\chi_\perp + \Delta\chi\cos^2\gamma\right)$$

Die treibende Kraft auf die Korngrenze ist der Gewinn an freier Enthalpie pro überstrichenes Volumen, also die Differenz der magnetischen Energiedichten

$$p = \frac{dG}{dV} = E_m^1 - E_m^2 = \frac{1}{2}\mu_0 H^2 \Delta\chi \left(\cos^2\gamma_1 - \cos^2\gamma_2\right)$$

wobei γ_1 und γ_2 die Winkel zwischen Magnetfeld und z-Achse in Kristall 1 und 2 bedeuten.

Mit $\mu_0 = 1{,}25 \cdot 10^{-6} \frac{Vs}{Am}$, $\gamma_1 = 0°$, $\gamma_2 = 90°$, $H = 20T = 20 \cdot 10^6 Am^{-1}$ ergibt sich

$$p = \frac{1}{2} \cdot 1{,}25 \cdot 10^{-6} \frac{Vs}{Am} \cdot (20 \cdot 10^6)^2 \cdot \frac{A^2}{m^2} \cdot 5 \cdot 10^{-6} \left(\cos^2 0° - \cos^2 90°\right)$$
$$= 1{,}25 \cdot 10^3 \frac{VAs}{m^3} = 1{,}25 \frac{kJ}{m^3} = 1{,}25 \cdot 10^{-3}\ MPa$$

b) Die Korngrenze bewegt sich in Richtung des Kristalls mit der größeren Energiedichte, also in Richtung des Kristalls, von dem die c-Achse parallel zum Magnetfeld liegt.

10.6. In einem nichtmagnetischen Material betrage die Remanenz $M_R = 1000$ Gauß. Zur Entmagnetisierung ist ein Gegenfeld (Koerzitivkraft) von $H_c = 1{,}7 \frac{kA}{m}$ erforderlich. Wie groß ist etwa der magnetische Energieverlust pro Hysteresezyklus?

Lösung:

$$\Delta E = \oint BdH \cong 4\ B_R \cdot H_c = 4 \cdot 1000\ Gauß \cdot 1{,}7 \frac{kA}{m}$$

Mit $1\ Gauß = 10^{-4}T = 10^{-4} \frac{Vs}{m^2}$ erhält man den Energieverlust pro Zyklus

$$\Delta E \cong 4 \cdot 1000 \cdot 10^{-4} \frac{Vs}{m^2} \cdot 1{,}7 \cdot 10^3 \frac{A}{m} = 680 \frac{VAs}{m^3} = 670 \frac{J}{m^3}$$

10.7. Warum ist Kohlenstoff in Form von Diamant durchsichtig, in Form von Graphit dagegen nicht?

Lösung:
Diamant ist ein Isolator mit einer großen Bandlücke von 6,4 eV. Die Energie des sichtbaren Lichts $(0{,}36 \leq \lambda \leq 0{,}72)$ nm, $E = h\nu = h\frac{c}{\lambda}$ reicht nicht aus, die Bandlücke zu überwinden. Die Elektronen des Valenzbandes können daher nicht von dem Licht angeregt werden. Deshalb gehen Lichtstrahlen durch Diamant ohne Anregung hindurch, d. h. Diamant ist transparent.
Graphit besitzt dagegen aufgrund seiner sp^2-Hybridisierung Elektronen, die leicht angeregt werden können. Daher wechselwirken die Elektronen mit dem einfallen-

den Licht, sodass die elektromagnetische Strahlung das Material nicht durchdringt. Deshalb ist es nicht transparent.

10.8. Auf einen Halbleiter mit einer Bandlücke von 5 eV fällt monochromatisches Licht der Wellenlänge $\lambda = 0,4\,\mu$m. Wie groß ist der Photostrom?

Lösung:
Die Photonenenergie ist

$$E = h\nu = h\frac{c}{\lambda} = 6,6 \cdot 10^{-34}\,Js \cdot \frac{3 \cdot 10^8\,m/s}{0,4 \cdot 10^{-6}\,m} \cong 5 \cdot 10^{-19}\,J = \frac{5 \cdot 10^{-19}}{1,6 \cdot 10^{-19}}\,eV \cong 3\,eV.$$

Sie ist kleiner als die Bandlücke. Der Photostrom ist daher Null. Ein von Null verschiedener Wert wird erst erreicht, wenn $E \cong 5\,eV$, was einer Wellenlänge von $0,24\,\mu m$ entspricht.

Weiterführende Literatur zu den Kapiteln

Kap. 1:

– J. Guerland	Stereology Quantitative Metallography ASTM STP 504 (1972)
– H. Schumann	Metallographie, VEB Verlag Grundstoffindustrie, Leipzig, 1967
– V. Randle, O. Engler	Introduction to Texture Analysis Gordin and Breach, 2000

Kap.2:

– C.S. Barrett, T.B. Massalski	Structure of Metals Pergamon Press, 1980
– B.D. Cullity	Elements of X-Ray Diffraction Addison-Wesley, 1978
– P.J.F. Harris	Carbon Nanotube Science Cambridge University Press, Cambridge, 2009

Kap.3:

– W. Bollmann	Crystal Defects Crystalline Interfaces Springer-Verlag, 1970
– D. Hull, D.J. Bacon	Introduction to Dislocations Pergamon Press, 1989
– A.P. Sutton, R.W. Balluffi	Interfaces in Crystalline Materials Clarendon Press Oxford, 1995
– J. Weertmann, J.R.Weertmann	Elementary Dislocation Theory Oxford University Press, 1992

Kap.4:

– A.H. Cottrell	Theoretical Structural Metallurgy Edward Arnold Verlag, 1955
– P. Haasen	Physical Metallurgy Springer-Verlag, 1984

G. Gottstein, *Materialwissenschaft und Werkstofftechnik*, Springer-Lehrbuch,
DOI: 10.1007/978-3-642-36603-1, © Springer-Verlag Berlin Heidelberg 2014

Kap.5:

- R.J. Borg, G.J. Dienes   An Introduction to Solid State Diffusion
                                         Academic Press, 1991
- J. Crank   Mathematics of Diffusion
                                         Oxford University Press, 1975
- Th. Heumann   Diffusion in Metallen
                                         Springer-Verlag, 1992
- W. Seith   Diffusion in Metallen
                                         Springer-Verlag, 1955
- P.G. Shewmon   Diffusion in Solids
                                         TMS, 1989
- M.E. Glicksman   Diffusion in Solids State Principles
                                         Wiley Interscience, 2000

Kap.6:

- J. Rösler, H. Hardens, M. Baker   Mechanisches Verhalten der Werkstoffe
                                         Teubner-Verlag, Stuttgart, 2003
- H. Kopp, H. Wiegels   Einführung in die Umformtechnik
                                         Augustinus-Verlag, Aachen, 1998
- T.H. Courtney   Mechanical Behavior of Materials
                                         MacGraw-Hill, 1990
- G.E. Dieter   Mechanical Metallurgy
                                         MacGraw-Hill, 1986
- J. Friedel   Dislocations
                                         Pergamon Press, 1967
- J.P. Hirth, J. Lothe   Theory of Dislocations
                                         Krieger Publishing Company, 1992
- R.W.K. Honeycombe   The Plastic Deformation of Metals
                                         Edward Arnold Verlag, 1984
- D. Hull, D.J. Bacon   Introduction to Dislocations
                                         Pergamon Press, 1989
- M.A. Meyers, K.K. Chawla   Mechanical Metallurgy:
                                         Principles and Applications
                                         Prentice Hall, 1984
- F.R.N. Nabarro   Dislocations in Solids
                                         North-Holland Publ., 1979ff, Vol. 1-8
- J. Weertmann, J.R. Weertmann   Elementary Dislocation Theory
                                         Oxford University Press, 1992
- C. Zener   Elasticity and Anelasticity of Metals
                                         The University of Chicago Press, 1965
- L.B. Freund, S. Suresh   Thin Film Materials
                                         Cambridge University Press, 2009

Kap.7:

- P. Cotterill, P.R. Mould   Recrystallization and Grain Growth in Metals
                                         Krieger Publishing Company, 1976
- G. Gottstein   Rekristallisation metallischer Werkstoffe
                                         DGM, 1984

– F. Haessner   Recrystallization of Metallic Materials
                                                 Dr. Riederer-Verlag, 1978

– M. Hatherly, F.J. Humphreys   Recrystallization and Related Annealing
                                                 Phenomena, Pergamon, 1995

– G. Gottstein, L.S. Shvindlerman   Grain Boundary Migration in Metals
                                                 CRC Press, 1999

Kap.8:

– B. Chalmers   Principles of Solidification
                                                 J. Wiley, 1964

– A.H. Cottrell   Theoretical Structural Metallurgy
                                                 Edward Arnold Verlag, 1955

– E. Murr   Interfacial Phenomena in Metals and Alloys
                                                 Techbooks, 1975

– D.A. Porter, K.E. Easterling   Phase Transformations in Metals
                                                 Van Nostrand Reinhold, 1992

– R.E. Reed-Hill   Physical Metallurgy Principles
                                                 PWS Publishers, 1992

– W. Schatt   Einführung in die Werkstoffwissenschaft
                                                 DV Grundstoffindustrie, 1991

– G. Schulze   Metallphysik
                                                 Akademieverlag, 1967

– R.E. Smallmann   Modern Physical Metallurgy
                                                 Butterworths, 1985

– C. Suryanarayana, A. Inoue   Bulk Metallic Glasses
                                                 CRC Press, 2011

Kap.9:

– J.W. Christian   Transformation in Metals and Alloys
                                                 Pergamon Press, 1981

– D.A. Porter, K.E. Easterling   Phase Transformations in Metals
                                                 Van Nostrand Reinhold, 1992

Kap.10:

– R.H. Bube   Electrons in Solids
                                                 Academic Press, 1992

– W. Buckel   Supraleitung
                                                 VCH, 1989

– R.E. Hummel   Electronic Properties of Materials
                                                 Springer-Verlag, 1992

– H. Ibach, H. Lüth   Festkörperphysik
                                                 Springer-Verlag, 1990

– C. Kittel   Einführung in die Festkörperphysik
                                                 Oldenbourg, 1991

– G. Schulze   Metallphysik
                                                 Akademieverlag, 1967

– L. Solymar, D. Walsh   Lectures on Electrical Properties
                                                 of Materials
                                                 Oxford Science Publications, 1993

Sachverzeichnis

Symbols

∇ operator, 179, 184

‚armchair‘, 36

‚chiralen‘ Nanoröhre, 36

A

Abgleitgeschwindigkeit, 248

Abgleitung, 251

Abkühlungsraten, 403

Absorptionsbänder, 496

Adatom, 389

Ätzgrübchen, 87

Aggregatzuständen, 115

Aktivierungsenergie, 171, 196, 200, 247, 345

Aktivierungsvolumen, 249, 314

Aktivitätskoeffizient, 191

Akzeptoratome, 466

Allotrope Modifikationen, 411, 412

Amorphe Festkörper, 30, 491

Anelastizität, 295

Anordnungsvielfalt, 74, 415

Anpassungsverformung, 439

Anregungszustände, 496

Antiferromagnetismus, 491

Antiphasengrenze, 2, 145, 282

Arrhenius-Auftragung, 171

Arrheniusbeziehung, 135

Atomabstand, 23

Atomgröße, 29, 136, 272

Atomgrößenverhältnis, 16

Atomgrößenunterschied, 121

Atomkern, 11

Atomkonzentration, 116

Atomradienverhältnis, 16, 134, 149

Atomradius, 23

Ausdehnungskoeffizient, 456

Ausforming, 440

Aushärtung, 284, 425, 427

Auslöschungsregeln, 56, 144

Ausscheidung, 413

    diskontinuierliche, 8, 326, 329, 432

Ausscheidungshärtung, 282

Austenit-Start-Temperatur, 436

Avrami-Gleichung, 368

B

Bändermodell, 448, 451

Bainsche Korrespondenz, 436

Bandstruktur, 137, 464

Basisebene, 26

BCS-Theorie, 479

Benetzungswinkel, 107, 384

Bergaufdiffusion, 419

Besetzungswahrscheinlichkeit, 452

Bestrahlung, 78

Beugung, 50, 59

Beugungsmuster, 59

Beweglichkeit, 191, 330, 345, 476

Biegeverformung, 309

Bildkraft, 311

G. Gottstein, *Materialwissenschaft und Werkstofftechnik*, Springer-Lehrbuch,
DOI: 10.1007/978-3-642-36603-1, © Springer-Verlag Berlin Heidelberg 2014

Bildungsenthalpie, 75
binäre Legierungen, 116
Bindung, 11
Bindungscharakter, 149
Bindungsenergie, 185
Bindungsenthalpie, 414
Bindungskräfte, 120
Bindungstypen, 447
Blechnormale, 44
Blochwand, 487
Blochwandverschiebungen, 487
Blockseigerung, 400
Bohrsches Atommodell, 11
Boltzmann Konstante, 74
Boltzmann-Faktor, 171, 348, 464
Bose-Einstein-Verteilung, 454
Bosonen, 453
Braggsches Gesetz, 52
Bravais-Gitter, 21
Bremsstrahlung, 54
Brillouinzonen, 158
Brinell-Härte, 218
Bruchdehnung, 213
Bruchspannung, 228
Bruchteil ausgeschiedener Phase, 440
Burgers-Umlauf, 80
Burgers-Vektor, 79, 261

C
c/a-Verhältnis, 26
chemische Wechselwirkung, 272, 275
chemisches Potential, 191, 292, 431
CNT, 467
Coble-Kriechen, 293
coincidence site lattice, 95
Considère-Kriterium, 217, 286
Cooper-Paar, 480
Crowdion, 72
Cu-Walztextur, 369
Curie-Temperatur, 486
Curie-Weiss Gesetz, 486
Curiesches Gesetz des Paramagnetismus, 483

D
Dämpfung, 296, 303
dünne Schichten, 308
Darkenschen Gleichungen, 190

Darstellung von Orientierungen, 47
Debye-Frequenz, 176, 459
Debye-Scherrer-Methode, 57
Debye-Scherrer-Ringe, 57
Debye-Temperatur, 459
Defektstrukturen des Graphens, 315
Deformation-Mechanism-Maps, 295
Deformationsbänder, 333
Dehngeschwindigkeit, 289
Dehngeschwindigkeitsempfindlichkeit, 286
Dehnung, 297
Dehnungstensor, 211, 269
Dendriten, 391, 395
Diamagnetismus, 482
Diamant, 34
Diamantgitter, 15, 150
dielastische Wechselwirkung, 272, 274, 282, 289
Diffraktogramm, 56
Diffusion, 163, 167, 172, 395, 413, 424, 434
Diffusion in Nichtmetallen, 199
Diffusion, chemische, 186
diffusiongesteuerte Phasenübergänge, 413
Diffusionsfront, 168
Diffusionskoeffizient, 164, 177, 289, 292, 345
Diffusionskonstante, 164, 169
    Anisotropie, 169
    chemische, 180
Diffusionskriechen, 292, 307
Diffusionspaar, 187
Diffusionsstromdichte, 163, 189
Diffusionsvorgänge, 229
Diode, 466
Dipolmoment, 13, 447
Dipolwechselwirkung, 447
diskontinuierliche Ausscheidung, 8, 326, 329, 432
diskontinuierliche Rekristallisation, 322
diskontinuierliches Subkornwachstum, 340
Dispersion, 495
dispersionsgehärtete Legierungen, 278
Dispersionsgrad, 280
Dispersionshärtung, 276
Domänen, 145, 487
Domänengrenzen, 2
Donator-Atom, 466
Drehachse, 90
Drehkorngrenze, 90
Drehwinkel, 90
Dreiphasengleichgewicht, 108, 122

Dreistoffsysteme, 160
Driftgeschwindigkeit, 168, 473
Driftstrom, 189, 199
Druck, 207
DSC-Gitter, 99
Dual-Phasen-Gefüge, 8
Duktilität, 213, 286
Dulong-Petit Regel, 456
Duplexgefüge, 7
Durchschneiden von Teilchen, 284
Dynamik der Verformung, 247
dynamisch rekristallisierte Korngröße, 367
dynamische Erholung, 254, 260, 322, 337
dynamische Reckalterung, 276
dynamische Rekristallisation, 322, 366
dynamischer Zugversuch, 288
dynamisches E-Modul, 297

E
Easy-Glide-Bereich, 254
Ebener Spannungszustand, 308
Eddy-Strom, 492
Edelgaskonfiguration, 11
effektiver elastischer Modul, 308
Eigenleitung, 466
Eigenspannung, 308
Eigenspannungsfeld, 242
Einbettpotentiale, 454
eindimensionale (Linien)-Fehler, 71
Einfachgleitung, 251
Einlagerungsmischkristalle, 136
Einschnürung von Versetzungen, 264, 286
Einstein-Relation, 193
Einstoffsystem, 116
elastische Dehnung, 295
elastische Eigenschaften, 238
elastische Energie, 241, 299, 419
elastische Energiedichte, 313
elastische Isotropie, 212
elastische Konstanten, 212
elastische Verzerrungen, 420
elastische Verzerrungsenergie, 419
elastischer Bereiches, 212
Elastizität, 207
Elastizitätsmodul, 208, 296, 455
elektrische Leitfähigkeit, 200, 468, 476
elektrischer Leiter, 464
elektrischer Widerstand, 78, 145, 181, 469, 471

elektromagnetische Strahlung, 52
elektromagnetische Wellen, 493
Elektron, 496
Elektron-Loch-Paarbildung, 496
Elektronegativität, 137, 150
Elektronenbeugung, 59
Elektronendichte, 140
Elektronenenergie, 158
Elektronengas, 12
Elektronenhülle, 11, 52
Elektronenkonfiguration, 150
Elektronenmikroskop, 2, 54
Elektronenmikroskopie, 59, 103
Elektronenspin, 485
Elektronenstrahl, 59
Elektronenstruktur, 464
Elektropositivität, 150
Elementarladung, 473
Elementarzelle, 20, 32
Energielücke, 451, 464
Energieniveau, 448
Energiewerte, 448
Energiezustand, 448
Enthalpie
    freie Keimbildung, 380
Entmischung, 399, 413
Entmischungszonen, 424
Entropie, 73, 127
epitaktisch, 308
Erholung, 321, 322, 333, 337
Erholungsprozesse, 244, 260
Erholungsvorgänge, 343
Erstarrung, 377
    amorphe, 402
    eutektischer Legierungen, 395
    von Nichtmetallen, 405
Erstarrungsfront, 390, 391
    stabile, 390
Erstarrungskontraktion, 377
Erstarrungsmorphologie, 126
Erstarrungsvorgang, 123
Erstarrungswärme, 390
Erzwungene Schwingungen, 304
Euler-Raum, 62
Euler-Winkel, 45, 88
eutektische Reaktion, 122
eutektische Temperatur, 122
eutektische Zusammensetzung, 404
eutektisches Gefüge, 7

eutektisches Zustandsdiagramm, 120, 132, 418
Eutektoide Entmischung, 432
Exziton, 497

F
F-Bänder, 496
Facette, 19
Facettierung, 89
Fadenmoleküle, 406
Faltenkeime, 407
Faltung, 31
Farbe des Kristalls, 496
Farbzentren, 79, 496
Federmodell des Festkörpers, 208
Fehler des Gußgefüges, 399
Fehlordnung, 71
Fehlpassung, 308
Fermienergie, 158, 451
Fermigeschwindigkeit, 453
Fermikante, 452
Fermikugel, 157, 158
Fermionen, 451
Fermitemperatur, 452
Fermiverteilung, 452
Fernordnung, 142
Fernordnungsgrad, 144
Fernordnungsparameter, 145
Ferrite, 491
Ferromagnetismus, 491
feste Lösung, 118, 133
Festigkeit, 264
    maximale, 284
Festigkeitssteigerung, 268, 272, 276, 293, 425,
    440
Festigkeitsverlust, 366
Festkörperdiffusion, 163
Ficksche Gesetze, 163, 179
Filme, 308
Filmeigenspannung, 308
Flächenfehler, 263
Flächenkeim, 389
Flächenkonzentration, 178
flächenzentriert, 21
Fließgrenze, 213
Fließkurve, 212, 215
Fließspannung, 256, 285, 367
Fluoreszenz, 499
Formänderung, 231, 232, 443

Formänderungskompatibilität, 268
Formfaktor, 422
Formgedächtnis-Legierungen, 442
Frank-Read-Quelle, 257, 258
Franksche Versetzungen, 83
freie Bildungsenthalpie von Leerstellen, 75
freie Elektronen, 451
freie Enthalpie, 73, 127, 190, 377, 380
    einer Mischung, 416
    eines Keims, 381
freie Versetzungslänge, 275
freie Wanderungsenthalpie, 180
Freiheitsgrad, 115
Fremdatomadsorption, 347
Fremdatomdiffusion, 185
Fremdatomwolke, 276
Fremdleitung, 466
Frenkel-Defekt, 72, 199
Friedel-Länge, 275, 283
fünfzählige Rotationssymmetrie, 401
Fulleren, 35
Furche, Korngrenze, 362

G
Gasblasenseigerungen, 399
Gaskonstante, 377
Gauß-Verteilung, 4
gebundene Elektronen, 451
Gefüge, 1
Gemenge, 131, 416
geometrische Entfestigung, 215, 286
geordnete Substitutionsmischkristalle, 142
geordneter Zustand, 145
gerichtet erstarrtes eutektisches Gefüge, 397
gespeicherte Verformungsenergie, 323, 326
Gestalt der Ausscheidung, 422
gewalztes Blech, 44
Gewichtskonzentration, 116
Gibbs-Duhem-Gleichung, 192
Gibbs-Thomson-Gleichung, 431
Gibbsschen Phasenregel, 115
Gitterlücken, 23, 28, 133, 154
Gitterparameter, 23, 52, 422, 454
Gitterparameter-Effekt, 272
Gitterparameteränderung, 274
Gitterparameterunterschied, 136
Gitterschwingungen, 456
Gitterstruktur, 103, 379

Gittertypen, 23
Gläser, 30, 402
Glühemission, 54
Glasübergangstemperatur, 405
Glasbildung, 404
Glaskeramik, 406
Gleichgewichtsabstand, 14, 454
Gleichgewichtsgestalt, 107, 384
Gleichgewichtskonzentration, 428
Gleichgewichtsphase, 117, 424
Gleichgewichtstemperatur, 436
Gleichmaßdehnung, 213
Gleitebene, 83, 224
    primäre, 245
Gleitebenenabstand, 225
Gleitlinien, 220
Gleitrichtung, 225, 227
Gleitsysteme, 226, 236, 244
    Auswahl, 269
    primäre, 251
    unabhängige, 268
Gleitung, 234, 439
globulitische Zone, 398
Goss-Textur, 491
GP-Zonen, 427
Graphen, 34, 315, 467
Graphit, 34
Grenzflächenenergie, 431
Grenzflächenspannung, 106
    Gleichgewicht, 359
Grenzflächentypen, 423
Grenzflächenversetzungen, 310
Grobkornbildung, 324
Großwinkelkorngrenze, 94, 321
Guinier-Preston-Zonen, 424, 426
Gußgefüge, 398
Gußtextur, 398

H
Hägg-Phasen, 154
Härteversuch, 218
Haftung, 107
Halbleiter, 464, 477
Hall-Petch-Gleichung, 268
Hall-Petch-Konstante, 268
harmonische Näherung, 455
harte Kugelmodelle, 14, 24, 25
harte Supraleiter, 479

Hartmagnetische Werkstoffe, 488
Hauptspannungen, 209
Hebelbeziehung, 124
Hemmung des Kornwachstums, 362
Hermann-Mauguin-Symbolik, 21
Herringsche Gleichung, 108
heterogene Keimbildung, 342, 383
heterogene Legierung, 476
heteropolare Bindung, 11, 149
heteropolare Verbindungen, 29
hexagonale Kristalle, 227
hexagonale Metalle, 269
hexagonales Gitter, 25
Histogramm, 4
Hochpolymere, 405
Hohlräume, 399
homöopolare Bindung, 12
homologe Temperatur, 285
Hookesche Gesetz, 207, 211, 455
Hume-Rothery-Phasen, 157
Hume-Rothery-Regeln, 136
Hybridisierung der Elektronenstruktur, 35
hydrostatische Spannung, 210, 274
Hysteresekurve, 488

I
Induktionsprinzip, 482
Infrarotstrahlung, 494
inkohärente Ausscheidungen, 423, 428
inkohärente Phasengrenzen, 282, 423
Inkubationszeit, 338, 343, 419
innenzentriert, 21
innere Energie, 72
innere Koordinaten, 38
innere Reibung, 300
innere Spannung, 207
inneres Magnetfeld, 478
in-situ Verbundwerkstoff, 396
Instabilitätsbedingungen der Rekristallisation,
    340
interatomares Potential, 454
intermediäre Mischkristalle, 141
intermetallische Phasen, 119, 123, 132, 133, 141,
    472
interstitielle Mischkristalle, 135
intrinsischer Bereich, 201
inverse Polfigur, 50
Ionenbindung, 16

Ionenleitfähigkeit, 200
Ionenpaar-Bindung, 11
Ionenrümpfe, 12
Ionenstrom, 199
Isobare, 115
Isolator, 461, 495
Isotherme, 131
Isotop, 169

K

Kaltaushärtung, 427
Keimbildner, 384, 406
Keimbildung, 380, 418, 419, 440
  freie Enthalpie, 381, 383
Keimbildung der primären Rekristallisation,
  339
Keimbildung von Ausscheidungen, 420
Keimbildungsarbeit, 381, 423
Keimbildungsgeschwindigkeit, 348, 381, 384,
  404, 421, 423
Keimwachstum bei Rekristallisation, 322
keramische Werkstoffe, 18, 29
Kettenmoleküle, 12
kfz-Gitter, 25
Kinetik der primären Rekristallisation, 347
Kinke, 248
Kippkorngrenze, 90
  asymmetrische, 90
  symmetrische, 90
Kirkendall-Effekt, 188
Kleinwinkel-Drehkorngrenze, 93
Kleinwinkel-Kippkorngrenze, 244, 336
Kleinwinkelkorngrenze, 91, 197, 323, 334, 346
Klettern von Stufenversetzungen, 84, 289, 330,
  333, 337
Knickbänder, 332
Koerzitivfeldstärke, 488
kohärente Ausscheidungen, 423
kohärente Phasen, 282
kohärente Phasengrenzfläche, 103, 423
kohärente Zwillingsgrenze, 89, 91, 97
Kohärenzspannung, 103
Kohlenstoffnanoröhre, 35
Kohlenstoffnanoröhren, 314, 467
Koinzidenzgitter (CSL), 95
Koinzidenzgitterzelle, 95
Koinzidenzkorngrenze, 97, 347
Koinzidenzpunkte, 95

komplexes Modul, 299
Kompressionsmodul, 455
Konfiguration, 36
Konfigurationsentropie, 74, 128
konjugiertes Gleitsystem, 251
Konode, 118
konstitutionelle Unterkühlung, 395
Konstitutionslehre, 115
kontinuierliche Rekristallisation, 323
kontinuierliche Strahlung, 54
Kontinuitätsgleichung, 164, 189
Konvektionsstrom, 167
Konzentration, 72, 116, 163
Konzentrationsgradient, 393, 419, 431
Konzentrationsprofil, 165
  unsymmetrisches, 172
Konzentrationsverlauf, 165
Koordinationszahl, 16, 30, 185, 415
Korn, 1, 321
Korndurchmesser, 3
Kornfeinung, 268
Korngrenze, 3, 71, 87, 265, 293
Korngrenzenbeweglichkeit, 340, 345
Korngrenzenbewegung, 321, 344, 433
Korngrenzendiffusion, 194, 195, 286, 293
  Anisotropie, 197
Korngrenzenebene, 90
Korngrenzenenergie, 88, 90, 94, 327
Korngrenzengeschwindigkeit, 345
Korngrenzengleitung, 101, 286, 304, 305
Korngrenzenkrümmung, 328
Korngrenzenlage, 88
Korngrenzennormale, 90
Korngrenzenversetzung, 99
Korngrenzenwanderung, 101
Korngröße, 3, 292, 323
  maximale, 363
  rekristallisierte, 351, 367
Korngrößenverteilung, 3, 324
Kornvergrößerung, 322, 357
  Kinetik, 360
  stetige, 323
  unstetige, 323, 327, 328, 364
Kornvergrößerungserscheinungen, 323, 326
Kornwachstum, 287, 362
Korrelationsfaktor, 184
Kossel und Stranski, 389
Kovalente Bindung, 12, 15, 150
Kraftgleichgewicht an Tripelpunkten, 360

Kriechen, 288
  primäres, 288
  stationäres, 288
Kriechfestigkeit, 293
Kriechkurve, 288
Kriechversuch, 367
Kristallbaufehler, 2, 71, 390
Kristallfärbung, 496
Kristallgitter, 21, 53
  dichtest gepackt, 23
Kristallisation, 385, 403
Kristallisationstemperatur, 313, 405
Kristallisationswärme, 407
Kristallit, 1, 219
Kristallklassen, 21
Kristallographie des Graphens, 37
Kristallographische Äquivalenz, 41, 442
Kristallographische Ebene, 39
kristallographische Gleitung, 219, 250
kristallographische Richtung, 39
kristallographische Textur, 60
kristallographische Zone, 57
Kristallseigerung, 400
Kristallstruktur, 18, 21, 56, 140, 219, 378, 411
Kristallsymmetrie, 19, 39, 212
Kristallsystem, 19, 40
Kristallwachstum, 386
kritische Feldstärke, 479
kritische Filmdicke, 312
kritische Keimgröße, 385, 419
kritische Korngröße, 364
kritische Schubspannung, 233, 235, 236, 247,
    248, 265, 271, 276
kritische Temperatur, 142, 425
kritischer Keimradius, 340
kritischer Punkt, 116
Kronig-Penney-Potential, 449
krz, 23
kubisch-flächenzentriertes Gitter, 24
kubisch-raumzentriertes Gitter, 23
kubische Kristalle, 19, 269
Kurdjumov-Sachs-Relation, 437

L
Löslichkeit, 118
Löslichkeitsgrenze, 140
Ladungsneutralität, 199, 200
Ladungsträger mit positiver Ladung, 462

Lamellen, 407
Lamellenabstand, 126, 395, 433
Lamellengefüge, 395, 433
Landau-Diamagnetismus, 484
Latente Verfestigung, 251
Laue-Aufnahme, 57
Laufweg von Versetzungen, 257, 260, 440
Laves-Phase, 153
Leerstelle, 72, 289, 292
  freie Bildungsenthalpie, 75
Leerstellendiffusion, 185
Leerstellendiffusionskoeffizienten, 182
Leerstellenkonzentration, 344
Leerstellenkonzentration am Schmelzpunkt, 75
Leerstellenmechanismus, 176, 180
Leerstellenquellen, 84
  Senken, 84
Legierung, 115, 469
  binäre, 116
Leitfähigkeit, 468, 477
Leitungsband, 448, 464
Lennard-Jones-Potential, 454
Lichtgeschwindigkeit, 493
Lichtmikroskop, 1
Lichtquanten, 493
linear-elastischer Standardkörper, 302
Linienelement, 79
Linienenergie, 258
Liquidusfläche, 160
Liquiduslinie, 117
Loch, 466
Löslichkeit, 426
Löslichkeit
  begrenzte, 121
  völlige, 119
Löslichkeitsbereich, 123
Löslichkeitsgrenze, 133, 417
Lösungswärme, 135
logarithmische Normalverteilung, 5
logarithmisches Dekrement, 300
Lomer- oder Lomer-Cottrell-Locks, 255
Lorenz-Zahl, 464
lückenlose Mischkristallbildung, 118
Lüdersdehnung, 214
Luminiszenz, 499
Lunker, 399

M

magnetische Anisotropie, 488
magnetische Sättigung, 483
magnetisches Moment, 482
Magnetisierung, 485
Magnetisierungskurve, 488
Magnetit, 491
Makrolunker, 399
Maraging, 440
Martensit-Finish-Temperatur, 436
martensitische Umwandlungen, 434, 440
martensitisches Gefüge, 7
massive metallische Gläser, 403
Matano-Ebene, 187
Matthiessensche Regel, 471
maximale Festigkeit, 284
maximale Korngröße, 363
maximale Schubspannung, 209
maximale Unterkühlung von Metallschmelzen,
    386
Maxwell-Modell, 301
mechanische Eigenschaften, 454
mechanische Eigenschaften des Martensits, 439
mechanische Prüfmaschine, 213
mechanische Zwillingsbildung, 229, 265, 330
mechanischer Gleichgewichtszustand, 454
mechanisches Kraftgleichgewicht, 333
Mechanismen der Festigkeitssteigerung, 272
Mechanismus der Selbstdiffusion, 182
Mechanismus des Kriechens, 289
Medianwert, 4
Mehrfachgleitung, 271
Mehrstoffsystem, 160, 190
Meissner-Effekt, 478
melt spinning, 402
Mengenanteil, 124
Messing-Rekristallisationstextur, 369
Messing-Walztextur, 369
Metalle, 12, 19, 468
metallische Bindung, 12
metallische Gläser, 313
Metallographie, 1
metastabile Phase, 282, 401, 423
Mikrobereichsanalyse, 3
mikrokristallines Gefüge, 401
Mikrolunker, 399
Mikrostruktur, 1, 321
Miller-Bravais-Indizes, 42
Miller-Indizes, 39, 40, 56

Mineralien, 19
Mischbarkeit, 130
    vollständige, 132
Mischkristall, 24, 118, 121, 132, 133
    primäre, 133
    übersättigten, 329
Mischkristallbereich, 418
Mischkristallhärtung, 272, 276, 440
Mischungsenthalpie, 414
Mischungsentropie, 128, 132, 135, 415
Mischungslücke, 120, 121, 420
mittlere Korngröße, 3, 324, 361
mittlerer Korndurchmesser, 361
mittlerer Teilchenabstand, 8, 278
Mittlerer Versetzungsabstand, 257
Molekülbildung, 14
Molekülmodell, 447
Molekularfeld, 485
Molvolumen, 454
monochromatische Röntgenstrahlung, 54, 57
Monochromatisches Licht, 495
Monotektikum, 121
Morphologie, 419
Morse-Potential, 454

N

Nabarro-Herring-Kriechen, 292
Nachbarschaftsverhältnisse, 146
nächste Nachbarn, 16, 379, 415, 436
Nahordnung, 379
Nahordnungsparameter, 146
Nennspannung, 213
Nernst-Einstein-Beziehung, 168, 193, 345
Netzebenenabstand, 52
Neukurve, 490
Neumann-Koppsche Regel, 459
Neutronenstreuung, 147
n-Halbleiter, 466
nichtkonservative Versetzungsbewegung, 84
niederenergetische Korngrenzen, 91, 103
Nitinol, 443
Normalspannung, 207, 209
Normalverteilung, 4
nulldimensionale (Punkt)Fehler, 71
Nylon, 33

O

obere Streckgrenze, 213
Oberfläche, 194, 385
Oberflächendiffusion, 194
Oberflächenenergie, 381, 389
Oberflächenleerstelle, 389
Oberflächenspannung, 360
Ohmsches Gesetz, 475
Oktaederlücke, 23, 25, 30, 295
Oktaederplätze, 295
optische Auflösung, 413
Ordnung
    vollständige, 144
Ordnungserscheinungen, 416
Ordnungsgleichgewicht, 144
Ordnungsphasen, 142
Orientierung, 60, 62, 87, 232, 250
Orientierungsänderung, 235, 250
Orientierungsbestimmung, 59
Orientierungsbeziehung, 89, 90, 345
Orientierungsdifferenz, 336
Orientierungskugel, 47
Orientierungsraum, 62
Orientierungsunterschied, 332
Orientierungsverteilung, 60
Orientierungsverteilungsfunktion (OVF), 62
Orowan-Gleichung, 223
Orowan-Mechanismus, 276, 280, 427
Orowan-Ring, 281
Orowan-Spannung, 280, 284
Ostwald-Reifung, 427, 430

P

Packungsdichte, 377
Paramagnetismus, 482
parelastische Wechselwirkung, 272, 274, 282
particle stimulated nucleation, 356
Passierspannung, 245, 249, 255
Pauli-Paramagnetismus, 484
Pauli-Prinzip, 14, 137, 447, 451
Peach-Koehler-Gleichung, 223, 243
Peierls-Spannung, 224, 226, 236, 248
pencil glide, 227
Penrose-Muster, 401
peritektische Temperatur, 122
peritektisches Zustandsdiagramm, 122, 132, 418
peritektoid, 123
Perlitreaktion, 432

Perlitumwandlung, 440
Permanentmagnet, 488
p-Halbleiter, 466
Phasen
    kohärente, 282
Phasendiagramm, 115
Phasengemenge, 121, 426
Phasengrenzfläche, 71
Phasengrenzflächen, 2, 103, 115, 282
    inkohärente, 103, 282
    kohärente, 103, 282
    teilkohärente, 103, 282
Phasenübergang, 115
Phasenumwandlung, 411
Phasenumwandlungen ohne Konzentrationsänderung, 435
Phasenunterschied, 52
Phasenverschiebung, 56, 298
Phasenverteilung, 6
Phononen, 453, 456, 462, 477
Phosphore, 499
Phosphoreszenz, 499
Photoenergie, 498
physikalische Verfestigung, 215, 286
Pipe-Diffusion, 197
plastische Verformung, 272
Platzwechselhäufigkeit, 185
Platzwechselvorgang, 72, 194
Pol, 48
Polarität, 149
Polfigur, 49, 61
Polygonisation, 334, 337
Polykristallines Gefüge, 358
Polymere, 18, 307
Polymere im teilkristallinen Zustand, 408
Polymerketten, 32
Porosität, 399
Portevin-Le Chatelier Effekt, 276
Positronenvernichtung, 78
Potentialgradient, 167
Potentialhöhe, 450
präexistenter Keim, 340
primär rekristallisierte Korngröße, 349
primäre Gleitebene, 245, 251
primäre Rekristallisation, 321
primäre Versetzung, 99
primärer Mischkristall, 395
primäres Kriechen, 288
prismatische Versetzungsringe, 83, 281

Prismenebene, 43
Prismengleitung, 227
Projektionszentrum, 47
Punktfehler, 72
Punktgruppen, 19
Pyramidenebene, 227
Pyramidengleitung, 227

Q
Quantenmechanik, 11
quasi-chemisches Modell, 144
Quasichemisches Modell, 414
Quasikristall, 401
Quergleitebene, 258
Quergleiten von Schraubenversetzungen, 260,
    330, 333
Quergleithäufigkeit, 264
Quergleitkonstante, 264
Quergleitung, 84, 264, 337
Querkontraktion, 212
Querrichtung, 44

R
Radioaktivität, 169
Radiowellen, 494
räumliche Lage der Korngrenze, 346
Randlöslichkeit, 133, 417
random walk, 183
Randzone, 398
Raumerfüllung, 23, 153
Raumgitter, 12, 19
Raumgruppe, 21
Realkristall, 71
Referenzkugel, 47
Reflectogramm, 496
regellose Atomverteilung, 379
regellose Textur, 60
reguläre Lösung, 127, 414
Reibung, 218
Reichweite der Diffusion, 169
Rekristallisation, 321, 322, 347, 356
    in nichtmetallischen Werkstoffen, 370
Rekristallisation in mehrphasigen Legierungen,
    356
Rekristallisation in-situ, 323, 339
Rekristallisationsdiagramm, 353
Rekristallisationskinetik, 338

Rekristallisationstemperatur, 348, 350
Rekristallisationstextur, 369
Rekristallisationszeit, 348–351
Rekristallisationszwilling, 235, 340
rekristallisierte Korngröße, 352, 367
rekristallisierter Bruchteil, 349
relative Volumenänderung, 211
Relaxationszeit, 295
relaxierte Struktur, 97
relaxierten E-Modul, 297
Remanenz, 488
Resonanz, 304
Restschmelze, 124, 126
Restwiderstand, 76, 471, 477
resultierende Gleitrichtung, 250
Richardsche Regel, 377
Rockwell-Härte, 218
Röntgendetektor, 55
Röntgenpulverdiffraktometrie, 55
Röntgenröhre, 55
Röntgenstrahl, 52, 54, 371, 494
    charakteristischer, 54
    kontinuierlicher, 54
    monochromatischer, 54, 57
Röntgenstreuung, 147
Röntgentexturgoniometer, 60
roller quenching, 402
Rotation, 40, 49, 62, 89
Rotationsmatrix, 208
Rotationsrekristallisation, 371
Rotationstensor, 268
Rückspannung, 266
rücktreibende Kraft, 345, 354, 356

S
Sachs-Faktor, 271
Sättigungsfeldstärke, 488
Sättigungsmagnetisierung, 486, 488
Scherband, 333
Scherbandbildung, 313
Schertransformationszonen, 313
Scherung, 207, 208, 230
Scherung bei Zwillingsbildung, 230
Scherverformung, 229, 442
Schliffbild, 1
Schmelzbereich, 117
Schmelze, 377
    Überhitzung, 384

Schmelzentropie, 377
Schmelztemperatur, 115, 119, 171, 377
Schmelzwärme, 172, 377
Schmid-Faktor, 236, 251, 265, 269
Schmidsche Schubspannungsgesetz, 235, 236
Schneiden von Teilchen, 282
Schneidprozess, 245
Schneidspannung, 246, 249, 255
schnelle Erstarrung, 401
Schoenflies-Symbolik, 21
Schottky-Defekt, 72, 199
Schraubenanteil, 81
Schraubenversetzung, 79, 239, 243, 274, 389
    Annihilation, 334
    Quergleitung, 84, 258, 264, 330, 333, 337
Schrödingergleichung, 448
Schubmodul, 208, 274
Schubmodul-Effekt, 272
Schubspannung, 208, 247
    kritische, 221
    maximale, 209
    theoretische, 241
Schwereseigerung, 399
Schwingung, 455
Schwingungsamplitude, 455
Schwingungsentropie, 74, 128, 415
Schwingungsfrequenz der Versetzung, 247
Seifenblasenmodell, 91
sekundäre Korngrenzenversetzung, 99
sekundäre Rekristallisation, 324, 354, 364
sekundäres Gleitsystem, 251
Selbstähnlichkeit, 324
Selbstdiffusion, 169, 183, 192
Selbstdiffusionskoeffizient, 169
shape-memory-alloys, 442
Shockleysche Partialversetzung, 235, 263
sichtbares Licht, 494
Siedetemperatur, 115
Silikate, 30, 405
Simmons-Balluffi-Experiment, 76
Snoek-Effekt, 296, 304
Soliduslinie, 117
Spannung, 297
Spannungs-Dehnungs-Diagramm, 213
Spannungs-Dehnungs-Verhalten, 213
Spannungsdeviator, 210
Spannungstensor, 208
Spannungszustand, 208, 239, 241
Speicher-Modul, 299

spezielle Korngrenzen, 97, 197
spezifische Festigkeit, 314
spezifische Korngrenzenenergie, 336
spezifische Wärme, 456, 459, 460
spezifische Wärme der freien Elektronen, 459
Spinodale, 420
spinodale Entmischung, 193, 418
spontane Umwandlung, 435
spontanes magnetisches Moment, 485
spröde-duktile Übergangstemperatur, 238
Sprungbewegung, 176
    statistische, 183
Sprunghäufigkeit, 176
Sprungpunkt, 478
Sprungrichtung, 183
Sprungweite, 183, 305
stabile Erstarrungsfront, 390, 391
Stabilisierung der Korngröße, 357
Standardabweichung, 5
Stapelfehler, 263, 265
Stapelfehlerenergie, 263, 264, 275, 282, 289, 337
Stapelfolge, 97, 265
Starrkörperrotation, 211
stationäre Dehnung, 295
stationäre Kriechgeschwindigkeit, 288
stationärer Kriechbereich, 288
statische Erholung, 322
statische primäre Rekristallisation, 321
statischer Zugversuch, 288
statistische Atomverteilung, 144
statistische Sprungbewegung, 183
Stauchversuch, 218
stereographische Projektion, 47
stereographisches Standarddreieck, 48
stetige Kornvergrößerung, 323
Stirlingsche Formel, 74, 415
stöchiometrische Verbindungen, 149
Störstellenleitung, 466
Störung des Kristallaufbaus, 462
Stoney-Beziehung, 310
Stoßkaskade, 78
strain induced grain boundary motion (SIBM),
    323
Streckgrenze, 213, 235, 265, 314
    obere, 213
    untere, 213
Streckgrenzenphänomene, 276
Streubreite, 6
Stromdichte, 478

Strukturberichte, 21
Strukturbestimmung, 55, 59
Struktureinheit, 103
strukturelle Leerstelle, 200
Strukturfaktor, 56
Stufenanteil von Versetzungen, 81
Stufenversetzung, 79, 241, 423
    hydrostatisches Spannungsfeld, 273
Subkorngrenzen, 332, 337, 371
Subkornwachstum, 340
substitutionelle Mischkristalle, 133
Substratkrümmung, 309
Superlegierung, 282, 427
Superplastizität, 194, 285
Supraleiter, 478
Suszeptibilität, 482
Suzuki-Effekt, 272
Symmetrale, 251
Symmetrie, 19, 39, 40
symmetrische Kleinwinkelkippkorngrenze, 91

T
Tangentenregel, 131, 416
Target, 54
Taylor-Gleichung, 256
technische Magnetisierungskurve, 488
technischer Ferromagnet, 487
Teilchen, 356
Teilchen, geordnet, 282
Teilchengröße, 363
Teilchenstrom, 163
Teilchenvergröberung, 430
Teilgitter, 142
teilkohärente Ausscheidung, 423
teilkohärente Phase, 103, 282
Teilkohärente Phasengrenze, 282, 423
Teilversetzung, 262
TEM, 144
Temperatur für Martensit-Start, 435
Temperaturbewegung der Atome, 128, 167
Temperaturgradient, 390
Temperaturkoeffizient der Widerstandszunahme, 471
Tensor, 169, 469
tertiäre Rekristallisation, 326, 328
tertiärer Kriechbereich, 288
Tetraederlücke, 23, 25
tetragonale Elementarzelle, 436

tetragonaler Martensit, 439
Textur, 488
texturierte Bleche, 62
theoretische Schubfestigkeit, 221
theoretische Schubspannung, 241
thermisch aktivierte Prozesse, 171, 264, 330, 333, 350, 451
thermisch aktivierte Versetzungsbewegung, 247
thermische Ausdehnung, 456
thermische Eigenschaften, 454
thermische Energie, 377, 451
thermische Fluktuation, 379, 380, 419
thermische Leitfähigkeit, 390
Thermodynamik der Entmischung, 413
Thermodynamik der Legierungen, 127
Thermodynamik der Punktdefekte, 72
thermodynamischer Faktor, 190, 192, 419
thermodynamisches Gleichgewicht, 71, 73, 127, 190, 333, 414
thermomechanische Behandlung, 440
Tiefziehen, 62
Torsionsversuch, 218
Tracerdiffusionskoeffizient, 169, 192, 200
Transformatorbleche, 63
Transistor, 466
Translationsvektor, 38, 88
Transmissionselektronenmikroskopie, 59, 86
Transparenz, 494
treibende Kraft, 326, 328, 343, 380
TRIP-Stahl, 442
Tripelpunkt, 7, 115
TTT-Diagramm, 440
typische Gefüge, 7

U
Überalterung, 427
Übergangskriechbereich, 288
Überhitzung der Schmelze, 384
übersättigter Mischkristall, 326, 426, 433
Überschießen, 251
Überstrukturlinie, 144
Ultraviolette Strahlen, 494
Umformbarkeit hexagonaler Werkstoffe, 232
Umformtemperatur, 330
Umklappvorgang, 232
Ummagnetisierungsarbeit, 488
Umwandlung
    im festen Zustand, 411

mit Konzentrationsänderung, 412
ohne Gleichgewichtstemperatur, 348
unabhängiges Gleitsystem, 268
Unbenetzbarkeit, 107
ungeordneter Zustand, 146
Unlöslichkeit, 132
unrelaxiertes Modul, 297
unsymmetrisches Konzentrationsprofil, 172
unterkühlte Schmelze, 405
Unterkühlung, 380, 385, 434

V
Valenzband, 448, 464
Valenzelektronen, 11
Valenzelektronenkonzentration, 140, 156
Valenzelektronenzahl, 136, 137
Van-der-Waals-Bindung, 13
Vegardsche Regel, 454
Verbundwerkstoff, 107
verdünnte Lösungen, 192
Verfestigung, 213, 223, 250, 260, 330
Verfestigungskoeffizient, 215, 256
Verfestigungskurve, 254, 366
Berechnung, 271
Bereich I, 254
Bereich II, 254
Bereich III, 254, 258
Verfestigungsrate, 337
Verformbarkeit, 213, 321
Verformung, 250, 265, 267
instabile, 215
plastische, 272
von Einkristallen, 269
Verformungsenergie, 323, 326
Verformungsgefüge, 331
Verformungsgrad, 353
Verformungsinhomogenität, 332, 340
Verformungsmechanismen, 330
Verformungsstruktur, 323, 330
Verformungstemperatur, 289
Verformungstextur, 235, 272
Verformungsverfestigung, 281
Verformungszwilling, 229, 331
Vergröberung von Ausscheidungen, 427
Verlust-Modul, 299
Verschiebungsebene, 230
Verschiebungsgradiententensor, 268

Versetzung, 2, 71, 83, 85, 221, 223, 240, 243, 260, 266, 274, 321, 330, 440
antiparallele, 80, 260
bewegliche, 255
gemischte, 80, 263
Halb, 263
Teil, 263
Versetzungsabstand, 85, 95
Versetzungsaufspaltung, 261
Weite, 263, 282, 330
Versetzungsauslöschung, 321
Versetzungsbeweglichkeit, 439
Versetzungsbewegung, 219
Versetzungscharakter, 81
Versetzungsdämpfung, 305
Versetzungsdichte, 84, 85, 222, 255, 322, 327, 334, 342
bewegliche, 247
Versetzungsdipol, 334
Versetzungsenergie, 99, 243, 433
Versetzungsgeschwindigkeit, 223, 247
Versetzungskern, 86, 241
Energie, 243
Versetzungskriechen, 289
Versetzungslänge, freie, 245
Versetzungslinie
Element, 79
Versetzungsring, 82, 258, 281
prismatischer, 281
Versetzungsstruktur, 356
Versetzungsstück, 257
Vertauschungsenergie, 142, 144, 415
Vickers-Härte, 218
Vielkristall, 59, 61, 265
Vierstoffsystem, 160
viskoelastisch, 306
Viskosität, 301, 314, 405
Vitrokerame, 406
Voigt-Kelvin-Modell, 302
vollständige Löslichkeit, 118
vollständige Mischbarkeit, 126
vollständige Ordnung, 144
Volumenänderung beim Schmelzen, 377
Volumenerfüllung, 28
Volumenkontraktion, 399
Volumenkonzentration, 178
Vorzugsorientierung, 60

W
Wachstumsanisotropie, 387
Wachstumsauslese, 398
Wachstumsgeschwindigkeit, 389
Wachstumskinetik von Ausscheidungen, 428
Wärmebehandlung, 321, 440
Wärmeflußdichte, 461
Wärmeflußgleichung, 390
Wärmeleiter, 461
Wärmeleitfähigkeit, 461
Wärmeleitung durch Elektronen, 462
Wärmeleitung über das Gitter, 462
Wärmeleitzahl, 461
Wärmestrahlung, 494
wahre Dehnung, 214
wahre Spannung, 214
Wahrscheinlichkeitsdiagramm, 6
Waldversetzung, 246
Walzrichtung, 44
Walzverformung, 61
Warmaushärtung, 427
Warmbrüchigkeit, 108
Wasserstoffbrücke, 31
Wechselwirkung von Versetzungen, 334
Wechselwirkungskraft, 274
weiche Supraleiter, 479
weichmagnetische Eigenschaften, 491
weichmagnetischer Werkstoff, 488
weißes Licht, 495
weißes Röntgenlicht, 57
Wellencharakter der Elektronen, 448
Wellenfunktion, 448
Wellenlänge, 52, 493
Werkstoffklasse, 17
wertigkeitsgerechten Verbindungen, 150
Whipple-Lösung, 195
Widerstand, 471, 472
Widmannstättengefüge, 7
Wiedemann-Franzsches Gesetz, 464
Würfellage, 369
Wulff-Plot, 89
Wulffsche Konstante, 387
Wulffschen Netz, 49
Wulffsches Theorem, 387

Wurtzitgitter, 150

Y
Youngsche Gleichung, 110

Z
Zeit-Temperatur-Umwandlungs-Diagramm, 440
zeitabhängige Verformung, 285
Zeitabhängigkeit der mittleren Teilchengröße, 431
Zellgröße, 332
Zellstruktur, 332
Zellwand, 332
Zener-Kraft, 356, 363
Zinkblende-Struktur, 151
Zinnschrei, 232
Zintl-Grenze, 149
Zintl-Phase, 149
Zipfelbildung, 62
Zonenachse
    kristallographische, 57
Zonenkristall, 400
ZTU-Diagramm, 405
ZTU-Schaubild, 439
Zugfestigkeit, 213
Zugspannung, 207
Zugversuch, 213
Zustandsdiagramm, 117, 118, 127
Zustandsdichte, 459
Zustandsgleichung, 302
zweidimensionaler (Flächen)Fehler, 71
Zweiphasengebiet, 131
Zweistoffsystem, 116
Zwillingsbeziehung, 103
Zwillingsbildung, 233, 269, 342, 439
Zwillingsebene, 229
Zwillingsgrenze, 229, 234
Zwillingssystem, 230
Zwischengitteratom, 72
Zwischengitterhantel, 72
Zwischengittermechanismen der Diffusion, 202
Zwischenstufe, 440

9 783642 366024